Paul Müller · Gert Meyer

Christiani - basics
Elektrotechnik

2. Auflage 2016

Dr.-Ing. Paul Christiani GmbH & Co. KG

Umschlaggestaltung: Dr.-Ing. Paul Christiani GmbH & Co. KG, Konstanz
Umschlagfoto: Siemens AG, München

Best.-Nr. **94820**
ISBN 978-3-86522-801-7
Christiani

---

2. Auflage 2016

Dieses Buch ist anders!

Das primäre Ziel der Ausbildung, den erfolgreichen Abschluss der Prüfung, steht im Vordergrund. Dies gilt für Theorie und Praxis, sofern diese beiden Teile bei den aktuellen Prüfungen überhaupt noch voneinander zu trennen sind.

Erkennbar ist dies vor allem an der Vielzahl von prüfungsrelevanten Aufgabenstellungen, deren Lösungen unter www.christiani-berufskolleg.de zu finden sind.

Kein technisches Verständnis ohne Quantifizierung. Viele ausführliche Beispiele vermitteln ein Gefühl für Größenordnungen, ein häufig erkennbares Defizit, vor allem in den situativen Gesprächsphasen.

Konsequente Einbindung des Tabellenbuches von Anfang an. Besonders wichtig, weil das Tabellenbuch in Prüfungen als Informationsquelle uneingeschränkt zur Verfügung steht.
Die Erarbeitung technischer Inhalte ohne Tabellenbuch ist daher ineffektiv.
Vorbereitung auf die situativen Gesprächsphasen der Prüfung. Die eindeutige Verknüpfung von Theorie und Praxis. Hier kann der Prüfungsbewerber den Prüfern Fachkompetenz vermitteln, wodurch das Prüfungsergebnis sicherlich ganz wesentlich beeinflusst wird.

Dieses Buch ist anders! Neben der anschaulichen Vermittlung der unumgänglichen „basics" als Rüstzeug für konkrete technische Anwendungen steht immer der Anwendungsbezug (man kann auch sagen die Prüfungsrelevanz) im Vordergrund. Ein Lehrbuch also, bei dem immer erkennbar ist, warum man sich den Lehrstoff erschließen muss.

Bedeutung der Piktogramme

	Projekt: Konkreter Arbeitsauftrag, für den die Imformationen relevant sind.
	Information: Kurze zumeist strukturierte Übersicht.
	Praxis: Praxisrelevante Inhalte.
TB	**Tabellenbuch:** An dieser Stelle sollte bzw. muss unbedingt auf das Tabellenbuch zurückgegriffen werden.
z.B.	**Beispiel:** Dient im Wesentlichen der Quantifizierung und Vertiefung.
	Englisch: Wichtige Fachbegriffe werden übersetzt.

Unser besonderer Dank gilt den folgenden Firmen für die Bereitstellung von Informationen, technischen Daten sowie Bildmaterial.

3-K Elekrik GmbH, Mühlacker

ABB Stotz-Kontakt GmbH, Heidelberg

ABL Sursum Bayrische Elektrozubehör GmbH & Co. KG, Lauf

Albright Deutschland GmbH, Bremen

Altmann GmbH, Herford

Aplisens GmbH, Heusenstamm

BARTEC Top Holding GmbH, Bad Mergentheim

Baumer Holding AG, Frauenfeld

Binsack Reedtechnik GmbH, Mülheim

Bosch Rexroth AG, Lohr

Bürklin OHG, Oberhaching

Busch-Jaeger Elektro-GmbH, Lüdenscheid

DYNAMIS Battereien GmbH, Konstanz

Eaton Industries GmbH, Bonn

ESKA Erich Schweizer GmbH, Kassel

Festo AG & Co. KG, Esslingen

Fluke Deutschland GmbH, Clottertal

Fritzlen GmbH u. Co. KG, Murr

Hahn GmbH & Co. KG, Hungen

Hans Turck GmbH & Co. KG, Mülheim

Heinrich Kopp GmbH, Kahl

Hoppecke Batterien GmbH & Co. KG, Brilon

K. A. Schmelsal Holding GmbH & Co. KG, Wuppertal

Krohne Messtechnik GmbH, Duisburg

Merten GmbH, Wiehl

Metrix, Annecy Le Vieux

Osram GmbH, München

Phoenix Contact GmbH & Co. KG, Blomberg

RAFI GmbH & Co. KG, Berg

Robert Bosch GmbH, Gerlingen

Schott AG, Mainz

SEW-EURODRIVE GmbH & Co. KG, Bruchsal

Siemens AG, München

VARTA, Microbattery GmbH, Ellwangen

WAGO Kontakttechnik GmbH & Co. KG, Minden

WEG Germany GmbH, Frechen

1 Das Projekt

Die Firma Senner AG stellt Elektromotoren her. Nach einer Anzahl von Kundenreklamationen wird eine **Projektgruppe** gebildet. Sie soll *Qualitätssicherungsmaßnahmen* zunächst für die Motoren-Baureihe „MOT_763_004" erarbeiten.

Dies soll zunächst der Mitarbeiter übernehmen, der die Motoren für den Versand vorbereitet.

Außerdem kann dieser Mitarbeiter dann mangelhafte Motoren sofort aussortieren.

Herr Vural analysiert die Situation:

- Wicklungswiderstände der Motoren werden automatisiert gemessen.

Bild 1 Projektgruppe

Frau Meier erläutert die Ausgangssituation:

Die Elektromotoren der angesprochenen Baureihe werden über drei gleichartige Transportbänder von der Produktion zum Versand transportiert.

Ist-Zustand:

Es wird eine Stichprobenprüfung der Motoren von Hand durchgeführt. In relativ regelmäßigen Abständen nimmt ein Mitarbeiter einen Motor vom Band und überprüft ihn von Hand. Diese Stichprobenprüfung ist relativ aufwendig und erweist sich als nicht ausreichend.

Soll-Zustand:

Jeder Motor soll automatisiert überprüft werden. Dabei soll der Materialfluss von der Produktion zum Versand so gering wie möglich behindert werden. Geprüft werden sollen die Wicklungswiderstände der Motoren.

- Die Messeinrichtung ist zu konstruieren.
- Der Transportfluss soll möglichst nicht behindert werden.
- Mangelhafte Motoren sollen von einem Mitarbeiter aussortiert werden (optische und/oder akustische Meldung).
- Am Ende eines Arbeitstages protokolliert dieser Mitarbeiter die Anzahl der mangelhaften Motoren.

Vereinbart wird eine Ortsbesichtigung.

Frau Meier schlägt vor:

Während des Messvorganges (6 Adapter kontaktieren die Anschlüsse des Motors) wird Band 3 angehalten (Zeitdauer der Messung ca. 2 Sekunden).

Herr Müller schlägt vor, die Überprüfung an Band 3 vorzunehmen. → Bild 2, Seite 16

Die Motoren können wegen der 100 %-Prüfung noch nicht vollständig verpackt werden. Die Klemmkastenabdeckung kann erst nach erfolgter Überprüfung montiert werden.

Herr Müller widerspricht:

Er legt Wert darauf, dass das Transportband ununterbrochen in Betrieb bleibt. *Den Antriebsmotor des Bandes ständig ein- und auszuschalten könne er nur „im äußersten Notfall" akzeptieren.*

■ **Projekt**

Ein Projekt ist ein Vorhaben, das im Wesentlichen durch die Einmaligkeit der Bedingungen gekennzeichnet ist. Bei einem festgelegten Kostenrahmen sind Anfang und Ende festgelegt. Verantwortlich ist ein Projektleiter.

Projekte erfordern im Allgemeinen ein Projektteam. Das Team unterstützt den Projektleiter. Jedes Teammitglied bringt seine fachliche Qualifikation ein.

■ **Projektmanagement**

Zielorientierte Vorbereitung, Planung, Durchführung, Steuerung, Dokumentation und Qualitätssicherung von Projekten.

■ **Wicklungswiderstände**

Sind die Wicklungswiderstände der Motoren annähernd gleich groß, gilt der Motor als in Ordnung.

→ 221

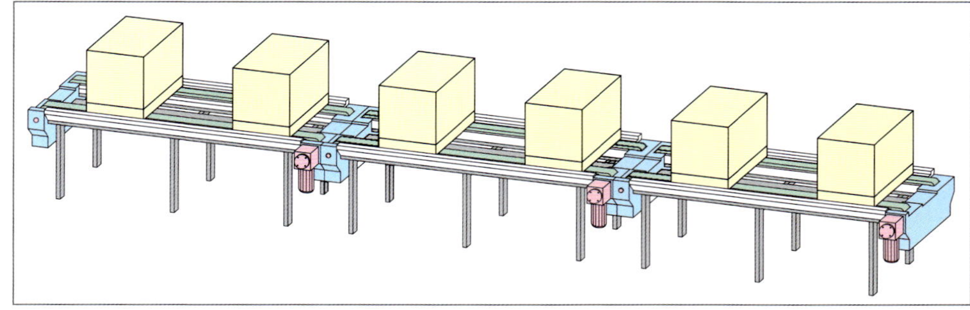

Bild 2 Transportbänder mit verpackten Motoren

Meilensteine
Meilensteine (milestones) sind eindeutig definierte Eckpunkte. Sie ermöglichen, dass alle Projektaktivitäten zielgerichtet im geplanten Zeitrahmen abgearbeitet werden. Meilensteine sind somit ein Kontrollinstrument für den Projektablauf.

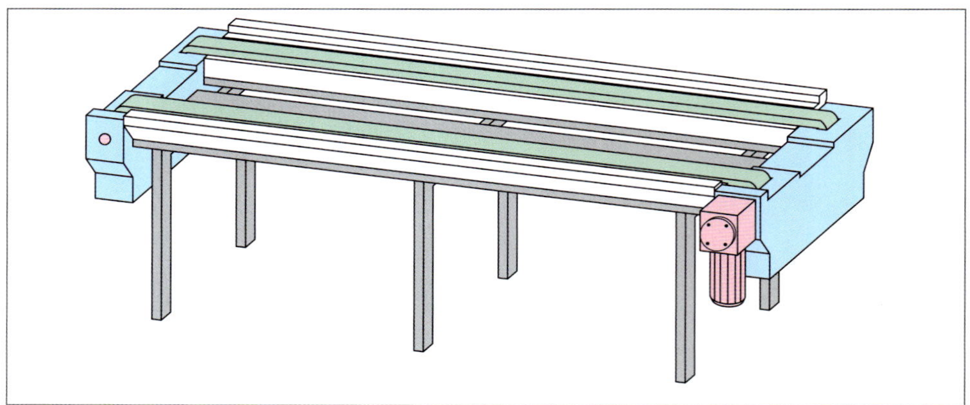

Bild 3 Transportband 3 mit Gurtförderer

Qualität
Qualität ist die Summe einzelner für den Wettbewerb maßgebender Qualitätselemente: Entwurfsqualität, Fertigungsqualität, Versandqualität, Servicequalität, die in den verschieden Bereichen der Produktherstellung zu erreichen sind.

Qualitätsmanagement
QM ist eine Führungsmethode innerhalb eines Unternehmens und umfasst alle Maßnahmen zur Erreichung von Qualität.
QM berührt die meisten betrieblichen Funktionsbereiche: Von der Beschaffung über die Produktion bis hin zur Finanzierung und Organisation. Insofern ist QM produktübergreifend.

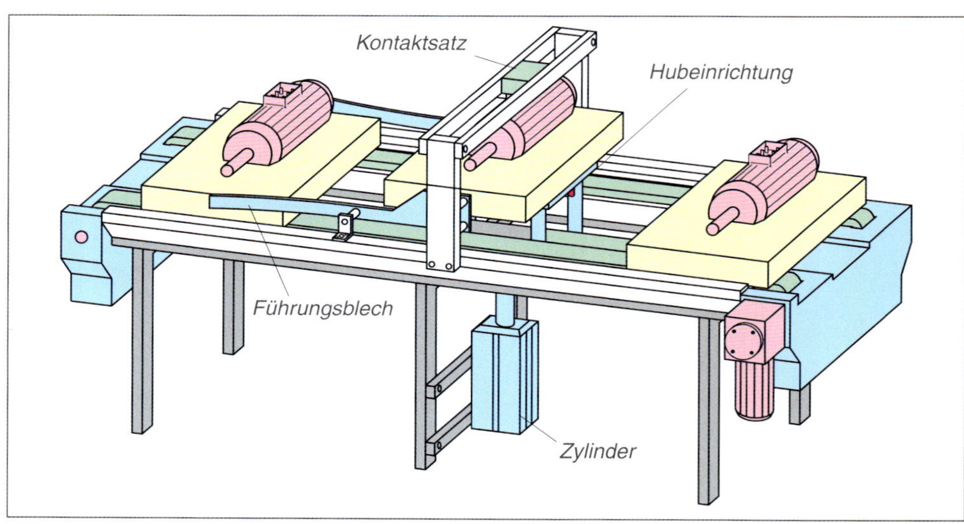

Bild 4 Technologieschema der geplanten Anlage

Vorschlag von Herrn Wolfahrt:

Für die Dauer des Messvorganges fährt die Messeinrichtung mit dem Prüfobjekt Motor mit gleicher Geschwindigkeit mit. Nach dem Messvorgang kehrt die Messeinrichtung in ihre Ruhelage zurück. Das Transportsystem kann dann kontinuierlich durchlaufen.

Bedenken von Herrn Vural:

Grundsätzlich eine Möglichkeit. Allerdings ist auf Dauer eine gleichbleibende Geschwindigkeit von Band und Messeinrichtung notwendig. Dies sei ein Schwachpunkt dieser Lösung. Auf Dauer kann ein Mitarbeiter nicht ständig die Geschwindigkeit justieren.

Vorschlag von Herrn Müller:

Worauf kommt es wirklich an?

Automatische Messung bei laufendem Band. Messeinrichtung ortsfest montieren und Prüfling anheben, damit seine Anschlussklemmen kurzzeitig gegen den Messadapter gedrückt werden.

Damit ist die Messeinrichtung weitgehend unabhängig von der Bandgeschwindigkeit, was eine Verringerung der Serviceanfälligkeit bedeutet.

Vorschlag von Frau Meier:

Da es sich um einen Gurtförderer handelt, kann der Prüfling durch eine Mechanik angehoben werden, die durch das Band greift (also von unten). Hierzu kann ein Pneumatikzylinder dienen.

Forderungen an das System:

- Ein Prüfling muss erkannt werden.
- Der Prüfling wird zur Kontaktierung mit dem Messadapter angehoben (Zylinder).
- Dabei läuft das Band kontinuierlich weiter.
- Danach wird der Prüfling wieder abgesenkt (Zylinder). Der Bandtransport wird fortgesetzt.
- Der nächste Prüfling wird erwartet.

Das Team einigt sich auf diese Arbeitsvariante. Es wird vereinbart, dass Frau Meier in Zusammenarbeit mit Herrn Vural für die nächste Zusammenkunft einen Lösungsvorschlag erarbeitet.

Lösungsvorschlag Meier/Vural:

- Ein federnder Kontaktsatz wird oberhalb des Transportbandes ortsfest montiert.
- Der Kontaktsatz ist nicht als Normteil zu erwerben und muss deshalb gefertigt werden. Hier ist Rücksprache mit der Metallabteilung notwendig.

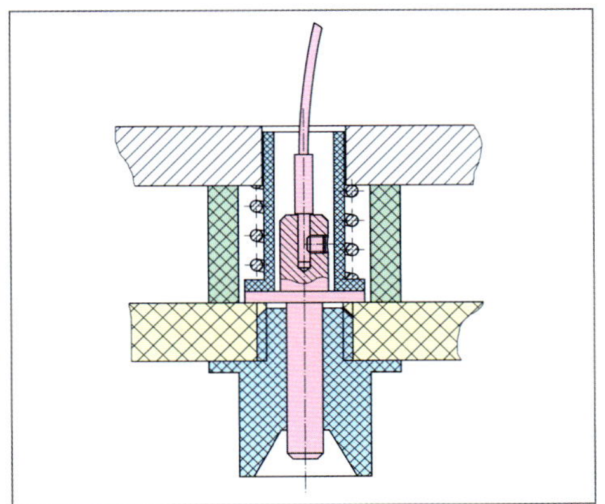

Bild 5 *Prinzipskizze Kontakt*

- Eine Hubvorrichtung für den Prüfling in Teilverpackung ist zu fertigen (Metallabteilung). Sie darf den Bandtransport nicht behindern.
- Die Hubvorrichtung wird durch einen doppelt wirkenden Pneumatikzylinder angehoben und wieder abgesenkt.

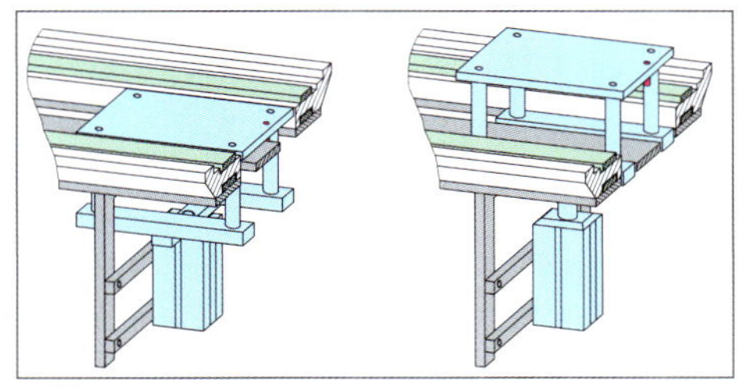

Bild 6 *Prinzipskizze Hubeinrichtung*

- Gesteuert wird der Pneumatikzylinder über ein 5/2-Wegeventil.
- Obgleich die Kontaktierungen zum Ausgleich von Lageabweichungen federnd ausgeführt werden, muss der Prüfling dennoch so genau wie möglich unter der Messeinrichtung positioniert werden. Hierfür sind zwei Führungsbleche zu fertigen und am Band zu montieren (Bild 7).

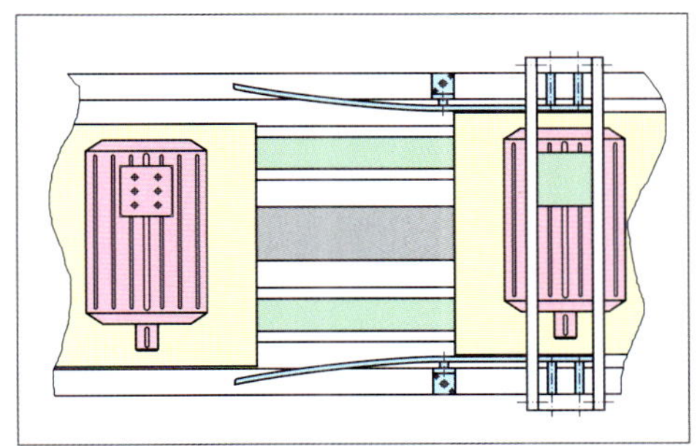

Bild 7 *Führungsbleche zur Positionierung*

Die *Auswertung* der Messergebnisse ist (noch) nicht Bestandteil des Projektes.

■ **Lastenheft**

Der **Auftraggeber** beschreibt, welches Ziel oder welche Ziele mit dem Projekt erreicht werden sollen.

Das Lastenheft enthält die Gesamtheit aller Forderungen an die Lieferungen und Leistungen eines Auftragnehmers.

Es kann zur Einholung von Angeboten dienen.

■ **Pflichtenheft**

Der **Auftragnehmer** beschreibt, wie er das Projekt verwirklichen will.

Es ist ein Leistungsverzeichnis, in dem das Projektergebnis beschrieben wird und somit ein wichtiges Element des Projektvertrages.

Pflichtenheft
product brief, specifications

Lastenheft
product brief

Qualität
quality

Qualitätssicherung
quality assurance

Qualitätskontrolle
quality control

- **Projekt** hat einen vorgegebenen Umfang. Es wird zwischen einem Anfangs- und Endzeitpunkt verwirklicht. Die Projektdauer kann sehr unterschiedlich sein. Ein Projekt kann durchaus mehrere Jahre dauern.
- **Projekt** ist eine neuartige Aufgabenstellung (keine Routinearbeit). Es besteht somit das Risiko des Scheiterns.
- **Projekt** muss mit begrenzten Mitteln (Personal- und Sachkosten) verwirklicht werden (Projektbudget).
- **Projektarbeit** ist Teamarbeit, da Aufgaben fachübergreifend gelöst werden müssen.
- **Projekte** sollen messbare Zielvorgaben haben.
- **Projektleiter** sind von großer Bedeutung. Ihre wesentlichen Aufgaben sind:
  - Zusammenstellung und Leitung des Projektteams
  - Projektplanung
  - Aufgaben- und Arbeitsverteilung
  - Kontrolle des Projektfortschrittes
  - Abstimmung mit anderen beteiligten Stellen
  - Information der Vorgesetzten
- **Projektphasen**
  Phase 1: *Projektantrag* (Zielsetzung, Aufgabenstellung, Lastenheft, Pflichtenheft)
  Phase 2: *Projektplanung* (Aufgabenplanung, Personalplanung, Terminplanung, Kostenplanung, Materialplanung)
  Phase 3: *Projektdurchführung* (Kontrolle der Arbeitsabläufe, Fortschrittsbesprechungen, Konfliktlösung, Systemeinführung)
  Phase 4: *Projektabschluss* (Zielerreichung, Soll-/Ist-Vergleich, Dokumentation, Abschlussbericht, Qualitätssicherung)
- **Qualitätsregelkreise** verdeutlichen die Qualitätsmerkmale. *Messbare* und *zählbare* Qualitätsmerkmale bezeichnet man als *quantitativ* (z. B. Bohrungsdurchmesser), *bewertbare* Qualitätsmerkmale als *qualitativ* (z. B. Serviceanfälligkeit).

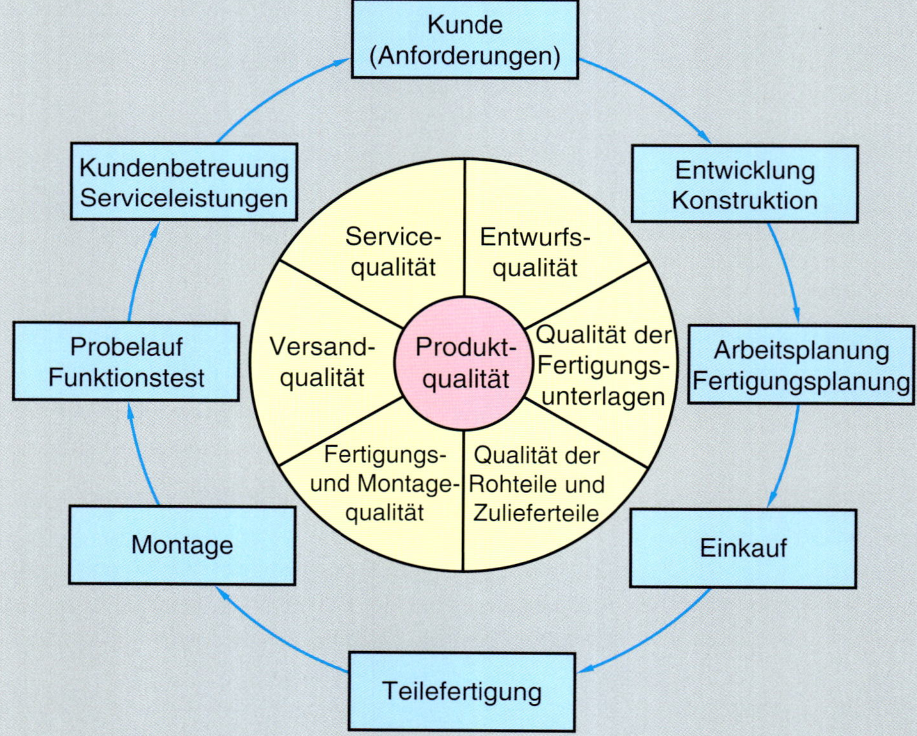

- **Qualitätssicherungsmaßnahmen** sind Qualitätsplanung, Qualitätslenkung, Qualitätsprüfung und Qualitätsförderung.
- **Qualitätsplanung** ist die Umsetzung der Produktanforderungen in Qualitätsmerkmale. Zum Beispiel Festlegung der erforderlichen Toleranzen für die Merkmalswerte, Aufstellen von Prüfplänen mit genauen Prüfanweisungen.
- **Qualitätslenkung** ist das Veranlassen und Überwachen der von der Qualitätsplanung festgelegten Maßnahmen und Anforderungen. Einleitung korrigierender und steuernder Maßnahmen, wenn die Qualitätsanforderungen nicht eingehalten werden.
- **Qualitätsprüfung** ist die Durchführung der in der Qualitätsplanung festgelegten Prüfungen und Auswertung der Prüfungsergebnisse.
- **Qualitätsförderung** erfolgt durch Schulung und Motivation der Mitarbeiter, durch Erstellung von Qualitätsberichten und durch Schaffung qualitätsverbessernder Arbeitsbedingungen.

Herr Vural übergibt der Auszubildenden die vorhandene Dokumentation der Transportbandanlage. Er fordert sie auf, sich in die Schaltungsunterlagen einzuarbeiten.

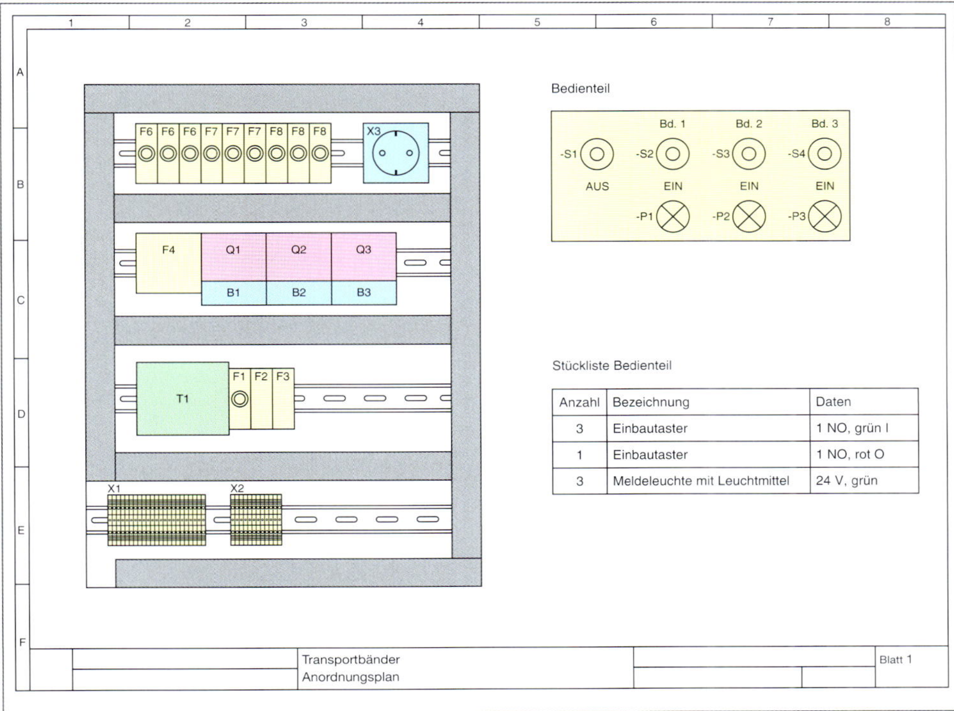

Anzahl	Bezeichnung	Daten
3	Einbautaster	1 NO, grün I
1	Einbautaster	1 NO, rot O
3	Meldeleuchte mit Leuchtmittel	24 V, grün

Bild 8 *Anordnungsplan und Bedienteil der Steuerung*

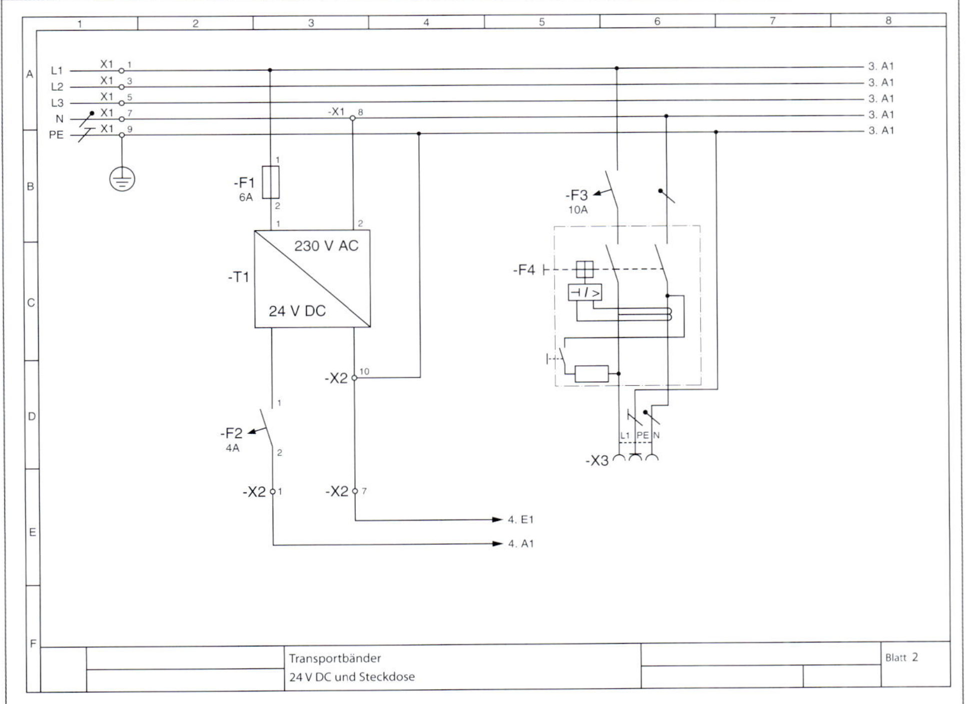

Bild 9 *Bandsteuerung, 24-V-Steuerspannung und Steckdose*

Anordnungsplan

Informiert über den Installationsort der einzelnen Betriebsmittel (z. B. im Schaltschrank).

Die Darstellung ist nicht maßstäblich. Maßangaben sind nicht notwendig.

Zusätzliche Kennzeichnungen der Betriebsmittel sind zulässig.

Elektrische Betriebsmittel

Dienen zur Umwandlung, Übertragung, Verteilung und Anwendung der elektrischen Energie.

Symbole und Betriebsmittelbezeichnungen

Schmelzsicherung (F...)

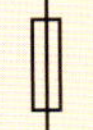

Leitungsschutzschalter (F...)

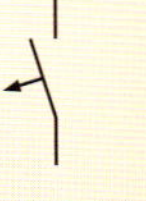

RCD (F...)

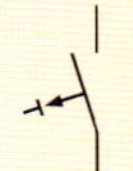

Weitere Informationen

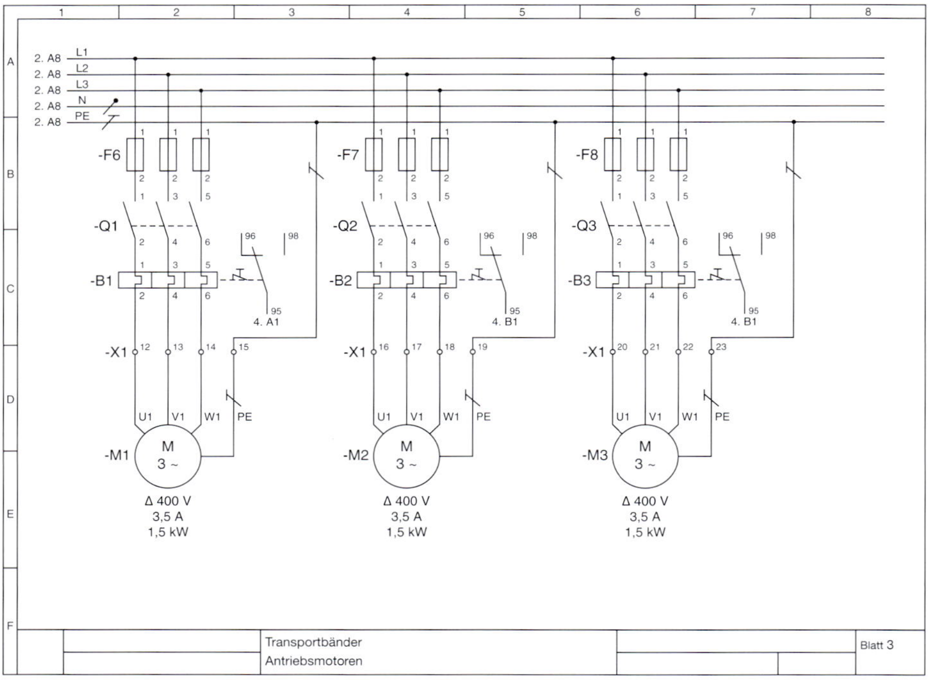

Bild 10 *Bandsteuerung, Hauptstromkreis*

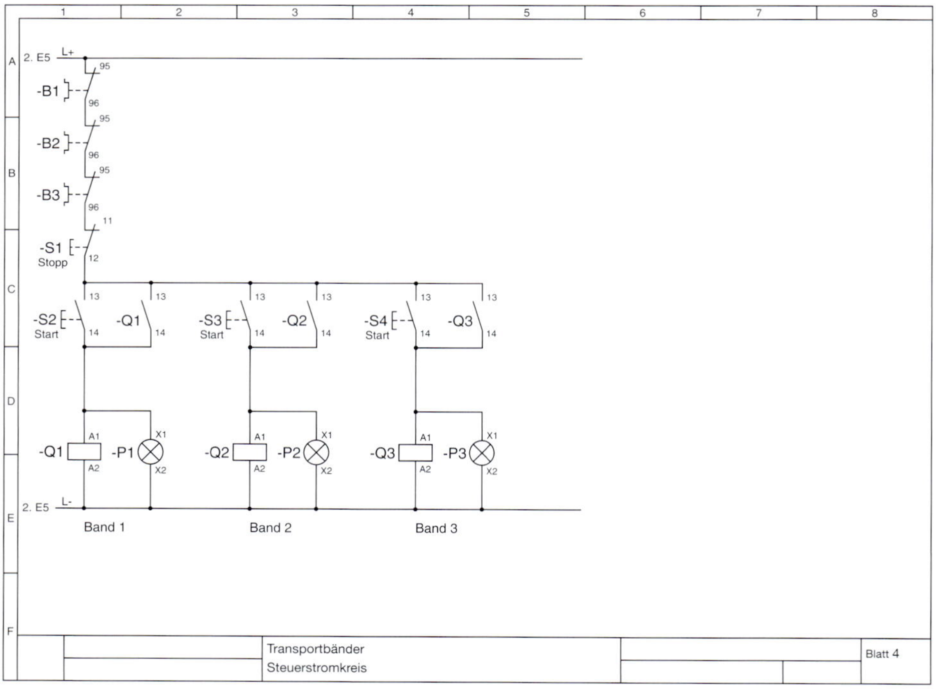

Bild 11 *Bandsteuerung, Steuerstromkreis*

Stückliste der Montageplatte

Anzahl	Bezeichnung	Daten
1	Netzgerät	230 V AC / 24V DC / 5 A
1	Leitungsschutzschalter	4 A DC, C-Charakteristik, 1-polig
1	Leitungsschutzschalter	10 A, B-Charakteristik, 1-polig
9	Schmelzsicherungssystem	Neozed 16 A, 1-polig
1	RCD	25 A / 30 mA, 2-polig
1	Schmelzsicherungssystem	Neozed 6 A, 1-polig
3	Hauptschütz	24 V DC, 3 H + 1 NO + 1 NC
3	Motorschutzrelais	Hilfskontakt Wechsler; 2,5 – 4 A
1	Schutzkontaktsteckdose	16 A, Hutschiene
	Verdrahtungskanal	geschlitzt $H = 50$ mm, $B = 35$ mm
	Tragschiene	DIN EN 50022
2	Klemmleisten	Schraubklemmen

Analyse des Ist-Zustandes

- Die drei Bandantriebsmotoren M1, M2 und M3 werden duch die Hauptschütze Q1, Q2 und Q3 geschaltet.
- Den Motorschutz übernehmen drei Bimetallrelais (B1, B2 und B3).
- Für den Leitungsschutz sind die Schmelzsicherungen F6, F7 und F8 zuständig.
- Die technischen Daten der drei Motoren stimmen überein.
- Die drei Bänder können mit den Tastern S2, S3 und S4 eingeschaltet werden.
- Eine bestimmte Einschaltfolge der Bänder ist nicht vorgeschrieben.
- Die drei Bänder werden gemeinsam mit dem Taster S1 ausgeschaltet.
- Der Betriebszustand eines Bandantriebes wird durch ein Meldelampe signalisiert. Wenn zum Beispiel das Band 1 über das Schütz Q1 eingeschaltet ist, leuchtet die Meldelampe P1.
- Wenn der Motorschutz eines Bandantriebes anspricht, werden alle Bänder ausgeschaltet.
- Der Steuerstromkreis arbeitet mit einer Betriebsspannung von 24 V DC.

■ **Bimetallrelais** → 135

■ **Schütz** → 129

■ **Leitungsschutz** → 49

■ **Taster, Meldelampen** → 133

■ **RCD** → 202

2 Grundqualifikationen

2.1 Der elektrische Stromkreis

Elektrische Ladung

Atome bestehen aus *Atomkern* und *Atomhülle*.

Der **Atomkern** besteht aus *Protonen* und *Neutronen*.

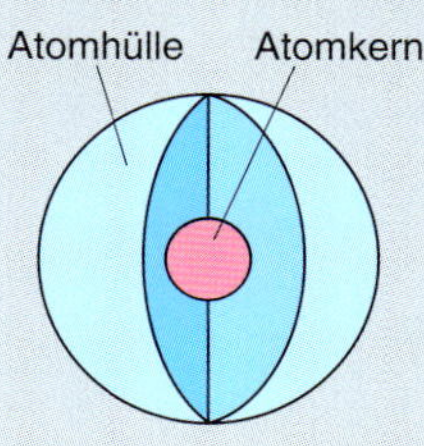

Die **Elektronen** bewegen sich auf festen Bahnen (Schalen) mit *hoher Geschwindigkeit* um den Atomkern.

Die Elektronen bilden die **Hülle** des Atoms.

Elektrische Kräfte halten die Elektronen gegen die Fliehkraft auf ihren Bahnen. Ursache der elektrischen Kräfte ist die **elektrische Ladung**.

Protron

Elektron Neutron

Das *Elektron* ist ein **Ladungsträger**.

Es trägt die **negative Elementarladung**

$e = -1{,}6 \cdot 10^{-19}$ As

Auch der *Atomkern* ist ein **Ladungsträger**. Er trägt die **positive Elementarladung**

$e = +1{,}6 \cdot 10^{-19}$ As

Gleichnamige Ladungen *stoßen sich ab*. **Ungleichnamige** Ladungen *ziehen sich an*.

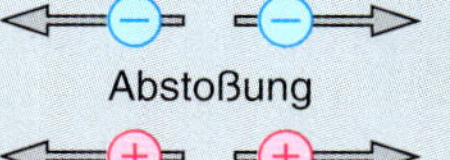

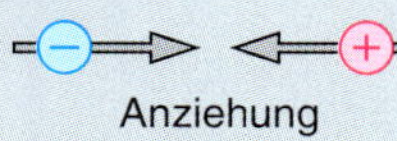

Elektrisch neutrales Atom
Negative Elementarladungen der Elektronen = positive Elementarladungen der Protonen

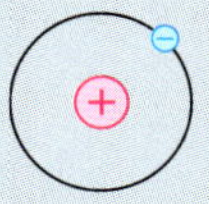

Bei n Protonen bzw. Elektronen beträgt die **Ladungsmenge** bzw. **Elektrizitätsmenge**

$$Q = n \cdot (\pm e)$$

Q Ladungsmenge (Elektrizitätsmenge) in As oder C
n Anzahl der Elementarladungen
e Elementarladung ($\pm 1{,}6 \cdot 10^{-19}$ As)

Positives Ion
Atom hat Elektronen *abgegeben*.
Es hat eine **positive Ladung**.

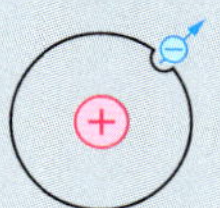

Negatives Ion
Atom hat Elektronen *aufgenommen*.
Es hat eine **negative Ladung**.

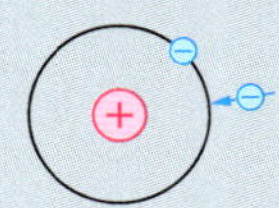

Elektronen**mangel** → **positive** Ladung
Elektronen**überschuss** → **negative** Ladung

Bei der **Ladungstrennung** und beim **Ladungsausgleich** werden elektrische Ladungsträger (Elektronen) *bewegt*. Die *Elektronenbewegung* nennt man **elektrischer Strom**.

Ergebnis der Ladungstrennung:
Ort 1: *Mangel* an Elektronen
Ort 2: *Überschuss* an Elektronen

Zwischen Ort 1 und Ort 2 herrscht eine **elektrische Spannung**. Sie ist bestrebt, die Ladungstrennung wieder aufzuheben (Bild 2, Seite 24).

Der **Ladungsausgleich** erfolgt, wenn Ort 1 und Ort 2 durch einen *elektrischen Leiter* miteinander verbunden werden (Bild 2, Seite 24).

Bei der **technischen Spannungserzeugung** werden unter Energieaufwand positive und negative Ladungsträger getrennt.

Es bilden sich dadurch 2 **Pole** aus:

Positiver Pol: Elektronenmangel
Negativer Pol: Elektronenüberschuss

■ **Atom**
griechisch „atomos“, unteilbar

■ **Valenzelektronen**
Die Elektronen der äußersten Schale heißen Valenzelektronen. Sind am weitesten vom Kern entfernt und somit von außen am besten zu beeinflussen.

■ **Geschwindigkeit der Elektronen**
Die Elektronen umkreisen den Atomkern mit einer Geschwindigkeit von ca. 220 km/s.
Elektrische Kräfte halten die Elektronen auf ihren Bahnen.

■ **Elementarladung**
Kleinstmögliche elektrische Ladung. Eine Menge von Elementarladungen wird elektrische Ladung genannt.

■ **Coulomb (C)**
Einheit der elektrischen Ladung.

1 C = 1 As
(Ampere · Sekunde)

■ **Spannungsquelle (Symbol)**

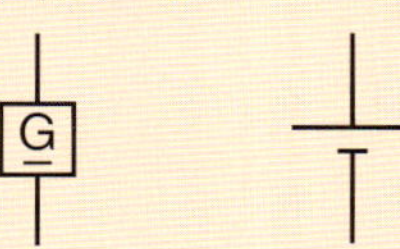

■ **Spannungspfeil**

Spannungsquelle: Vom Pluspol zum Minuspol
Verbrauchsmittel: Pfeil weist in Richtung des Stromflusses

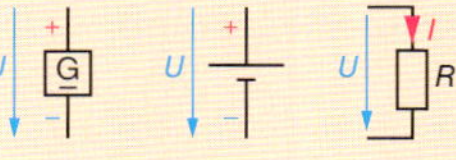

Elektrische Spannung ist das Ausgleichsbestreben getrennter Ladungen.

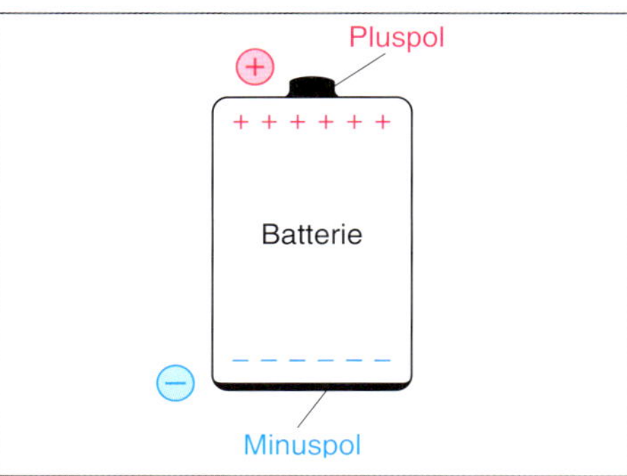

Bild 1 *Ladungstrennung bei einer Batterie*

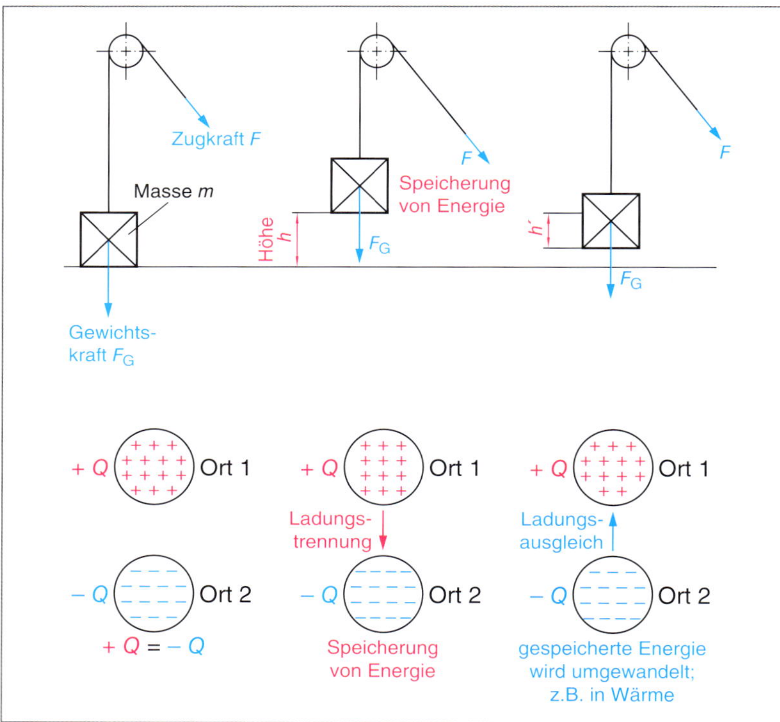

Bild 2 *Ladungstrennung und Ladungsausgleich*

■ **Elektrischer Widerstand (Symbol)**

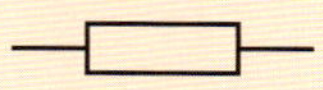

■ **Dezimale Teile und Vielfache von Einheiten**

1 mA = 0,001 A = 10^{-3} A
1 µA = 0,000001 A = 10^{-6} A

1 kΩ = 1000 Ω = 10^3 Ω
1 MΩ = 1000000 Ω = 10^6 Ω

Grob vergleichbar ist der Vorgang mit dem Anheben und Absenken einer Masse *m* (Bild 2).

Linke Abbildung: Masse *m* steht auf der Unterlage (Ausgleichszustand).

Mittlere Abbildung: Masse *m* wurde durch Zugkraft *F* auf die Höhe *h* angehoben. Die dabei aufgewendete Energie ist in der Masse gespeichert („Spannungszustand“).

Rechte Abbildung:
Seil wird losgelassen, Masse *m* wird um die Höhe *h* abgesenkt.

Dabei wird wieder Energie frei. Ein Teil des „Spannungszustandes“ wurde dabei abgebaut.

Allgemein:

- **Ladungstrennung** → elektrische Spannung
- **Ladungsausgleich** → elektrischer Strom

Technische Größen des Stromkreises

Nach der Projektbesprechung → 15 fragt die Auszubildende ihren Meister, was denn eigentlich unter dem Begriff **elektrischer Widerstand** oder kurz **Widerstand** zu verstehen ist.

Der Meister nimmt ein **Multimeter** und stellt es auf den *Widerstandsmessbereich* ein. Dieser Bereich ist mit Ω gekennzeichnet.

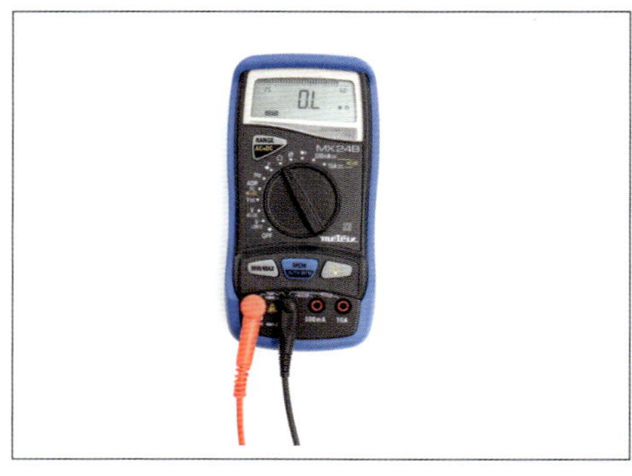

Bild 3 *Multimeter im Widerstandsmessbereich*

Widerstandsmessungen werden nur im spannungsfreien Zustand durchgeführt!

Vier Widerstandsmessungen werden unter Aufsicht des Ausbilders durchgeführt (Bild 4).

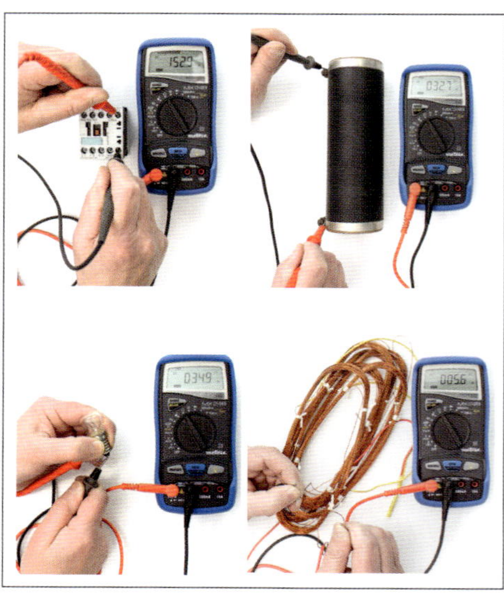

Bild 4 *Messungen mit dem Multimeter*

Es werden unterschiedliche Widerstandswerte gemessen. Der **elektrische Widerstand** ist eine bestimmende Größe im elektrischen Stromkreis.

Zur Verdeutlichung (Bild 5):

- Ladungstrennung → **elektrische Spannung** (Pluspol, Minuspol)
- Ladungsausgleich → **elektrischer Strom**

Je größer der Strom, umso schneller erfolgt der Ladungsausgleich. Je kleiner der Strom, umso länger dauert der Ladungsausgleich.

Die Höhe des Stromes (und damit die Dauer des Ladungsausgleichs) wird wesentlich vom **elektrischen Widerstand** bestimmt.

Hoher Widerstand → kleiner Strom,
Kleiner Widerstand → hoher Strom

Elektrischer Widerstand → Begrenzung des elektrischen Stromes
Formelzeichen: R
Einheit: Ω (Ohm)

Elektrischer Strom → Bewegung von Ladungsträgern
Formelzeichen: I
Einheit: A (Ampere)

Elektrische Spannung → Maß für die Ladungstrennung
Formelzeichen: U
Einheit V (Volt)

Elektrische Leitfähigkeit → Kehrwert des elektrischen Widerstandes $\left(G = \frac{1}{R}\right)$
Formelzeichen: G
Einheit: S (Siemens), $1\ \text{S} = 1\ \frac{1}{\Omega}$

Ein *hoher* Widerstand bedeutet eine *geringe* Leitfähigkeit. Ein *geringer* Widerstand bedeutet eine *hohe* Leitfähigkeit.

$$\text{Widerstand} = \frac{1}{\text{Leitfähigkeit}} \qquad G = \frac{1}{R}$$

R = 1 Ω, G = 1 S — R = 10 Ω, G = 0,1 S — R = 100 Ω, G = 0,01 S

Bild 6 Widerstand und Leitfähigkeit

In einem **elektrischen Stromkreis** belastet der Widerstand die Spannungsquelle (Ort der Ladungstrennung), an die er über Leitungen angeschlossen ist. Jeder **Stromkreis** hat einen elektrischen Widerstand.

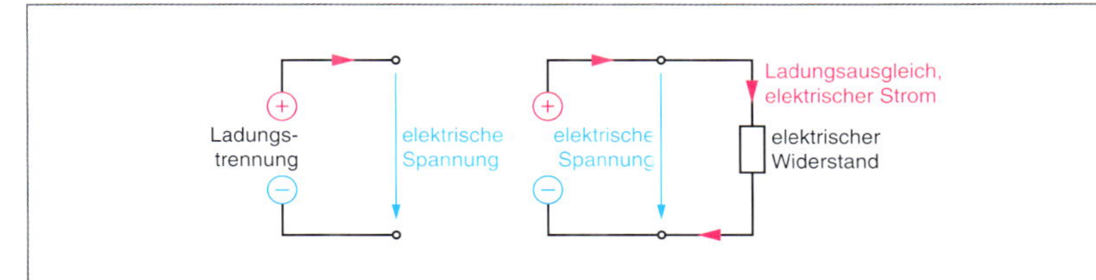

Bild 5 Ladungstrennung und Ladungsausgleich

Der Potenzialbegriff

Die *Spannung U* einer Spannungsquelle ist der *Ladungsunterschied* zwischen den Polen.

Das **elektrische Potenzial** φ ist allgemein der Ladungsunterschied zwischen einem elektrisch geladenen Körper und Erde (Masse) oder einem anderen *fest definierten Bezugspunkt.*

In Bild 7 ist der *Minuspol* der Spannungsquelle der *Potenzial-Bezugspunkt.*

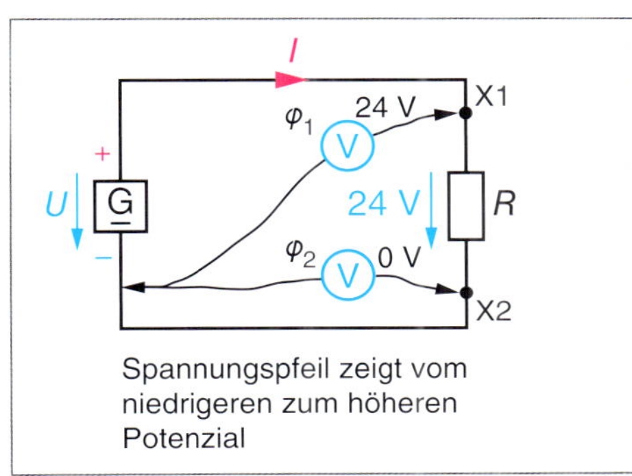

Bild 7 Elektrisches Potenzial

Potenziale am Widerstand (Bild 7):

Klemme X1 am Widerstand: $\varphi_1 = 24$ V

Klemme X2 am Widerstand: $\varphi_2 = 0$ V

Potenzialdifferenz am Widerstand:

$\Delta\varphi = \varphi_1 - \varphi_2 = 24\ \text{V} - 0\ \text{V} = +24\ \text{V}$

Spannungsfall

Die Potenzialdifferenz am Widerstand wird **Spannungsfall** genannt. An dem in Bild 7 dargestellten Widerstand tritt der Spannungsfall $U_1 = 24$ V auf.

Ausschnitt aus dem Steuerstromkreis des Projektes (→ 20). Siehe Bild 8, Seite 27.

Taster S1 unbetätigt: $\varphi_{12} = \Delta\varphi = 24$ V

Taster S1 betätigt: $\varphi_{12} = \Delta\varphi = 0$ V

Im *unbetätigten* Zustand liegt die gesamte Betriebsspannung an den Tasteranschlüssen.

Angabe der Stromrichtung

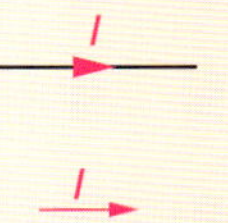

Technische Stromrichtung

Außerhalb der Spannungsquelle: Pluspol → Minuspol

Innerhalb der Spannungsquelle: Minuspol → Pluspol

Elektronenflussrichtung

Außerhalb der Spannungsquelle: Minuspol → Pluspol

Innerhalb der Spannungsquelle: Pluspol → Minuspol

Spannung

Formelzeichen U
Einheit V (Volt)

Stromstärke

Formelzeichen I
Einheit A (Ampere)

Potenzial

Formelzeichen φ
Einheit V

Das Potenzial ist immer mit einem Vorzeichen behaftet, es kann positiv oder negativ sein.

Potenzialdifferenz

Formelzeichen $\Delta\varphi$
Einheit V

Vorzeichenbehafteter Unterschied zwischen zwei Potenzialen. Potenzialdifferenz = elektrische Spannung.

Erde bzw. *Masse* hat stets das Potenzial 0 V.

Widerstand

Ein Verbrauchsmittel hat den Widerstand 1 Ω, wenn es an der Spannung $U = 1$ V vom Strom $I = 1$ A durchflossen wird.

Stromstärke

Je mehr Ladungsträger pro Sekunde durch einen Leiter fließen, umso größer ist die Stromstärke I.

Wenn $6{,}24 \cdot 10^{18}$ Ladungsträger pro Sekunde fließen, beträgt die Stromstärke 1 Ampere (1 A).

Verbrauchsmittel
current using equipment

Spannung, elektrische
voltage

Betriebsspannung
working voltage, operating voltage

Spannungsquelle
voltage source

Spannungsmesser
voltmeter

Ladung
charge

Strom
current

Minuspol
negative pole

Pluspol
positive pole

Stromstärke
current intensity, amperage

Strommesser
amperemeter, ammeter

Verbraucher
consumer

Nennspannung
rated voltage

Widerstand
resistance (Wert)
resistor (Bauelement)

Widerstandsmesser
ohmmeter

Potenzialdifferenz
potential difference

Erde
earth, ground

Spannungsquelle

Durch Trennung elektrischer Ladungen bilden sich zwei **Pole** aus:

Minuspol: Überschuss an *negativen* Ladungen (Elektronenüberschuss)

Pluspol: Überschuss an *positiven* Ladungen (Elektronenmangel)

Ladungsunterschied zwischen den Polen:

groß	hohe Spannung
klein	geringe Spannung
keiner	keine Spannung

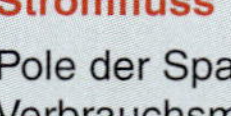

Stromfluss

Pole der Spannungsquelle über ein Verbrauchsmittel verbinden.
Es fließt ein **elektrischer Strom**.

Elektrischer Strom = Ladungsausgleich zwischen den Polen der Spannungsquelle = Bewegung von Ladungsträgern (hier Elektronen).

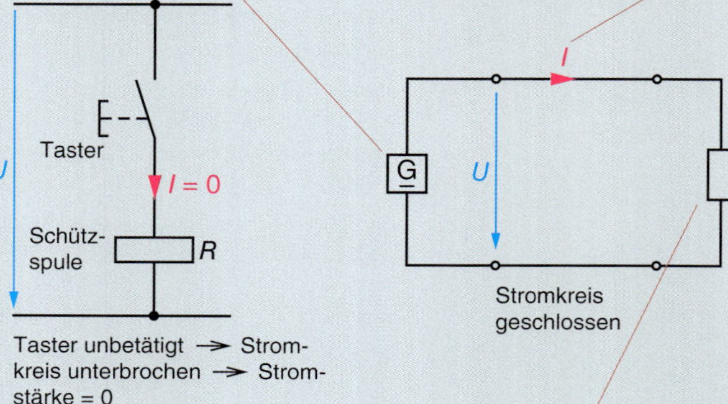

Taster unbetätigt → Stromkreis unterbrochen → Stromstärke = 0

Elektrische Leitungen

Verbinden Spannungsquelle und Verbrauchsmittel.
Dienen dem Transport der elektrischen Ladungen.
Ermöglichen den Aufbau eines **Stromkreises**.
Ihr elektrischer Widerstand soll so gering wie möglich sein.

Verbraucher (Verbrauchsmittel)

Kennzeichnende Eigenschaft des Verbrauchsmittels ist der **elektrische Widerstand *R***.
Seine Ladungsträgerbehinderung bestimmt den Wert des elektrischen Stromes.

Elektrischer Widerstand R

groß	große Behinderung, kleiner Strom
mittel	mittlere Behinderung, mittlerer Strom
gering	geringe Behinderung, großer Strom

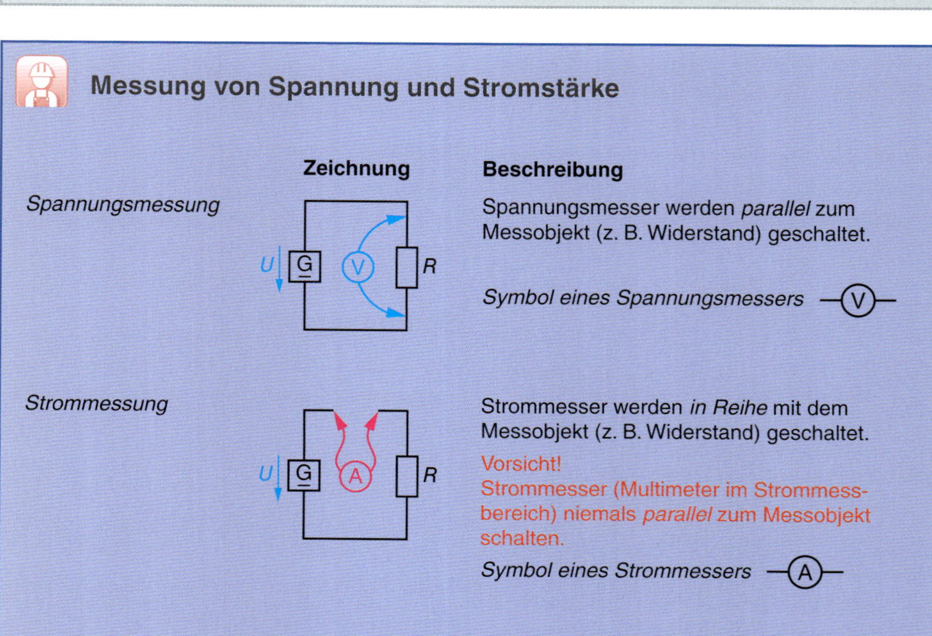

Messung von Spannung und Stromstärke

	Zeichnung	Beschreibung
Spannungsmessung		Spannungsmesser werden *parallel* zum Messobjekt (z. B. Widerstand) geschaltet. *Symbol eines Spannungsmessers* –(V)–
Strommessung		Strommesser werden *in Reihe* mit dem Messobjekt (z. B. Widerstand) geschaltet. Vorsicht! Strommesser (Multimeter im Strommessbereich) niemals *parallel* zum Messobjekt schalten. *Symbol eines Strommessers* –(A)–

Ohmsches Gesetz

Das **ohmsche Gesetz** beschreibt den *Zusammenhang* zwischen den drei Größen *Spannung*, *Widerstand* und *Stromstärke* des Stromkreises.

Beispiel 1

An $U = 24$ V wird die Schützspule vom Strom $I = 110$ mA $= 0{,}11$ A durchflossen. Daraus lässt sich der Spulenwiderstand errechnen.

$$R = \frac{U}{I} = \frac{24\ \text{V}}{0{,}11\ \text{A}} = 218{,}2\ \Omega$$

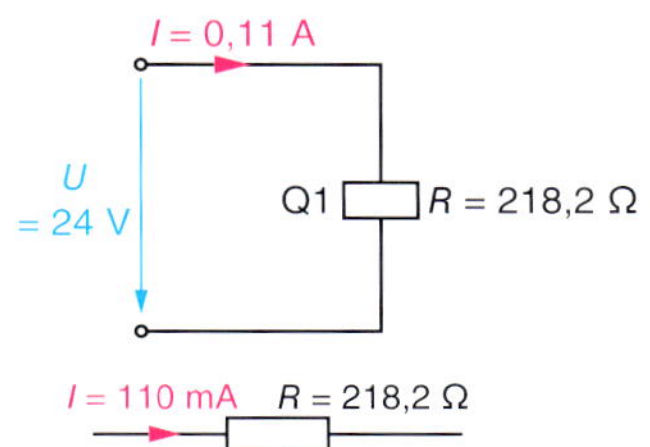

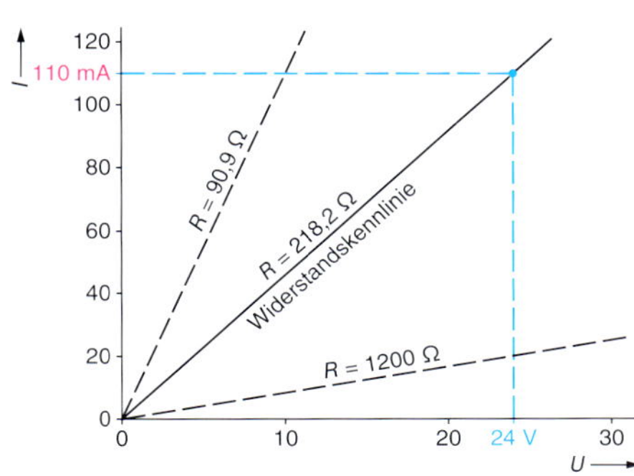

Aus der Widerstandskennlinie können Wertepaare Spannung-Stromstärke gebildet werden (R ist konstant). Bei $U = 10$ V fließt z. B. der Strom $I = 45$ mA durch den Widerstand. Die Stromstärke ist der Spannung proportional (verhältnisgleich).

Beispiel 2

Die Widerstandsmessung einer Schützspule ergibt $R = 218{,}2\ \Omega$. Die Spannung $U = 24$ V treibt den Strom

$$I = \frac{U}{R} = \frac{24\ \text{V}}{218{,}2\ \Omega} = 0{,}11\ \text{A}$$

durch den Widerstand.

Bei konstanter Spannung U nimmt die Stromstärke I mit zunehmendem Widerstand R ab. Die Stromstärke ist dem Widerstand umgekehrt proportional (verhältnisgleich).

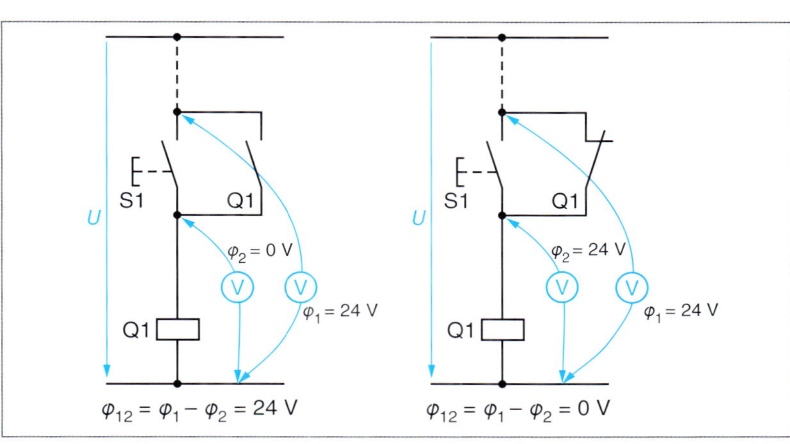

Bild 8 *Ausschnitt Steuerstromkreis mit Potenzialangaben*

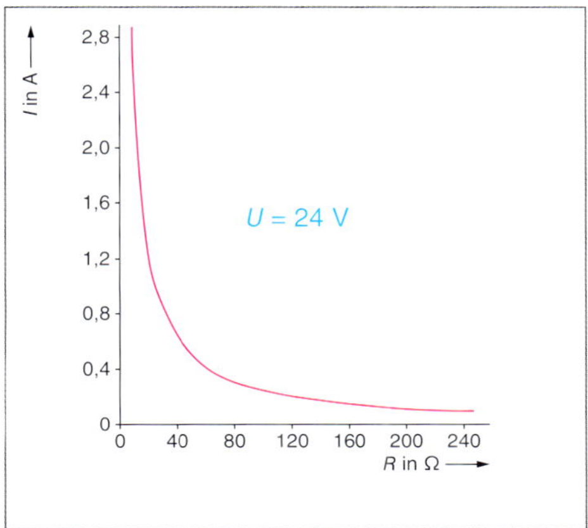

Beispiel 3

Die Schützspule mit $R = 218{,}2\ \Omega$ wird vom Strom $I = 0{,}11$ A durchflossen.

An der Schützspule liegt die elektrische Spannung

$U = I \cdot R = 0{,}11\ \text{A} \cdot 218{,}2\ \Omega = 24$ V

Bei konstanter Stromstärke I nimmt die Spannung U mit steigendem Widerstand R zu. Die Spannung ist dem Widerstand proportional (verhältnisgleich).

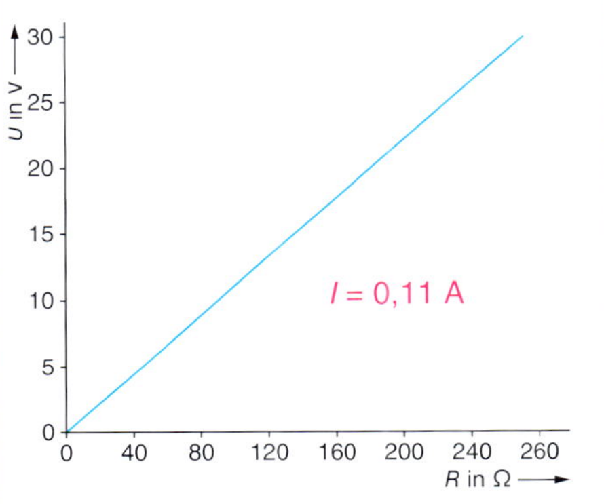

■ **Proportional**

Verhältnisgleich, im gleichen Verhältnis zunehmend oder abnehmend.

Zum Beispiel

$1 \cdot U$	$1 \cdot I$
$2 \cdot U$	$2 \cdot I$
$3 \cdot U$	$3 \cdot I$

$U = 5\ \text{V} \rightarrow I = 2\ \text{A}$
$U = 10\ \text{V} \rightarrow I = 4\ \text{A}$
$U \sim I$

■ **Umgekehrt proportional**

Bei einer *Zunahme* des Widerstandes nimmt die Stromstärke *ab*.

$I \sim \frac{1}{R}$

Masse
earth, ground, mass

belastet
loaded

unbelastet
unloaded

@ Interessante Links

Widerstände
- altmann-gmbh.de
- frizlen.com
- vitrohm.de
- krah-rwi.de

■ **Toleranz**

Elektrische Widerstände haben i. Allg. nennenswerte Toleranzen (siehe Beispiel).

Dies gilt auch für andere elektrische Verbrauchsmittel.

Für den Praktiker folgt daraus, dass eine übermäßig genaue Angabe bei der Berechnung nur in Ausnahmefällen sinnvoll ist.

Beispiel:
Berechnet wird ein Widerstand von $R = 45{,}675\ \Omega$.

Einmal ist der Widerstand mit einer Toleranz behaftet, zum anderen kann ohnehin nur der nächstgelegene Wert der Normreihe gekauft werden. Das wäre hier 47 Ω.

Die Angabe von drei Nachkommastellen ist also praktisch sinnlos.

Widerstand: Farbcode braun-rot-orange-silber, Spannung am Widerstand $U = 12$ V.
Wie groß ist die Stromstärke und was bedeutet die Toleranzangabe?

Der Widerstandswert kann aus dem Farbcode ermittelt werden.

Hierzu wird das Tabellenbuch genutzt.

braun: Ziffer **1**
rot: Ziffer **2**
orange: Multiplikator $\mathbf{10^3}$
silber: Toleranz ± **10 %**
Widerstandswert: $12 \cdot 10^3\ \Omega = 12\ \text{k}\Omega$

Die Stromstärke wird mithilfe des ohmschen Gesetzes errechnet.

$$I = \frac{U}{R}$$

$$I = \frac{12\ \text{V}}{12\ \text{k}\Omega} = \frac{12\ \text{V}}{12\,000\ \Omega} = 0{,}001\ \text{A} = 1\ \text{mA}$$

Die Toleranz gibt an, in welchem Bereich der Widerstand um den Nennwert 12 kΩ schwanken darf. 10 % von 12 kΩ entspricht 1,2 kΩ.

$R_{min} = 12\ \text{k}\Omega - 1{,}2\ \text{k}\Omega = 10{,}8\ \text{k}\Omega$

$R_{max} = 12\ \text{k}\Omega + 1{,}2\ \text{k}\Omega = 13{,}2\ \text{k}\Omega$

$R = 10{,}8$ bis $13{,}2\ \text{k}\Omega$

Widerstandsmessung

Direkte Widerstandsmessung

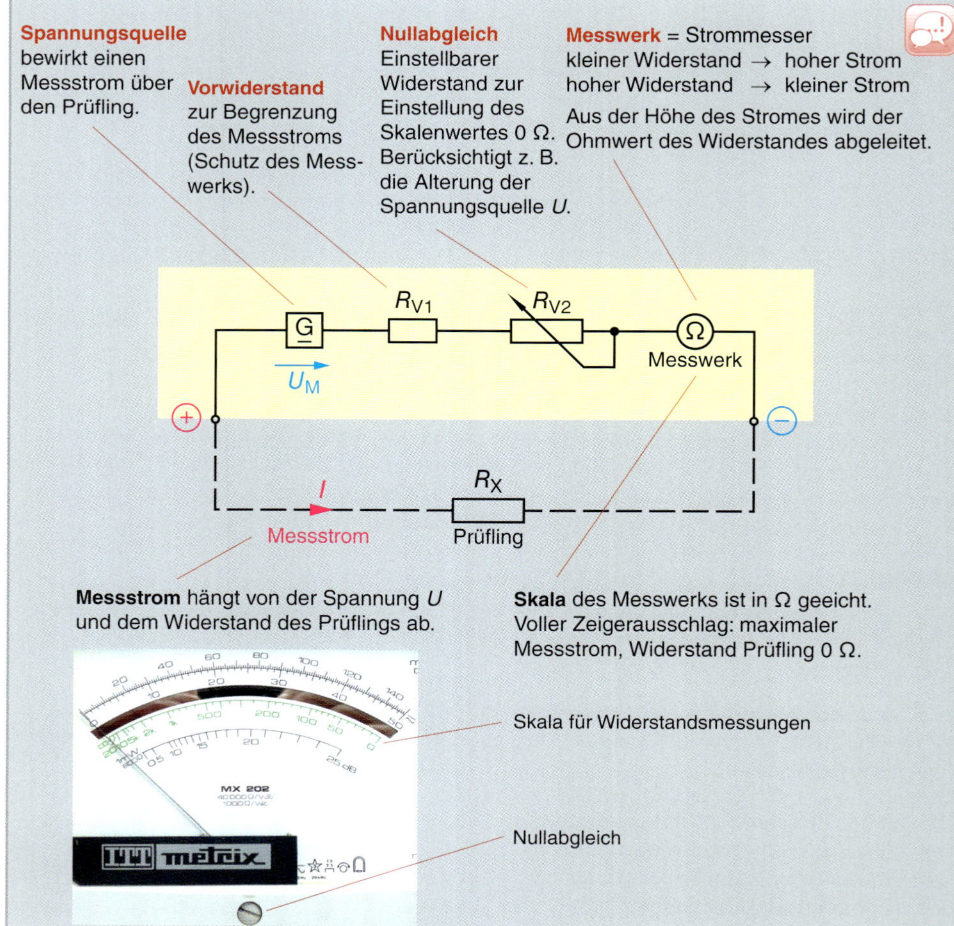

■ **Widerstände**
→ 248

■ **Messung mit dem Multimeter**
→ 243

Widerstandsbestimmung durch Strom- und Spannungsmessung

Unterschieden wird zwischen

- **Stromfehlerschaltung** (spannungsrichtige Schaltung)
- **Spannungsfehlerschaltung** (stromrichtige Schaltung)

Anwendung je nach Ohmwert des zu bestimmenden Widersterstandes R_x.

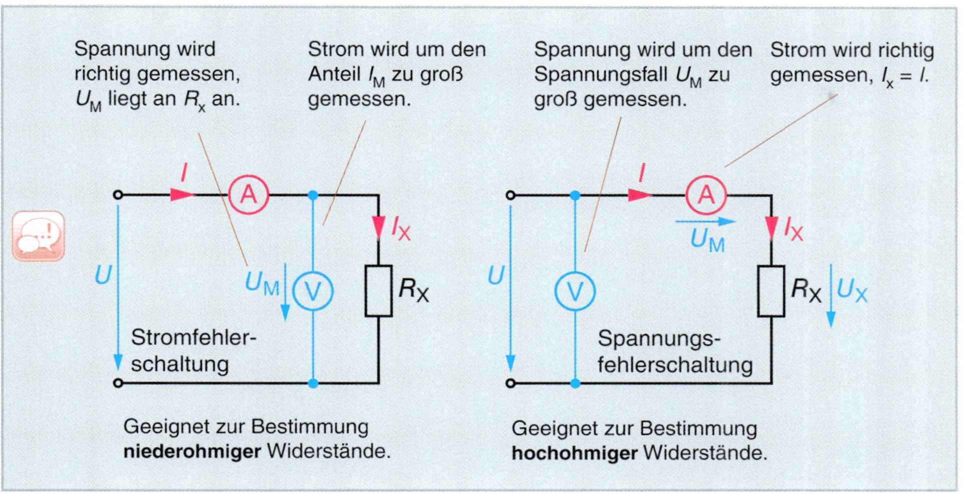

■ Widerstand

Mit Widerstand wird nicht nur die *elektrische Eigenschaft* eines Verbrauchers beschrieben, sondern auch *Bauelemente*, die bestimmte Widerstandswerte verkörpern.

Prüfung

1. Steuerung der Bandanlage → 20. Die Meldelampe P1 leuchtet nicht, obgleich das Schütz Q1 angezogen hat. Ihr Meister fordert Sie auf, den Fehler zu suchen.
Beschreiben Sie genau die Vorgehensweise bei der Fehlersuche.

2. Bei 24-V-Steuerspannung messen Sie einen Spulenstrom in der Schützspule Q1 von 109 mA. Durch zu starke Belastung des Netzteils (Spannungsversorgung) ist die Steuerspannung auf 21,6 V abgesunken.
Welchen Einfluss hat das auf den Spulenstrom? Welcher Messwert wird dann angezeigt?

3. Sie sollen den Widerstandswert einer Schützspule durch Strom- und Spannungsmessung (also nicht im Widerstandsmessbereich des Multimeters) bestimmen.
Beschreiben Sie genau, wie Sie dabei vorgehen.

4. Anordnungsplan der Bandanlage → 19. Dargestellt sind die Klemmleisten X1 und X2.
Klemmen haben hier die Aufgabe, zwei Leiter miteinander zu verbinden.
Welche Anforderung wird an den Widerstand einer solchen Klemmverbindung gestellt?
Der Ausbilder sagt Ihnen, dass an einer Klemme ein Spannungsfall von 62,5 mV auftritt und dabei ein Strom von 16 A über die Klemme fließt. Wie groß ist der Widerstand dieser Klemme?
Worauf achten Sie besonders, wenn Sie eine Klemmverbindung (z. B. mit Schraubklemmen) herstellen? Denken Sie dabei an den Klemmenwiderstand.

5. Steuerung der Bandanlage → 20. Meldelampe P3 leuchtet, das Schütz Q3 zieht nicht an.
Wie gehen Sie bei der Fehlersuche vor?

6. Ein elektrisches Verbrauchsmittel entnimmt an 60 V der Spannungsquelle den Strom 250 mA.
Wie groß ist der Widerstand des Verbrauchsmittels? Wie groß ist die Leitfähigkeit?
Bei welchem Widerstandswert würde die Stromaufnahme 500 mA betragen?
Die Spannung bricht um 20 % ein. Welchen Einfluss hat das auf die Stromstärke?

7. Erklären Sie den Begriff elektrisches Potenzial.

8. In der Praxis wird die technische Stromrichtung verwendet. Was versteht man darunter?

■ Aufgabenlösung

@ Interessante Links

- christiani-berufskolleg.de

■ Klemmverbindungen

→ 141

2.2 Widerstandsänderung bei Erwärmung

■ **Kaltleiter**

PTC-Widerstand; Widerstand nimmt mit steigender Temperatur zu.

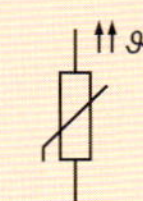

→ 253

■ **Heißleiter**

NTC-Widerstand; Widerstand nimmt mit steigender Temperatur ab.

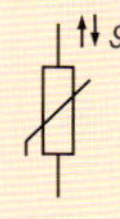

→ 257

■ **Aufgabenlösungen**

@ Interessante Links

- christiani-berufskolleg.de

Die Temperatur der Schützspule Q1 wird bei 20 °C Raumtemperatur gemessen. Messwert 222 Ω.

Danach wird das Schütz Q1 eingeschaltet. Nach längerer Betriebszeit erwärmt sich die Spule auf 40 °C. Dabei wird ein Widerstand von 242 Ω gemessen.

Der Spulenwiderstand nimmt mit steigender Temperatur zu.

Zum Verständnis dieses Verhaltens ist der *Aufbau von Metallen* wichtig. Die Schützspule besteht aus Kupferdraht.

Bei Metallen ordnen sich die Atome in **Kristallstrukturen** an. Nahezu ausnahmslos haben sie zwei oder drei *Valenzelektronen* auf der äußersten Elektronenschale (Bild 10).

Wegen der hohen Packungsdichte der Atome haben die Valenzelektronen praktisch die gleiche Entfernung zum eigenen wie zu den benachbarten Atomkernen. Die elektrischen Anziehkräfte heben sich gegenseitig auf. Valenzelektronen sind im Kristallgitter *frei beweglich*.

Da die Atome ihre Valenzelektronen abgeben, entstehen **positive Ionen**.

Elektrische Leiter: Stoffe, die eine große Anzahl *frei beweglicher* Ladungsträger (bei Metallen Elektronen) enthalten.

Wenn nun eine elektrische Spannung angelegt wird, bewegen sich die freien Elektronen durch das Kristallgitter (Driftbewegung, Elektronendrift).

Je *ungehinderter* die Elektronendrift erfolgen kann, umso *geringer* ist der elektrische Widerstand.

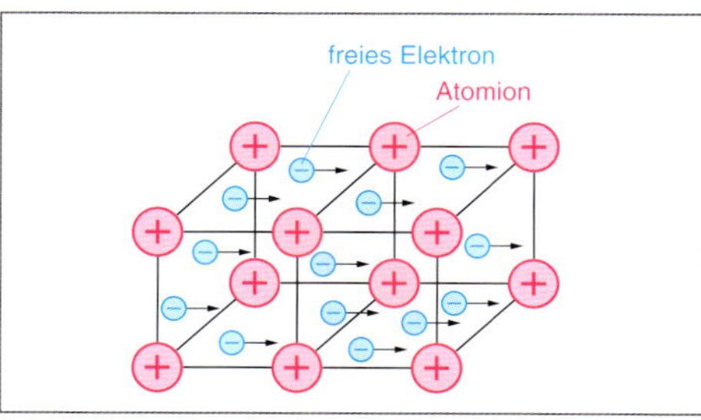

Bild 11 Elektronendrift

Je intensiver die **Wärmeschwingungen** der positiven Atomionen sind, umso häufiger *kollidieren* die freien Elektronen auf ihrem Weg durch das Kristallgitter mit den Atomionen. Der *elektrische Widerstand* nimmt mit der *Temperatur* zu.

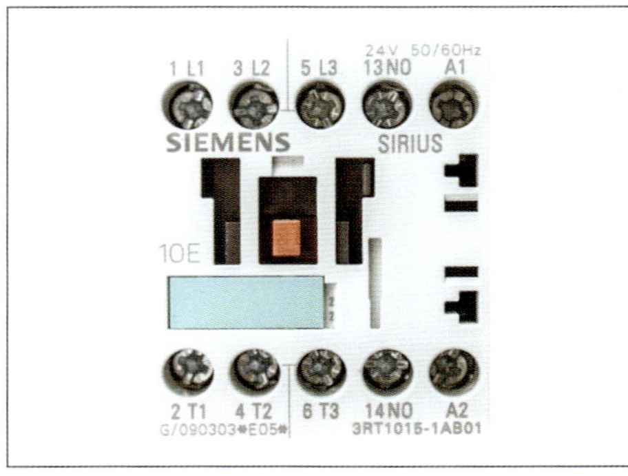

Bild 9 Schütz, Spulenanschlüsse A1, A2

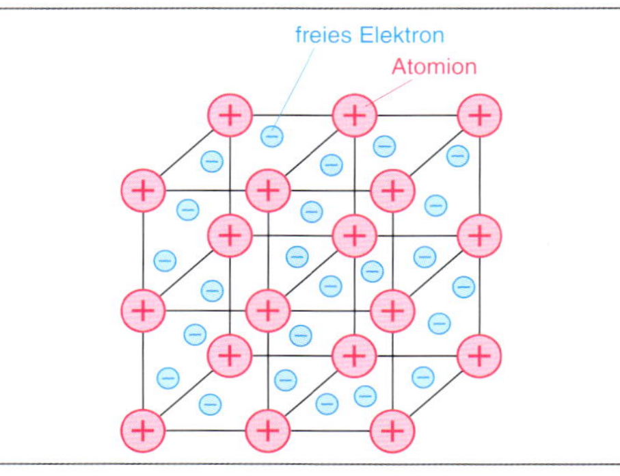

Bild 10 Kristallgitter von Metallen

Werkstoffe, bei denen der elektrische Widerstand mit der Temperatur *zunimmt*, nennt man **Kaltleiter**. Solche Widerstände haben einen *positiven Temperaturkoeffizienten* α (PTC-Widerstände). Hierzu zählen alle elektrischen Leiterwerkstoffe.

Prüfung

1. Der Spulenwiderstand des Schützes Q1 hat von 222 Ω bei 20 °C auf 242 Ω bei 40 °C zugenommen.
Welchen Einfluss hat das auf die Stromstärke der Spule?
Beachten Sie den Stromkreis auf Seite 26.

2. Bei einer Kupferspule erhöht sich die Wicklungstemperatur um 80 K. Bei 20 °C beträgt ihr Widerstand 46 Ω.
Um wie viel Prozent hat sich der Widerstand bei Erwärmung erhöht?

3. Welche Folge hätte es, wenn sich die Schützspule unzulässig hoch erwärmen würde?

4. Was bedeutet es, wenn der Temperaturbeiwert α *positiv* ist?

Im Betrieb erwärmt sich die Spule → ihr Widerstand nimmt zu.

Zunehmend Wärmeschwingungen im Kristallgitter.

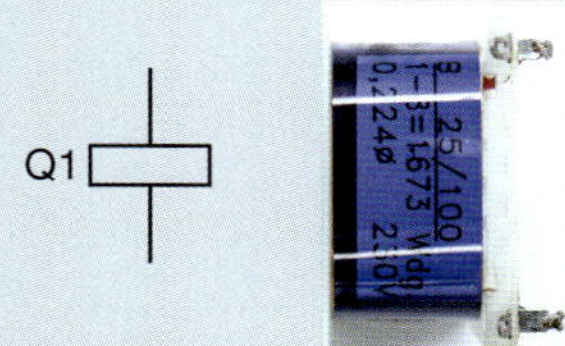

Widerstand bei 20 °C: R_{20}
20 °C ist die Ausgangstemperatur

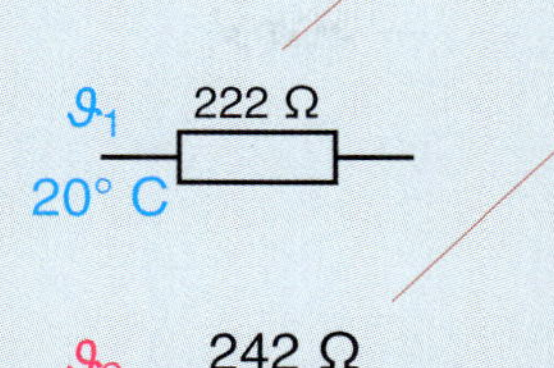

Widerstand bei 40 °C: R_ϑ.
Der Spulenwiderstand hat zugenommen.

$R_{20} = 222\ \Omega$

$R_\vartheta = 242\ \Omega$

$\Delta R = R_\vartheta - R_{20} = 20\ \Omega$

$\Delta\vartheta = \vartheta_2 - \vartheta_1 = 20\ \text{K}$

R_{20} in Ω	ΔΩ in K	ΔR in Ω
1	1	α
1	$\Delta\vartheta$	$\alpha \cdot \Delta\vartheta$
R_{20}	$\Delta\vartheta$	$R_{20} \cdot \alpha \cdot \Delta\vartheta$

Jeder Werkstoff hat einen Temperaturbeiwert α.
Der Beiwert von Kupfer ist $\alpha = 0{,}0039$ 1/K.

α gibt die Widerstandsänderung eines 1-Ω-Widerstandes bei 1 K Temperaturänderung an.

Widerstandszunahme

$\Delta R = R_{20} \cdot \alpha \cdot \Delta\vartheta$

Warmwiderstand

$R_\vartheta = R_{20} + \Delta R$

$R_\vartheta = R_{20} + R_{20} \cdot \alpha \cdot \Delta\vartheta$

$R_\vartheta = R_{20} \cdot (1 + \alpha \cdot \Delta\vartheta)$

Temperaturdifferenz

$\Delta\vartheta = \vartheta_2 - \vartheta_1$

$R_{20} = 1\ \Omega$ — 20 °C

$\Delta R = 0{,}0039\ \Omega$ — 21 °C

$R_{20} + \Delta R = 1{,}0039\ \Omega$ — 21 °C, $\Delta\vartheta = 1$ K

Temperaturkoeffizient

Auch **Temperaturbeiwert** genannt.
Formelzeichen: α
Einheit: 1/K (K = Kelvin)

Kelvin (K)

Einheit für Temperaturdifferenzen
(1 K entspricht 1 °C)
40 °C – 10 °C = 30 K

Werte von α

z.B.

Eine Motorwicklung hat bei 20 °C einen Widerstand von 215 Ω.
Bei Betrieb erwärmt sich die Kupferwicklung auf 75 °C.
Welchen Widerstand hat die Wicklung bei 75 °C?

$R_{20} = 215\ \Omega$, $\vartheta_1 = 20$ °C, $\vartheta_2 = 75$ °C	$\Delta\vartheta = \vartheta_2 - \vartheta_1 = 75\ °\text{C} - 20\ °\text{C} = 55\ \text{K}$
Temperaturunterschiede $\Delta\vartheta$ werden in Kelvin (K) angegeben.	
Der Temperaturbeiwert von Kupfer wird dem Tabellenbuch entnommen.	$\alpha = 0{,}0039\ \frac{1}{\text{K}}$
Berechnung der Widerstandszunahme:	$\Delta R = R_{20} \cdot \alpha \cdot \Delta\vartheta$
Berechnung des Widerstandes bei 75 °C:	$R_\vartheta = R_{20} + \Delta R$ $R_\vartheta = R_{20} + (R_{20} \cdot \alpha \cdot \Delta\vartheta)$ $R_\vartheta = R_{20} \cdot (1 + \alpha \cdot \Delta\vartheta)$
Der Widerstand hat um 46,1 Ω zugenommen.	$R_\vartheta = 215\ \Omega \cdot (1 + 0{,}0039\ \frac{1}{\text{K}} \cdot 55\ \text{K})$ $R_\vartheta = 261{,}1\ \Omega$

Meldelampen (konventionell)

Parallelschaltung von zwei Schützen

2.3 Schaltung von Widerständen

Parallelschaltung

Steuerung → 20: Schaltung von Schützspule und Meldelampe.

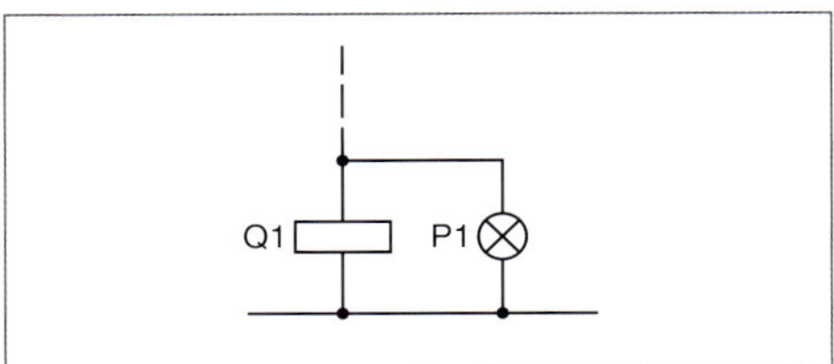

Bild 12 Schützspule und Meldelampe

Sie haben die *Widerstände* von Spule und Meldelampe bereits gemessen:

Schützspule: $R_1 = 221{,}5\ \Omega$
Meldelampe: $R_2 = 288\ \Omega$

Allgemeine Schaltungsdarstellung:

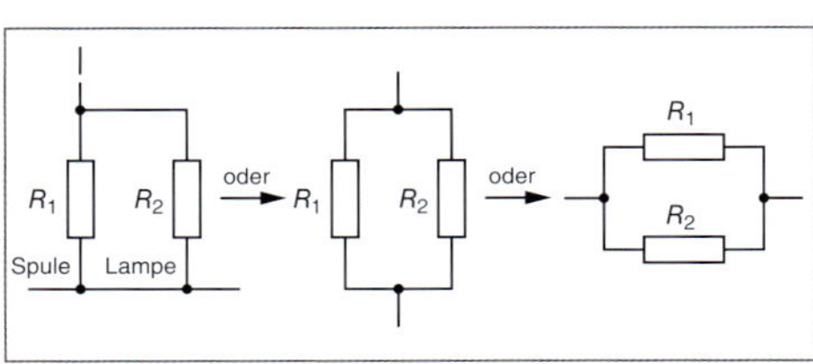

Bild 13 Parallelschaltung von Widerständen

Die beiden Widerstände sind „nebeneinander" geschaltet; **parallel geschaltet**. Man nennt dies **Parallelschaltung von Widerständen**.

Sie werden aufgefordert, das Verhalten dieser Schaltung zu untersuchen.

1. Spannungsmessungen

Gemessen werden die Spannungen an beiden Widerständen.

$U_1 = 24$ V, $U_2 = 24$ V

Bei Parallelschaltung ist die Spannung an allen Widerständen gleich groß.

$U_1 = U_2 = 24$ V

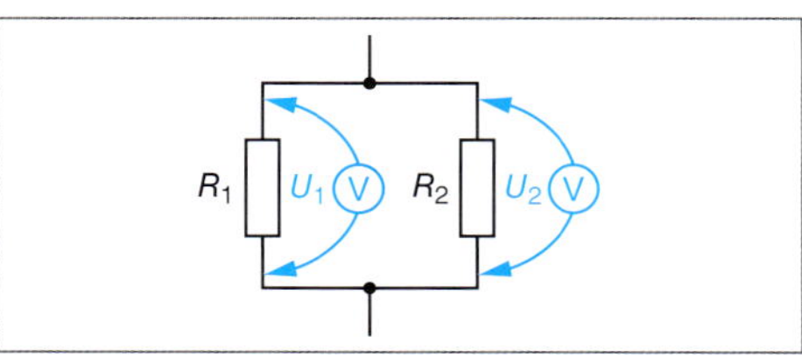

Bild 14 Spannungsmessung

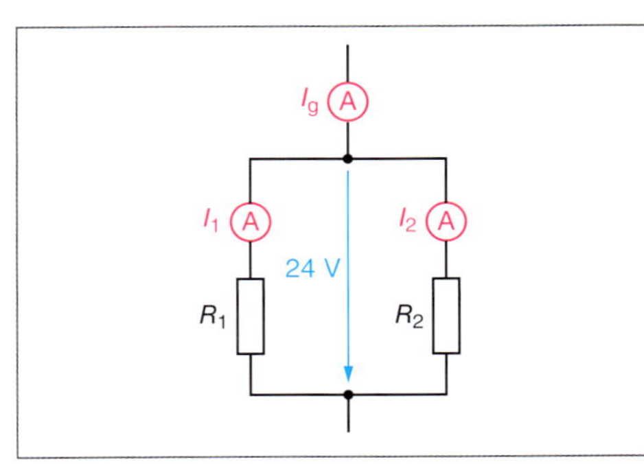

Bild 15 Strommessungen

2. Strommessungen

Es werden die Ströme in den Widerständen und in der gemeinsamen Zuleitung gemessen.

$I_1 = 0{,}11\ \text{A} = 110\ \text{mA}$

$I_2 = 0{,}083\ \text{A} = 83\ \text{mA}$

$I_g = 0{,}193\ \text{A} = 193\ \text{mA}$

Der **Gesamtstrom** I_g teilt sich auf die parallel geschalteten Widerstände auf.

$I_g = I_1 + I_2$ $\quad 193\ \text{mA} = 110\ \text{mA} + 83\ \text{mA}$

Je mehr Widerstände parallel geschaltet werden, umso größer ist der Gesamtstrom, der der Spannungsquelle entnommen wird.

Jeder parallel geschaltetete Widerstand übernimmt dabei einen Stromanteil.

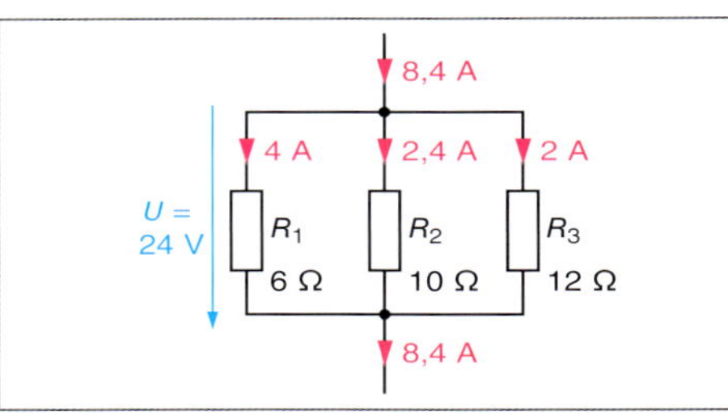

Bild 16 Stromanteile und Gesamtstrom

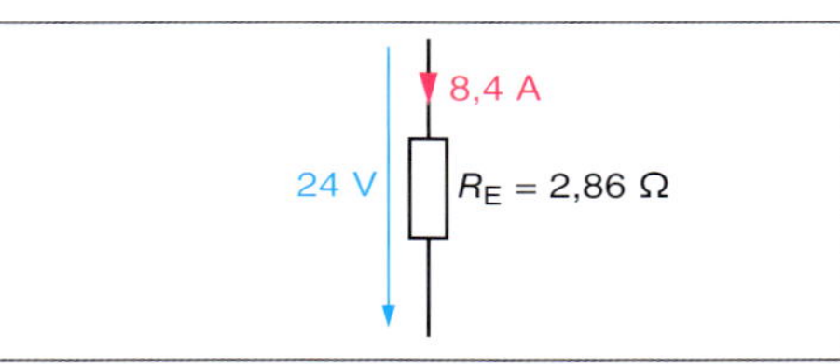

Bild 17 Ersatzwiderstand zu Bild 16

Der elektrisch gleichwertige **Ersatzwiderstand** $R_E = 2{,}86\ \Omega$ wird an 24 V ebenfalls von 8,4 A durchflossen. Der Ersatzwiderstand belastet also die Spannungsquelle $U = 24$ V mit dem gleichen Strom wie die drei parallel geschalteten Widerstände.

Knotenpunkte – Erster Kirchhoffscher Satz

• Knotenpunkt 1:

$I_g = I_1 + I_2 + I_3$

I_g: zufließender Strom
I_1, I_2, I_3: abfließende Ströme

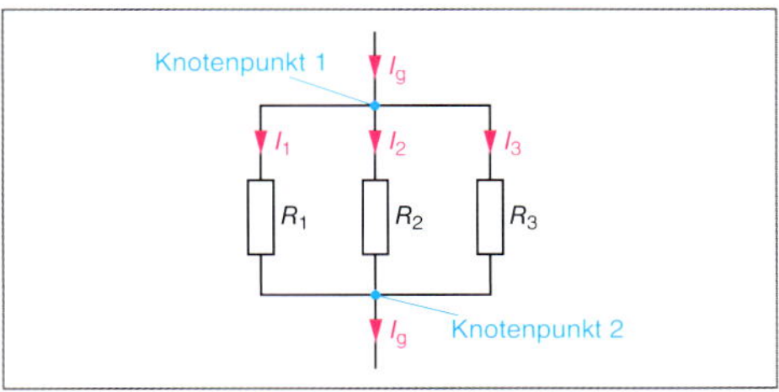

Bild 18 Knotenpunkte einer Parallelschaltung

• Knotenpunkt 2:

$I_1 + I_2 + I_3 = I_g$

I_1, I_2, I_3: zufließende Ströme
I_g: abfließender Strom

Erster Kirchhoffscher Satz (Knotenpunktregel)

Die Summe der auf einen Knotenpunkt *zufließenden* Ströme ist gleich der Summe der von einem Knotenpunkt *abfließenden* Ströme.

$\Sigma I_{zufl.} = \Sigma I_{abfl.}$

Parallelschaltung von Widerständen, Ersatzwiderstand R_E

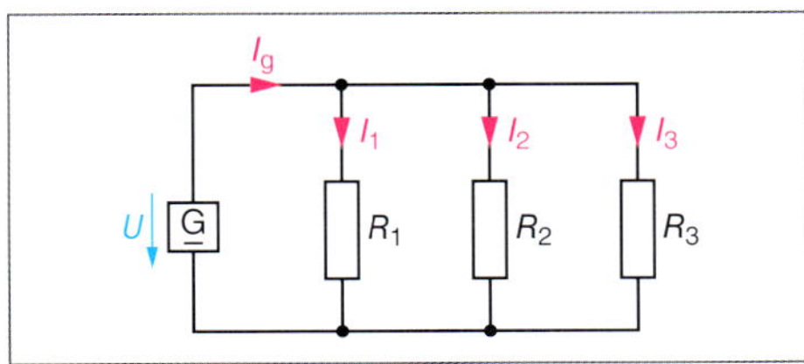

Bild 19 Parallelschaltung von Widerständen

$$I_g = I_1 + I_2 + I_3$$

$$I_g = \frac{U}{R_1} + \frac{U}{R_2} + \frac{U}{R_3}$$

$$I_g = U \cdot \left(\frac{1}{R_1} + \frac{1}{R_2} + \frac{1}{R_3}\right)$$

$$\frac{I_g}{U} = \frac{1}{R_1} + \frac{1}{R_2} + \frac{1}{R_3}$$

$$\frac{1}{R_E} = \frac{1}{R_1} + \frac{1}{R_2} + \frac{1}{R_3}$$

Parallelschaltung von Widerständen, **Ersatzwiderstand R_E**

$$\frac{1}{R_E} = \frac{1}{R_1} + \frac{1}{R_2} + \cdots + \frac{1}{R_n}$$

R_E Ersatzwiderstand in Ω
$R_1 \cdots R_n$ parallel geschaltete Widerstände in Ω

Leitwert G

$$G = G_1 + G_2 + \cdots + G_n$$

G Gesamtleitwert in S
$G_1 \cdots G_n$ Einzelleitwerte in S

Parallelschaltung von *zwei* Widerständen, **Ersatzwiderstand R_E**

$$R_E = \frac{R_1 \cdot R_2}{R_1 + R_2}$$

Parallelschaltung von *n gleichen* Widerständen, **Ersatzwiderstand R_E**

$$R_E = \frac{R}{n}$$

Der Ersatzwiderstand einer Parallelschaltung ist immer kleiner als der kleinste Teilwiderstand.

Prüfung

1. Ein Widerstand trägt den Farbcode *rot-violett-rot-gold*.
a) Wie groß ist der Widerstandswert?
b) Wie groß ist die Toleranz?

2. Der Widerstand nach Aufgabe 1 wird an die Spannung $U = 10$ V angeschlossen. Zwischen welchen Werten darf die Stromstärke liegen (Toleranz)?

3. Sie sollen den Strom im Widerstand messen. Wie gehen Sie dabei vor?

4. Ein Widerstand von 47 Ω wird an 24 V angeschlossen. Die Spannung weicht um ± 10 % von der Bemessungsspannung ab. Zwischen welchen Werten schwankt dabei die Stromstärke?

5. Bestimmen Sie die Widerstandswerte.

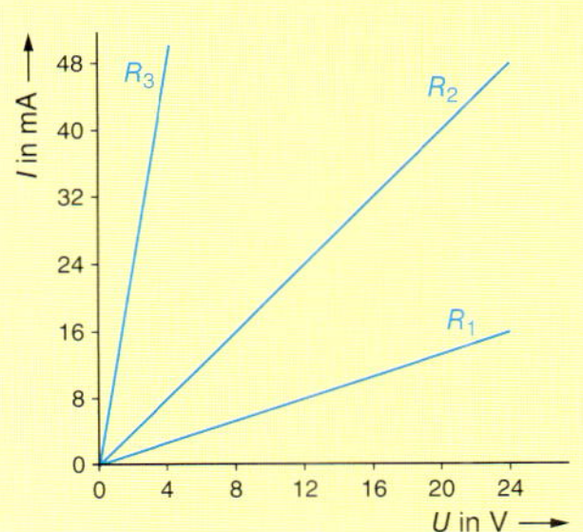

■ **Leitwert G**

$G = \frac{1}{R}$

Kehrwert des Widerstandes, Einheit Siemens (S)

■ **Knotenpunkt**

= Stromverzweigungspunkt

■ **Σ (Sigma)**

Griechischer Großbuchstabe; hier: Zeichen für Summe.

$\Sigma I = I_1 + I_2 + \ldots$

■ **Aufgabenlösung**

@ Interessante Links

• christiani-berufskolleg.de

■ **Aufgabenlösungen**

@ Interessante Links

- christiani-berufskolleg.de

Prüfung

6. Ein Leiter wird 1 Sekunde vom Strom $I = 1$ A durchflossen.
Welche Elektrizitätsmenge wird dabei transportiert? Wie viele Elektronen bewegen sich durch den Leiter?

7. Eine Monozelle (Batterie) kann bei 2,5 Stunden täglicher Einschaltdauer 11 Stunden lang einen Strom von 230 mA abgeben.
Welche Elektrizitätsmenge wird der Monozelle dabei entnommen?

8. Widerstandsbestimmung durch Strom- und Spannungsmessung: Der zu messende Widerstand liegt etwa im Bereich 5 bis 15 Ω.
Beschreiben Sie, wie Sie die Messung durchführen, um den Messfehler gering zu halten.

9. Ein Widerstand ist mit 1R33 beschriftet. Er wird vom Strom 140 µA durchflossen.
Welche Spannung kann am Widerstand gemessen werden?

10. Bestimmen Sie den Widerstandswert.
Ist die Messschaltung in Ordnung?

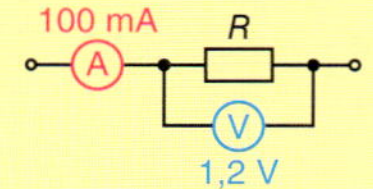

11. Warum ist die *Parallelschaltung* von Verbrauchsmitteln in der elektrischen Energietechnik vorherrschend?

12. $R_1 = 24\ \Omega$, $R_2 = 48\ \Omega$, $R_3 = 12\ \Omega$
Berechnen Sie alle Ströme.
Wie groß ist der Ersatzwiderstand der Parallelschaltung?

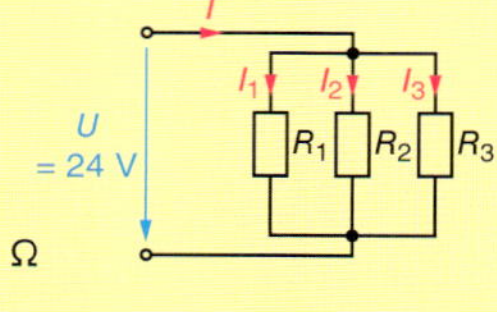

13. Wie groß ist der Widerstand R_2?

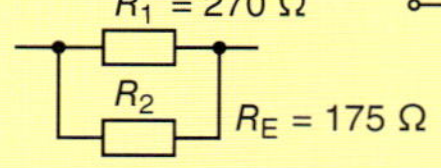

14. Drei gleiche Widerstände haben einen Ersatzwiderstand von 25 Ω.
Welchen Wert haben die einzelnen Widerstände?

15. Wie groß ist der Strom I_1?

16. Bestimmen Sie R_2.

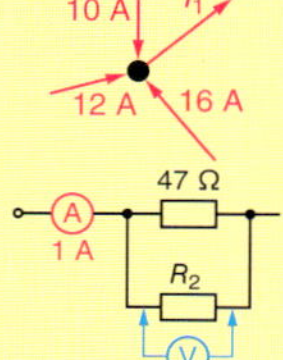

Reihenschaltung

Ihr Ausbilder fordert Sie auf, folgende Schaltungen aufzubauen und zu analysieren.

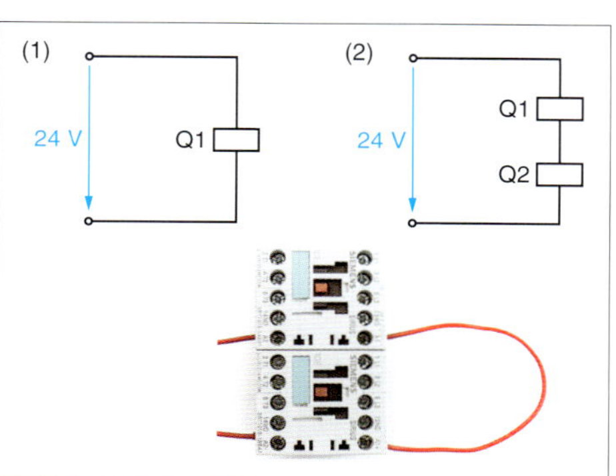

Bild 20 *Schaltungen*

Schaltung (1)

Spannungsmessung Spule: 24 V
Strommessung Spule: 0,11 A

$$\textit{Spulenwiderstand: } R = \frac{U}{I} = \frac{24\ \text{V}}{0{,}11\ \text{A}} = 218{,}1\ \Omega$$

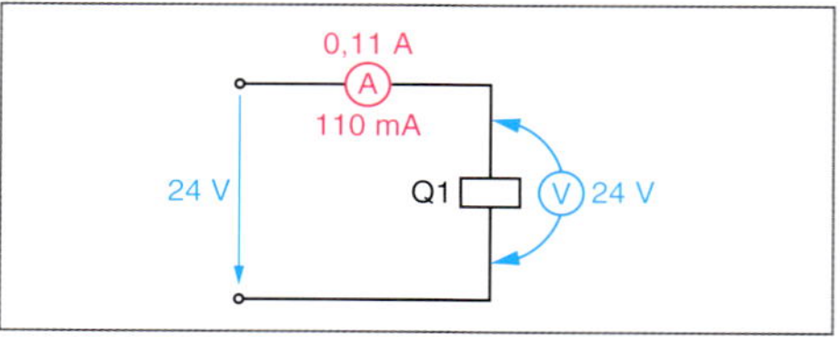

Bild 21 *Schützspule an Spannung*

Schaltung (2)

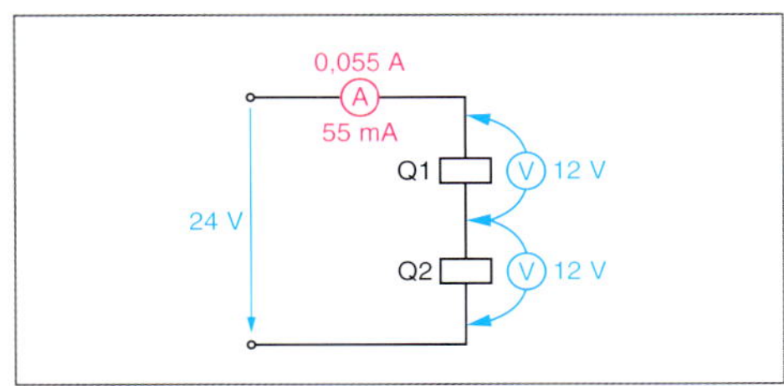

Bild 22 Schützspulen in Reihe geschaltet

Spannungsmessungen:

Spule Q1: 12 V

Spule Q2: 12 V

Strommessung, Spulen: 0,055 A

Widerstand der Spulen:

$$R = \frac{U}{I} = \frac{24\ \text{V}}{0{,}055\ \text{A}} = 436{,}4\ \Omega$$

Widerstand hat sich verdoppelt, Stromstärke hat sich halbiert.

Die beiden Schützspulen sind hintereinander (in Reihe) geschaltet. Man nennt dies **Reihenschaltung**.

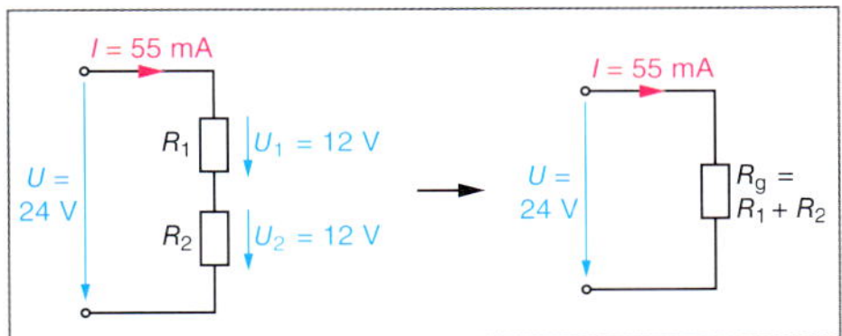

Bild 23 Reihenschaltung von Widerständen

- Der Strom ist in jedem Widerstand gleich.
- Der Gesamtwiderstand der Schaltung wird größer ($R_g = R_1 + R_2$).
- Der Gesamtwiderstand bestimmt die Stromaufnahme der Schaltung.
- Die Teilspannungen an den Widerständen addieren sich zur Gesamtspannung ($U_1 + U_2 = U$).

Gesamtwiderstand

$$R_g = R_1 + R_2 + \cdots + R_n$$

R_g Gesamtwiderstand in Ω

$R_1 \cdots R_n$ Einzelwiderstände in Ω

Stromaufnahme

$$I = \frac{U}{R_g}$$

I Stromaufnahme

U anliegende Spannung in V

R_g Gesamtwiderstand in Ω

Spannungsfälle an den Teilwiderständen

$$U_1 = I \cdot R_1$$

$$U_2 = I \cdot R_2$$

$$U_3 = I \cdot R_3$$

$$U_n = I \cdot R_n$$

Die Spannungsfälle an den Teilwiderständen addieren sich zur anliegenden Gesamtspannung.

$$U = U_1 + U_2 + \cdots + U_n$$

Die *Reihenschaltung* der beiden Schützspulen ist technisch *unsinnig*.

Die Betriebsspannung der Schütze beträgt 24 V. Dann arbeiten die Schütze einwandfrei. Wenn nur 12 V an den Schützspulen anliegt, wird das Schütz nicht mehr funktionieren.

Da die Verbrauchsmittel für den einwandfreien Betrieb eine bestimmte Betriebsspannung benötigen, dominiert in der Energietechnik die *Parallelschaltung*.

Prüfung

1. Wie groß ist der Gesamtwiderstand der Schaltung?
Bestimmen Sie den Gesamtstrom *I*.
Welche Spannungsfälle treten an den Widerständen auf?

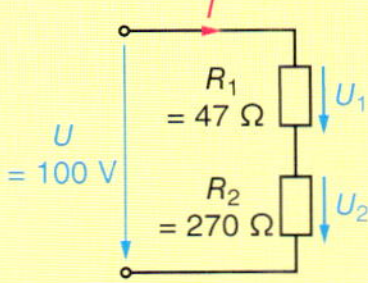

2. $R_1 = 1\ \text{k}\Omega$, $R_2 = 4{,}7\ \text{k}\Omega$
In welchem Verhältnis stehen die Teilspannungen an den beiden Widerständen?

3. Bestimmen Sie R_1 und R_2.

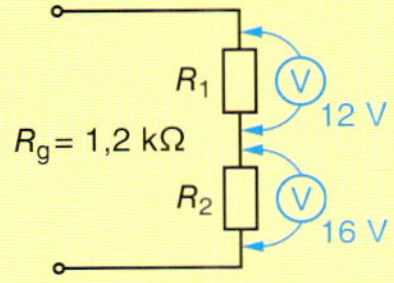

4. Warum ist die Reihenschaltung von Verbrauchsmitteln im Allgemeinen nicht möglich?
Welche Voraussetzung muss gegeben sein, wenn die Reihenschaltung von Verbrauchsmitteln sinnvoll sein soll?

Spannungsteilerregel

Die Spannungen verhalten sich wie die Widerstände.

$$\frac{U_1}{U_2} = \frac{R_1}{R_2}$$

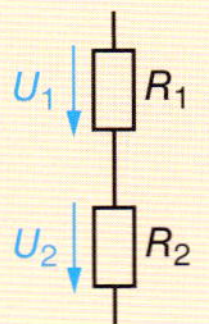

Betriebsspannung
working voltage, running voltage

Spannungsfall
voltage drop, potential drop, voltage loss

Schütz
contactor

Spule
coil, inductance coil

Spannungsteiler
voltage devider

Gruppenschaltung
series multiple connection

Aufgabenlösung

@ Interessante Links

- christiani-berufskolleg.de

Vorwiderstand
series resistor, dropping resistor

Spannungsteiler
voltage divider

Brückenschaltung
bridge circuit, bridge connection

Abgleich
adjustment

abgleichen
adjust

unbelastet
unloaded, non-loaded; off-load

belastet
load, loading

z. B.

Reihenschaltung: $R_1 = 5\ \text{k}\Omega$, $R_2 = 1\ \text{k}\Omega$, $U = 24\ \text{V}$
Wie groß sind die Spannungsfälle an den beiden Widerständen?

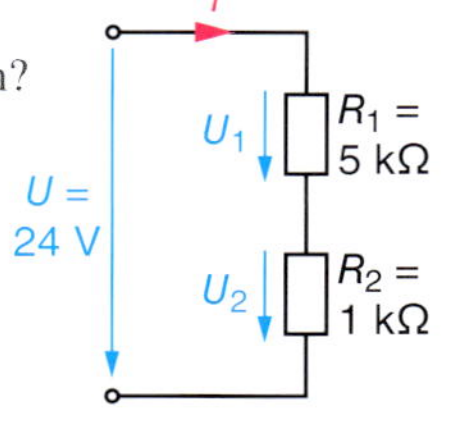

$R_g = R_1 + R_2 = 5\ \text{k}\Omega + 1\ \text{k}\Omega = 6\ \text{k}\Omega$

Stromaufname der Schaltung ermitteln:

$I = \frac{U}{R_g} = \frac{24\ \text{V}}{6\ \text{k}\Omega} = 0{,}004\ \text{A} = 4\ \text{mA}$

Spannungsfälle an den Widerständen errechnen:

$U_1 = I \cdot R_1 = 0{,}004\ \text{A} \cdot 5000\ \Omega = 20\ \text{V}$
$U_2 = I \cdot R_2 = 0{,}004\ \text{A} \cdot 1000\ \Omega = 4\ \text{V}$

Am größeren Teilwiderstand fällt die höhere Spannung ab. Die Spannungsfälle verhalten sich wie die Widerstandswerte.

$\frac{U_1}{R_1} = \frac{U_2}{R_2}$ oder $\frac{U_1}{U_2} = \frac{R_1}{R_2}$

z. B.

Gesucht: Gesamtwiderstand, Stromaufnahme der Schaltung, Spannung U_{23} an der Parallelschaltung.

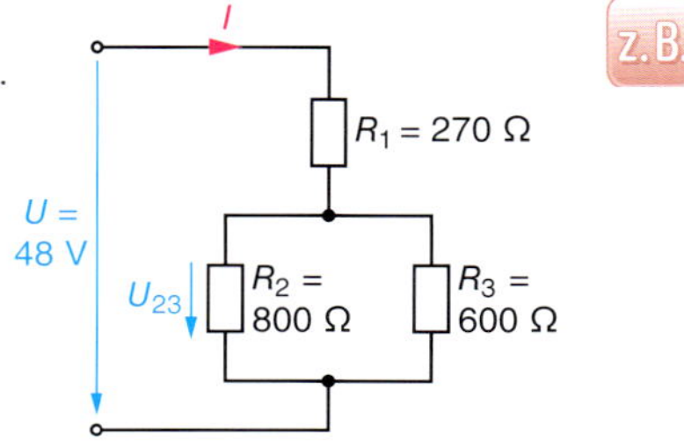

Ersatzwiderstand der Parallelschaltung:

$R_{23} = \frac{R_2 \cdot R_3}{R_2 + R_3} = \frac{800\ \Omega \cdot 600\ \Omega}{800\ \Omega + 600\ \Omega} = 342{,}9\ \Omega$

Gesamtwiderstand der Schaltung:

$R_g = R_1 + R_{23} = 270\ \Omega + 342{,}9\ \Omega = 612{,}9\ \Omega$

Dieser Gesamtwiderstand belastet die Spannungsquelle. Dadurch ergibt sich die Stromaufnahme der Schaltung.

$I = \frac{U}{R_g} = \frac{48\ \text{V}}{612{,}9\ \Omega} = 0{,}0783\ \text{A} = 73{,}8\ \text{mA}$

Der Strom durchfließt den Widerstand R_1 und die Parallelschaltung R_{23}.

$U_{23} = I \cdot R_{23} = 0{,}0783\ \text{A} \cdot 342{,}9\ \Omega = 26{,}85\ \text{V}$

Am Widerstand R_1 liegt die Differenz zur Betriebsspannung:

$U_1 = U - U_{23} = 48\ \text{V} - 26{,}85\ \text{V} = 21{,}15\ \text{V}$

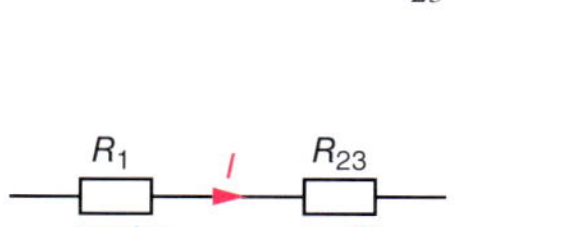

Gruppenschaltung

Gruppenschaltung ist die Kombination von Reihen- und Parallelschaltung. Nach deren Gesetzmäßigkeiten werden die Widerstände zu einem **Gesamtwiderstand** zusammengefasst.

- *Parallelschaltung ist Bestandteil der Reihenschaltung:* Ersatzwiderstand der Parallelschaltung errechnen → Gesamtwiderstand bestimmen (Bild 24).

$R_{12} = \frac{R_1 \cdot R_2}{R_1 + R_2}$

$R_g = R_{12} + R_3$

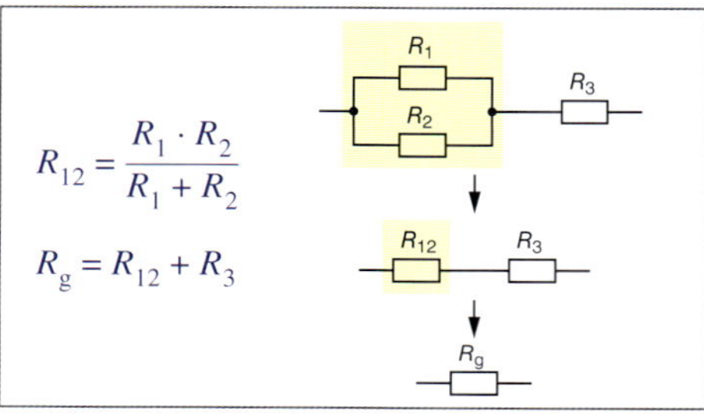

***Bild 24** Gruppenschaltung*

■ **Gruppenschaltung**
Die Zusammenfassung der Widerstände ist abgeschlossen, wenn nur noch *ein* Widerstand die Spannungsquelle belastet.

- Reihenschaltung ist Bestandteil der Parallelschaltung: Gesamtwiderstand der Reihenschaltung ermitteln → Ersatzwiderstand der Parallelschaltung bestimmen (Bild 25).

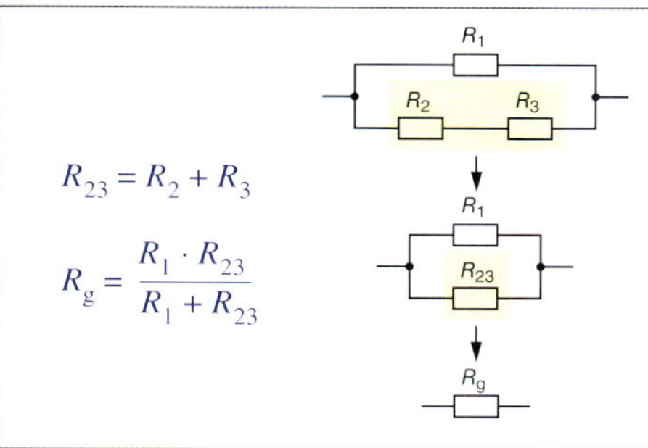

Bild 25 *Gruppenschaltung*

Prüfung

1. Berechnen Sie den Ersatzwiderstand. Wie groß sind die Ströme? Welche Spannung liegt an der Parallelschaltung?

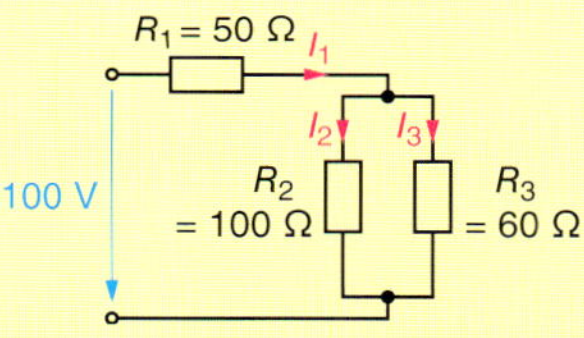

2. Berechnen Sie den Ersatzwiderstand. Bestimmen Sie die Ströme. Welche Spannung kann an R_4 gemessen werden?

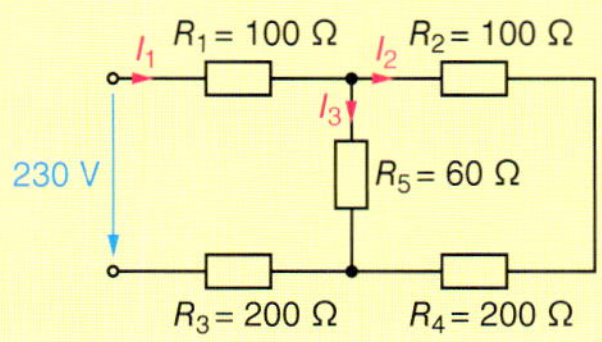

Vorwiderstand

Eine Leuchtdiode (LED) hat folgende technischen Daten: 1,8 V/20 mA.

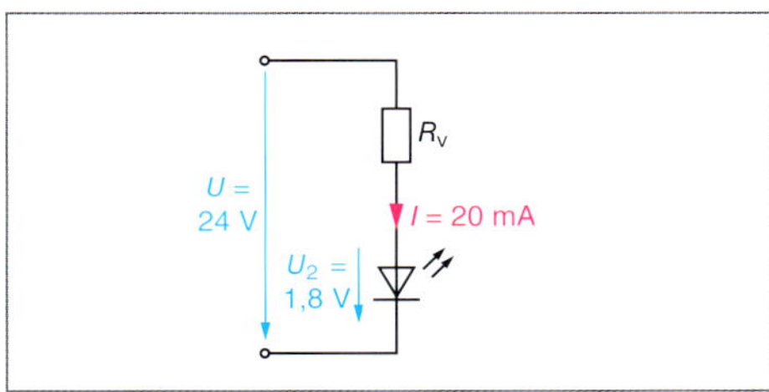

Bild 26 *LED mit Vorwiderstand*

Wenn eine solche LED für einen Leuchtmelder an der Betriebsspannung 24 V eingesetzt werden soll, ist ein *direkter* Anschluss *nicht* möglich. Die Betriebsspannung wäre viel zu hoch.

Um die LED dennoch an der Steuerspannung 24 V einzusetzen, muss die LED-Spannung durch einen **Vorwiderstand** R_V auf 1,8 V reduziert werden.

Es handelt sich um eine Reihenschaltung von Vorwiderstand R_V und LED. In der Reihenschaltung ist der Strom an allen Stellen gleich groß.

R_V wird also auch von 20 mA durchflossen. Bei 24-V-Betriebsspannung und 1,8-V-LED-Spannung müssen am Vorwiderstand R_V

24 V – 1,8 V = 22,2 V

anliegen.

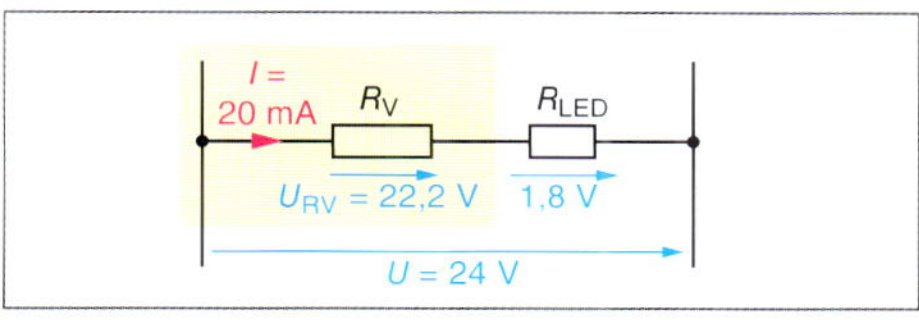

Bild 27 *Vorwiderstand und LED*

Vorwiderstand:

$$R_V = \frac{U_{RV}}{I} = \frac{22{,}2\ \text{V}}{0{,}02\ \text{A}} = 1110\ \Omega = 1{,}11\ \text{k}\Omega$$

Der LED ist ein Widerstand von 1,1 kΩ vorzuschalten, damit sie an die Betriebsspannung 24 V angepasst werden kann.

Stromaufnahme:

$$I = \frac{U}{R_V + R}$$

Spannungsfall am Nutzwiderstand

$$U_1 = I \cdot R$$

Strom einsetzen:

$$U_1 = U \cdot \frac{R}{R_V + R}$$

Nach R_V (Vorwiderstand) umstellen:

$$R_V = R \cdot \left(\frac{U}{U_1} - 1\right)$$

R_V Vorwiderstand in Ω

R Nutzwiderstand (Verbrauchsmittel) in Ω

U anliegende Betriebsspannung in V

U_1 Spannung am Nutzwiderstand in V

Vorwiderstand

Bei der Bemessung eines Vorwiderstandes ist nicht nur der Widerstandswert, sondern auch die Verlustleistung im Vorwiderstand zu beachten.

Der Widerstand muss für die Verlustleistung geeignet sein; zum Beispiel: 1,1 kΩ, 500 mW.

Aufgabenlösung

@ Interessante Links

- christiani-berufskolleg.de

Leuchtdiode LED

light emitting diode

→ 213

Vorwiderstände können die Verbraucherspannung nicht bis auf null herabsetzen, da dies einen unendlich hohen Vorwiderstandswert erfordern würde.

→ 249

z.B.

Eine Glühlampe 4,5 V/0,3 A soll an 12 V betrieben werden.
Welcher Vorwiderstand ist notwendig?

Ermittlung des Vorwiderstandes mithilfe der Formel.

$$R_V = R \cdot \left(\frac{U}{U_1} - 1\right)$$

Der Nutzwiderstand (Glühlampe) wird ermittelt.

$$R = \frac{U_1}{I} = \frac{4{,}5\ \text{V}}{0{,}3\ \text{A}} = 15\ \Omega$$

$$R_V = 15\ \Omega \cdot \left(\frac{12\ \text{V}}{4{,}5\ \text{V}} - 1\right) = 25\ \Omega$$

Anderer Lösungsweg
Am Vorwiderstand muss die Spannung 7,5 V anliegen.

$$U_{RV} = U - U_1 = 12\ \text{V} - 4{,}5\ \text{V} = 7{,}5\ \text{V}$$

Der Strom in der Reihenschaltung beträgt 0,3 A. Damit ergibt sich der Widerstand von R_V.

$$R_V = \frac{U_{RV}}{I} = \frac{7{,}5\ \text{V}}{0{,}3\ \text{A}} = 25\ \Omega$$

Anderer Lösungsweg
Die Spannungen verhalten sich wie die Widerstandswerte.

R_V 15 Ω
7,5 V 4,5 V

$$\frac{R_V}{7{,}5\ \text{V}} = \frac{15\ \Omega}{4{,}5\ \text{V}}$$

$$R_V = \frac{15\ \Omega}{4{,}5\ \text{V}} \cdot 7{,}5\ \text{V} = 25\ \Omega$$

Prüfung

1. Ein Relais 9 V, 50 mA soll an 24 V betrieben werden.
Ermitteln Sie den notwendigen Vorwiderstand.

2. Eine LED 1,2 V, 20 mA soll an 24 V betrieben werden.
Welcher Vorwiderstand ist erforderlich?

Aufgabenlösung

@ Interessante Links
- christiani-berufskolleg.de

Unbelasteter Spannungsteiler

Ein unbelasteter Spannungsteiler besteht aus zwei Widerständen (R_1 R_2).

Stromaufnahme:

$$I = \frac{U}{R_1 + R_2}$$

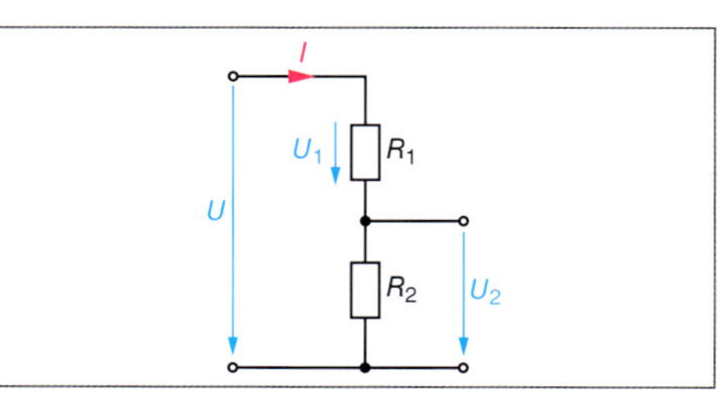

Bild 28 Unbelasteter Spannungsteiler

Teilspannungen an den Widerständen:

$U_1 = I \cdot R_1$, $U_2 = I \cdot R_2$

Die Gesamtspannung U kann in zwei Teilspannungen aufgeteilt werden. Die Teilspannungen hängen von der Wahl der Widerstände ab.

Belasteter Spannungsteiler

An den unbelasteten Teiler R_1, R_2 wird ein **Lastwiderstand** R_L angeschlossen. Dieser Widerstand belastet den Spannungsteiler mit dem Laststrom I_L.

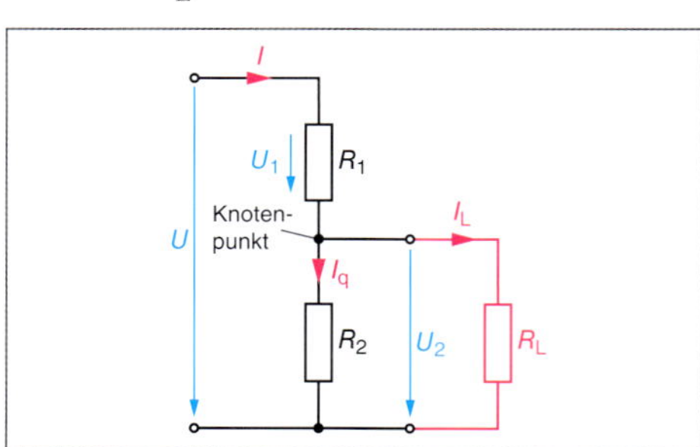

Bild 29 Belasteter Spannungsteiler

Knotenpunkt:

$I = I_L + I_q$

Den Strom durch den Widerstand R_2 nennt man **Querstrom** I_q. Die Widerstände R_2 und R_L sind parallel geschaltet.

Spannungsteiler finden hauptsächlich Anwendung in der Elektronik. Die dort geringen Ströme verursachen nur geringe Verlustleistungen in den Widerständen.

→ 249, 251

z.B.

Unbelasteter Spannungsteiler: R_1 einstellbar von 100 bis 300 Ω, R_2 = 600 Ω.
In welchem Bereich ist die Ausgangsspannung U_2 einstellbar?

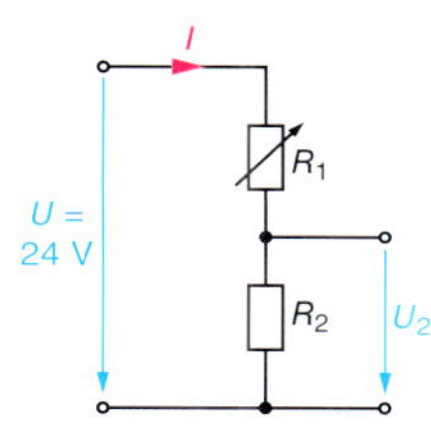

R_1 auf 100 Ω eingestellt: Gesamtwiderstand des Teilers:	$R_g = R_1 + R_2 = 100\ \Omega + 600\ \Omega = 700\ \Omega$
Stromaufnahme:	$I = \frac{U}{R_g} = \frac{24\ \text{V}}{700\ \Omega} = 34{,}3\ \text{mA} = 0{,}0343\ \text{A}$
Ausgangsspannung U_2:	$U_2 = I \cdot R_2 = 0{,}0343\ \text{A} \cdot 600\ \Omega = 20{,}6\ \text{V}$
R_1 auf 300 Ω eingestellt: Gesamtwiderstand:	$R_g = R_1 + R_2 = 300\ \Omega + 600\ \Omega = 900\ \Omega$
Stromaufnahme:	$I = \frac{U}{R_g} = \frac{24\ \text{V}}{900\ \Omega} = 26{,}7\ \text{mA} = 0{,}0267\ \text{A}$
Ausgangsspannung U_2:	$U_2 = I \cdot R_2 = 0{,}0267\ \text{A} \cdot 600\ \Omega = 16\ \text{V}$
Einstellbereich des Spannungsteilers:	U_2 = 16 V bis 20,6 V

■ **Unbelastete Spannungsteiler**
verwenden hochohmige Widerstände, damit Stromstärke und Verlustleistung gering bleiben.

z.B.

$R_1 = 1\ \text{k}\Omega$, $R_2 = 2\ \text{k}\Omega$, $R_L = 10\ \text{k}\Omega$
Wie groß ist die Ausgangsspannung U_2?
Berechnen Sie den Querstrom I_q.

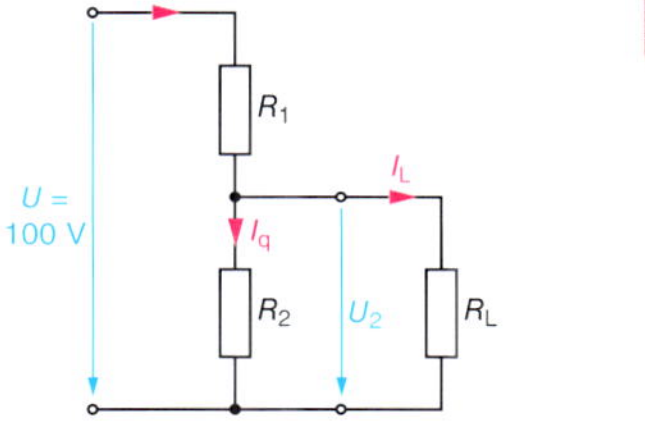

Ersatzwiderstand der Parallelschaltung R_2, R_L bestimmen:	$R_{2L} = \frac{R_2 \cdot R_L}{R_2 + R_L} = \frac{2\ \text{k}\Omega \cdot 10\ \text{k}\Omega}{2\ \text{k}\Omega + 10\ \text{k}\Omega} = 1{,}67\ \text{k}\Omega$
Gesamtwiderstand ermitteln:	$R_g = R_1 + R_{2L} = 1\ \text{k}\Omega + 1{,}67\ \text{k}\Omega = 2{,}67\ \text{k}\Omega$
Gesamtstrom berechnen:	$I = \frac{U}{R_g} = \frac{100\ \text{V}}{2670\ \Omega} = 0{,}0375\ \text{A} = 37{,}5\ \text{mA}$
Der Spannungsfall an R_{2L} ist die Ausgangsspannung des Teilers.	$U_2 = I \cdot R_{2L} = 0{,}0375\ \text{A} \cdot 1670\ \Omega = 62{,}6\ \text{V}$
Querstrom:	$I_q = \frac{U_2}{R_2} = \frac{62{,}6\ \text{V}}{2000\ \Omega} = 0{,}0313\ \text{A}$ $I_q = 31{,}3\ \text{mA}$

■ **Querstromfaktor**
Mit steigendem Querstromfaktor wird die belastungsabhängige Änderung der Ausgangsspannung geringer.

Ein hoher Querstromfaktor ist nur bei einem niederohmigen Spannungsteiler möglich. Verluste!

$$q_i = \frac{I_q}{I_L}$$

$$R_{2L} = \frac{R_2 \cdot R_L}{R_2 + R_L}$$

Stromaufnahme der Schaltung:

$$I = \frac{U}{R_1 + R_{2L}}$$

Der Strom ruft an R_1 den Spannungsfall

$$U_1 = I \cdot R_1 = \frac{U}{R_1 + R_{2L}} \cdot R_1 = U \cdot \frac{R_1}{R_1 + R_{2L}}$$

und an R_{2L} den Spannungsfall

$$U_2 = I \cdot R_{2L} = U \cdot \frac{R_{2L}}{R_{2L} + R_1}$$

hervor.

U_2 ist die Ausgangsspannung des Teilers.

Reihenschaltung
series connection

Parallelschaltung
parallel connection

Spannungsquelle
voltage source, voltage supply

Verbraucher
consumer

Gruppenschaltung
series multiple connection

Brückenschaltung
bridge connection

Die Ausgangsspannung ist *belastungsabhängig*. R_{2L} ist kleiner als R_2 → Stromstärke I nimmt zu → U_1 nimmt zu → U_2 nimmt ab (da $U = U_1 + U_2$).

Die Ausgangsspannung wird umso geringer, je kleiner der Lastwiderstand R_L ist. Dann wird der Laststrom I_L nämlich größer.

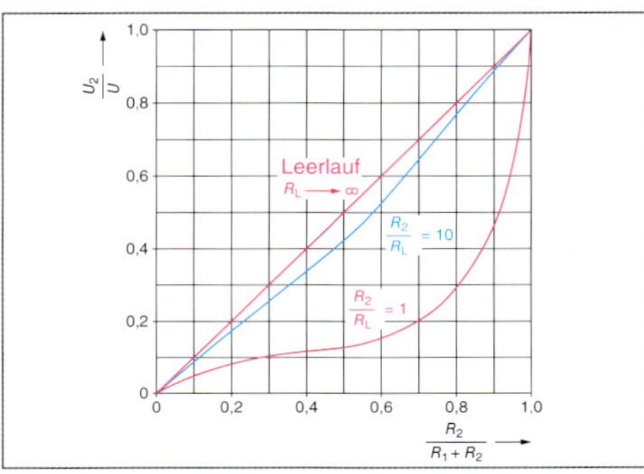

Bild 30 *Ausgangsspannung eines Teilers*

z.B.

Brückenschaltung: $U = 60$ V, $R_1 = 400\ \Omega$, $R_2 = 200\ \Omega$, $R_3 = 400\ \Omega$, $R_4 = 200\ \Omega$.

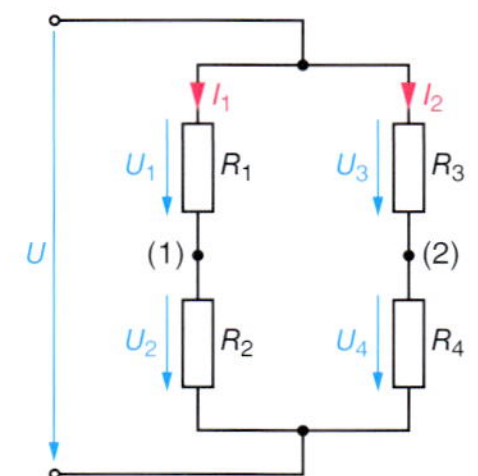

Berechnung der Ströme in den beiden Spannungsteilern:

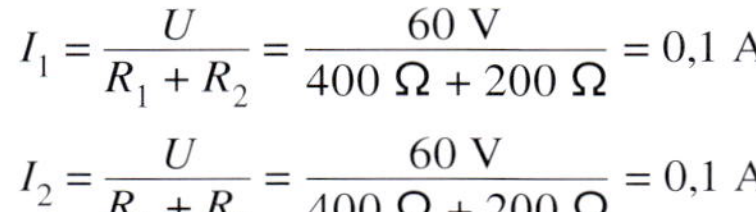

$$I_1 = \frac{U}{R_1 + R_2} = \frac{60\ \text{V}}{400\ \Omega + 200\ \Omega} = 0{,}1\ \text{A}$$

$$I_2 = \frac{U}{R_3 + R_4} = \frac{60\ \text{V}}{400\ \Omega + 200\ \Omega} = 0{,}1\ \text{A}$$

Die Ströme rufen an den Widerständen Spannungsfälle hervor. Die Spannungen U_1 und U_3 sowie U_2 und U_4 sind gleich groß. Damit haben die Punkte (1) und (2) gleiches Potenzial.
Zwischen den Punkten (1) und (2) besteht kein Potenzialunterschied. Eine Spannungsmessung zwischen diesen Punkten ergibt $U_{12} = 0$ V. Die Brückenschaltung ist dann *abgeglichen*.

$$U_1 = I_1 \cdot R_1 = 0{,}1\ \text{A} \cdot 400\ \Omega = 40\ \text{V}$$

$$U_2 = I_1 \cdot R_2 = 0{,}1\ \text{A} \cdot 200\ \Omega = 20\ \text{V}$$

$$U_3 = I_2 \cdot R_3 = 0{,}1\ \text{A} \cdot 400\ \Omega = 40\ \text{V}$$

$$U_4 = I_2 \cdot R_4 = 0{,}1\ \text{A} \cdot 200\ \Omega = 20\ \text{V}$$

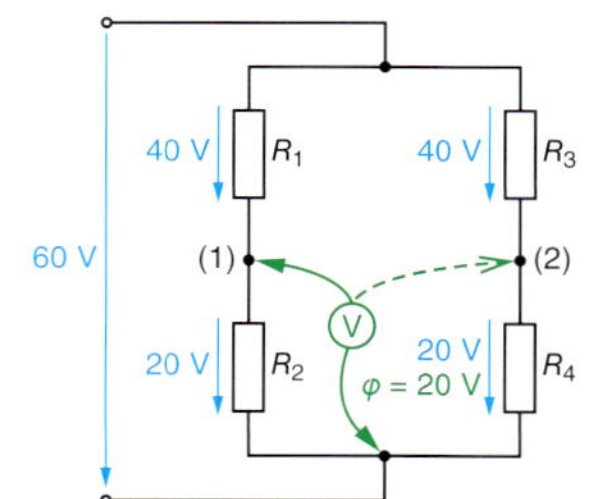

Abgleichbedingung: $U_1 = U_3$ und $U_2 = U_4$

Beide Spannungsteiler teilen die anliegende Spannung U im gleichen Verhältnis auf.

$$\frac{U_1}{U_2} = \frac{U_3}{U_4}$$

Spannungsfälle:

$$U_2 = I_1 \cdot R_2$$
$$U_4 = I_2 \cdot R_4$$

Die Spannungen verhalten sich bei der Reihenschaltung wie die zugehörigen Widerstände.

$$\frac{\cancel{I_1} \cdot R_1}{\cancel{I_1} \cdot R_2} = \frac{\cancel{I_2} \cdot R_3}{\cancel{I_2} \cdot R_4}$$

Abgleichbedingung der Brückenschaltung:

$$\frac{R_1}{R_2} = \frac{R_3}{R_4}$$

Brückenschaltung

Werden *zwei Spannungsteiler* an eine gemeinsame Spannungsquelle angeschlossen, ergibt sich die **Brückenschaltung**.

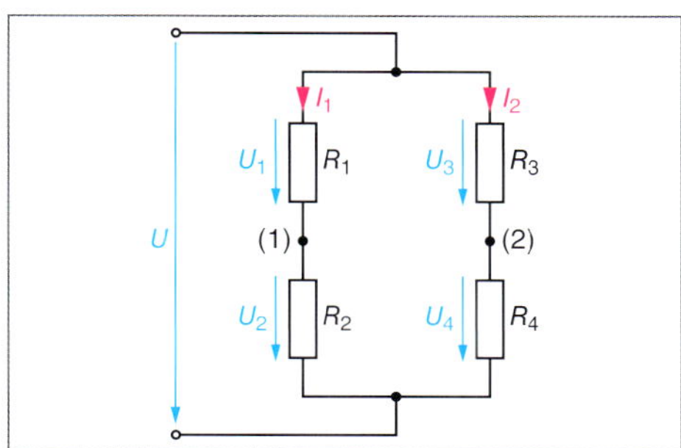

Bild 31 *Brückenschaltung*

Eine Brückenschaltung ist abgeglichen, wenn zwischen den Punkten (1) und (2) keine Potenzialdifferenz besteht, also keine Spannung anliegt.

$$\frac{R_1}{R_2} = \frac{R_3}{R_4}$$

Sind drei Widerstände bekannt, kann der vierte Widerstand ermittelt werden.
Anwendung: Messtechnik, Steuerungs- und Regelungstechnik, Elektronik.

Brückenschaltung

Die Höhe der anliegenden Spannung hat keinen Einfluss auf den Abgleich der Brücke.

Es ändern sich nämlich nur die Potenziale, das Verhältnis der Spannungsfälle an den beiden Teilern bleibt gleich.

Prüfung

1. Wie groß ist die Ausgangsspannung U_2 des unbelasteten Spannungsteilers?

2. Zwischen welchen Werten ist U_2 einstellbar?

3. Welche Aussage macht die Kennlinie?

4. Kennline zu Aufgabe 3: $U = 40$ V, $U_2 = 7{,}5$ V, $R_1 = 1$ kΩ. Wie groß muss der Widerstand R_2 gewählt werden?

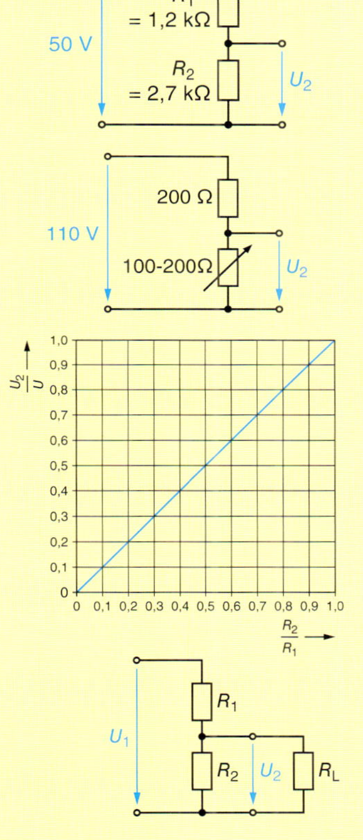

5. Wie groß ist die Ausgangspannung U_2?
Welcher Strom fließt über R_L und R_2?
$R_1 = 50$ Ω, $R_2 = 100$ Ω, $R_L = 470$ Ω, $U = 12$ V

6. Brückenschaltung:
a) Wie groß ist die Spannung U_{AB}?
b) Wie groß ist der Widerstand R_X?

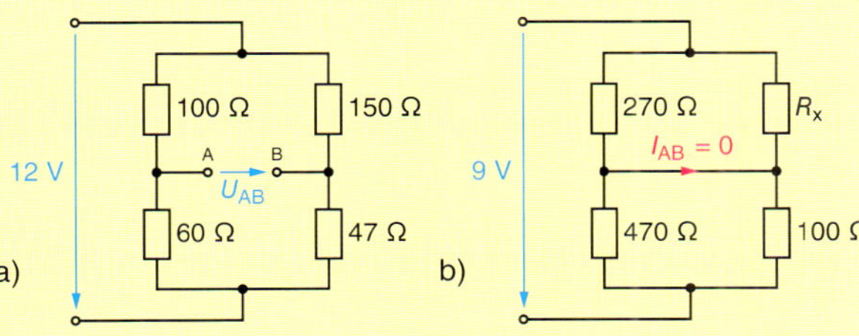

Aufgabenlösung

@ Interessante Links

- christiani-berufskolleg.de

2.4 Energieumsatz im Stromkreis

■ **Wärmekapazität**
verschiedener Stoffe

■ **1 J = 1 Nm = 1 Ws**

■ **Nm**
Newtonmeter, Einheit der Arbeit

■ **N**
Newton, Einheit der Kraft
$1\ \text{N} = 1\ \frac{\text{kg} \cdot \text{m}}{\text{s}^2}$

Energie
energy, power

Energieumwandlung
energy conversion

Arbeit
work

Leistung
power, wattage

Leistungsmessung
power measurement

Leistungsmesser
power meter, wattmeter

Zähler
meter

Zählerkonstante
meter constant

Wärme
heat

■ **Kristallgitter**
→ 30

■ **Wärmeschwingungen**
Bei 0 K = – 273 °C kommt es noch zu keinen Wärmeschwingungen.

Das Schütz Q1 hat die Aufgabe, Schaltkontakte zu schließen, geschlossen zu halten, um den Antriebsmotor von Transportand 1 einzuschalten und eingeschaltet zu halten.

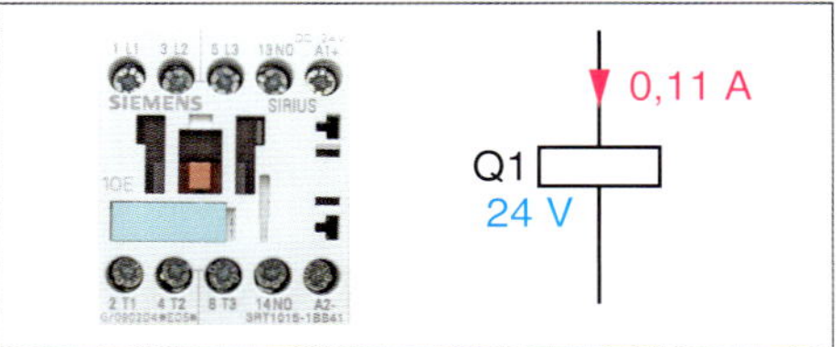

Bild 32 *Schütz Transportband 1*

Der Hersteller gibt die *Halteleistung* des Schützes mit ca. 3 W an. Diese Leistung wird benötigt um:

- ein starkes Magnetfeld aufzubauen, sodass die Schaltkontakte sicher geschlossen bleiben. Dies ist der Zweck des Betriebsmittels Schütz. Hierfür wird Nutzenergie aufgewendet.
- die unvermeidlichen Verluste zu decken. Schütz erwärmt sich im Betriebszustand. Wärme ist eine Energieform. Sie wird aus der elektrischen Energie umgewandelt. Unvermeidlich, da die Schützspule von Strom durchflossen wird. Wärmeerzeugung ist aber nicht der Zweck des Betriebsmittels Schütz. Der Techniker spricht dann von *Verlusten*. Die aufgewendete elektrische Energie muss *Nutzenergie* und *Verluste* decken. Natürlich ist man bestrebt, die Verluste so gering wie möglich, d. h. den *Wirkungsgrad* (die Nutzenergieausbeute) so groß wie möglich zu halten.

Wärme

Erwärmung eines Körpers → intensivere *Wärmeschwingungen* des Kristallgitters durch Zuführung einer **Wärmemenge** Q.

Verschiedene Stoffe lassen sich wegen ihres unterschiedlichen atomaren Aufbaus *nicht gleich gut* erwärmen.

Diese Eigenschaft wird durch die **spezifische Wärmekapazität** c berücksichtigt.

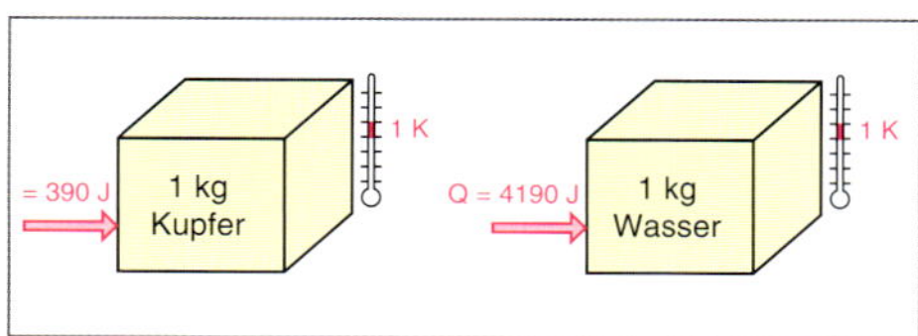

Bild 33 *Erwärmung von Kupfer und Wasser*

Die spezifische Wärmekapazität c gibt an, welche Wärmemenge aufzuwenden ist, um eine Masse von 1 kg dieses Stoffes um 1 K zu erwärmen.

Kupfer: $c = 390\ \frac{\text{J}}{\text{kg} \cdot \text{K}}$

Wasser: $c = 4190\ \frac{\text{J}}{\text{kg} \cdot \text{K}}$

Kupfer ist also besser zu erwärmen als Wasser.

Wärmemenge

$Q = m \cdot c \cdot \Delta\vartheta$

Q Wärmemenge in J
m Masse in kg
c spezifische Wärmekapazität in $\frac{\text{J}}{\text{kg} \cdot \text{K}}$
$\Delta\vartheta$ Temperaturdifferenz in K

Kupferspule eines Schützes: Masse 325 g, Temperaturerhöhung 20 K.
Welche Wärmemenge ist gespeichert?

$Q = m \cdot c \cdot \Delta\vartheta$

$Q = 0{,}325\ \text{kg} \cdot 390\ \frac{\text{J}}{\text{kg} \cdot \text{K}} \cdot 20\ \text{K}$

$Q = 2535\ \text{J}$

Arbeit

Die Masse mit der Gewichtskraft $F_G = 1$ N wird um $s = 1$ m angehoben. Dabei wird die **mechanische Arbeit** $W = F \cdot s$ verrichtet.

Die Arbeit ist in der angehobenen Masse gespeichert (potenzielle Energie).

Beim Absinken der Last wird die potenzielle Energie in Bewegungsenergie (kinetische Energie) umgewandelt.

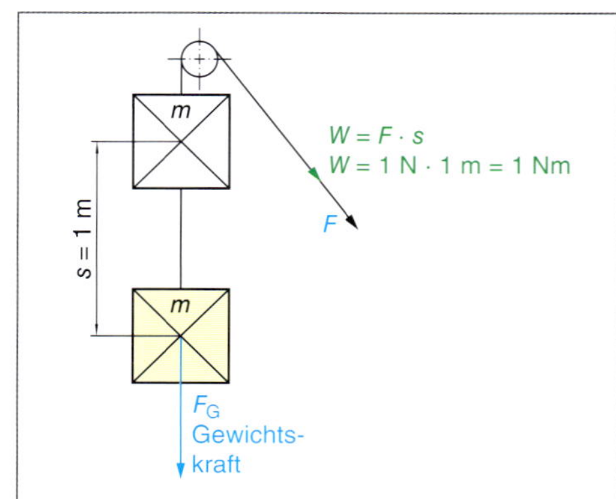

Bild 34 *Anheben einer Last, Arbeit*

Arbeit

$W = F \cdot s = Q \cdot U$

$W = Q \cdot U$
$Q = I \cdot t$ $\rightarrow W = U \cdot I \cdot t$

W elektrische Arbeit in Ws
U Spannung in V
I Stromstärke in A
t Zeit in s

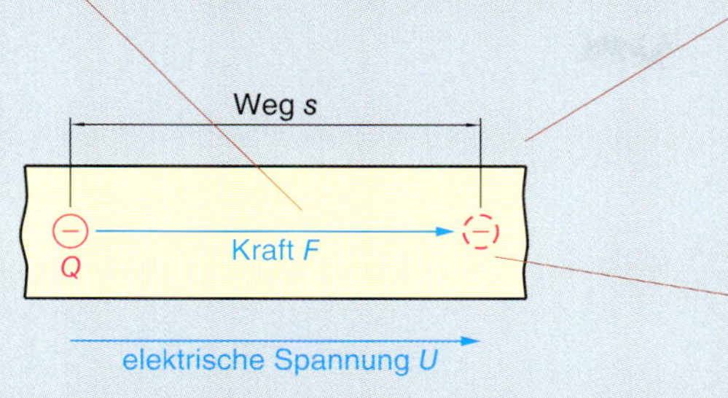

Ladungstrennung = gespeicherte Arbeit = Energie
Spannungsquellen sind Energiespeicher.

Bei der Spannungserzeugung werden elektrische Ladungen getrennt.
Dabei liegt die Ladung Q den Weg s zurück. Es wird Arbeit verrichtet.

Beachten Sie:
1J = 1 Ws = 1 Nm

Messung der elektrischen Arbeit

1. Indirekte Messung

- Spannung U messen
- Stromstärke I messen
- Zeitdauer des Stromflusses messen (t)
- Rechnen: $W = U \cdot I \cdot t$

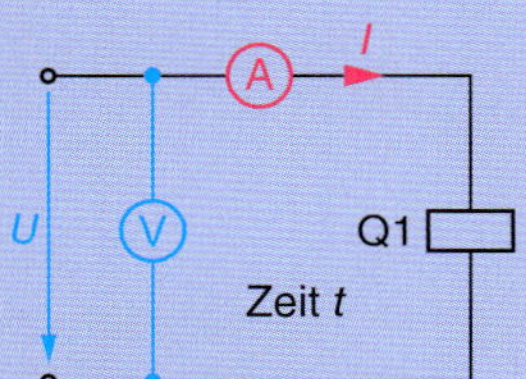

Beispiel:

Messwerte: $U = 24$ V; $I = 0{,}11$ A; Zeit 750 h

Elektrische Arbeit:
$W = U \cdot I \cdot t = 24\ \text{V} \cdot 0{,}11\ \text{A} \cdot 750\ \text{h} = 1980\ \text{Wh} = 1{,}98\ \text{kWh}$

2. Direkte Messung

Messung der elektrischen Arbeit mit dem Elektrizitätszähler.

Spannungspfad: Spannungsspule zur Spannungsmessung

Strompfad: Stromspule zur Strommessung

Magnetische Wirkungen der Spulen versetzen die Zählerscheibe in Drehbewegung.
Je größer die elektrische Arbeit, umso höher die Drehzahl.

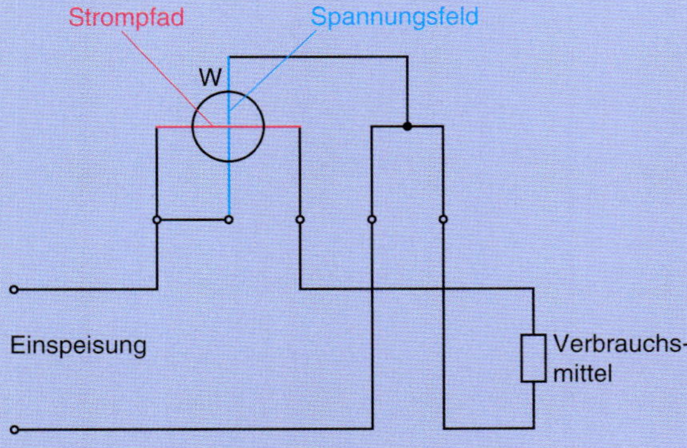

Kosten der elektrischen Arbeit

Die Kosten setzen sich zusammen aus

- der vom Zähler erfassten bereitgestellten elektrischen Arbeit
- dem Arbeitspreis für eine Kilowattstunde (kWh)
- Leistungspreis (Bereitstellungspreis)
- Verrechnungspreis

Vereinfachend gilt:

$VE = VP \cdot W$

VE Verbrauchsentgelt in Euro
VP Arbeitspreis in Euro/kWh
W elektrische Arbeit in kWh

Zählerkonstante (c_z)

Wird angegeben in Umdrehungen pro Kilowattstunde (U/kWh oder 1/kWh).

Bei $c_z = 150 \frac{1}{\text{kWh}}$ macht die Zählerscheibe 150 Umdrehungen zur Erfassung der elektrischen Arbeit von 1 kWh (Kilowattstunde).

■ **Ws**
Wattsekunde, Einheit der elektrischen Arbeit

1 Wh = 3600 Ws

1 kWh = $3{,}6 \cdot 10^6$ Ws

TB

■ **Energie**
ist das Vermögen, Arbeit zu verrichten.

Energie kann weder erzeugt werden, noch verloren gehen. Sie kann nur von einer Energieform in eine andere Energieform umgewandelt werden.

Wenn der Techniker von „Verlusten" spricht, meint er die Umwandlung in eine Energieform, die nicht unmittelbar seinen Zwecken dient.

■ **Zähler**

Messung der elektrischen Leistung

1. Indirekte Messung

- Spannung U messen
- Stromstärke I messen
- Leistung berechnen ($P = U \cdot I$)

2. Direkte Messung

Messung mithilfe eines Leistungsmessers. Hier erfolgt eine automatische Produktbildung der Spannungsmessung (Spannungspfad) und Strommessung (Strompfad)).

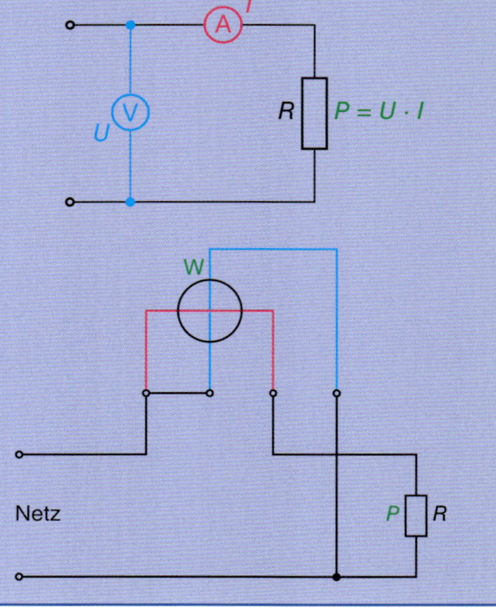

Leistung

Leistung ist die Fähigkeit, Arbeit *in einer bestimmten Zeit* zu verrichten.

$$\text{Leistung} = \frac{\text{Arbeit}}{\text{Zeit}} \qquad P = \frac{W}{t}$$

P elektrische Leistung in W
W elektrische Arbeit in Ws
t Zeitdauer in s

Elektrische Arbeit

$W = U \cdot I \cdot t$

Elektrische Leistung

$$P = \frac{W}{t} = \frac{U \cdot I \cdot \cancel{t}}{\cancel{t}}$$

$P = U \cdot I$

P elektrische Leistung in W
U elektrische Spannung in V
I Stromstärke in A

Anwendung des ohmschen Gesetzes

$P = U \cdot I \qquad I = \frac{U}{R}$

$P = \frac{U^2}{R}$

Die elektrische Leistung nimmt quadratisch mit der Spannung zu.

$P = U \cdot I \qquad U = I \cdot R$

$P = I^2 \cdot R$

Die elektrische Leistung nimmt quadratisch mit der Stromstärke zu.

Bezogen auf die elektrische Arbeit:

$W = U \cdot I \cdot t$

$W = I^2 \cdot R \cdot t$

$W = \frac{U^2}{R} \cdot t$

Wirkungsgrad

Der **Wirkungsgrad** ist ein Maß für die *Wirtschaftlichkeit* der Energieumwandlung. Er ist das Verhältnis der durch den Energieumwandlungsprozess „gewonnenen" *Nutzenergie* zur zugeführten elektrischen Energie.

$$\text{Wirkungsgrad} = \frac{\text{abgegebene Energie/Leistung}}{\text{zugeführte Energie/Leistung}}$$

$$\eta = \frac{W_{ab}}{W_{zu}} \cdot 100\ \% = \frac{P_{ab}}{P_{zu}} \cdot 100\ \%$$

η Wirkungsgrad (in %)
W_{ab}, P_{ab} abgegebene Energie/Leistung in Ws/W
W_{zu}, P_{zu} zugeführte Energie/Leistung in Ws/W

■ **Watt (W)**
Einheit der elektrischen Leistung

1 W = 1 V · 1 A

Megawatt
1 MW = 10^6 W

Gigawatt
1 GW = 10^9 W

Milliwatt
1 mW = 10^{-3} W

Mikrowatt
1 µW = 10^{-6} W

■ **Ohmsches Gesetz**
→ 27

■ **η**
Eta, griechischer Kleinbuchstabe

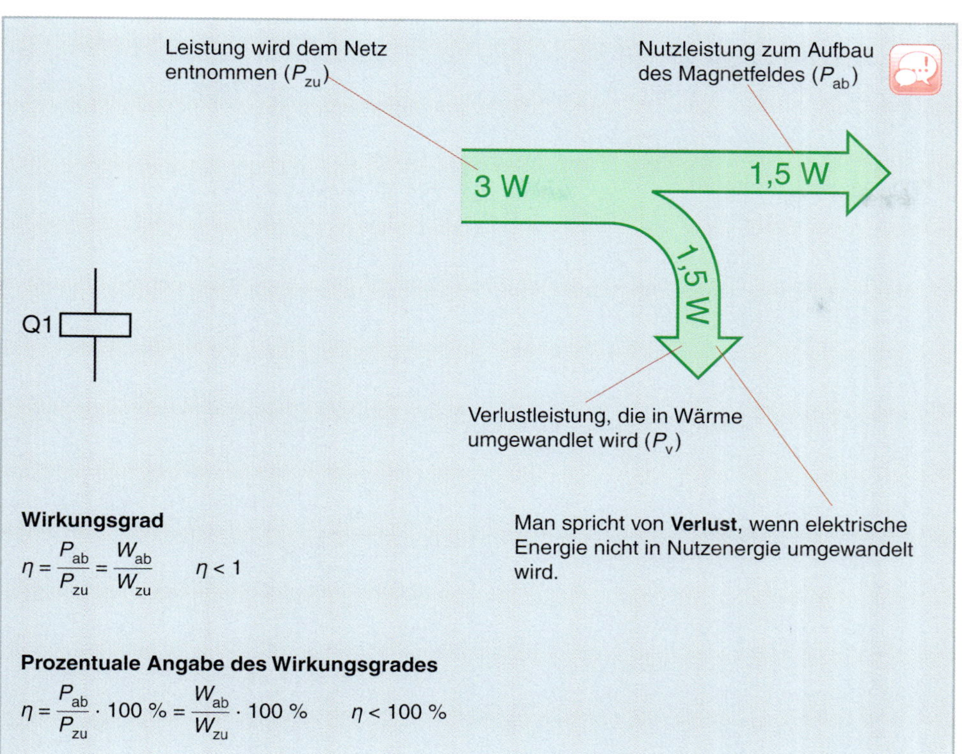

Wirkungsgrad

$$\eta = \frac{P_{ab}}{P_{zu}} = \frac{W_{ab}}{W_{zu}} \qquad \eta < 1$$

Prozentuale Angabe des Wirkungsgrades

$$\eta = \frac{P_{ab}}{P_{zu}} \cdot 100\ \% = \frac{W_{ab}}{W_{zu}} \cdot 100\ \% \qquad \eta < 100\ \%$$

Arbeit
work

Energie
energy, power

Wärme
heat

Wirkungsgrad
efficiency (factor)

Leistung
power, wattage

Leistungsmessung
power measurement

Leistungsmesser
power meter, wattmeter

Nennleistung
rated power, nominal power, wattage rating

Zähler
meter, integrating meter

Zählerkonstante
meter constant

Wenn z. B. $P_{zu} = 3$ W und $P_{ab} = 1{,}5$ W, dann beträgt der **Wirkungsgrad**

$$\eta = \frac{P_{ab}}{P_{zu}} = \frac{1{,}5\ \text{W}}{3\ \text{W}} = 0{,}5 \text{ bzw.}$$

$$\eta = \frac{P_{ab}}{P_{zu}} \cdot 100\ \% = \frac{1{,}5\ \text{W}}{3\ \text{W}} \cdot 100\ \% = 50\ \%$$

Die Angaben $\eta = 0{,}5$ bzw. $\eta = 50\ \%$ sind gleichwertig.

Wenn mehrere technische Systeme hintereinander geschaltet sind (z. B. Motor → Getriebe), dann ist der **Gesamtwirkungsgrad** η_{ges} gleich dem Produkt der Wirkungsgrade der Teilsysteme.

$$\eta_{ges} = \eta_1 \cdot \eta_2 \cdot \eta_3$$

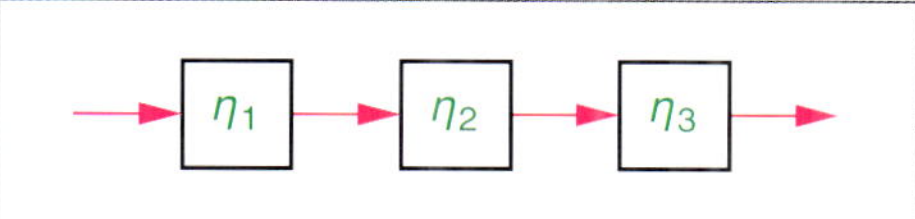

Bild 35 Gesamtwirkungsgrad

1. Die Beleuchtungsanlage einer Halle hat eine Leistung von $P = 12$ kW. Sie wird an $U = 230$ V betrieben. Welche Energiekosten entstehen täglich (Einschaltzeit 10 Stunden), wenn ein Preis von 0,18 Euro/kWh angenommen wird.

Ermittlung der elektrischen Arbeit	$P = \frac{W}{t} \rightarrow W = P \cdot t$ $W = 12\ \text{kW} \cdot 10\ \text{h} = 120\ \text{kWh}$
Berechnung des Verbrauchsentgeltes in Euro	$VE = VP \cdot W$ $VE = 0{,}18\ \frac{\text{Euro}}{\text{kWh}} \cdot 120\ \text{kWh} = 21{,}60\ \text{Euro}$

z. B.

2. Eine Meldelampe nimmt an $U = 24\ \text{V}$ den Strom $I = 83\ \text{mA}$ auf. Wie groß ist die Leistung der Glühlampe?

Elektrische Leistung ist das Produkt von Spannung und Stromstärke.

$P = U \cdot I$

$P = 24\ \text{V} \cdot 0{,}083\ \text{A} = 2\ \text{W}$

3. Welche Leistung wird im Widerstand R umgesetzt?

2 A $R = 160\ \Omega$ $P = ?$

$P = U \cdot I \qquad U = I \cdot R$

$I \cdot R$ für U einsetzen.

$P = I \cdot R \cdot I = I^2 \cdot R$

$P = I^2 \cdot R$

$R = (2\ \text{A})^2 \cdot 160\ \Omega = 640\ \text{W}$

4. Welche Leistung wird im Widerstand R umgesetzt?

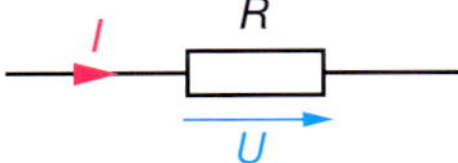

$P = U \cdot I \qquad I = \frac{U}{R}$

$\frac{U}{R}$ für I einsetzen.

$P = U \cdot \frac{U}{R} = \frac{U^2}{R}$

$P = \frac{U^2}{R}$

$P = \frac{(100\ \text{V})^2}{40\ \Omega} = 250\ \text{W}$

5. Die Spannung an einem Widerstand R wird um 20 % kleiner (Spannungseinbruch).
Welchen Einfluss hat das auf die Leistung?

I R U

Annahme: Widerstand R bleibt konstant. Spannung sinkt um 20 %, also auf $0{,}8 \cdot U$. Nach dem ohmschen Gesetz wird dann auch der Strom um 20 % sinken, also auf $0{,}8 \cdot I$.

$P' = 0{,}8 \cdot U \cdot 0{,}8 \cdot I$

$P' = 0{,}64 \cdot U \cdot I$

$P' = 0{,}64 \cdot P$

Leistung sinkt auf 64 % bzw. um 36 %.

■ **Ohmsches Gesetz**
→ 27

Prüfung

1. Ein Heißwasserbereiter hat eine Anschlussleistung von 5 kW und einen Nenninhalt von 100 l. Das Wasser soll von 10 °C auf 45 °C erwärmt werden. Der Wirkungsgrad beträgt 94 %.
Wie lange dauert der Aufheizvorgang?

2. Ein Akkumulator ist wie folgt beschriftet: 12 V, 36 Ah.
Welche Energie ist im Akkumulator gespeichert?

3. Ein Widerstand von 4,7 kΩ liegt an der Spannung 2,1 V.
Bestimmen Sie die elektrische Arbeit, wenn der Widerstand 9,5 Stunden eingeschaltet ist.

4. Kohleschichtwiderstand: 47 kΩ, 1 W.
Welche Spannung darf maximal an diesem Widerstand anliegen?

5. Die Spannung an einem Widerstand wird halbiert.
Welchen Einfluss hat das auf die elektrische Leistung?

■ **Aufgabenlösung**

@ Interessante Links

• christiani-berufskolleg.de

■ **Ah**

Amperestunde
1 A · 1 h

z.B.

1. Ein Elektromotor hat eine Bemessungsleistung von 1,1 kW und einen Wirkungsgrad von $\eta = 0{,}73$.
Welche Leistung entnimmt der Motor dem Netz?

Die angegebene Bemessungsleistung ist die an der Motorwelle abgegebene Leistung P_{ab}.
Die aufgenommene elektrische Leistung P_{zu} ist größer.

$$\eta = \frac{P_{ab}}{P_{zu}} \rightarrow P_{zu} = \frac{P_{ab}}{\eta}$$

$$P_{zu} = \frac{1{,}1\ \text{kW}}{0{,}73} = 1{,}51\ \text{kW}$$

2. Ein elektrischer Wasserspeicher soll 50 Liter Wasser in 12 Minuten von 16 °C auf 40 °C erwärmen. Der Wirkungsgrad beträgt dabei 70 %.
Welche elektrische Leistung ist dazu notwendig?

Notwendige Wärmemenge:

$c = 4190 \frac{\text{J}}{\text{kg} \cdot \text{K}}$

1 J = 1 Ws = 1 Nm

$$Q = m \cdot c \cdot \Delta\vartheta$$

$$Q = 50\ \text{kg} \cdot 4190 \frac{\text{J}}{\text{kg} \cdot \text{K}} \cdot 24\ \text{K}$$

$$Q = 5028\ \text{kJ} = 5028\ \text{kWs}$$

Die zugeführte elektrische Leistung P muss diese Wärmemenge (Wärmeenergie) Q und die Verluste (η) bedienen.
Da Q in Ws angegeben ist, muss die Zeit t in Sekunden eingesetzt werden.
12 min = 720 Sekunden

$$P = \frac{W}{\eta \cdot t} = \frac{Q}{\eta \cdot t}$$

$$P = \frac{5028\ \text{kWs}}{0{,}7 \cdot 720\ \text{s}} = 10\ \text{kW}$$

Der Leistungsbedarf kann auch mithilfe einer kombinierten Formel ermittelt werden.

1 J = 1 Ws

Die Zeit t ist in Sekunden einzusetzen.

$$P = \frac{m \cdot c \cdot \Delta\vartheta}{\eta \cdot t}$$

$$P = \frac{50\ \text{kg} \cdot 4190 \frac{\text{J}}{\text{kg} \cdot \text{K}} \cdot 24\ \text{K}}{0{,}7 \cdot 720\ \text{s}}$$

$$P = 10\ \text{kW}$$

■ **Spezifische Wärmekapazität**

1 Ws = 1 J

$1\ \text{W} = 1\ \frac{\text{J}}{\text{s}}$

Beachten Sie:

kWs = 10^3 Ws = 1000 Ws

Der Vorsatz k steht für den Zahlenwert 1000.

Prüfung

6. Die Umwälzpumpe einer Heizungsanlage hat eine elektrische Leistung von 5 W. Sie ist an 210 Tagen im Jahr täglich 18 Stunden eingeschaltet.
Welche Kosten entstehen jährlich, wenn 1 kWh 0,24 Cent kosten?

7. Eine kleine Glühlampe ist mit 2,2 V/0,25 A beschriftet.
Bestimmen Sie die Leistung der Glühlampe.

8. Wählen Sie einen geeigneten Vorwiderstand aus (Ohmwert und Leistung).

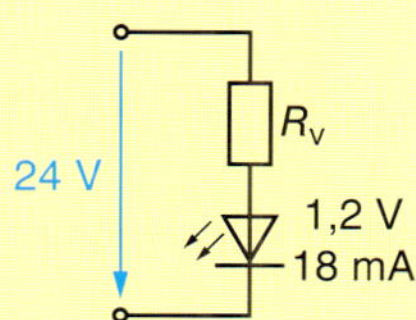

9. Mithilfe eines Elektrizitätszählers soll die Leistung eines elektrischen Verbrauchsmittels bestimmt werden. In 5 Minuten macht die Zählerscheibe 7 Umdrehungen, Zählerkonstante 750 1/kWh.
Bestimmen Sie die Leistung.

10. Warum steigt die elektrische Leistung quadratisch mit der Spannung an?

11. Wie ändert sich die Leistung eines Verbrauchsmittels, wenn die anliegende Spannung um 10 Prozent einbricht?

■ **Aufgabenlösung**

@ **Interessante Links**

• christiani-berufskolleg.de

■ **Prozentrechnung, Aufgabenlösung**

@ **Interessante Links**
• christiani-berufskolleg.de

Prüfung

12. Zur Beleuchtung eines Raumes sind 60 Glühlampen zu je 100 W und 40 Glühlampen zu je 40 W eingeschaltet. Bei der Sanierung der Beleuchtungsanlage werden sie durch 26 Leuchtstofflampen zu je 58 W + 7 W des Vorschaltgerätes ersetzt.
Wie groß ist die prozentuale Energieeinsparung?

13. Sie sollen die Leistung einer elektrotechnischen Anlage messtechnisch bestimmen.
Welche Möglichkeiten haben Sie?

14. Eine 450-W-Handbohrmaschine hat eine Leistungsabgabe von 320 W.
Wie groß ist der Wirkungsgrad?

15. Ein Elektromotor gibt an der Welle P_2 = 11 kW ab. Der Wirkungsgrad beträgt 86 %.
Welche Leistung P_1 entnimmt der Motor dem Netz?

$W = m \cdot g \cdot h$

$g = 9{,}81\ \frac{\text{m}}{\text{s}^2}$

16. Eine Pumpe fördert in 1 Minute 10 m³ Wasser aus 200 m Tiefe. Der Pumpenwirkungsgrad beträgt 75 %.
Welche Leistung muss der Elektromotor an die Pumpe abgeben?
Wie groß ist der Gesamtwirkungsgrad, wenn der Elektromotor den Wirkungsgrad 90 % hat?

2.5 Elektrische Leitungen

Wesentliche Aufgabe der elektrischen Leitungen ist die *Übertragung der elektrischen Energie* und der *Aufbau von Stromkreisen*. Leitungen verbinden elektrische Betriebsmittel miteinander.

■ **Leitungslänge, Leiterlänge**
Leiterlänge = 2 · Leitungslänge (Hin- und Rückleiter)

Leiterwiderstand

Leitungen dienen dem Transport elektrischer Ladungen (Elektronen). Sie setzen dem Ladungstransport einen *elektrischen Widerstand* entgegen. Dieser **Leitungswiderstand**

- nimmt mit der **Leiterlänge** l zu.
- nimmt mit dem **Leiterquerschnitt** q ab.
- ist abhängig vom **Leitermaterial** (ρ, γ).

■ ρ
Rho, griechischer Kleinbuchstabe

■ γ
Gamma, griechischer Kleinbuchstabe

$$R_L = \frac{\rho \cdot l}{q} = \frac{l}{\gamma \cdot q}$$

R_L Leiterwiderstand in Ω
l Leiterlänge in m
q Leiterquerschnitt in mm²
ρ spezifischer Widerstand in $\frac{\Omega \cdot \text{mm}^2}{\text{m}}$
γ spezifische Leitfähigkeit in $\frac{\text{m}}{\Omega \cdot \text{mm}^2}$

■ **spezifisch**
kennzeichnend, eigentümlich

■ **Werte von ρ und γ**

Bei *Kupfer* beträgt der *spezifische Widerstand* $\rho = 0{,}01785\ \frac{\Omega \cdot \text{mm}^2}{\text{m}}$, die *spezifische Leitfähigkeit* $\gamma = 56\ \frac{\text{m}}{\Omega \cdot \text{mm}^2}$.

Eine zweiadrige Kupferleitung mit dem Querschnitt $q = 1{,}5\ \text{mm}^2$ hat eine Länge von 50 m.
Wie groß ist der Leitungswiderstand?

Leitungslänge 50 m → **Leiterlänge** 100 m

$$R_L = \frac{l}{\gamma \cdot q} = \frac{100\ \text{m}}{56\ \frac{\text{m}}{\Omega \cdot \text{mm}^2} \cdot 1{,}5\ \text{mm}^2}$$

$R_L = 1{,}19\ \Omega$

Die Leitung besteht aus einem Hinleiter und einem Rückleiter. Daher ist die doppelte Leitungslänge zu berücksichtigen.

Spannungsfall

Da der Leitungswiderstand R_L nicht null ist, tritt an ihm bei Stromfluss ein Spannungsfall ΔU auf.

$$\Delta U = I \cdot R_L = \frac{I \cdot l}{\gamma \cdot q} = \frac{I \cdot \rho \cdot l}{q}$$

ΔU Spannungsfall in V
I Stromstärke in der Leitung in A
l Leiterlänge in m
q Leiterquerschnitt in mm²
ρ spezifischer Widerstand in $\frac{\Omega \cdot \text{mm}^2}{\text{m}}$
γ spezifische Leitfähigkeit in $\frac{\text{m}}{\Omega \cdot \text{mm}^2}$

Wichtige Kenngrößen des Leiters: Querschnitt, Länge, Material.

Leiterwiderstand: $R_L = \frac{\rho \cdot l}{q} = \frac{l}{\gamma \cdot q}$

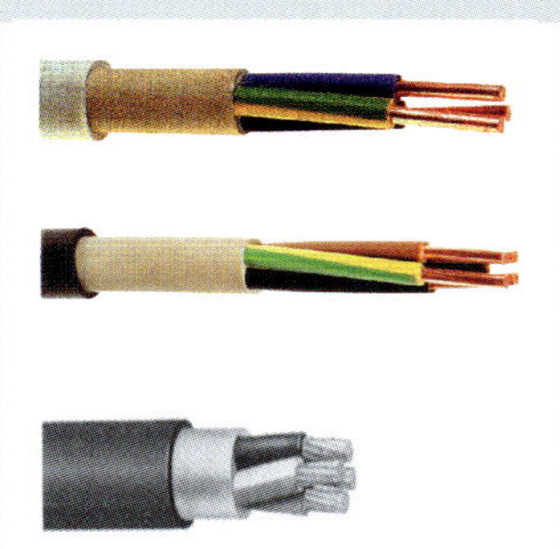

Isolation, muss Leitertemperatur standhalten

Elektrischer **Leiter**, besteht im Allgemeinen aus Kupfer, massiv, feindrähtig, feinstdrähtig.

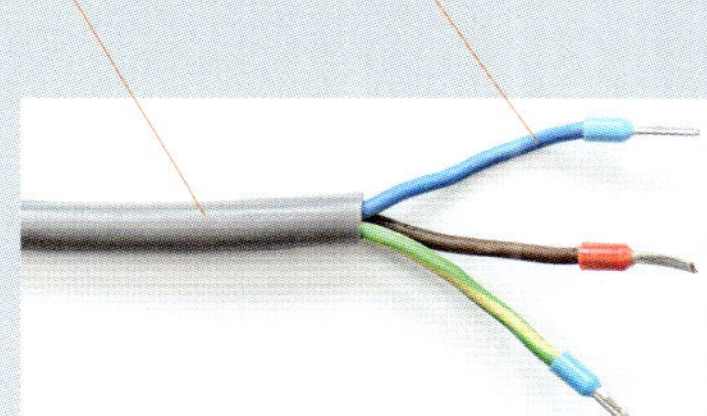

Stromdichte

Die maximal zulässige Stromdichte $J = I/q$ darf nicht überschritten werden. Sonst zu starke Erwärmung der Leitung.

Strombelastbarkeit

Der Leiterstrom darf nur so groß gewählt werden, dass sich die Leitung nicht unzulässig erwärmt.

Einflussgrößen sind neben dem *Leiterquerschnitt* auch *Verlegeart* und *Umgebungstemperatur*.

Eine unzulässig hohe Temperatur der Leitung muss unbedingt vermieden werden.

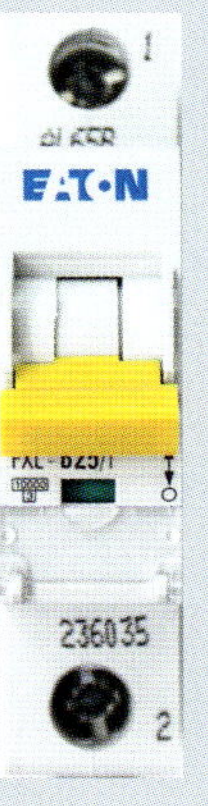

Leitungsschutz

Wenn die Stromstärke so groß wird, dass die Leitung eine unzulässig hohe Temperatur annehmen könnte, wird der Stromfluss durch **Schmelzsicherungen** oder **Leitungsschutzschalter** abgeschaltet.

Diese **Überstromschutzeinrichtungen** müssen der Strombelastbarkeit entsprechend gewählt werden.

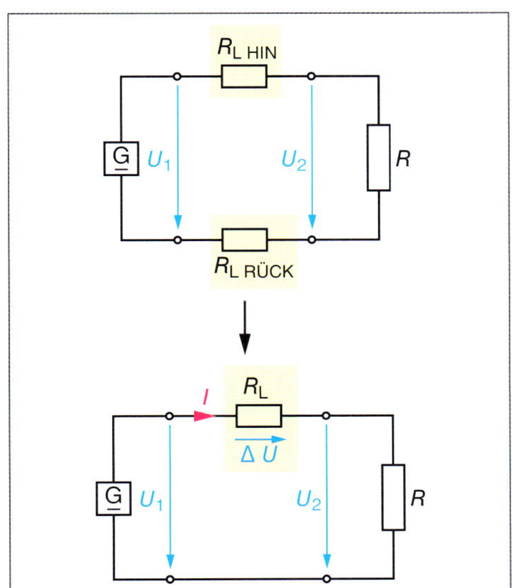

Bild 36 *Spannungsfall auf Leitungen*

Wegen des *Spannungsfalls* ΔU ist die Spannung U_2 am Leitungsende *geringer* als die Spannung U_1 am Leitungsanfang.

$$U_2 = U_1 - \Delta U$$

Häufig wird der **Spannungsfall in Prozent** angegeben.

- Bemessungsspannung 230 V
- Spannungsfall ΔU = 5,75 V
- Prozentualer Spannungsfall p_U = 2,5 % 5,75 V ist 2,5 % von 230 V

■ **Leitungen**

Ausführungsformen und Normung, harmonisierte Leitungen.

Stromdichte
current density

Strombelastbarkeit
current-carrying capacity

Sicherung
fuse

Leitungsschutzschalter
circuit breaker, automatic cut out

Leiter
conductor, core

■ **Überstromschutzeinrichtungen**

■ **Spannungsfall**

am Leiterwiderstand:

$\Delta U = I \cdot R_L$

@ Interessante Links

Leitungen
- phoenixcontact.com
- sab-kabel.de
- elspro.de
- helukalbel.de

Leitung
line, wire, cable

Leitungswiderstand
line resistance

Länge
lenght

Querschnitt
cross section

Verlustleistung
dissipation power, power loss

Leitungsverlegung
wiring, (line) installation

Stromdichte
current density

z.B.

Eine 100 m lange Kupferleitung mit dem Querschnitt 2,5 mm² wird mit dem Strom 17,5 A belastet. Die Bemessungsspannung beträgt 230 V.

Wie groß ist der auftretende Spannungsfall?

Leiterlänge = 2 · 100 m = 200 m

Kupfer: $\gamma = 56 \frac{\text{m}}{\Omega \cdot \text{mm}^2}$

$$\Delta U = \frac{I \cdot l}{\gamma \cdot q}$$

$$\Delta U = \frac{17{,}5\ \text{A} \cdot 200\ \text{m}}{56 \frac{\text{m}}{\Omega \cdot \text{mm}^2} \cdot 2{,}5\ \text{mm}^2} = 25\ \text{V}$$

Prozentualer Spannungsfall:
25 V von 230 V
Am Leitungsende könnte noch eine Spannung von 205 V gemessen werden.

$$p_\text{U} = \frac{\Delta U}{U_\text{N}} \cdot 100\ \% = \frac{25\ \text{V}}{230\ \text{V}} \cdot 100\ \% = 10{,}9\ \%$$

Der Spannungsfall ist zu hoch (> 3 %).

Leistungsverlust

Am Leitungswiderstand tritt der Spannungsfall ΔU auf. Er wird vom Strom I durchflossen. Im Leitungswiderstand wird **Verlustleistung** P_V umgesetzt.

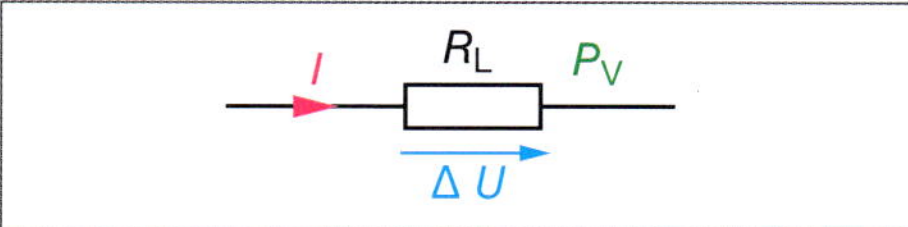

Bild 37 *Leistungsverlust*

Dieser Leistungsverlust führt zur *Erwärmung* der Leitung. Hier liegt das eigentliche Problem.

Eine zu hohe Leitungstemperatur wird auf Dauer zu *Isolationsschäden* führen. Dies bedeutet Brandgefahr.

Die Begrenzung des Spannungsfalls (z. B. auf 3 %) hat ihre Ursache auch in der Begrenzung des Leistungsverlustes.

z.B.

Spannungsfall $\Delta U = 25$ V;
Stromstärke 17,5 A, siehe oben.
Welcher Leistungsverlust tritt auf?

$$P_\text{V} = I \cdot \Delta U$$

$$P_\text{V} = 17{,}5\ \text{A} \cdot 25\ \text{V} = 437{,}5\ \text{W}$$

Da der Spannungsfall unzulässig hoch ist, gilt das auch für den Leistungsverlust. In der Leitung würden 437,5 W in Wärme umgewandelt.

Leistungsverlust

$$P_\text{V} = I \cdot \Delta U$$

$$P_\text{V} = I \cdot I \cdot \frac{l}{\gamma \cdot q}$$

$$P_\text{V} = I^2 \cdot \frac{l}{\gamma \cdot q} = I^2 \cdot \frac{\rho \cdot l}{q}$$

- P_V Leistungsverlust in W
- I Stromstärke in der Leitung in A
- ΔU Spannungsfall in V
- l Leiterlänge in m
- q Leiterquerschnitt in mm²
- γ spezifische Leitfähigkeit in $\frac{\text{m}}{\Omega \cdot \text{mm}^2}$
- ρ spezifischer Widerstand in $\frac{\Omega \cdot \text{m}}{\text{mm}^2}$

Stromdichte

Verbrauchsmittel benötigen eine bestimmte *Stromstärke*, die ihnen über *Leitungen* zugeführt wird.

Elektrischer Strom bedeutet: Bewegung von Ladungsträgern. Die *Anzahl* der bewegten Ladungsträger nimmt mit der Stromstärke zu.

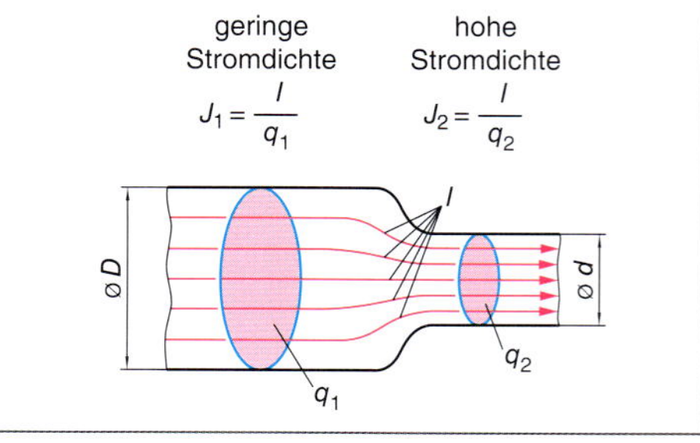

Bild 38 *Stromdichte*

Mit *zunehmender* Stromdichte nimmt die *Bewegungsgeschwindigkeit* der Ladungsträger im Leiter zu. Dies führt zu einer stärkeren *Erwärmung* des Leiters. **Höchstzulässige Stromdichten** dürfen *nicht überschritten* werden.

■ **Vorsicht!**

Beachten Sie den Unterschied zwischen Leitungslänge und Leiterlänge.

Leiterlänge = 2 · Leitungslänge

Stromdichte

$$J = \frac{I}{q}$$

J Stromdichte in A/mm²

I Stromstärke in A

q Leiterquerschnitt in mm²

Strombelastbarkeit

Die **Strombelastbarkeit** von Leitungen ist im Wesentlichen abhängig

- vom Leitungsquerschnitt
- vom Leiterwerkstoff
- von der Möglichkeit der Leitung, Wärme an die Umgebung abzugeben

Bei kleineren Leiterquerschnitten ist die **zulässige Stromdichte** *höher* als bei größeren Querschnitten. Dünne Leiter können besser abkühlen als dickere.

Eine *Verdopplung* des Leitungsdurchmessers führt zwar zu einer *Verdopplung* der *Leiteroberfläche*. Das *Leitervolumen vervierfacht* sich dann aber.

Strombelastbarkeit ermitteln

Eine Leitung mit zwei belasteten Adern, Querschnitt 1,5 mm², wird mit zwei gleichartigen Leitungen gemeinsam im Elektro-Installationsrohr verlegt. Die Umgebungstemperatur beträgt 40 °C.

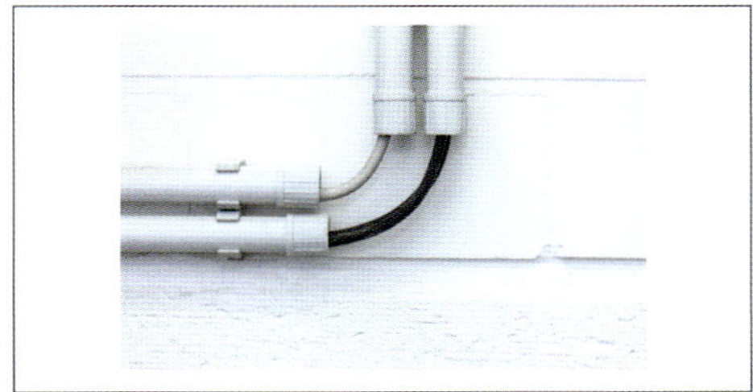

Bild 39 Leitungsverlegung

Querschnitt q = 1,5 mm²; 2 belastete (stromführende) Adern; Elektro-Installationsrohr → Verlegeart B2.

Strombelastbarkeit 16,5 A bei 25 °C Umgebungstemperatur und *einer* Leitung im Rohr.

- Strombelastbarkeit: I_Z = 16,5 A

Da *mehrere* Leitungen im Rohr verlegt sind, ist der **Umrechnungsfaktor für Häufung** zu berücksichtigen.

- Umrechnungsfaktor für Häufung (3 Leitungen): $k_1 = 0{,}7$

Die *Umgebungstemperatur* ist höher als 25 °C. Dies wird durch den **Umrechnungsfaktor für die Umgebungstemperatur** berücksichtigt.

- Umrechnungsfaktor für Umgebungstemperatur (40 °C): $k_2 = 0{,}82$

Zusammengefasst:

- Strombelastbarkeit B2, eine Leitung, 2 belastete Adern, 25 °C → I_Z = 16,5 A
- Häufung → $k_1 = 0{,}7$
- Umgebungstemperatur → $k_2 = 0{,}82$

Tatsächliche Strombelastbarkeit der Leitung:

$I_Z' = k_1 \cdot k_2 \cdot I_Z = 0{,}7 \cdot 0{,}82 \cdot 16{,}5\ \text{A} = \mathbf{9{,}5\ A}$

Durch Häufung und höhere Umgebungstemperatur wurde die Strombelastbarkeit der Leitung deutlich verringert (von 16,5 A auf 9,5 A).

Zum Verständnis: Wenn die Leitung *dauerhaft* mit einer Stromstärke belastet wird, die 9,5 A *nicht überschreitet*, wird sie sich *nicht unzulässig erwärmen*. Ihre Isolation wird nicht geschädigt. Es entsteht keine Brandgefahr.

Die zulässige Strombelastbarkeit der Leitung darf nicht überschritten werden.

Überstromschutzorgane

Eine *Überschreitung* der Strombelastbarkeit ist *nicht* zulässig.

Wenn die Leitung dennoch überlastet wird (unzulässig hohe Stromstärke), dann muss dieser Stromkreis *unterbrochen* werden. Die Verbrauchsmittel, die diese *Überlastung* bewirken, werden *abgeschaltet*.

Die Leitung führt dann keinen Strom mehr.

Überstromschutzorgane schützen vor *Überlastung* und *Kurzschluss*. In diesen Fällen unterbrechen sie den Stromkreis *selbsttätig*.

Überlastschutz
Schutz vor Überlastung (zu große Stromstärke) in fehlerfreien Stromkreisen.

Kurzschlussschutz
Schutz vor Kurzschlussströmen, die durch eine nahezu widerstandslose Verbindung zwischen spannungsführenden Punkten hervorgerufen werden.

Überstromschutzorgane sind *Schmelzsicherungen* und *Leitungsschutzschalter*.

■ **Strombelastbarkeit von Leitungen**

Überlast
overload

Überlastschutz
overload protection, overload protector

Überstromschutz
overcurrent protection

■ **Verringerung der Strombelastbarkeit**

Bei Verringerung der Strombelastbarkeit ist ein Überstromschutzorgan zu installieren.

■ **Kennmelder, Passring, Passschraube**

Farben von Kennmeldern, Passringen und Passschrauben.

■ **Schmelzeinsätze niemals „flicken“ oder überbrücken!**

@ Interessante Links

Schmelzsicherungen
- siemens.de
- eska-fuses.de

Sicherungssockel
Zur Hutschienenbefestigung, Fußkontaktanschluss und Schraubkontaktanschluss.

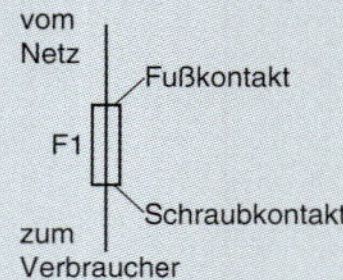

Fußkontakt: Netzzuleitung
Schraubkontakt: Verbraucherleitung

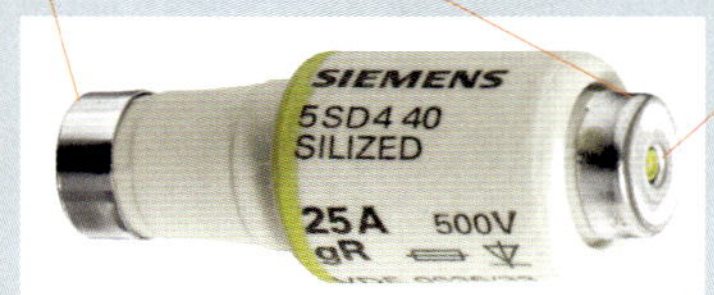

Schmelzeinsatz
Mit Quarzsand gefüllter Zylinderkörper.
Schmelzleiter verbinden Fuß- und Schraubkontakt.
Bei Erreichen des Abschaltstromes schmelzen Schmelzdraht und Haltedraht des Kennmelders. Eine Feder wirft den Kennmelder ab.

Die Farbe des Kennmelders verdeutlicht den Bemessungsstrom des Schmelzeinsatzes.
Zum Beispiel: grün: 6 A, rot: 10 A, grau: 16 A.

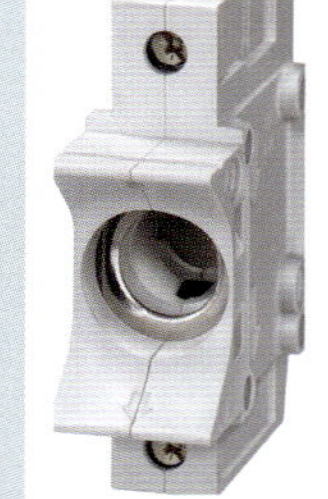

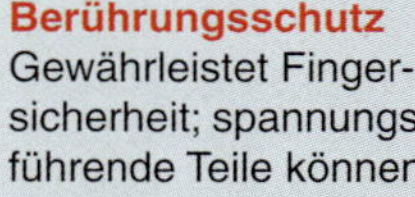

Berührungsschutz
Gewährleistet Fingersicherheit; spannungsführende Teile können dann nicht unbeabsichtigt berührt werden.

Passring, Passschraube
Verhindert, dass Schmelzeinsätze zu hoher Bemessungsstromstärke eingesetzt werden können.
Kennfarben verdeutlichen den max. Bemessungsstrom.

Schraubkappe
Nimmt den Schmelzeinsatz auf und wird in den Sicherungssockel eingeschraubt.
Ermöglicht einen Blick auf den Kennmelder und die Einführung einer Messspitze (Spannungsmessung).

Das Überstromschutzorgan ist die „Sollbruchstelle“ im Stromkreis.
Unzulässig hohe Ströme werden abgeschaltet, bevor Schäden hervorgerufen werden.

Auslösezeit

Die **Auslösezeit** der *Schmelzsicherung* (Schmelzen des Schmelzleiters) hängt von der Höhe der Stromstärke ab, die den Schmelzleiter durchfließt.

Ein höherer Strom bewirkt eine schnellere Auslösung.

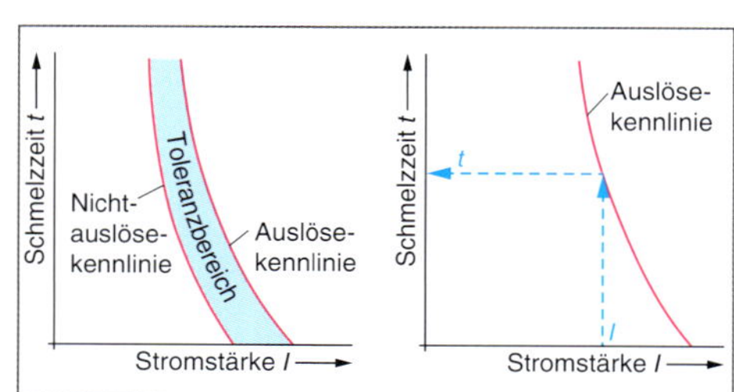

Bild 40 Auslösezeit von Schmelzsicherungen

Die Hersteller geben **Strom-Zeit-Kennlinien** an. Interessant ist die **Auslösekennlinie**.

Dann dauert die Auslösung am *längsten* → Projektierung für den *ungünstigsten* Fall.

Ist der *Strom* bei Überlast bzw. Kurzschluss bekannt, kann die zugehörige *Auslösezeit* (Schmelzzeit) der *Kennlinie* entnommen werden.

Projektierungsbeispiel

Es fließt ein Kurzschlussstrom von $I_K = 100$ A. Nach welcher Zeit löst die 16-A-Schmelzsicherung aus?

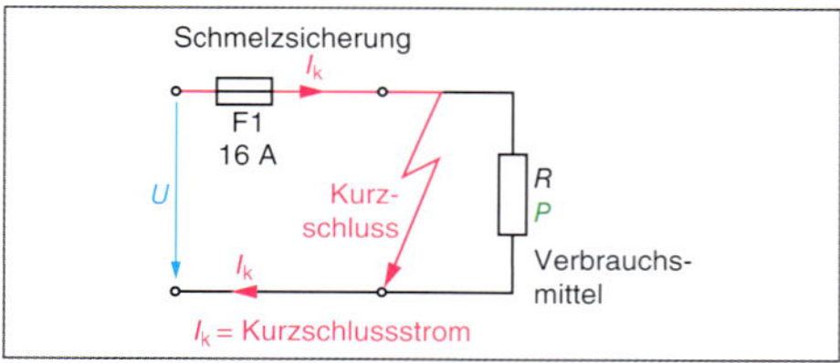

Bild 41 Auslösung bei Kurzschluss

Strombelastbarkeit
current-carrying capacity, ampacity

Leitungsschutz
line protection

Leitungsschutzsicherungen
fuses

Schmelzeinsatz
fuse link

Haltedraht
suspended wire

Schmelzdraht
fusing conductor

Berührungsschutz
protection against contact

Auslösezeit
tripping time

Kurzschlussstrom
short circuit current

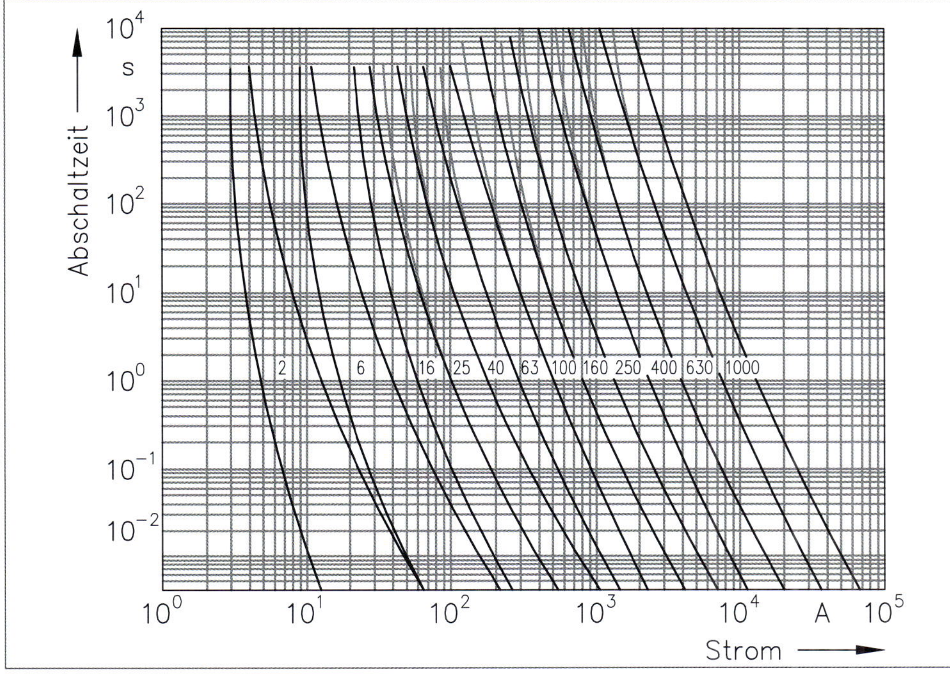

Bild 42 *Strom-Zeit-Kennlinien von Schmelzsicherungen (GL)*

■ **Strom-Zeit-Kennlinie**

Kennlinien Bild 42:
16-A-Schmelzsicherung, rechte Kennlinie (Auslösekennlinie): $I_K = 100 \text{ A} = 10^2 \text{ A} \rightarrow$ Ausschaltzeit $t = 10^0 \text{ s} = 1 \text{ s}$.

Ein Strom von 100 A muss die 16-A-Schmelzsicherung spätestens nach 1 s zum Ansprechen bringen.

Für die Bemessungsstromstärke der Sicherung ist ein „Band" angegeben, das aus *zwei* Kennlinien gebildet wird (Bild 42). Es wird immer die *rechte* Kennlinie (Auslösekennlinie) verwendet.

Betriebsklassen

- Buchstabe 1: Funktionsklasse

g Ganzbereichssicherungen:
Ströme können bis zum Bemessungsstrom I_n *dauernd* geführt werden und vom kleinsten Schmelzstrom bis zum Bemessungs-Ausschaltstrom ausgeschaltet werden.

a Teilbereichssicherungen:
Ströme können bis zum Bemessungsstrom I_n *dauernd* geführt werden und oberhalb eines bestimmten Vielfachen von I_n bis zum Bemessungs-Ausschaltstrom ausgeschaltet werden.

Schmelzsicherung
fuse, fuse cut-out, blow-out fuse

Ganzbereichssicherung
full-range fuse

Teilbereichssicherung
subdomain protection

Betriebsklasse
utilisation categories

Niederspannungssicherungen
low-voltage protection systems

Niederspannungs-Hochleistungs-Sicherung
low-tension high-power protection system

Geräteschutz-Sicherungen
instrument fuses

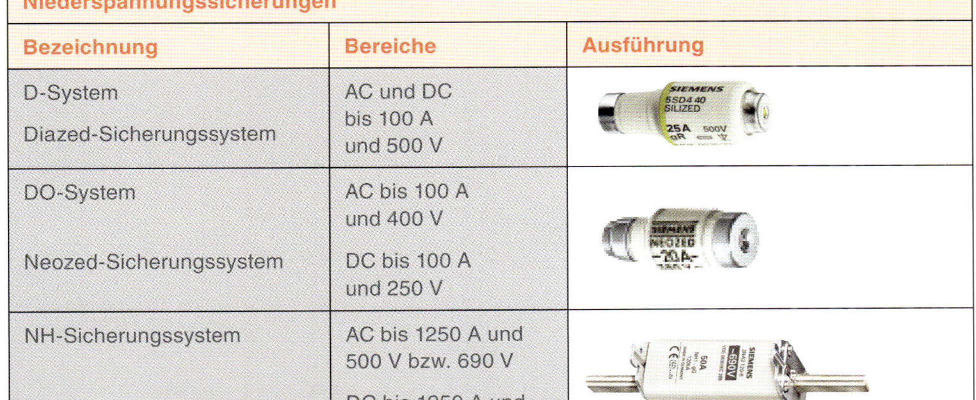

Niederspannungssicherungen		
Bezeichnung	**Bereiche**	**Ausführung**
D-System Diazed-Sicherungssystem	AC und DC bis 100 A und 500 V	
DO-System Neozed-Sicherungssystem	AC bis 100 A und 400 V DC bis 100 A und 250 V	
NH-Sicherungssystem	AC bis 1250 A und 500 V bzw. 690 V DC bis 1250 A und 440 V	

■ **Niederspannungssicherungen**

Strombelastbarkeit von Leitungen

TB

z.B.

Ein 5-kW-Verbraucher soll an 230 V angeschlossen werden.

Welchen Leitungsquerschnitt wählen Sie?
Wählen Sie die geeignete Schmelzsicherung aus.

230 V
F_1
q
P
5 kW

Zunächst wird die Stromstärke in der Leitung berechnet.

$P = U \cdot I \rightarrow I = \frac{P}{U}$

$I = \frac{5000\ \text{W}}{230\ \text{V}} = 21{,}7\ \text{A}$

Die Leitung hat zwei belastete Adern. Im Tabellenbuch finden Sie unter „Strombelastbarkeit von Leitungen" die nebenstehende Angabe.

Querschnitt 2,5 mm^2
Strombelastbarkeit 24 A

Nun ergibt sich ein Problem bei der Absicherung.
$I_n > I_Z$; Leitung kann überlastet werden.

Sicherung $I_n = 25$ A (gelb) nicht zulässig.

Der Bemessungsstrom der Sicherung wäre höher als die Strombelastbarkeit der Leitung.

Der Bemessungsstrom des Überstrom-Schutzorgans muss kleiner oder höchstens gleich der Strombelastbarkeit der Leitung sein. $I_n \leq I_Z$

Andererseits kann auch nicht mit $I_n = 20$ A (blau) abgesichert werden, da der Strom des Verbrauchsmittels mit 21,7 A größer ist. Die Sicherung würde im Überlastbereich gefahren und abschalten.

Sicherung $I_n = 20$ A (blau) nicht möglich.

Der Bemessungsstrom der Sicherung wäre kleiner als die Stromstärke in der Leitung.

Das Verbrauchsmittel fordert nämlich „seine" Stromstärke.

Der angenommene Leitungsquerschnitt $q = 2{,}5\ \text{mm}^2$ führt zu keinem befriedigenden Ergebnis, da eine technisch sinnvolle Absicherung nicht möglich ist.

Überlegung:
Leiterquerschnitt $q = 4\ \text{mm}^2$ wählen.

Querschnitt 4 mm^2
Strombelastbarkeit 32 A

Die Strombelastbarkeit der Leitung beträgt $I_Z = 32$ A, der Verbraucherstrom 21,7 A. Eine Absicherung mit $I_n = 25$ A ist dann möglich und sinnvoll.

Verbraucherstrom in der Leitung:
$I = 21{,}7$ A

Folgerungen:

- Strombelastbarkeit I_Z ist größer als I_n der Sicherung (32 A > 25 A).
- I_n der Sicherung ist größer als der Belastungsstrom I (25 A > 21,7 A).

Dimensionierung:

$q = 4\ \text{mm}^2$, $I_n = 25$ A (gelb)

Geräteschutzsicherungen

werden auch Feinsicherungen genannt.

Sie schützen Geräte vor zu hohen Strömen.

- Buchstabe 2: Schutzobjekt

G allgemeine Anwendung
L Kabel und Leitungen
M Schaltgeräte
R Halbleiter
B Bergbau
Tr Transformatoren

Geräteschutzsicherungen (Feinsicherungen)

Auslöseverhalten		Schaltvermögen		Strombereiche I_n in A	Maße in mm
FF	superflink	H	groß, 1500 A (AC)	0,05 bis 6,3 (F)	5 · 20
F	flink	L	klein, 10 · I_n, mind. 35 A (AC)	1,6 bis 6,3 (T)	5 · 20
M	mittelträge	E	erhöht, 150 A (AC)	0,05 bis 2 (F)	6,6 · 20
T	träge				
TT	superträge				

Leitungsschutzschalter

Bimetallauslöser
Verzögerte Auslösung bei Überlastung (thermisch wirkend).

Elektromagnetischer Auslöser
Schaltet bei Kurzschluss unverzögert ab.

Elektromagnetischer Auslöser und Bimetallauslöser sind in Reihe geschaltet. Kurzschluss oder Überlastung führen zu Auslösung.

Lichtbogenlöschkammer
Ein Lichtbogen beim Abschalten wird in Teillichtbögen aufgeteilt und ausgeblasen durch chemische Substanz der Kammer.

Schaltwerk mit Kraftspeicher
Der Stromkreis muss sehr schnell unterbrochen werden. Sonst Gefahr einer Lichtbogenbildung.

Freiauslösung
Verhindert das Wiedereinschalten, solange die Ursache des Abschaltens nicht beseitigt ist.

Schaltvermögen
Deutsche Energieversorger fordern mindestens ein Ausschaltvermögen von 6000 A.

Die **Leitungsschutzschalter** (LS-Schalter) zählen zu den Überstrom-Schutzeinrichtungen. Ihre wesentlichen **Vorteile** sind:

- schnelles Ansprechen bei Kurzschluss
- nach Ansprechen erneut einsetzbar (keine Austauschteile)
- ein unzulässiges „Flicken" (wie bei Schmelzsicherungen) ist nicht möglich
- dürfen auch als Schalter verwendet werden

Beschriftung eines Leitungsschutzschalters

Leitungsschutzschalter werden *einpolig* oder *dreipolig* angeboten. Wenn der dreipolige Kurzschlussstrom größer als das Bemessungs-Aussschaltvermögen des LS-Schalters ist, müssen Sicherungen vorgeschaltet werden (Back-up-Schutz).

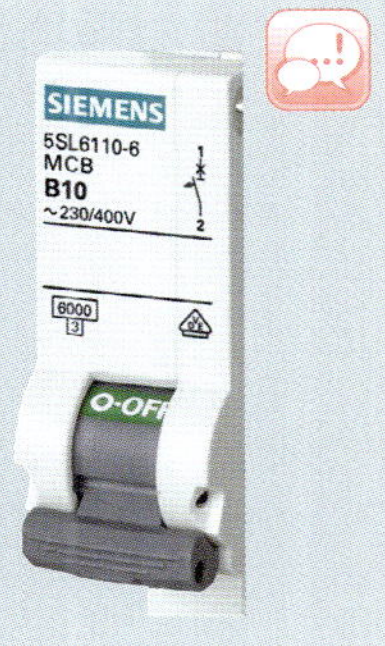

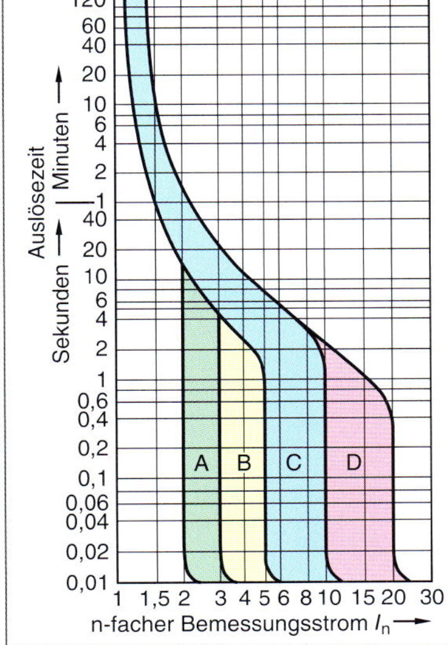

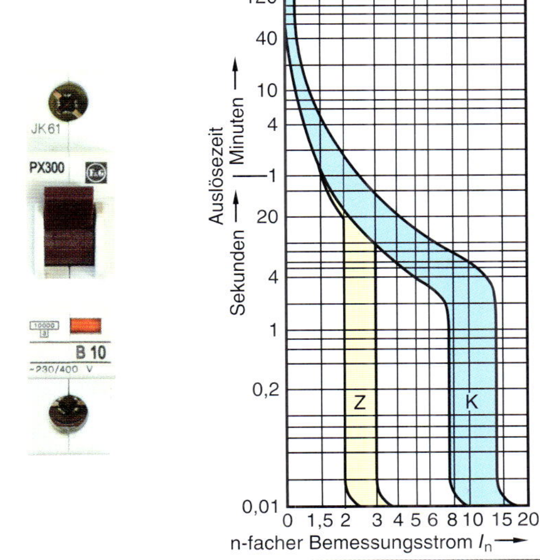

Bild 43 *Auslösecharakteristik von Leitungsschutzschaltern (LS-Schaltern)*

■ Leitungsschutzschalter

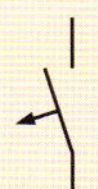

■ Schaltvermögen

10000

Hier: 10 000 A

Die Angabe der Strombegrenzungsklasse (3) entfällt zunehmend, da VDE die Klasse 3 zwingend vorschreibt.

■ Auslösecharakteristik

beschreibt das Verhalten von LS-Schaltern bei Kurzschlussströmen.

Das Verhalten bei Überlast ist bei allen Leitungsschutzschaltern gleich.

Typ B
Schnellauslösung zwischen $3 \cdot I_N$ und $5 \cdot I_N$.

Typ C
Schnellauslösung zwischen $5 \cdot I_N$ und $10 \cdot I_N$.

Typ D
Schnellauslösung zwischen $10 \cdot I_N$ und $20 \cdot I_N$.

Auch herstellerabhängige Auslösecharakteristiken sind möglich.

Leitungsschutzschalter
circuit breaker, automatic cut-out

Bimetallauslöser
bimetallic release

Kurzschlussauslöser
short-circuit release

Schaltvermögen
switching capability, breaking capacity

■ **D-Charakteristik**
→ 55

■ **Schalthäufigkeit**
bis zu 4000-mal

■ **Temperaturbereich**
von LS-Schaltern:

– 5 °C bis + 40 °C

In diesem Bereich darf sich die Auslösekennlinie nicht verändern.

■ **Gleichstromanwendungen von LS-Schaltern**
Für 50 V/Pol bis 60 V/Pol an DC einsetzbar.

Typ B
$> 4 \cdot I_N$ bis $7 \cdot I_N$

Typ C
$> 7 \cdot I_N$ bis $15 \cdot I_N$

Gleichstromgeeignete LS-Schalter sind für Zeitkonstanten von 4 ms bis 15 ms geeignet.

■ **Aufgabenlösung**

@ Interessante Links
- christiani-berufskolleg.de

Leitungsschutzschalter
- moeller.net
- siemens.de
- doepke.de

Auslösecharakteristik

Auslöse-charakteristik (Buchstabe)	Auslösung		Bemessungs-strom I_n	Anwendung
	unverzögert	verzögert		
Z	$2 - 3 \cdot I_n$	$1{,}05 - 1{,}2 \cdot I_n$	0,5 – 63 A	Steuerstromkreise, Messstromkreise, Halbleiter
B	$3 - 5 \cdot I_n$	$1{,}13 - 1{,}45 \cdot I_n$	6 – 40 A	Beleuchtungs-stromkreise
C	$5 - 10 \cdot I_n$	$1{,}13 - 1{,}45 \cdot I_n$	6 – 40 A	Hausinstallation und bei Stromspitzen
K	$8 - 14 \cdot I_n$	$1{,}05 - 1{,}2 \cdot I_n$	0,2 – 63 A	Motorstromkreise, Transformatoren

LS-Schalter können in *Lichtstromkreisen, Steckdosenstromkreisen* und *Motorstromkreisen* eingesetzt werden. Sie haben ganz unterschiedliche Verwendungszwecke.

Diesem Zweck entsprechend, werden LS-Schalter mit unterschiedlichem *Abschaltverhalten* eingesetzt. Man nennt dies **Auslösecharakteristik** und beschreibt das Verhalten durch *Buchstaben.*

Back-up-Schutz

Damit die Leitungsschutzschalter nicht durch *hohe Kurzschlussströme beschädigt* werden, sind Überstrom-Schutzeinrichtungen mit einem Bemessungsstrom von maximal 100 A *vorzuschalten* (mindestens Schmelzsicherung der Betriebsklasse gG).

Selektivität

Überstrom-Schutzeinrichtungen werden am *Anfang* jedes Stromkreises eingebaut. Außerdem immer dann, wenn sich die **Strombelastbarkeit** verringert. Zum Beispiel durch Verringerung des Leitungsquerschnittes.

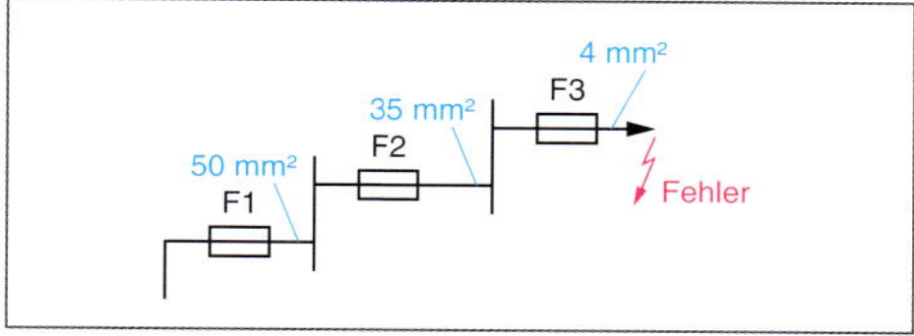

***Bild 44** Selektivität*

Im Fehlerfall soll *nur* das Überstrom-Schutzorgan ansprechen, das dem Fehler *unmittelbar* vorgeschaltet ist.

In Bild 44 ist dies F3. F1 und F2 sollen *nicht* ansprechen.

Selektivität heißt, die Bemessungsströme der Überstrom-Schutzorgane so abzustufen, dass nur das dem Fehler unmittelbar vorgeschaltete Schutzorgan anspricht.

Bei *Schmelzsicherungen* müssen sich die Bemessungsströme mindestens um den **Faktor 1,6** unterscheiden.

LS-Schalter würden wegen der elektromagnetischen Schnellauslösung nahezu *unverzögert* ansprechen.

Prüfung

1. Ein Leitungsroller (230 V) trägt eine 50 m lange Gummischlauchleitung mit dem Querschnitt 1,5 mm² (Cu).

Berechnen Sie den Leitungswiderstand.

2. Ein 4-Ω-Widerstand soll aus Konstantandraht (d = 0,25 mm) gewickelt werden.

Welche Drahtlänge ist notwendig?

3. Um wie viel Prozent ist der Leitungswiderstand einer 100 m langen Aluminiumleitung größer als einer gleich langen Kupferleitung gleichen Querschnitts?

4. Leitungsroller: 50 m; 1,5 mm², belastet mit 16 A, Spannung am Leitungsanfang 232 V.

Wie groß ist die Spannung an den Steckdosen des Leitungsrollers?

Welcher Leistungsverlust tritt in der Leitung auf?

5. Was bedeutet die Angabe 3,7 A/mm²?

6. Was bedeutet Strombelastbarkeit?

Prüfung

7. Welche Folgerungen können Sie aus den Tabellenangaben ziehen?

Querschnitt in mm²	Stromdichte in A/mm²	Strombelastbarkeit in A
1,5	17,5	11,7
2,5	24	9,9

8. Eine dreiadrige Zuleitung wird mit 10 A belastet. Sie ist teilweise in Rohr und teilweise unterhalb der Decke in Dämmmaterial verlegt. Der Querschnitt beträgt 1,5 mm².
Wie groß ist die Strombelastbarkeit der Leitung?

9. Wie ändert sich die Strombelastbarkeit nach Aufgabe 8, wenn die Umgebungstemperatur mit 40 °C angenommen wird? Begründen Sie die Lösung.

10. Mit welcher Bemessungsstromstärke darf die Leitung nach Aufgabe 8 maximal abgesichert werden?

11. Strom-Zeit-Kennlinien von Schmelzsicherungen: Schmelzsicherung, Kennfarbe grau.
Bestimmen Sie die Auslösezeit bei 50 A, 100 A, 150 A und 200 A.

12. Eine Schmelzsicherung trägt folgende Aufschrift: 63 A, 500 V, gG.
Was bedeutet das?

13. Beschreiben Sie Aufbau und Wirkungsweise eines Leitungsschutzschalters.

14. Welche Vorteile hat ein Leitungsschutzschalter gegenüber Schmelzsicherungen?

15. Ein LS-Schalter trägt unter anderem folgende Aufschrift: B16 10000.
Was bedeutet das?

16. Worin besteht der wesentliche Unterschied eines LS-Schalters B16 und C16?

17. In einem Stromkreis, der mit einem LS-Schalter B16 abgesichert ist, fließt ein Strom von 24 A.
Nach welcher Zeit spricht der LS-Schalter an?

18. Welcher Strom muss fließen, damit der LS-Schalter B16 innerhalb von 200 ms anspricht?

19. Welche Bedeutung hat die Selektivität bei Überstrom-Schutzorganen?

■ **Aufgabenlösung**

@ Interessante Links

• christiani-berufskolleg.de

Selektivität
selectivity,
overcurrent discrimination

Strombelastbarkeit
current-carrying capacity

Schalthäufigkeit
switching frequency,
switching rate

2.6 Spannungsversorgung

Steuerstromkreis → 20: Leistung eines Schützes 3 W, Leistung einer Meldelampe 2 W, Spannung 24 V DC.

Wenn einer der Bandantriebsmotoren eingeschaltet ist, wird die Spannungsversorgung des Steuerstromkreises → 20 mit 5 W bzw. 208,3 mA belastet.

24 V: 3 W + 2 W = 5 W

125 mA + 83,3 mA = 208,3 mA

Alle drei Bänder eingeschaltet: Drei Schütze und die zugehörigen Meldelampen belasten die Spannungsquelle. Die Belastung verdreifacht sich.

Gesamtleistung: 15 W, Gesamtstrom: 624,9 mA ≈ 625 mA

Während des Betriebes kann sich die *Belastung von Spannungsversorgungen* ändern. Wechselnde Belastungen sollen nicht zu einer Absenkung der Versorgungsspannung führen.

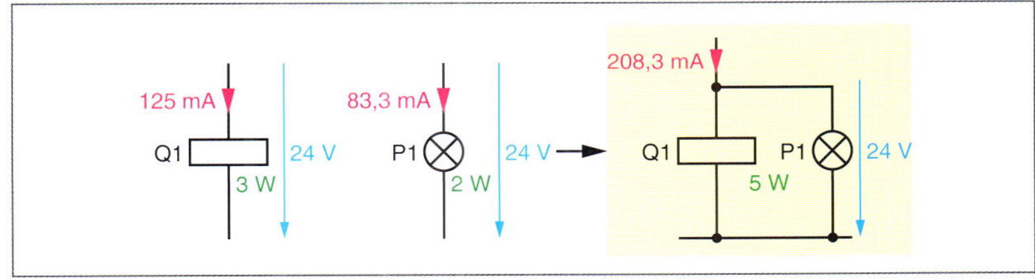

Bild 45 *Belastung der Spannungsversorgung*

Innenwiderstand

Der Innenwiderstand elektrischer Betriebsmittel ist ein Maß für die auftretenden Verluste.

Spannungsquelle
voltage source, voltage supply

Innenwiderstand
source resistance

Leerlaufspannung
no-load voltage, open-circuit voltage

Verluste
loss(es)

Anpassung
matching, adaption, adjustment

Leistungsanpassung
matching for power transfer

Spannungsanpassung
voltage matching

Stromanpassung
current matching

Klemmenspannung

Ohne Belastung entspricht die Klemmenspannung U_K der Leerlaufspannung U_0.

Bei Belastung verringert sich die Klemmenspannung um den Spannungsfall am Innenwiderstand.

Leerlaufspannung U_0
Spannung an den Klemmen der Spannungsquelle, wenn kein Belastungswiderstand angeschlossen ist.

Klemmenspannung U_K
Spannung zwischen den zugänglichen Anschlussklemmen einer Spannungsquelle. Ohne Belastung ist $U_K = U_0$. Bei Belastung nimmt die Klemmenspannung ab ($U_K < U_0$).

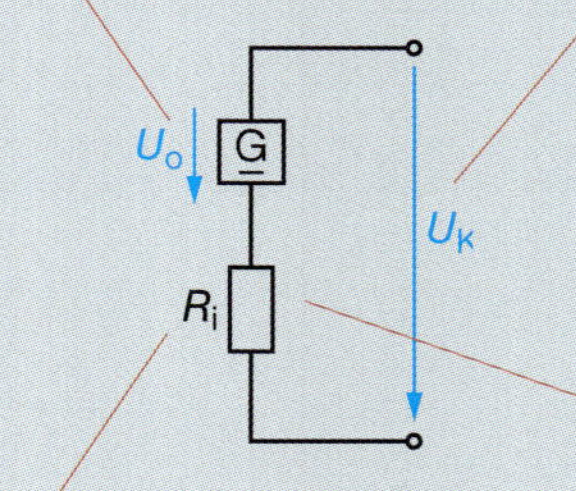

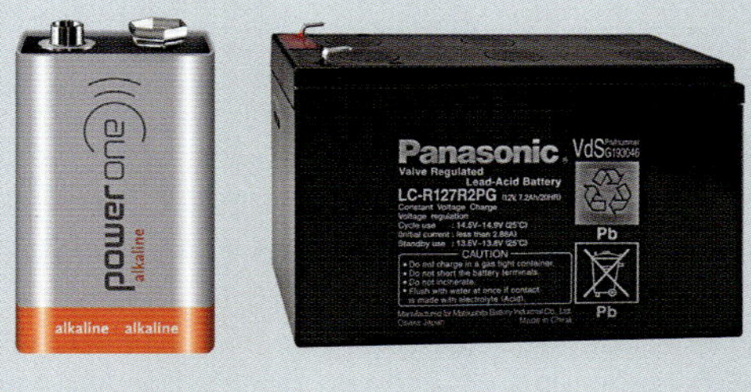

Ein hoher Innenwiderstand R_i bedeutet hohe Verluste.

Innenwiderstand R_i
Spannungsquellen haben einen Innenwiderstand. Er ist der Grund dafür, dass die Klemmenspannung bei Belastung abnimmt.

Kleiner Innenwiderstand → geringer Spannungseinbruch
Großer Innenwiderstand → starker Spannungseinbruch

Der Innenwiderstand verkörpert die **Verluste** der Spannungsquelle.

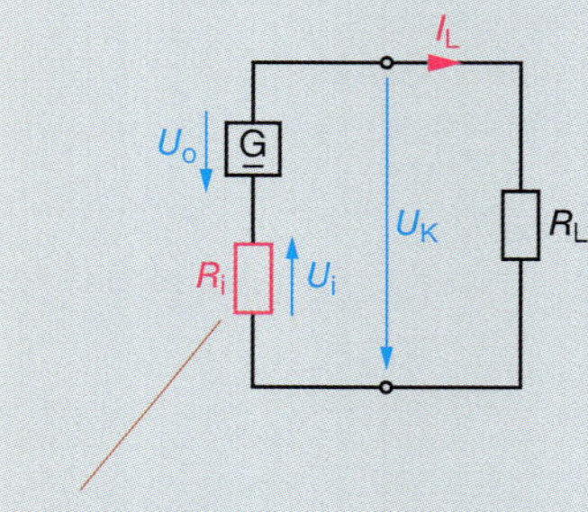

$U_i = I_L \cdot R_i$
Spannungsfall am Innenwiderstand.

$$U_0 = U_K + U_i \rightarrow U_K = U_0 - U_i$$

$$I_L = \frac{U_0}{R_i + R_L}$$

$$U_K = I_L \cdot R_L$$

U_0 Leerlaufspannung in V
U_K Klemmenspannung in V
U_i Spannungsfall am Innenwiderstand in V
R_i Innenwiderstand in Ω
R_L Belastungswiderstand in Ω
I_L Laststrom in A

Spannungsversorgungen der elektrischen Energietechnik sollen einen möglichst geringen Innenwiderstand R_i haben.

Eine Belastungsänderung darf nämlich keinen nennenswerten Spannungseinbruch bewirken.

Doch Vorsicht!
Ein geringer Innenwiderstand bewirkt einen hohen Kurzschlussstrom!

$U_K = 24$ V; $R_i = 0{,}1$ Ω → Kurzschlussstrom

$$I_K = \frac{U_0}{R_i} = \frac{24\ \text{V}}{0{,}1\ \Omega} = 240\ \text{A!}$$

Anpassungsformen

- **Spannungsanpassung** ($R_L > R_i$)

Bei **Spannungsanpassung** ist der Lastwiderstand *größer* als der Innenwiderstand der Spannungsquelle. Änderungen des Lastwiderstandes haben dann nur geringfügige Klemmenspannungsänderungen zur Folge.

Bei Spannungsanpassung ist die Klemmenspannung nahezu *lastunabhängig*. Energieverteilungsnetze werden z. B. so betrieben.

- **Leistungsanpassung** ($R_L = R_i$)

Bei **Leistungsanpassung** ist der Innenwiderstand der Spannungsquelle *so groß* wie der Lastwiderstand. Im Lastwiderstand wird dann die **maximale Leistung** P_{max} umgesetzt.

z.B.

Belastung der Spannungsquelle mit drei Schützen: $P = 15$ W, $I_g = 624{,}9$ mA, $U = 24$ V.

Der Belastungswiderstand R_L beträgt dann $R_L = \frac{U}{I_g} = \frac{24\text{ V}}{624{,}9\text{ mA}} = 38{,}4\ \Omega$.

Annahme: $R_i = 10\ \Omega$

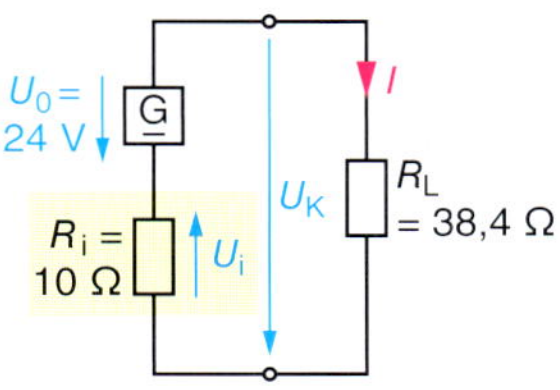

Stromstärke:

$$I = \frac{U_0}{R_i + R_L} = \frac{24\text{ V}}{10\ \Omega + 38{,}4\ \Omega} = 496\text{ mA}$$

Spannungsfall an R_i:

$U_i = I \cdot R_i = 0{,}496\text{ A} \cdot 10\ \Omega = 4{,}96\text{ V}$

Klemmenspannung:

$U_K = U_0 - U_i = 24\text{ V} - 4{,}96\text{ V} = 19{,}04\text{ V}$

R_i groß → U_i groß → U_K bricht stark ein! Von 24 V auf 19,04 V.

Annahme: $R_i = 0{,}1\ \Omega$

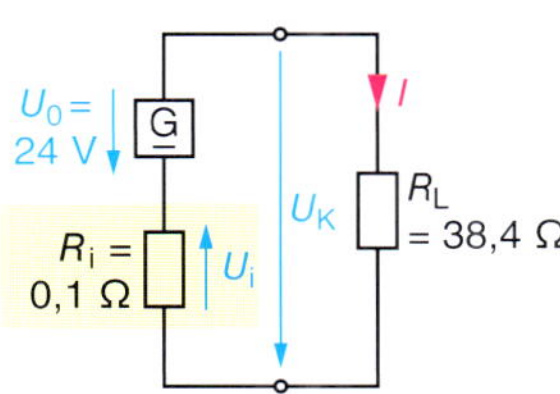

Stromstärke:

$$I = \frac{U_0}{R_i + R_L} = \frac{24\text{ V}}{0{,}1\ \Omega + 38{,}4\ \Omega} = 623{,}4\text{ mA}$$

Spannungsfall an R_i:

$U_i = I \cdot R_i = 623{,}4\text{ mA} \cdot 0{,}1\ \Omega = 62{,}34\text{ mV}$

Klemmenspannung:

$U_K = U_0 - U_1 = 24\text{ V} - 0{,}06234\text{ V} = 23{,}397\text{ V}$

R_i klein → U_i klein → U_K bleibt nahezu gleich.

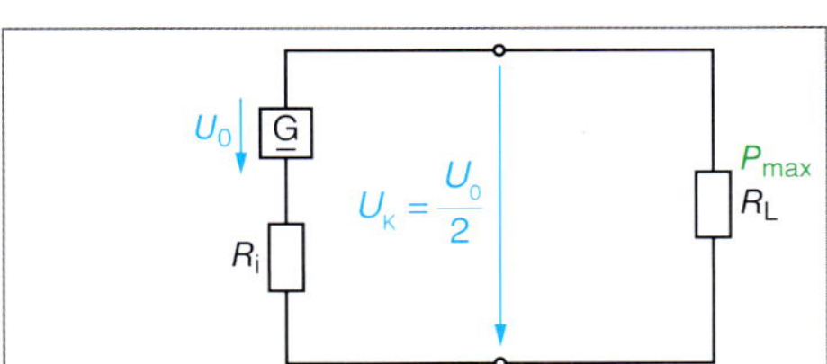

Bild 46 *Leistungsanpassung*

Wenn $R_L = R_i$, dann ist $U_K = \frac{U_0}{2}$.

Die Leerlaufspannung teilt sich hälftig auf R_i und R_L auf. Im Lastwiderstand R_L wird dann die Leistung umgesetzt:

$$P_{max} = \frac{U_K^2}{R_L} = \frac{\left(\frac{U_0}{2}\right)^2}{R_L} = \frac{U_0^2}{4 \cdot R_L}$$

Mit $R_i = R_L$:

$$P_{max} = \frac{U_0^2}{4 \cdot R_i}$$

Die gleiche Leistung wird auch im Innenwiderstand umgesetzt.

Der **Wirkungsgrad** der Leistungsanpassung beträgt nur 50 %. Die im *Innenwiderstand* umgesetzte Leistung kann nämlich als *Verlust* angesehen werden.

Stromanpassung ($R_L < R_i$)

Bei **Stromanpassung** ist der Lastwiderstand *kleiner* als der Innenwiderstand der Spannungsquelle.

Je geringer R_L in Bezug auf R_i gewählt wird, umso größer wird die Stromstärke. Praktisch wird die Stromstärke nur noch von U_0 und R_i bestimmt. Sie ist nahezu *lastunabhängig*.

Schaltung von Spannungsquellen

Reihenschaltung

Die Reihenschaltung von Spannungsquellen dient zur Spannungserhöhung (Bild 47, Seite 60).

$U_0 = U_{01} + U_{02} + \cdots + U_{0n}$

Nachteilig ist die damit verbundene Erhöhung des Innenwiderstandes (Verluste).

$R_i = R_{i1} + R_{i2} + \cdots + R_{in}$

Parallelschaltung

Die Spannung ändert sich bei der Parallelschaltung nicht (Bild 48, Seite 60).

$U_{01} = U_{02} = \cdots = U_{0n}$

Die Stromstärke nimmt zu.

$I = I_1 + I_2 + \cdots + I_n$

@ Interessante Links

Batterien
- varta-microbattery.de
- hoppeke.de
- phillips.de
- duracell.de

■ **Überanpassung**

Der Lastwiderstand ist **größer** als der Innenwiderstand.

■ **Unteranpassung**

Der Lastwiderstand ist **kleiner** als der Innenwiderstand.

■ **Parallelschaltung von Spannungsquellen**

Die technischen Daten parallel geschalteter Spannungsquellen sollen übereinstimmen.

■ **Reihenschaltung**
Spannungserhöhung

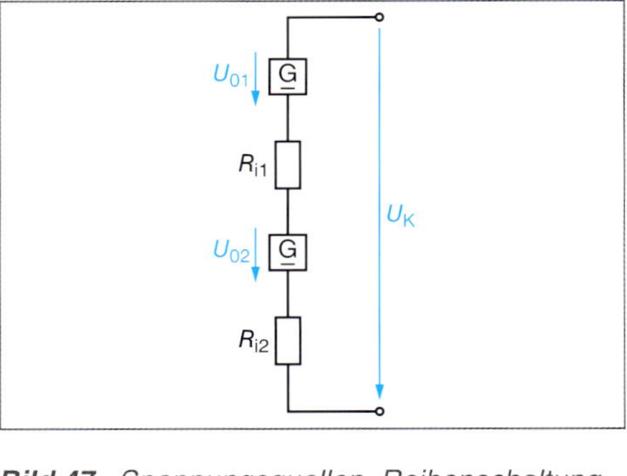

Bild 47 Spannungsquellen, Reihenschaltung

■ **Parallelschaltung**
Stromerhöhung

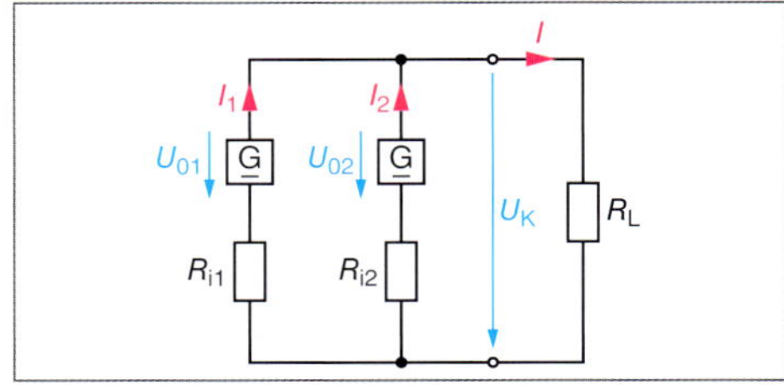

Bild 48 Spannungsquellen, Parallelschaltung

Innenwiderstand bei Parallelschaltung:

$$\frac{1}{R_i} = \frac{1}{R_{i1}} + \frac{1}{R_{i2}} + \cdots + \frac{1}{R_{in}}$$

Gruppenschaltung

Auch eine Kombination von Reihen- und Parallelschaltung ist möglich (Gruppenschaltung).

- Erhöhung der *Spannung* durch Reihenschaltung.
- Erhöhung der *Stromstärke* durch Parallelschaltung.

Elektrochemische Spannungsquellen

■ **primär**
zuerst

■ **Elektrolyt**
Wässerige Lösung von Salzen, Säuren und Basen.

■ **Elektroden**
Stoffe, die für den Stromübergang von der Spannungsquelle zum Elektrolyten bzw. vom Elektrolyten zum Verbrauchsmittel sorgen.

Elektrochemische Spannungsquellen beruhen auf zwei *unterschiedlichen* Materialien (zumeist Metalle), die in einen **Elektrolyten** eingetaucht sind.

Primärelemente wandeln chemische Energie *direkt* in elektrische Energie um. Die negative Elektrode wird dabei verbraucht. Primärelemente sind für den *einmaligen* Gebrauch bestimmt.

Elektrochemische Spannungsreihe

Der elektrochemischen Spannungsreihe kann die zu *erwartende Spannung* zwischen zwei Elektroden entnommen werden, wenn eine der beiden Elektroden aus *Wasserstoff* besteht (Bezugspunkt ± 0 V).

Elektrochemische Spannungsreihe

Metall	Potenzial in V
Lithium	– 3,04
Kalium	– 2,94
Calcium	– 2,87
Natrium	– 2,71
Magnesium	– 2,37
Aluminium	– 1,66
Mangan	– 1,19
Zink	– 0,76
Chrom	– 0,74
Eisen	– 0,45
Cadmium	– 0,40
Cobalt	– 0,28
Nickel	– 0,26
Zinn	– 0,14
Blei	– 0,13
Eisen	– 0,04
Wasserstoff	± 0,00
Kupfer	+ 0,34
Kohle	+ 0,74
Silber	+ 0,80
Quecksilber	+ 0,85
Platin	+ 1,18
Gold	+ 1,40

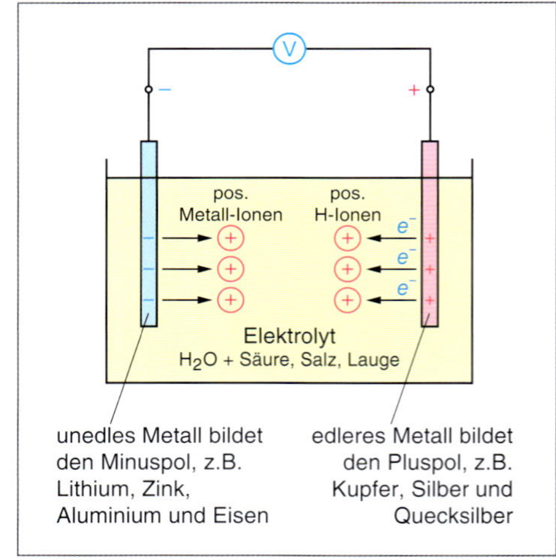

Bild 49 Elektrochemische Spannungsquelle

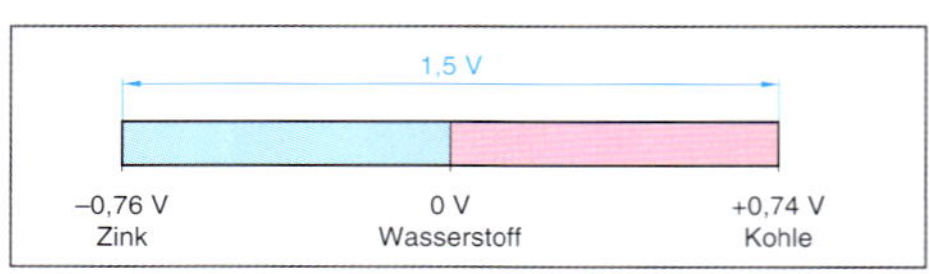

Bild 50 Zink-Kohle-Element

Beispiel: Zink-Kohle-Element

Potenziale gegen Wasserstoff: Zink – 0,76 V, Kohle + 0,74 V. Die Spannung des Zink-Kohle-Elementes beträgt 1,5 V.

Technische Daten von Primärelementen

Ausführungsform		Spannung V	Kapazität mAh	Energiedichte mAh/g	IEC/ANSI
Mignon	Zink-Kohle	1,5	1200	57	R6/AA
	Alkali	1,5	2600	113	LR6/AA
Baby	Zink-Kohle	1,5	3200	70	R14/C
	Alkali	1,5	7800	127	LR14/C
Mono	Zink-Kohle	1,5	8000	84	R20/D
	Alkali	1,5	16500	122	LR20/D
E-Block	Zink-Kohle	9	400	11	6F22/006P
	Alkali	9	500	11	6LR61/PP3

Zink-Kohle-System

- Elektroden: Zink-Kohle
- Elektrolyt: Salmiak
- Eigenschaften: U_N = 1,5 V, Kapazität stark abhängig vom Entladestrom, Entladungsunterbrechungen („Erholungspausen") ermöglichen höhere Energieausbeute.

Entladene Batterien gehören nicht in den Hausmüll! Sie sind fachgerecht zu entsorgen.

Alkali-Mangan-Element

- Elektroden: Gel mit gelöstem Zinkpulver – Manganoxid und Grafit.
- Elektrolyt: Kalziumhydroxid
- Eigenschaften: U_N = 1,5 V, höhere Energiedichte, doppelte Kapazität im Vergleich zu Zink-Kohle.

Silberoxid-Zelle (AgO-System)

- Meist als **Knopfzelle** mit geringen Abmessungen.
- *Elektroden:* Silberoxid-Zinkpulver
- *Elektrolyt:* Verdünnte Kalilauge
- *Eigenschaften:* U_N = 1,55 V, wenn auf kleinstem Raum ein hoher Energiebedarf und eine hohe Belastbarkeit erforderlich ist (z. B. Uhren).

Lithium-Manganoxid-Element

- Elektroden: Lithium-Mangandioxid
- Elektrolyt: Lithiumsalz in Lösung
- Eigenschaften: U_N = 3 V, geringe Selbstentladung

Lithium ist feuergefährlich! Lithiumbatterien vor Feuchtigkeit schützen, keinen hohen Temperaturen aussetzen und niemals öffnen!

■ **Primärelemente**
können sofort elektrische Energie abgeben.

■ **Kapazität**
Speichervermögen der elektrochemischen Spannungsquelle:

$Q = I \cdot t$

Dabei ist I die mittlere Entladestromstärke.

Element
cell, battery

Ladung
charge

Entladung
discharge

Energiedichte
energy density

Energieausbeute
energy efficiency

Primärelemente
primary cell

Sekundärelemente
secondary cell

Knopfzelle
button cell

Akkumulator
accumulator

Bleiakkumulator
lead accumulator; lead-acid battery

■ **Primärelemente**

■ **Galvanische Elemente sind nach Ablauf der Nutzungsdauer umweltgerecht zu entsorgen!**

@ Interessante Links

Akkumulatoren
- varta-microbattery.de
- hoppeke.de
- phillips.de

Kapazität eines galvanischen Elementes

Hierunter wird das **Speichervermögen** verstanden, das im Allgemeinen in Amperestunden angegeben wird.

$Q = I \cdot t$

Q Kapazität in Ah
I Entladestrom in A
t Zeitdauer, in der I fließt in h

Beispiel: z. B.
Kapazität Q = 8000 mAh = 8 Ah
(Monozelle-Zink-Kohle)

$Q = I \cdot t$

Die Monozelle kann 1 Stunde 8 A abgeben oder 8 Stunden 1 A.
Natürlich sind auch Zwischenwerte möglich, z. B. 4 Stunden 2 A usw.

***Bild 51** Bleiakkumulator*

Vorsicht!
Verdünnte Schwefelsäure bedeutet Verätzungsgefahr!

■ **sekundär**
an zweiter Stelle

■ **akkumulieren**
sammeln, speichern

Sekundärelemente

Sekundärelemente sind zur *wiederholten* Verwendung geeignet. Sie können viele Zyklen „entladen → geladen“ werden. Sie werden als **Akkumulatoren** oder kurz **Akkus** bezeichnet.

Es sind unterschiedliche Akkumulatoren mit unterschiedlichen technischen Eigenschaften im Handel.

In der betrieblichen Praxis ist der **Bleiakkumulator** von besonderer Bedeutung (z. B. Notstromanlagen und Elektrofahrzeuge).

Zwischen den **Elektroden** *Bleioxid-Blei* befindet sich eine *schwefelige Säure* als **Elektrolyt**.

Bei *modernen* Akkumulatoren ist der Elektrolyt *eingedickt* (Gel). Solche Akkus sind **auslaufsicher** und können in *jeder Lage* eingesetzt werden.

Sie können *nicht geöffnet* werden, sodass der Zustand des Elektrolyten nicht überprüft werden kann.

- Nennspannung: U = 2 V
- Entladespannung: 1,8 V (Akku entladen)
- Ladespannung: 2,4 V (Akku geladen)

Vorsicht!
Ab einer Zellenspannung von 2,4 V entweichen beim Laden Wasserstoff und Sauerstoff. Es entsteht hochexplosives Knallgas!

In Batterieräumen ist Rauchen und offenes Licht verboten.
Es besteht Explosionsgefahr!

■ **Sekundärelemente**

Akkumulatoren

Art	Aufbau	U_N/Zelle in V	Energiedichte in Wh/kg	Selbstentladung in % pro Monat	Anzahl Ladezyklen	Memoryeffekt	Bemerkung
Blei-Akkumulator	Bleioxid und Blei mit Schwefelsäure	2	30	6	1000	nein	Umweltproblematik: giftig
Nickel-Cadmium-Akkumulator NiCd	Oxi-Nickelhydroxid und Kadmium mit Kaliumhydrit	1,2	35	15	1000	ja	Umweltproblematik: giftig. Darf nicht überall verwendet werden.
Nickel-Hydrid-Akkumulator NiMH	Nickel und eine Metalllegierung	1,2	60	30	800	nein	Umweltproblematik: gering
Lithium-Ionen-Akkumulator Li-Ion	Lithium-Ionen, Lithium-Polymere, Lithium-Metall	3,3 – 3,8	95 –190	5	800	nein	Umweltproblematik: keine

Bleiakkumulator (wichtige Maßnahmen)

- Zur Vermeidung von Kriechströmen Akkumulator sauber halten.
- Profilklemmen mit Säurefett einstreichen.
- Bei Bedarf destilliertes Wasser nachfüllen.
- Überladung vermeiden.
- Tiefentladung vermeiden.
- Bei längeren Nutzungspausen definierte Ladungsmengen entnehmen und wieder laden.
- Ladespannung: 2,5 V · Zellenanzahl.
- Normalladung mit Ladestrom 0,1 · Q (Q ist die Kapazität des Akkumulators).
- Bleiakkumulatoren nicht über einen längeren Zeitraum ungeladen lassen.

Säuredichte

Kann nur bei *offenen* Akkumulatoren gemessen werden (mit Senkwaage) und ist ein Maß für den Ladezustand des Akkumulators.

Säuredichte bei 27 °C in kg/dm³	Ladezustand
1,25 – 1,28	Akku ist geladen
1,20 – 1,24	Akku halbgeladen, Ladung ist notwendig
kleiner 1,19	Akku ungenügend geladen, sofort laden

Memory-Effekt bedeutet, dass der NiCd-Akku bei falscher Handhabung rasch an Kapazität einbüßt. Tritt auf, wenn der Akku mit niedrigem Strom geladen wird. Auch, wenn er vor vollständiger Entladung wieder geladen wird.

Nickel-Cadmium-Akkumulatoren (NiCd) enthalten schädliche Stoffe. Vor allem das Schwermetall Cadmium.

Auf keinen Fall im Hausmüll entsorgen, sondern zu Schadstoff-Sammelstellen bringen.

Städte und Gemeinden sind verpflichtet, Akkus zwecks Entsorgung anzunehmen.

Refreshing ermöglicht es, den Memory-Effekt rückgängig zu machen. Der Akku wird zunächst einer Tiefentladung unterzogen, und dann in mehreren Zyklen geladen und entladen (2 bis 3 Zyklen).

Nickel-Metallhybrid-Akku (NiMH-Akku)

- Aktive Komponenten: Nickelhydroxid – wasserspeichernde Metalllegierung
- Elektrolyt: alkalisch

Eigenschaften

- Kein Memory-Effekt
- Vor Aufladen keine Entladung notwendig
- Gutes Preis-Leistungs-Verhältnis
- Hohe Energiedichte

■ Destilliertes Wasser
chemisch reines Wasser

■ Senkwaage
Aräometer, Gerät zur Bestimmung der Dichte von Flüssigkeiten

$$\text{Dichte} = \frac{\text{Masse}}{\text{Volumen}}$$

■ Vorsicht bei Messung der Säuredichte mit dem Aräometer. Verdünnte Schwefelsäure ist ätzend!

Ladeverfahren

Verfahren	Erläuterung
Normalladung	Vollständige Aufladung der vollständig oder teilweise entladenen Batterie. Ladestrom 0,05 – 0,1 der Kapazität, bei Erreichen der Gasungsspannung wird der Ladestrom reduziert.
Schnellladung	Der Ladestrom wird um den Faktor 3 – 5 erhöht, bei Erreichen der Gasungsspannung wird der Ladestrom verringert.
Ladung mit kleiner Stromstärke	Der Ladestrom kompensiert die Selbstentladung, Ladestrom ca. 0,1 A pro 100 Ah.
Pufferbetrieb	Batterie ist ständig mit dem Ladegerät verbunden. Der Ladestrom hält den Ladezustand der Batterie auf 100 %.

Nickel-Cadmium-Akkumulatoren

- Aktive Komponenten: Nickelhydrid und Cadmium
- Elektrolyt: Kaliumhydroxid

Eigenschaften

- Schnellladefähigkeit mit hohen Strömen.
- Einsetzbar für Anwendungen, die hohe Ströme erfordern.
- Auch bei niedrigen Temperaturen einsetzbar.
- Geringe Energiedichte
- Memory-Effekt
- Schwermetall Cadmium (Umweltbelastung)
- Nur geringe Umweltbelastung
- Beim Laden hitzeempfindlich

Lithium-Ionen-Akku (LI-Ion-Akku)

Lithium hat das höchste elektrische Potenzial (Spannungsreihe). LI-IonQ-Akkus liefern eine *hohe Zellenspannung* und eine *große Kapazität*.

Eigenschaften

- Kein Memory-Effekt
- Geringe Selbstentladung
- Höhere Energiedichte als NiCd bzw. NiMH
- Alterungsunempfindlich

- Dreifache Zellenspannung, daher nicht kompatibel mit anderen Akkus.
- Lithium ist chemisch stark reaktionsfähig und bei Erwärmung instabil. Daher benötigen diese Akkus eine Schutzbeschaltung gegen Kurzschluss und Tiefentladung.

Vorsicht!
Lithium-Akkus nicht in den Hausmüll entsorgen, sondern in einer Sammelstelle abgeben. Pole der Akkus vor Kurzschluss sichern (Explosionsgefahr!).

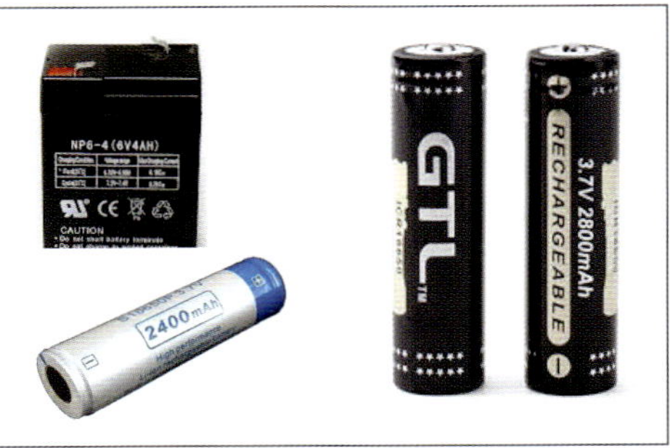

Bild 52 *Akkumulatoren*

Merkmale von Akkumulatoren

Akkutyp	Spannung	Eigenschaften	Verwendung
Nickel-Cadmium NiCd	1,2 V	sehr hohe Belastbarkeit	Akkuwerkzeuge, Notbeleuchtungen
Nickel-Metallhydrid NiMH	1,2 V	hohe Belastbarkeit, höhere Energiedichte	Camcorder, Handys, Rasierer
Lithium-Ionen (Li-Ion) Lithium-Polymer	3,7 V	hohe Belastbarkeit, hohe Energiedichte	Handys, Notebooks

■ **Aufgabenlösung**

@ Interessante Links

- christiani-berufskolleg.de

Prüfung

1. Eine Batterie hat eine Leerlaufspannung von U_0 = 13,6 V und einen Innenwiderstand von R_i = 160 mΩ. Die Batterie wird mit einem Lastwiderstand von 6 Ω belastet.
Wie groß ist die Klemmenspannung?
Wie groß ist der Kurzschlussstrom?

2. Bei einer Klemmenspannung von 6 V wird eine Batterie mit dem Strom 1,2 A belastet. Der Kurzschlussstrom beträgt 12 A.
Bestimmen Sie den Innenwiderstand.

3. Sechs Akkumulatorzellen (je U_0 = 2,1 V; R_i = 40 mΩ) werden in Reihe geschaltet.
Wie groß ist die Leerlaufspannung der Batterie?
Wie groß ist die Klemmenspannung bei einer Belastung mit 10 A?
Ermitteln Sie den Kurzschlussstrom.

4. Eine Notbeleuchtungsanlage besteht aus 12 Glühlampen 42 V/25 W. Batteriezellen: 2,2 V, 20 mΩ.
Wie viele Zellen sind parallel und in Reihe zu schalten?

5. Ein Netzgerät hat eine Leerlaufspannung von 24,8 V. Bei Belastung mit 5 A beträgt die Klemmenspannung 24 V.
Wie groß ist der Innenwiderstand des Netzgerätes?

6. Warum wird in der elektrischen Energietechnik im Allgemeinen die Spannungsanpassung verwendet? Welchen wesentlichen Vorteil hat die Spannungsanpassung?

7. Für welche Anwendungszwecke eignet sich die Leistungsanpassung?
Welchen Nachteil hat die Leistungsanpassung?

2.7 Elektrisches Feld

Sie beobachten einen Facharbeiter bei der Reparatur eines Motors.

Auf die Frage nach der Fehlerursache teilt er Ihnen mit, dass der Kondensator defekt sei und ausgetauscht werden muss.

Das Bauelement Kondensator ist Ihnen noch nicht bekannt und Sie wenden sich an ihren Ausbilder zwecks Klärung.

Der Ausbilder nimmt einen gleichartigen Kondensator und führt mit Ihnen folgende Experimente durch.

Bild 53 *Einphasen-Wechselstrommotor*

- Spannungsmessung am Kondensator, der dem Lager entnommen wurde (Bild 54a): An den Kondensatoranschlüssen wird keine Spannung gemessen, was aber auch nicht verwunderlich ist.
- Kondensator an 24-V-Gleichspannung anschließen (Bild 54b): An den Kondensatoranschlüssen können nun 24 V gemessen werden.
- Kondensator von der Spannungsquelle trennen (Bild 54c): Auch nach Trennung von der Spannungsquelle kann am Kondensator eine Spannung gemessen werden, die langsam geringer wird.

Der Kondensator ist offensichtlich ein **Energiespeicher**.

Kondensator

Das Symbol des Kondensators verdeutlicht, dass er aus zwei Platten besteht, die durch einen Isolierstoff voneinander getrennt sind. Verdeutlicht werden kann das Prinzip am Beispiel des **Plattenkondensators**.

Zwei Metallplatten werden im Abstand *d* angeordnet. Zwischen den Platten befindet sich Luft.

Die Platten werden an eine elektrische Spannung gelegt (Bild 55). Zwischen den Platten bildet sich ein **elektrisches Feld** (Feldstärke *E*) aus.

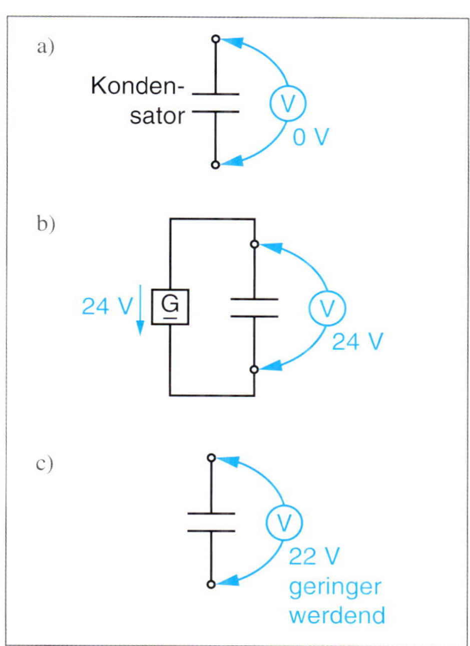

Bild 54 *Messungen am Kondensator*

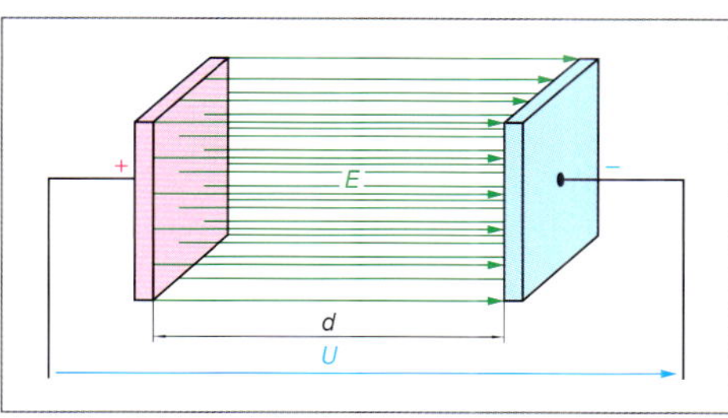

Bild 55 *Plattenkondensator*

Elektrisches Feld

Ein **Feld** ist eine Raum, der in einen **Zwangszustand** versetzt wird. Dieser Zwangszustand äußert sich durch **Kraftwirkungen** auf *Prüfkörper.*

Unter dem Einfluss des Feldes richten sich die Prüfkörper in bestimmten Mustern aus.

Prüfkörper für das elektrische Feld sind *Grieskörner.* Auf eine Platte gestreut oder (zur Reibungsverminderung) in einer Flüssigkeit schwimmend, richten sie sich in einem *Linienmuster* aus (Bild 56).

Bild 56 *Linienmuster unter Feldeinfluss*

■ **Kondensator**

■ **Kondensatorkapazität**

Speichervermögen für elektrische Ladungen.

Formelzeichen: C
Einheit: F (Farad)

$1\ \text{F} = 1\ \frac{\text{As}}{\text{V}}$

Feld
field

Kondensator
capacitor, condenser

Energiespeicher
energy store

Kondensatormotor
capacitor motor, capacitor-run motor

Feldlinienbild
field pattern

Polarisation
polarization

Feldstärke
field strenght, field intensity

Dipol
dipole, doublet

■ **Polarisation**
Bildung gerichteter elektrischer Dipole im elektrischen Feld.

■ **Dipol**
Zweipol mit positiver und negativer elektrischer Ladung.

■ **homogen**
gleichmäßig; die Feldlinien verlaufen im gleichen Abstand zueinander.

Polarisation ist die Ursache der Ausrichtung. Jedes Grieskorn wird zu einem **Dipol**, der sich im elektrischen Feld ausrichtet (Bild 57).

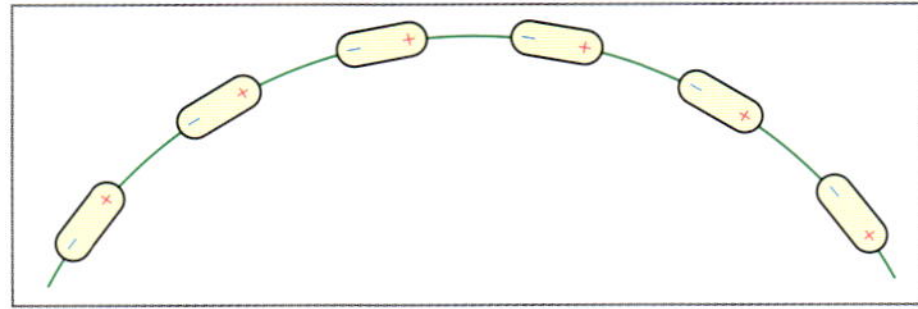

Bild 57 Dipolbildung

Die *Linienmuster* geben an, wie die Kräfte an den jeweiligen Punkten des elektrischen Feldes wirken. Man nennt sie **Feldlinien**.

Die Feldlinien verdeutlichen die **Kraftwirkungen** im Feld.

Dabei entspricht die *Richtung* der elektrischen Feldlinien der **Kraftrichtung**, die auf eine *positive* elektrische Ladung ausgeübt wird.

Elektrische Feldlinien zwischen Ladungen

Eine *positive* Ladung wird von der *positiven* Elektrode *abgestoßen* und von der *negativen* Elektrode *angezogen*.

Elektrische Feldlinien verlaufen somit von Plus (+) nach Minus (–).

- Elektrische Feldlinien haben Anfang und Ende.
- Sie treten aus dem *positiv* geladenen Körper *aus* und in den *negativ* geladenen Körper *ein*.
- Sie berühren und schneiden sich niemals.
- Wenn die Feldlinien *parallel* verlaufen, nennt man das Feld *homogen*, sonst *inhomogen*.

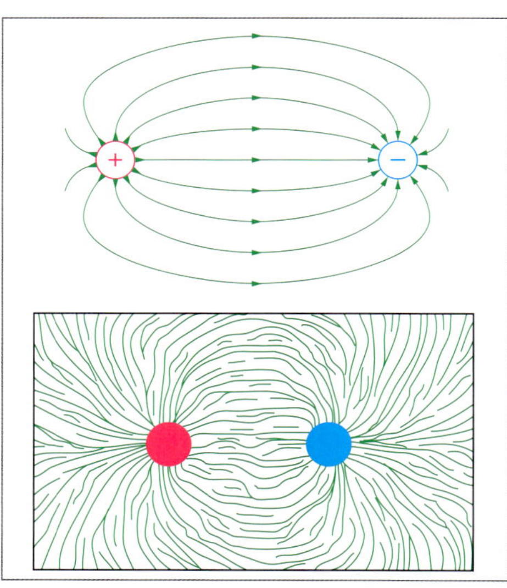

Bild 58 Elektrisches Feld zwischen Ladungen

Elektrische Feldstärke

Auf eine Ladung Q wird im elektrischen Feld eine *Kraft* F ausgeübt. Die Kraft nimmt mit der *Ladung* Q und der *elektrischen Feldstärke* E zu.

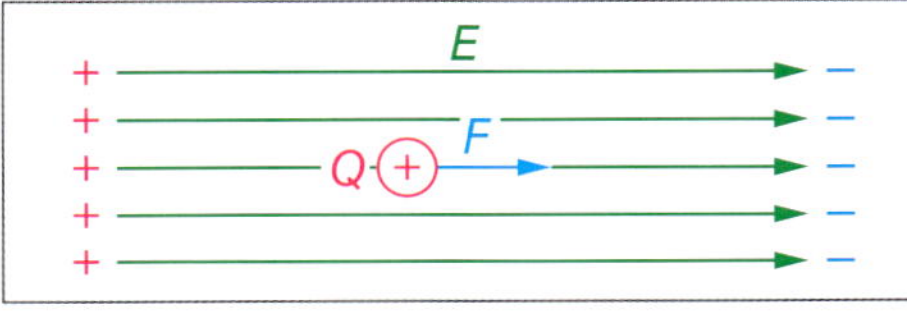

Bild 59 Kraftwirkung auf Ladung

Elektrische Feldstärke

$$F = Q \cdot E \rightarrow E = \frac{F}{Q}$$

E elektrische Feldstärke in $\frac{\text{V}}{\text{m}}$
Q elektrische Ladung in As
F Kraftwirkung auf Ladung in N

Die *elektrische Feldstärke* ist ein Maß für die *Kraft*, die auf eine elektrische Ladung (in einem bestimmten Feldpunkt) ausgeübt wird.

Dargestellt wird die *Feldstärke* durch die *Dichte* der Feldlinien (Bild 60).

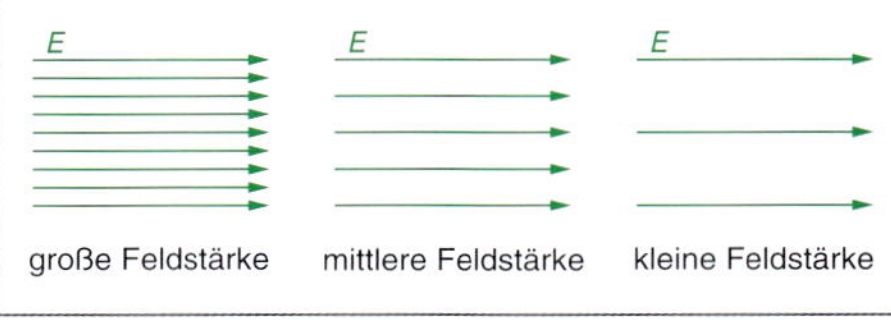

Bild 60 Unterschiedliche Feldstärken

Elektrische Feldstärke und Spannung

Eine Ladung Q wird im elektrischen Feld um den Weg s bewegt (Bild 61). Dabei wird *Arbeit* verrichtet:

$$W_m = F \cdot s$$

Diese *mechanische Arbeit* wird dem Feld entnommen. Die *elektrische Energie* beträgt:

$$W_e = Q \cdot U$$

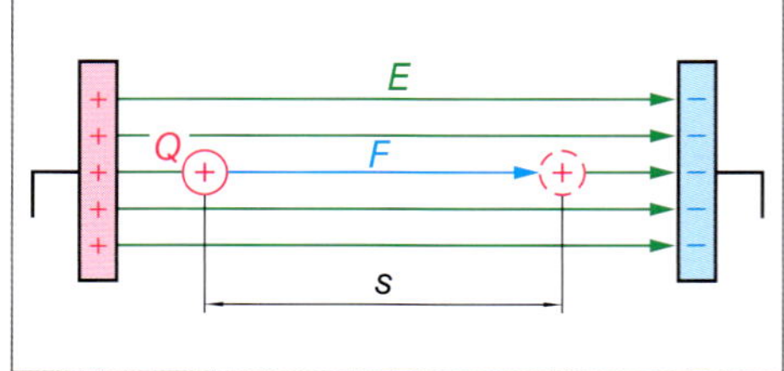

Bild 61 Ladungstransport im Feld

Wenn der *Wirkungsgrad* vernachlässigt wird, gilt:

$$W_e = W_m$$

$$Q \cdot U = F \cdot s \rightarrow \frac{U}{s} = \frac{F}{Q} \rightarrow E = \frac{U}{s}$$

Ursache des elektrischen Feldes ist die elektrische Spannung *U*.

Zurück zum Kondensator:
Wird der Kondensator an Spannung gelegt, bildet sich zwischen den Polen ein elektrisches Feld aus.

Die **elektrische Feldstärke** zwischen den Platten beträgt dann

$$E = \frac{U}{d}$$

E elektrische Feldstärke in $\frac{\text{V}}{\text{m}}$
U elektrische Spannung in V
d Plattenabstand in m

Isolierstoff im elektrischen Feld

Bei **Isolierstoffen** sind nahezu alle Ladungsträger in ihren Atomverband eingebunden. Eine Trennung von Ladungsträgern ist dann praktisch nicht möglich.

Zwischen den Platten eines Kondensators befindet sich stets ein Isolierstoff.

Bild 62 *Isolierstoff im elektrischen Feld*

Das elektrische Feld bewirkt im Isolierstoff eine *Ladungsverschiebung* (aber keine Ladungstrennung). Es kommt zu einer **Dipolbildung** (Bild 62). Man nennt dies **Polarisation**. Ursache ist die *Kraftwirkung* im elektrischen Feld.

Es gibt Isolierstoffe, bei denen die Moleküle *immer* Dipole sind. Selbst ohne Einfluss des elektrischen Feldes. Ihre Wirkung nach außen hebt sich jedoch wegen der unregelmäßigen Dipolanordnung auf. Erst ein elektrisches Feld richtet die Dipole einheitlich aus. Man nennt das **paraelektrische Polarisation**.

Im Inneren des Isolierstoffes heben sich die Ladungen auf. Auf der Oberfläche bildet sich eine **Ladungsschicht** aus.

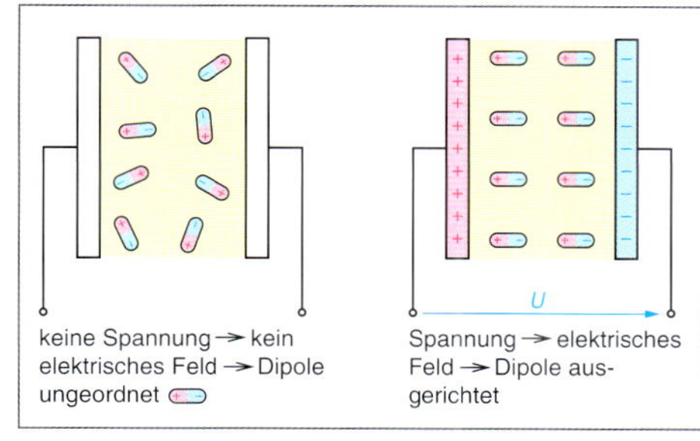

Bild 63 *Ausrichtung der Dipole*

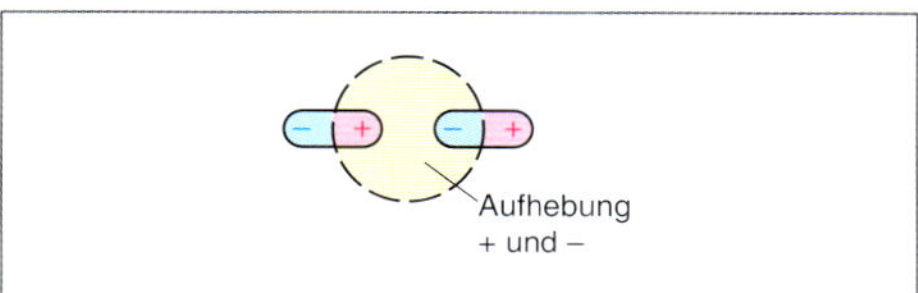

Bild 64 *Aufhebung der Ladungen*

Ein polarisierter Isolierstoff heißt **Dielektrikum**.

Zurück zum Kondensator:
Vereinfacht: Zwischen zwei Metallplatten ist ein Nichtleiter (Dielektrikum) angeordnet.

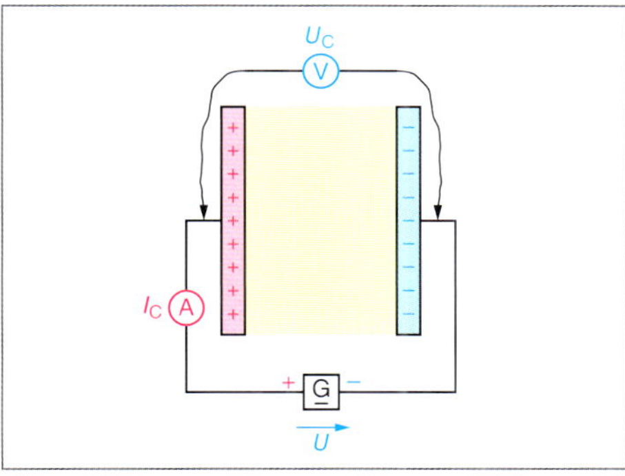

Bild 65 *Kondensator an Gleichspannung*

■ **paraelektrisch**
Vorsilbe „para": neben, entgegen

■ **dielektrisch**
Vorsilbe „di": durch

Isolierstoff
insulating material, non conducting material

Dielektrikum
dielectric (material), non-conductor

Dielektrizitätskonstante
dielectric constant, permittivity

Ladestrom
charging current

Zwei im Abstand $d = 2$ mm voneinander entfernte Platten werden an die Spannung $U = 400$ V angeschlossen.
Wie groß ist die elektrische Feldstärke zwischen den Platten?

z.B.

2 mm = $2 \cdot 10^{-3}$ m = 0,002 m
Feldstärke kann auch in A/cm usw. angegeben werden.

$$E = \frac{U}{d}$$

$$E = \frac{400 \text{ V}}{2 \cdot 10^{-3} \text{ m}} = 200\,000 \,\frac{\text{A}}{\text{m}}$$

Kondensator
Ein geladener Kondensator wirkt an Gleichspannung wie ein unendlich hoher Widerstand. Er sperrt den Stromfluss.

Kondensatorkapazität
Ein Kondensator hat die Kapazität 1 F, wenn er an 1 V die Ladung 1 As aufnimmt.

Mikrofarad
$1\ \mu F = 10^{-6}\ F$

Nanofarad
$1\ nF = 10^{-9}\ F$

Pikofarad
$1\ pF = 10^{-12}\ F$

Rechnen mit Zehnerpotenzen

ε
Epsilon, griechischer Kleinbuchstabe

ε_0
Elektrische Feldkonstante des luftleeren Raumes:
$\varepsilon_0 = 8{,}86 \cdot 10^{-12}\ \frac{As}{Vm}$

Wenn der Kondensator an Spannung angeschlossen wird, zieht die Spannungsquelle auf einer Kondensatorplatte Elektronen ab und transportiert sie zur anderen Platte (Bild 65, Seite 67).

Es fließt also ein **Ladestrom** I_C. Der Kondensator lädt sich auf.

Die Aufladung durch Ladungsverschiebung ist beendet, wenn die Spannung U_C zwischen den Platten den Wert der angelegten Spannung U erreicht hat.

Dann *sperrt* der Kondensator den Strom. Er verhält sich wie ein unendlich großer Widerstand.

Zwischen den geladenen Kondensatorplatten besteht ein *elektrisches Feld*.

Die zur Ladungstrennung aufgewendete *Energie* ist nun im elektrischen Feld gespeichert.

Kondensatoren speichern elektrische Energie. Das Speichervermögen nennt man **Kondensatorkapazität** C.

Kondensatorkapazität

Je höher die anliegende Spannung U ist, umso mehr Ladungen Q können von den Kondensatorplatten aufgenommen werden.

Die *aufgenommene Ladung* ist abhängig

- von der Plattenfläche
- vom inneren Plattenabstand
- von der Art des Dielektrikums

Kapazität eines Kondensators

$$C = \frac{\varepsilon_0 \cdot \varepsilon_r \cdot A}{d}$$

C Kondensatorkapazität in F (Farad)
ε_0 elektrische Feldkonstante in $\frac{As}{Vm}$
ε_r Dielektrizitätszahl
A Plattenfläche in m^2
d innerer Plattenabstand in m

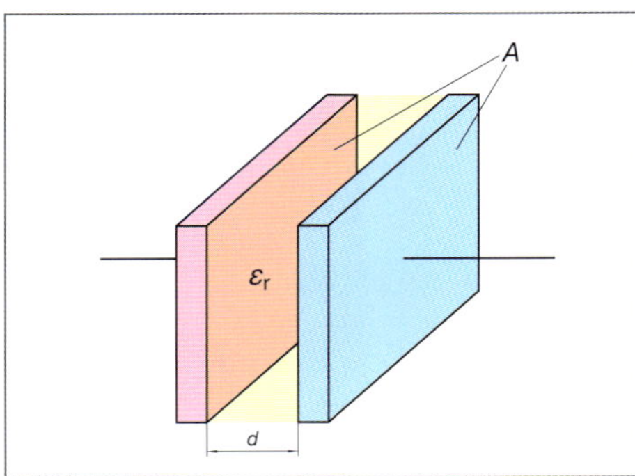

Bild 66 Kondensator

Ladung eines Kondensators

$$Q = C \cdot U \qquad 1\ F = 1\ \frac{As}{V}$$

Q elektrische Ladung in As
C Kapazität in F
U Spannung in V

Ein Kondensator hat die Kapazität 1 F, wenn er an $U = 1$ V die Ladung $Q = 1$ As aufnimmt.

Schaltung von Kondensatoren

Parallelschaltung

Die *Parallelschaltung* von Kondensatoren bewirkt eine **Kapazitätserhöhung** (Vergrößerung der Plattenfläche).

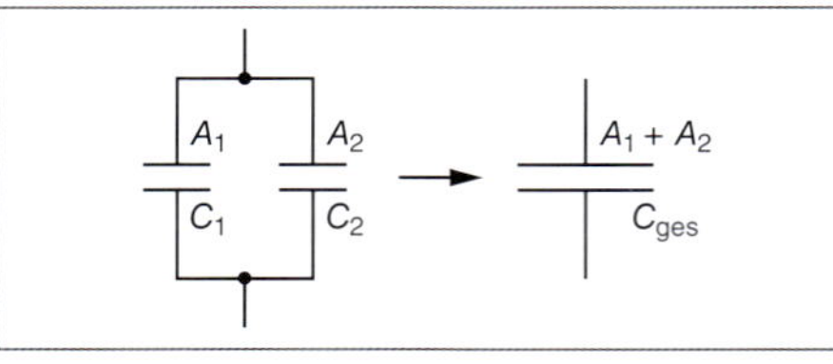

Bild 67 Parallelschaltung von Kondensatoren

z. B.

Abmessungen des Kondensators: $A = 16\ cm^2$, $d = 1$ mm.
Dielektrikum: Keramik $\varepsilon_r = 1000$.

Wie groß ist die Kondensatorkapazität?

Welche Ladung nimmt der Kondensator an 100 V auf?

Die elektrische Feldkonstante ε_0 (Vakuum und angenähert Luft) hat den Wert $\varepsilon_0 = 8{,}86 \cdot 10^{-12}\ \frac{As}{Vm}$.

Es müssen also A in m^2 und d in m eingesetzt werden.
$16\ cm^2 = 16 \cdot 10^{-4}\ m^2$

$$C = \frac{\varepsilon_0 \cdot \varepsilon_r \cdot A}{d}$$

$$C = \frac{8{,}86 \cdot 10^{-12}\ \frac{As}{Vm} \cdot 1000 \cdot 16 \cdot 10^{-4}\ m^2}{1 \cdot 10^{-3}\ m}$$

$C = 1{,}42 \cdot 10^{-8}$ F
$C = 14{,}2 \cdot 10^{-9}\ F = 14{,}2$ nF

Allgemeine Ableitung:

$Q_1 = C_1 \cdot U$ (Ladung Kondensator 1)

$Q_2 = C_2 \cdot U$ (Ladung Kondensator 2)

$Q_{ges} = Q_1 + Q_2$ (Gesamtladung)

$Q_{ges} = C_{ges} \cdot U$

$C_{ges} \cdot U = Q_1 + Q_2$

$C_{ges} \cdot U = C_1 \cdot U + C_2 \cdot U$

$C_{ges} \cdot U = U \cdot (C_1 + C_2)$

$C_{ges} = C_1 + C_2$

Parallelschaltung von Kondensatoren

$C_{ges} = C_1 + C_2 + \cdots C_n$

Bei der Parallelschaltung von Kondensatoren addieren sich die Kapazitätswerte.

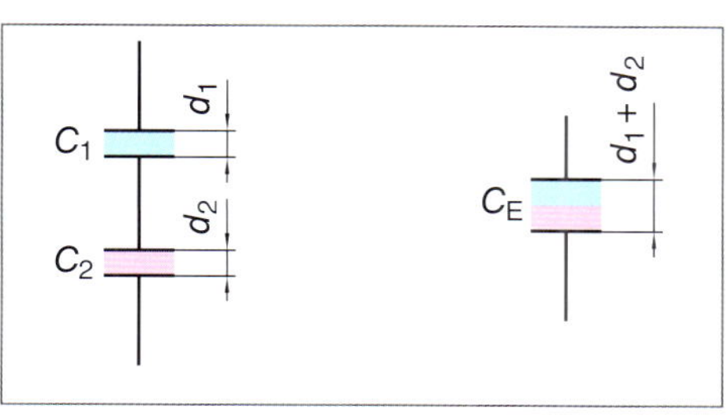

Bild 68 *Reihenschaltung von Kondensatoren*

Reihenschaltung von Kondensatoren

$C_E = \frac{C}{n}$

C_E Ersatzkapazität
C Kondensatorkapazität
n Anzahl der gleichen Kondensatoren

Drei Kondensatoren von je 4,7 µF sind in Reihe geschaltet.

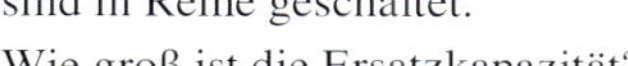
Wie groß ist die Ersatzkapazität?

$C_E = \frac{C}{n} = \frac{4{,}7\ \mu F}{3} = 1{,}57\ \mu F$

Reihenschaltung

Die Reihenschaltung von Kondensatoren ruft eine **Kapazitätsverringerung** hervor. Die Feldlinienlänge erhöht sich auf $d_1 + d_2$ (Bild 68).

Allgemeine Ableitung:

$C_1 = \frac{\varepsilon_0 \cdot \varepsilon_r \cdot A}{d}$ $\quad C_2 = \frac{\varepsilon_0 \cdot \varepsilon_r \cdot A}{d}$

$C_E = \frac{\varepsilon_0 \cdot \varepsilon_r \cdot A}{d + d} = \frac{\varepsilon_0 \cdot \varepsilon_r \cdot A}{2d} = \frac{C_1}{2} = \frac{C_2}{2}$

Die Kondensatoren $C_1 = 47\ \mu F$ und $C_2 = 47\ nF$ sind parallel geschaltet.
Wie groß ist die Gesamtkapazität?

$1\ \mu F = 1000\ nF = 10^3\ nF$

$1\ nF = 10^{-3}\ \mu F = 0{,}001\ \mu F$

$47\ nF = 47 \cdot 10^{-3}\ \mu F = 0{,}047\ \mu F$

$C_{ges} = C_1 + C_2$

$C_{ges} = 47\ \mu F + 0{,}047\ \mu F$

$C_{ges} = 47{,}047\ \mu F$

Die Gesamtkapazität der Schaltung ist zu bestimmen.

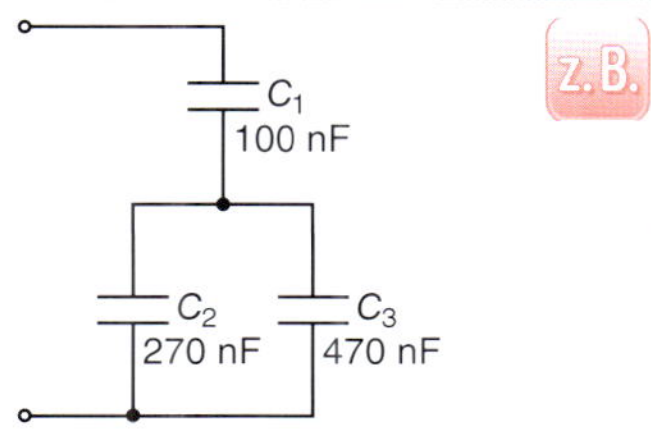

Zunächst wird die Kapazität der Parallelschaltung C_{23} berechnet.

$C_{23} = C_2 + C_3$

$C_{23} = 270\ nF + 470\ nF = 740\ nF$

C_{23} ist mit C_1 in Reihe geschaltet.
Zwei in Reihe geschaltete Kondensatoren:

$C_g = \frac{C_1 \cdot C_{23}}{C_1 + C_{23}}$

$C_g = \frac{100\ nF \cdot 740\ nF}{100\ nF + 740\ nF} = 88{,}1\ nF$

@ Interessante Links

Kondensatoren
- abb.de
- buerklin.com
- panasonic.de
- electronicon.com

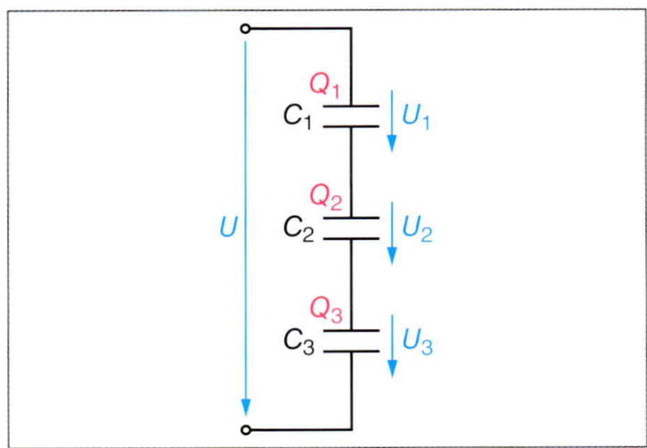

Bild 69 *Kondensatoren in Reihenschaltung*

Zum Beispiel: Drei Kondensatoren in Reihe

$U = U_1 + U_2 + U_3$

Die *Ladung* der drei Kondensatoren ist gleich. Auf sich *gegenüberstehenden* Kondensatorplatten muss die Ladung nämlich gleich groß sein.

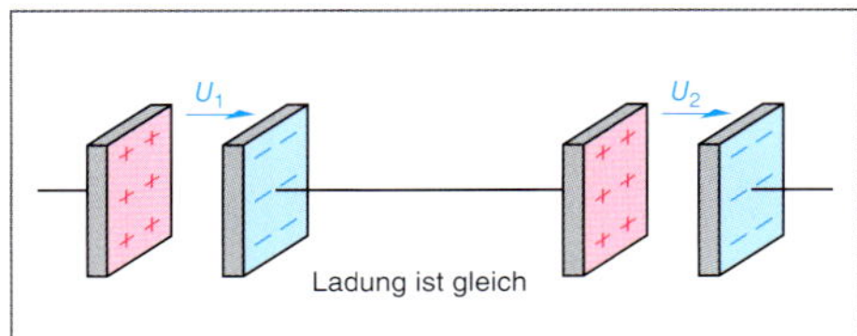

Bild 70 *Ladung auf Kondensatorplatten*

$$Q_1 = Q_2 = Q_3 = Q$$

$$U_1 = \frac{Q}{C_1} \qquad U_2 = \frac{Q}{C_2} \qquad U_3 = \frac{Q}{C_3}$$

$$U = \frac{Q}{C_E}$$

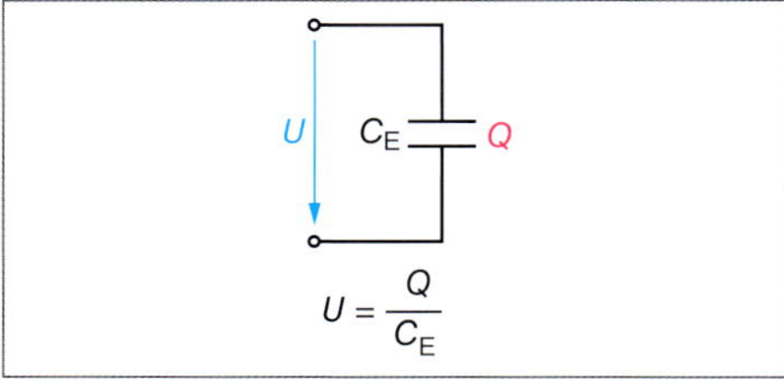

Bild 71 *Ersatzkapazität*

$$U = U_1 + U_2 + U_3$$

$$\frac{Q}{C_E} = \frac{Q}{C_1} + \frac{Q}{C_2} + \frac{Q}{C_3}$$

$$\frac{1}{C_E} = \frac{1}{C_1} + \frac{1}{C_2} + \frac{1}{C_3}$$

Allgemein:

$$\frac{1}{C_E} = \frac{1}{C_1} + \frac{1}{C_2} + \cdots + \frac{1}{C_n}$$

Zwei Kondensatoren in Reihe

$$C_E = \frac{C_1 \cdot C_2}{C_1 + C_2}$$

Energie des elektrischen Feldes

Ein *ungeladener* Kondensator wird an Spannung gelegt. Ihm wir dann die *Ladung* Q zugeführt.

Dabei wird die *elektrische Arbeit*

$W = Q \cdot U$

verrichtet. Diese Arbeit ist im elektrischen Feld gespeichert.

Das *elektrische Feld* ist ein **Energiespeicher**.

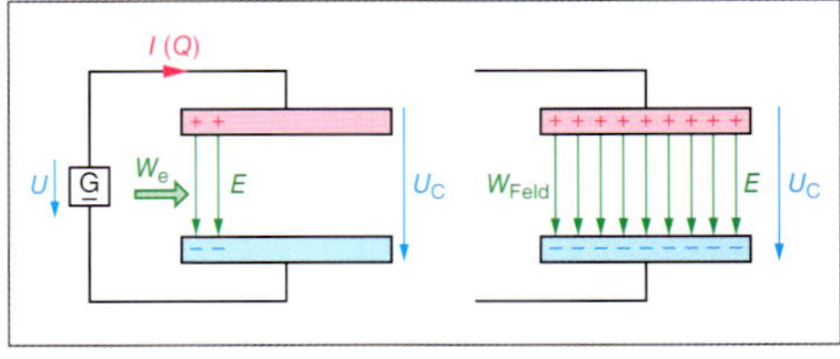

Bild 72 *Ladung eines Kondensators*

Während die Ladungen auf die Kondensatorplatten transportiert werden, nimmt die Kondensatorspannung zu:

Keine Ladung: $U_C = 0$

Geladen: $U_C = U$

Die dem Kondensator dabei zugeführte Energie entspricht dem Flächeninhalt zwischen der U_C-Kennlinie und der Q-Achse (Dreieck).

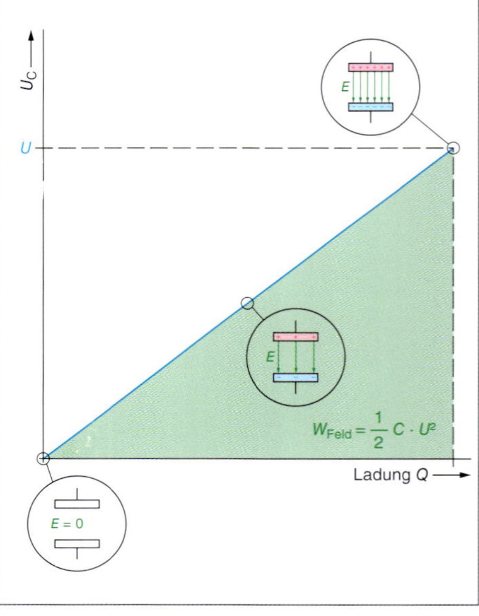

Bild 73 *Energie des elektrischen Feldes*

Energie des elektrischen Feldes

$$W_{Feld} = \frac{1}{2} \cdot Q \cdot U$$

$$Q = C \cdot U$$

$$W_{Feld} = \frac{1}{2} \cdot C \cdot U^2$$

W_{Feld} Energie des elektrischen Feldes in Ws
Q Ladung in As
C Kapazität in F
U Spannung in V

Ein 4,7-μF-Kondensator ist auf 100 V aufgeladen.
Welche Energie wurde dadurch im elektrischen Feld gespeichert?

$1\ \text{F} = 1\ \frac{\text{As}}{\text{V}}$

$\frac{\text{As}}{\text{V}} \cdot \text{V}^2 = \text{VAs} = \text{Ws}$

$W = \frac{1}{2} \cdot C \cdot U^2$

$W = \frac{1}{2} \cdot 4{,}7 \cdot 10^{-6}\ \text{F} \cdot (100\ \text{V})^2$

$W = 2{,}35 \cdot 10^{-2}\ \text{Ws}$

Kondensator an Gleichspannung

Ladevorgang (Bild 74)

Einer Kondensatorplatte werden Ladungen entzogen und zur anderen Kondensatorplatte transportiert.

Dadurch herrscht zwischen den Platten eine elektrische Spannung U_C.

U_C hat die *entgegengesetzte* Richtung wie U. Wenn $U_C = U$, fließt kein Strom mehr. Der *geladene* Kondensator hat also einen *sehr hohen Widerstand*.

Ungeladener Kondensator: $U_C = 0$.
Damit ist die Spannungsdifferenz $U - U_C$ am größten. Diese Spannungsdifferenz treibt einen hohen *Ladestrom*. Der *ungeladene* Kondensator hat einen *sehr geringen Widerstand*.

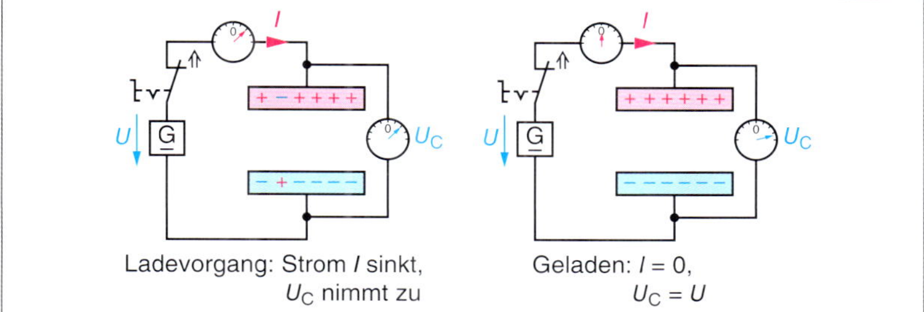

Bild 74 Ladevorgang eines Kondensators

Entladevorgang (Bild 75)

Der Kondensator wird von der Spannungsquelle getrennt. Er behält seinen Ladezustand ($U_C = U$) bei. Im Kondensator ist elektrische Energie gespeichert.

Der Kondensator wird über einen Widerstand R *entladen*. Es findet dann ein *Ladungsausgleich* zwischen den Kondensatorplatten statt.

Mit sinkender Kondensatorspannung U_C wird der Entladestrom kleiner.

Wenn der Kondensator vollständig entladen ist, sind Entladestrom und Kondensatorspannung null.

Die Energie des elektrischen Feldes wurde im Widerstand R und in den Leitungen in Wärme umgewandelt.

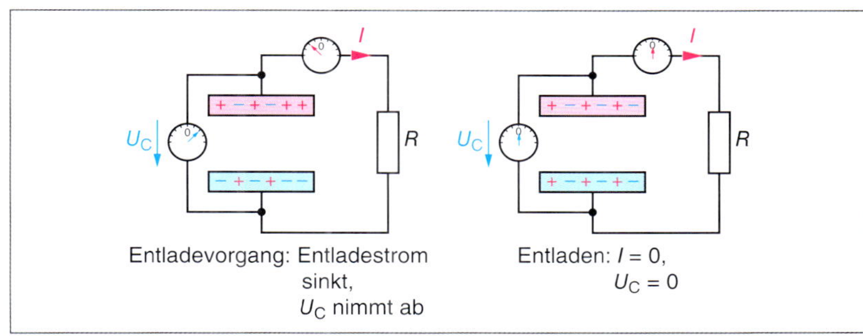

Bild 75 Entladevorgang eines Kondensators

Stromstärke und Kondensatorspannung

Die Ursache für den Stromfluss beim Laden und Entladen ist die Änderung der Kondensatorspannung Δu_C.

Laden: Während der Ladezeit t_L nimmt der Kondensator die Ladung Q auf.

Entladen: Während der Entladezeit t_E fließt die Ladung Q von den Kondensatorplatten ab.

In einem Zeitabschnitt Δt wird der *Ladungsanteil* Δq transportiert.

Δq ist Teil der Gesamtladung Q. Δt ist Teil der Lade- bzw. Entladezeit.

Die *Stromstärke* beträgt dabei

$$i = \frac{\Delta q}{\Delta t}$$

Während des Zeitabschnittes Δt ändert sich die Ladung um Δq.

$$\Delta q = C \cdot \Delta u_C$$

Δu_C ist die **Kondensatorspannungsänderung**.

$$i = \frac{\Delta q}{\Delta t} = C \cdot \frac{\Delta u_C}{\Delta t}$$

$$i = C \cdot \frac{\Delta u_C}{\Delta t}$$

■ **Zeitlich veränderliche Größen**
werden mit Kleinbuchstaben bezeichnet.

Kondensatorverhalten

Im Einschaltmoment verhält sich der Kondensator wie ein Kurzschluss.

Im geladenen Zustand hat der Kondensator einen sehr hohen Widerstand.

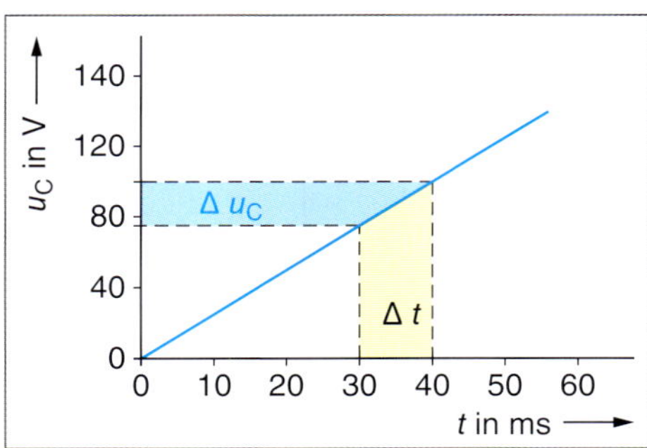

Bild 76 Kondensatorspannungsänderung

$$i = C \cdot \frac{\Delta u_C}{\Delta t}$$

i	Stromstärke in A
C	Kondensatorkapazität in F
$\frac{\Delta u_C}{\Delta t}$	Kondensatorspannungsänderung in $\frac{V}{s}$

Zu Bild 76:

$$\frac{\Delta u_C}{\Delta t} = \frac{100\ V - 76\ V}{40\ ms - 30\ ms} = \frac{24\ V}{10\ ms}$$

$$\frac{\Delta u_C}{\Delta t} = 2400\ \frac{V}{s}$$

Zeitlicher Verlauf von Kondensatorspannung und Strom

Einschaltmoment und Ladevorgang

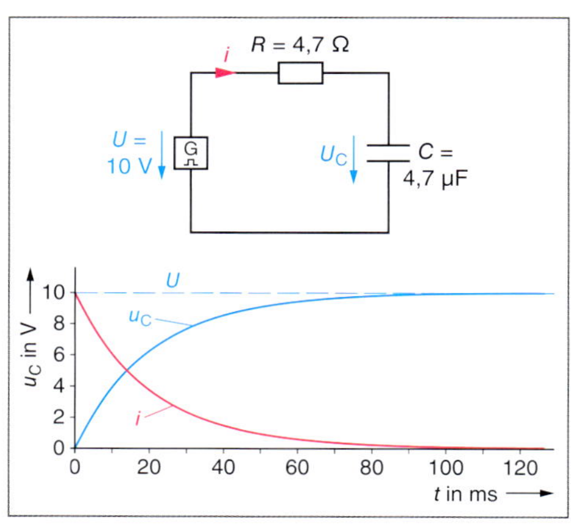

Bild 77 Laden eines Kondensators

Wenn der Kondensator *ungeladen* ist, beträgt die Kondensatorspannung $U_C = 0$. Wenn dann dem Kondensator Ladungen *zugeführt* werden, steigt U_C an.

Die **stromtreibende Spannung** U_I

$$U_I = U - U_C$$

wird kleiner und der Ladungszuwachs auf den Platten nimmt ab. Folge ist ein geringer Anstieg von U_C. Wenn $U_C = U$, ist der Ladevorgang abgeschlossen. Der Ladestrom wird dann null.

Im **Einschaltmoment** ist der Strom am größten ($U_C = 0$):

$$I_{max} = \frac{U}{R} = \frac{10\ V}{4{,}7\ \Omega} = 2{,}13\ A$$

Danach nimmt der Ladestrom ab.

$$i = C \cdot \frac{\Delta u_C}{\Delta t}$$

Mit fortlaufender Zeit wird $\frac{\Delta u_C}{\Delta t}$ immer kleiner → i kleiner.

Vorsicht!

Kondensatoren behalten ihren Ladungszustand bei.

Sie stellen dabei Gefahrenquellen dar und müssen über einen ohmschen Widerstand entladen werden.

Entladevorgang

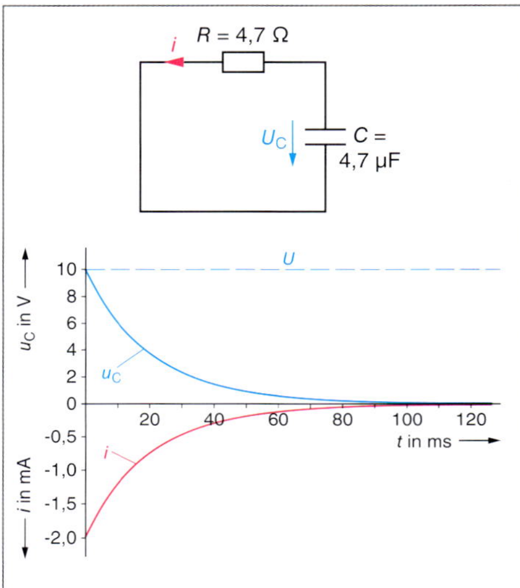

Bild 78 Entladen eines Kondensators

Die zunächst hohe Kondensatorspannung ($U_C = U$) ruft einen *hohen Entladestrom* (entgegengesetzte Richtung) hervor.

Da sich der Kondensator entlädt, nehmen U_C und Entladestrom mit fortschreitender Zeit ab.

Wenn $U_C = 0$, dann wird auch der Entladestrom null.

Zeitkonstante

Die Kondensatorkapazität C und der Widerstand R bestimmen die *Lade- und Entladezeit* des Kondensators.

Hohe Kapazität → hoher Ladungsbedarf → hohes Speichervemögen

Hoher Widerstand → geringe Stromstärke → Ladungstransport dauert länger

$$\tau = R \cdot C$$

τ	Zeitkonstante in s
R	Widerstand in Ω
C	Kapazität in F

τ

Tau, griechischer Kleinbuchstabe

Die Zeitkonstante gibt an, nach welcher Zeit ein Kondensator (beginnend bei 0 V) auf 63 % der Endspannung aufgeladen ist., bzw. bei der Entladung auf 37 % der Anfangsspannung entladen ist.

Praktisch werden die Endwerte (geladen, entladen) nach 5 Zeitkonstanten ($5 \cdot \tau$) erreicht.

Bild 79 *Laden und Entladen eines Kondensators, Zeitkonstante*

z.B.

Kondensator $C = 4{,}7\ \mu F$;
Widerstand $R = 4{,}7\ M\Omega$

Wie groß ist die Zeitkonstante τ?

$\tau = R \cdot C$

$\tau = 4{,}7 \cdot 10^6\ \Omega \cdot 4{,}7 \cdot 10^{-6}\ F = 22{,}09\ s$

Geladene Kondensatoren sind Gefahrenquellen! Sie müssen vor Arbeitsbeginn entladen werden!

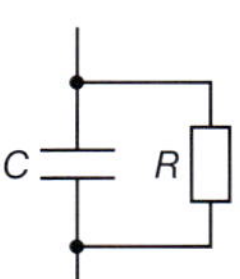

Kondensatoren, besonders solche höherer Kapazität, haben oftmals einen **Entladewiderstand**, der nach Abschalten der Spannung den Kondensator entlädt.

Kennwerte von Kondensatoren

Bemessungskapazität C_N

Der Kondensator ist für C_N konstruktiv bemessen. Mit diesem Wert ist er auch *beschriftet* bzw. *gekennzeichnet*.

Die **Bemessungskapazitäten** werden nach den IEC-Reihen abgestuft.

Folgende *Angaben* sind möglich:

- Aufdruck in Klarschrift (z. B. 100 nF)
- Verkürzte Einheitenangabe (z. B. 6n8 = 6,8 nF; 68n = 68 nF)
- Nur der Zahlenwert ist aufgedruckt. Die Baugröße bestimmt die Einheit.
- Farbcodierung wie bei den Widerständen. Dritter Farbpunkt: Multiplikator in pF ($1\ pF = 10^{-12}\ F$).

Toleranz

Gibt die zulässige **Abweichung** von der Bemessungskapazität C_N an.

Gilt nur für den Zeitpunkt der Herstellung.

Angegeben entweder in *Klarschrift* oder durch *Großbuchstaben* bzw. *Farbpunkte*.

z.B.

4,7 µF K

K bedeutet: Toleranz ± 10 %
10 % von 4,7 µF sind $0{,}1 \cdot 4{,}7\ \mu F = 0{,}47\ \mu F$

$C_N = 4{,}7\ \mu F$

$C = 4{,}23 \cdots 5{,}17\ \mu F$

Bemessungsspannung U_N

Maximal zulässige Spannung zwischen den Kondensatorbelägen.

Der Kondensator kann bei Umgebungstemperaturen $\leq 40\ °C$ mit dieser Spannung dauerhaft betrieben werden.

Überschreitung von U_N kann zum *Durchschlag* des Dielektrikums führen.

Die Bemessungsspannung kann in *Klarschrift*, durch *Farbkennzeichnung* oder durch *Kleinbuchstaben* angegeben werden.

Kondensatoren
Bauformen, technische Daten, Bezeichnung

Bauformen von Kondensatoren

Zielsetzung bei der Herstellung von Kondensatoren ist es, eine möglichst *große Kapazität* bei möglichst *geringen Abmessungen* zu erreichen.

Bei **Wickelkondensatoren** sind die leitenden Metallbeläge mit dem zwischengelegten Dielektrikum stramm aufgewickelt. Bei geringem Abstand lässt sich so die Fläche erheblich vergrößern. Dies bedeutet eine Kapazitätserhöhung.

$$C = \frac{\varepsilon_0 \cdot \varepsilon_r \cdot A}{d}$$

Beläge und Dielektrikum werden in ein abgedichtetes Gehäuse untergebracht. Gehäusematerial: Metall, Kunststoff, Keramik.

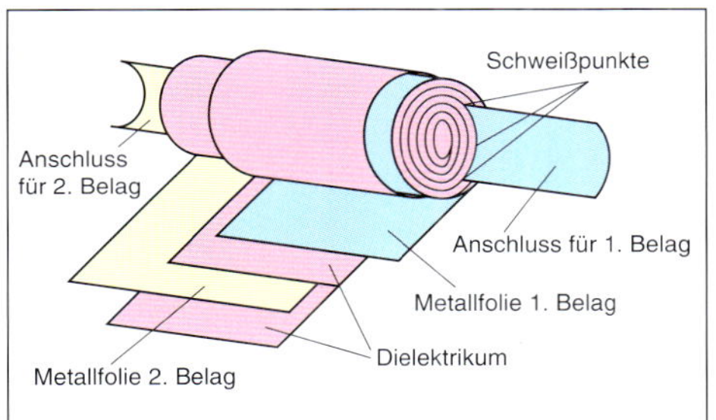

Bild 80 *Wickelkondensator*

Bauformen
Unterteilt werden die unterschiedlichen Bauformen nach Konstanz oder Veränderbarkeit der Kapazität und nach der Art des Dielektrikums.

Toleranz
Zulässige Abweichung von der angegebenen Größe.

@ Interessante Links
Kondensatoren
- abb.de
- buerklin.com
- panasonic.de
- electronicon.com

■ **Aufgabenlösung**

@ Interessante Links

- christiani-berufskolleg.de

Prüfung

1. Elektrische Felder werden durch Feldlinien beschrieben.
Welche Eigenschaften haben die elektrischen Feldlinien?

2. Zwei Metallplatten sind in einem Abstand von 3 mm aufgestellt. Die Platten sind an 500 V angeschlossen.
Wie groß ist die elektrische Feldstärke zwischen den Platten?

3. Erläutern Sie den grundsätzlichen Aufbau eines Kondensators.

4. Ein 4,7-µF-Kondensator wird an U = 100 V angeschlossen.
Welche Ladung hat der Kondensator gespeichert?

5. Ein Kondensator der Kapazität 100 µF ist auf 400 V aufgeladen.
Wie lange kann dem Kondensator ein Entladestrom von 1 mA entnommen werden?

6. Ermitteln Sie die Fläche eines Plattenkondensators mit einem Plattenabstand von 0,5 mm, einer Ladung von 1 As, wenn er an 100 V angeschlossen ist. Dielektrikum ist Luft.

7. Welche Aufgabe hat das Dielektrikum beim Kondensator?

8. Ein Kondensator schlägt durch. Woran kann das liegen?

9. Warum führt eine Parallelschaltung von Kondensatoren zu einer Kapazitätserhöhung?

10. Die Kondensatoren 4,7 nF, 6,3 nF und 10 nF sind parallel geschaltet.
Wie groß ist die Kapazität der Parallelschaltung?

11. Warum führt die Reihenschaltung von Kondensatoren zu einer Kapazitätsverminderung?

12. Die Kondensatoren 4,7 µF, 6,3 µF und 10 µF sind in Reihe geschaltet.
Wie groß ist die Kapazität der Reihenschaltung?

13. Wie groß ist die Gesamtkapazität?
Welche Ladungen haben die einzelnen Kondensatoren gespeichert?
Welche Spannungen können an den Kondensatoren gemessen werden?

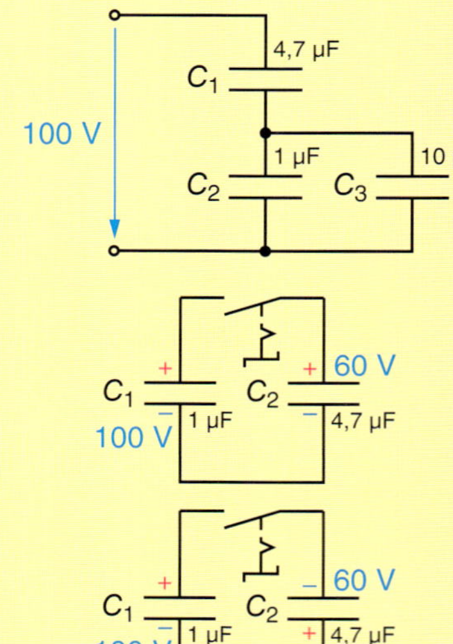

14. Welche Spannung liegt an der Parallelschaltung, wenn der Schalter geschlossen wird?

15. Welche Spannung liegt an der Parallelschaltung, wenn der Schalter geschlossen wird?

16. Welche elektrische Energie ist in einem 10-µF-Kondensator gespeichert, wenn er auf 100 V aufgeladen ist?

17. Ein ungeladener Kondensator wird an Gleichspannung angeschlossen.
Beschreiben Sie den Vorgang.

2.8 Magnetisches Feld

Wenn eine Schützspule an Spannung angeschlossen wird, zieht das Schütz an (Bild 81).

Die *Stromstärke* in der Schützspule ruft offensichtlich eine **Kraftwirkung** hervor, wodurch die Kontakte des Schützes betätigt werden.

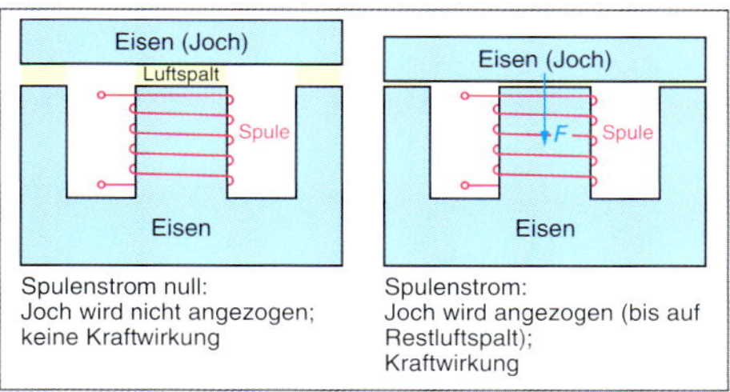

Bild 81 Arbeitsweise eines Schützes

Bild 82 Magnetsystem eines Schützes

Ursache der Kraftwirkung ist die *stromdurchflossene Spule*.

Eine **Spule** ist ein aufgewickelter elektrischer Leiter. Die einzelnen Spulenwindungen sind dabei gegeneinander zu isolieren.

Der **Spulendraht** wird von einem *elektrischen Strom* durchflossen.

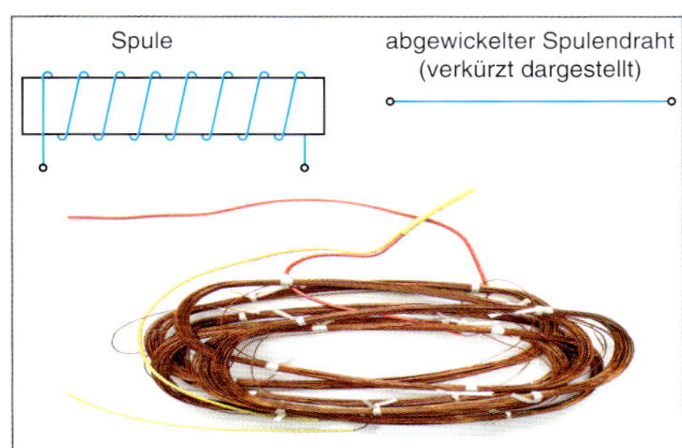

Bild 83 Spule

Bringt man eine **Kompassnadel** in die Nähe eines *stromdurchflossenen Leiters*, wird die Magnetnadel aus ihrer Nord-Süd-Richtung *abgelenkt*.

Die *Ablenkrichtung* ist abhängig von der *Stromrichtung*.

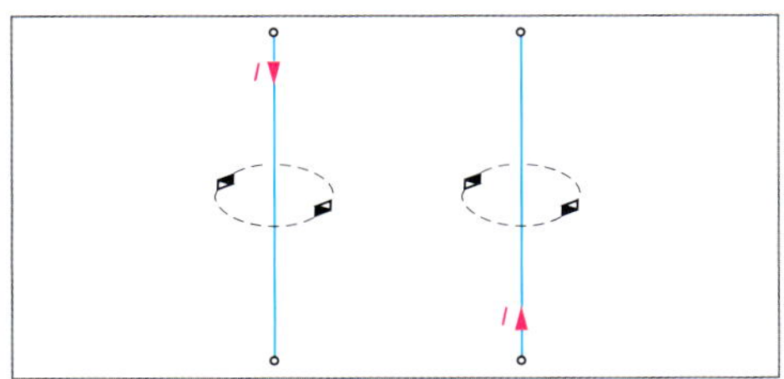

Bild 84 Ablenkung einer Kompassnadel

Ein *stromdurchflossener Leiter* wird durch einen Karton (Nichtleiter) geführt. Auf den Karton werden **Eisenfeilspäne** gestreut.

Die Eisenfeilspäne richten sich in Form von *konzentrischen Kreisen* um den Leiter aus.

Auf die Eisenfeilspäne werden **Kräfte** ausgeübt.

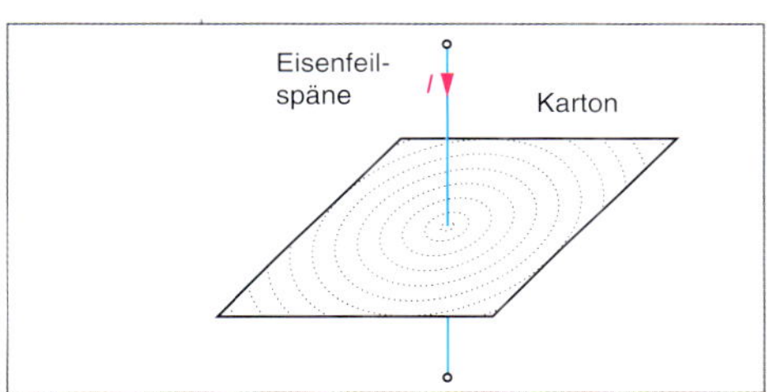

Bild 85 Eisenfeilspäne sind Prüfkörper

Der Strom im Leiter ruft ein **Magnetfeld** hervor. **Magnetische Feldlinien** umgeben den Leiter in konzentrischen Kreisen.

Die **Feldlinienrichtung** hängt von der *Stromrichtung* ab.

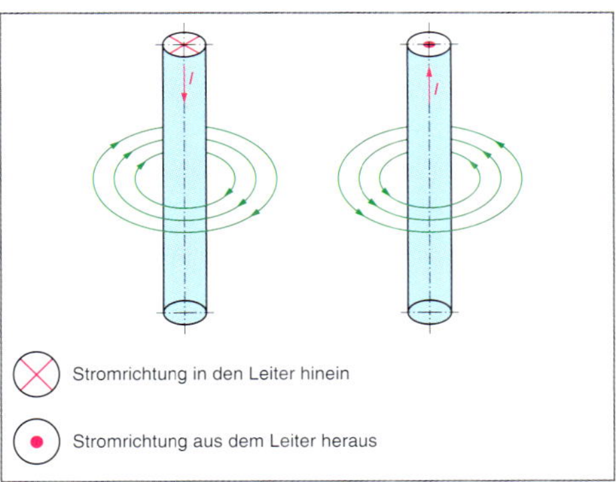

Bild 86 Stromrichtung und Feldlinienrichtung

Magnetfeld
magnetic field

Magnetfeldlinie
line of magnetic field strenght, magnetic line of force (flux)

Spule
coil, inductance coil

Wicklung
winding

Windung
turn

Wicklungsisolation
turn insulation

■ **Eisenfeilspäne**
sind Prüfkörper im magnetischen Feld.

■ **konzentrisch**
Im Mittelpunkt der Kreise (im Zentrum) ist der Leiter angeordnet.

■ **Dauermagnet**
Permanentmagnet; nach einmaliger Magnetisierung wird der magnetische Zustand beibehalten.

Magnet
magnet

Dauermagnet
permanent magnet

Magnetfeldstärke
magnetic field intensity

Magnetfluss
magnetic flux

Magnetismus
magnetism

magnetisieren
magnetize

Flussdichte
flux density

Stabmagnet
bar magnet, rod magnet

Rechtsschraubenregel zur Bestimmung der Feldlinienrichtung

Wird eine **Rechtsschraube** (Rechtsgewinde) so gedreht, dass ihr *Vorschub* in Stromrichtung zeigt, dann wird die Magnetfeldrichtung durch die *Drehrichtung* der Schraube angegeben.

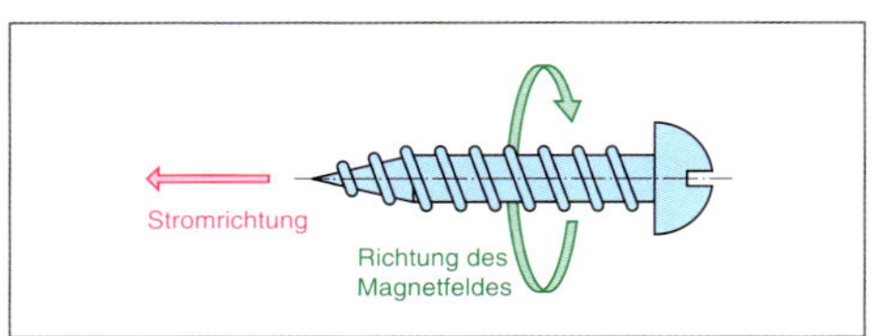

Bild 87 *Rechtsschraubenregel*

Ursache des Magnetfeldes ist die *Bewegung von Ladungsträgern*, der **elektrische Strom**.

Dies ist auch bei **Dauermagneten** so.

Jeder magnetisierbare Stoff ist ein Metall. Metalle haben eine **Kristallstruktur**. Die den Atomkern umkreisenden Elektronen sind *bewegte Ladungsträger*.

Im Kristallgitter fließen also eine unvorstellbar große Anzahl solcher **Kreisströme**, die man auch **Elementarströme** nennt (Bild 88).

Im Allgemeinen sind die *Elementarströme* völlig *ungeordnet*. Dann heben sich ihre magnetischen Wirkungen auf (Bild 88).

Metalle sind dann **magnetisierbar**, wenn sich ihre Elementarströme *ausrichten* lassen.

Dadurch wird die magnetische Wirkung wesentlich verstärkt (Bild 88).

Ein **Stabmagnet** wird unterhalb einer Pappe angeordnet (Bild 89). Auf die Pappe werden **Eisenfeilspäne** gestreut.

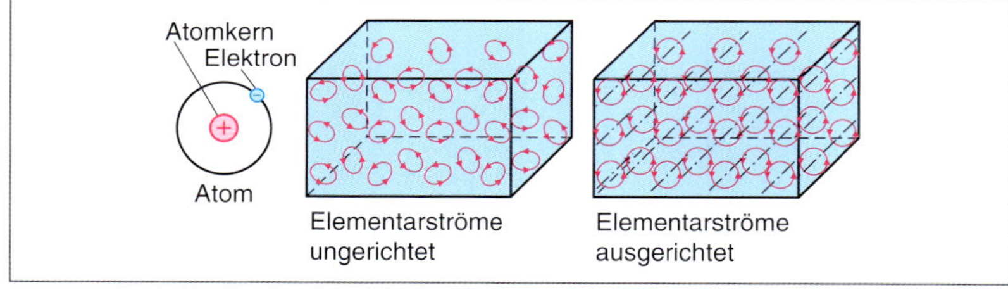

Bild 88 *Ausrichtung von Elementarströmen*

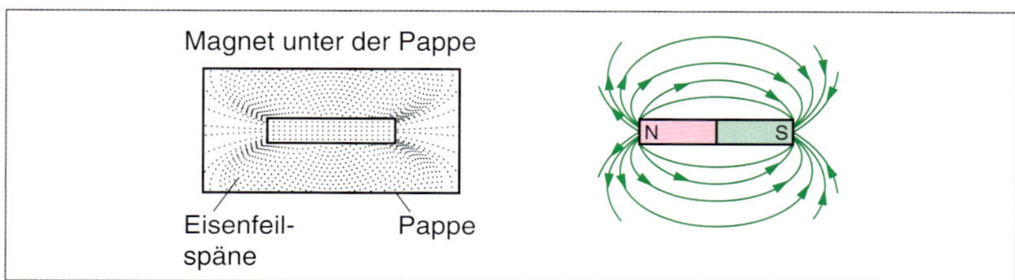

Bild 89 *Magnetfeld eines Stabmagneten*

Die Eisenfeilspäne sind **Prüfkörper** und richten sich unter dem Einfluss des Magnetfeldes aus.

Die Eisenfeilspäne bilden ein **Feldlinienmuster**.

Zur anschaulichen Darstellung des *magnetischen Feldes* werden magnetische **Feldlinien** verwendet.

Ihr *Verlauf* kann durch **Eisenfeilspäne** sichtbar gemacht werden.

Ihre *Richtung* kann mithilfe einer **Kompassnadel** ermittelt werden.

Magnetische Feldlinien

- Sind in sich geschlossen. Sie haben weder Anfang noch Ende.
- Treten aus dem Nordpol aus und in den Südpol ein. *Außerhalb* des Magneten verlaufen sie vom Nordpol zum Südpol, *innerhalb* des Magneten vom Südpol zum Nordpol.
- Sind an den magnetischen Polen am dichtesten (Nordpol, Südpol).

Es existieren *keine* magnetischen Ladungen, nur **magnetische Dipole**. Nord- und Südpol existieren nur *gemeinsam*.

Wenn beispielsweise ein Stabmagnet *geteilt* wird, entstehen neue Magneten mit *je einem* Nordpol und einem Südpol (Bild 90).

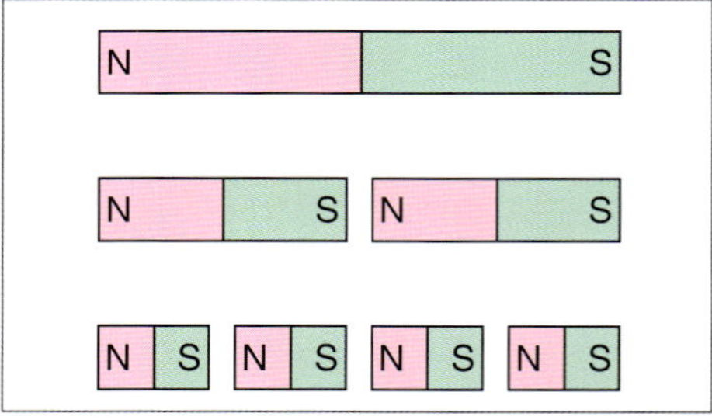

Bild 90 *Teilung eines Stabmagneten*

Ungleichnamige Magnetpole ziehen sich an.

Magnetische Feldlinien verlaufen *außerhalb* des Magneten vom Nord- zum Südpol. Die Feldlinien sind bestrebt sich (wie Gummifäden) zu *verkürzen*. Es entsteht eine **Zugkraft** in Feldlinienrichtung (Bild 91).

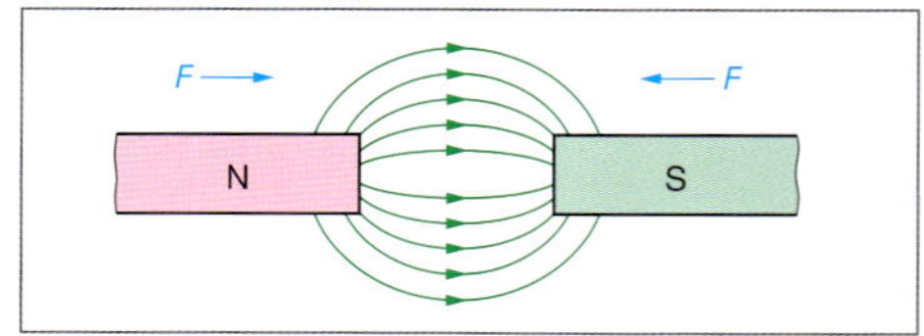

Bild 91 *Ungleichnamige Magnetpole*

Der **Feldlinienweg** ist umso kürzer, je näher sich Nord- und Südpol gegenüberstehen.

Gleichnamige Magnetpole stoßen sich ab.

Magnetische Feldlinien *schneiden sich niemals.* Daher entsteht bei gleichnamigen Magnetpolen eine **Druckkraft** quer zu den Feldlinien. Die Magnetpole *stoßen sich ab* (Bild 92).

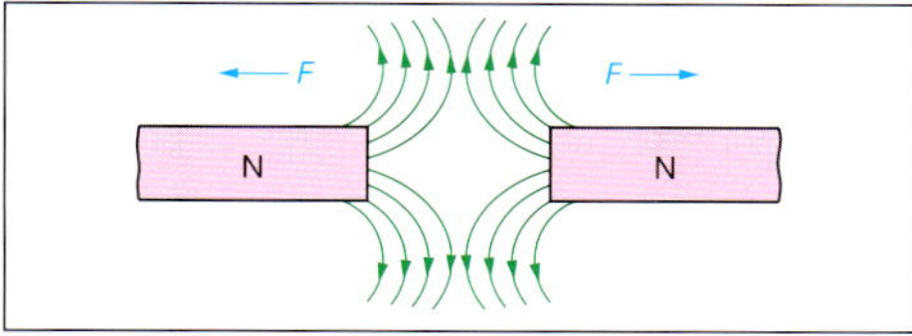

Bild 92 Gleichnamige Magnetpole

Magnetische Pole beim Elektromagneten

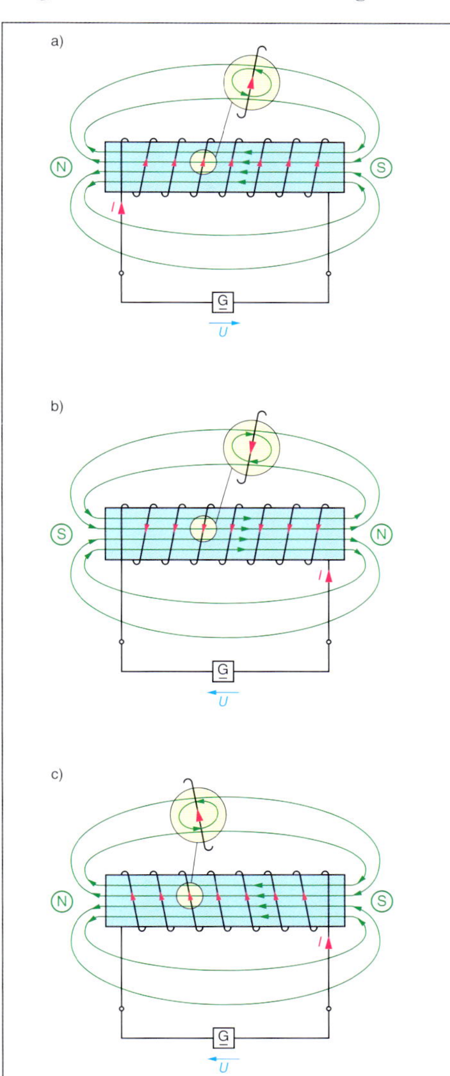

Bild 93 Magnetfeld eines Elektromagneten

Zur Anwendung kommt die **Rechtsschraubenregel**.

Bild 93 a): Beachten Sie den *Wickelsinn* der Spule.

Bei der Stromrichtung ergibt sich ein Magnetfeld, das im *Spuleninneren* von Süd nach Nord und *außerhalb der Spule* von Nord nach Süd verläuft.

Dadurch können die *Magnetpole* bestimmt werden.

Bild 93 b): Gegenüber a) wird die *Polarität* der Spannungsquelle geändert. Der *Wickelsinn* der Spule bleibt gleich.

Im Spuleninneren verlaufen die Feldlinien von Süd nach Nord. Außerhalb der Spule verlaufen sie von Nord nach Süd.

Durch *Änderung der Stromrichtung* bei *gleichem Wickelsinn* werden die magnetischen Pole vertauscht.

Bild 93 c): Wickelsinn wurde geändert, gleiche Stromrichtung wie bei b).

Auch durch *Änderung des Wickelsinns* lassen sich die Magnetpole verändern.

Magnetische Feldgrößen

Magnetischer Fluss ϕ

Der magnetische Fluss ist die *Summe aller Feldlinien*. Je mehr Feldlinien sich ausbilden, umso stärker ist der magnetische Fluss.

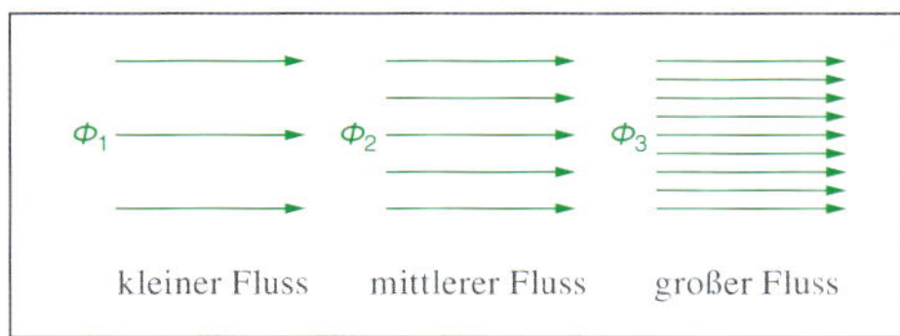

Bild 94 Magnetischer Fluss

Einheit des magnetischen Flusses ist die **Voltsekunde** (Vs). Statt Vs kann auch die Einheit **Weber** (Wb) verwendet werden.

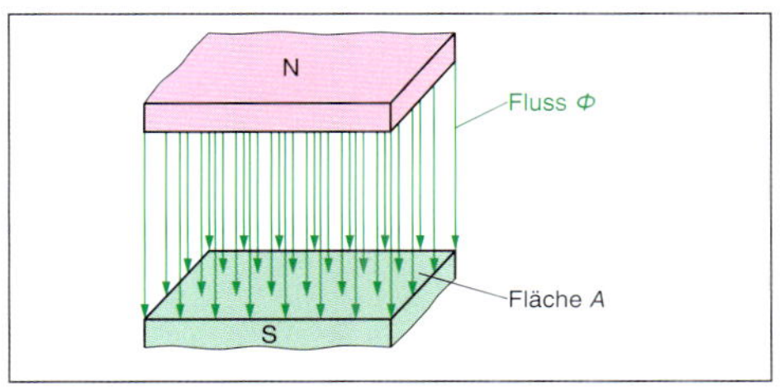

Bild 95 Magnetische Flussdichte

Polarität

Die Polarität des Magneten kann durch die Stromrichtung und durch den Wickelsinn einer Spule geändert werden.

Dauermagnet

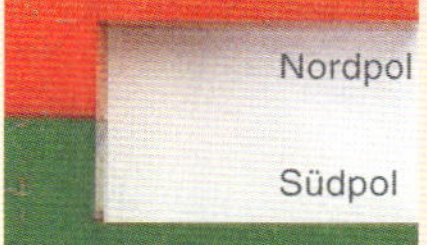

Φ

Phi, griechischer Kleinbuchstabe

Fluss

Die Bezeichnung magnetischer Fluss ist irreführend, weil im Magnetfeld nichts fließt.

1 Vs = 1 Wb

$1\ \text{T} = 10^{-4}\ \frac{\text{Wb}}{\text{cm}^2}$

Magnetische Flussdichte *B*

Maß für die *Dichte* der magnetischen Feldlinien. Also für die *Anzahl der Feldlinien pro Fläche*, die von Feldlinien *senkrecht* durchsetzt wird (Bild 95, Seite 77).

Magnetische Flussdichte

$B = \frac{\Phi}{A}$ Einheit: $\frac{\text{Vs}}{\text{m}^2} = \text{T (Tesla)}$

B magnetische Flussdichte in $\frac{\text{Vs}}{\text{m}^2}$
Φ magnetischer Fluss in Vs
A von Feldlinien senkrecht durchsetzte Fläche

Die *magnetische Flussdichte* ist ein Maß für die **Stärke** des Magnetfeldes. Eine hohe Flussdichte bedeutet ein starkes Magnetfeld.

Magnetische Durchflutung Θ

Bewegte Ladungsträger (elektrischer Strom) sind die *Ursache* des magnetischen Feldes.

Die magnetische Wirkung ist *abhängig* von der *Geschwindigkeit* und der *Anzahl* der in gleicher Richtung *bewegten* Ladungsträger.

Kurz: Die **magnetische Wirkung** hängt von der elektrischen **Stromstärke** ab.

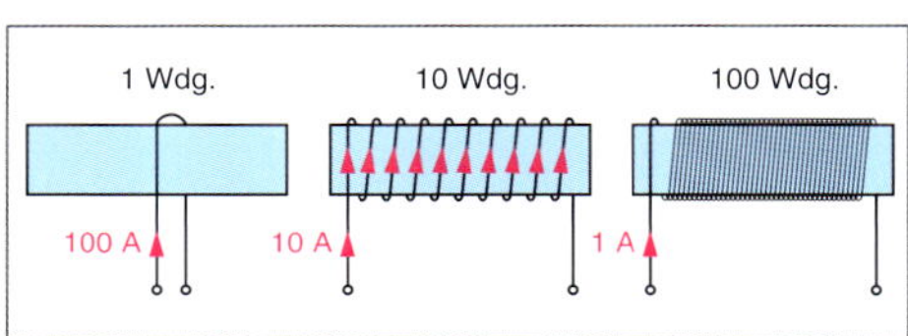

Bild 96 Magnetische Durchflutung

■ **Durchflutung**
Beachten Sie die „Verstärkungswirkung" der Windungszahl.

Durch Wahl der Windungszahl können mit kleineren Strömen erhebliche magnetische Wirkungen erreicht werden.

Bei einer *Spule* lässt sich die **gleiche magnetische Wirkung** erzielen mit (Bild 96):

- 1 Windung und $I = 100$ A
  ($1 \cdot 100$ A = 100 A)
- 10 Windungen und $I = 10$ A
  ($10 \cdot 10$ A = 100 A)
- 100 Windung und $I = 1$ A
  ($100 \cdot 1$ A = 100 A)

Jede Windung führt den Spulenstrom *I* um den Spulenkörper herum. Bei *N*-Windungen ist also der *N*-fache Spulenstrom magnetisch wirksam. Dies nennt man magnetische **Durchflutung**.

Magnetische Durchflutung

$\Theta = I \cdot N$ Einheit: A

Θ magnetische Durchflutung in A
I Stromstärke in der Spule in A
N Windungszahl

■ Θ
Theta, griechischer Großbuchstabe

Durch *Wahl der Windungszahl* kann auch bei relativ *geringen Stromstärken* (Strombelastbarkeit, Querschnitt) die *gewünschte magnetische Wirkung* erreicht werden.

Magnetische Feldstärke *H*

Spulen a) und b) erzeugen die gleiche Durchflutung (Bild 97). Bitte beachten Sie die vereinfachte Spulendarstellung gegenüber Bild 96.

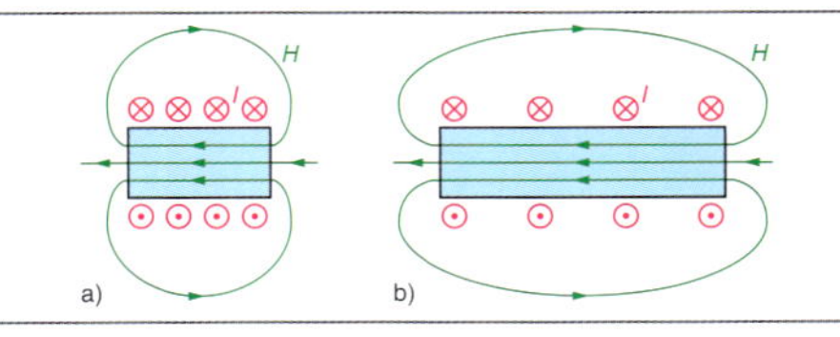

Bild 97 Magnetische Feldstärke

Die **Feldlinienlänge** (im Allgemeinen ist die mittlere Feldlinienlänge angegeben) ist bei Spule a) deutlich geringer als bei Spule b).

Die *Durchflutung pro Feldlinienlänge* bezeichnet man als **magnetische Feldstärke**.

Magnetische Feldstärke

$H = \frac{\Theta}{l_m} = \frac{I \cdot N}{l_m}$ Einheit: $\frac{\text{A}}{\text{m}}$

H magnetische Feldstärke in $\frac{\text{A}}{\text{m}}$
Θ magnetische Durchflutung in A
l_m mittlere Feldlinienlänge in m
I Stromstärke in A
N Windungszahl

Feldstärke und Flussdichte

Eine **Luftspule** wird an eine *einstellbare Spannungsquelle* angeschlossen (Bild 98).

Die Spannung *U* wird kontinuierlich erhöht. Dann steigt die Stromstärke *I* ebenfalls kontinuierlich an.

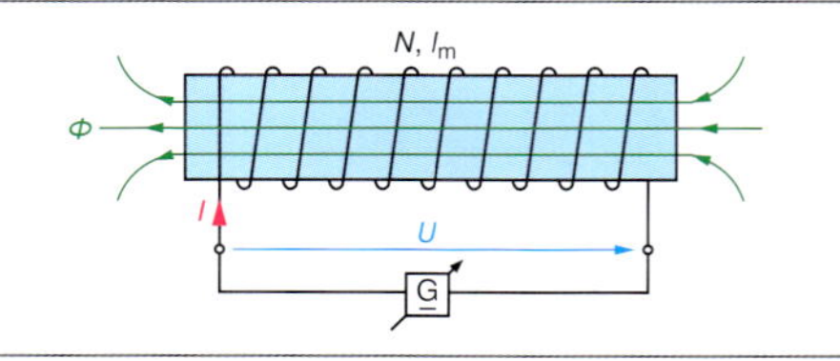

Bild 98 Luftspule an Spannung

Da im Allgemeinen Windungszahl *N* und mittlere Feldlinienlänge l_m bei einer Spule *unverändert* bleiben, wird die Feldstärke *H nur* durch den Strom beeinflusst. *H* und *I* sind einander *proportional* (verhältnisgleich).

Zwei Spulen (Variante 1 und Variante 2): $N = 400$; $I = 1{,}4$ A; *Linke Variante 1:* $l_m = 250$ mm, *Rechte Variante 2:* $l_m = 120$ mm.

z.B.

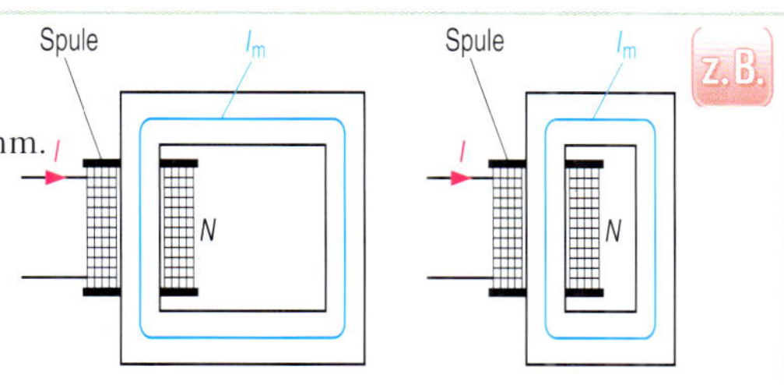

Bestimmen Sie für beide Varianten die magnetische Durchflutung und die magnetische Feldstärke.

Die Durchflutung ist nicht abhängig von der mittleren Feldlinienlänge l_m und damit für beide Varianten gleich.

$\Theta = I \cdot N$

$\Theta = 1{,}4\text{ A} \cdot 400 = 560\text{ A}$

Linke Variante: $l_m = 250\text{ mm} = 0{,}25\text{ m}$

$$H = \frac{\Theta}{l_m} = \frac{560\text{ A}}{0{,}25\text{ m}} = 2240\ \frac{\text{A}}{\text{m}}$$

Rechte Variante: $l_m = 120\text{ mm} = 0{,}12\text{ m}$

$$H = \frac{\Theta}{l_m} = \frac{560\text{ A}}{0{,}12\text{ m}} = 4667\ \frac{\text{A}}{\text{m}}$$

Eine Zunahme von H bedeutet eine Zunahme von Φ bzw. B.

B und H sind einander proportional (verhältnisgleich). Die *Kennlinie* ist bei *Luftspulen* eine *Gerade* (Bild 99).

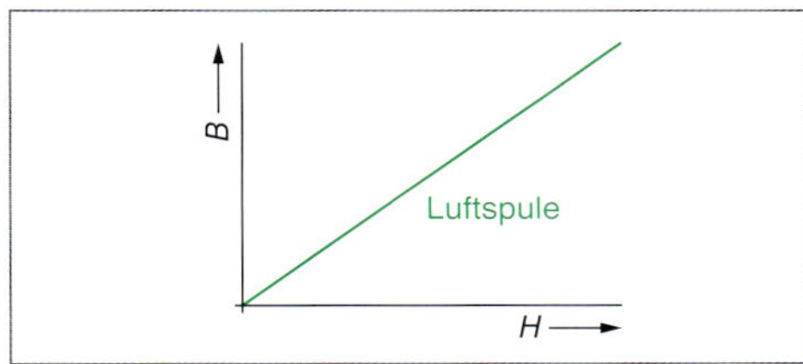

Bild 99 *Kennlinie bei einer Luftspule*

Luftspule

$B = \mu_0 \cdot H$

B magnetische Flussdichte in $\frac{\text{Vs}}{\text{m}^2}$

H magnetische Feldstärke in $\frac{\text{A}}{\text{m}}$

μ_0 magnetische Feldkonstante in $\frac{\text{Vs}}{\text{Am}}$

Die **magnetische Feldkonstante** ist die **Permeabilität** des Vakuums und annähernd auch von Luft.

$\mu_0 = 1{,}256 \cdot 10^{-6}\ \frac{\text{Vs}}{\text{Am}}$

Nun wird ein **Eisenkern** in die Luftspule nach Bild 98, Seite 78 geschoben. Danach wird auch hier die Spannung kontinuierlich erhöht.

Der Zusammenhang zwischen Flussdichte B und Feldstärke H sieht nun ganz anders aus (Bild 100).

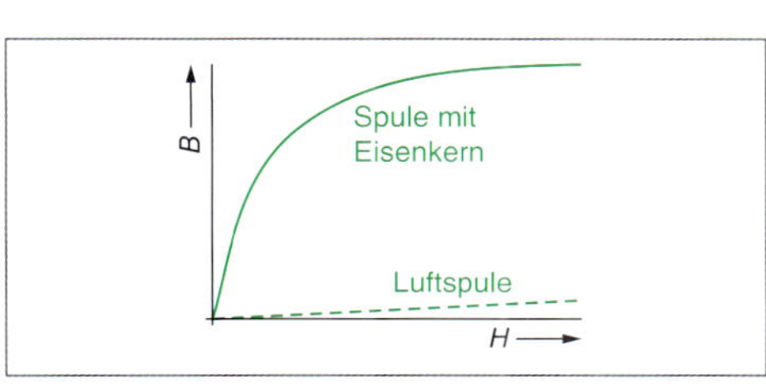

Bild 100 *Kennlinie bei einer Spule mit Eisen*

Zunächst nimmt B stark zu, um dann im Breich höherer Feldstärken H verhältnismäßig langsam anzuwachsen. Man spricht von **Sättigung**.

Im Vergleich zur Luftspule fällt auch auf, dass *Eisen* die *magnetische Flussdichte* erheblich *verstärkt*.

Feldverstärkung durch Eisen

Unter dem Einfluss des Magnetfeldes richten sich die **Elementarmagneten** im Eisen aus. So bewirken sie eine **Feldverstärkung**.

Nun wirkt nicht jedes magnetisierbare Eisen *in gleicher Weise* feldverstärkend.

Der **Materialeinfluss** wird durch die **Permeabilität** μ berücksichtigt.

Spule mit Eisen

$B = \mu \cdot H$

B magnetische Flussdichte in $\frac{\text{Vs}}{\text{m}^2}$

H magnetische Feldstärke in $\frac{\text{A}}{\text{m}}$

μ Permeabilität in $\frac{\text{Vs}}{\text{Am}}$

μ_r relative Permeabilität

$\mu = \mu_0 \cdot \mu_r$

■ **Feldstärke**

Die magnetische Feldstärke *H* berücksichtigt den Einfluss der Feldlinienlänge.

Die Durchflutung pro Meter oder Zentimeter Feldlinienlänge wird magnetische Feldstärke genannt.

Die Einheit $\frac{\text{A}}{\text{m}}$ oder $\frac{\text{A}}{\text{cm}}$ verdeutlicht das.

Elektromagnet
electromagnet

Durchflutung
magnetomotive force, mmf

Luftspule
air coil, air-core coil

Spulenwicklung
coil winding

■ μ

My, griechischer Kleinbuchstabe

■ **Permeabilität**

Durchlässigkeit, Durchdringbarkeit

■ **Magnetische Feldkonstante**

$\mu_0 = 1{,}256 \cdot 10^{-6}\ \frac{\text{Vs}}{\text{Am}}$

Beispiele für die relative Permeabilität

Luft: $\mu_r = 1{,}0000004$

Kupfer: $\mu_r = 0{,}99999$

Trafoblech: $\mu_r = 8000$

Relative Permeabilität

Sättigung

Abnahme des Zuwachses.

Remanenz

Zurückbleiben

Magnetwerkstoffe

Die **relative Permeabilität** gibt an, wievielmal besser ein Werkstoff die magnetischen Feldlinien leitet als Luft oder das Vakuum.

Für das Vakuum, annähernd auch für Luft, gilt $\mu_r = 1$. Man kann μ_r als „Verstärkungsfaktor" des Eisens für das Magnetfeld auffassen.

Sättigung

Kennlinie Bild 100, Seite 79. Im *Bereich kleiner Feldstärken H* steigt die Feldstärke steil und nahezu *linear* an. Es sind dann noch nicht alle ausrichtbaren Elementarmagnete ausgerichtet.

Eine Steigerung der Feldstärke *H* ruft eine nahezu *verhältnisgleiche* Zunahme der ausgerichteten Elementarmagnete hervor.

Im *Bereich höherer Feldstärken H* sind schon viele Elementarmagnete ausgerichtet. Es wird dann immer schwieriger, die restlichen Elementarmagnete auch noch auszurichten. Das Eisen ist **gesättigt**.

Zur Ausrichtung der verbleibenden Elementarmagnete sind dann relativ hohe Feldstärken notwendig. Der zuvor lineare Kennlinienverlauf geht nach der **Sättigung** in eine *schwach steigende Magnetisierungskurve* über (wie bei der Luftspule).

Magnetisierungskurven

Die Kennlinien $B = f(H)$ werden von den Herstellern der Magnetwerkstoffe ermittelt und den Anwendern zur Verfügung gestellt.

Aus diesen Kennlinien kann die *magnetische Flussdichte B* ermittelt werden, wenn die *magnetische Feldstärke H* bekannt ist.

Hysteresekurve

Wenn Eisen magnetisiert wird, kann nach dem „Abschalten" des Magnetfeldes beobachtet werden, dass im Eisen ein mehr oder weniger starker **Restmagnetismus** verbleibt.

Bei **Dauermagneten** ist dieser Restmagnetismus erwünscht. Dauermagneten werden **hartmagnetische Werkstoffe** genannt.

Bei diesen Stoffen bleibt ein großer Teil der Elementarmagnete ausgerichtet.

Bei **weichmagnetischen Werkstoffen** bleiben die Elementarmagnete nur so lange ausgerichtet, wie das erzeugende Magnetfeld besteht.

Danach verschwindet die magnetische Wirkung nahezu vollständig. Es verbleibt nur ein sehr geringer **Restmagnetismus**, eine sehr geringe **Remanenz**.

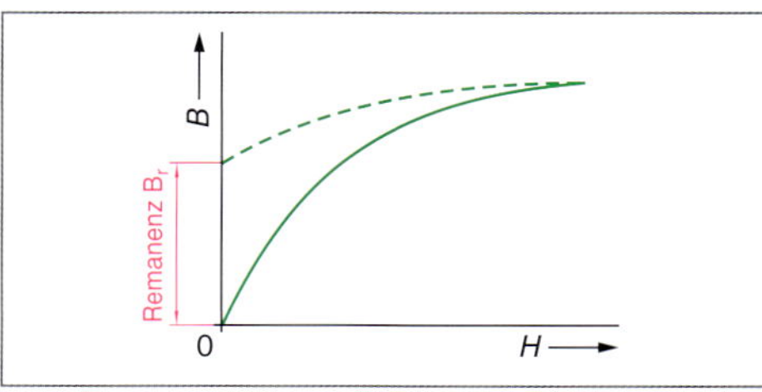

Bild 102 Restmagnetismus (Remanenz)

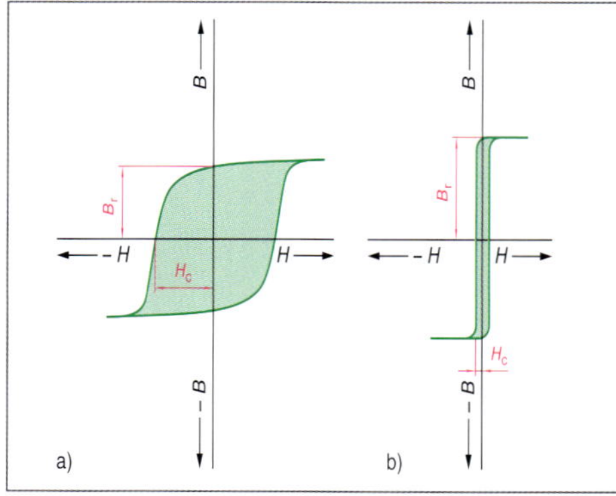

Bild 103 Hysteresiskurven
a) hartmagnetischer Werkstoff
b) weichmagnetischer Werkstoff

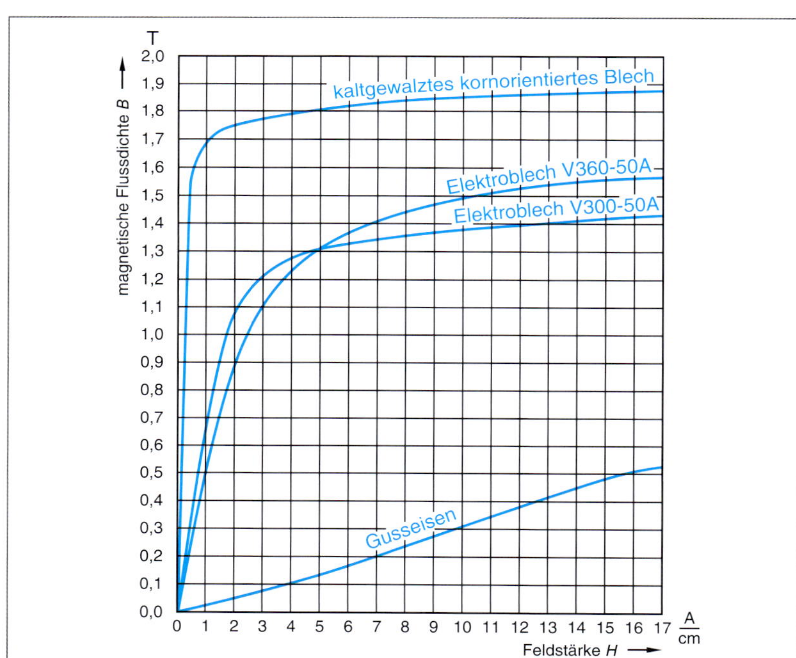

Bild 101 Magnetisierungskurven

Die **hartmagnetischen Werkstoffe** werden für **Dauermagnete** (Permanentmagnete), die **weichmagnetischen Werkstoffe** zur Herstellung von **Elektroblechen** (z. B. Schütze, Elektromotoren) verwendet.

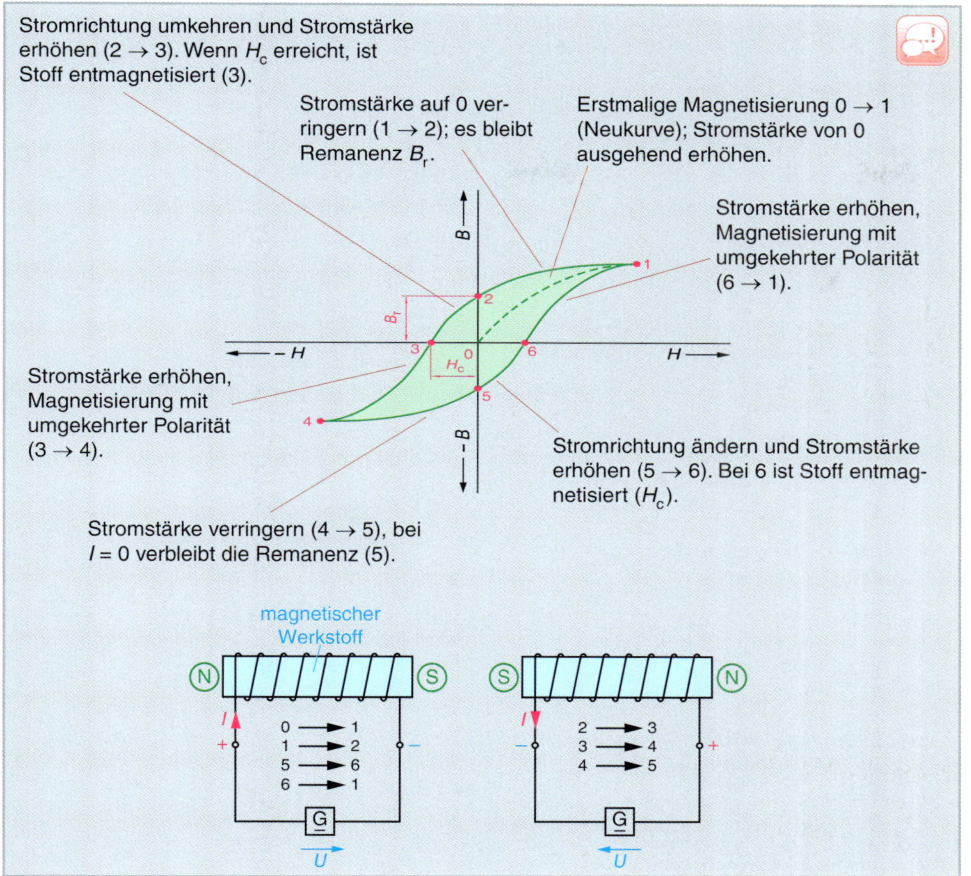

Magnetischer Kreis

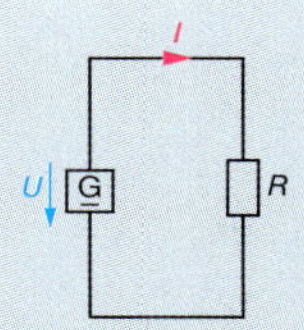

Elektrischer Kreis

Die *elektrische Spannung U* treibt einen *Strom I* durch den Kreis. Die *Stromstärke* hängt von *Spannung U* und *Widerstand R* ab. Es gilt das **ohmsche Gesetz**.

$$I = \frac{U}{R}$$

Ursächliche Größe: Spannung U
Folge: Stromstärke I
Begrenzung durch: Widerstand R

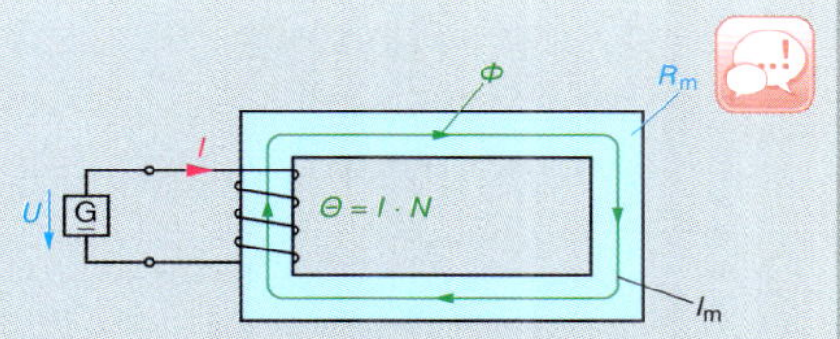

Magnetischer Kreis

Die *Durchflutung* $\Theta = I \cdot N$ treibt einen *magnetischen Fluss Φ* durch den *magnetischen Widerstand* R_m. Der magnetische Fluss hängt von der *Durchflutung Θ* und vom *magnetischen Widerstand* R_m ab. Es gilt das **„ohmsche Gesetz des magnetischen Kreises“**.

$$\Phi = \frac{\Theta}{R_m}$$

Ursächliche Größe: Durchflutung Θ
Folge: magnetischer Fluss Φ
Begrenzung durch: magn. Widerstand R_m

Neukurve

Kennlinienverlauf bei Erstmagnetisierung.

Das Betreiben magnetischer Kreise im Bereich der Sättigung ist wegen des hohen elektrischen Energieaufwandes nicht sinnvoll.

Die Koerzitivfeldstärke H_C dient der Entmagnetisierung magnetisierbarer Stoffe.

Die Ummagnetisierung erfordert elektrische Energie, die in Wärme umgewandelt wird.

Sättigung
saturation

Neukurve
initial magnetization curve, virgin curve

Hysterese
hysteresis

Hysteresekurve
hysteresis curve, BH curve

Hystereseverlust
hysteresis loss

Eisenverlust
iron (core) loss

Remanenz
remanence, residual magnetization

Magnetischer Kreis
magnetic circuit

Magnetische Durchflutung

ist die ursächliche Größe des magnetischen Feldes.

So wie die elektrische Spannung die ursächliche Größe des elektrischen Stromkreises ist.

■ **Magnetischer Widerstand**

Eigenschaft eines Stoffes, sich dem magnetischen Fluss zu widersetzen.

Kehrwert des magnetischen Widerstandes R_m ist die magnetische Leitfähigkeit Λ (Lambda, griechischer Großbuchstabe).

Magnetischer Widerstand

$$R_m = \frac{l_m}{\mu_0 \cdot \mu_r \cdot A} \qquad \text{Einheit: } \frac{A}{Vs}$$

R_m magnetischer Widerstand in $\frac{A}{Vs}$
l_m mittlere Feldlinienlänge in m
μ_0 magnetische Feldkonstante in $\frac{Vs}{Am}$
μ_r relative Permeabilität
A Querschnitt des Eisenkerns in m^2

Je *größer* der **magnetische Widerstand** R_m, umso *geringer* ist die Fähigkeit, magnetische Feldlinien zu leiten.

Bei gegebener Durchflutung Θ bestimmt R_m den magnetischen Fluss Φ.

Bei vielen technischen Anwendungen sind **Luftspalte** im magnetischen Kreis vorhanden. So zum Beispiel auch beim Schütz.

Der **magnetische Widerstand** von Luftspalten ist erheblich höher als bei Eisen.

Luftspalte haben also *einen erheblichen Einfluss* auf den magnetischen Kreis.

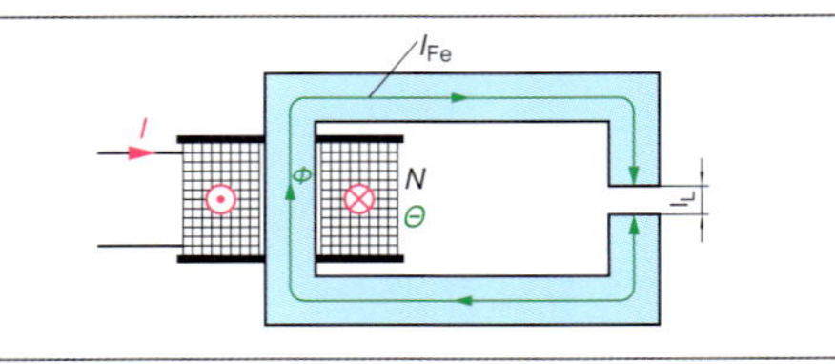

***Bild 104** Magnetischer Kreis mit Luftspalt*

z.B.

Wie groß ist der magnetische Fluss Φ im Eisenkern?

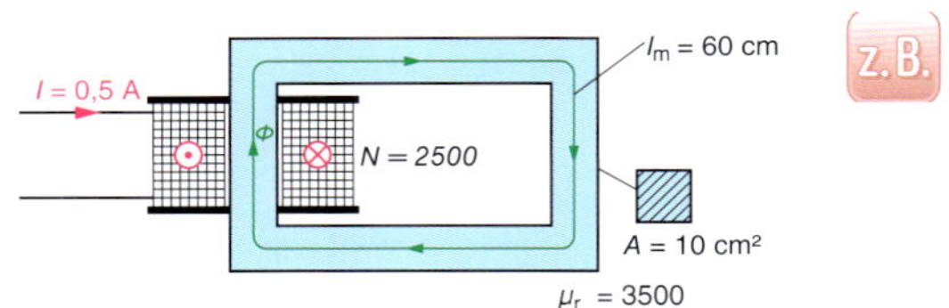

Ursache des magnetischen Feldes und damit des magnetischen Flusses ist die Durchflutung Θ.

$$\Theta = I \cdot N$$

$$\Theta = 0{,}5\ A \cdot 2500 = 1250\ A$$

Berechnung des magnetischen Widerstandes R_m des Eisenkerns:

$$R_m = \frac{l_m}{\mu_0 \cdot \mu_r \cdot A}$$

$$R_m = \frac{0{,}6\ m}{1{,}256 \cdot 10^{-6} \frac{Vs}{Am} \cdot 3500 \cdot 10 \cdot 10^{-4}\ m^2}$$

$$R_m = 1{,}36 \cdot 10^5 \frac{A}{Vs}$$

Nun kann der magnetische Fluss Φ berechnet werden.

$$\Phi = \frac{\Theta}{R_m}$$

$$\Phi = \frac{1250\ A}{1{,}36 \cdot 10^5 \frac{A}{Vs}} = 9{,}2 \cdot 10^{-3}\ Vs$$

■ **Streuung**

Streufluss; nicht ausschließlich im Eisen verlaufender magnetischer Fluss.

z.B.

Magnetischer Kreis mit Luftspalt (Bild 104)

Annahme:

$I = 1\ A$, $N = 1000$, $l_{Fe} = 60\ cm$, $\mu_r = 3000$, $l_L = 1\ mm$, $A_{Fe} = 4\ cm^2$, $A_L = 4{,}4\ cm^2$ (10 % Streuung)

Wie groß ist der magnetische Fluss Φ?

Die *magnetischen Widerstände* von Eisenkern R_{mFe} und Luftspalt R_{mL} sind *in Reihe* geschaltet. Der magnetische Fluss (Summe der Feldlinien) muss sowohl den Eisenkern als auch den Luftspalt durchsetzen.

Im Luftspalt wird eine *magnetische Streuung* hervorgerufen. Der Luftspaltquerschnitt ist dadurch *größer* als der Eisenquerschnitt.

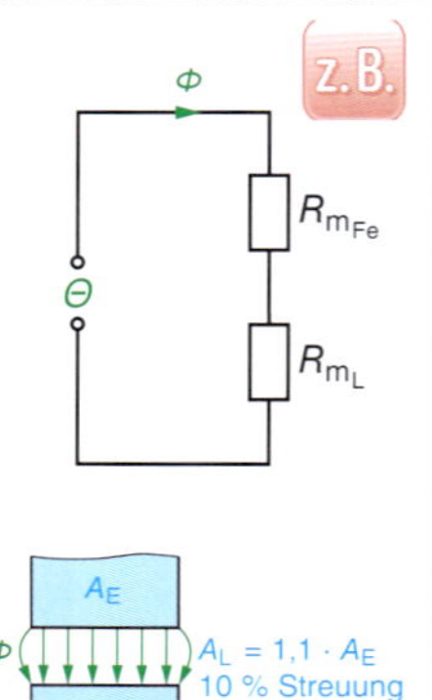

z.B.

Die beiden magnetischen Widerstände werden berechnet.

$$R_{m\,Fe} = \frac{l_{Fe}}{\mu_0 \cdot \mu_r \cdot A_{Fe}}$$

$$R_{m\,Fe} = \frac{0{,}6\ \text{m}}{1{,}256 \cdot 10^{-6}\,\frac{\text{Vs}}{\text{Am}} \cdot 3000 \cdot 4 \cdot 10^{-4}\ \text{m}^2}$$

$$R_{m\,Fe} = 4 \cdot 10^5\,\frac{\text{A}}{\text{Vs}}$$

$$R_{m\,L} = \frac{l_L}{\mu_0 \cdot A_L}$$

$$R_{m\,L} = \frac{1 \cdot 10^{-3}\ \text{m}}{1{,}256 \cdot 10^{-6}\,\frac{\text{Vs}}{\text{Am}} \cdot 4{,}4 \cdot 10^{-4}\ \text{m}^2}$$

$$R_{m\,L} = 1{,}81 \cdot 10^6\,\frac{\text{A}}{\text{Vs}}$$

Berechnung des magnetischen Gesamtwiderstandes:

$$R_{m\,g} = R_{m\,Fe} + R_{m\,L}$$

$$R_{m\,g} = 4 \cdot 10^5\,\frac{\text{A}}{\text{Vs}} + 1{,}81 \cdot 10^6\,\frac{\text{A}}{\text{Vs}}$$

$$R_{m\,g} = 2{,}21 \cdot 10^4\,\frac{\text{A}}{\text{Vs}}$$

Der magnetische Fluss Φ (die Summe der Feldlinien) ist in Eisen und Luftspalt gleich groß.

$$\Phi = \frac{\Theta}{R_{m\,g}} = \frac{I \cdot N}{R_{m\,g}}$$

$$\Phi = \frac{1\ \text{A} \cdot 1000}{2{,}21 \cdot 10^6\,\frac{\text{A}}{\text{Vs}}} = 4{,}52 \cdot 10^{-4}\ \text{Vs}$$

Kraft im Magnetfeld

Im Magnetfeld wirken Kräfte.

Gleichnamige Magnetpole stoßen sich ab, ungleichnamige Magnetpole ziehen sich an.

Kraft auf einen stromdurchflossenen Leiter

Ein stromdurchflossener Leiter umgibt sich mit einem **konzentrischen Magnetfeld** (Seite 75).

Wenn ein solcher Leiter in ein Magnetfeld gebracht wird, kommt es zu einer **Kraftwirkung**. Der Leiter wird **in Richtung der Feldschwächung** abgedrängt (Bild 106).

Feldlinien haben das Bestreben, sich zu *verkürzen*. Auf den Leiter in Bild 106 wird also eine **Kraft** *nach links* ausgeübt.

Kraft auf stromdurchflossenen Leiter

$F = B \cdot I \cdot l$

F Kraftwirkung auf Leiter in N

B magnetische Flussdichte in $\frac{\text{Vs}}{\text{m}^2}$

I Stromstärke im Leiter in A

l Leiterlänge im Magnetfeld in m

Für die **Kraftrichtung** gilt eine *Linkehandregel* (Bild 105).

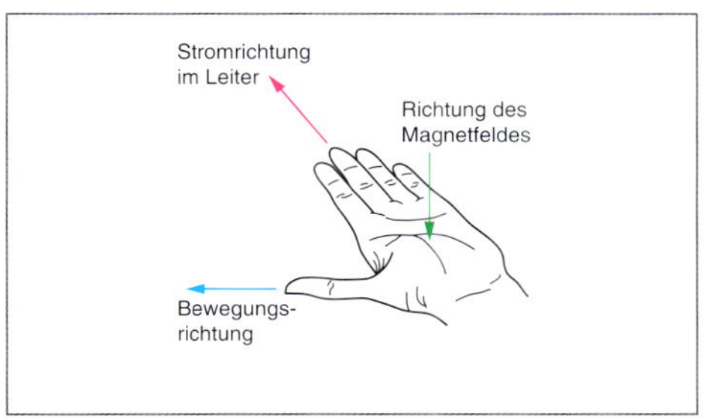

Bild 105 Linkehandregel

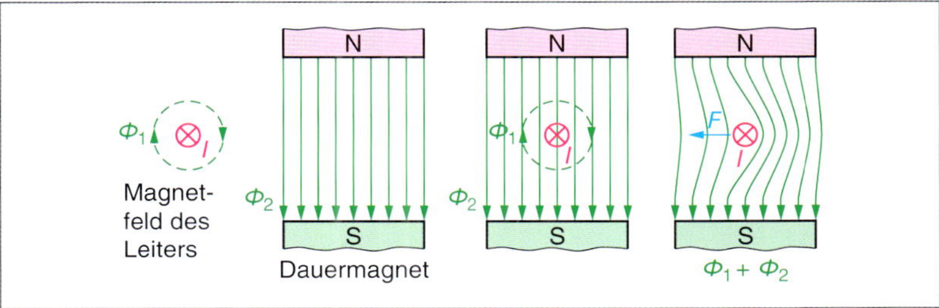

Bild 106 Kraftwirkung im Magnetfeld, Kraft auf einen stromdurchflossenen Leiter

Ein vom Strom $I = 25$ A durchflossener Leiter wird auf einer Länge von 1 m durch ein Magnetfeld der Flussdichte $B = 1\,\frac{Vs}{m^2}$ geführt.

Welche Kraft wird dabei auf den Leiter ausgeübt?

$$F = B \cdot I \cdot l$$

$$F = 1\,\frac{Vs}{m^2} \cdot 25\text{ A} \cdot 1\text{ m} = 25\text{ N}$$

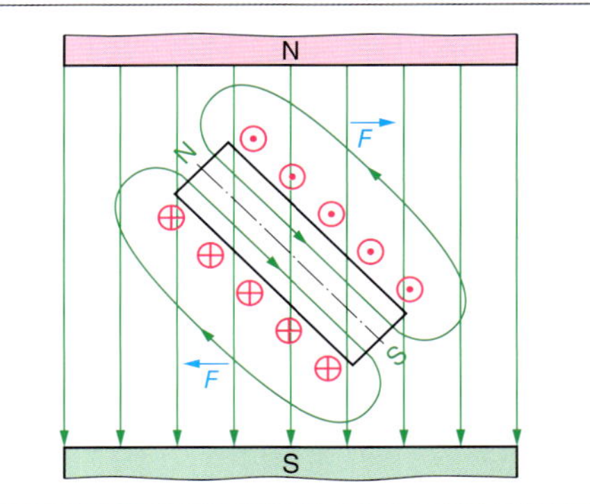

Bild 109 *Kraftwirkung auf eine Spule*

Kraftwirkung zwischen stromdurchflossenen Leitern

Je nach *Stromrichtung* wirken Anziehungs- und Abstoßungskräfte.

$$F = \mu_0 \cdot \frac{I_1 \cdot I_2}{2\pi \cdot a} \cdot l$$

F Kraftwirkung in N
μ_0 magnetische Feldkonstante in $\frac{Vs}{Am}$
I_1 Stromstärke in Leiter 1 in A
I_2 Stromstärke in Leiter 2 in A
a gegenseitiger Leiterabstand in m
l Leiterlänge im Magnetfeld in m

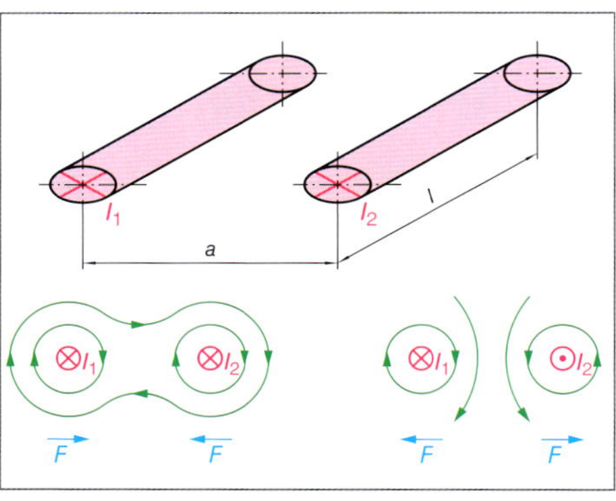

Bild 107 *Kraftwirkung zwischen Leitern*

Kraftwirkung auf stromdurchflossene Spule

Eine stromdurchflossene Spule ist ein **Elektromagnet** mit einem Nordpol und einem Südpol.

Gleichnamige Pole stoßen sich ab, ungleichnamige Pole ziehen sich an.

Die auf die Spule einwirkenden Kräfte rufen ein **Drehmoment** hervor, bis das Spulenfeld in Richtung des Dauermagneten zeigt (Bild 109).

Dann stehen sich jeweils Nordpol und Südpol von Dauermagnet und Spule gegenüber.

Kraftwirkung zwischen Magnetpolen

Magnetisierbare Werkstoffe können durch Magnetfelder magnetisiert werden. Dann stehen sich ungleichnamige Pole gegenüber. Es kommt zu einer **Anziehungskraft** (Bild 108).

Wirksame Kraft:

$$F = \frac{B_L^2}{2 \cdot \mu_0} \cdot A_L$$

F Kraftwirkung Magnetpol in N
B_L magnetische Flussdichte in Luftspalt in $\frac{Vs}{m^2}$
μ_0 magnetische Feldkonstante in $\frac{Vs}{Am}$
A_L Fläche des Luftspaltes in m^2

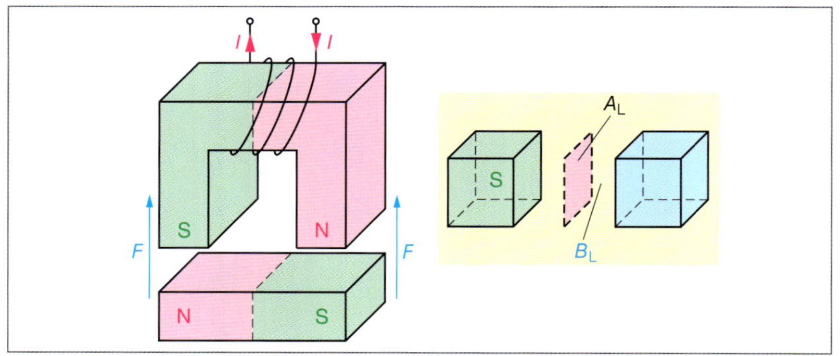

Bild 108 *Kraftwirkung zwischen Magnetpolen*

$B_L = 1\,\frac{Vs}{m^2}$, $A_L = 5\text{ cm}^2$

Mit welcher Kraft wird ein weichmagnetischer Werkstoff angezogen?

$$F = \frac{B_L^2}{2 \cdot \mu_0} \cdot A_L$$

$$= \frac{\left(1\,\frac{Vs}{m^2}\right)^2}{2 \cdot 1{,}256 \cdot 10^{-6}\,\frac{Vs}{Am}} \cdot 5 \cdot 10^{-4}\text{ m} = 199\text{ N}$$

Elektromagnetische Induktion

Wird ein Leiter durch ein Magnetfeld *bewegt*, werden auf die *freien Elektronen* im Leiter *Kräfte* ausgeübt. Dadurch werden die Elektronen zu einem Leiterende hin transportiert.

Ergebnis: An einem Leiterende herrscht **Elektronenmangel**, am anderen Leiterende **Elektronenüberschuss** (Bild 110).

Wird ein Leiter im Magnetfeld bewegt, wird in ihm eine elektrische Spannung induziert.

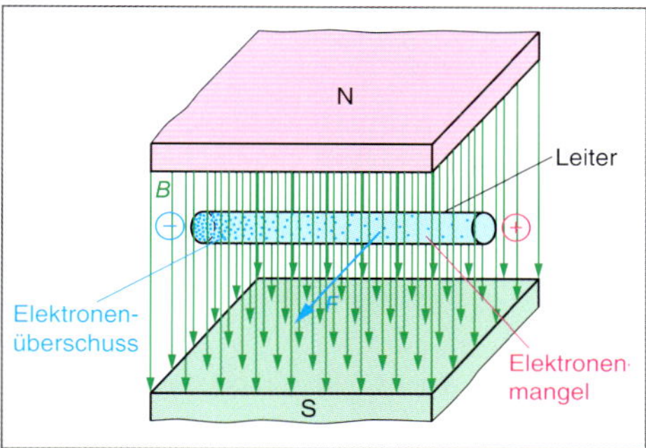

***Bild 110** Elektromagnetische Induktion*

Die *Richtung* der induzierten Spannung hängt von der *Bewegungsrichtung des Leiters* und von der *Richtung des Magnetfeldes* ab.

Die *Richtungsbestimmung* kann mit der **Rechtenhandregel** erfolgen. Die *technische Stromrichtung* wird berücksichtigt, sodass die Finger auf den Pluspol zeigen (Bild 111).

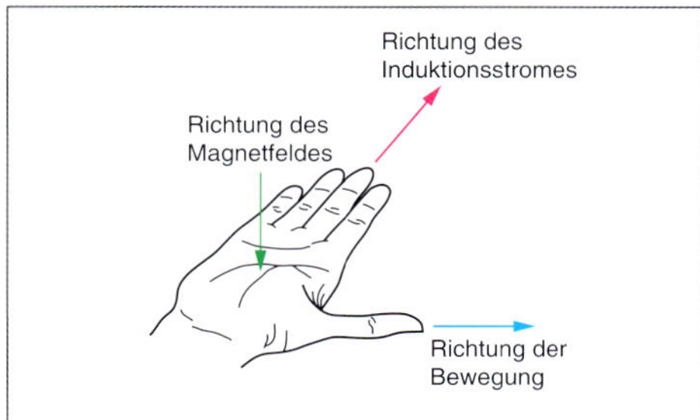

***Bild 111** Richtung der induzierten Spannung*

Die *Höhe der Induktionsspannung* ist abhängig von der

- Flussdichte *B* des Magnetfeldes
- wirksamen Leiterlänge im Magnetfeld
- Geschwindigkeit der Leiterbewegung
- Anzahl der bewegten Leiter (Spule)

Die *Ursache der Induktionsspannung* ist die Tatsache, dass auf eine im Magnetfeld bewegte Ladung eine Kraft ausgeübt wird.

Induktionsspannung

$$U_i = B \cdot l \cdot v \cdot N$$

U_i Induktionsspannung in V

B magnetische Flussdichte in $\frac{Vs}{m^2}$

l Leiterlänge im Magnetfeld in m

v Geschwindigkeit der Leiterbewegung in $\frac{m}{s}$

N Anzahl der bewegten Leiter

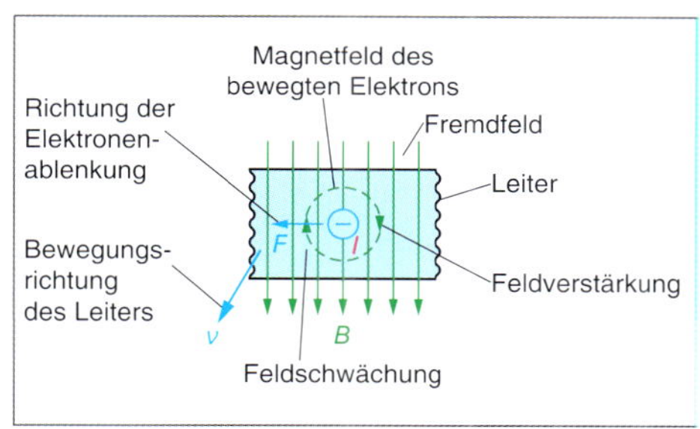

***Bild 112** Kraftwirkung auf Ladung*

Wenn der *Leiter* im Magnetfeld *bewegt* wird, werden auch die *Elektronen* im Leiter bewegt.

Die bewegten Elektronen rufen ein *Magnetfeld* hervor, das sich dem *induzierenden* Magnetfeld (Fremdfeld) überlagert.

Das Elektron wird in *Richtung der Feldschwächung* abgedrängt.

Induktionsgesetz

Damit eine elektrische Spannung induziert wird, ist eine *zeitliche Änderung* des Magnetfeldes notwendig. Der magnetische Fluss muss sich ständig ändern.

Die **Änderungsgeschwindigkeit** des magnetischen Flusses wird duch $\Delta\phi/\Delta t$ beschrieben (Flussänderungsgeschwindigkeit).

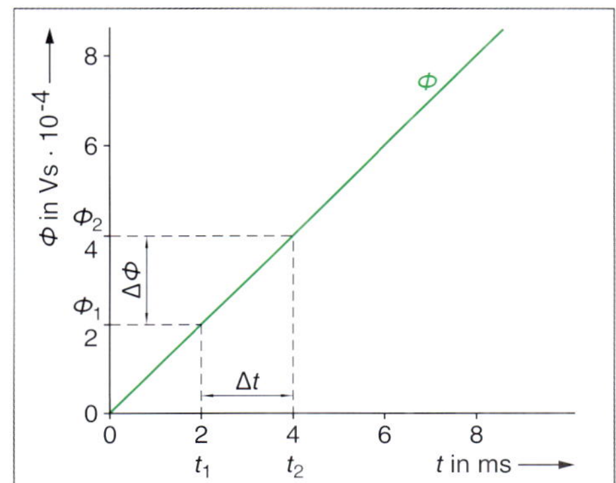

***Bild 113** Positive Flussänderung*

■ **Induktion der Bewegung**

Wird ein Leiter in einem Magnetfeld *bewegt*, wird in ihm eine elektrische Spannung induziert.

■ **Technische Stromrichtung**

Außerhalb der Spannungsquelle vom Pluspol zum Minuspol.

Induktion
induction

Induktivität
inductance, inductivity

Selbstinduktion
self-induction

Induktionsspannung

Die Steigung der Magnetflusskennlinie bestimmt Betrag und Richtung der induzierten Spannung.

Die Steigung kann *positiv* (Bild 113) oder *negativ* (Bild 114) sein.

Bild 113, Seite 85:

$\Phi_1 = 2 \cdot 10^{-4}$ Vs, $\Phi_2 = 4 \cdot 10^{-4}$ Vs

$\Delta\Phi = \Phi_2 - \Phi_1 = 2 \cdot 10^{-4}$ Vs

$t_1 = 2$ ms, $t_2 = 4$ ms

$\Delta t = t_2 - t_1 = 2$ ms $= 2 \cdot 10^{-3}$ s

$$\frac{\Delta\Phi}{\Delta t} = \frac{2 \cdot 10^{-4}\ \text{Vs}}{2 \cdot 10^{-3}\ \text{s}} = 0{,}1\ \text{V (positiv)}$$

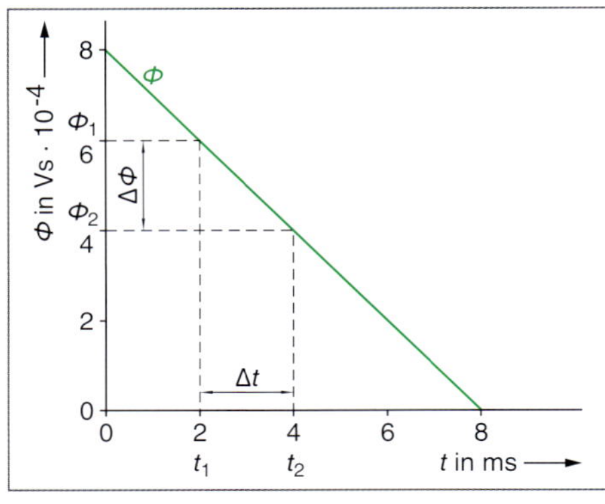

Bild 114 *Negative Flussänderung*

Bild 114:

$\Phi_1 = 6 \cdot 10^{-4}$ Vs, $\Phi_2 = 4 \cdot 10^{-4}$ Vs

$\Delta\Phi = \Phi_2 - \Phi_1 = 2 \cdot 10^{-4}$ Vs

$t_1 = 2$ ms, $t_2 = 4$ ms

$\Delta t = t_2 - t_1 = 2$ ms

$$\frac{\Delta\Phi}{\Delta t} = \frac{-2 \cdot 10^{-4}\ \text{Vs}}{2 \cdot 10^{-3}\ \text{s}} = -0{,}1\ \text{V (negativ)}$$

Induktionsgesetz

$$U_i = -N \cdot \frac{\Delta\Phi}{\Delta t}$$

U_i	Induktionsspannung in V
N	Anzahl der Leiter (Windungszahl)
$\frac{\Delta\Phi}{\Delta t}$	Flussänderungsgeschwindigkeit in V

Das *Minuszeichen* vor dem Induktionsgesetz gibt Auskunft über die *Richtung* der Induktionsspannung im Vergleich zur Flussänderung.

Eine *Flusszunahme* bewirkt eine *negative* Induktionsspannung und eine *Flussabnahme* eine *positive* Induktionsspannung.

Schutzeinrichtungen

→ 133

Diode

→ 262

Generatorprinzip, Transformatorprinzip

Unterschieden wird zwischen **Induktion der Bewegung** (Generatorprinzip) und **Induktion der Ruhe** (Transformatorprinzip).

- **Induktion der Bewegung**
  Der Leiter wird relativ zum Magnetfeld bewegt, er schneidet Feldlinien. Dabei spielt es keine Rolle, ob sich der Leiter oder das Magnetfeld bewegt. Entscheidend ist nur, dass Feldlinien geschnitten werden.
- **Induktion der Ruhe**
  Der Leiter ruht und das Magnetfeld ändert sich zeitlich. Dies kann durch Stromänderung in einer Spule erfolgen.

Selbstinduktion

Die Schützspule wird ausgeschaltet. Das Schütz fällt ab. Dabei bricht das Magnetfeld der Spule zusammen.

Das bedeutet eine hohe **Induktionsspannung**, deren Wert die angelegte Spannung erheblich überschreiten kann.

Diese Spannung wird in der Spule selbst, deren Aufgabe die Erzeugung des Magnetfeldes ist, induziert.

Sie wird deshalb als **Selbstinduktionsspannung** bezeichnet.

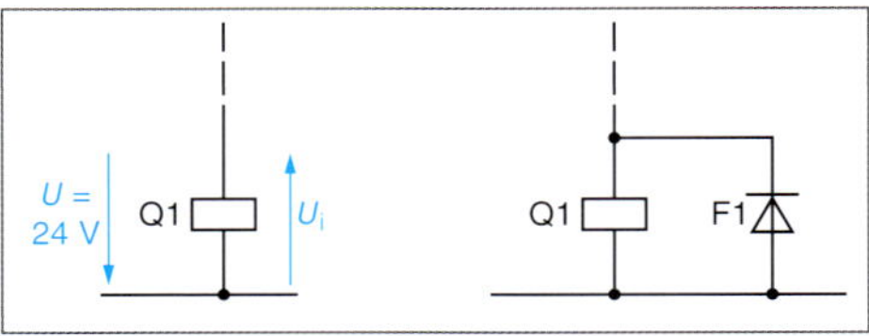

Bild 115 *Abschalten einer Schützspule*

Die Selbstinduktionsspannung kann zu **Lichtbögen** an den unterbrechenden Schalterkontakten führen (Schalter kann zerstört werden). Auch die Spulenisolation kann durchschlagen.

Deshalb sind **Schutzeinrichtungen** notwendig, die die hohen Selbstinduktionsspannungen abbauen, bevor diese Schaden anrichten können.

Bei Gleichstromspulen kann z. B. eine **Diode** diese Schutzwirkung übernehmen (Bild 115).

Die Diode wirkt wie ein „elektrisches Ventil". Bei einer Spannungspolarität ist sie durchlässig, bei der anderen Spannungspolarität sperrt sie den Strom (Bild 116).

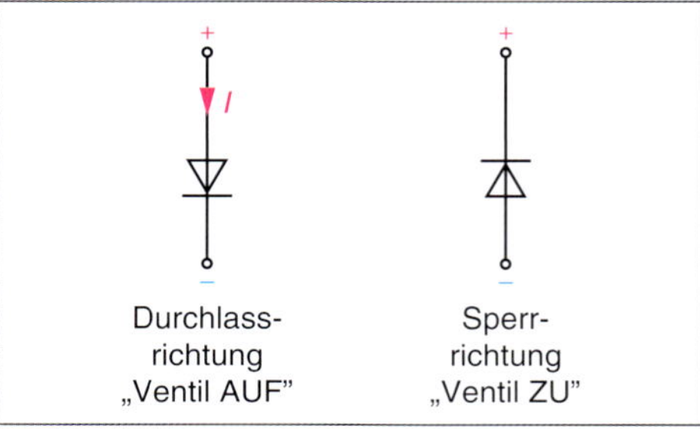

Bild 116 *Wirkungsweise einer Diode*

z.B.

Eine Spule mit $N = 100$ Windungen wird vom nebenstehend dargestellten Fluss durchsetzt.

Wie groß ist die Induktionsspannung?

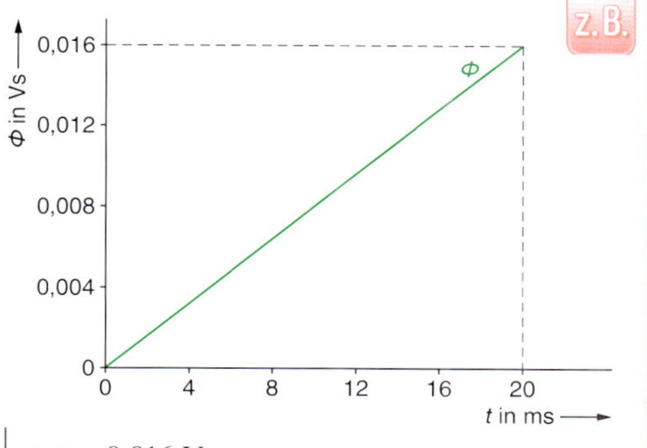

Der magnetische Fluss nimmt zu. Die Flussänderungsgeschwindigkeit ist also positiv.

Bei Flusszunahme ist die Induktionsspannung negativ.

$$\frac{\Delta\Phi}{\Delta t} = \frac{0{,}016\ \mathrm{Vs}}{0{,}02\ \mathrm{s}} = 0{,}8\ \mathrm{V}$$

$$U_i = -N \cdot \frac{\Delta\Phi}{\Delta t}$$

$$U_i = -100 \cdot 0{,}8\ \mathrm{V} = -80\ \mathrm{V}$$

Für die *Steuerspannung* 24 V DC ist die Diode in **Sperrrichtung** geschaltet (Bild 117).

Über die Diode kann praktisch kein Strom fließen. Die Schützspule Q1 arbeitet, als wäre die Diode nicht vorhanden.

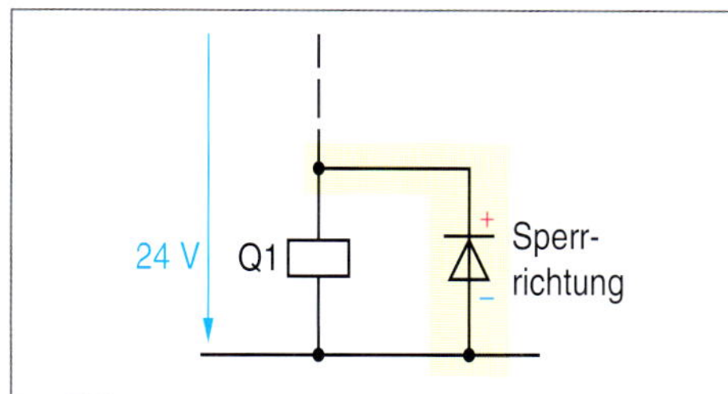

Bild 117 *Diode in Sperrrichtung*

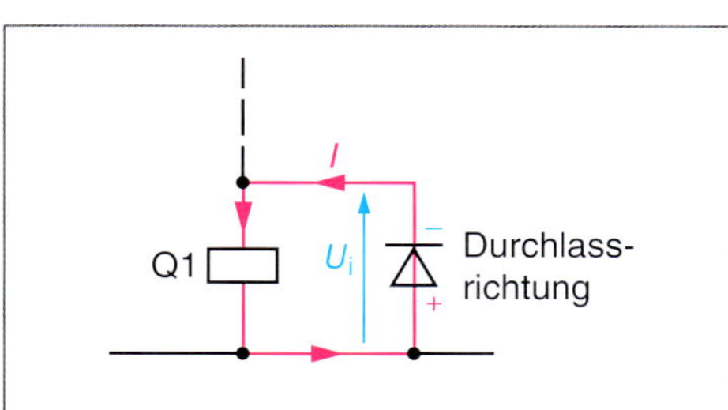

Bild 118 *Diode in Durchlassrichtung*

Beim *Abschalten* des Spulenstromes tritt die **Selbstinduktionsspannung**

$$U_i = -N \cdot \frac{\Delta\Phi}{\Delta t}$$

auf. Das **Minuszeichen** beschreibt die Tatsache, dass U_i die *entgegengesetzte* Richtung wie die Betriebsspannung hat (Bild 118).

Die **Selbstinduktionsspannung** kann also einen Strom über die Diode und den Spulenwiderstand R treiben.

Dadurch wird die Selbstinduktionsspannung abgebaut. Der Schaltkontakt ist dann praktisch nicht mehr belastet.

Eine *Änderung des Spulenstromes* $\Delta i/\Delta t$ bewirkt eine *magnetische Flussänderung* $\Delta\phi/\Delta t$ und induziert in der gleichen Spule eine Spannung.

Auch die *Spulenwindungen* (N) selbst sind der magnetischen Flussänderung ausgesetzt.

In ihnen wird die **Selbstinduktionsspannung** induziert.

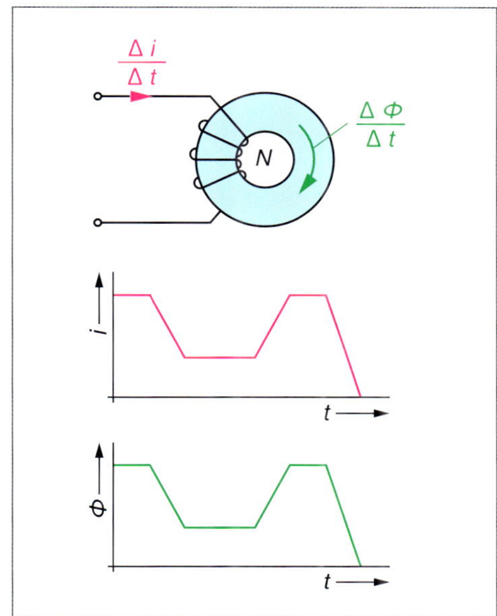

Bild 119 *Stromänderung, Flussänderung*

■ **Selbstinduktion**

ist die Spannungsinduktion in die Spule, die eine magnetische Flussänderung bewirkt.

1 H = 1000 mH

1 mH = 10^{-3} H

1 µH = 10^{-6} H

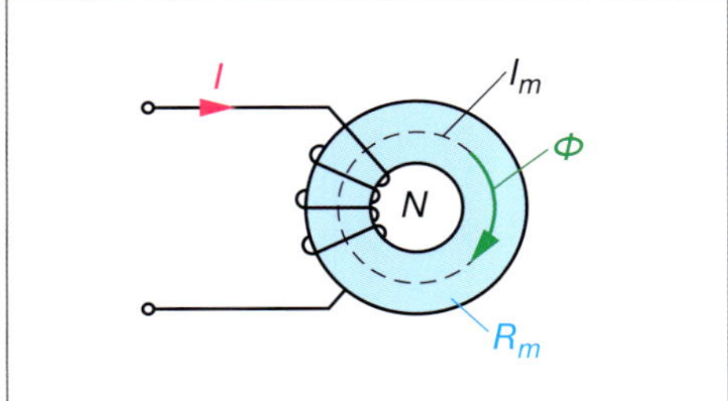

Bild 120 *Ringspule*

Magnetischer Fluss:

$$\Phi = \frac{\Theta}{R_m} = \frac{I \cdot N}{R_m}$$

Flussänderung durch Spulenstromänderung:

$$\frac{\Delta\Phi}{\Delta t} = \frac{N}{R_m} \cdot \frac{\Delta i}{\Delta t}$$

Die **Stromänderungsgeschwindigkeit** $\Delta i/\Delta t$ bestimmt die **Flussänderungsgeschwindigkeit** $\Delta\Phi/\Delta t$.

Induktionsspannung:

$$u_i = -N \cdot \frac{\Delta\Phi}{\Delta t}$$

$$u_i = -N \cdot \left(\frac{N}{R_m} \cdot \frac{\Delta i}{\Delta t}\right) = -\frac{N^2}{R_m} \cdot \frac{\Delta i}{\Delta t}$$

Der Ausdruck

$$\frac{N^2}{R_m}$$

hängt nur von den *konstruktiven Spulendaten* ab:

- Windungszahl N
- Kernmaterial μ_r
- Wicklungsquerschnitt A
- mittlere Feldlinienlänge l_m

■ **Induktivität**
ist das Speichervermögen für magnetische Feldenergie.

Beachten Sie besonders, dass die Induktivität quadratisch mit der Windungszahl zunimmt.

Daher haben Gleichstromspulen eine vergleichsweise hohe Induktivität.

Er wird *Selbstinduktionskoeffizient* oder **Induktivität** genannt.

$$L = \frac{N^2}{R_m} = N^2 \cdot \frac{\mu_0 \cdot \mu_r \cdot A}{l_m} \quad \text{Einheit: H (Henry)}$$

L	Induktivität in H
N	Windungszahl der Spule
R_m	magnetischer Widerstand in $\frac{A}{Vs}$
μ_0	magnetische Feldkonstante in $\frac{Vs}{Am}$
μ_r	relative Permeabililtät
A	Wicklungsquerschnitt in m^2
l_m	mittlere Feldlinienlänge in m

Die **Induktivität** einer Spule beträgt 1 H, wenn bei einer gleichmäßigen Stromänderung von 1 A je Sekunde die Selbstinduktionsspannung 1 V hervorgerufen wird.

Selbstinduktionsspannung

$$u_i = -L \cdot \frac{\Delta i}{\Delta t}$$

u_i	Selbstinduktionsspannung in V
L	Spuleninduktivität in H
$\frac{\Delta i}{\Delta t}$	Stromänderungsgeschwindigkeit in $\frac{A}{s}$

Beachten Sie:

- Eine *positive* Stromänderung induziert eine *negative* Selbstinduktionsspannung.
- Eine *negative* Stromänderung induziert eine *positive* Induktionsspannung.

Bild 121: Ein *Stromanstieg* wird durch U_i gebremst. U und U_i haben *entgegengesetzte* Richtungen.

Die **wirksame Spannung** U_w ist dann kleiner als U. Der *Aufbau* des magnetischen Feldes wird gehemmt.

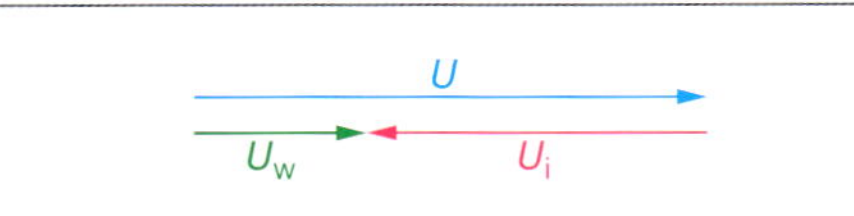

Bild 121 *Positive Stromänderung*

Bild 122: Eine *Stromabnahme* wird durch U_i gebremst. U und U_i wirken dann *in gleicher Richtung*.

Der *Abbau* des magnetischen Feldes wird gehemmt.

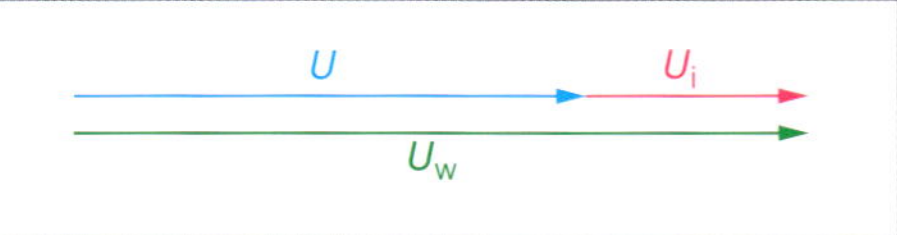

Bild 122 *Negative Stromänderung*

Die **Selbstinduktionsspannung** ist bestrebt, den Zustand des Magnetfeldes *beizubehalten*.

Magnetfelder sind **Energiespeicher**, die nur *verzögert* aufgebaut und abgebaut werden können.

z.B.

Eine Schützspule hat 650 Windungen, Wicklungsquerschnitt 4 cm^2, mittlere Feldlinienlänge 18 cm, relative Permeabilität des Eisens $\mu_r = 8000$.

Wie groß ist die Induktivität der Spule?

Beachten Sie, dass die Windungszahl N *quadratisch* eingeht. Doppelte Windungszahl bedeutet vierfache Induktivität.

$$L = N^2 \cdot \frac{\mu_0 \cdot \mu_r \cdot A}{l_m}$$

$$L = 650^2 \cdot \frac{1{,}256 \cdot 10^{-6}\,\frac{\text{Vs}}{\text{Am}} \cdot 8000 \cdot 4 \cdot 10^{-4}\,\text{m}^2}{0{,}18\,\text{m}}$$

$$L = 9{,}4\,\text{H}$$

z.B.

Der Strom 1 A wird innerhalb von 40 ms abgeschaltet.

Welche Induktionsspannung tritt dabei auf?

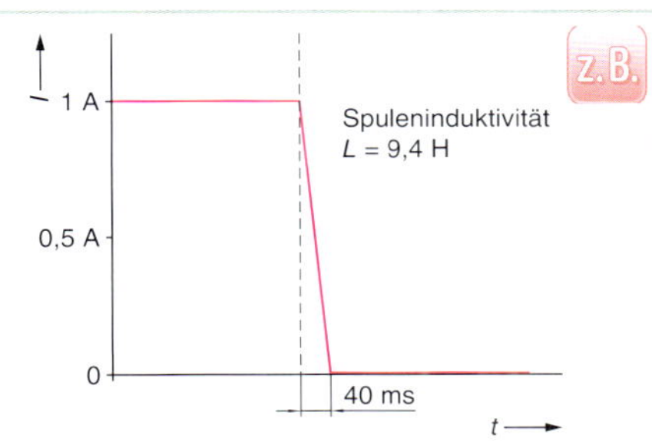

Wenn 1 A innerhalb von 40 ms (0,04 s) abgeschaltet wird, beträgt die Stromänderungsgeschwindigkeit $\Delta i/\Delta t = 1\,\text{A}/0{,}04\,\text{s} = 25\,\text{A/s}$.

$$u_i = -L \cdot \frac{\Delta i}{\Delta t}$$

$$u_i = -9{,}4\,\text{H} \cdot \frac{1\,\text{A}}{0{,}04\,\text{s}} = 235\,\text{V}$$

Schaltung von Induktivitäten

Reihenschaltung

$$L_g = L_1 + L_2 + \cdots + L_n$$

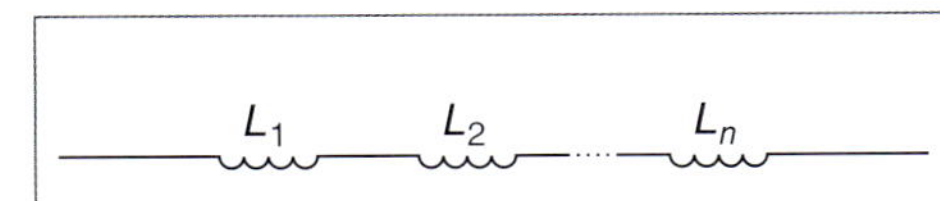

Bild 123 Reihenschaltung

Parallelschaltung

$$\frac{1}{L_E} = \frac{1}{L_1} + \frac{1}{L_2} + \cdots + \frac{1}{L_n}$$

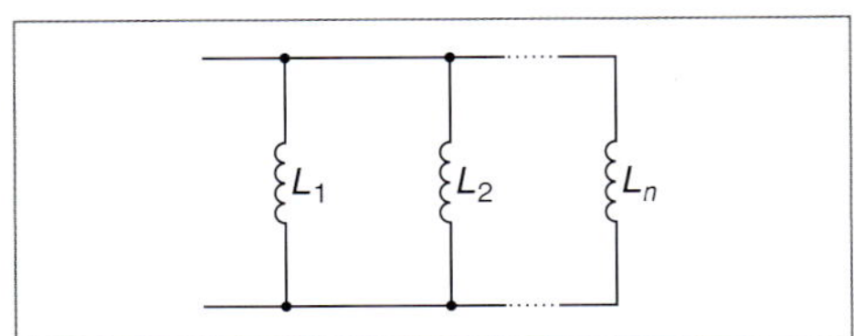

Bild 124 Parallelschaltung

Zwei Induktivitäten

$$L_E = \frac{L_1 \cdot L_2}{L_1 + L_2}$$

Gleiche Induktivitäten

$$L_E = \frac{L}{n}$$

Energie des magnetischen Feldes

Im Magnetfeld sind **Kräfte** wirksam. Das Magnetfeld muss eine **Feldenergie** besitzen, die eine Entstehung dieser Kräfte ermöglicht.

Die in einem Magnetfeld gespeicherte **Energie** entspricht der **Arbeit**, die zum **Feldaufbau** aufgewendet wird.

Diese Arbeit wird beim **Zusammenbrechen** des Feldes wieder frei.

$$W = \frac{1}{2} \cdot L \cdot I^2$$

W im Magnetfeld gespeicherte Energie in Ws

L Induktivität in H

I Stromstärke in A

Magnetfeldenergie

Die Energie des Magnetfeldes kann nur bestehen bleiben, wenn ein Strom fließt.

Wird der Strom abgeschaltet, muss die magnetische Feldenergie unverzüglich in eine andere Energieform umgewandelt werden.

Der von der Induktionsspannung getriebene Strom sorgt für diese Energieumwandlung.

Je mehr Energie im Feld gespeichert ist, umso höher ist somit die Induktionsspannung, die den Feldabbau bewirkt.

Ein Maß für die im magnetischen Feld gespeicherte Energie ist die Induktivität.

Die Induktivität bestimmt ganz wesentlich, welche Energie im Magnetfeld gespeichert werden kann.

Spule im Gleichstromkreis

Eine **Spule** wird aus **Kupferdraht** gewickelt. Dieser Spulendraht hat einen *ohmschen Widerstand*.

$$R = \frac{l}{\gamma \cdot q}$$

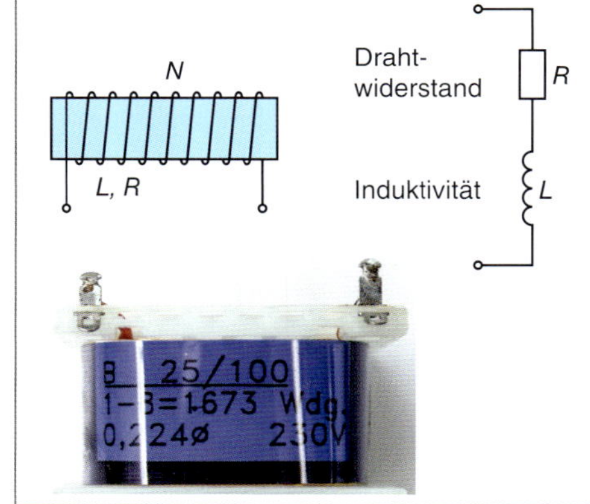

Bild 125 Spule

Sämtliche **Spulenverluste** werden durch den *ohmschen Widerstand* berücksichtigt.

Das **Ersatzschaltbild** der Spule besteht aus der **Reihenschaltung** von ohmschem Widerstand R und Induktivität L.

■ **Schaltvorgänge** mit Spulen dauern praktisch 5 Zeitkonstanten ($5 \cdot \tau$).

Einschaltvorgang

Die Spannung U möchte den Strom I durch den Stromkreis treiben.

Der *ansteigende* Strom ruft in der Induktivität einen *ansteigenden* magnetischen Fluss hervor.

Bei *ansteigendem* magnetischen Fluss ist die Selbstinduktionsspannung der anliegenden Spannung *entgegengerichtet*. Deshalb kann der Strom nur *langsam* ansteigen.

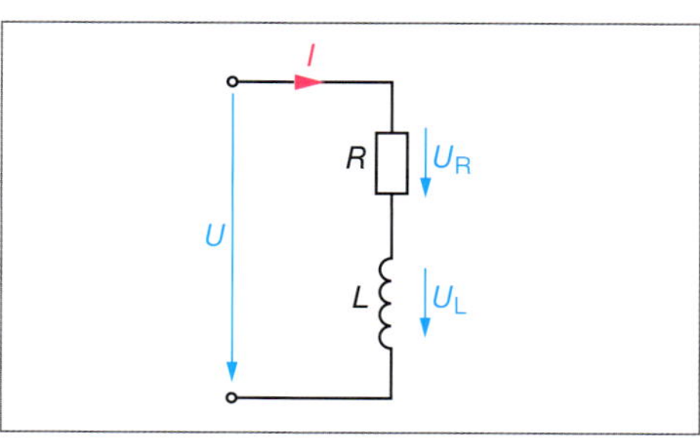

Bild 126 Spule an Gleichspannung

Die Induktionsspannung U_L nimmt mit der Zeit ab. Dementsprechend steigt die Spannung U_R am ohmschen Widerstand R an (Bild 127).

Je größer die Induktivität, umso mehr Energie ist im magnetischen Feld gespeichert.

Beim Ausschalten muss die magnetische Energie in kurzer Zeit in elektrische Energie umgewandelt werden.

Dies erfordert einen hohen Strom und somit eine hohe Induktionsspannung, die diesen Strom treibt.

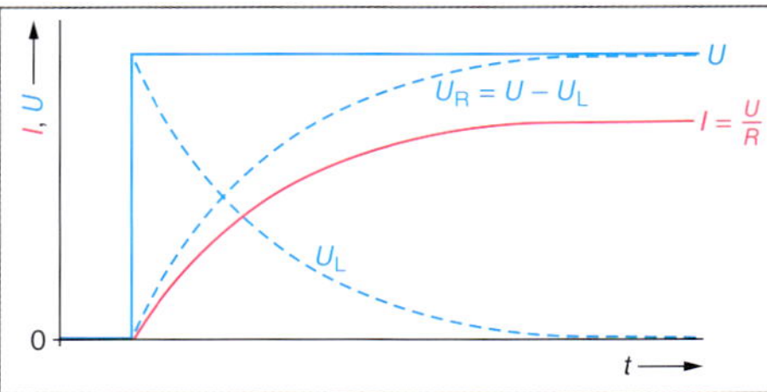

Bild 127 Einschalten einer Spule

Ein Maß für den Stromanstieg ist die **Zeitkonstante**. Sie gibt an, nach welcher *Zeit* der Strom auf 63 % seines *Höchstwertes* angestiegen ist.

Der Höchstwert des Stromes $I = \frac{U}{R}$ ist nach Ablauf der Zeit $t = 5 \cdot \tau$ erreicht (Einschaltzeit).

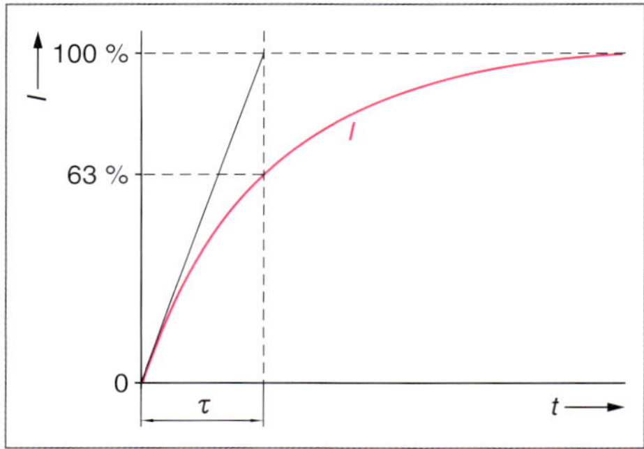

Bild 128 Zeitkonstante

Die gleichen Überlegungen gelten auch für die Spannung.

Zeitkonstante

$$\tau = \frac{L}{R}$$

τ Zeitkonstante in s
L Induktivität in H
R ohmscher Widerstand in Ω

Ausschaltvorgang

Bei **Stromkreisunterbrechung** bricht das Magnetfeld schlagartig zusammen. In der Induktivität wird die Spannung U_L induziert. Sie ist so gerichtet, dass sie den Stromfluss *aufrecht erhalten* will (Bild 129, Seite 91).

Die im Spulenmagnetfeld gespeicherte **Energie** muss *abgebaut* werden.

Sie *induziert* eine Spannung, die einen Strom durch den Widerstand treibt. Dabei wird die **Energie des magnetischen Feldes** im Widerstand in *Wärme* umgewandelt.

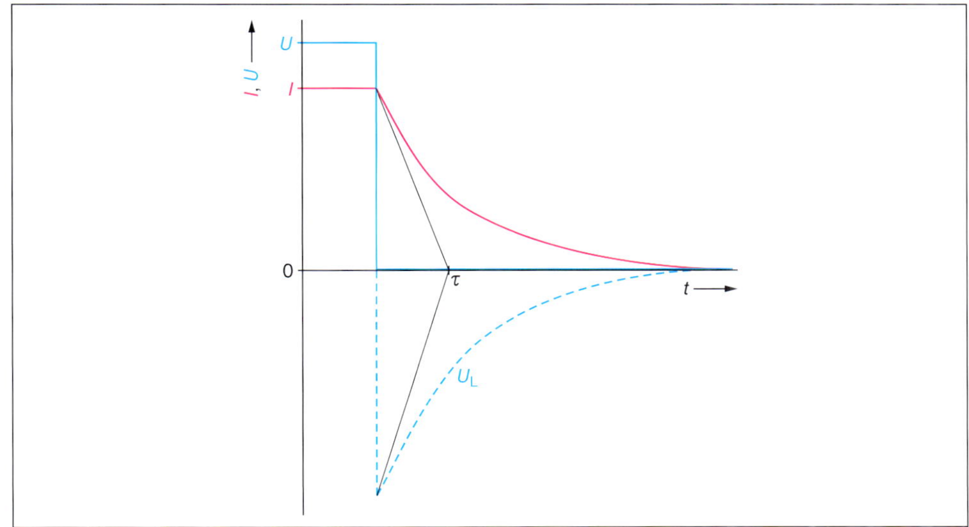

Bild 129 Ausschalten einer Spule

Prüfung

1. Eine Spule mit 1000 Windungen wird vom Strom $I = 1000$ A durchflossen.
Wie groß ist die Durchflutung?

2. Ringspule ohne Eisenkern: Mittlerer Ringdurchmesser 12 cm, Windungsdurchmesser 2 cm, Windungszahl 550, Stromstärke in der Spule 1 A.
Bestimmen Sie Durchflutung, Feldstärke, Flussdichte und Fluss.

3. Eine Relaisspule mit $N = 500$ nimmt an 24-V-Gleichspannung eine Leistung von 4,7 W auf.
Wie groß ist der Spulenwiderstand?
Wie groß ist die Feldstärke bei einer mittleren Feldlinienlänge von 14 cm?

4. Wie groß sind:
Feldstärke, Flussdichte und Fluss?

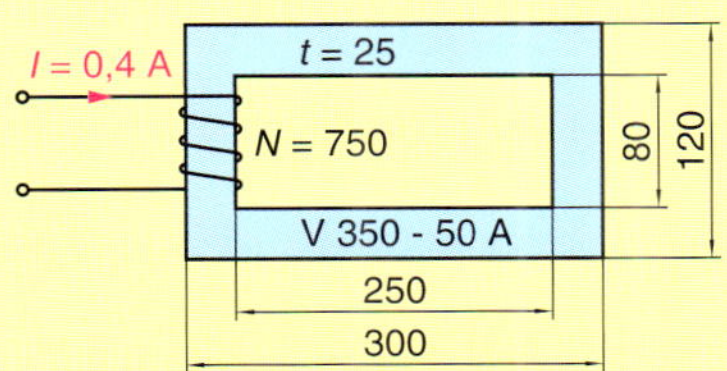

5. Bestimmen Sie die relative Permeabilität des Eisens.

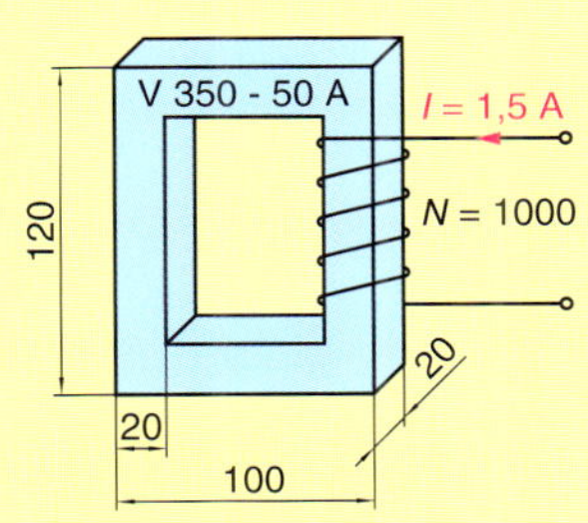

■ **Aufgabenlösungen**

@ Interessante Links

- christiani-berufskolleg.de

■ Aufgabenlösung

@ Interessante Links

- christiani-berufskolleg.de

Prüfung

6. Windungszahl $N = 1600$, magnetische Flussdichte im Luftspalt $B_L = 1$ T.

Ermittel Sie:
Spulenstrom, magnetischen Fluss, relative Permeabilität, magnetischen Widerstand.

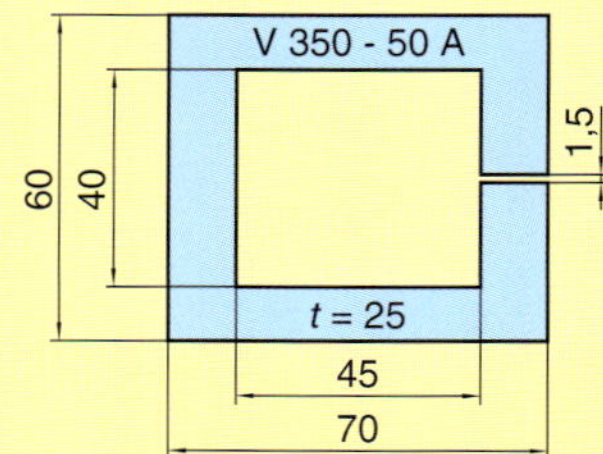

7. Zwei Leitungen werden vom Strom 100 A durchflossen. Sie sind auf einer Länge von 50 m im gegenseitigen Abstand 12 cm parallel geführt.

Mit welcher Kraft stoßen sich die Leitungen ab?

8. Die Zugkraft eines Relais beträgt 17 N. Die kreisförmige Polfläche hat einen Durchmesser von $d = 2{,}2$ cm.

Wie groß ist die magnetische Flussdichte?

9. Bestimmen Sie die Anziehungskraft, wenn im Luftspalt die magnetische Flussdichte $B_L = 1$ T herrscht.

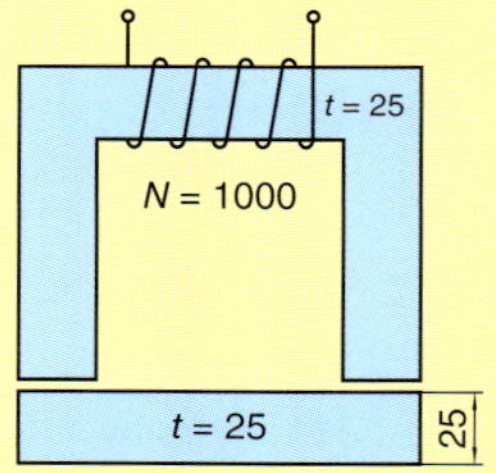

10. Unterscheiden Sie zwischen Induktion der Ruhe und Induktion der Bewegung.

11. Warum ist die Induktionsspannung der anliegenden Spannung entgegengerichtet?

12. Von welchen Größen ist die Induktivität einer Spule abhängig?

13. Welchen Einfluss hat die Windungszahl auf die Induktivität?

14. Kann man die Kapazität des Kondensators mit der Induktivität einer Spule grundsätzlich vergleichen?

15. Wie groß ist die in einer Spule mit $N = 100$ Windungen induzierte Spannung?

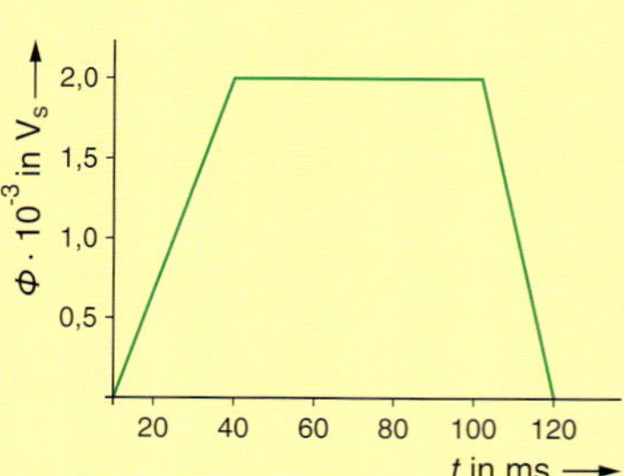

2.9 Wechselstromtechnik

Der **Steuerstromkreis** → 20 arbeitet mit Gleichspannung (DC) 24 V.

Die verwendeten Schütze Q1 – Q3 und die Meldelampen P1 – P3 sind für 24-V-Gleichspannung geeignet.

Sie haben die **Bemessungsspannung** DC 24 V.

Die Gleichspannung wird mithilfe eines **Spannungsversorgungsgerätes** T1 aus der **Netzspannung** AC 230 V „gewonnen" (Bild 131).

Ihr Ausbilder fordert Sie auf, das **Gleichspannungsschütz** an 24-V-Wechselspannung anzuschließen (Bild 130).

Sie stellen fest, dass das Schütz an 24-V-Wechselspannung *nicht* anzieht.

Wechselspannung und *Gleichspannung* haben offensichtlich „unterschiedliche Wirkung" auf elektrische Verbrauchsmittel.

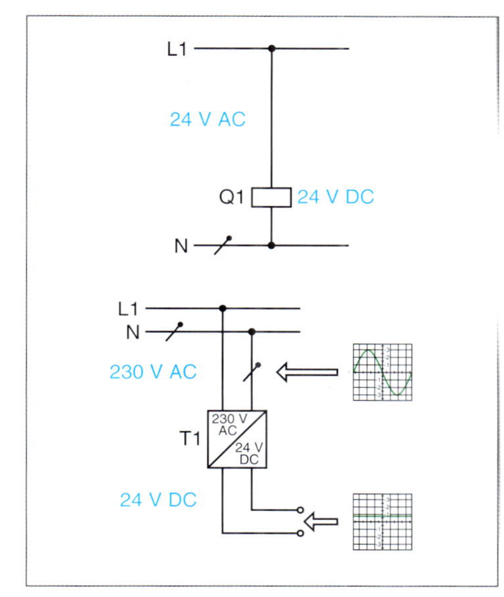

***Bild 130** Gleichspannung, Wechselspannung*

■ **AC**
Alternating Current,
Wechselstrom

■ **DC**
Direct Current,
Gleichstrom

■ **Vorsicht!**
Niemals ein Wechselspannungsschütz an Gleichspannung anschließen.

Die Schützspule würde zerstört!

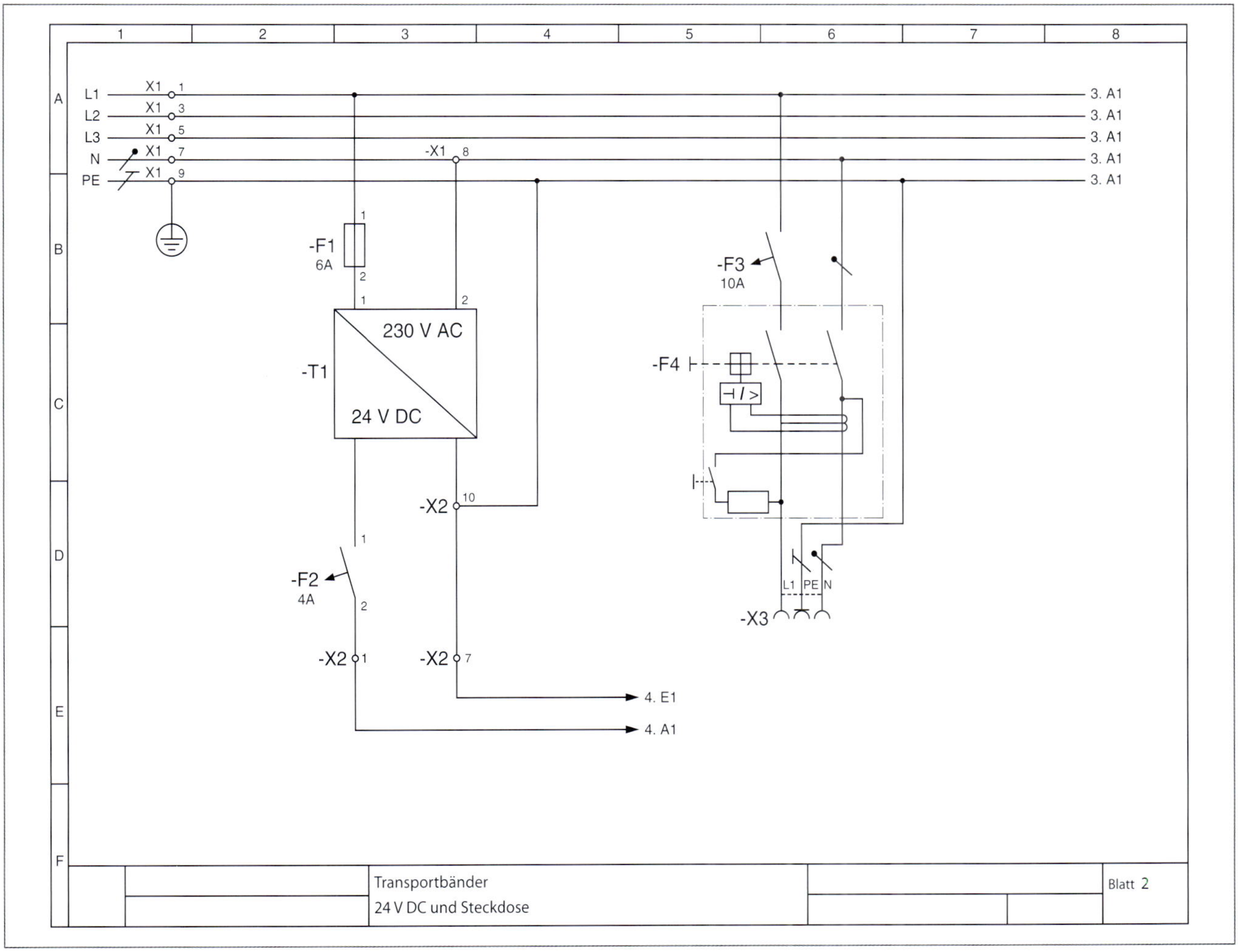

***Bild 131** Erzeugung der Steuerspannung für die Transportbandsteuerung*

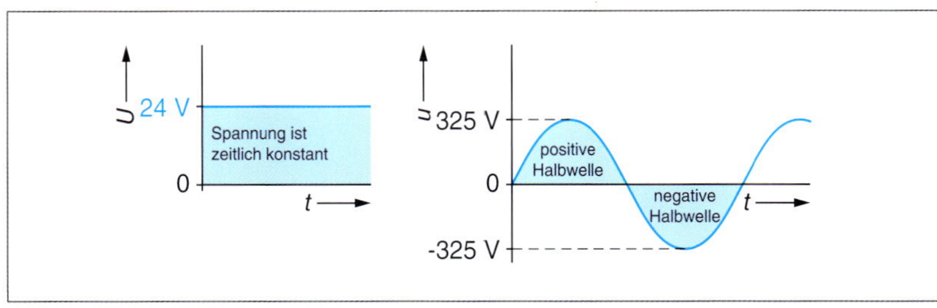

Bild 132 Gleichspannung und Wechselspannung (siehe Bild 131, Seite 93)

Die **Wechselspannung** ändert ständig ihren **Betrag** (Wert) und ihre **Polarität** (Richtung).

Die Spannung wird abwechselnd *positiv* und *negativ*. Der **positive Höchstwert** (+325 V) und der **negative Höchstwert** (–325 V) werden nur *kurzzeitig* erreicht (Bild 132).

Wechelspannung
alternating voltage

Wechselstrom
alternating current

Wechselgröße
alternating quantity

Scheitelwert
peak (value)

Mittelwert
mean value

Augenblickswert
instantaneous value

Periode
period, cycle (of oscillation)

Periodendauer
cycle duration

Frequenz
frequency

Kreisfrequenz
angular frequency, pulsatance

Sinusform
sinusodial wave shape

Sinusfunktion
sine function

Liniendiagramm
line diagram

Zeigerdiagramm
vector diagram, phasor diagram

Zeiger
phasor

Zeitlich veränderliche Größen werden durch Kleinbuchstaben gekennzeichnet.

Mit dem Oszilloskop lässt sich feststellen, dass die *Spannungsverläufe* bei DC und AC ganz unterschiedlich sind (Bild 130, Seite 93).

- **DC:** Spannungswert ist zeitlich konstant.
- **AC:** Spannungswert ändert sich zeitlich nach einer Sinusfunktion.

Wichtige Kenngrößen

Periodendauer *T*

Periode ist die *vollständige* Schwingung einer Wechselgröße. Sie besteht aus einer *positiven* und *negativen* Halbwelle (Bild 133, Seite 95).

Die Zeit, die für eine Periode benötigt wird, heißt **Periodendauer *T***.

Scheitelwert u_s
Nur kurzzeitig erreichter höchster Wert. Man unterscheidet den positiven und negativen Scheitelwert.

Mittelwert
Bei Wechselstromgrößen ist der Mittelwert null. Blaue und gelbe Fläche sind gleich groß.

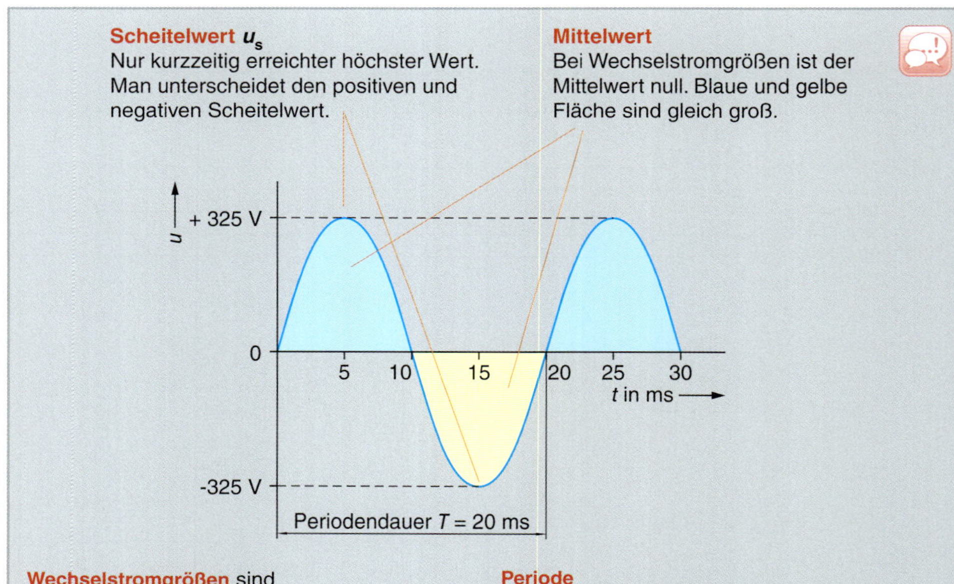

Wechselstromgrößen sind *periodisch*. Nach Ablauf der **Periodendauer** *T* treten wieder gleiche Spannungswerte auf.
Zum Beispiel:

$t = 5$ ms: $u = 325$ V

$t + T = 5$ ms + 20 ms = 25 ms:

$u = +325$ V

Bei einer Frequenz von $f = 50$ Hz beträgt die Periodendauer $T = 1/f = 20$ ms.

Frequenz

$$\text{Frequenz} = \frac{1}{\text{Periodendauer}}$$

$$f = \frac{1}{T}$$

Periode
Regelmäßig wiederkehrender Zeitabschnitt oder Zeitraum. Bei der Wechselspannung 50 Hz ist eine Periode nach 20 ms beendet.
Periodendauer = Zeitdauer für die positive und negative Halbwelle.

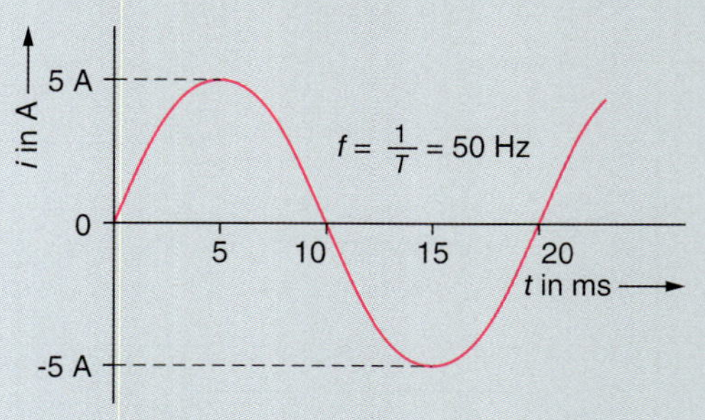

Die gleichen Überlegungen gelten auch für den Wechselstrom.

Bei *Netzwechselspannung* beträgt die **Periodendauer** $T = 20$ ms.

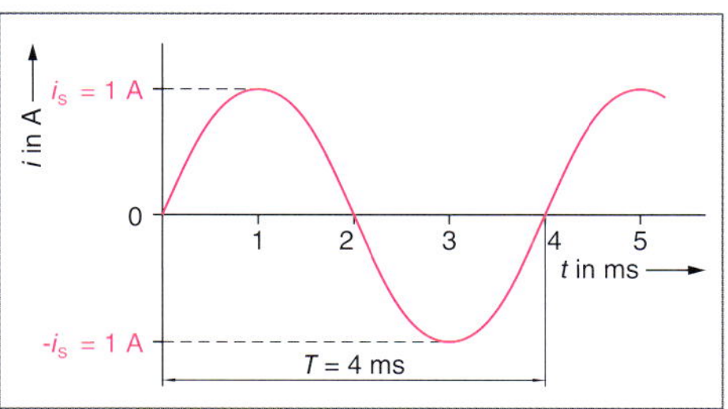

Bild 133 *Periodendauer und Frequenz, 250 Hz*

Frequenz *f*

Frequenz ist die *Anzahl* der Perioden in *einer Sekunde*.

> **Frequenz**
>
> $f = \frac{1}{T}$ Einheit: Hz (Hertz)
>
> f Frequenz in Hz
>
> T Periodendauer in s
>
> Der Strom nach Bild 133 hat die Periodendauer $T = 4$ ms. Seine Frequenz beträgt
>
> $f = \frac{1}{T} = \frac{1}{0{,}004\ \text{s}} = 250\ \text{Hz}$

Kreisfrequenz ω

Winkel werden im **Gradmaß** angegeben. Eine volle Umdrehung entspricht einem Winkel von 360° (Bild 134).

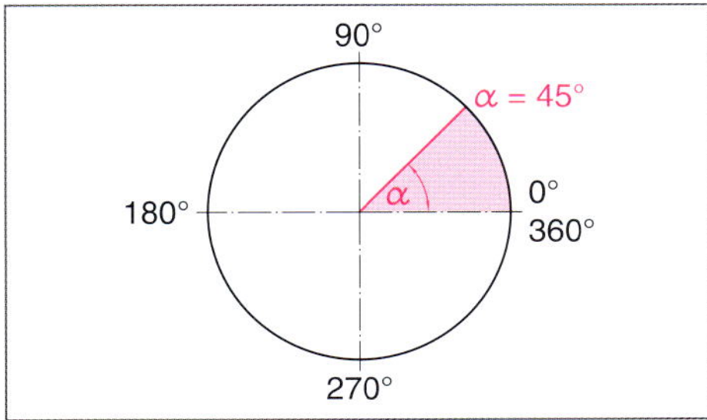

Bild 134 *Winkelangabe im Gradmaß*

Winkel können auch im **Bogenmaß** angegeben werden. Der Winkel wird dann durch die zugehörige **Bogenlänge** eines Kreises mit dem Radius $r = 1$ (**Einheitskreis**) angegeben.

Kreisumfang, allgemein: $U = 2\pi \cdot r$

Kreisumfang, Einheitskreis: $U = 2\pi$

Damit entspricht ein Winkel von 360° (Gradmaß) der Kreisbogenlänge 2π (Bogenmaß).

$\alpha = 45°$ kann mit $\pi/4$ angegeben werden.

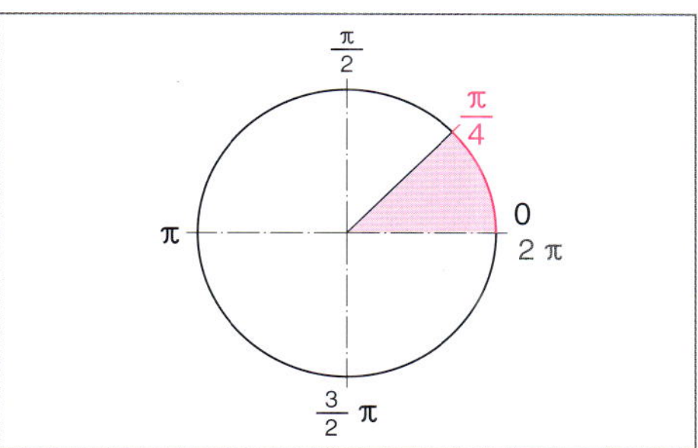

Bild 135 *Winkelangabe im Bogenmaß*

> **Umrechnung Gradmaß – Bogenmaß**
>
> $\frac{\alpha^\circ}{\widehat{\alpha}} = \frac{360^\circ}{2\pi}$
>
> $\alpha^\circ = \widehat{\alpha} \cdot \frac{360^\circ}{2\pi}$
>
> $\widehat{\alpha} = \alpha^\circ \cdot \frac{2\pi}{360^\circ}$

Ein Zeiger mit $r = 1$ rotiert mit der **Winkelgeschwindigkeit** ω.

Bei einer *vollständigen Umdrehung* hat die Zeigerspitze den Weg 2π zurückgelegt.

Eine vollständige Umdrehung entspricht einer **Periode**. Für die Wegstrecke 2π wird also die **Periodendauer** T benötigt.

> **Kreisfrequenz**
>
> $\omega = \frac{2\pi}{T}$ $T = \frac{1}{f}$
>
> $\omega = \frac{2\pi}{\frac{1}{f}} = 2\pi \cdot f$
>
> $\omega = 2\pi \cdot f$ Einheit: $\frac{1}{\text{s}}$
>
> ω Kreisfrequenz in $\frac{1}{\text{s}}$
>
> f Frequenz in Hz
>
> In der Elektrotechnik bezeichnet man die *Winkelgeschwindigkeit* als **Kreisfrequenz**.

Bei *Rotation eines Zeigers* ist der Winkel α *zeitabhängig*. Der Winkel hängt von der *Winkelgeschwindigkeit* ω und der Zeit t ab.

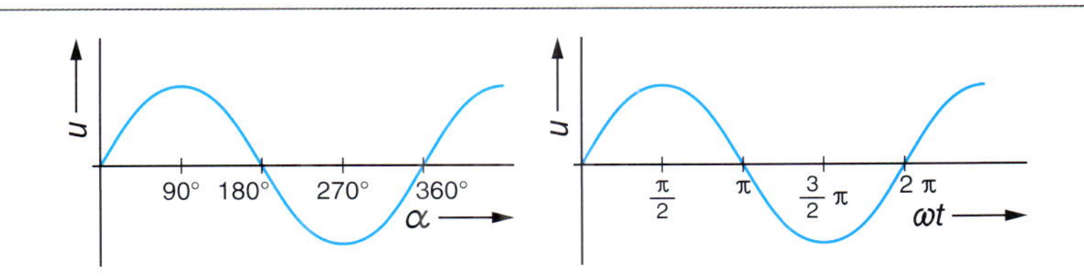

Bild 136 *Darstellung von Wechselgrößen*

■ **Periode**

Regelmäßig wiederkehrender Zeitabschnitt.

■ **Periodendauer**

Zeitdauer einer vollständigen Umdrehung eines Generatorläufers im Kraftwerk → 96.

■ **Oszilloskopbild einer Wechselspannung**

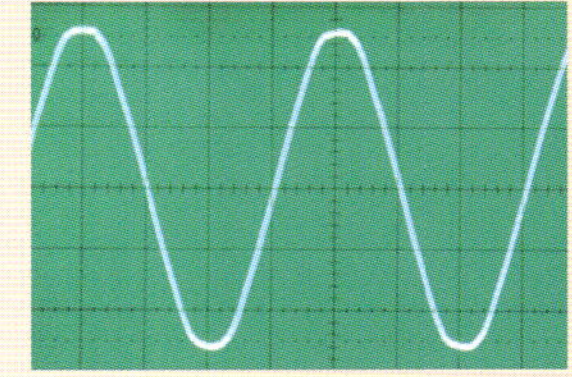

■ ω

Omega, griechischer Kleinbuchstabe

Zeitabhängiger Winkel

$\alpha = \omega \cdot t$

α zeitabhängiger Winkel im Bogenmaß

ω Kreisfrequenz in $\frac{1}{s}$

t Zeitdauer der Bewegung

Erzeugung sinusförmiger Wechselspannungen

■ **Induktionsspannung**
Die Induktionsspannung ist abhängig von der Änderung des Magnetflusses.

Technische Wechselspannungen, die in umlaufenden Generatoren erzeugt werden, haben einen **sinusförmigen** Verlauf.

Eine **Leiterschleife** rotiert zwischen den Polen eines Dauermagneten (Bild 137).

In der Leiterschleife wird eine **Spannung induziert**, die mit einem Spannungsmesser gemessen werden kann.

Die Spannung ist abhängig von der **Lage der Leiterschleife** im Magnetfeld. Sie hat bei jedem Drehwinkel einen anderen Spannungswert.

Man spricht vom **Augenblickswert** der Spannung.

Werden die einzelnen Spannungen bei *verschiedenen Drehwinkeln* in ein Diagramm eingetragen und die Spannungspfeile miteinander verbunden, ergibt sich ein **sinusförmiger Verlauf** (Bild 138).

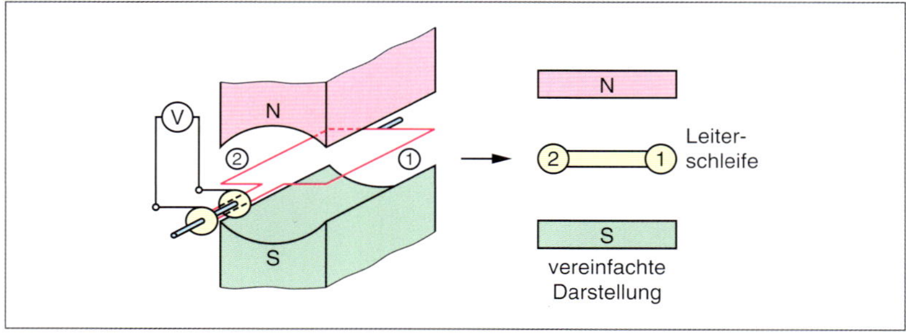

Bild 137 *Leiterschleife im Magnetfeld*

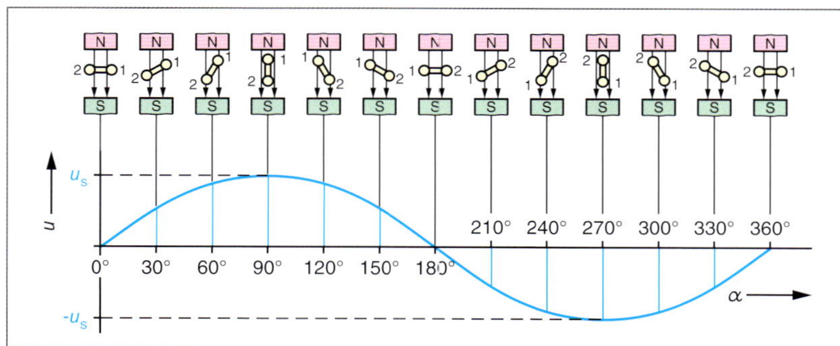

Bild 138 *Erzeugung einer sinusförmigen Wechselspannung, eine Periode*

Positionen

$\alpha = 0°, 180°, 360°$: Die Leiter 1 und 2 bewegen sich *parallel* zu den Feldlinien des Magnetfeldes (Bild 139).

Die Feldlinien werden von den Leitern *nicht geschnitten*. Es wird *keine Spannung* induziert ($u = 0$).

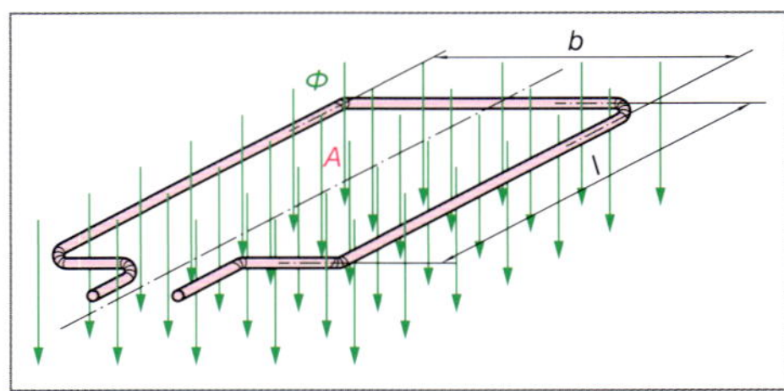

Bild 139 *Lage der Leiterschleife im Magnetfeld*

$\alpha = 90°$: Die Leiter 1 und 2 bewegen sich *senkrecht* zu den Feldlinien. Dann werden die *meisten* Feldlinien geschnitten.

Die *induzierte Spannung* erreicht dann ihren *positiven Höchstwert* (Bild 140).

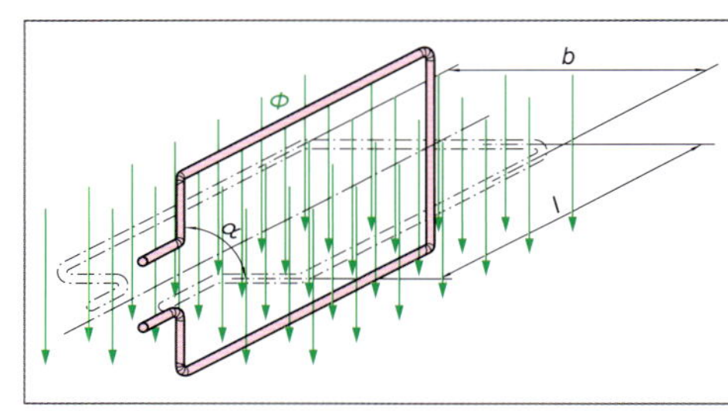

Bild 140 *Lage der Leiterschleife im Magnetfeld*

Bei *Drehwinkeln* über 180° ändert die Spannung ihre **Polarität**, weil die Magnetpole in Bezug auf die Leiterbewegung getauscht wurden.

Der von der *Leiterschleife umfasste magnetische Fluss* hat nach dem **Induktionsgesetz** Einfluss auf die induzierte Spannung.

$$u_i = -N \cdot \frac{\Delta\Phi}{\Delta t}$$

Dieser *umfasste Magnetfluss* ändert sich mit der *Position* der Leiterschleife im Magnetfeld.

Bild 141, Seite 97:

Wirksame Breite der Leiterschleife im Magnetfeld:

$b_w = b \cdot \cos\alpha$

Umfasster Magnetfluss, abhängig von der Lage der Leiterschleife:

$\Phi = B \cdot l \cdot b_w = B \cdot l \cdot b \cdot \cos\alpha$

Der umfasste Magnetfluss ändert sich nach einer **Kosinusfunktion**.

Die **Flussänderungsgeschwindigkeit** $\Delta\Phi/\Delta t$ ist in den *Nulldurchgängen* des Magnetflusses *maximal* und in den *Scheitelwerten null*.

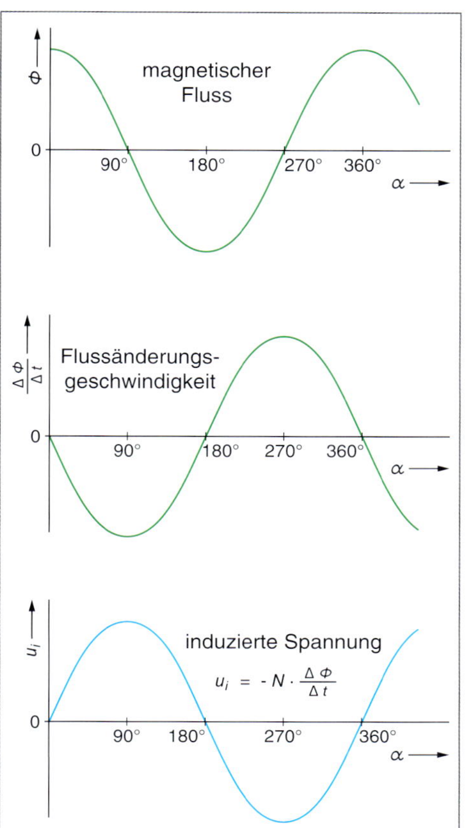

Bild 141 *Magnetfluss und Induktionsspannung*

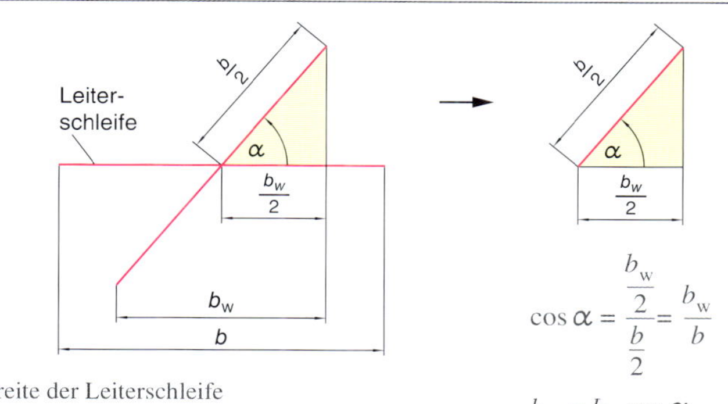

Bild 142 *Drehung einer Leiterschleife im Magnetfeld*

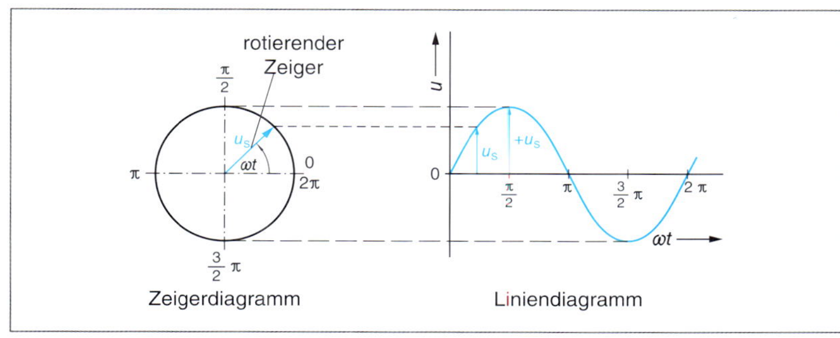

Bild 143 *Zeigerdiagramm und Liniendiagramm*

Darstellung sinusförmiger Wechselgrößen

Die **Scheitelwerte** werden innerhalb einer Periode nur *kurzzeitig* erreicht (Bild 144).

$+u_s = 34$ V, $+i_s = 3{,}4$ A

$-u_s = -34$ V, $-i_s = -3{,}4$ A

Für die Beschreibung einer Wechselgröße sind sie somit nicht direkt brauchbar. Bei Wechselgrößen können nur **Augenblickswerte** angegeben werden. Die *maximalen Augenblickswerte* sind u_s bzw. i_s.

Zeigerdiagramm und Liniendiagramm

Der sinusförmige Verlauf einer Wechselgröße lässt sich durch einen im **Gegenuhrzeigersinn rotierenden Zeiger** beschreiben (Bild 143).

Zeigerlänge = Scheitelwert der Wechselgröße

Winkelgeschwindigkeit des Zeigers: **Kreisfrequenz** $\omega = 2\pi \cdot f$.

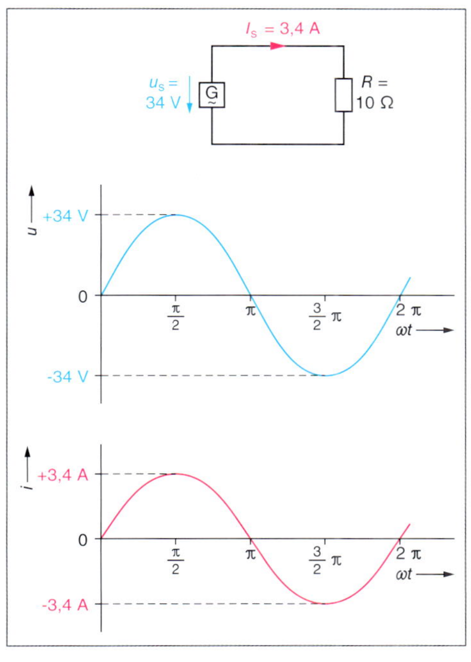

Bild 144 *Wechselspannung und Wechselstrom*

■ **Aufgabenlösung**

@ Interessante Links

- christiani-berufskolleg.de

Wechselspannung, Augenblickswert

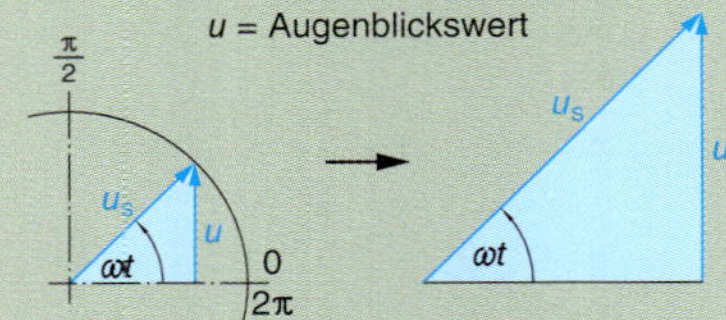

$$\sin \omega t = \frac{u}{u_s}$$

$$u = u_s \cdot \sin \omega t$$

u	Augenblickswert in V
u_s	Scheitelwert in V
ωt	Winkel im Bogenmaß

Prüfung

1. Welche Bedeutung hat die Kreisfrequenz $\omega = 2\pi \cdot f$? Bei 50 Hz: $\omega = 314$ 1/s.

2. Eine Wechselspannung der Frequenz $f = 50$ Hz hat den Scheitelwert $u_s = 325$ V.
Wie groß ist der Augenblickswert, wenn seit Periodenbeginn 5 ms verstrichen sind?

3. Das Dielektrikum eines Kondensators hat eine Durchschlagsfestigkeit von 250 V.
Welche Wechselspannung darf höchstens an die Kondensatorplatten angelegt werden?

Eine Wechselspannung der Frequenz $f = 50$ Hz hat den Scheitelwert $u_s = 34$ V.
Wie groß ist der Augenblickswert, wenn seit Periodenbeginn 12 ms verstrichen sind?

Berechnung des Winkels im Bogenmaß:

$$\omega t = 2\pi \cdot f \cdot t$$

$$\omega t = 2\pi \cdot 50\text{ Hz} \cdot 0{,}012\text{ s} = 3{,}768$$

Umwandlung des Winkels ins Gradmaß:

$$\alpha^\circ = \frac{360^\circ}{2\pi} \cdot \widehat{\alpha}$$

$$\alpha^\circ = \frac{360^\circ}{2\pi} \cdot 3{,}768 = 216^\circ$$

Berechnung des Augenblickswertes:

$$u = u_s \cdot \sin \omega t \text{ bzw. } u = u_s \cdot \sin \alpha$$

$$u = u_s \cdot \sin 216^\circ$$

$$u = 34\text{ V} \cdot (-0{,}5877) = -20\text{ V}$$

Das Liniendiagramm verdeutlicht das Ergebnis. Nach 12 ms ist die Spannung negativ.

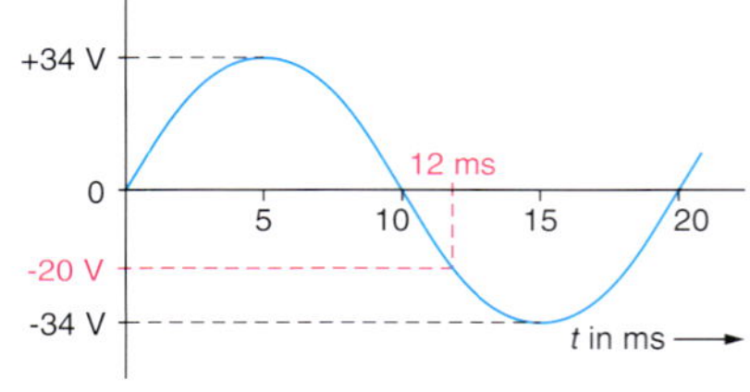

■ **Aufgabenlösung**

@ Interessante Links

- christiani-berufskolleg.de

Prüfung

4. Bestimmen Sie: Periodendauer, Frequenz, Scheitelwert, Augenblickswert bei 20 ms.

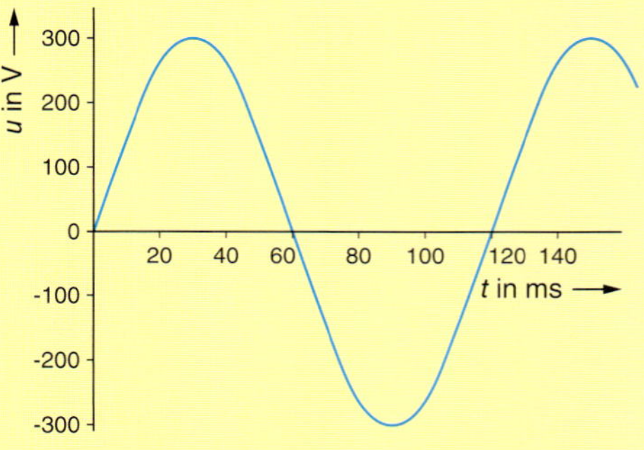

2.9.1 Einfache Wechselstromkreise

Wechselstromkreis mit ohmschem Widerstand

Ein solcher Wechselstromkreis liegt praktisch vor, wenn ein **Heizwiderstand** an Wechselspannung angeschlossen wird.

Strom und Spannung sind **in Phase**. Sie erreichen im *gleichen Augenblick* ihre **Nulldurchgänge** und ihre **Scheitelwerte**.

Im ohmschen Widerstand wird *elektrische Energie* in **Wärme** umgewandelt. Ein solcher Widerstand wird in der Wechselstromtechnik **Wirkwiderstand** genannt.

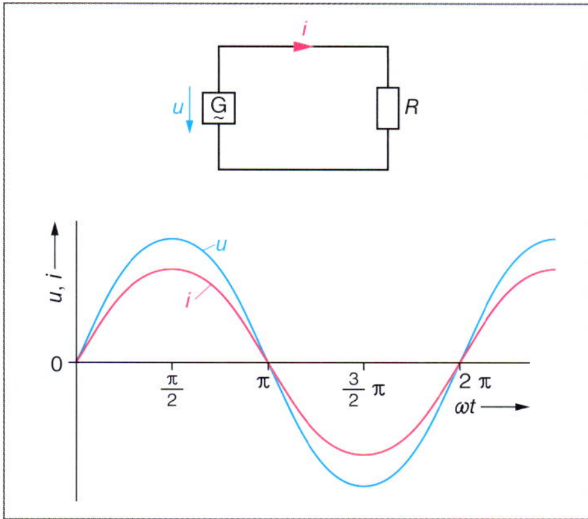

Bild 145 Kreis mit ohmschem Widerstand

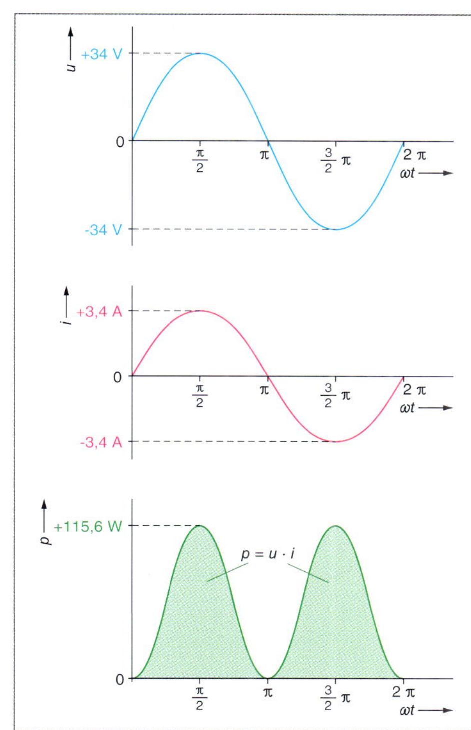

Bild 146 Wechselstromleistung

Wechselstromleistung

$p = u \cdot i$

Produkt der *Augenblickswerte* von Spannung und Strom (Bild 146).

Da Spannung und Strom *in Phase* sind, verläuft die **Leistungskurve** nur im *positiven* Bereich.

$(-u) \cdot (-i) = +p$

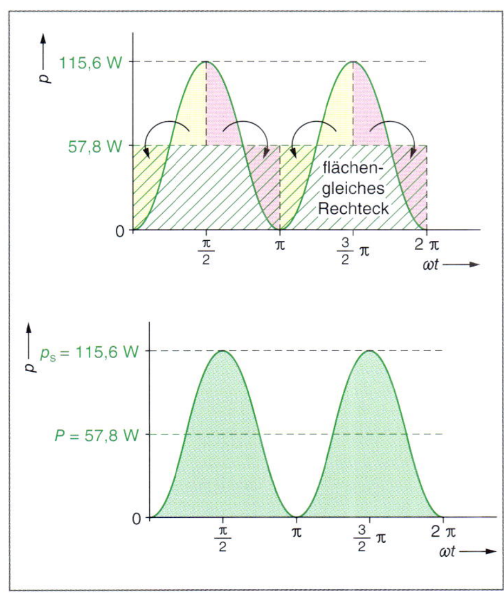

Bild 147 Effektivwert von Wechselgrößen

Effektivwert

Nun wird die Leistung 115,6 W nur *kurzzeitig* erreicht (Bild 146). Für den *Energieumsatz* im Stromkreis ist dieser Wert sicher *nicht* brauchbar.

Für den *Energieumsatz* ist die *Fläche unter der Leistungskurve* maßgebend.

Wenn die Leistungskurve durch ein *flächengleiches Rechteck* ersetzt wird, ergibt sich ein Leistungswert von 57,8 W (Bild 147).

Die *wirksame Leistung* hat den Wert:

$$p = \frac{p_s}{2} = \frac{115{,}6\ \text{W}}{2} = 57{,}8\ \text{W}$$

Die wirksame Leistung *halbiert* sich in Bezug auf den Scheitelwert. Dazu müssen sich Spannung *und in deren Folge* Stromstärke auch verringern.

■ **Wirkwiderstand**

Der ohmsche Widerstand ist unabhängig von der Frequenz der Wechselspannung.

Ein rein ohmscher Widerstand ist eine theoretische Annahme. In der Praxis haben ohmsche Widerstände stets auch induktive und kapazitive Anteile.

Ein Drahtwiderstand ist zum Beispiel auch eine Spule.

Effektivwert
effective value, root-mean-square value

Spitze-Spitze-Wert
peak-to-peak value

Wechselstromkreis
a.c. circuit

Wechselstromleistung
a.c. power

Wirkleistung
active power, effective power, true power, wattage

Scheitelfaktor
crest factor, peak factor, amplitude factor

■ **Effektivwert**

Wirksamer Wert; wirksam im Sinne einer technischen Energieumwandlung.

Wenn die Spannung verändert wird, ist die Stromänderung die unausweichliche Folge.

Bei linearen Widerständen verändern sich Spannung und Strom um den gleichen Faktor. Dann führt z. B. eine Halbierung der Spannung zu einer Halbierung des Stromes.

Wenn sich die Spannung verringert, nimmt die Stromstärke um den gleichen Faktor ab.

$$p_s = u_s \cdot i_s$$

$$\frac{1}{2} \cdot p_s = \frac{1}{\sqrt{2}} \cdot u_s \cdot \frac{1}{\sqrt{2}} \cdot i_s$$

$$\left(\frac{1}{\sqrt{2}} \cdot \frac{1}{\sqrt{2}} = \frac{1}{2}\right)$$

$$\frac{1}{2} \cdot p_s = \frac{u_s}{\sqrt{2}} \cdot \frac{i_s}{\sqrt{2}}$$

Effektivwerte

Wirksamer Wert der Spannung (Effektivwert)

$$U = \frac{u_s}{\sqrt{2}} = 0{,}707 \cdot u_s$$

Wirksamer Wert des Stromes (Effektivwert)

$$I = \frac{i_s}{\sqrt{2}} = 0{,}707 \cdot i_s$$

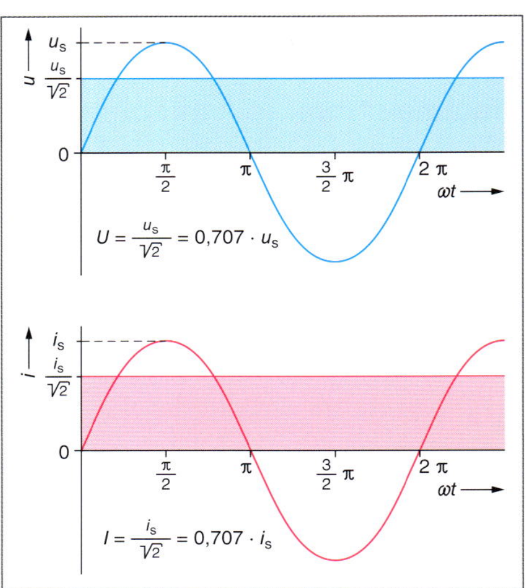

***Bild 148** Effektivwert, Spannung und Strom*

Da die **Effektivwerte** in einem Widerstand R die *gleiche Leistung* umsetzen wie *gleich große Gleichstromwerte*, werden sie durch *Großbuchstaben* gekennzeichnet.

Im Allgemeinen werden in der Energietechnik **Effektivwerte** angegeben.

Scheitelfaktor

Verhältnis von Scheitelwert und Effektivwert.

$$\frac{u_s}{U} = \sqrt{2} = 1{,}414 \qquad \frac{i_s}{I} = \sqrt{2} = 1{,}414$$

Scheitelfaktor bei *sinusförmigen* Wechselgrößen: $\sqrt{2}$.

Spitze-Spitze-Wert

Abstand zwischen positivem und negativem Scheitelwert.

$$u_{ss} = 2 \cdot u_s \qquad i_{ss} = 2 \cdot i_s$$

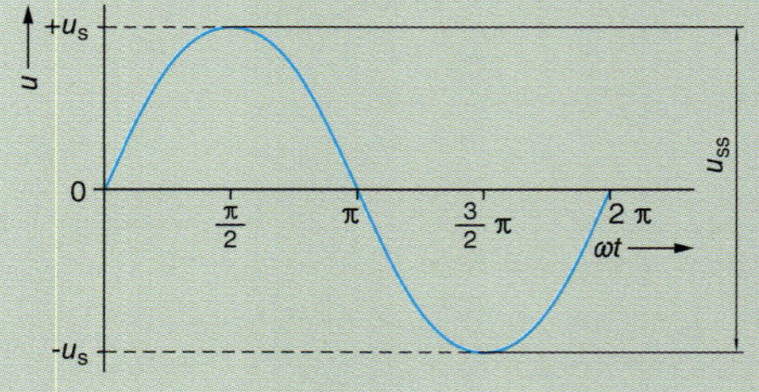

Bestimmen Sie:

Effektivwerte U und I, Wirkleistung.

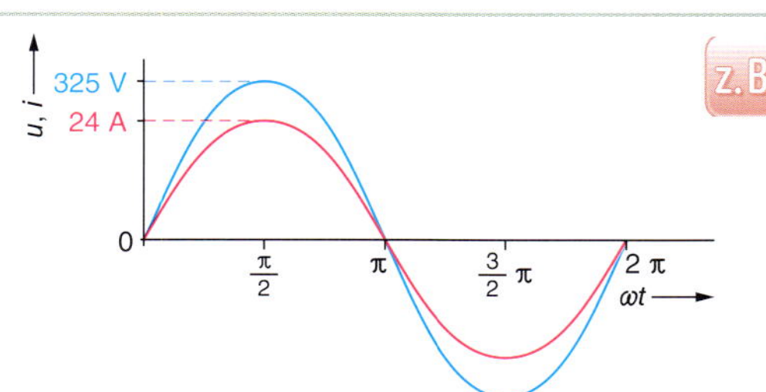

Scheitelwert: $u_s = 325$ V	$U = \frac{u_s}{\sqrt{2}} = \frac{325\text{ V}}{\sqrt{2}} = 230$ V
Scheitelwert: $i_s = 24$ A	$I = \frac{i_s}{\sqrt{2}} = \frac{24\text{ A}}{\sqrt{2}} = 17$ A
Wirkleistung = Produkt der Effektivwerte von Spannung und Strom.	$P = U \cdot I$ $P = 230\text{ V} \cdot 17\text{ A} = 3910$ W

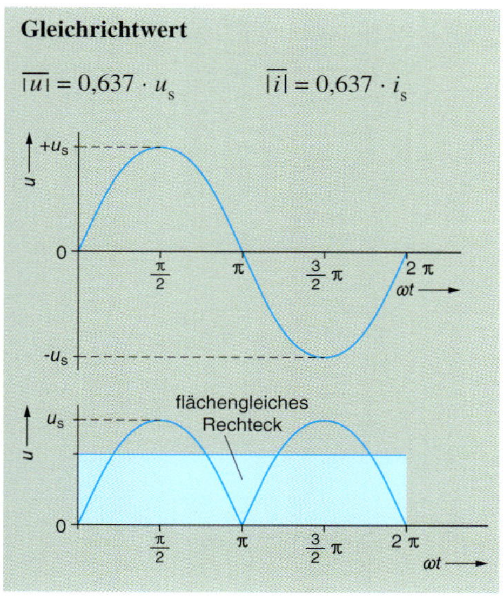

Prüfung

1. Die dargestellte Spannung wird an einen 100-Ω-Widerstand angeschlossen.

Welche Leistung wird im Widerstand umgesetzt?

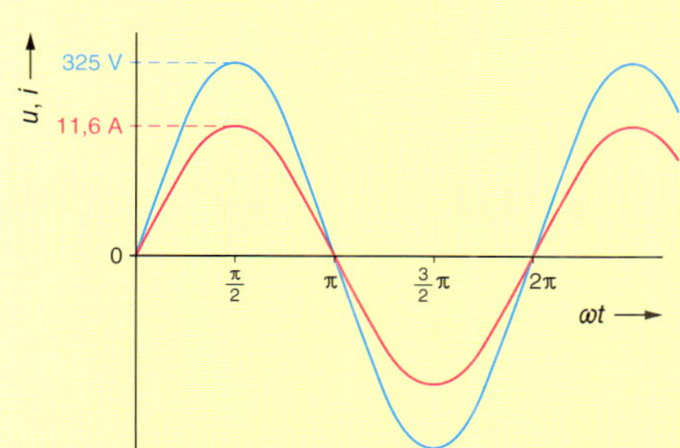

■ **Aufgabenlösung**

@ Interessante Links

- christiani-berufskolleg.de

Wechselstromkreis mit Spule

In einem *rein induktiven* Stromkreis eilt der Strom der Spannung um 90° nach (π/2).

Die **Phasenverschiebung** zwischen Strom und Spannung beträgt $\varphi = 90°$ bzw. π/2 (Bild 150, Seite 102).

Sie werden beauftragt, die technischen Daten eines 24-V-DC-Schützes und eines 24-V-AC-Schützes zu ermitteln.

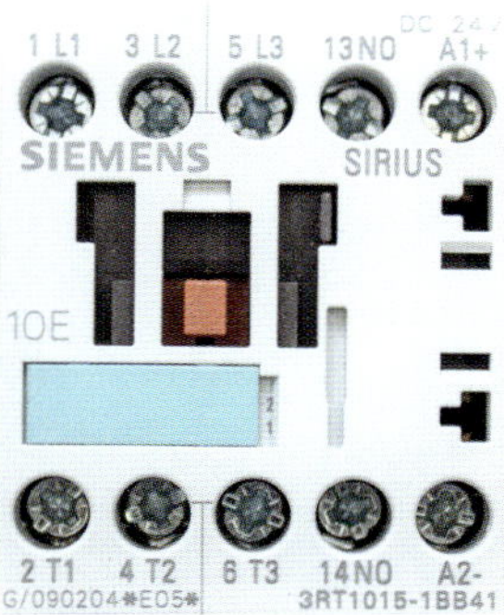

DC-Schütz

Spulendaten:

24 V

$R = 155\ \Omega$

$I = 155$ mA

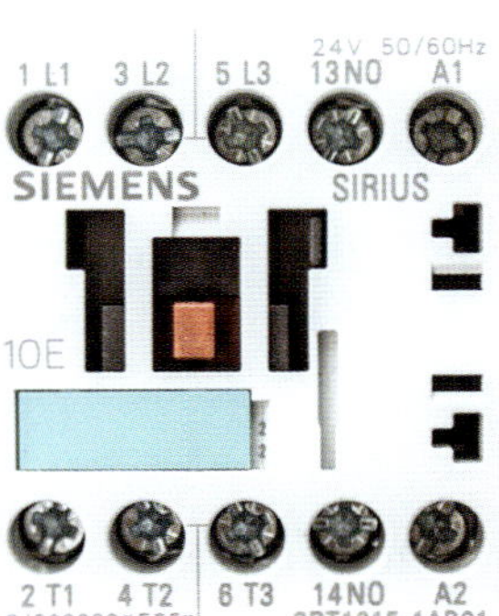

AC-Schütz

Spulendaten:

24 V

$R = 15\ \Omega$

$I = 210$ mA

$Z = 120\ \Omega$

$X_L = 119\ \Omega$

Bild 149 *Wechselstromkreis mit Spule*

Ein rein induktiver Stromkreis ist eine theoretische Annahme.

So ist jede Spule auch mit einem ohmschen Widerstand des Spulendrahtes behaftet.

■ **Spulenwiderstand**

Der ohmsche Spulenwiderstand kann mit dem Multimeter im Widerstandsbereich gemessen werden.

■ **Vorsicht!**

AC-Schütze niemals an DC anschließen.

Die Spule würde zerstört.

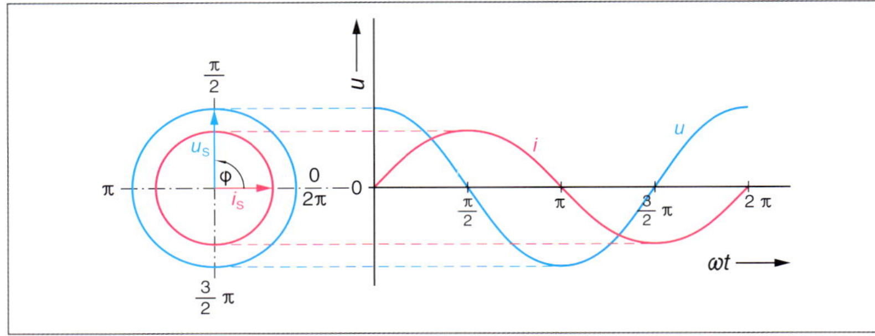

Bild 150 *Kreis mit reiner Induktivität*

Der induktive Widerstand X_L ist frequenzabhängig. Er nimmt mit steigender Frequenz zu.

Die Stromaufnahme der Schützspule an Wechselspannung ist deutlich geringer als an Gleichspannung, obgleich die Spannung in beiden Fällen 24 V beträgt.

Daraus folgt: Der **Wechselstromwiderstand** der Spule ist *größer* als der *Gleichstromwiderstand*.

Im Wechselstromkreis wird zusätzlich ein Widerstand wirksam, der als **induktiver Widerstand** bezeichnet wird.

Ursache für den **induktiven Widerstand** X_L ist die *Selbstinduktionsspannung* der Spule. Diese ist der angelegten Spannung *entgegengerichtet*, wodurch sich die *wirksame* (stromtreibende) *Spannung* verringert.

Daher verringert sich auch die *Stromstärke* im Stromkreis (Bild 151).

> Allgemein bedeutet **elektrischer Widerstand** die Fähigkeit zur **Strombegrenzung**.
>
> **Ohmscher Widerstand:** Strombegrenzung durch *Behinderung der Ladungsträger*.
>
> **Induktiver Widerstand:** Strombegrenzung durch Gegenspannung.

Hervorgerufen wird der *induktive Widerstand* durch die *Selbstinduktionsspannung*

$$u_i = -L \cdot \frac{\Delta i}{\Delta t}.$$

X_L ist von der *Induktivität L* und der *Stromänderungsgeschwindigkeit* $\frac{\Delta i}{\Delta t}$, also von der *Frequenz f* abhängig.

■ **Induktiver Widerstand**

Darstellung

(bevorzugt)

> **Induktiver Widerstand**
>
> $$X_L = 2\pi \cdot f \cdot L = \omega \cdot L$$
>
> X_L induktiver Widerstand in Ω
> f Frequenz in Hz
> ω Kreisfrequenz in $\frac{1}{s}$
> L Induktivität in H

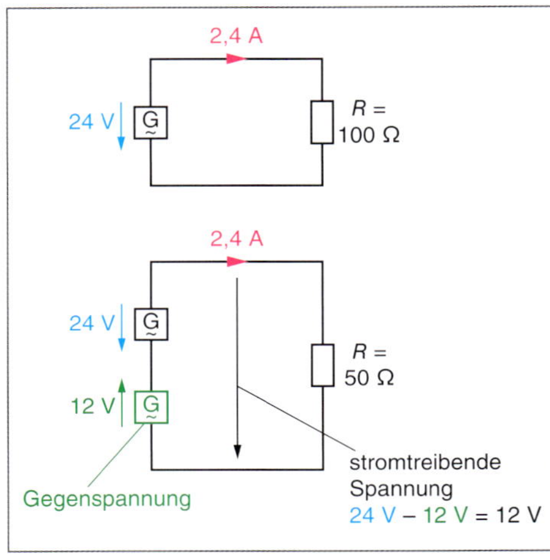

Bild 151 *Elektrischer Widerstand*

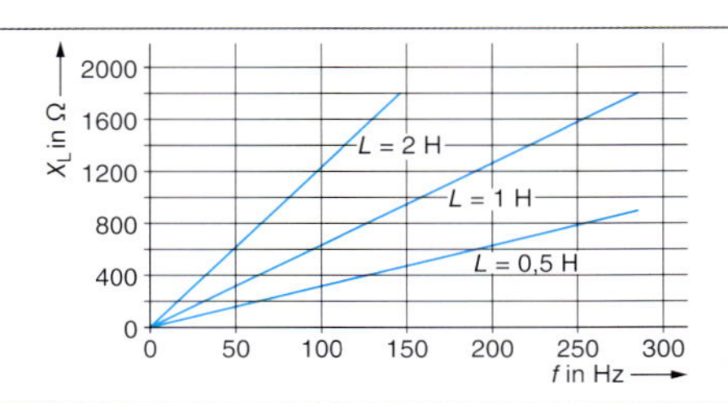

Bild 152 *Induktiver Widerstand*

Eine Spule hat die Induktivität $L = 500$ mH, Frequenz $f = 50$ Hz.

Wie groß sind X_L und I an 24 V AC?

Berechnung der Kreisfrequenz:

$$\omega = 2\pi \cdot f = 2\pi \cdot 50 \text{ Hz} = 314 \, \frac{1}{s}$$

Induktiver Widerstand:

$$X_L = \omega \cdot L = 314 \, \frac{1}{s} \cdot 0{,}5 \text{ H} = 157 \, \Omega$$

Im rein induktiven Kreis wird die Stromstärke nur durch den induktiven Widerstand begrenzt:

$$I = \frac{U}{X_L} = \frac{24 \text{ V}}{157 \, \Omega} = 153 \text{ mA}$$

Leistung der idealen Spule

Die Phasenverschiebung zwischen Spannung und Strom beträgt 90° (π/2).

$p = u \cdot i$

Die Leistungskurve verläuft je zur Hälfte im positiven und negativen Bereich (Bild 153, Seite 103).

Was ist **negative Leistung**?

1. Viertelperiode (0 bis $\pi/2$)

Strom nimmt zu → Magnetfluss nimmt zu → elektrische Energie wird in magnetische Energie umgewandelt.

Energiefluss: Spannungsquelle → Spule

2. Viertelperiode ($\frac{\pi}{2}$ bis π)

Stromstärke nimmt ab → Magnetfluss nimmt ab. Selbstinduktionsspannung treibt den Strom entgegen der angelegten Spannung durch den Kreis.

Magnetische Energie wird in elektrische Energie umgewandelt.

Energiefluss: Spule → Spannungsquelle

3. Viertelperiode (π bis $\frac{3}{2}\pi$)

Stromrichtung ändert sich → Magnetfeldrichtung ändert sich. Magnetfeld baut sich mit entgegengesetzer Polarität wieder auf.

Energiefluss: Spannungsquelle → Spule

4. Viertelperiode ($\frac{3}{2}\pi$ bis 2π)

Stromstärke nimmt ab → Magnetfluss nimmt ab → Selbstinduktionsspannung treibt Strom entgegen anliegender Spannung durch den Kreis. Magnetische Energie wird in elektrische Energie umgewandelt.

- Elektrische Energie wird in magnetische Energie umgewandelt: **positive Leistung**.
- Magnetische Energie wird in elektrische Energie umgewandelt: **negative Leistung**.

Sind positive und negative Leistungsanteile gleich groß, ist die **Wirkleistung** (mittlere Leistung) null. Die *ideale* Spule setzt also *keine* elektrische Energie in Wärmeenergie um.

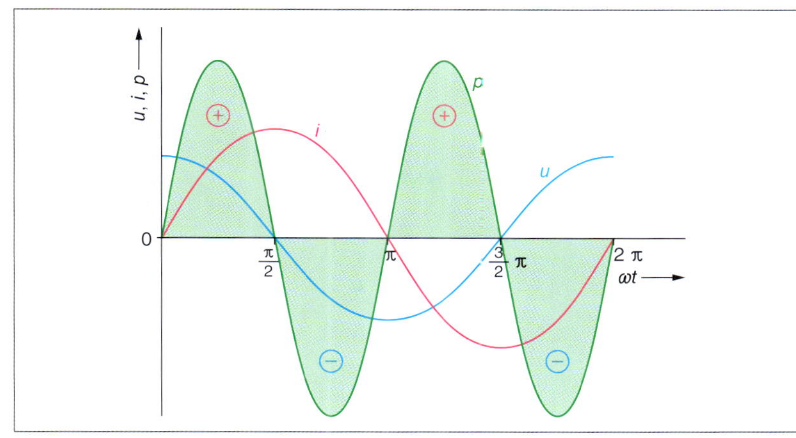

Bild 153 *Leistung bei der idealen Spule*

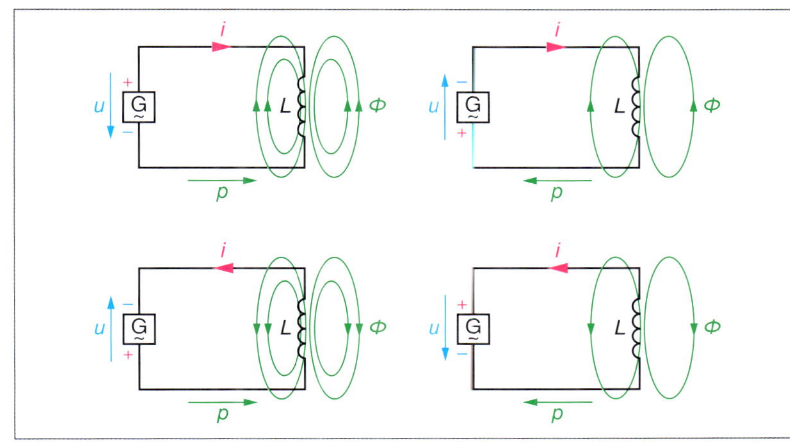

Bild 154 *Auf- und Abbau des Magnetfeldes*

Das Produkt

$Q = U \cdot I$

ist die **induktive Blindleistung**.
Die *Einheit* der Blindleistung ist **var** (Volt-Ampere-reaktiv).

■ Positive Leistung
Energiefluss von der Spannungsquelle zum Verbrauchsmittel.

■ Negative Leistung
Energiefluss vom Verbrauchsmittel zur Spannungsquelle.

Negative Leistung ist nur in Stromkreisen mit Energiespeichern möglich.

■ Aufgabenlösung

@ Interessante Links
- christiani-berufskolleg.de

Prüfung

1. Welchen Einfluss hat die Frequenz auf den induktiven Widerstand?

2. Die Induktivität $L = 1$ H wird an die Wechselspannung 24 V/50 Hz angeschlossen.
Welcher Strom (Effektivwert) wird der Spannungsquelle entnommen?
Wie groß ist die Phasenverschiebung zwischen Spannung und Strom?

3. Liniendiagramm von Spannung und Strom:
Ermitteln Sie den induktiven Widerstand.

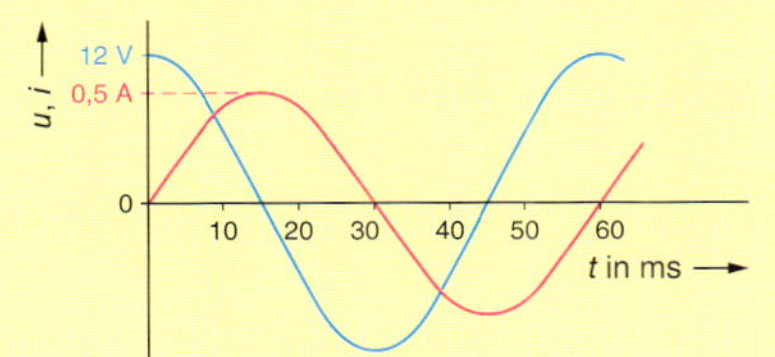

Wechselstromkreis mit Kondensator

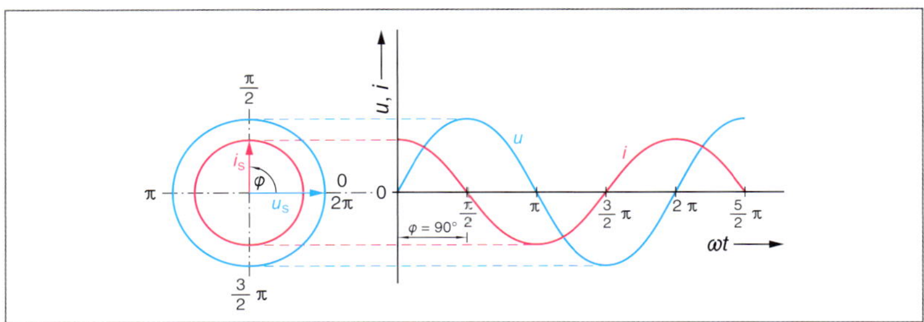

Bild 155 *Wechselstromkreis mit idealem Kondensator*

■ **Idealer Kondensator**

Der ideale Kondensator ist eine theoretische Annahme.

In der Praxis ist der Kondensator nicht verlustfrei; er hat auch einen ohmschen Widerstandsanteil.

In einem Stromkreis mit **idealem Kondensator** (einem **rein kapazitiven Stromkreis**) eilt der Strom der Spannung um 90° *(π/2) voraus.*

Wenn ein *Kondensator* an eine *sinusförmige* Spannung angeschlossen wird, werden ihm im Takte der Sinusschwingung *Ladungen* **zugeführt** und **entzogen**.

Wenn sich die Spannung im Zeitabschnitt Δt und Δu_c ändert, ist die *Ladungsänderung* Δq die Folge.

$$\Delta q = i \cdot \Delta t = C \cdot \Delta u_c$$

$$i = C \cdot \frac{\Delta u_c}{\Delta t}$$

Ladestrom und *Entladestrom* des Kondensators sind abhängig von der **Spannungsänderungsgeschwindigkeit** $\Delta u_c / \Delta t$.

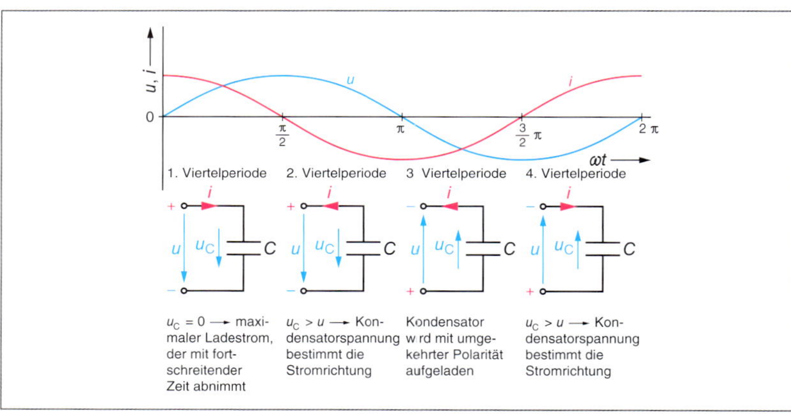

Bild 156 *Ladung und Entladung eines Kondensators*

■ **Kondensator an Gleichspannung**

→ 71

Zu beachten ist:

Wenn die Spannung den Scheitelwert erreicht, ist die Stromstärke null.

Die *Kondensatorspannung* ist *so groß wie* die anliegende Spannung. Der Kondensator ist *voll aufgeladen.*

Bei den Nulldurchgängen der Spannung erreicht die Stromstärke ihre Scheitelwerte.

In der *zweiten* Viertelperiode (Bild 156) nimmt die Spannung von $+u_S$ auf null ab.

Die Kondensatorspannung u_C ist dann *größer* als die Netzspannung *u*. Der Strom fließt *vom Kondensator zur Spannungsquelle*, die Stromrichtung ist **negativ**.

Die Netzspannung *begrenzt* die Stromstärke, da sie die *wirksame Spannung* verringert.

Wenn die Netzspannung null ist, entfällt der begrenzende Einfluss. Die *Restladungen* des Kondensators werden kurzgeschlossen. Die Stromstärke erreicht dabei ihren *Höchstwert*.

Kapazitiver Widerstand

Auch hier gilt: Strombegrenzung durch **Gegenspannung**. Die Kondensatorspannung wirkt der anliegenden Spannung *entgegen*.

Der **kapazitive Widerstand** ist von der *Frequenz* und der *Kondensatorkapazität* abhängig.

Mit *zunehmender Frequenz* lädt und entlädt sich der Kondensator schneller. Bei gleicher Spannung ist dazu ein höherer Strom notwendig.

Der kapazitive Widerstand wird mit zunehmender Frequenz geringer.

Mit *zunehmender Kapazität* kann der Kondensator mehr Ladungen aufnehmen und abgeben. Der Strom wird dann größer.

Der kapazitive Widerstand wird mit zunehmender Kapazität geringer.

Kapazitiver Widerstand

$$X_C = \frac{1}{2\pi \cdot f \cdot C} = \frac{1}{\omega \cdot C}$$

X_C kapazitiver Widerstand in Ω
f Frequenz in Hz
ω Kreisfrequenz in $\frac{1}{s}$
C Kondensatorkapazität in F

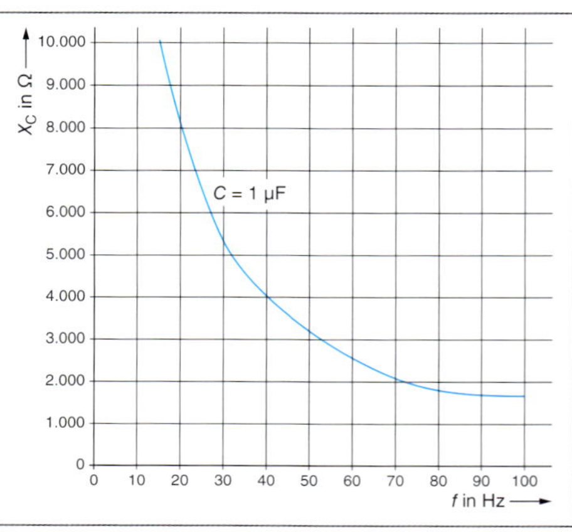

Bild 157 *Kapazitiver Widerstand*

Wie groß ist der kapazitive Widerstand eines Kondensators $C = 100$ nF an 50 Hz?

$100 \text{ nF} = 100 \cdot 10^{-9} \text{ F}$

Kreisfrequenz: $\omega = 2\pi \cdot f = 314 \frac{1}{\text{s}}$

$$X_C = \frac{1}{\omega \cdot C}$$

$$X_C = \frac{1}{314 \frac{1}{\text{s}} \cdot 100 \cdot 10^{-9} \text{ F}} = 3{,}18 \cdot 10^4 \ \Omega$$

$$X_C = 31{,}8 \text{ k}\Omega$$

Blindwiderstand
reactance, reactive impedance

Blindleistung
reactive power

Leistung im kapazitiven Kreis

Wie bei der idealen Spule verläuft die **Leistungskurve** wegen der 90°-Phasenverschiebung zwischen Spannung und Stromstärke je zur Hälfte im positiven und negativen Bereich (Bild 158).

Die **Wirkleistung** ist null. Es wird keine elektrische Energie in Wärme umgewandelt.

Kapazitive Blindleistung

$Q_C = U \cdot I$ Einheit: var

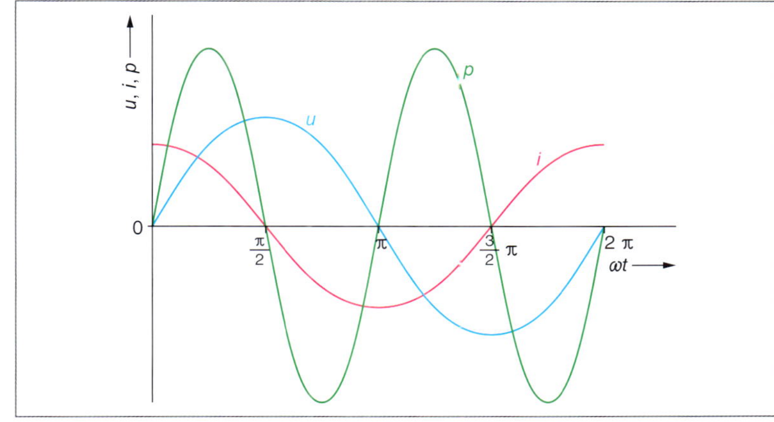

Bild 158 *Leistung beim idealen Kondensator*

Prüfung

1. Welchen Einfluss hat die Frequenz auf den kapazitiven Widerstand?

2. Ein Kondensator wird an 24 V/50 Hz angeschlossen. Dabei fließt ein Strom von 226 mA. Wie groß ist die Kondensatorkapazität?

3. Wie groß ist C_2?

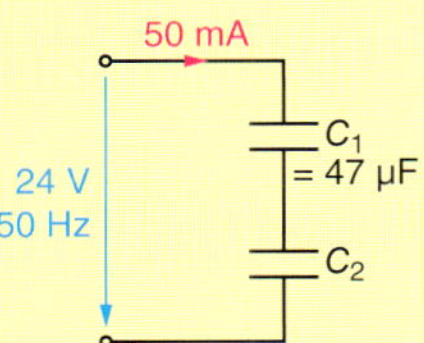

4. Bestimmen Sie alle Ströme.
Wie groß sind die Spannungen an C_1 und C_2?

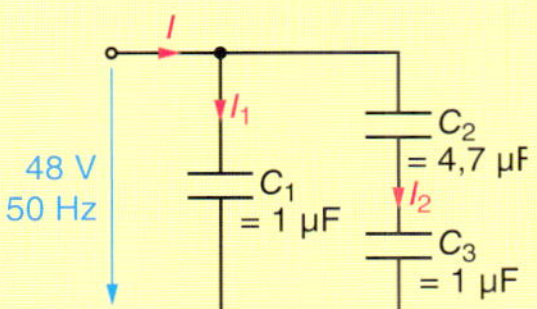

5. Die Frequenz wird zwischen 10 Hz und 100 Hz verändert.
Stellen Sie den Einfluss auf die Stromstärke in einer Kennlinie dar.

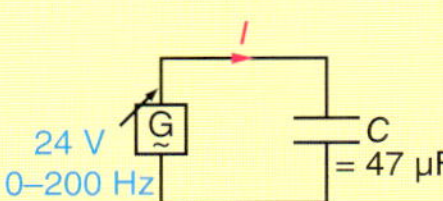

6. Warum können Energiespeicher wie Spulen und Kondensatoren beim Ein- und Ausschalten Probleme verursachen?

■ **Aufgabenlösung**

@ Interessante Links

• christiani-berufskolleg.de

Scheinleistung
apparent power, vector power, complex power

Phase
phase

in Phase
in-phase, in step

Phasenverschiebung
phase shift, angular displacement

phasenverschoben
out-of-phase, out-phases

Um π/2 phasenverschoben
in quadrature

Phasenwinkel
phase angle

Scheinleitwert
admittance

Scheinwiderstand
impedance

2.9.2 Zusammengesetzte Wechselstromkreise

■ **Arithmetische Addition**

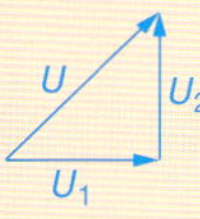

■ **Geometrische Addition**

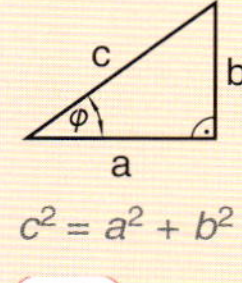

■ **Satz des Pythagoras**

c
b
a

$c^2 = a^2 + b^2$

TB

RL-Reihenschaltung

Die Spannung U ist gleich der *geometrischen* Summe der Teilspannungen U_R und U_L (Bild 159).

Geometrische Summe heißt in diesem Zusammenhang, dass die Phasenverschiebung der Teilspannungen zu berücksichtigen ist.

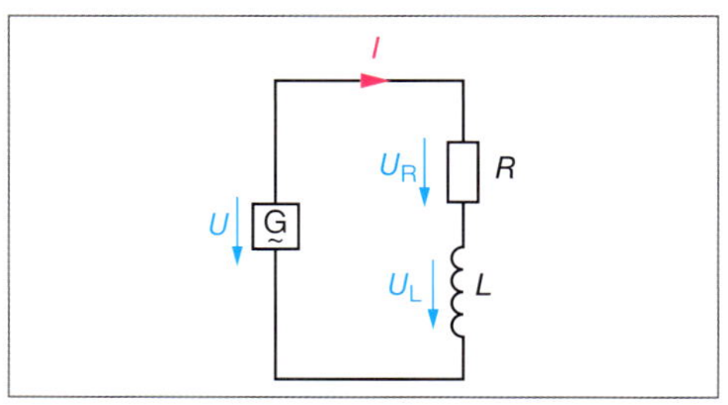

Bild 159 RL-Reihenschaltung

Der *Strom I* ist in der Reihenschaltung überall gleich groß. Der Strom wird als **Bezugsgröße** gewählt. Das heißt, die *Phasenverschiebungen* werden auf den *Strom* bezogen (Bild 160).

- Die Spannung U_R ist mit dem Strom I in Phase (Phasenverschiebung 0°).
- Die Spannung U_L eilt dem Strom um 90° voraus (Phasenverschiebung 90°).
- Die Gesamtspannung U eilt dann dem Strom um den Phasenwinkel φ voraus.

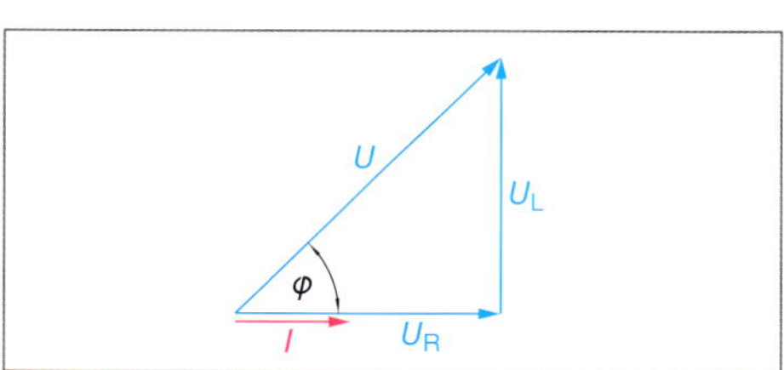

Bild 160 Spannungsdreieck

Satz des Pythagoras

$$U = \sqrt{U_R^2 + U_L^2}$$

Winkelfunktionen

$$\cos \varphi = \frac{U_R}{U}$$

Wegen des ohmschen Widerstandes R, an dem der Spannungsfall U_R auftritt, ist die *Phasenverschiebung kleiner* als 90°.

Das in Bild 160 dargestellte **Zeigerdiagramm** ist sehr anschaulich. Verwendet werden die **Effektivwerte**.

Lösungen ergeben sich entweder durch *maßstäbliche Darstellung* des Zeigerdiagramms oder durch Anwendung des *Satzes des Pythagoras* und der *Winkelfunktionen*.

Widerstandsdreieck

In Bild 160 ist das **Spannungsdreieck** dargestellt.

Wenn man die einzelnen Spannungszeiger durch den Strom I dividiert, ergibt sich das **Widerstandsdreieck** (Bild 162).

$$\frac{U_R}{I} = R \qquad \frac{U_L}{I} = X_L \qquad \frac{U}{I} = Z$$

Z ist der **Scheinwiderstand** des RL-Kreises und beinhaltet den ohmschen und induktiven Anteil.

Der **Scheinwiderstand** Z ist die *geometrische* Summe von R und X_L.

Satz des Pythagoras

$$Z = \sqrt{R^2 + X_L^2} \qquad Z = \frac{U}{I}$$

Winkelfunktionen

$$\cos \varphi = \frac{R}{Z}$$

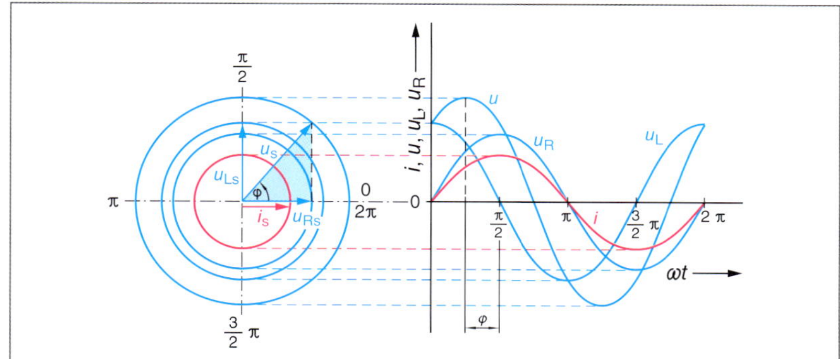

Bild 161 Zeigerdiagramm und Liniendiagramm

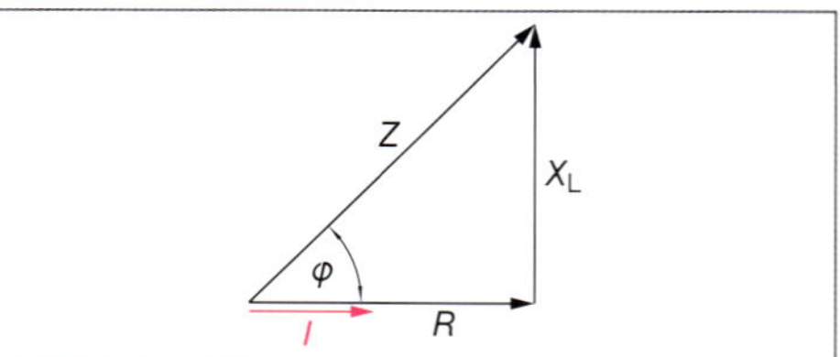

Bild 162 Widerstandsdreieck

Leistungsdreieck

Das **Leistungsdreieck** ergibt sich aus dem Spannungsdreieck (Bild 160), wenn man jeden Spannungszeiger mit dem Strom I multipliziert.

$U_R \cdot I = P \qquad U_L \cdot I = Q_L \qquad U \cdot I = S$

Wirkleistung	$P = U_R \cdot I$
Induktive Blindleistung	$Q_L = U_L \cdot I$
Scheinleistung	$S = U \cdot I$

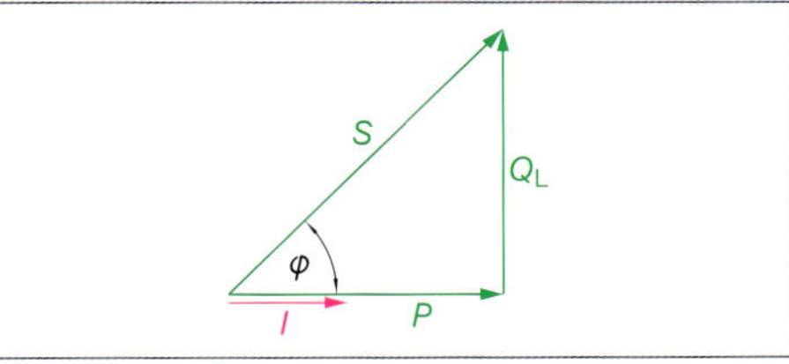

***Bild 163** Leistungsdreieck*

Die **Scheinleistung** S ist eine Rechengröße, die *keine* Aussage über den **Energieumsatz** im Stromkreis macht.

Zu beachten ist aber, dass der *Strom I tatsächlich* fließt. Betriebsmittel müssen also entsprechend *bemessen* werden.

Wechselstromleistungen

$S = \sqrt{P^2 + Q_L^2}$	$S = U \cdot I$	Einheit VA
$P = S \cdot \cos\varphi = U \cdot I \cdot \cos\varphi$		Einheit W
$Q_L = S \cdot \sin\varphi = U \cdot I \cdot \sin\varphi$		Einheit var

Wirkleistungsfaktor oder kurz Leistungsfaktor

Den Ausdruck

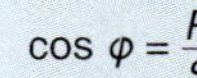

$$\cos\varphi = \frac{P}{S}$$

nennt man **Leistungsfaktor**.

Er gibt an, welcher *Anteil* der Scheinleistung *S* in Wirkleistung *P* umgesetzt wird.

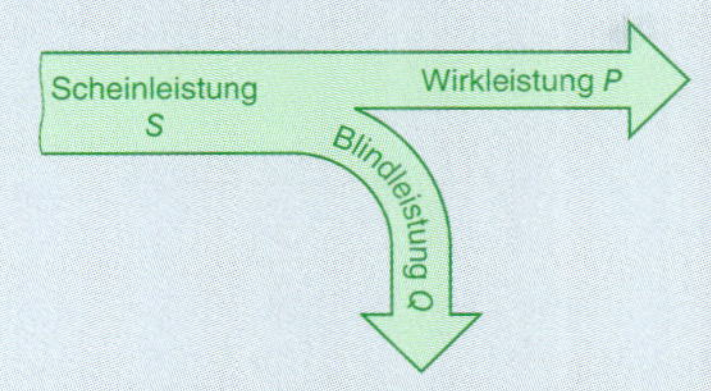

Man kann das auch so deuten, dass angegeben wird, zu wie viel Prozent die Scheinleistung „ausgebeutet" wird.

$\cos\varphi = 0$	0 % Ausbeutung
$\cos\varphi = 0{,}5$	50 % Ausbeutung
$\cos\varphi = 1$	100 % Ausbeutung

Bei $\cos\varphi = 1$ tritt keine Blindleistung auf. Die gesamte Scheinleistung wird in Wirkleistung umgesetzt.

Blindleistungsfaktor

Der Blindleistungsfaktor $\sin\varphi$ gibt an, wie groß der Anteil der Blindleistung an der Scheinleistung ist.

$$\sin\varphi = \frac{Q}{S}$$

■ Winkelfunktionen

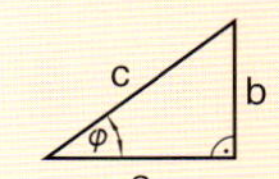

$\sin\alpha = \frac{b}{c}$

$\cos\alpha = \frac{a}{c}$

$\tan\alpha = \frac{b}{a}$

TB

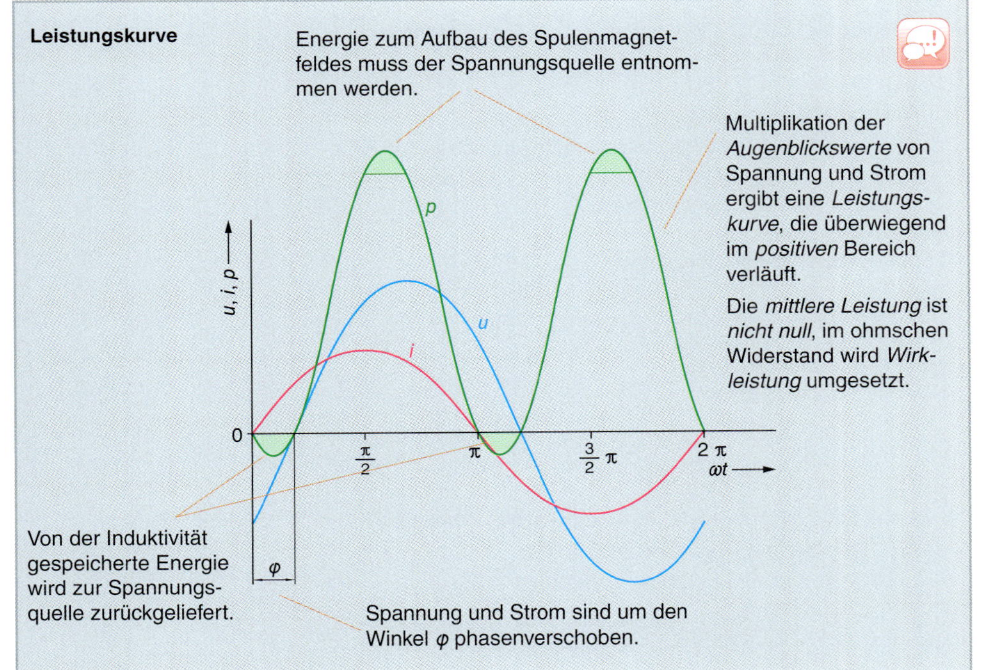

z.B.

$R = 100\ \Omega$, $L = 0{,}5\ \text{H}$, $U = 230\ \text{V}$, $f = 50\ \text{Hz}$

a) Wie groß ist der Scheinwiderstand Z?

b) Wie groß sind U_R und U_L?

c) Wie groß ist die Phasenverschiebung zwischen U und I?

d) Berechnen Sie S, P und Q_L.

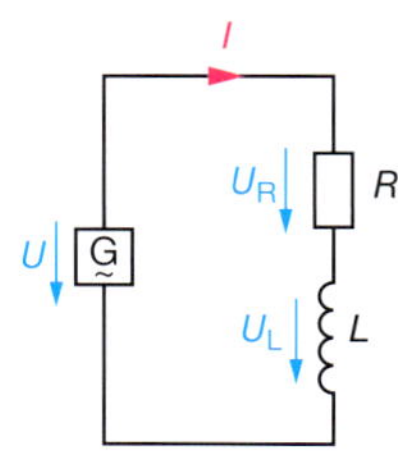

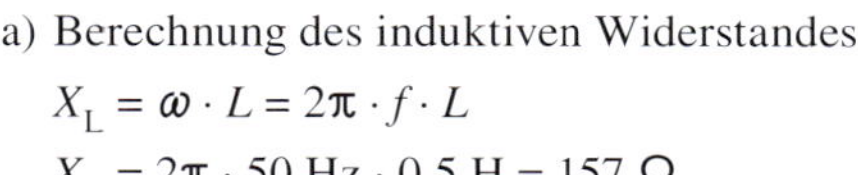

a) Berechnung des induktiven Widerstandes

$X_L = \omega \cdot L = 2\pi \cdot f \cdot L$

$X_L = 2\pi \cdot 50\ \text{Hz} \cdot 0{,}5\ \text{H} = 157\ \Omega$

$Z = \sqrt{R^2 + X_L^2}$

$Z = \sqrt{(100\ \Omega)^2 + (157\ \Omega)^2}$

$Z = 186{,}14\ \Omega$

b) Berechnung des Stromes in der Reihenschaltung:

$I = \frac{U}{Z} = \frac{230\ \text{V}}{186{,}14\ \Omega} = 1{,}24\ \text{A}$

$U_R = I \cdot R = 100\ \Omega \cdot 1{,}24\ \text{A} = 124\ \text{V}$

$U_L = I \cdot X_L = 157\ \Omega \cdot 1{,}24\ \text{A} = 194{,}7\ \text{V}$

c) $\cos\varphi = \frac{U_R}{U} = \frac{R}{Z}$

$\cos\varphi = \frac{U_R}{U} = \frac{124\ \text{V}}{230\ \text{V}} = 0{,}539$

Phasenverschiebung: $\varphi = 57{,}4°$

d) Scheinleistung: $S = U \cdot I = 230\ \text{V} \cdot 1{,}24\ \text{A} = 285{,}2\ \text{VA}$

Wirkleistung: $P = S \cdot \cos\varphi = 285{,}2\ \text{VA} \cdot 0{,}539 = 153{,}7\ \text{W}$

Induktive Blindleistung: $Q_L = S \cdot \sin\varphi = 285{,}2\ \text{VA} \cdot 0{,}842 = 240{,}14\ \text{var}$

$\cos\varphi = 0{,}539 \rightarrow \sin\varphi = 0{,}842$

■ **Aufgabenlösung**

@ Interessante Links

- christiani-berufskolleg.de

Prüfung

1. Ersatzschaltbild einer Spule:
Mit dem Multimeter wird 27 Ω gemessen.

Was sagt dieser Messwert aus?

Wie können Sie sämtliche Widerstände des Ersatzschaltbildes messtechnisch ermitteln?

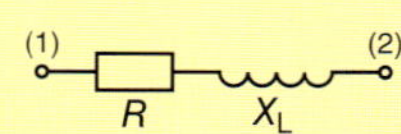

2. Ersatzschaltbild einer Spule: $R = 16\ \Omega$, $X_L = 48\ \Omega$.

Wie groß ist der Scheinwiderstand bei einer Frequenz von 50 Hz?

Ermitteln Sie die Induktivität der Spule und die Phasenverschiebung.
Zeichnen Sie das Widerstandsdreieck.

3. Erläutern Sie das Liniendiagramm.

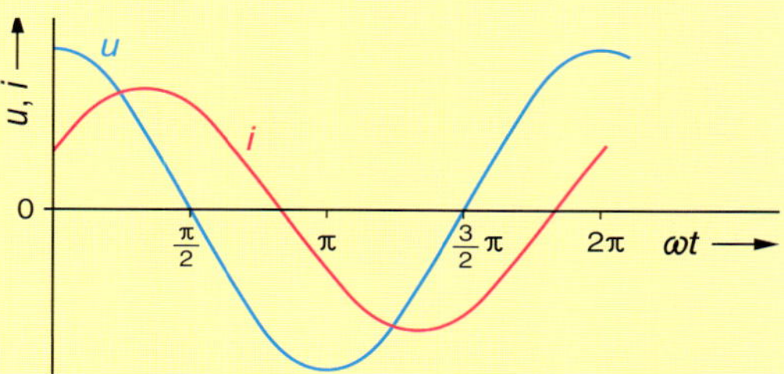

4. Welche Stromstärke wird der Spannungsquelle entnommen?

Wie groß sind die Teilspannungen an R und L?

Wie groß ist die Phasenverschiebung zwischen Spannung und Strom?

Berechnen Sie Scheinleistung, Wirkleistung und Blindleistung.

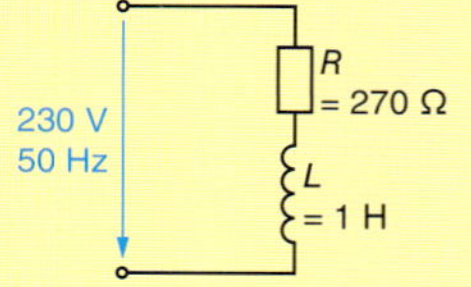

RL-Parallelschaltung

Die parallel geschalteten Bauelemente R und X_L liegen an der *gleichen* Spannung U.

Die Spannung U ist die **Bezugsgröße**.

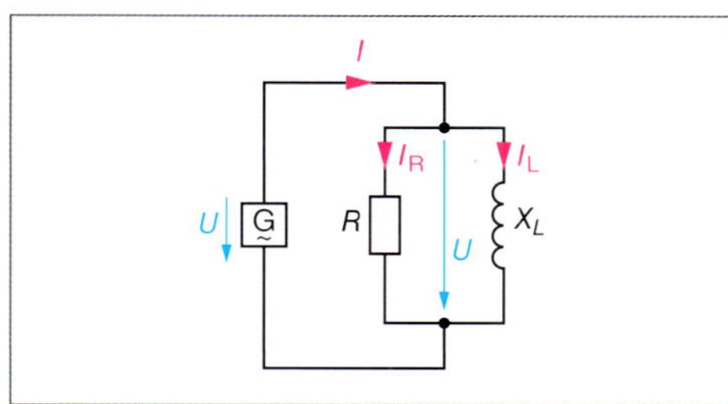

Bild 164 *RL-Parallelschaltung*

- Der Strom I_R ist mit der Spannung U in Phase ($\varphi = 0$).
- Der Strom I_L eilt der Spannung U um 90° nach ($\varphi = 90°$).
- Der Gesamtstrom I eilt dann der Spannung U um den Winkel φ nach.

Satz des Pythagoras

$$I = \sqrt{I_R^2 + I_L^2}$$

Winkelfunktionen

$$\cos\varphi = \frac{I_R}{I}$$

$$\sin\varphi = \frac{I_L}{I}$$

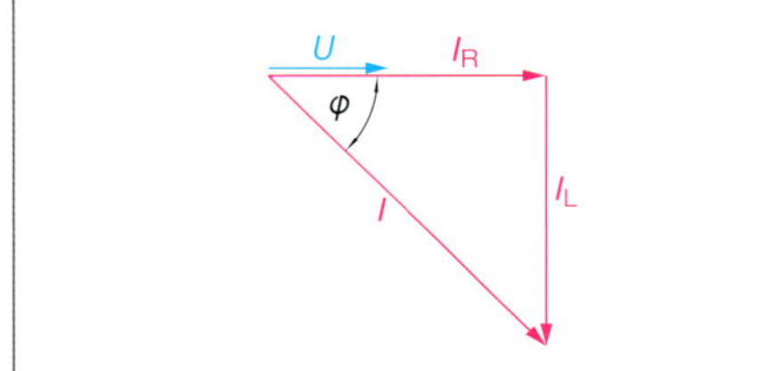

Bild 165 *Stromdreieck*

Leitwertdreieck

Durch Division der Stromzeiger durch U kann aus dem Stromdreieck das **Leitwertdreieck** abgeleitet werden.

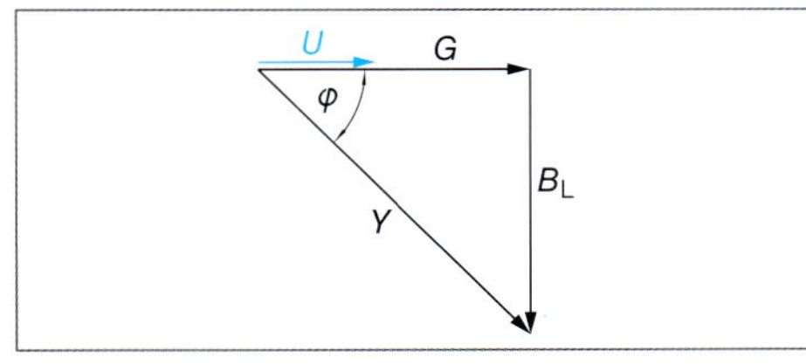

Bild 166 *Leitwertdreieck*

$G = \frac{1}{R}$ Wirkleitwert

$B_L = \frac{1}{X_L}$ induktiver Blindleitwert

$Y = \frac{1}{Z}$ Scheinleitwert

Satz des Pythagoras

$$Y = \sqrt{G^2 + B_L^2}$$

Winkelfunktionen

$$\cos\varphi = \frac{G}{Y} = \frac{\frac{1}{R}}{\frac{1}{Z}} = \frac{Z}{R}$$

$$\sin\varphi = \frac{B_L}{Y} = \frac{\frac{1}{X_L}}{\frac{1}{Z}} = \frac{Z}{X_L}$$

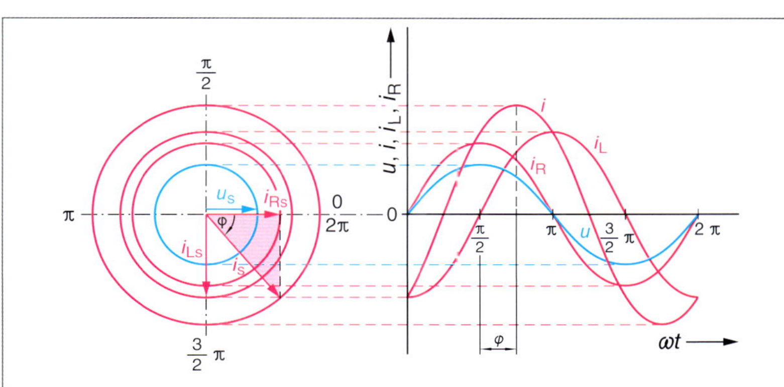

Bild 167 *RL-Parallelschaltung, Zeigerdiagramm und Liniendiagramm*

Leistungsdreieck

Werden die Zeiger des Stromdreiecks mit der Spannung U multipliziert, ergibt sich das **Leistungsdreieck**.

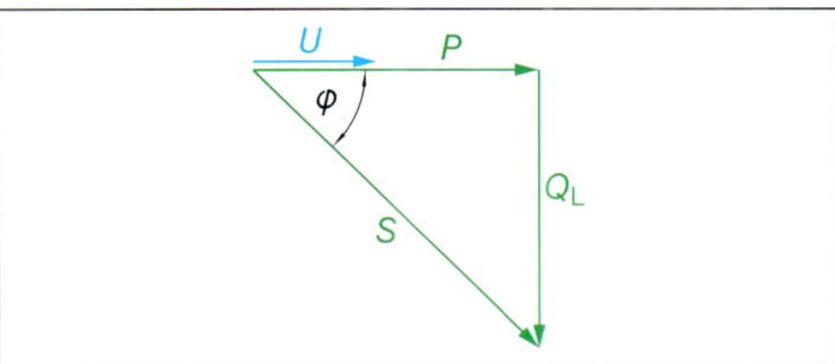

Bild 168 *Leistungsdreieck*

$I_R \cdot U = P$ Wirkleistung

$I_L \cdot U = Q_L$ induktive Blindleistung

$I \cdot U = S$ Scheinleistung

Satz des Pythagoras

$$S = \sqrt{P^2 + Q_L^2}$$

Wirkleitwert
effective conductance, active admittance

Blindleitwert
susceptance

Scheinleitwert
admittance

Wirkleistungsfaktor

$\cos \varphi = \frac{P}{S}$

Blindleistungsfaktor

$\sin \varphi = \frac{Q_L}{S}$

Wechselstromleistungen

Scheinleistung	$S = U \cdot I$	*Einheit:* VA
Wirkleistung	$P = S \cdot \cos \varphi = U \cdot I \cdot \cos \varphi$	*Einheit:* W
Blindleistung	$Q_L = S \cdot \sin \varphi = U \cdot I \cdot \sin \varphi$	*Einheit:* var

RL-Parallelschaltung: $R = 100\ \Omega$, $L = 250$ mH, $U = 230$ V, $f = 50$ Hz.
Berechnen Sie die Ströme I_R, I_L und I.
Wie groß ist die Phasenverschiebung zwischen Spannung und Strom?
Welche Wirkleistung wird in der Schaltung umgesetzt?

Ströme:

$X_L = \omega \cdot L = 2\pi \cdot f \cdot L = 2\pi \cdot 50\text{ Hz} \cdot 0{,}25\text{ H}$

$X_L = 78{,}5\ \Omega$

$I_R = \frac{U}{R} = \frac{230\text{ V}}{100\ \Omega} = 2{,}3\text{ A}$

$I_L = \frac{U}{X_L} = \frac{230\text{ V}}{78{,}5\ \Omega} = 2{,}93\text{ A}$

$I = \sqrt{I_R^2 + I_L^2} = \sqrt{(2{,}3\text{ A})^2 + (2{,}93\text{ A})^2}$

$I = 3{,}72\text{ A}$

Phasenverschiebung zwischen U und I:

$\cos \varphi = 0{,}618 \rightarrow \varphi = 51{,}8^\circ$

$\cos \varphi = \frac{I_R}{I} = \frac{2{,}3\text{ A}}{3{,}72\text{ A}} = 0{,}618$

Phasenverschiebungswinkel $\varphi = 51{,}8^\circ$

Wirkleistung:

oder: $P = \frac{U^2}{R} = \frac{(230\text{ V})^2}{100\ \Omega} = 529\text{ W}$

$P = U \cdot I \cdot \cos \varphi$

$P = 230\text{ V} \cdot 3{,}72\text{ A} \cdot 0{,}618 = 529\text{ W}$

■ **Aufgabenlösung**

@ Interessante Links

- christiani-berufskolleg.de

Prüfung

1. Bestimmen Sie alle Ströme.
Wie groß ist der Scheinwiderstand der Schaltung?
Wie groß ist die Phasenverschiebung zwischen Spannung und Strom?

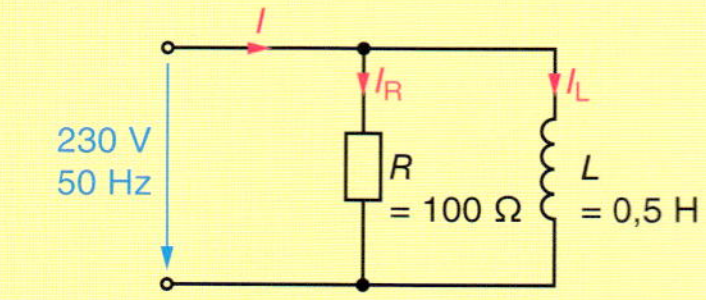

2. Eine RL-Parallelschaltung nimmt an 230 V/50 Hz bei einem Leistungsfaktor $\cos \varphi = 0{,}75$ den Strom $I = 2{,}6$ A auf.
Wie groß sind R und L?
Ermitteln Sie Scheinleistung, Wirkleistung und Blindleistung der Schaltung.

RC-Reihenschaltung

Die Bezugsgröße ist der Strom I.

- Die Spannung U_R ist mit I in Phase.
- Die Spannung U_C eilt dem Strom um 90° nach.
- Der Strom eilt der Spannung U um den Winkel φ voraus.

Satz des Pythagoras

$U = \sqrt{U_R^2 + U_C^2}$

Winkelfunktionen

$\cos \varphi = \frac{U_R}{U}$

$\sin \varphi = \frac{U_C}{U}$

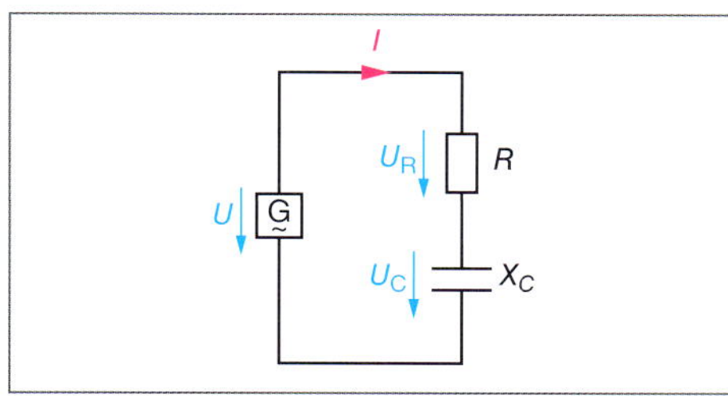

Bild 169 RC-Reihenschaltung

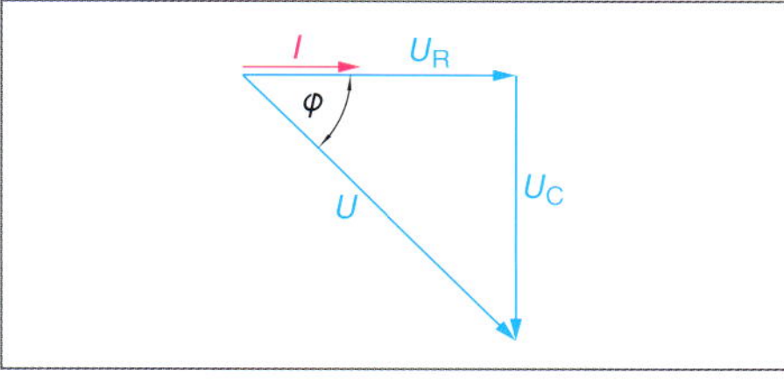

Bild 170 Spannungsdreieck

Widerstandsdreieck

Wird jeder Spannungszeiger durch I dividiert, ergibt sich das **Widerstandsdreieck**.

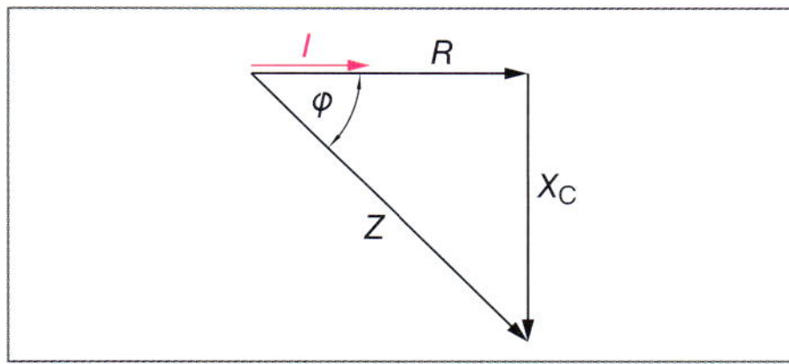

Bild 171 Widerstandsdreieck

$\frac{U_R}{I} = R$	Wirkwiderstand
$\frac{U_C}{I} = X_C$	kapazitiver Widerstand
$\frac{U}{I} = Z$	Scheinwiderstand

Satz des Pythagoras

$$Z = \sqrt{R^2 + X_C^2}$$

Winkelfunktionen

$$\cos \varphi = \frac{R}{Z}$$

$$\sin \varphi = \frac{X_C}{Z}$$

Leistungsdreieck

Aus dem Spannungsdreieck ergibt sich durch Multiplikation mit dem Strom I das **Leistungsdreieck**.

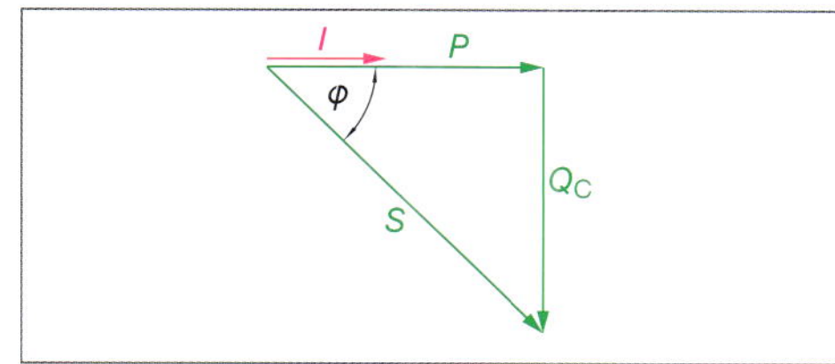

Bild 172 Leistungsdreieck

$U_R \cdot I = P$	Wirkleistung
$U_C \cdot I = Q_C$	kapazitive Blindleistung
$U \cdot I = S$	Scheinleistung

Satz des Pythagoras

$$S = \sqrt{P^2 + Q_L^2}$$

Winkelfunktionen

$$\cos \varphi = \frac{P}{S}$$

$$\sin \varphi = \frac{Q_C}{S}$$

■ **Aufgabenlösung**

@ Interessante Links

• christiani-berufskolleg.de

Prüfung

1. Welcher Strom wird der Spannungsquelle entnommen?

Wie groß sind die Spannungen an *R* und *C*?

Bestimmen Sie die Phasenverschiebung zwischen Strom und Spannung.

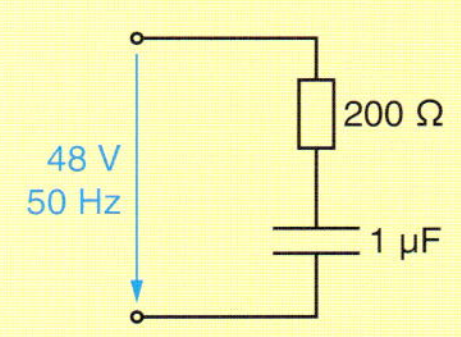

2. Die Leistung eines Heizwiderstandes 230 V/1 kW soll durch Vorschalten eines Kondensators halbiert werden. Frequenz der Wechselspannung 50 Hz.

Welche Kondensatorkapazität ist dazu notwendig?

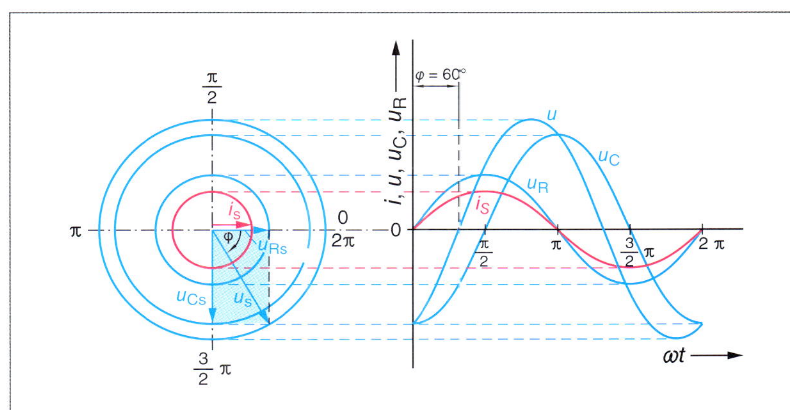

Bild 173 RC-Reihenschaltung, Zeigerdiagramm und Liniendiagramm

RC-Parallelschaltung

Die **Bezugsgröße** ist die *Spannung U*.

- Der Strom I_R ist mit U in Phase.
- Der Strom I_C eilt U um 90° voraus.
- Der Strom I eilt der Spannung U um die Phasenverschiebung φ voraus.

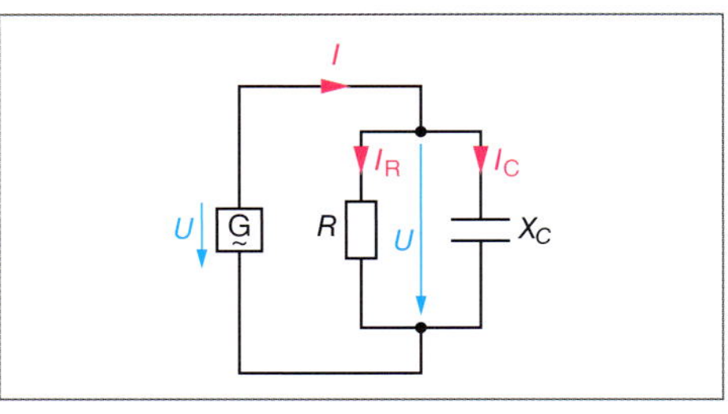

Bild 174 *RC-Parallelschaltung*

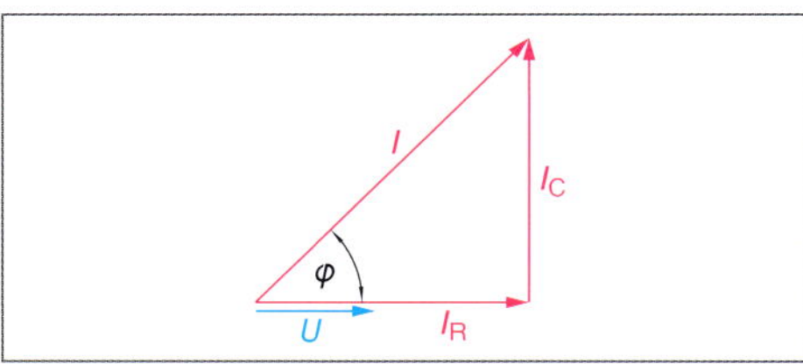

Bild 175 *Stromdreieck, RC-Parallelschaltung*

Satz des Pythagoras

$$I = \sqrt{I_R^2 + I_C^2}$$

Winkelfunktionen

$$\cos\varphi = \frac{I_R}{I}$$

$$\sin\varphi = \frac{I_C}{I}$$

Leitwertdreieck

Wenn die Ströme des Stromdreiecks durch die Spannung U dividiert werden, ergibt sich das **Leitwertdreieck**.

$\frac{I_R}{U} = G$	Wirkleitwert
$\frac{I_C}{U} = B_C$	kapazitiver Blindleitwert
$\frac{I}{U} = Y$	Scheinleitwert

Satz des Pythagoras

$$Y = \sqrt{G^2 + B_C^2} = \sqrt{\left(\frac{1}{R}\right)^2 + \left(\frac{1}{X_C}\right)^2}$$

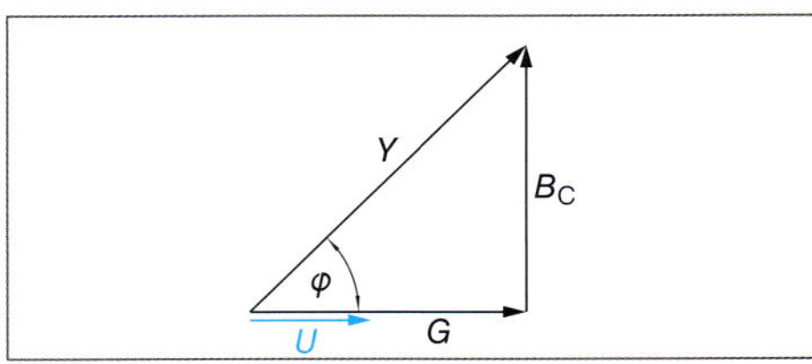

Bild 176 *Leitwertdreieck, RC-Parallelschaltung*

Winkelfunktionen

$$\cos\varphi = \frac{G}{Y} = \frac{\frac{1}{R}}{\frac{1}{Z}} = \frac{Z}{R}$$

$$\sin\varphi = \frac{B_C}{Y} = \frac{\frac{1}{X_C}}{\frac{1}{Z}} = \frac{Z}{X_C}$$

Leistungsdreieck

Wenn die Ströme des Stromdreiecks mit der Spannung U multipliziert werden, ergibt sich das **Leistungsdreieck**.

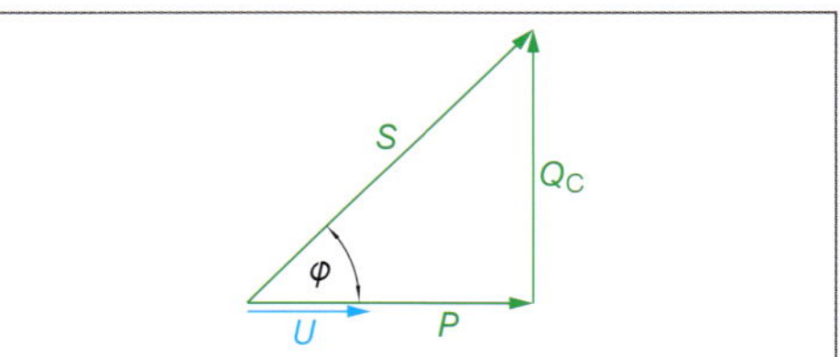

Bild 177 *Leistungsdreieck, RC parallel*

$I_R \cdot U = P$	Wirkleistung in W
$I_C \cdot U = Q_C$	kapazitive Blindleistung in var
$I \cdot U = S$	Scheinleistung in VA

Satz des Pythagoras

$$S = \sqrt{P^2 + Q_C^2}$$

Winkelfunktionen

$$\cos\varphi = \frac{P}{S}$$

$$\sin\varphi = \frac{Q_C}{S}$$

Leistungen

$$P = S \cdot \cos\varphi = U \cdot I \cdot \cos\varphi$$

$$Q_C = S \cdot \sin\varphi = U \cdot I \cdot \sin\varphi$$

$$S = U \cdot I$$

Parallelschaltung: $R = 470\ \text{k}\Omega$, $C = 10\ \text{nF}$, $U = 12\ \text{V}$, $f = 50\ \text{Hz}$
Berechnen Sie die Ströme I_R, I_C, und I.
Wie groß ist die Phasenverschiebung zwischen U und I?
Welche Wirkleistung wird in der Schaltung umgesetzt?

Der kapazitive Widerstand X_C wird zunächst berechnet. $\omega = 2\pi \cdot f = 2\pi \cdot 50\ \text{Hz} = 314\ \frac{1}{\text{s}}$	$X_C = \frac{1}{\omega \cdot C}$ $X_C = \frac{1}{314\ \frac{1}{\text{s}} \cdot 10 \cdot 10^{-9}\ \text{F}} = 318{,}5\ \text{k}\Omega$
Strom durch den ohmschen Widerstand:	$I_R = \frac{U}{R} = \frac{12\ \text{V}}{470\ \text{k}\Omega} = 25{,}5\ \mu\text{A}$
Strom durch den Kondensator:	$I_C = \frac{U}{X_C} = \frac{12\ \text{V}}{318{,}5\ \text{k}\Omega} = 37{,}7\ \mu\text{A}$
Gesamtstrom, der der Spannungsquelle entnommen wird:	$I = \sqrt{I_R^2 + I_C^2}$ $I = \sqrt{(25{,}5\ \mu\text{A})^2 + (37{,}7\ \mu\text{A})^2}$ $I = 45{,}5\ \mu\text{A}$
Phasenverschiebung zwischen Gesamtstrom und Spannung:	$\cos\varphi = \frac{I_R}{I} = \frac{25{,}5\ \mu\text{A}}{45{,}5\ \mu\text{A}} = 0{,}56$ $\cos\varphi = 0{,}56 \rightarrow \varphi = 55{,}9^\circ$
Wirkleistung kann nur im ohmschen Widerstand umgesetzt werden.	$P = I_R^2 \cdot R$ $P = (25{,}5 \cdot 10^{-6}\ \text{A})^2 \cdot 470 \cdot 10^3\ \Omega$ $P = 305{,}6\ \mu\text{W}$

Prüfung

1. $R = 50\ \Omega$, $C = 10\ \mu\text{F}$
Berechnen Sie die Ströme.
Wie groß ist die Phasenverschiebung zwischen Spannung und Strom?
Wie groß ist die kapazitive Blindleistung des Kondensators?

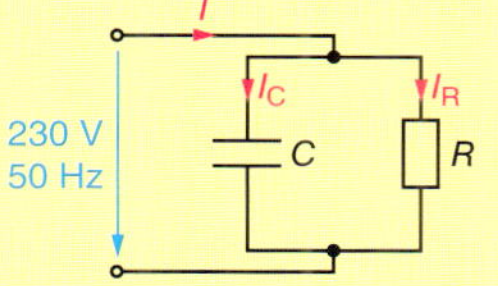

2. Welcher Widerstand muss einem Kondensator mit $C = 47\ \mu\text{F}$ parallel geschaltet werden, um bei $f = 50\ \text{Hz}$ eine Phasenverschiebung von 60° zu erhalten?

3. Wie groß ist die Netzspannung?
Wie groß sind I_C und I?
Wie groß ist die Phasenverschiebung zwischen U und I?
Bestimmen Sie Wirkleistung und Blindleistung.

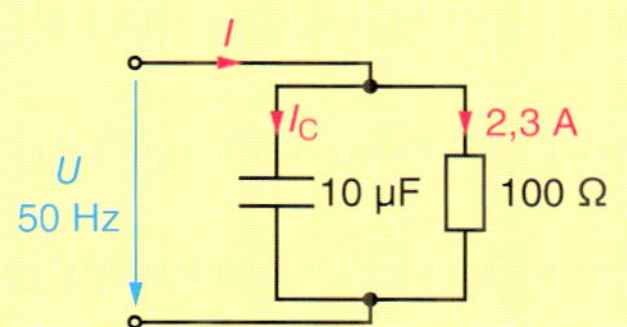

■ **Aufgabenlösung**

@ Interessante Links
- christiani-berufskolleg.de

RLC-Reihenschaltung

Der Strom I wird als **Bezugsgröße** gewählt.

- U_R ist mit I in Phase.
- U_L eilt I um 90° voraus.
- U_C eilt I um 90° nach.

Die Phasenverschiebung zwischen U_L und U_C beträgt 180°. U_L und U_C wirken *gegeneinander*, können sich also mehr oder weniger *aufheben*.

Der *Betrag* von U_C und U_L bestimmt, ob die Reihenschaltung *induktives* oder *kapazitives* Verhalten zeigt.

■ $U_L > U_C$
Schaltung hat induktives Verhalten, Strom eilt Spannung nach.

■ $U_C > U_L$
Schaltung hat kapazitives Verhalten, Strom eilt Spannung voraus.

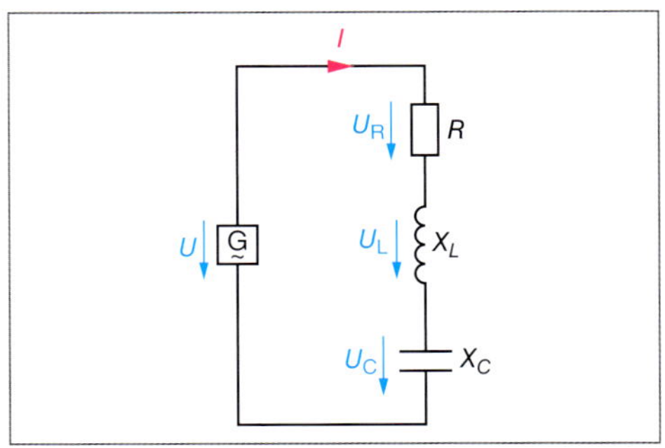

Bild 178 *RLC-Reihenschaltung*

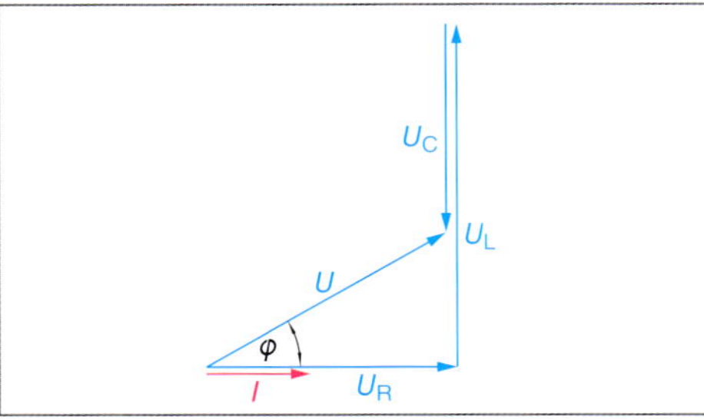

Bild 179 *Spannungsdreieck*

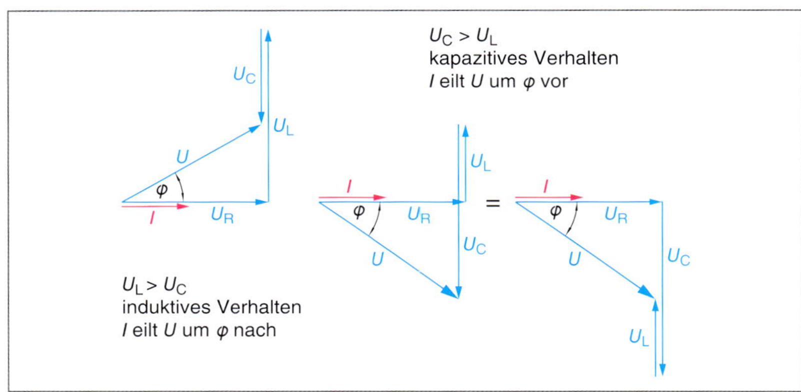

Bild 180 *Spannungen bei der RC-Reihenschaltung*

Je nachdem, welche Blindkomponente größer ist, zeigt die Schaltung induktives oder kapazitives Verhalten.

$U_C > U_L$ (kapazitiv)

$$U = \sqrt{U_R^2 + (U_C - U_L)^2}$$

$$\cos\varphi = \frac{U_R}{U}$$

$$\sin\varphi = \frac{U_C - U_L}{U}$$

$U_L > U_C$ (induktiv)

$$U = \sqrt{U_R^2 + (U_L - U_C)^2}$$

$$\cos\varphi = \frac{U_R}{U}$$

$$\sin\varphi = \frac{U_L - U_C}{U}$$

Widerstandsdreieck

Aus dem Spannungsdreieck kann das **Widerstandsdreieck** abgeleitet werden. Alle Spannungszeiger werden dazu durch U dividiert.

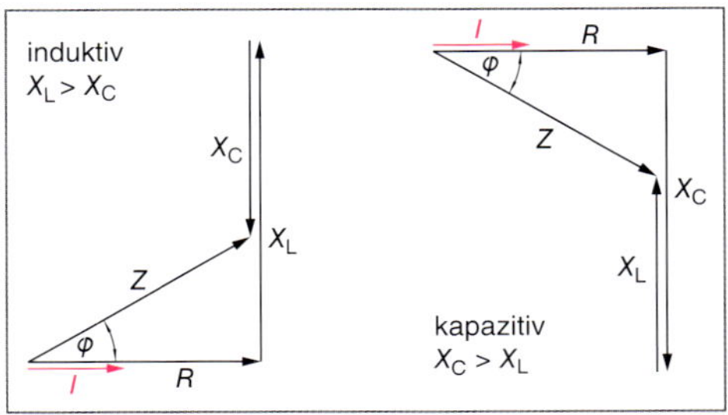

Bild 181 *Widerstandsdreieck*

$X_C > X_L$ (kapazitiv)

$$Z = \sqrt{R^2 + (X_C - X_L)^2}$$

$$\cos\varphi = \frac{R}{Z}$$

$$\sin\varphi = \frac{X_C - X_L}{Z}$$

$X_L > X_C$ (induktiv)

$$Z = \sqrt{R^2 + (X_L - X_C)^2}$$

$$\cos\varphi = \frac{R}{Z}$$

$$\sin\varphi = \frac{X_L - X_C}{Z}$$

Leistungsdreieck

Durch Multiplikation mit dem Strom I kann aus dem Spannungsdreieck das **Leistungsdreieck** abgeleitet werden.

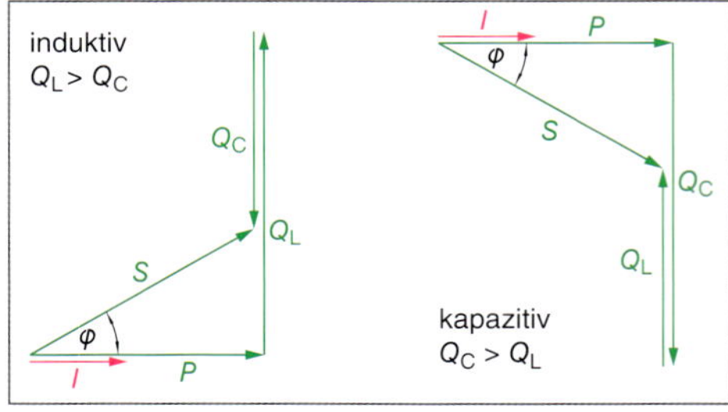

Bild 182 *Leistungsdreieck*

$Q_C > Q_L$ (kapazitiv)

$$S = \sqrt{P^2 + (Q_C - Q_L)^2}$$

$$\cos\varphi = \frac{P}{S}$$

$$\sin\varphi = \frac{Q_C - Q_L}{S}$$

$Q_L > Q_C$ (induktiv)

$$S = \sqrt{P^2 + (Q_L - Q_C)^2}$$

$$\cos\varphi = \frac{P}{S}$$

$$\sin\varphi = \frac{Q_L - Q_C}{S}$$

■ **Blindleistungs-kompensation**

TB

z.B.

Wie groß sind Scheinleistung und induktive Blindleistung des Verbrauchsmittels?
Welchen Strom entnimmt das Verbrauchsmittel dem Wert?
Der Leistungsfaktor $\cos\varphi_1$ soll durch Reihenschaltung eines Kondensators C auf $\cos\varphi_2 = 0{,}95$ verbessert werden. Wie groß muss C sein?
Wie groß ist der Strom nach Zuschalten des Kondensators?

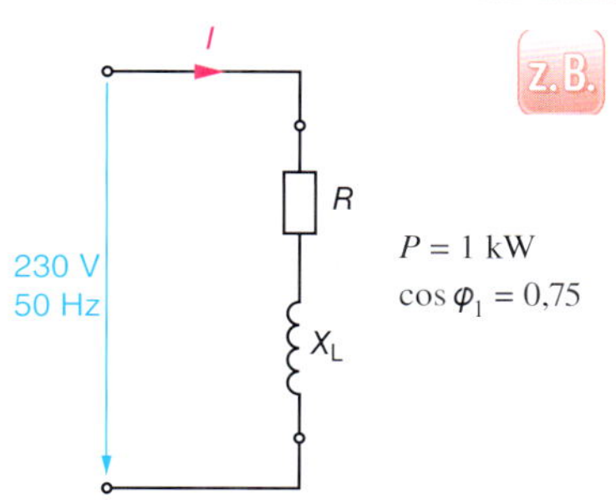

$P = 1\ \text{kW}$
$\cos\varphi_1 = 0{,}75$

Scheinleistung:

$\cos\varphi = \frac{P}{S} \rightarrow S = \frac{P}{\cos\varphi}$

$S = \frac{P}{\cos\varphi_1} = \frac{1\ \text{kW}}{0{,}75} = 1{,}33\ \text{kVA}$

Stromaufnahme des Verbrauchsmittels:

$S = U \cdot I \rightarrow I = \frac{S}{U} \qquad I = \frac{1330\ \text{VA}}{230\ \text{V}} = 5{,}78\ \text{A}$

Vor Zuschalten von C gilt:
$\cos\varphi_1 = 0{,}75 \rightarrow \varphi_1 = 41{,}4^\circ$

Nach Zuschalten von C muss gelten:
$\cos\varphi_2 = 0{,}95 \rightarrow \varphi_2 = 18{,}2^\circ$

Die Phasenverschiebung wurde also deutlich verringert.

S_1: Scheinleistung vor Zuschalten des Kondensators

S_2: Scheinleistung nach Zuschalten des Kondensators

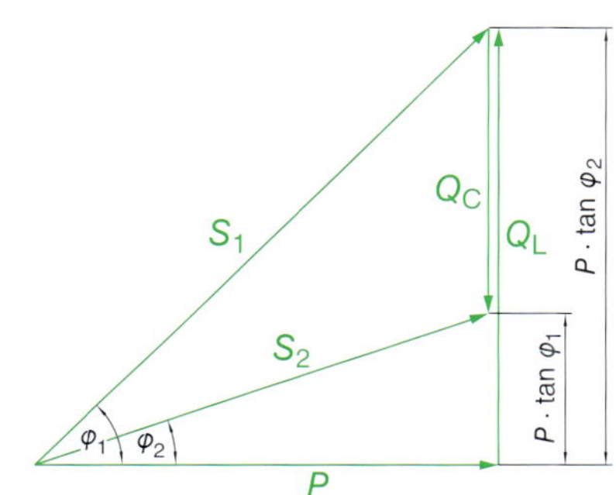

$Q_C = P \cdot \tan\varphi_1 - P \cdot \tan\varphi_2$
$Q_C = P \cdot (\tan\varphi_1 - \tan\varphi_2)$

Kapazitive Blindleistung des zugeschalteten Kondensators.

$P = \frac{U^2}{R}$ entsprechend: $Q_C = \frac{U^2}{X_C}$

$X_C = \frac{1}{\omega \cdot C} \rightarrow Q_C = U^2 \cdot \omega \cdot C$

$Q_C = U^2 \cdot \omega \cdot C \rightarrow C = \frac{Q_C}{\omega \cdot U^2}$

$C = \frac{P \cdot (\tan\varphi_1 - \tan\varphi_2)}{\omega \cdot U^2}$

$\varphi_1 = 41{,}4^\circ \rightarrow \tan\varphi_1 = 0{,}88$

$\varphi_2 = 18{,}2^\circ \rightarrow \tan\varphi_2 = 0{,}328$

$\omega = 2\pi \cdot f = 2\pi \cdot 50\ \text{Hz} = 314\ \frac{1}{\text{s}}$

$C = \frac{1000\ \text{W} \cdot (0{,}88 - 0{,}328)}{314\ \frac{1}{\text{s}} \cdot (230\ \text{V})^2}$

$C = 3{,}32 \cdot 10^{-5}\ \text{F} = 33{,}2\ \mu\text{F}$

Nach Zuschalten des Kondensators hat sich die Scheinleistung von S_1 auf S_2 verringert. Dies kann dem Zeigerbild entnommen werden.

I
230 V
50 Hz
P
cos φ1
C

1 kW
$\cos\varphi_1 = 0{,}75$

Durch Zuschalten des Kondensators hat sich die Stromaufnahme verringert. Die Blindleistung der Schaltung ist nämlich geringer geworden (siehe Zeigerbild).

$\cos\varphi_2 = \frac{P}{S_2} \rightarrow S_2 = \frac{P}{\cos\varphi_2}$

$S_2 = \frac{1000\ \text{W}}{0{,}95} = 1052{,}6\ \text{VA} \qquad S_2 = U \cdot I_2 \rightarrow I_2 = \frac{S_2}{U}$

$I_2 = \frac{1052{,}6\ \text{VA}}{230\ \text{V}} = 4{,}58\ \text{A}$

■ **Wirkleitwert**
$G = \frac{1}{R}$

■ **Induktiver Blindleitwert**
$B_L = \frac{1}{X_L}$

■ **Kapazitiver Blindleitwert**
$B_C = \frac{1}{X_C}$

■ **Scheinleitwert**
$Y = \frac{1}{Z}$

RLC-Parallelschaltung

Bezugsgröße ist die Spannung U.

- I_R ist mit U in Phase.
- I_L eilt U um 90° nach.
- I_C eilt U um 90° voraus.

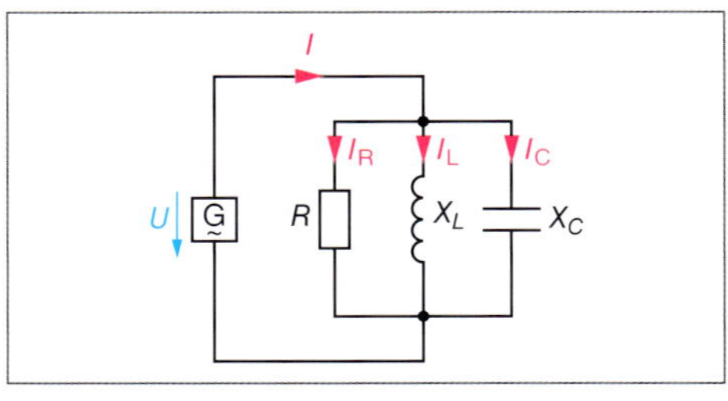

Bild 183 *RLC-Parallelschaltung*

- Schaltung ist *kapazitiv*, wenn $I_C > I_L$.
- Schaltung ist *induktiv*, wenn $I_L > I_C$.

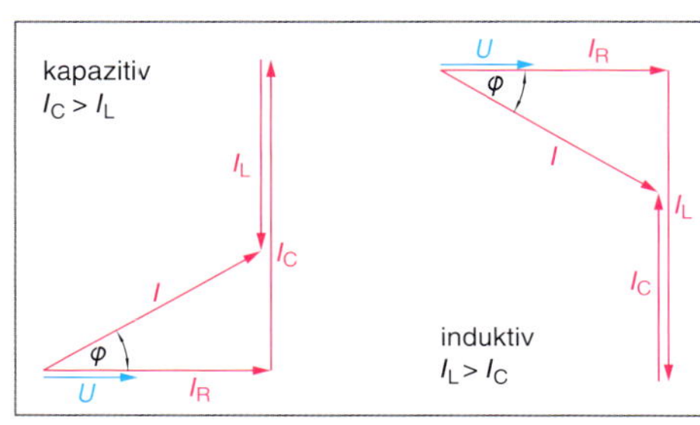

Bild 184 *Stromdreieck*

$I_C > I_L$ (kapazitiv)

$$I = \sqrt{I_R^2 + (I_C - I_L)^2}$$

$$\cos\varphi = \frac{I_R}{I}$$

$$\sin\varphi = \frac{I_C - I_L}{I}$$

$I_L > I_C$ (induktiv)

$$I = \sqrt{I_R^2 + (I_L - I_C)^2}$$

$$\cos\varphi = \frac{I_R}{I}$$

$$\sin\varphi = \frac{I_L - I_C}{I}$$

Leitwertdreieck

Das **Leitwertdreieck** ergibt sich aus dem Stromdreieck, wenn die Ströme durch die Spannung dividiert werden.

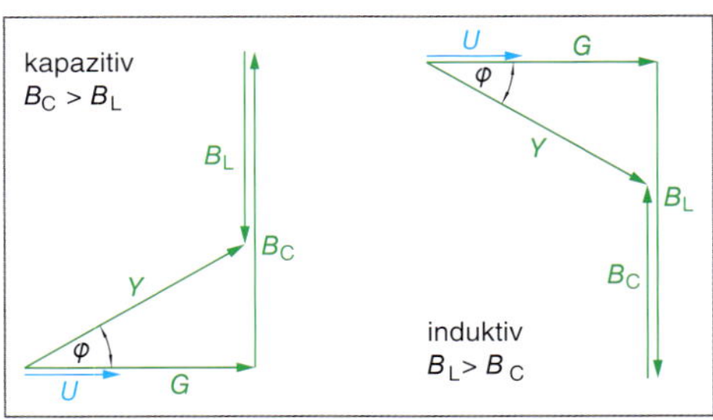

Bild 185 *Leitwertdreieck*

$B_C > B_L$ (kapazitiv)

$$Y = \sqrt{G^2 + (B_C - B_L)^2}$$

$$\cos\varphi = \frac{G}{Y}$$

$$\sin\varphi = \frac{B_C - B_L}{Y}$$

$B_L > B_C$ (induktiv)

$$I = \sqrt{G^2 + (B_L - B_C)^2}$$

$$\cos\varphi = \frac{G}{Y}$$

$$\sin\varphi = \frac{B_L - B_C}{Y}$$

Leistungsdreieck

Werden die Ströme des Stromdreiecks mit der Spannung U multipliziert, ergibt sich das **Leistungsdreieck**.

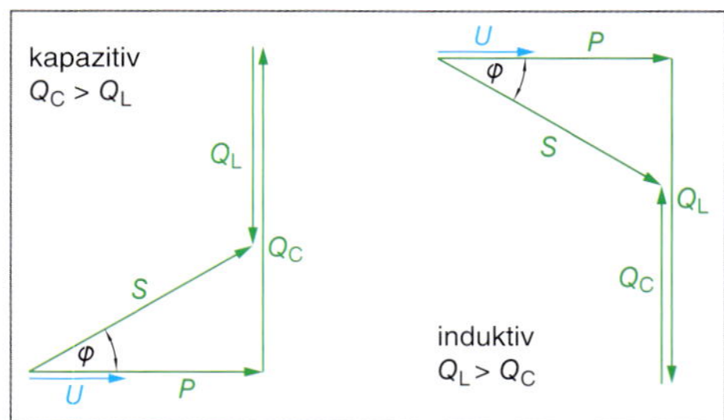

Bild 186 *Leistungsdreieck*

$Q_C > Q_L$ (kapazitiv)

$$S = \sqrt{P^2 + (Q_C - Q_L)^2}$$

$$\cos\varphi = \frac{P}{S}$$

$$\sin\varphi = \frac{Q_C - Q_L}{S}$$

$Q_L > Q_C$ (induktiv)

$$S = \sqrt{P^2 + (Q_L - Q_C)^2}$$

$$\cos\varphi = \frac{P}{S}$$

$$\sin\varphi = \frac{Q_L - Q_C}{S}$$

Resonanz

Bei einer bestimmten Frequenz sind im Wechselstromkreis mit Spule und Kondensator der *induktive* und *kapazitive* Widerstand *gleich groß*.

Diese Frequenz heißt **Resonanzfrequenz**, Formelzeichen f_0.

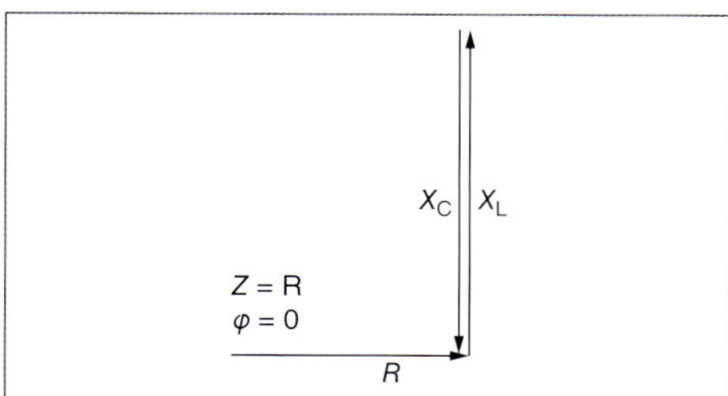

Bild 187 *Widerstände bei Resonanz*

Bei **Resonanzfrequenz** gilt:

$$X_L = X_C$$

$$X_L = 2\pi \cdot f_0 \cdot L$$

$$X_C = \frac{1}{2\pi \cdot f_0 \cdot C}$$

$$2\pi \cdot f_0 \cdot L = \frac{1}{2\pi \cdot f_0 \cdot C}$$

$$(2\pi \cdot f_0)^2 = \frac{1}{L \cdot C} \rightarrow 4\pi^2 \cdot f_0^2 = \frac{1}{L \cdot C}$$

$$f_0 = \frac{1}{2\pi \cdot \sqrt{L \cdot C}}$$

Bei **Resonanzfrequenz** zeigt die Schaltung *rein ohmsches Verhalten* ($Z = R$ und $\varphi = 0$). Man sagt, die Schaltung ist **in Resonanz**.

Reihenschwingkreis

Scheinwiderstand, allgemein

$$Z = \sqrt{R^2 + (X_L - X_C)^2}$$

Resonanzfall ($X_L = X_C$)

$$Z = \sqrt{R^2} = R$$

Die **Stromstärke** bei Resonanz erreicht ihren Höchstwert:

$$I_0 = \frac{U}{R}$$

Spannungsfälle bei Resonanz:

$$U_{R0} = I_0 \cdot R$$

$$U_{L0} = I_0 \cdot \omega_0 \cdot L$$

$$U_{C0} = \frac{I_0}{\omega_0 \cdot C}$$

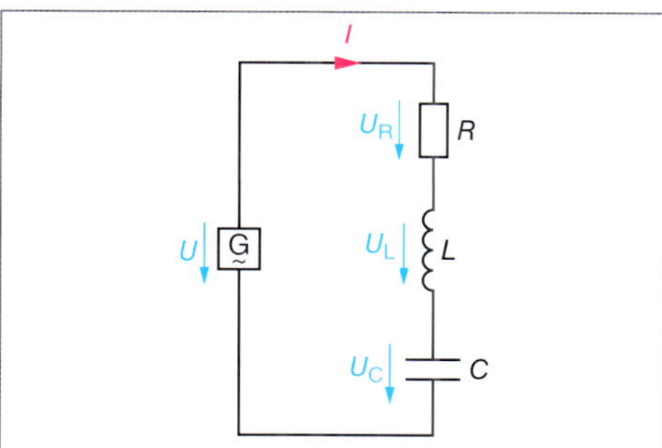

Bild 188 *Reihenschwingkreis*

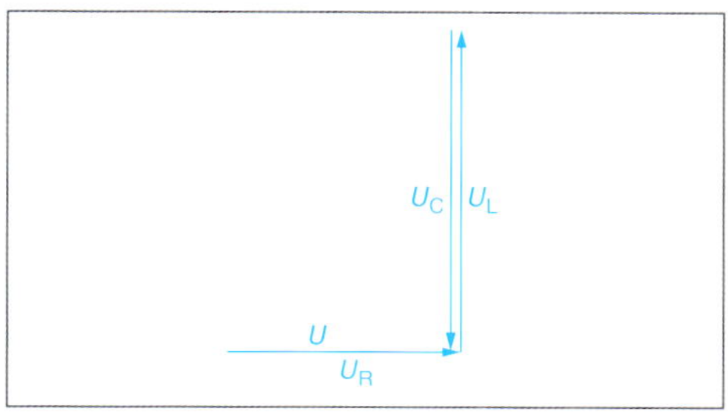

Bild 189 *Zeigerbild der Spannungen*

Wegen des *hohen Stromes* I_0 bei **Resonanz** können an den Blindwiderständen **hohe Spannungsfälle** hervorgerufen werden.

Diese Spannungsfälle können *erheblich höhere Werte* als die anliegende Spannung U sein.

Man spricht daher von einem **Spannungsresonanzkreis**.

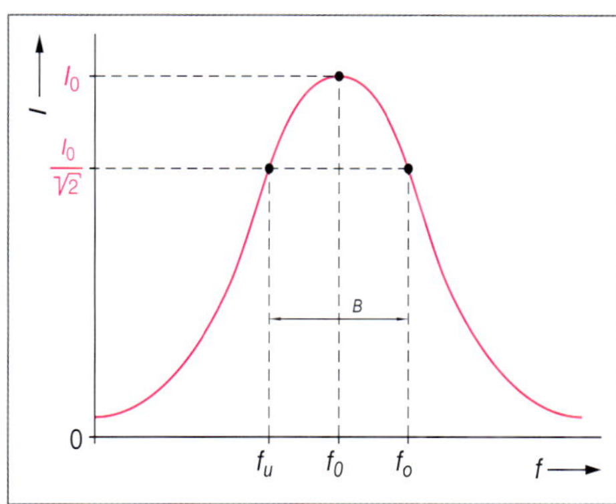

Bild 190 *Reihenschwingkreis, Stromstärke*

Bandbreite

$$B = f_O - f_U$$

B Bandbreite in Hz
f_O obere Grenzfrequenz
f_U untere Grenzfrequenz

■ Resonanz

Bei Resonanz stimmt die Frequenz der Spannungsquelle mit der Eigenfrequenz der *LC*-Schaltung überein.

Dann ist der Energieaustausch zwischen den Blindwiderständen maximal.

Die Spannungsquelle muss dann nur noch die im ohmschen Widerstand des Kreises umgesetzte Wärme aufbringen.

Resonanz
resonance

Resonanzfrequenz
resonance frequency

Resonanzkreis
resonant circuit

Schwingkreis
resonanting circuit

Schwingung
oscillation

Parallelschwingkreis

Resonanz: Die Ströme I_L und I_C heben sich auf. Der Spannungsquelle wird nur noch der **Wirkstrom** I_R entnommen.

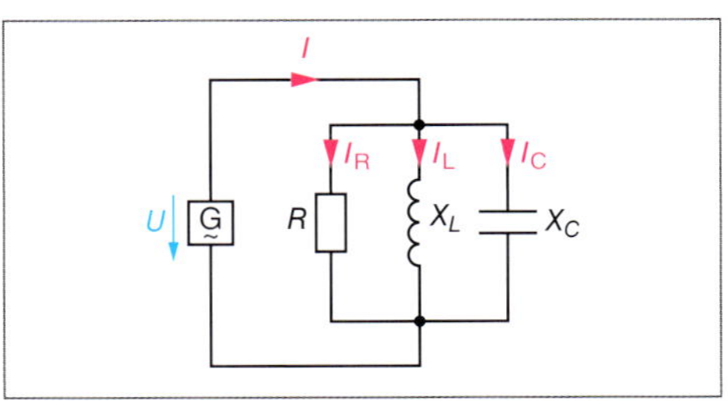

Bild 191 Parallelschwingkreis

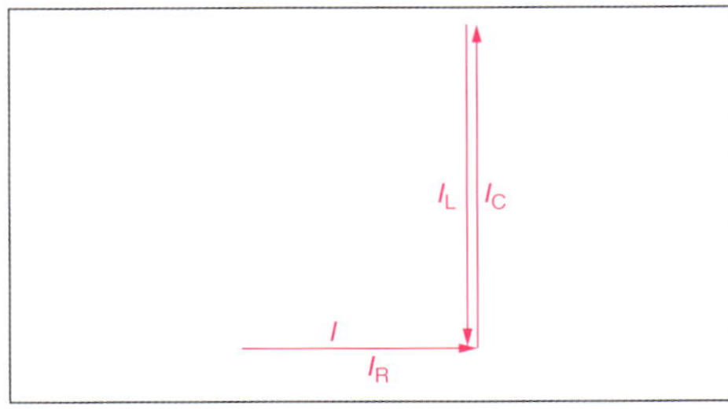

Bild 192 Ströme bei Resonanz

Strom bei **Resonanz**:

$$I_0 = \frac{U}{R}$$

Bei **Resonanz** f_0 nimmt die Schaltung den *maximalen Widerstand* an.

Die Ströme I_L und I_C können dann erheblich größer als der Gesamtstrom I sein. Man spricht dann von **Stromresonanz**.

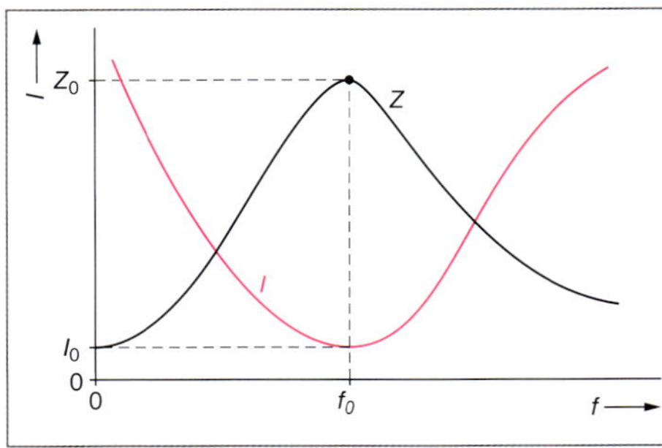

Bild 193 Scheinwiderstand und Stromstärke

Prüfung

1. Berechnen Sie:

Scheinwiderstand, Stromstärke, Spannungsfälle, Phasenverschiebung zwischen Spannung und Strom.

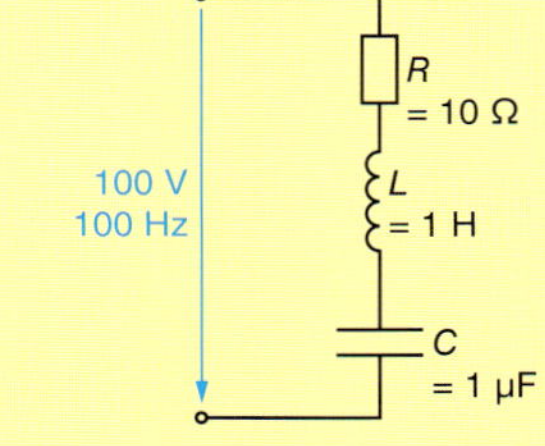

2. Berechnen Sie:

Ströme, Phasenverschiebung zwischen U und I, Scheinwiderstand der Schaltung, Schein-, Blind- und Wirkleistung.

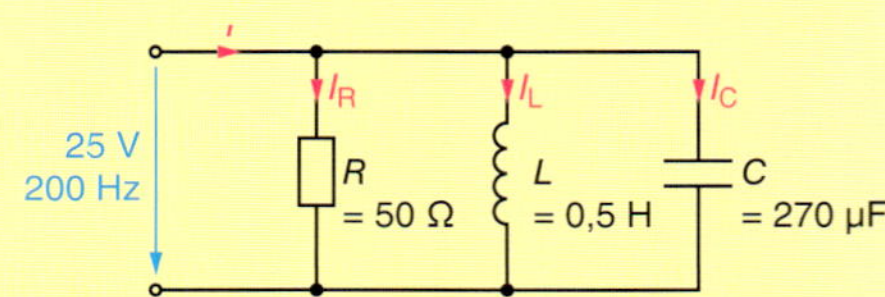

3. Die Reihenschaltung $R = 140\ \Omega$, $L = 600$ mH und $C = 270$ nF ist an $U = 60$ V angeschlossen.

Wie groß ist die Resonanzfrequenz?

Welcher Strom wird der Spannungsquelle bei Resonanz entnommen?

Wie groß sind die Spannungen an L und C bei Resonanz?

4. $R = 80\ \text{M}\Omega$, $L = 80$ mH, $C = 270$ pF sind parallel geschaltet und an $U = 24$ V angeschlossen.

Wie groß ist die Resonanzfrequenz?

Wie groß muss dann C sein?

5. Das LC-Glied soll die Frequenz 5 kHz kurzschließen.

Wie groß muss dann C sein?

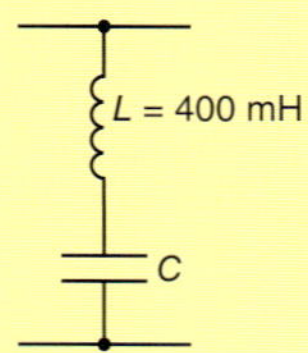

■ **Aufgabenlösung**

@ Interessante Links

- christiani-berufskolleg.de

2.9.3 Dreiphasen-Wechselstromtechnik

Der Hauptstromkreis der Bandsteuerung wird mit drei *Außenleitern*, dem *Neutralleiter* und einem *Schutzleiter* eingespeist → 20. Man bezeichnet diese Art der Einspeisung als **Dreiphasen-Wechselstromsystem.**

L1
L2
L3
N
PE

Bild 194 *Dreiphasen-Wechselstromsystem*

Dreiphasen-Wechselstromsystem (Drehstromsystem):

- **Außenleiterspannungen 400 V**
- **Strangspannungen 230 V**
- **Die höhere Spannung ermöglicht einen Leistungstransport bei geringeren Strömen und damit kleineren Leitungsquerschnitten.**
- **Die niedrigere Spannung ermöglicht den Anschluss von Einphasen-Wechsestrom-Verbrauchern.**
- **Außerdem ermöglicht das Dreiphasensystem den Einsatz von einfachen, robusten und leistungsfähigen Elektromotoren.**

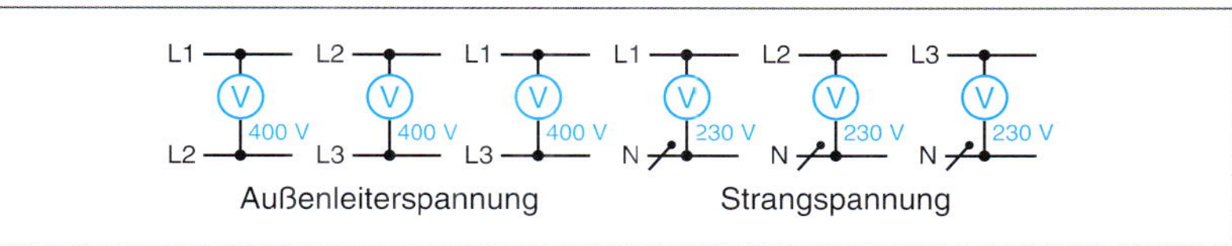

Bild 195 *Außenleiterspannung und Strangspannung*

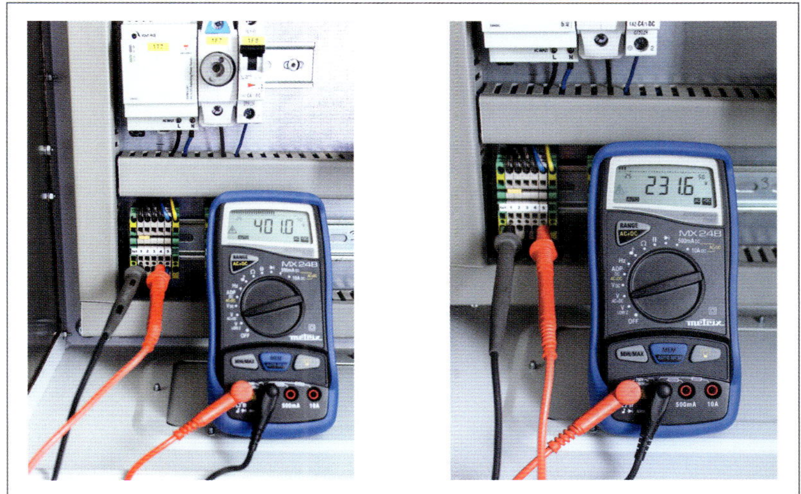

Bild 196 *Messungen der Spannungen an einem Schaltschrank*

Erzeugung und Darstellung

Die *technische Erzeugung* der **Dreiphasen-Wechselspannung** erfolgt in **Generatoren**, in denen *drei* Spulensysteme um 120° versetzt angeordnet sind (360° : 3 = 120°).

- **Spulenanfänge: U1, V1, W1**
- **Spulenenden: U2, V2, W2**

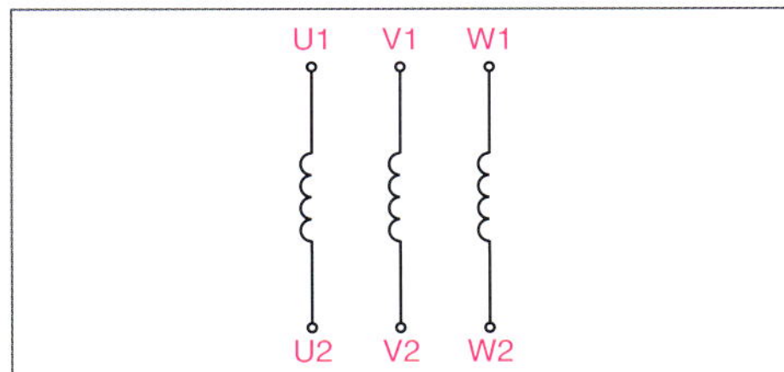

Bild 197 *Spulensystem*

Bei Drehung des *Dauermagneten* (Bild 198) werden in den um 120° versetzt angeordneten Spulen die um 120° *phasenverschobenen Wechselspannungen* erzeugt.

Die Spulen nennt man **Stränge**. Die in ihnen erzeugten Spannungen **Strangspannungen**.

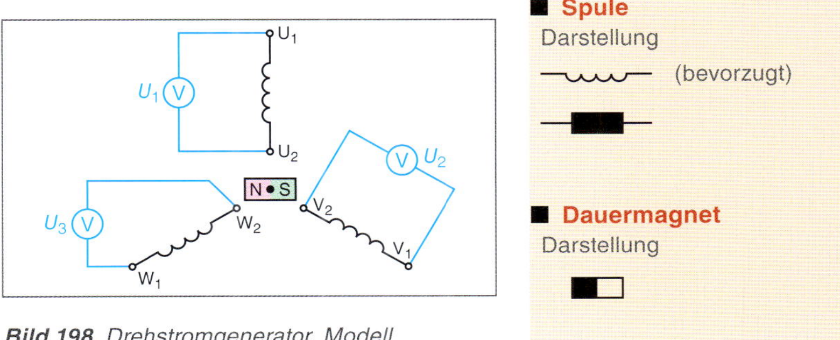

Bild 198 *Drehstromgenerator, Modell*

Spule

Darstellung

(bevorzugt)

Dauermagnet

Darstellung

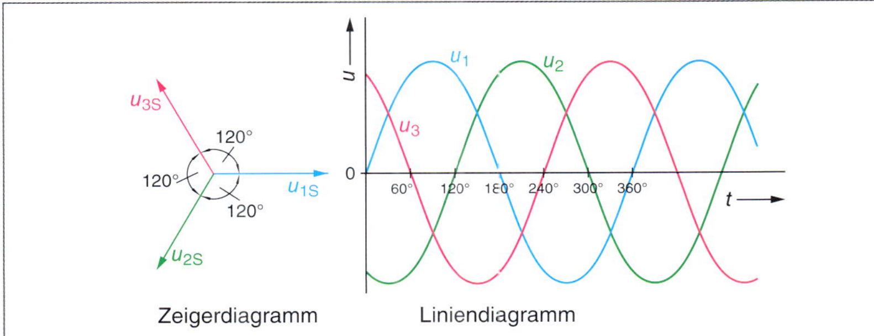

Bild 199 *Strangspannungen im Dreiphasensystem*

Leiterkennzeichnung

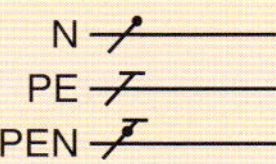

Außenleiterspannung

Spannung zwischen den Außenleitern:

L1 – L2

L2 – L3

L3 – L1

Strangspannung

Spannung an den Strängen (zwischen Außenleiter und N-Leiter):

L1 – N

L2 – N

L3 – N

Bei Sternschaltung liegt jeder Strang an 230 V.

Drehstrom
three-phase current

Dreiphasennetz
three-phase system

Dreiphasenschaltung
three-phase connection

Sternschaltung
star connection,
Y-connection

Dreieckschaltung
delta connection

Strangspannung
phase voltage

Leiterspannung
line voltage

Sternschaltung

Symbol Y

Verkettung

Verkettung ist die Zusammenschaltung der drei Stränge des Dreiphasen-Wechselstromsystems zu einem **gemeinsamen System**.

Ziel der *Verkettung* ist die *Einsparung von Leitungen*.

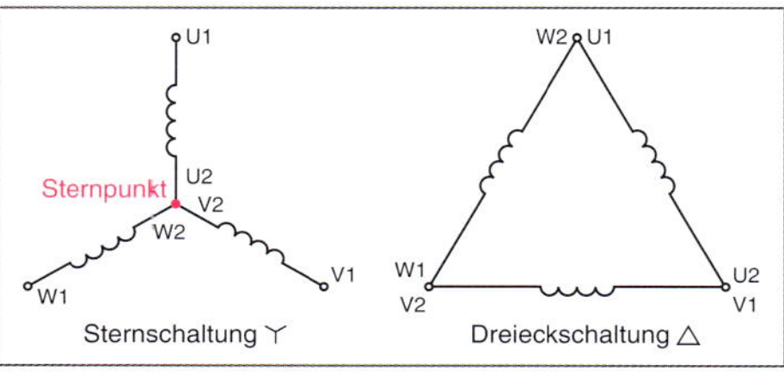

Bild 200 *Verkettete Systeme (Stern/Dreieck)*

Möglich ist die Verkettung, weil die *Summe* der drei Spannungen u_1, u_2, u_3 zu jedem Zeitpunkt *null* ist. Dann kann durch die *Verkettung* kein Kurzschluss hervorgerufen werden.

Auch die *Summe* der Ströme ist *null*.

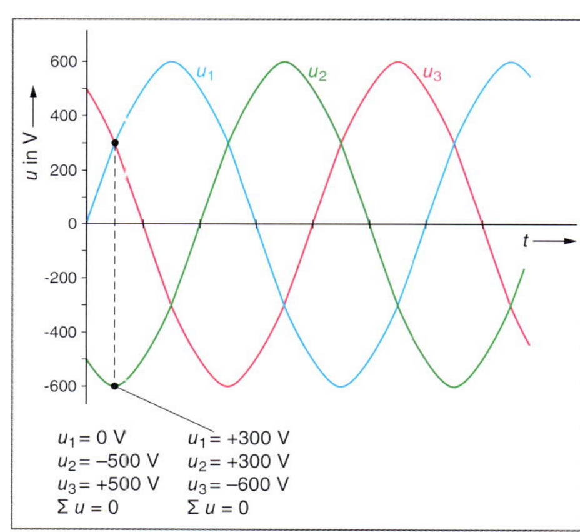

Bild 201 *Summe der Spannungen ist null*

Sternschaltung

Folgende **Spannungen** sind messbar:

- Außenleiterspannungen U_{12}, U_{23}, U_{31}
- Strangspannungen U_1, U_2, U_3

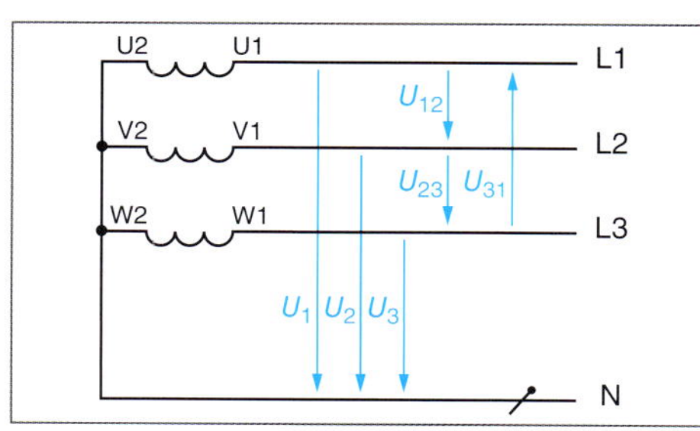

Bild 202 *Sternschaltung, Generator*

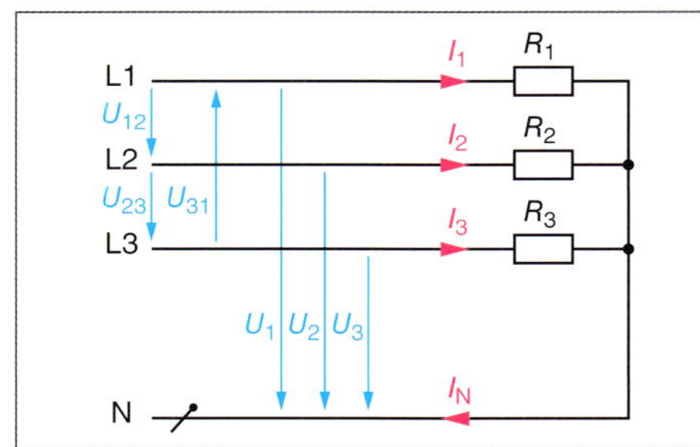

Bild 203 *Sternschaltung, Verbraucher*

Zusammenhang zwischen Außenleiterspannung und Strangspannung

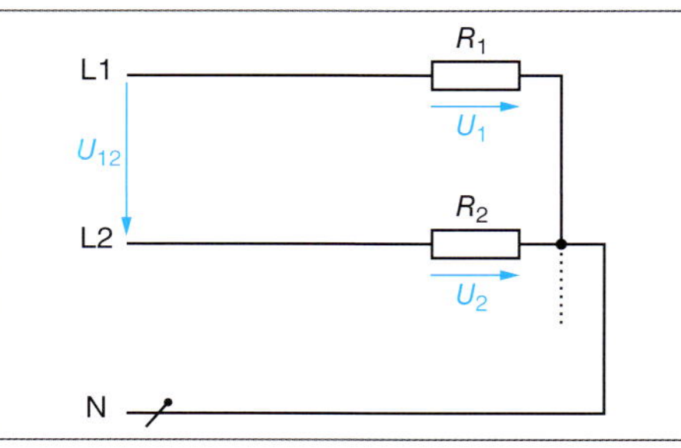

Bild 204 *Außenleiter- und Strangspannung*

$$U_{12} = U_1 - U_2$$

$$U_{12} = U_1 + (-U_2)$$

Geometrische Subtraktion wegen der Phasenverschiebung von 120°.

Die **Subtraktion** kann auf eine **Addition** zurückgeführt werden, wenn der Spannungszeiger U_2 um 180° gedreht wird ($-U_2$).

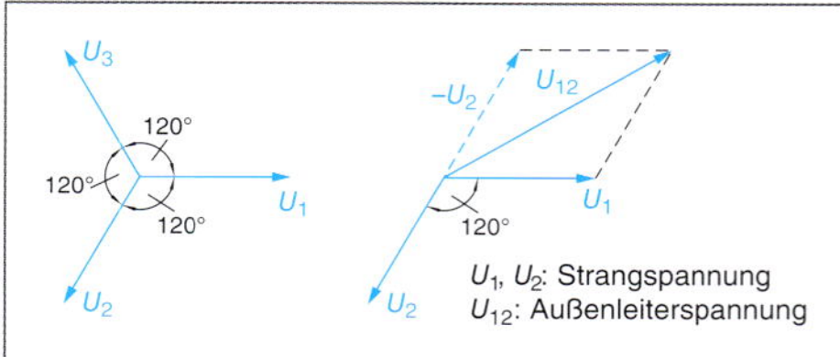

Bild 205 *Geometrische Subtraktion*

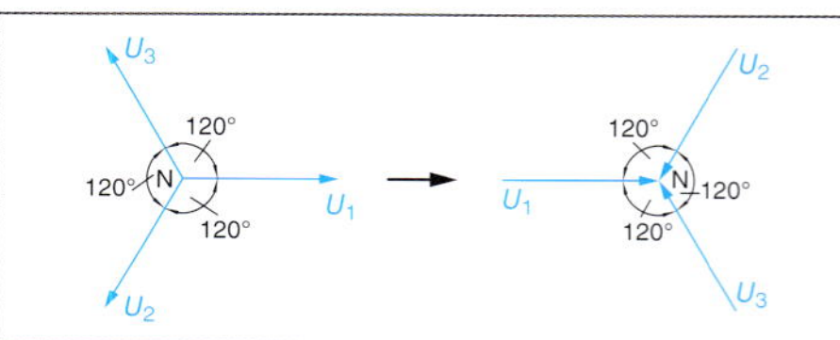

Bild 206 *Strangspannungen*

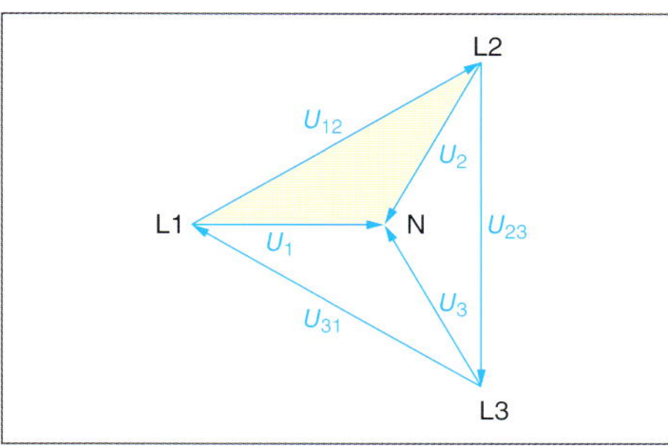

***Bild 207** Strang- und Außenleiterspannungen*

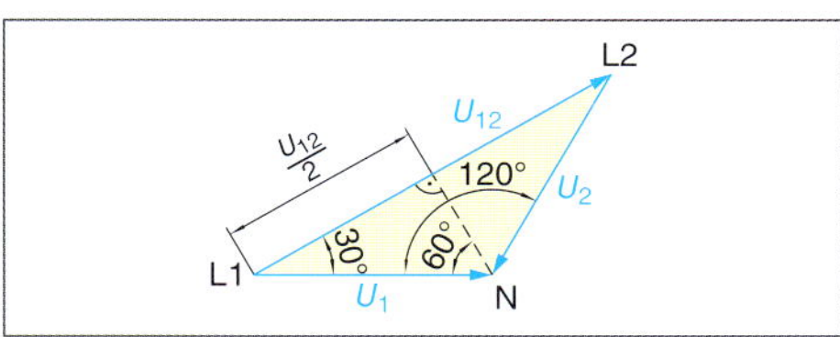

***Bild 208** Außenleiterspannung*

Bestimmung der Außenleiterspannung (Bilder 207, 208):

$$\cos 30^\circ = \frac{\frac{U_{12}}{2}}{U_1}$$

$$U_1 = \frac{U_{12}}{2 \cdot \cos 30^\circ} \qquad \cos 30^\circ = 0{,}866$$

$$U_1 = \frac{U_{12}}{2 \cdot 0{,}866} = \frac{U_{12}}{1{,}73} \qquad 1{,}73 = \sqrt{3}$$

$$U_1 = \frac{U_{12}}{\sqrt{3}} \rightarrow U_{12} = \sqrt{3} \cdot U_1$$

Gilt in gleicher Weise für die anderen Spannungen des Dreiphasen-Wechselstromsystems.

Die Außenleiterspannung ist um den Verkettungsfaktor $\sqrt{3}$ größer als die Strangspannung.

$$U = \sqrt{3} \cdot U_{Str}$$

U Außenleiterspannung in V (U_{12}, U_{23}, U_{31})
U_{Str} Strangspannung in V (U_1, U_2, U_3)

Bei Sternschaltung durchfließt der Strom im Außenleiter auch den Strang (Bild 203, Seite 120).

Bei **Sternschaltung** sind Strangstrom und Außeneiterstrom gleich groß.

$$I = I_{Str}$$

I Außenleiterstrom in A
I_{Str} Strangstrom in A

z. B.

$R_1 = R_2 = R_3 = 115\ \Omega$,
Außenleiterspannung 400 V
Wie groß sind die Strangspannungen und die Ströme?

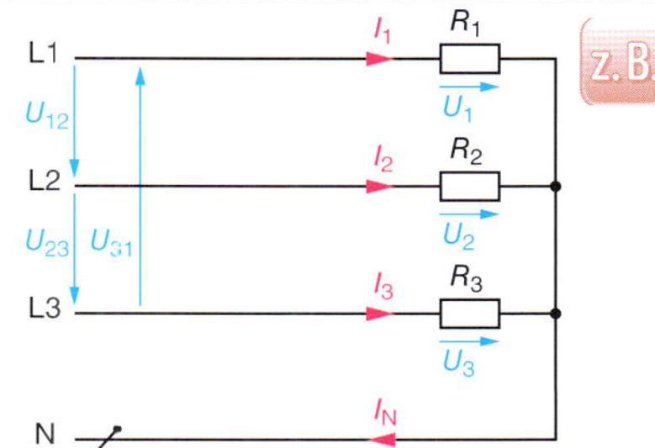

Die Strangspannungen lassen sich unter Berücksichtigung des Verkettungsfaktors bestimmen.

$$U_{Str} = \frac{U}{\sqrt{3}} = \frac{400\ \text{V}}{\sqrt{3}} = 230\ \text{V}$$

$$U_1 = U_2 = U_3 = 400\ \text{V}$$

Jeder Widerstand liegt an 230 V (gegen N).

$$I_1 = I_2 = I_3 = \frac{U_{Str}}{R} = \frac{230\ \text{V}}{115\ \Omega} = 2\ \text{A}$$

Wenn die Außenleiterströme (= Strangströme) gleich groß sind, ist der Strom im N-Leiter null. Man spricht dann von einer symmetrischen Belastung.

$$I_N = 0$$

Symmetrische Belastung bei Sternschaltung

Im obigen Beispiel sind die Ströme in den Außenleitern und damit in den Strängen gleich groß.

Wegen der *rein ohmschen Belastung* sind die Ströme auch mit den zugehörigen Strangspannungen *in Phase*.

Dann ist die *geometrische Summe* der Ströme *null* und im *Neutralleiter* fließt *kein* Strom.

Bei symmetrischer Belastung ist der N-Leiter verzichtbar.

Allgemeine **Voraussetzung für symmetrische Belastung**: Die *Scheinwiderstände Z* der drei Stränge müssen *gleich groß* sein.

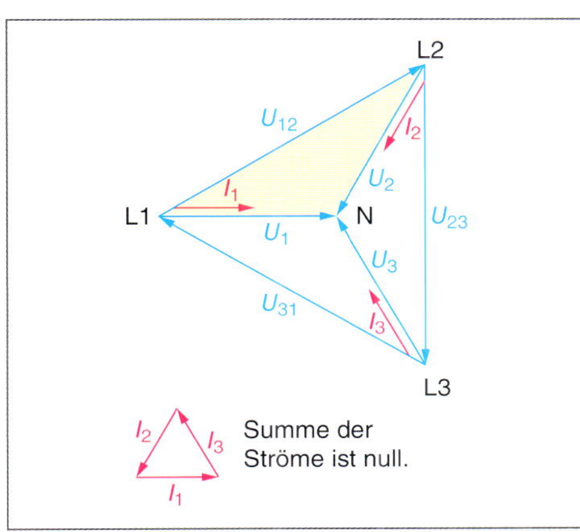

***Bild 209** Symmetrische Belastung, Ströme*

■ **Strom im N-Leiter**

Wenn im N-Leiter kein Strom fließt, kann auf den N-Leiter (Neutralleiter) verzichtet werden.

Das wird beispielsweise beim Anschluss von Drehstrommotoren genutzt, bei denen nur eine 4-adrige Leitung benötigt wird.

■ **Symmetrische Belastung**

Die Stromstärke ist in allen drei Außenleitern gleich groß.

■ **Dreileiter-Drehstromnetz**

Der N-Leiter wird nicht mitgeführt.

■ **Verkettungsfaktor**

$$\frac{\text{Leiterspannung}}{\text{Strangspannung}} = \sqrt{3}$$

■ **Erdung des N-Leiters**

Im Allgemeinen wird der N-Leiter in Drehstromsystemen geerdet.

Dann kann der N-Leiter gegen Erde keine (nennenswerte) Spannung annehmen.

■ **Unsymmetrische Belastung**

tritt zum Beispiel auf, wenn eine Vielzahl von Einphasen-Verbrauchsmitteln am Drehstromnetz betrieben werden.

Dann ist darauf zu achten, dass der N-Leiter unbedingt angeschlossen ist.

Erdung
earthing, earth connection

Neutralleiter
neutral wire

Schutzleiter
protective conductor

■ **Zweiphasenbetrieb**

Ausfall eines Außenleiters; zum Beispiel durch Ansprechen eines Überstromschutzorgans.

Unsymmetrische Belastung bei Sternschaltung

Unsymmetrische Belastung liegt vor, wenn die Scheinwiderstände der drei Stränge *unterschiedlich groß* sind.

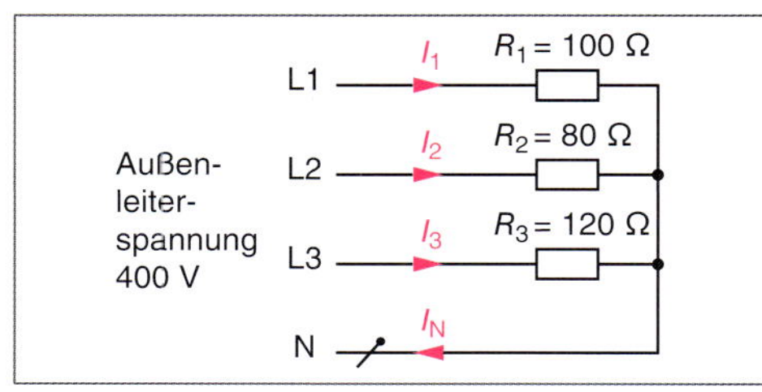

Bild 210 *Unsymmetrische Belastung*

Fall 1: N-Leiter angeschlossen

Außenleiterspannung 400 V
Strangspannung 230 V

$$I_1 = \frac{U_1}{R_1} = \frac{230\ \text{V}}{100\ \Omega} = 2{,}3\ \text{A}$$

$$I_2 = \frac{U_2}{R_2} = \frac{230\ \text{V}}{80\ \Omega} = 2{,}9\ \text{A}$$

$$I_3 = \frac{U_3}{R_3} = \frac{230\ \text{V}}{120\ \Omega} = 1{,}9\ \text{A}$$

Der Strom I_N im N-Leiter ist *nicht null.*

Er ist die *geometrische Summe* der Außenleiterströme = Strangströme.

I_N wird *zeichnerisch* ermittelt (Bild 211).

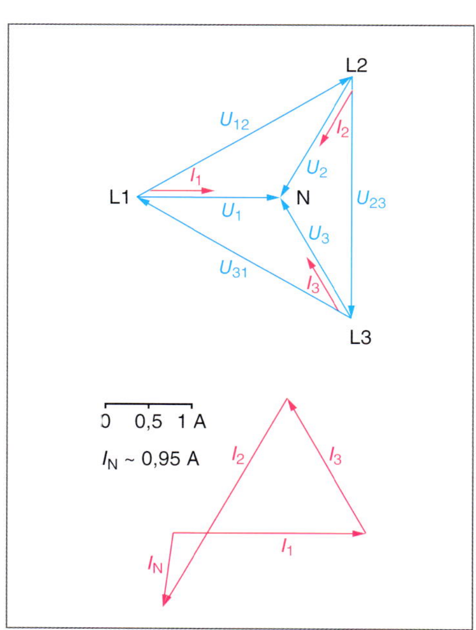

Bild 211 *Bestimmung des N-Leiter-Stromes*

Fall 2: N-Leiter nicht angeschlossen

Die *Außenleiterspannungen* bleiben gleich. Die *Strangspannungen* sind abhängig von den Strangwiderständen und können *unterschiedlich groß* werden.

Das muss unbedingt vermieden werden (Überspannungen am Strang).

Sternschaltung ohne N-Leiter soll bei unsymmetrischer Belastung nicht angewendet werden.

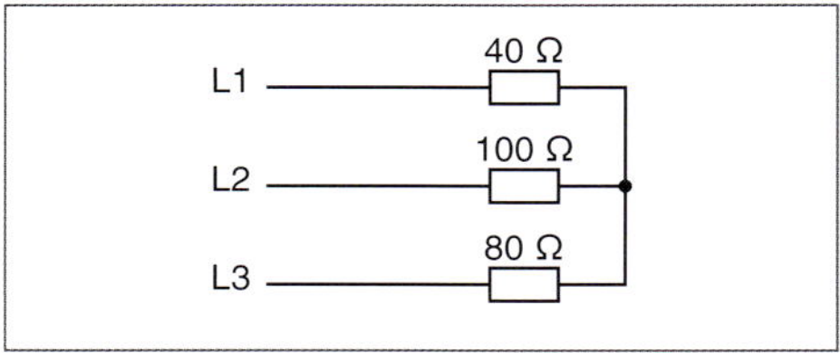

Bild 212 *Unsymmetrische Belastung*

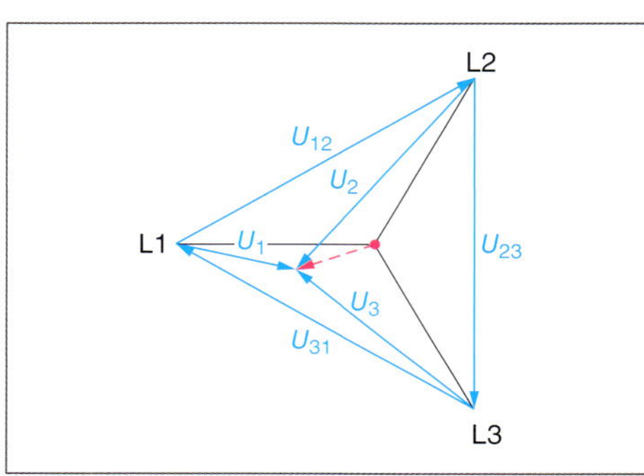

Bild 213 *Strangspannungen ungleich*

Ausfall eines Außenleiters

Strang mit R_3 ist *stromlos.* An beiden anderen Strängen liegen jedoch die Strangspannungen an (Bild 214). **N-Leiter** ist angeschlossen.

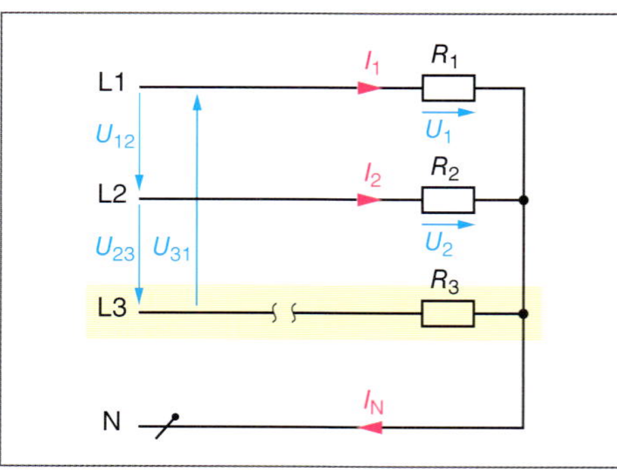

Bild 214 *L3 ist ausgefallen*

$I_1 = \frac{U_1}{R_1}$ $\qquad I_1 = \frac{U_1}{R_1}$ $\qquad I_3 = 0$

Wenn der **N-Leiter nicht angeschlossen** ist, liegen die verbleibenden Strangwiderstände an der Außenleiterspannung (Bild 215).

$$I_1 = I_2 = \frac{U_{12}}{R_1 + R_2}$$

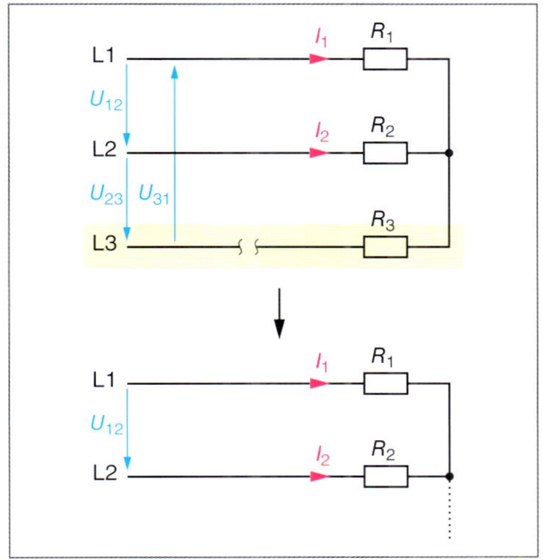

***Bild 215** L3 ist ausgefallen, ohne N-Leiter*

z.B.

Drehstrom-Heizgerät in Sternschaltung.
Wie groß sind die Ströme?
Welchen Wert hat ein Heizwiderstand?
Wie ändert sich die Leistung, wenn ein Außenleiter ausfällt?

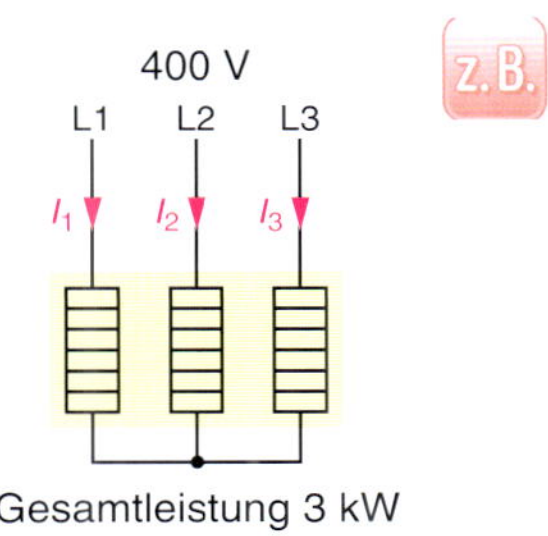

Symmetrischer Drehstromverbraucher:

- alle drei Heizwiderstände gleich
- liegen alle an 230 V
- jeder Widerstand setzt 1 kW um
- alle Ströme gleich

Strangspannung:

$$U_{Str} = \frac{U}{\sqrt{3}} = \frac{400\ \text{V}}{\sqrt{3}} = 230\ \text{V}$$

Ein Heizwiderstand:
1 kW an 230 V

I_1; $P_1 = 1$ kW; $U_1 = 230$ V

$$P_1 = U_1 \cdot I_1 \rightarrow I_1 = \frac{P_1}{U_1}$$

$$I_1 = \frac{1000\ \text{W}}{230\ \text{V}} = 4{,}35\ \text{A}$$

Strangströme: $I_1 = I_2 = I_3 = 4{,}35$ A

Berechnung der Heizwiderstände:

$$P = U \cdot I, \quad P = I^2 \cdot R, \quad P = \frac{U^2}{R}$$

$$P = \frac{U^2}{R} \rightarrow R = \frac{U^2}{P}$$

$$R = \frac{(230\ \text{V})^2}{1000\ \text{W}} = 52{,}9\ \Omega$$

Der N-Leiter ist nicht angeschlossen.

Bei einem symmetrischen Verbraucher auch nicht notwendig.

$R = 52{,}9\ \Omega \rightarrow 2R = 105{,}8\ \Omega$

Strom durch Reihenschaltung:

$$I = \frac{400\ \text{V}}{105{,}8\ \Omega} = 3{,}78\ \text{A}$$

Zwei Heizwiderstände liegen dann in Reihe an 400 V.

400 V treibt durch 105,8 Ω einen Strom von 3,78 A.

Die Leistung halbiert sich bei Ausfall eines Außenleiters.

$P = U \cdot I = 400\ \text{V} \cdot 3{,}78\ \text{A} = 1512\ \text{W}$
$P \approx 1{,}5\ \text{kW}$

Heizgerät
electric heater

Heizwiderstand
heating resistance, heating resistor

Symmetrie
symmetry

Unsymmetrie
asymmetry

Außenleiter
line-to-earth

Dreieckschaltung

Jeder **Strang** der Dreieckschaltung liegt an der **Außenleiterspannung** (U_{12}, U_{23}, U_{31}).

Die beiden in Bild 216 gezeigten Darstellungen sind gleichwertig.

Man erkennt, dass hier die drei Stränge an der Außenleiterspannung liegen.

■ **Dreieckschaltung**
Symbol Δ

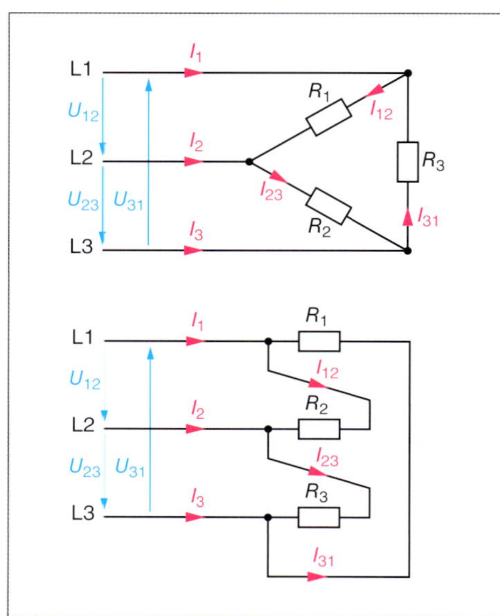

***Bild 216** Dreieckschaltung*

Strangströme

$$I_{12} = \frac{U_{12}}{R_1}$$

$$I_{23} = \frac{U_{23}}{R_2}$$

$$I_{31} = \frac{U_{31}}{R_3}$$

Die *geometrische* Summe der um 120° phasenverschobenen Außenleiterspannungen ist *null*.

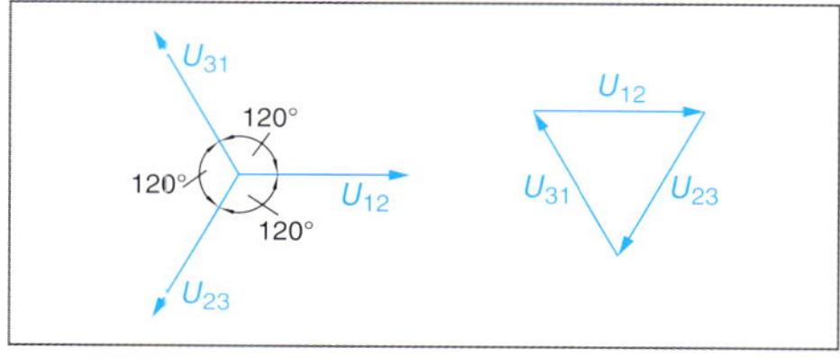

***Bild 217** Außenleiterspannungen*

■ **Verkettungsfaktor**

$$\frac{\text{Leiterstrom}}{\text{Strangstrom}} = \sqrt{3}$$

Für die 3 *Knotenpunkte* der Dreieckschaltung gilt der *1. Kirchhoffsche Satz*.

Knotenpunkt 1

$I_1 + I_{31} - I_{12} = 0 \rightarrow I_1 = I_{12} - I_{31}$

Knotenpunkt 2

$I_3 + I_{23} - I_{31} = 0 \rightarrow I_3 = I_{31} - I_{23}$

Knotenpunkt 3

$I_2 + I_{12} - I_{23} = 0 \rightarrow I_2 = I_{23} - I_{12}$

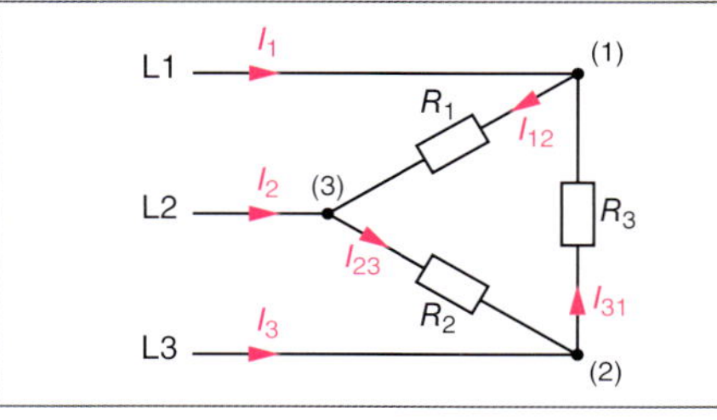

***Bild 218** Ströme bei Dreieckschaltung*

Die *geometrische* Subtraktion soll beispielhaft für den *Knotenpunkt 1* durchgeführt werden.

$I_1 = I_{12} + (-I_{31})$

Die gleichen Überlegungen wie bei den Spannungen der Sternschaltung (Seite 121) führen zu dem Ergebnis:

$I_1 = \sqrt{3} \cdot I_{31}$

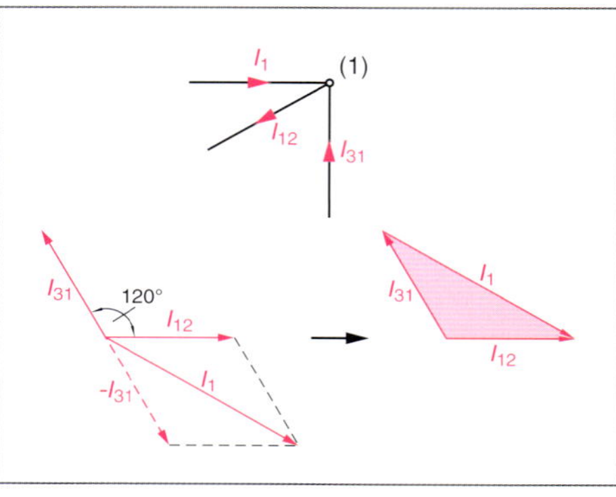

***Bild 219** Strang- und Außenleiterstrom*

Bei Dreieckschaltung ist der Außenleiterstrom um den Verkettungsfaktor $\sqrt{3}$ größer als der Strangstrom.

$$I = \sqrt{3} \cdot I_{Str} \rightarrow I_{Str} = \frac{I}{\sqrt{3}}$$

I Außenleiterstrom in A (I_1, I_2, I_3)
I_{Str} Strangstrom in A (I_{12}, I_{23}, I_{31})

Unsymmetrische Belastung bei Dreieckschaltung

Die **Strangströme** sind unterschiedlich:

$$I_{12} = \frac{U_{12}}{R_1} \quad I_{23} = \frac{U_{23}}{R_2} \quad I_{31} = \frac{U_{31}}{R_3}$$

Zur Ermittlung der **Außenleiterströme** dient ein *maßstäbliches Zeigerbild*.

z. B.

$R_1 = R_2 = R_3 = 400\ \Omega$
Wie groß sind die Außenleiterströme?

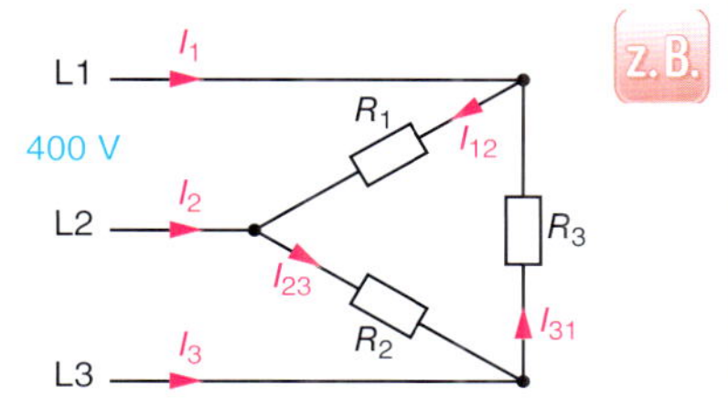

Zunächst werden die Strangströme berechnet. Der Verbraucher ist symmetrisch, die Strangströme sind gleich.	$I_{12} = \frac{U_{12}}{R_1} = \frac{400\ \text{V}}{400\ \Omega} = 1\ \text{A}$ $I_{12} = I_{23} = I_{31} = 1\ \text{A}$
Die Außenleiterströme sind um den Verkettungsfaktor $\sqrt{3}$ größer.	$I_1 = \sqrt{3} \cdot I_{12} = \sqrt{3} \cdot 1\ \text{A} = 1{,}73\ \text{A}$ $I_1 = I_2 = I_3 = 1{,}73\ \text{A}$

z. B.

Die **Strangströme** sind unterschiedlich.

$I_{12} = \frac{U_{12}}{R_1} \quad I_{23} = \frac{U_{23}}{R_2} \quad I_{31} = \frac{U_{31}}{R_3}$

Zur Ermittlung der **Außenleiterströme** dient bei unsymmetrischer Belastung ein **maßstäbliches Zeigerbild**.

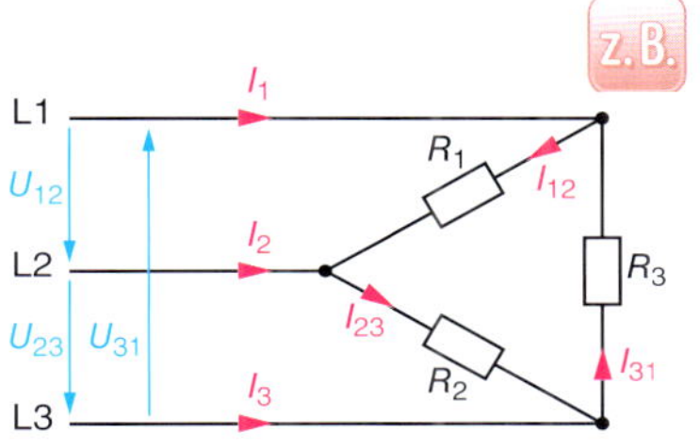

$R_1 = 400\ \Omega$, $R_2 = 160\ \Omega$, $R_3 = 300\ \Omega$, Außenleiterspannung 400 V.
Bestimmen Sie die Ströme in der Dreieckschaltung.

Zunächst werden die Strangströme berechnet.

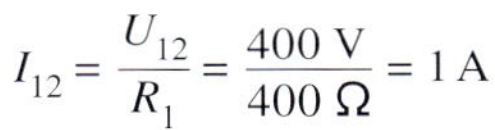

$$I_{12} = \frac{U_{12}}{R_1} = \frac{400\ \text{V}}{400\ \Omega} = 1\ \text{A}$$

Die Schaltung ist unsymmetrisch, die Ströme sind nicht gleich.

$$I_{23} = \frac{U_{23}}{R_2} = \frac{400\ \text{V}}{160\ \Omega} = 2{,}5\ \text{A}$$

$$I_{31} = \frac{U_{31}}{R_3} = \frac{400\ \text{V}}{300\ \Omega} = 1{,}33\ \text{A}$$

Die Außenleiterströme werden mithilfe eines maßstäblichen Zeigerbildes bestimmt.

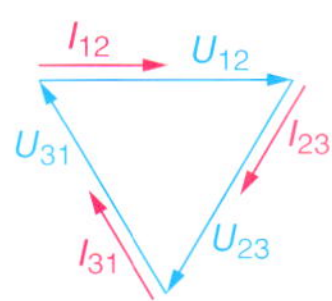

Bei ohmschen Widerständen sind die Ströme mit den zugehörigen Spannungen in Phase.

Sie werden aus dem oberen Dreieck parallel verschoben und maßstäblich aufgetragen.

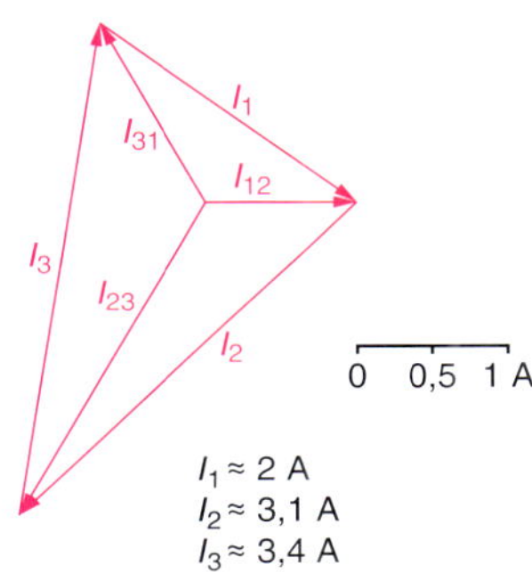

$I_1 \approx 2\ \text{A}$
$I_2 \approx 3{,}1\ \text{A}$
$I_3 \approx 3{,}4\ \text{A}$

Bei unsymmetrischer Belastung sind die Ströme in den Strängen und in den Außenleitern ungleich.

Die Außenleiterströme können durch ein maßstäbliches Zeigerbild ermittelt werden.

Ausfall eines Außenleiters

Die Schaltung ändert sich wie in Bild 220 dargestellt.

$$I_{12} = \frac{U_{12}}{R_1}$$

$$I_{23} = I_{31} = \frac{U_{12}}{R_2 + R_3}$$

Der Strom I_1 im Außenleiter ist gleich der *geometrischen* Summe der beiden Strangströme.

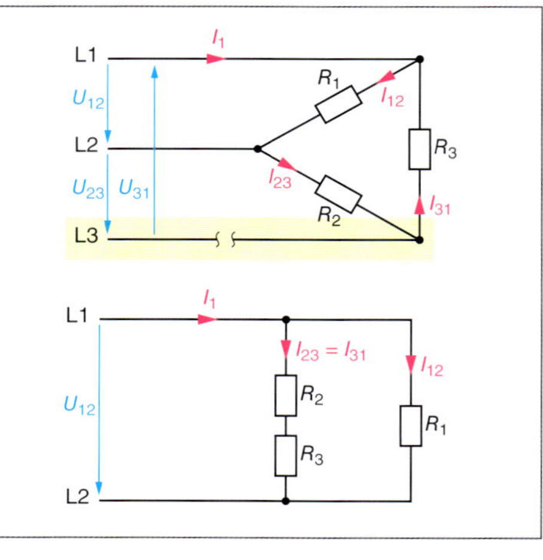

***Bild 220** Ausfall eines Außenleiters*

Leistung im Dreiphasen-Wechselstromsystem

Stern- und Dreieckschaltung mit symmetrischer Belastung

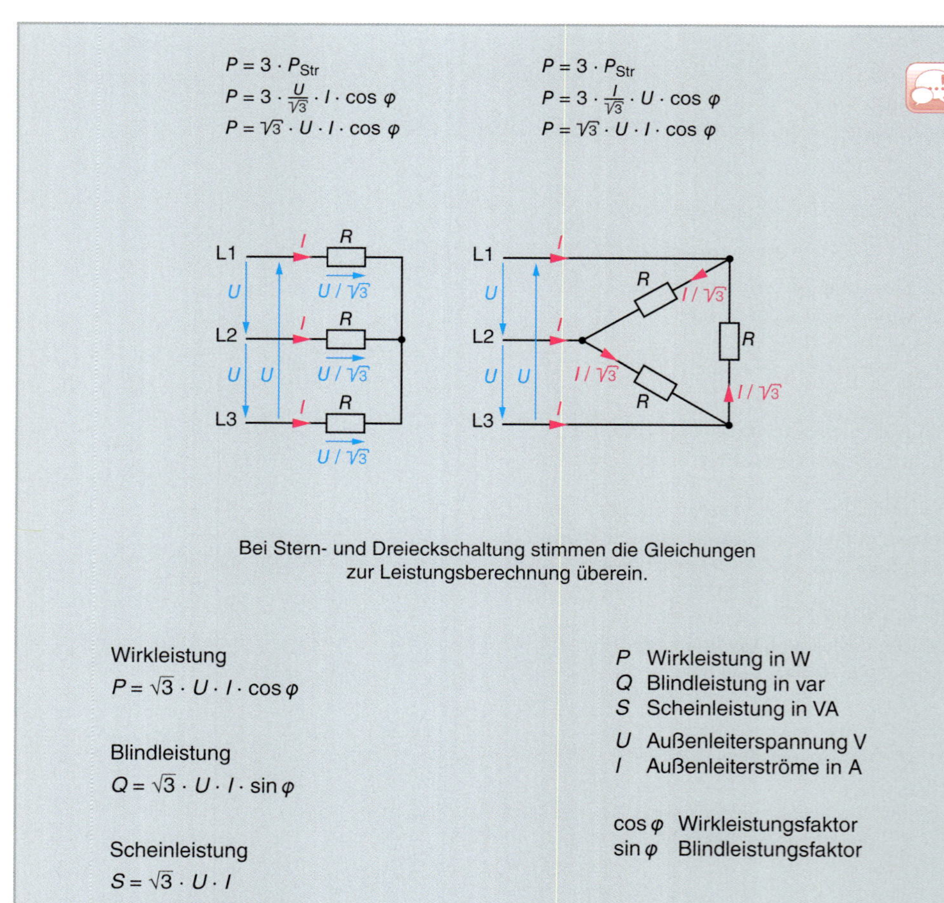

■ **Gesamtleistung**

Die Gesamtleistung im Dreiphasensystem ist die Summe der drei Strangleistungen.

Bei symmetrischer Belastung sind die drei Strangleistungen gleich. Dann gilt:

$P = 3 \cdot P_{Str}$

Drehstromnetz: 400 V

Drei Heizwiderstände nehmen in Sternschaltung zusammen die Leistung 3 kW auf.
Wie ändert sich die Leistung, wenn die gleichen Heizwiderstände in Dreieck geschaltet werden?

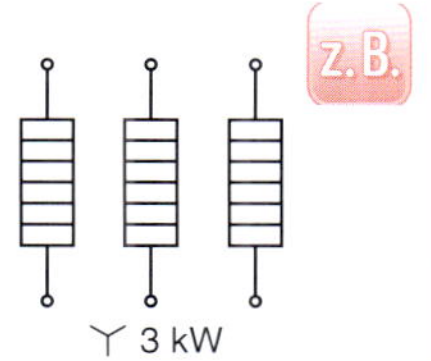

z.B.

Bestimmung des Strangwiderstandes. Strangleistung P_{Str} = 1 kW in Sternschaltung. Strangspannung 230 V.

$$P_{Str} = \frac{U_{Str}^2}{R_{Str}} \rightarrow R_{Str} = \frac{U_{Str}^2}{P_{Str}}$$

$$R_{Str} = \frac{(230\ \text{V})^2}{1000\ \text{W}} = 52{,}9\ \Omega$$

Bei Umschaltung in Dreieck ändert sich der Strangwiderstand nicht.

Allerdings liegen dann 400 V an jedem Strangwiderstand.

$$P_{Str_\Delta} = \frac{U_{Str_\Delta}^2}{R_{Str}} = \frac{(400\ \text{V})^2}{52{,}9\ \Omega} = 3000\ \text{W}$$

Die Strangleistung hat sich gegenüber Sternschaltung verdreifacht.

$$P_\Delta = 3 \cdot P_Y \rightarrow \frac{P_\Delta}{P_Y} = 3$$

Heizgerät in Stern: $P_Y = 3$ kW
Heizgerät in Dreieck: $P_\Delta = 9$ kW

Zu beachten ist, dass an den Heizwiderständen in Stern 230 V, in Dreieck aber 400 V anliegen.

Unbedingt Bemessungsspannung der Heizwiderstände beachten.

■ **Vorsicht!**
Nicht jedes Drehstrom-Verbrauchsmittel ist für den Betrieb in Dreieckschaltung geeignet.

Unbedingt das Leistungsschild beachten.

Drehstrommotor: P = 11 kW; I = 21,5 A; U = 400 V; $\cos\varphi = 0{,}83$
Welche Leistung nimmt der Motor auf? Wie groß ist die Blindleistung?

z.B.

Angegeben ist die an der Welle abgegebene mechanische Leistung (11 kW).

Die aufgenommene elektrische Leistung ist größer.

$$P = \sqrt{3} \cdot U \cdot I \cdot \cos\varphi$$
$$P = \sqrt{3} \cdot 400\ \text{V} \cdot 21{,}5\ \text{A} \cdot 0{,}83$$
$$P = 12{,}35\ \text{kW}$$

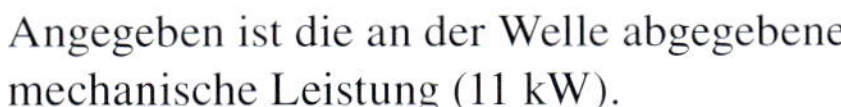
$\cos\varphi = 0{,}83 \rightarrow \varphi = 33{,}9° \rightarrow \sin\varphi = 0{,}558$

$$Q = \sqrt{3} \cdot U \cdot I \cdot \sin\varphi$$
$$Q = \sqrt{3} \cdot 400\ \text{V} \cdot 21{,}5\ \text{A} \cdot 0{,}558$$
$$Q = 8{,}3\ \text{kvar}$$

Drehstrommotor *three-phase motor*

Einphasenbetrieb *single-phase operation*

Verbrauchsmittel *consumer unit*

Betriebsmittel *appliance*

Elektrische Betriebsmittel *electrical equipment*

Unsymmetrische Belastung

Wenn zum Beispiel an einem **Vierleiter-Drehstromnetz** Einphasen-Verbrauchsmittel angeschlossen werden, ist eine unsymmetrische Belastung unvermeidlich (Bild 221).

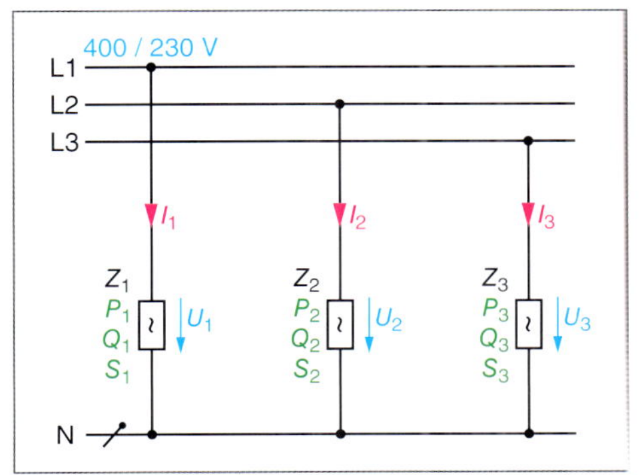

Bild 221 *Unsymmetrische Belastung*

Wirkleistung

$P = P_1 + P_2 + P_3 + \cdots$

Blindleistung

$Q = Q_1 + Q_2 + Q_3 + \cdots$

Scheinleistung

$S = \sqrt{P^2 + Q^2}$

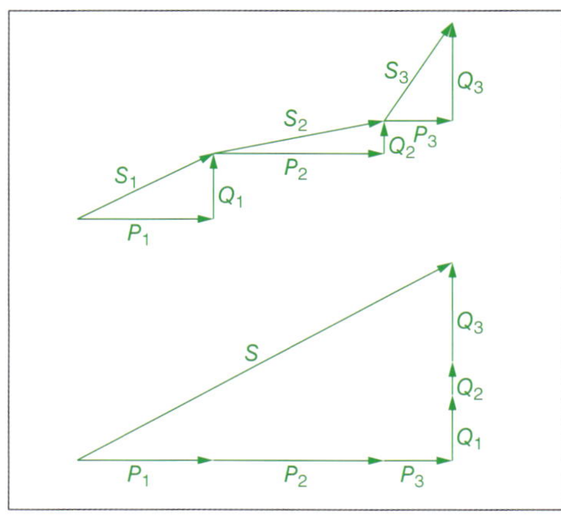

Bild 222 *Unsymmetrische Belastung*

■ **Aufgabenlösung**

@ Interessante Links

• christiani-berufskolleg.de

Prüfung

1. Die Widerstände R_1, R_2, R_3 haben jeweils den Wert 115 Ω und werden in Sternschaltung an die Außenleiterspannung 400 V angeschlossen.
Welche Spannungen liegen an den Widerständen?
Von welchen Strömen werden die Widerstände durchflossen?

2. Berechnen Sie die Außenleiterströme.
Wie groß ist die Phasenverschiebung zwischen Spannung und Strom?
Welche Wirkleistung wird in der Schaltung umgesetzt?
Außenleiterspannung 400 V/50 Hz, R = 46 Ω, L = 250 mH

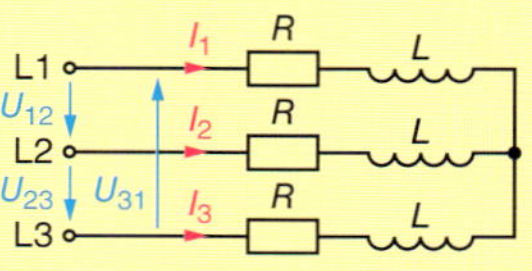

3. Bestimmen Sie alle Ströme.
Welche Wirkleistung wird in der Schaltung umgesetzt?
400 V/50 Hz, R_1 = 150 Ω, R_2 = 200 Ω, R_3 = 300 Ω

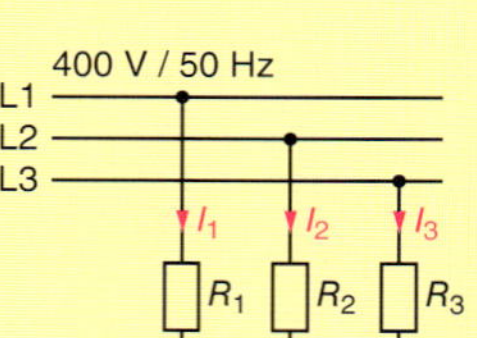

4. Welcher Strom fließt in den Außenleitern?
Wie groß ist die induktive Blindleistung?
400 V/50 Hz, P = 11 kW, cos φ = 0,86

5. Der Außenleiter L3 ist unterbrochen.
Wie groß sind die Ströme in den Außenleitern L1 und L2?
Um wie viel Prozent verringert sich die Leistung bei Ausfall eines Außenleiters?
400 V, alle Widerstände 80 Ω

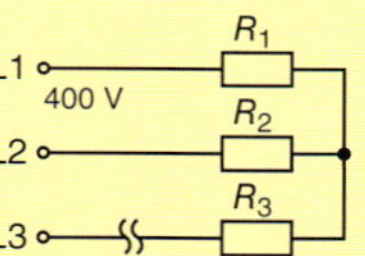

6. Berechnen Sie die Strangströme und die Außenleiterströme.
Welche Wirkleistung wird in der Dreieckschaltung umgesetzt?
400 V, R_1 = 60 Ω, R_2 = 100 Ω, R_3 = 200 Ω

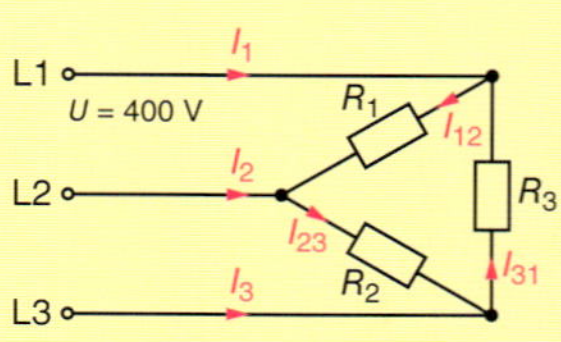

3 Steuerungen analysieren, ändern und entwickeln

Der Ausbilder übergibt Ihnen den **Steuerstromkreis** der Bandsteuerung.

Er fordert Sie auf, sich in diesen Plan einzuarbeiten, ihn zu analysieren, um später Änderungen vornehmen zu können.

Der spätere Änderungsauftrag erfordert den Umbau, die Erweiterung der bestehenden Steuerung, eventuell die Umstellung auf eine SPS-Steuerung. Daher ist eine genaue Kenntnis der Ausgangssituation notwendig.

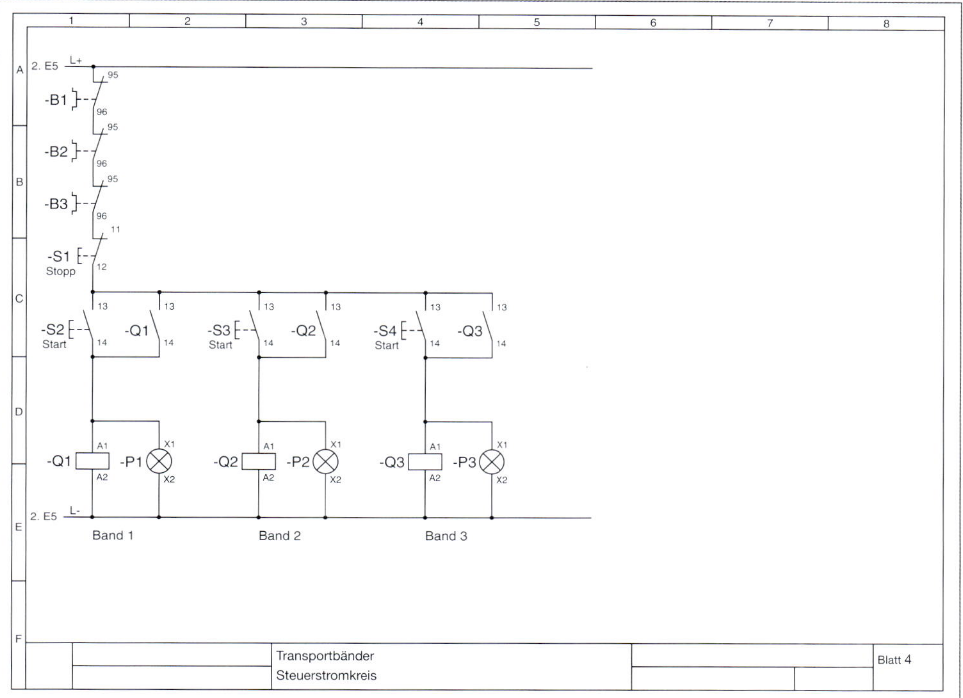

Bild 1 *Steuerstromkreis der Bandsteuerung (siehe auch Seite 20)*

3.1 Steuerungsaufbau

Wesentlicher Bestandteil der Steuerung sind die **Schütze** Q1 bis Q3.

Zur Anwendung kommen **Gleichstromschütze** mit Spulenspannungen von 24 V DC.

Kontaktbezeichnung beim Schütz

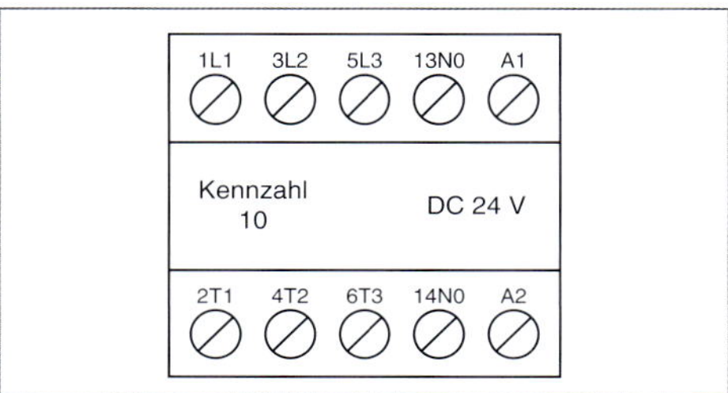

Bild 2 *Drehstromschütz*

Hilfsschaltglieder

Schließer	Früh-schließer	Öffner	Spät-öffner
x3 / x4	x7 / x8	x1 / x2	x5 / x6

Darstellung eines Hauptschützes

-Q1 A1 A2 1 2 3 4 5 6 13 14 23 24 31 32

3 Hauptschaltglieder
3 Hilfsschaltglieder, Kennziffer 21

Bild 3 *Hauptschütz (Lastschütz)*

Steuerung
control, open loop control

Auftrag
job

Änderung
change, alteration, modification

Schütz
contactor, control gate

Schaltglied
switching element

Darstellung
presentation

Kontakt
contact

Hauptschütz
master contactor

Hilfsschütz
auxiliary contactor

Schließer
closer, normally open contact, NO

Öffner
normally close contact, NC

Außerdem mögliche Darstellung eines Hauptschützes

Bild 4 Hauptschütz (Lastschütz)

Hilfsschütze

Grundsätzlich gleicher Aufbau wie Hauptschütze. Haben aber nur **Hilfsschaltglieder** mit relativ geringer Belastbarkeit (2 bis 20 A).

Eingesetzt werden sie z. B. für das Schalten von *Verriegelungs-* und *Verknüpfungsfunktionen* und zur *Kontaktvervielfachung.*

■ **Kontaktvervielfachung**
Wenn in einer Schützsteuerung ein Sensorsignal mehrfach abgefragt werden soll, ist zur Kontaktvervielfachung ein Hilfsschütz einzusetzen.

Vor allem bei elektropneumatischen Steuerungen kommt das häufig vor.

Wichtige Kenndaten von Schützen

- **Mechanische Lebensdauer**
  Wird in Schaltspielen angegeben. Ein Schaltspiel ist ein Ein- und Ausschaltvorgang.
- **Schwankende Steuerspannung**
  Das Schütz muss im Spannungsbereich 0,85 bis 1,1 · U_N sicher anziehen. Bei U_N = 24 V bedeutet das einen Spannungsbereich von 20,4 V bis 26,6 V.
- **Steuerspannung**
  Übliche Steuerspannungen sind 230 V AC, 24 V AC und 24 V DC.
  Vorteil der Steuerspannung 230 V AC: Im Steuerstromkreis (und damit über die Schaltkontakte) fließen deutlich geringere Ströme bzw. müssen von den Kontakten unterbrochen werden.

■ **Induktivität**
Die Induktivität nimmt mit dem Quadrat der Windungszahl zu (N^2).

Eine 10-fache Windungszahl würde also eine 100-fache Induktivität bedeuten: $10^2 = 100$

Beispiel:

Halteleistung eines Schützes: $P = 6$ W

Stromstärke bei 230 V:

$$I = \frac{P}{U} = \frac{6\ \text{W}}{230\ \text{V}} = 26\ \text{mA}$$

Stromstärke bei 24 V:

$$I = \frac{P}{U} = \frac{6\ \text{W}}{24\ \text{V}} = 250\ \text{mA}$$

Vorsicht bei Schützen mit Steuerpannungen von 24 V!

Unbedingt beachten, ob es sich um ein **AC-** oder **DC-Schütz** handelt. Das ist oftmals nur durch die **Aufschrift** zu unterscheiden. Ansonsten sehen die Schütze gleich aus (Bild 5).

- **24-V-DC-Schütz irrtümlich an 24-V-Wechselspannung angeschlossen.** Folge: Schütz zieht nicht an, keine Funktion aber auch kein Schaden.

■ X_L
induktiver Widerstand → 102

■ Z
Scheinwiderstand → 106

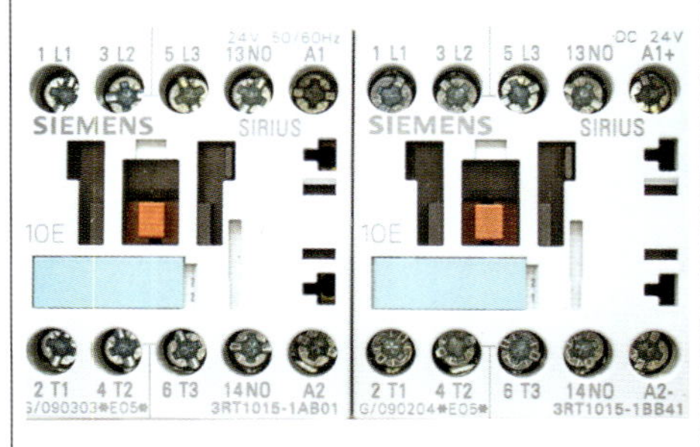

Bild 5 AC- und DC-Schütz

- **24-V-AC-Schütz irrtümlich an 24-V-Gleichspannung angeschlossen.** Folge: Nach kurzer Zeit erwärmt sich die Schützspule unzulässig; Zerstörung.

Begründung:

Beim **DC-Schütz** muss der Spulenstrom durch den *ohmschen Spulenwiderstand* begrenzt werden. Ein induktiver Widerstand tritt an Gleichspannung *nicht* auf.

Der dann vergleichsweise *hohe ohmsche Spulenwiderstand* kann nur durch eine *große Drahtlänge* der Spulenwicklung erreicht werden.

Drahtlänge l groß → R_L groß → N groß → Induktivität L groß

DC-Schütz an AC: Zusätzlich zum ohmschen Widerstand wird dann (ungewollt) der induktive Widerstand wirksam.

Der Spulenstrom wird zu gering, das Schütz zieht nicht an.

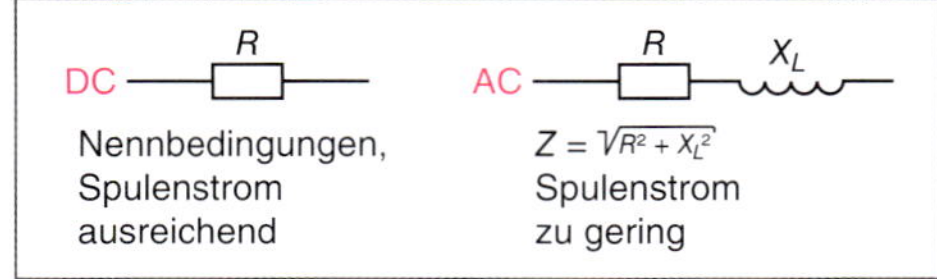

Bild 6 DC-Schütz an AC

AC-Schütz an DC: Das AC-Schütz ist so ausgelegt, dass der strombegrenzende Einfluss von X_L berücksichtigt wird.

Bei Anschluss an Gleichspannung entfällt der Einfluss von X_L.

Der Spulenstrom wird zu groß.

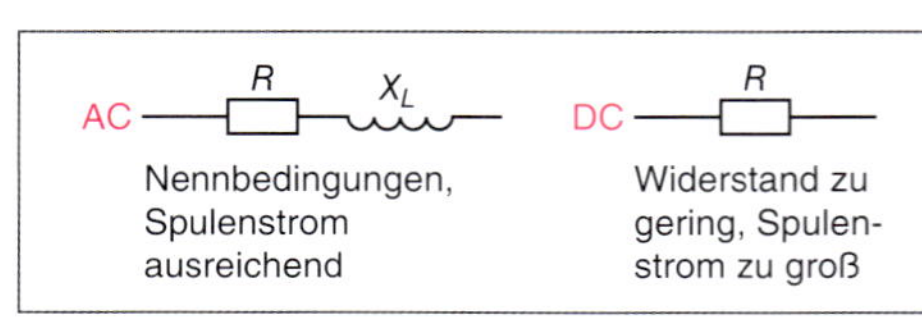

Bild 7 AC-Schütz an DC

Schütze sind Schaltgeräte, die mit *Hilfsenergie* betätigt werden.
Die Hilfsenergie erregt die Schützspule.
Das Magnetfeld zieht den Anker mit den beweglichen Schaltstücken gegen eine Federkraft.

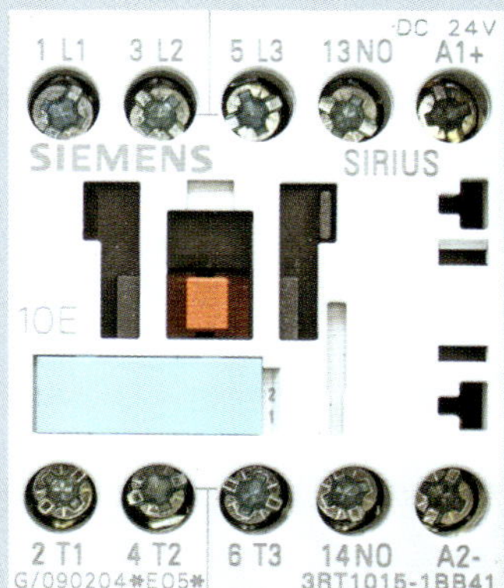

Spulenanschlüsse A1, A2
A1: Steuerleitung
A2: Spannungsversorgung (z. B. N-Leiter)

Bevorzugte **Steuerspannungen**
230 V AC, 24 V AC, 24 V DC

Hauptschaltglieder werden einzifferig bezeichnet:
1 – 2, 3 – 4, 5 – 6

1, 3, 5: Anschluss Netz
2, 4, 6: Anschluss Verbraucher

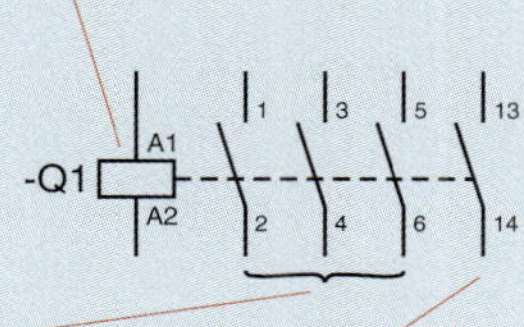

Hauptschaltglieder (nur bei Hauptschützen)
Schalten von Hauptstromkreisen, Ausführung wesentlich vom notwendigen Schaltvermögen und von der Stromart (AC, DC) bestimmt.
Ein Hauptschaltglied hat eine **Doppelunterbrechung** und eine **Lichtbogenlöschkammer**.

Unterbrechungsstelle
feststehendes Schaltstück
bewegliches Schaltstück
Doppelunterbrechung
Unterbrechungsstelle

Im Symbol wird die **Doppelunterbrechung** nicht dargestellt.

Hilfsschaltglieder haben Schaltkammern ohne Löscheinrichtung und **Doppelunterbrechung**. Bemessungsströme 2 – 20 A

Kennzahl
Art und Anzahl der Hilfsschaltglieder eines Hauptschützes:

1. Ziffer: Anzahl der Schließer
2. Ziffer: Anzahl der Öffner

Kennzahl 21:
2 Schließer, *1* Öffner

Funktionsziffern Hilfsschaltglieder
1 – 2: Öffner
3 – 4: Schließer
5 – 6: Spätöffner
7 – 8: Frühschließer

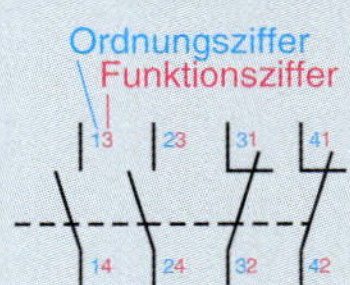

Gebrauchskategorie (Hauptschütze)

Die richtige **Wahl der Gebrauchskategorie** bestimmt ganz wesentlich die *Lebensdauer* des Schützes. Sie wird angegeben durch

AC-... für Wechselstromschütze

DC-... für Gleichstromschütze

gefolgt durch Ziffern.

So bedeutet beispielsweise:

- **AC-1:** Schütz mit Hauptschaltgliedern für nicht oder schwach induktive Last sowie Widerstandsöfen.
- **AC-4:** Schütz mit Hauptschaltgliedern für Käfigläufermotoren (Anlassen, Gegenlaufbremsen, Reversieren, Tippen).

Schaltwege

Bei Schützen werden die **Schaltstücke** beim Ein- und Ausschalten um einen **Hub** von einigen Millimetern bewegt. Dies zeigen die **Schaltfolgediagramme**.

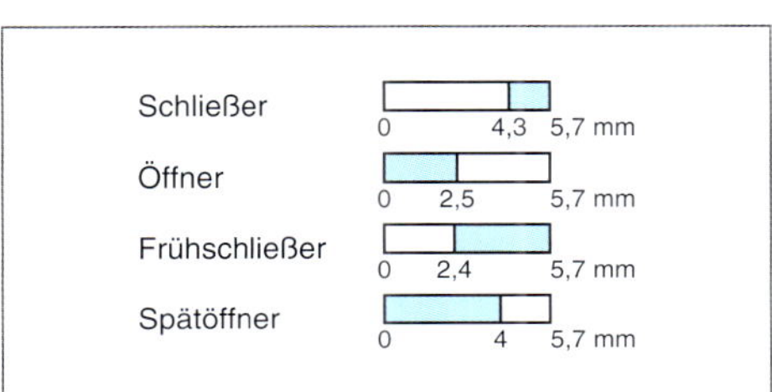

Bild 8 *Schaltfolgediagramme*

@ Interessante Links

Schütze

- abb.de
- moeller.net
- phoenixcontact.com

■ Gebrauchskategorie

Funkenlöschung
spark extinguishing

Relais
relay

Diode
diode

Varistor
varistor, volt-dependent resistor

RC-Glied
ressistance-capacitance element, RC element

monostabil
monostable, one-shot

bistabil
bistable

Reedkontakt
reed contact

Reedrelais
reed relay

Reedschalter
reed switch

Relais
Spannungen bis 250 V,
Ströme bis ca. 10 A

Spulenspannungen
1,5 V bis 30 V
AC und DC

Funkenlöschung
Unterdrückung von Schaltlichtbögen durch Dioden, RC-Glieder, Varistoren.

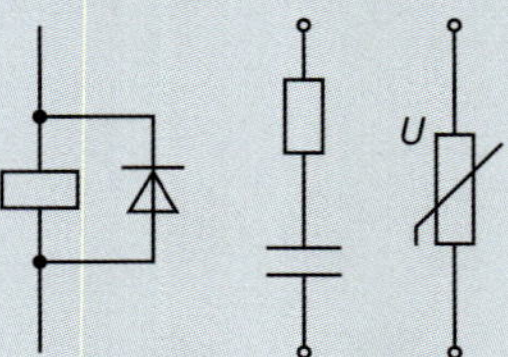

Vorsicht!
Das Zeitverhalten der Schaltung kann dadurch beeinflusst werden.

Kontakte
Zumeist Wechsler,
einfach unterbrechend.

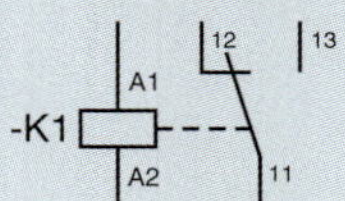

Der Spulenstrom bewirkt ein Magnetfeld, das das Kontaktstück gegen Federkraft bewegt. Rückfall der Kontakte durch Federkraft.

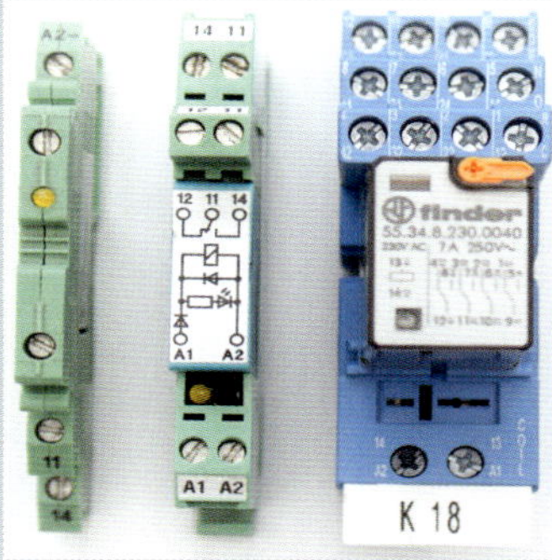

Relaiskontakte

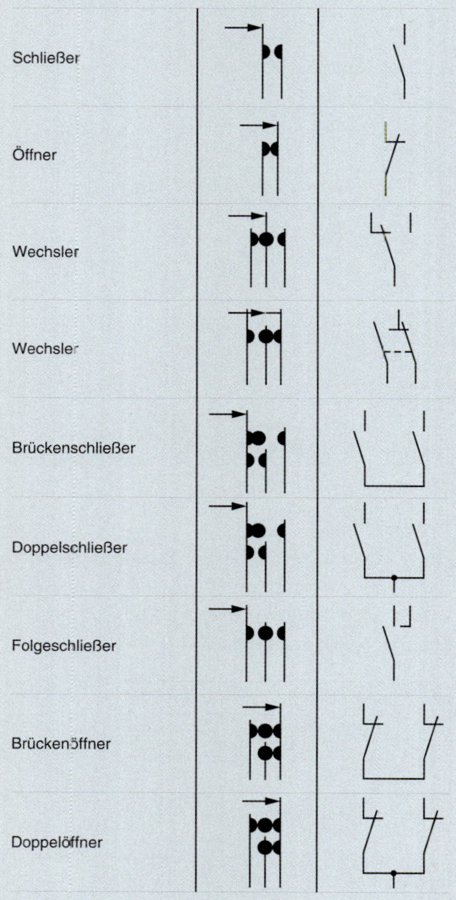

Einsatz
Z. B. zur galvanischen Trennung zwischen Leistungsteil und elektronischem Teil einer Steuerung:
SPS-Ausgang 24 V steuert Relais 24 V an, Relais schaltet 230 V AC.

Ausführungsformen
- Monostabile Relais
- Bistabile Relais
- Wechselstrombetätigte Relais

■ **Relais**

@ Interessante Links

Relais

- moeller.net
- phoenixcontact.com
- schmersal.com
- bartec.de

Relais

Die **Relais** zählen zu den elektromagnetischen Schaltgeräten. Ihre **Schaltleistung** ist allerdings *geringer* als die von Schützen.

Monostabile Relais

Nach Abschalten des Spulenstromes fallen die Kontakte durch *Federkraft* in ihre Ruhelage zurück.

Bistabile Relais

Behalten ihren Schaltzustand nach einem **Steuerimpuls** durch **Remanenz** des Eisenkerns bei.

- Relais mit **einer** Spule
  Umschaltung mit Impulsen entgegengesetzter Polarität.
- Relais mit **zwei** Spulen
  Eine Spule dient dem Setzen (Einschalten), die andere Spule dem Rücksetzen (Ausschalten).

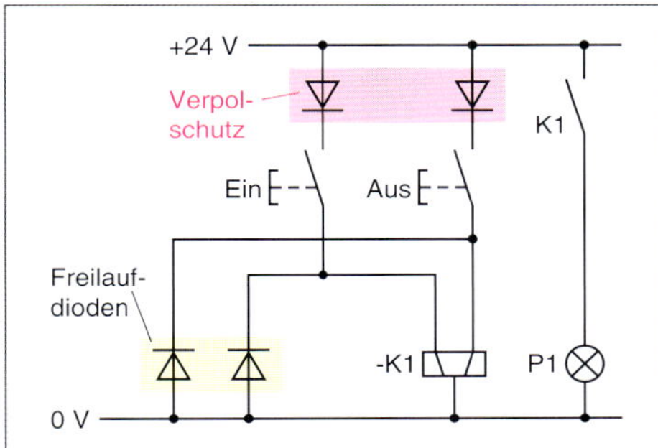

***Bild 9** Bistabiles Relais, Schaltung*

Wechselstrombetätigtes Relais

Das **Eisen** des magnetischen Kreises ist zwecks Verminderung der **Wirbelstromverluste** aus **Elektroblech** gefertigt.

Reed-Relais

Kontaktzungen sind paarweise in Glasröhrchen (Vakuum oder Edelgas) eingeschmolzen. Das Glasröhrchen ist von einer zylinderförmigen **Magnetspule** umschlossen.

Die Spule *magnetisiert* die Kontaktfedern, die sich gegenseitig anziehen und den Kontakt damit betätigen.

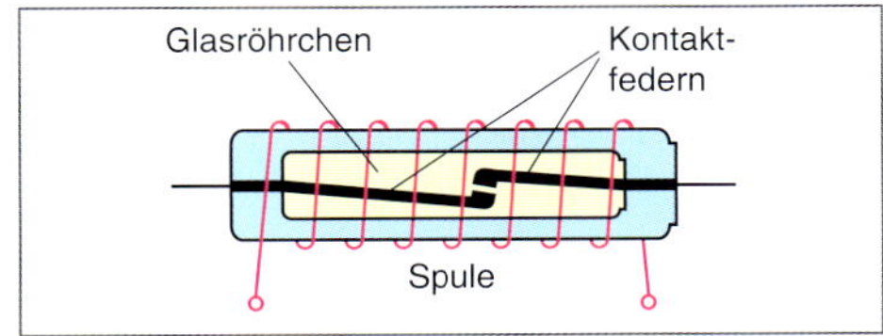

***Bild 10** Reed-Relais, Prinzip*

Schutzbeschaltung von Magnetspulen

Schutz vor hohen Induktionsspannungen, Verringerung der Kontaktbelastung.

Nachteilig ist die Beeinflussung des Zeitverhaltens durch die Schutzbeschaltung (verzögerter Abfall).

Freilaufdiode

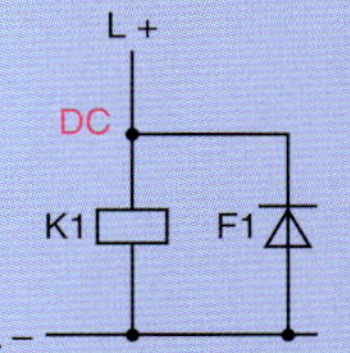

- nur einsetzbar in Gleichstromkreisen
- Abschaltspannung 0,7 V bei Si-Dioden
- preisgünstig
- platzsparend

RC-Glied

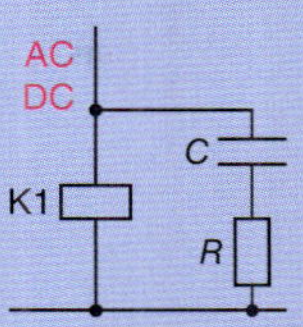

- einsetzbar bei DC und AC
- hohe Stromspitzen
- hoher Platzbedarf

Varistor

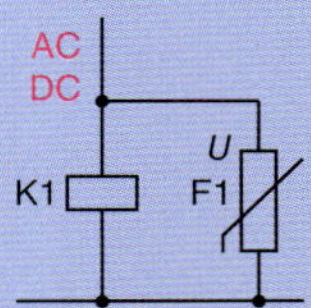

- einsetzbar bei DC und AC
- große Überspannung
- hoher Platzbedarf

Befehlsgeräte

Wichtige Befehlsgeräte in der Steuerungstechnik sind **Drucktaster** und **Steuerungsschalter**.

Drucktaster dienen der **gezielten** Befehlsgabe. Sie werden **von Hand**, also **willentlich** betätigt.

Sie müssen *leicht* und *gefahrlos erreichbar* sein und Festlegungen bezüglich **Farbe**, **Symbolen** und **Anordnung** genügen.

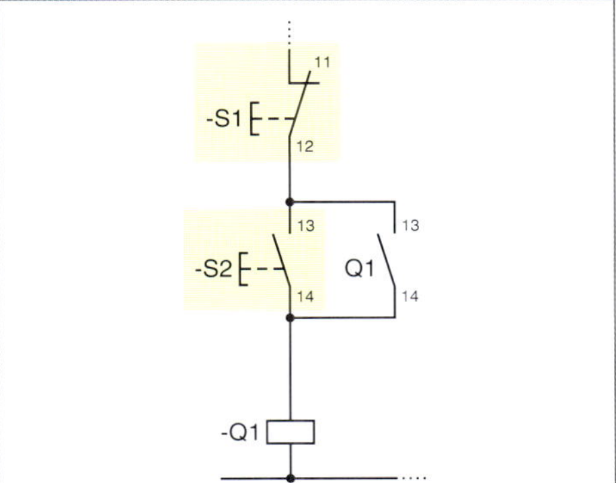

***Bild 11** Drucktaster in einer Schaltung*

Vorsicht!

Die Farbe Rot darf nur dann für Stopp-/Aus-Funktionen verwendet werden, wenn in unmittelbarer Nähe kein Bedienteil zum Ausschalten oder Stillsetzen im Notfall installiert ist (z. B. Hauptschalter mit den Farben Rot-Gelb).

Die Druckknöpfe können auch Symbole tragen (0 – I – II).

■ **Remanenz**
Restmagnetismus

■ **bistabil**
zwei stabile Zustände (EIN/AUS)

■ **Wirbelstrom**
→ 226

@ Interessante Links
Löschglieder
- weg.net
- moeller.net

■ **Elektroblech**
Eisenkern besteht aus geschichteten Blechstreifen mit isolierender Zwischenlage.

Dadurch werden die Wirbelstromverluste verringert.

Farben von Befehlsgebern und Meldelampen

@ Interessante Links

Befehlsgeräte
- abb.de
- moeller.net
- phoenixcontact.com
- rafi.de

Taster
feeler, tracer, push-button switch

Schalter
switch, circuit breaker

Drucktaster
push-button switch

Lampe
lamp

Leuchte
lighting fitting, luminaire

Glühlampe
filament lamp

Leuchtdiode
light emitting diode, LED

Schaltglied
switching element

Jedes Schaltelement (Tastelement) kann bis zu 4 Schließer oder Öffner (natürlich auch in Kombination) tragen.

In der Regel sind *ein Öffner* und *ein Schließer* vorhanden, die *ohne Überschneidung* arbeiten.

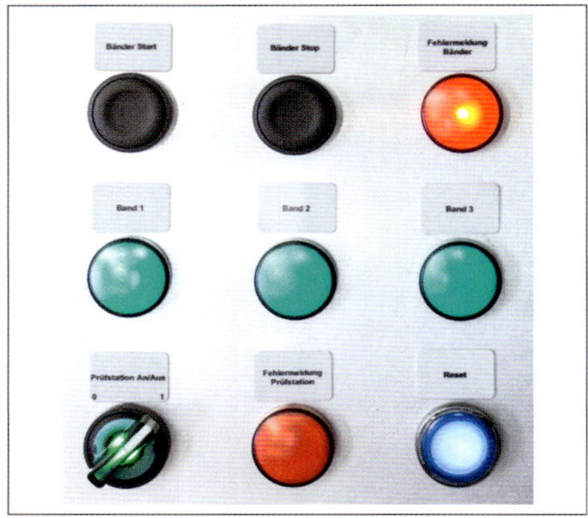

Bild 12 *Taster, Schalter, Melder*

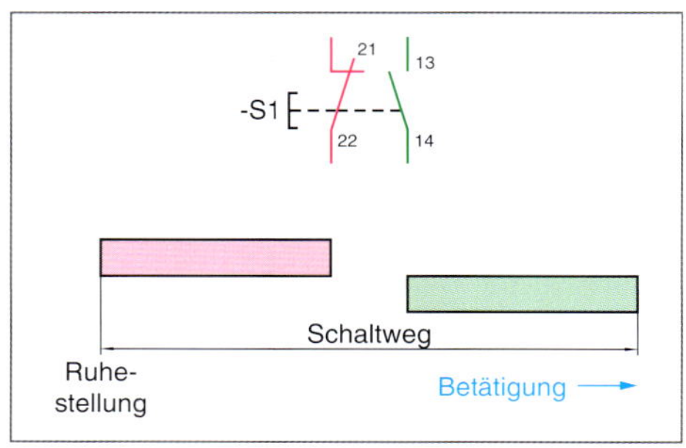

Bild 13 *Öffner und Schließer, Schaltweg*

Leuchtmelder

Informationen durch Aufleuchten, Blinken oder Erlöschen eines Lichtsignals.

Leuchtmelder mit Glühlampen

Im Einsatz sind Glühlampen für unterschiedliche Spannungen (Klammerangaben: Lebensdauer).

- 110 – 130 V/2,4 W (2000 h)
- 6 V/2 W (5000 h)
- 12 V/2 W (5000 h)
- 24 V/2 W (5000 h)
- 48 V/2 W (5000 h)
- 60 V/2 W (5000 h)

Leuchtmelder mit LED

Wirtschaftlicher Ersatz für Leuchtmelder mit Glühlampen durch sehr viel längere Lebensdauer (Servicekosten) und deutlich geringeren Energieeinsatz.

- 12 – 30 V AC/DC 0,26 W 8 – 15 mA (100 000 h)
- 85 – 264 V AC/50/60 Hz 0,33 W 5 – 15 mA (100 000 h)

Farben: weiß, rot, grün, blau

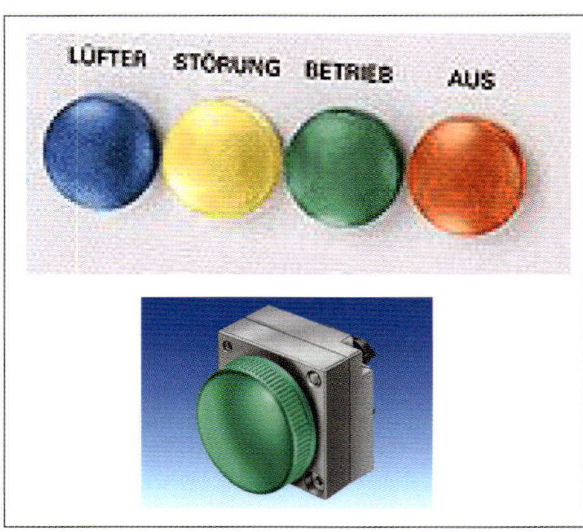

Bild 14 *Leuchtmelder*

Leuchtdrucktaster

In einem System sind Drucktaster und Leuchtmelder *kombiniert*.

Beispielsweise sinnvoll bei Anforderungen an das Bedienpersonal:
Leuchtdrucktaster „Störungquittieren“ blinkt.

Grenztaster

Grenztaster (Positionsschalter) sind **mechanisch** betätigte Befehlsgeber beim Steuern oder bei der Signalisierung von Bewegungsabläufen.

Sie bestehen aus einem **Antriebsglied** und einem **Schaltglied**.

Die technische Ausführung des **Antriebskopfes** des **Antriebsgliedes** richtet sich nach *geometrischer Form* des Betätigungselements und der Anfahrgeschwindigkeit.

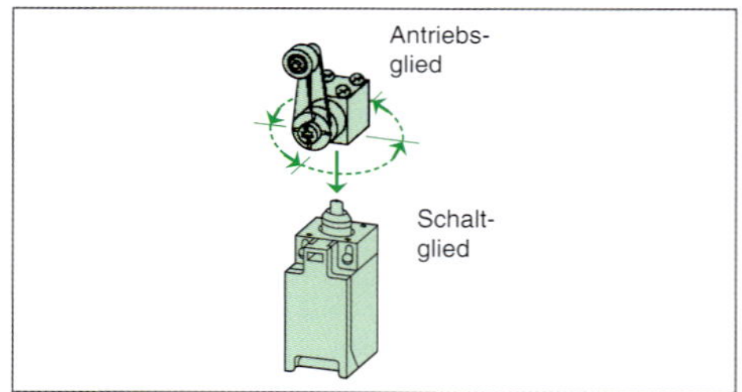

Bild 15 *Schaltglied und Antriebsglied*

Bei *niedrigen Anfahrgeschwindigkeiten* werden Schaltglieder mit **Sprungkontakten** verwendet.

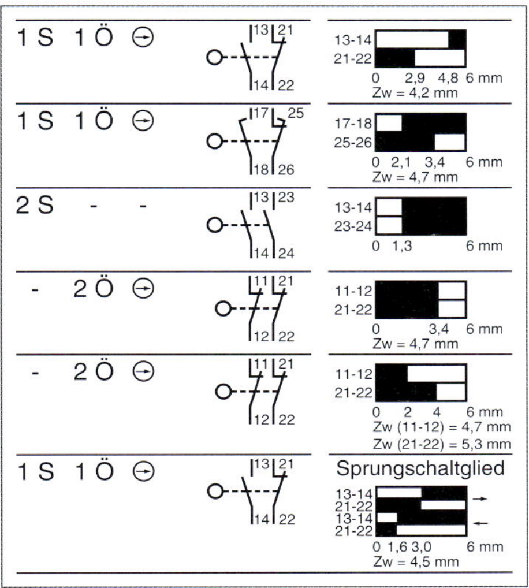

Bild 16 *Grenztaster, Ausführungsformen*

In **Sicherheitsstromkreisen** müssen die Positionsschalter mit **Öffnerkontakten** ausgerüstet sein, die **zwangsläufig** öffnen.

In *Arbeitsstellung* müssen die Kontakte wegen **Drahtbruchsicherheit** *geöffnet* sein.

Ein *betätigter Öffner* unterbricht den Stromkreis wie eine *unterbrochene Leitungsverbindung.*

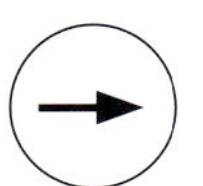

Sicherheitsfunktion durch Zwangsöffnung

Zwangsöffnung ist eine Öffnungsbewegung, die sicherstellt, dass die Hauptkontakte eines Schaltgerätes die **Offenstellung** erreicht haben, wenn das Bedienteil in Aus-Stellung steht.

Zwangsführung

Zwangsgeführte Hilfskontakte eines Schaltgerätes befinden sich stets in der Schaltstellung, die der offenen oder geschlossenen Stellung der Hauptkontakte entspricht.

Schützkontakte sind **zwangsgeführt**, wenn sie mechanisch so miteinander verbunden sind, dass Öffner und Schließer *niemals gleichzeitig geschlossen* sein können.

Dabei muss sichergestellt sein, dass auch bei gestörtem Zustand *Kontaktabstände* von mindestens 0,5 mm vorhanden sind.

3.2 Motorschutz

Bei den Betriebsmitteln B1, B2 und B3 handelt es sich um *Steuerkontakte der Motorschutzeinrichtungen.*

Die **Motorschutzeinrichtungen** haben die Aufgabe, Elektromotoren vor den Auswirkungen unzulässig hoher **Wicklungstemperaturen** zu schützen, indem sie den Motor abschalten.

Die Motorschutzeinrichtungen der drei Bandantriebsmotoren sind *in Reihe* geschaltet.

Wenn also der Motorschutz *eines* Bandantriebsmotors anspricht, werden *alle* Bänder abgeschaltet.

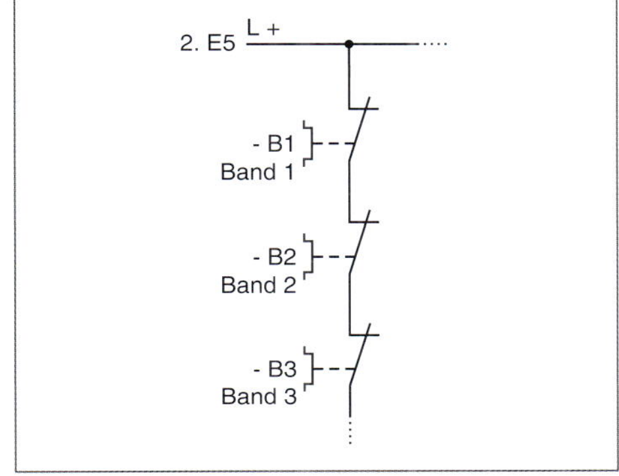

Bild 17 *Motorschutz, Bandantriebe*

Motorschutzrelais

Motorschutzrelais (Bimetallrelais) können nur in **Kombination** mit *Hauptschützen* eingesetzt werden. Dabei übernimmt das Hauptschütz das Abschalten des Motors.

Das Motorschutzrelais hat *keine* Schaltkontakte.

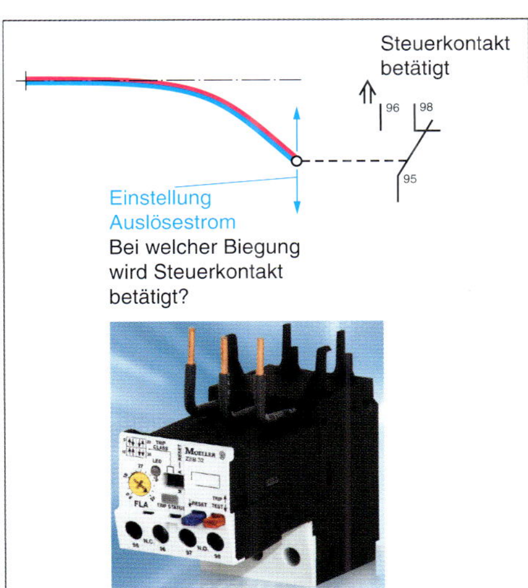

Bild 18 *Motorschutzrelais*

■ **Sprungkontakt**
Kontakt wird bei Betätigung durch Federkraft sehr schnell geöffnet oder geschlossen.

■ **Motorschutzeinrichtungen**
schützen den Motor bei Netzspannungseinbruch, Leiterunterbrechung, Windungsschluss, Wicklungsschluss, Überlastung.

Motorschutz
motor protection

Motorschutzschalter
motor circuit breaker

Bimetallauslöser
bimetallic release

Motorschutzrelais
bimetallic strip relay

■ **Motorschutzrelais**
übernehmen nur den Überlastschutz, nicht den Kurzschlussschutz.

Motorschutzrelais

Die Auslösezeit verkürzt sich mit zunehmender Überlast.

Einstellung der **Betriebsart**

HAND: Der ausgelöste Überstromauslöser ist mithilfe der Rückstelltaste **manuell** betriebsbereit zu schalten.

AUTO: Nach Abkühlung der Bimetallstreifen kehrt der Steuerkontakt **automatisiert** in seine Ruhelage zurück.

Dreipolige Ausführung, Bemessungsstrombereiche gestuft bis 630 A, Einstellung auf Bemessungsstrom des Motors möglich.

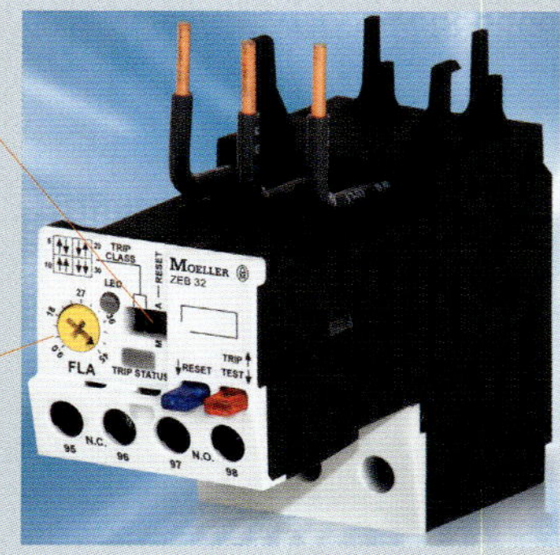

Einstellung des Stromes; i. Allg. **Bemessungsstrom** des Motors.

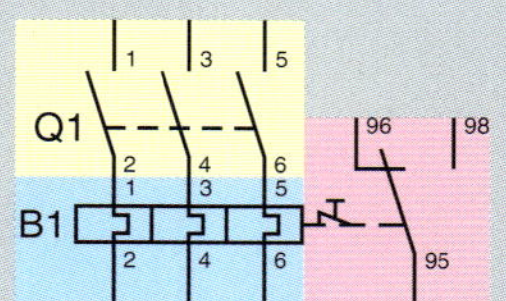

Die Bimetallstreifen werden entweder direkt durch den hindurchfließenden Strom erwärmt oder die Erwärmung der Bimetallstreifen erfolgt indirekt über Heizwiderstände.

Steuerkontakte; im Symbol als Wechsler ausgeführt. Der Öffner (95 – 96) unterbricht den Steuerstromkreis des Motorschützes. Der Motor wird ausgeschaltet. Das Foto zeigt NC und NO.

Bimetall

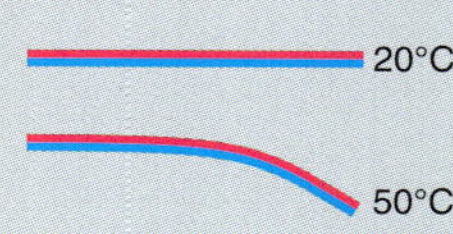

Zwei Metalle mit *unterschiedlicher Wärmeausdehnung.* Bei Erwärmung kommt es zur **Biegung**.

Bei Biegung (einstellbar) wird ein Steuerkontakt betätigt, der z. B. als Wechsler ausgeführt sein kann.

Thermischer Auslöser: Löst bei Überlastung **verzögert** aus.

Auslösekennlinie

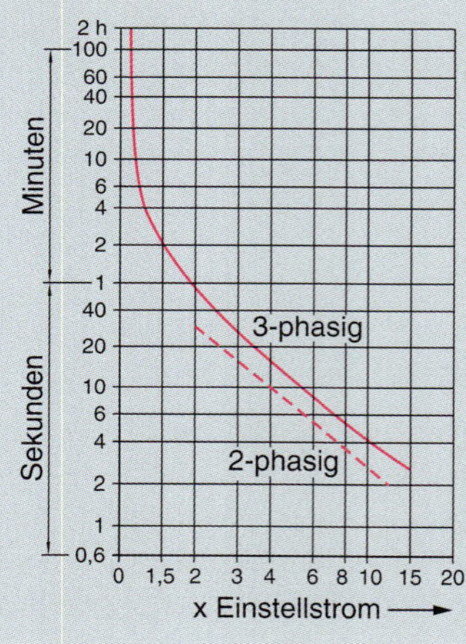

Motorschutzschalter

Motorschutzschalter

Motorschutzschalter verfügen über einen

- *thermischen Auslöser* (Bimetallauslöser wie beim Motorschutzrelais); löst bei Überlastung verzögert aus.
- *elektromagnetischen Auslöser* (wie beim Leitungsschutzschalter); löst bei hohen Strömen unverzögert aus.

Motorschutzschalter können als **Schutzgerät** und als **Schaltgerät** eingesetzt werden.

Sie schützen die Motorwicklung bei *Überlastung, Nichtanlauf, Zweiphasenlauf* und *Einbruch der Netzspannung.*

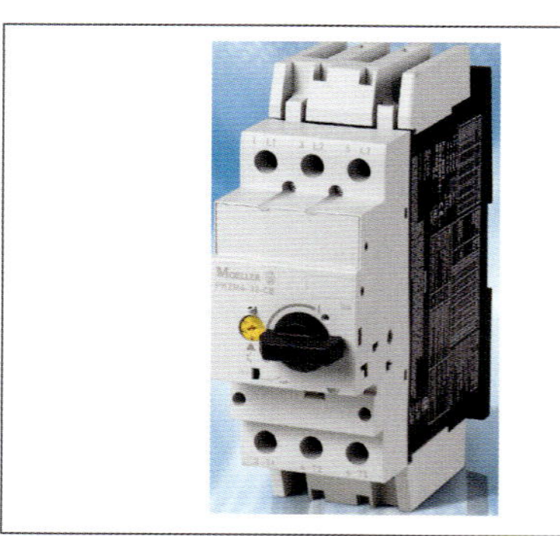

Bild 19 *Motorschutzschalter*

Zusatzausrüstungen
Hilfsschalter, Ausgelöstmelder, Unterspannungsauslöser, Schaltantrieb

Schaltschloss
Freiauslösung: Erst nach Abkühlen der Bimetalle oder Beseitigung des Grundes für den hohen Strom ist ein Wiedereinschalten möglich.

Steuerkontakt, hier Schließer, erweiterbar

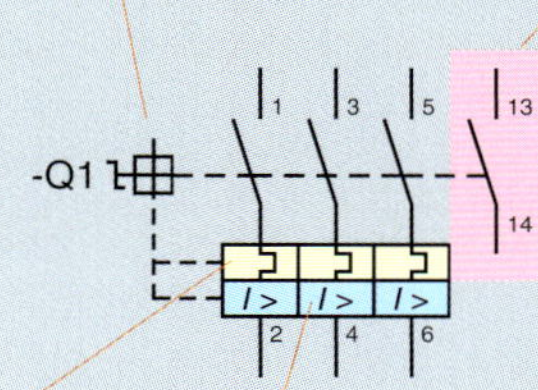

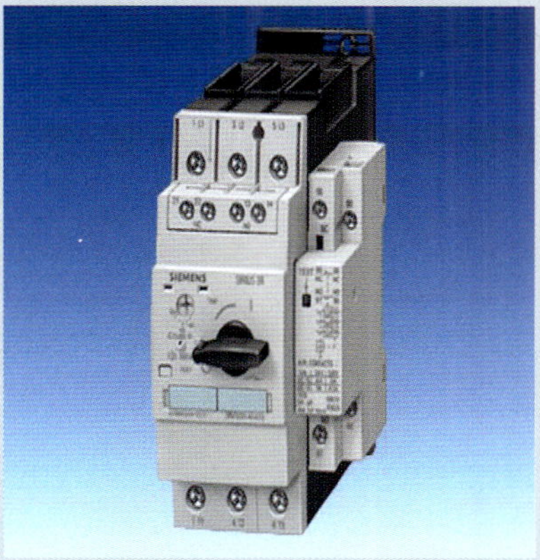

Thermische Auslöser, verzögert (Bimetalle)

Elektromagnetische Auslöser (unverzögert).
Eingestellt auf den 8 – 18-fachen Bemessungsstrom.

Auslösekennlinie

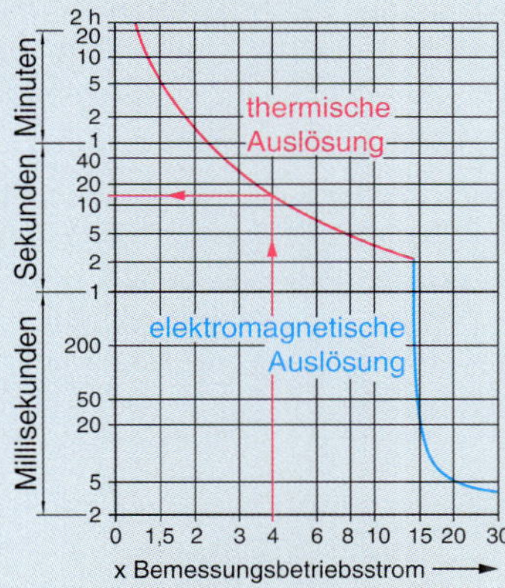

Im Allgemeinen Einstellung auf den **Bemessungsstrom** des zu schützenden Motors.

Trägheitsgrad T1:
leichte Anlaufbedingungen

Trägheitsgrad T2:
schwere Anlaufbedingungen

Mittelwerte bei 20 °C Umgebungstemperatur vom kalten Zustand aus.
Bei betriebswarmen Geräten sinkt die Auslösezeit auf 25 % der abgelesenen Werte.

Motorschutzschalter mit begrenztem Schaltvermögen

Solche Motorschutzschalter erfordern einen vorgeschalteten **Überstromschutz**. Bei den **Bemessungsströmen** sind die Herstellerangaben zu beachten.

Bei *Verzicht* auf die Überstromschutzorgane könnte ein schädlicher **Lichtbogen** zwischen den Schaltstücken hervorgerufen werden. Zum Beispiel beim Schalten von **Kurzschlussströmen**.

Eigensichere Motorschutzschalter

Bezüglich der *Beherrschung von Kurzschlussströmen* sind die gleichen Anforderungen wie bei *Leitungsschutzschaltern* zu erfüllen:

Abschaltvermögen mindestens 6000 A.

Wenn diese Motorschutzschalter am *Anfang* eines Stromkreises installiert sind, werden *keine weiteren Überstromschutzorgane* benötigt.

Eigensichere Motorschutzschalter übernehmen den **Leitungsschutz** und den **Motorschutz**.

Bild 20, Seite 138 zeigt einen Motorstromkreis mit eigensicherem Motorschutzschalter, einen so genannten „sicherungslosen Stromkreis".

■ Unterspannungsauslöser

Sinkt die Netzspannung unter einen bestimmten Wert ab, kann der Motor durch einen zusätzlichen Unterspannungsauslöser allpolig abgeschaltet werden.

Vermeidung der Motorüberlastung bei Unterspannung und des unkontrollierten Wiederanlaufens bei Wiederkehr der Spannung.

Netzspannungseinbruch: 30 bis 50 %

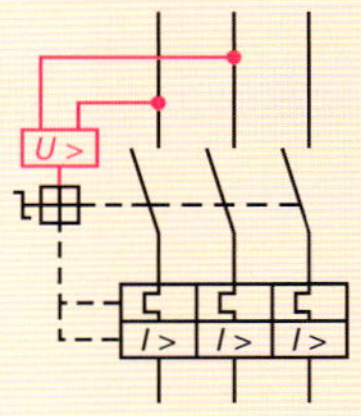

@ Interessante Links

Motorschutz

- abb.de
- phoenixcontact.com
- reissmann.com
- moeller.net

■ **Q1, F1**

Für den Motorschutzschalter (Q1 in Bild 20) wäre auch das Betriebsmittelkennzeichen F1 möglich (Hauptfunktion *Schutzelement*).

Die Unterbrechung der *Energiezufuhr* zum Motor übernimmt nämlich das Hauptschütz Q2.

Die Aufgabe des eigensicheren Motorschutzschalters sind *Motorschutz* und *Leitungsschutz*.

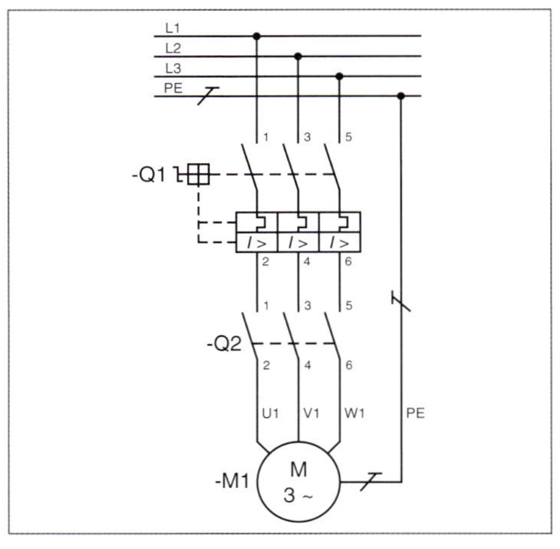

Bild 20 Motorstromkreis, Motorschutzschalter

Elektromotoren müssen gegen die Auswirkung von **Überlastung** geschützt werden.

Bei Motoren unter 0,5 kW darf auf einen Motorschutz *verzichtet* werden.

Bei Belastung mit dem **1,05-fachen Wert** des Motor-Bemessungsstromes darf **keine Auslösung** erfolgen.

Bei Belastung mit dem **1,2-fachen Wert** des Motor-Bemessungsstromes muss die Auslösung innerhalb von **2 Stunden** erfolgen.

Beim **1,5-fachen**-Motor-Bemessungsstrom soll innerhalb von **2 Minuten** ausgelöst werden (z. B. bei Ausfall eines Außenleiters; Zweiphasenlauf).

Motorvollschutz

Bei Motorschutzschaltern und Bimetallrelais wird über die *Höhe* und *Zeitdauer* des Stromflusses *indirekt* auf die Wicklungstemperatur geschlossen. Eine zu hohe Umgebungstemperatur, Reibungsverluste und mangelhafte Kühlung können zum Beispiel *nicht erfasst* werden.

Der **Motorvollschutz** arbeitet *direkt*.

Die **Temperaturerfassung** erfolgt durch **Thermistoren** (Kaltleiter-Temperaturfühler) oder durch **Protektoren** (Thermokontakte), die an Stellen kritischer Temperaturbereiche in die **Wicklung** (vom Hersteller) eingebaut werden.

■ **Thermistoren**

sind temperaturabhängige Widerstände → 253

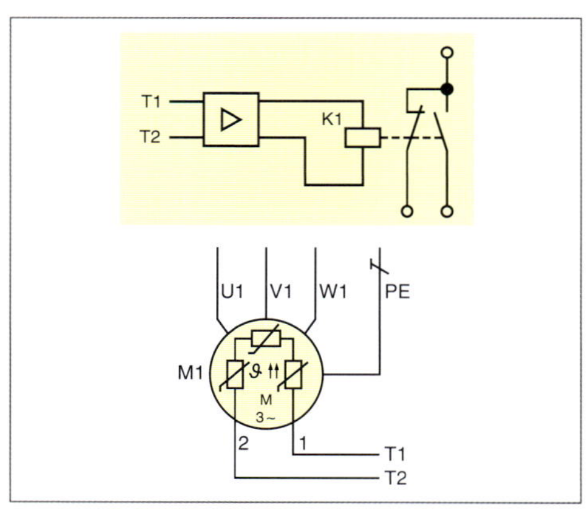

Bild 21 Motorvollschutz

Mit zunehmender Wicklungstemperatur erhöhen die *drei in Reihe geschalteten Thermistoren* ihren **Widerstand**. Dadurch verringert sich der Strom.

Wenn der **Haltestrom** eines Relais in der Überwachungseinheit *unterschritten* wird, fällt das Relais ab. Der Relaiskontakt ist im **Steuerstromkreis** des Motors eingebunden.

Vorgeschrieben ist der **Motorvollschutz** beispielsweise, wenn der Motor dauerhaft *erhöhten Umgebungstemperaturen* ausgesetzt ist.

Protektoren (Bimetallkontakte) unterbrechen den Stromkreis bei unzulässig hoher Temperatur und schließen ihn bei Abkühlung wieder.

Eingesetzt werden sie z. B. zum Schutz von Leitungsrollern.

■ **Aufgabenlösung**

@ Interessante Links

• christiani-berufskolleg.de

Prüfung

1. Worauf achten Sie bei der Inbetriebnahme, wenn ein Motorschutzrelais eingesetzt ist?

2. „Normale" Motorschutzschalter haben ein begrenztes Schaltvermögen. Was bedeutet das für den praktischen Einsatz?

3. Erläutern Sie den Begriff Freiauslösung?

4. Welchen Vorteil hat es, wenn Bimetallschalter in die Wicklung des Motors eingebaut sind?

5. Welche Anforderung ist an einen Motorschutzschalter zu stellen, der in einem „sicherungslosen Stromkreis" eingesetzt werden soll?

6. Worin besteht der Unterschied zwischen einem Hauptschütz und einem Hilfsschütz?

7. Worin besteht der wesentliche Unterschied zwischen Schützen und Relais?

8. Welche Anforderungen sind an Grenztaster zu stellen?

9. Erläutern Sie den Begriff Zwangsöffnung.

3.3 Analyse der Bandsteuerung

Die drei Transportbänder können einzeln und in beliebiger Reihenfolge eingeschaltet werden (Bild 1, Seite 129).

Starttaster sind S2, S3, S4.

S2: Band 1   S3: Band 2   S4: Band 3

Bei Betätigung des jeweiligen Starttasters geht das zugehörige Schütz in **Selbsthaltung**.

Selbsthaltung: Eine *kurzzeitige* Betätigung des Starttasters führt zu einem *dauerhaften* Anziehen des Schützes.

Ausgeschaltet wird das Schütz über den *Stopptaster* S1 oder den *Motorschutz* B1 bis B3.

Eine Meldelampe, die gleichzeitig mit dem Schütz eingeschaltet wird, signalisiert, dass das jeweilige Transportband eingeschaltet ist.

Die eingeschalteten Bänder können *gemeinsam* mit *einem* Stopptaster ausgeschaltet werden.

Wenn *eine* der drei Motorschutzeinrichtungen anspricht (Motorschutzrelais B1 bis B3), werden *alle* Transportbänder ausgeschaltet. Beachten Sie hierzu die *Reihenschaltung* von B1 bis B3.

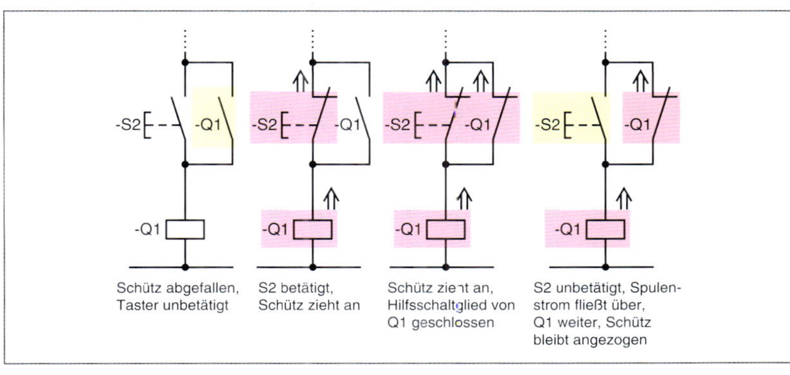

Bild 22 *Prinzip der Selbsthaltung*

3.4 Darstellung von Steuerungen

Betrachten Sie die Dokumentation der Transportbandsteuerung (Seite 19 bis 21).

Hier werden **Normen** berücksichtigt, die jeder kundigen Fachkraft ein direktes Verständnis der Darstellung ermöglichen.

Stromlaufpläne

Stromlaufplan in zusammenhängender Darstellung

Sämtliche Teile des Betriebsmittels werden *zusammenhängend* dargestellt (Bild 23).

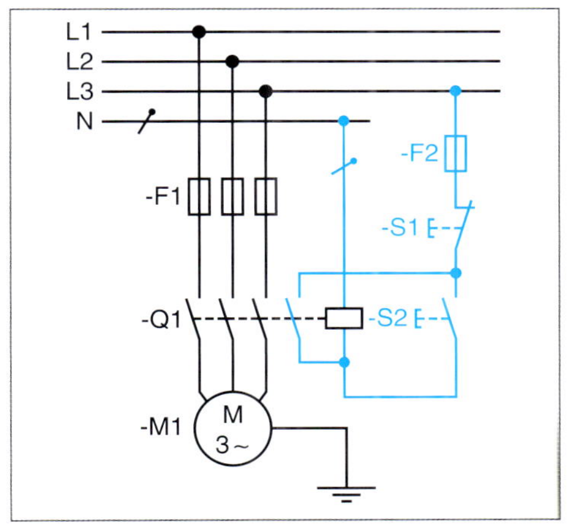

Bild 23 *Zusammenhängende Darstellung*

Stromlaufplan in aufgelöster Darstellung

Die Schaltung wird in *Stromwege*, *Planabschnitte* und *Planquadrate* aufgelöst.

Auf Zusammengehörigkeit und räumliche Lage wird keine Rücksicht genommen.

Stromwege werden senkrecht und kreuzungsfrei dargestellt (Bild 24).

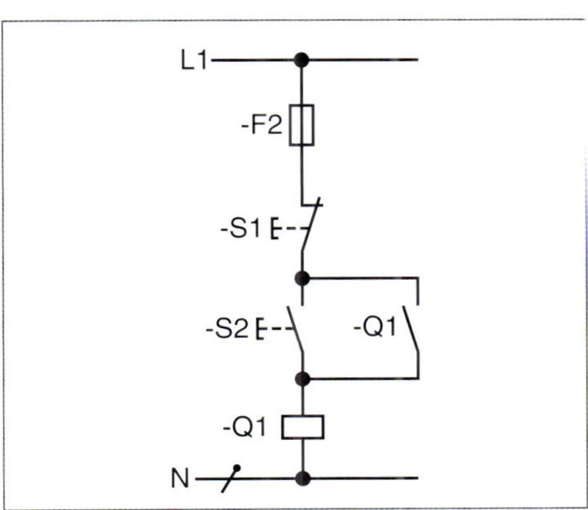

Bild 24 *Aufgelöste Darstellung*

Regeln für die Stromlaufpläne

Die Betriebsmittel werden im *ausgeschalteten* Zustand dargestellt.

Die einzelnen Strompfade werden *senkrecht* und fortlaufend *von links nach rechts* dargestellt.

Die *Betriebsmittelanschlüsse* sind zu kennzeichnen.

Die Betriebsmittel sollen mit *Typenbezeichnung*, *technischen Daten* und *Hinweisen zum Auffinden* von Schaltzeichen und Zielorten versehen sein.

Hauptstromkreise und Hilfsstromkreise werden in *aufgelöster* Darstellung *getrennt* dargestellt.

■ **Betätigung**
Zeichen für den betätigten Zustand eines Schaltgliedes oder den erregten Zustand einer Magnetspule.

■ **DIN**
Deutsches Institut für Normung e. V.

■ **VDE**
Technisch-wissenschaftlicher Verband der Elektrotechnik Elektronik Informationstechnik e. V.

■ **EN**
Europäische Normen

■ **ISO**
International Organization for Standardization

■ **IEC**
International Electrotechnical Commission

■ **Steuerungsdarstellung**

Stromlaufplan
circuit diagram, wiring diagram

Hilfsstromkreis
auxiliary circuit, subcircuit

Klemme
terminal, clamp, clip

Klemmenanschluss
clamp terminal

Klemmenbezeichnung
terminal marking

Klemmenkasten
terminal box

Klemmenleiste
terminal strip, connection block, strip terminal

Schraubklemme
screw terminal

Steckklemme
plug clamp, clamp terminal

Übergangswiderstand
transition resistance, contact resistance

Alle Betriebsmittel sind durch *normgerechte Schaltzeichen* dargestellt. Jedes Einzelteil eines Schaltzeichens erhält die *gleiche* Kennzeichnung.

Übersichtsplan

Die Schaltung wird *vereinfacht* ohne Hilfsstromkreise dargestellt.

Wichtige *Zusammenhänge* zwischen Hauptfunktion und Betriebsmittel werden aufgezeigt.

Die *Energieflussrichtung* muss erkennbar sein.

Lageangaben sind möglich.

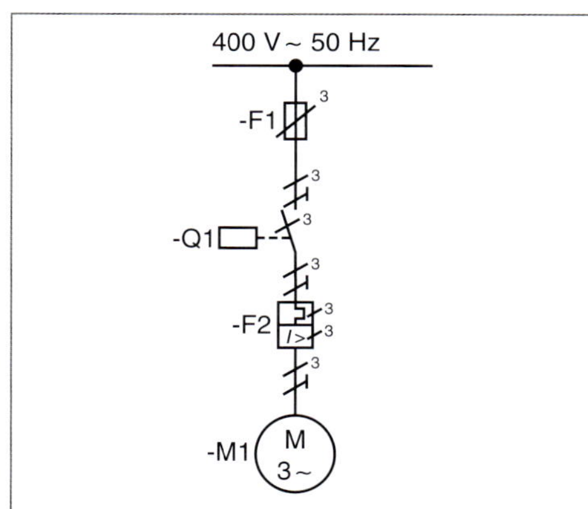

Bild 25 *Übersichtsplan*

Leitungsverbindungen

Auf den **Verbindungspunkt** kann verzichtet werden, wenn dadurch keine Missverständnisse entstehen.

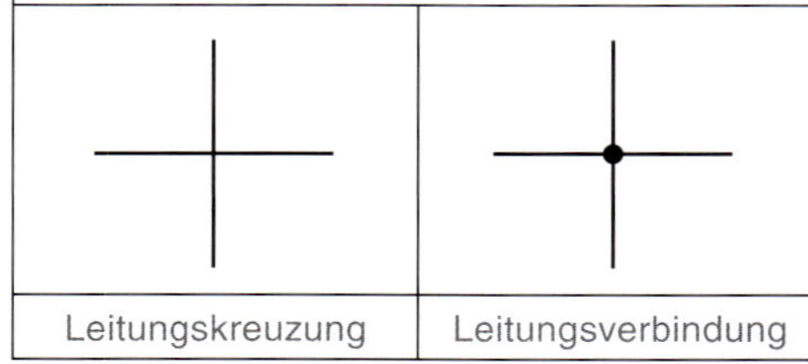

Leitungskreuzung	Leitungsverbindung

Öffner und Schließer

Arbeitsrichtung der Schaltglieder von links nach rechts. Schaltglieder werden i. Allg. im **Ruhezustand** dargestellt. Bei **Abweichungen** hiervon muss dies besonders gekennzeichnet werden.

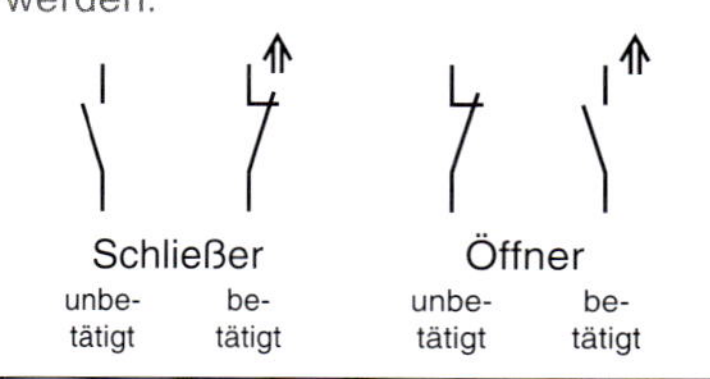

Betriebsmittelanschlüsse

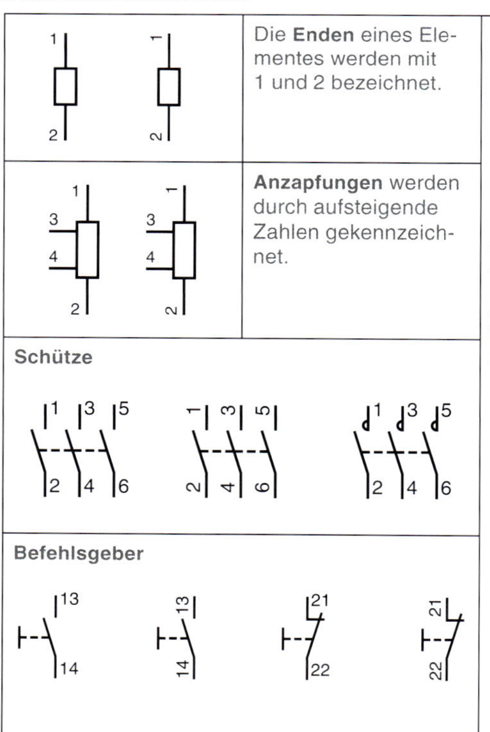

Die **Enden** eines Elementes werden mit 1 und 2 bezeichnet.

Anzapfungen werden durch aufsteigende Zahlen gekennzeichnet.

Schütze

Befehlsgeber

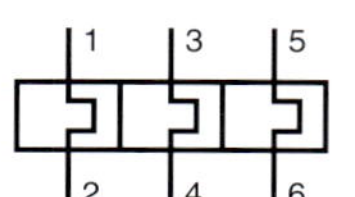

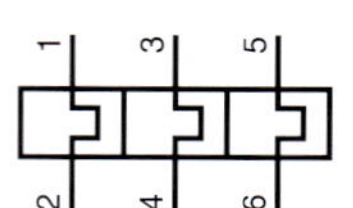

Mehrere Elemente einer **Gruppe** werden durch vorangestellte Buchstaben oder Zahlen oder verschiedene Zahlen unterschieden.

Ähnliche Elemente mit gleichen Buchstaben werden durch vorangestellte Zahlen gekennzeichnet.

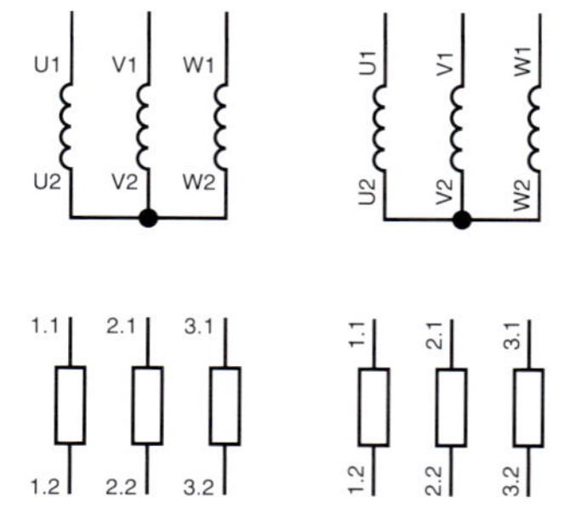

Technische Daten und Fertigungshinweise

Technische Daten und Fertigungshinweise können in die Zeichnung eingetragen werden.

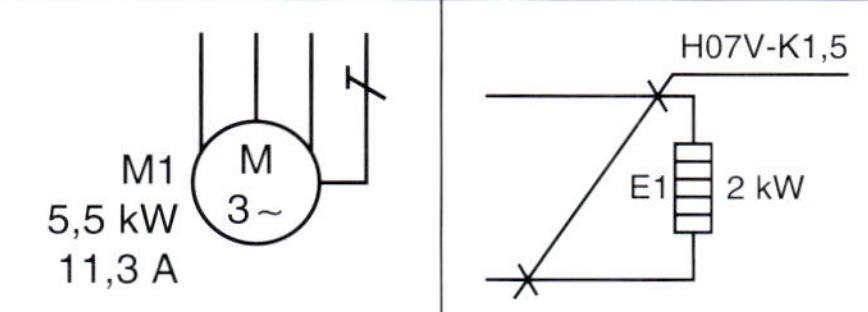

Die technischen Daten der Stromversorgung werden oberhalb der ersten Leiterdarstellung eingetragen.

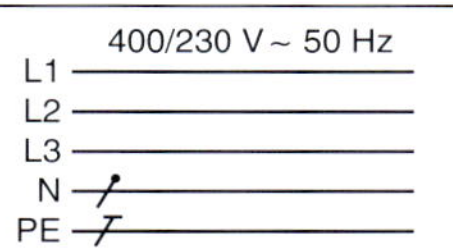

Klemmen und Klemmverbindungen

Klemmleiste mit 5 Klemmen. Die Anschlussbezeichnung ist eine **Zielangabe**. Wohin führt die Leitung?

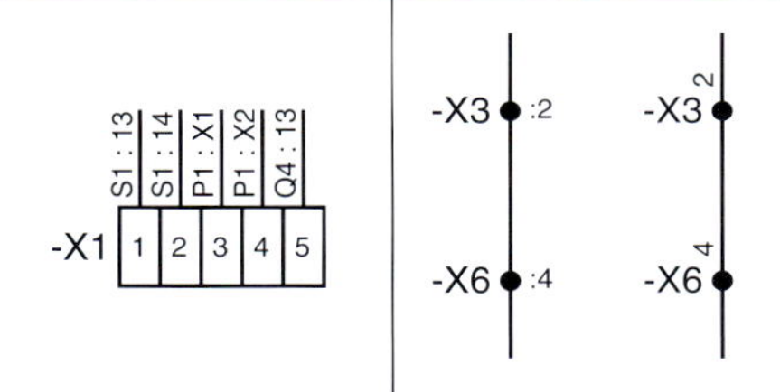

Verbindungen an Klemmleisten werden im Stromlaufplan in aufgelöster Darstellung mit den Klemmstellenbezeichnungen versehen.

Klemmverbindungen:

Die Klemmleistenbezeichnung wird nur **einmal** angegeben, wenn benachbarte Anschlussbezeichnungen auf gleicher Höhe liegen.

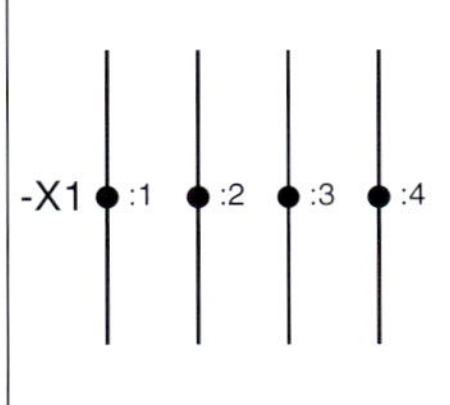

Bei mehreren Klemmleisten werden die abgehenden Leitungen mit **Zielbezeichnungen** versehen.

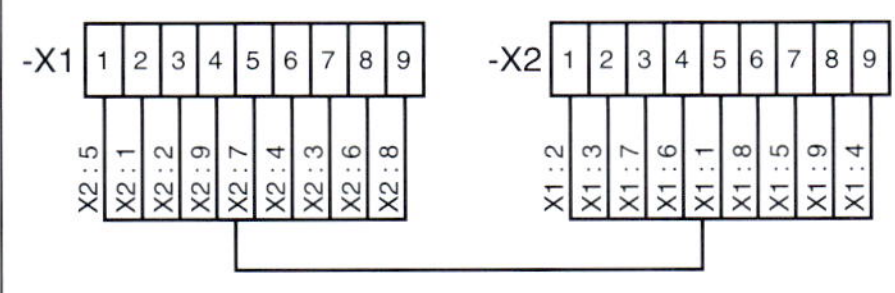

Übergangswiderstand von Klemmen

Der **Übergangswiderstand** von Klemmverbindungen soll so gering wie möglich sein.

Unter keinen Umständen darf er größer sein als der *Leitungswiderstand* von *einem Meter* der angeschlossenen Leitung mit dem *geringsten Querschnitt*.

z.B.

Querschnitt bei der Leitung $q = 1{,}5\ \text{mm}^2$.

Widerstand von 1 m Leitungslänge (Kupfer):

$$R_L = \frac{l}{\gamma \cdot q} = \frac{1\ \text{m}}{56\ \frac{\text{m}}{\Omega \cdot \text{mm}^2} \cdot 1{,}5\ \text{mm}^2 = 0{,}0119\ \Omega} = 11{,}9\ \text{m}\Omega$$

Maximal zulässiger Klemmenübergangswiderstand: 11,9 mΩ

Spannungsfall an der Klemmverbindung (max.) bei 16 A:

$$\Delta U = I \cdot R_{max} = 16\ \text{A} \cdot 0{,}0119\ \Omega = 0{,}19\ \text{V} = 190\ \text{mV}$$

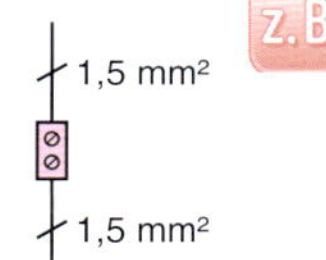

Maximale Verlustleistung bei 16 A:

$$P_V = \Delta U \cdot I = 0{,}19\ \text{V} \cdot 16\ \text{A} = 3\ \text{W}$$

Beachten Sie, dass hier die maximal zulässigen Werte angegeben sind.

Ausführungsformen von Klemmen

Wie das obige Beispiel zeigt, sind **Klemmverbindungen** mit großer Sorgfalt auszuführen.

Das Ziel ist es, einen möglichst geringen **Übergangswiderstand** zu erreichen (Verlustleistung minimieren).

Gleichgültig, welche Klemmverbindung gewählt wird, stets ist auf eine fachgerechte Durchführung zu achten.

Schraubanschlusstechnik

Mehrleiteranschluss und höchste **Kontaktkräfte**. Überall einsetzbar!

Schrauben fest anziehen, nachdem Leiter fachgerecht in die Klemme eingeführt wurde.

Bild 26 *Schraubklemmen*

Zugfederanschlusstechnik

Besonders geeignet für vibrationsempfindliche Anwendungen. Unabhängig vom Bediener übt die Zugfeder immer die gleiche Kraft auf den Leiter aus.

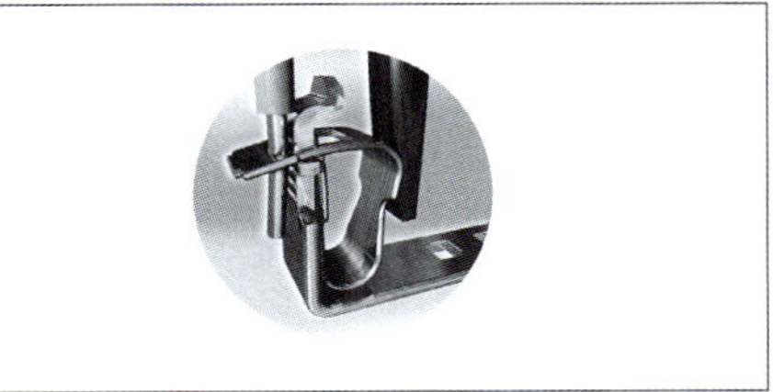

Bild 27 *Zugfederklemmen*

■ Klemmverbindungen

Mangelhafte Klemmverbindungen haben einen zu hohen Übergangswiderstand.

Bei Stromfluss über die Klemme tritt ein Spannungsfall auf.

Die sich daraus ergebende Verlustleistung bewirkt eine unzulässige Erwärmung der Klemmstelle.

Klemmverbindungen sind mit großer Sorgfalt auszuführen.

Niemals den Kragen von Aderendhülsen einklemmen.

Bei Schraubklemmen stets die Leitung in Drehrichtung der Schraube einführen.

@ Interessante Links

Klemmen

- phoenixcontact.com
- frizlen.com
- wago.de

Klemmverbindungen

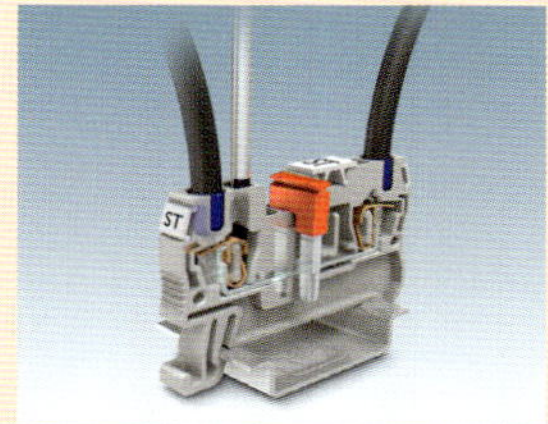

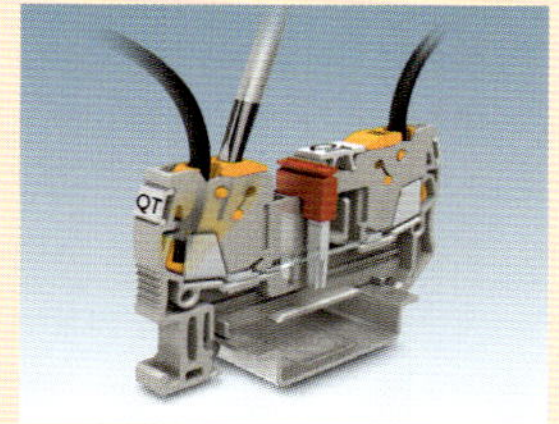

Push-In-Anschlusstechnik

Starre Leiter werden direkt in die Klemme gesteckt. Ein Schraubendreher dient nur zum Lösen des Leiters. Vorteilhaft bei sehr engen und schmalen Verdrahtungsräumen.

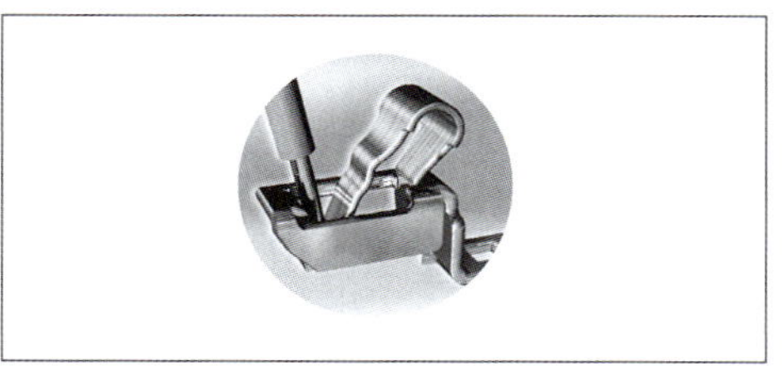

Bild 28 Push-In-Klemmen

Bolzenanschlusstechnik

Für Leiter mit Ringkabelschuhen sehr gut geeignet.
Robuster Kontakt, wartungsfrei durch Schraubensicherung, Mehrleiteranschluss.

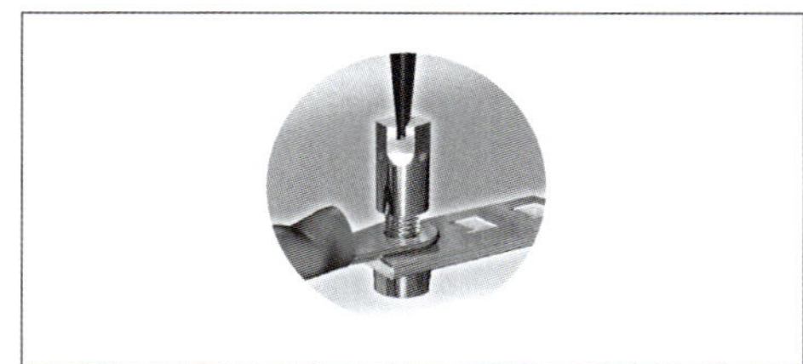

Bild 29 Bolzenanschlussklemmen

Schnellanschlusstechnik

Leiter anschließen ohne abzuisolieren. Dadurch drastische Verkürzung der Verdrahtungszeit. Leitungsanschluss durch einen Dreh mit dem Schraubendreher.

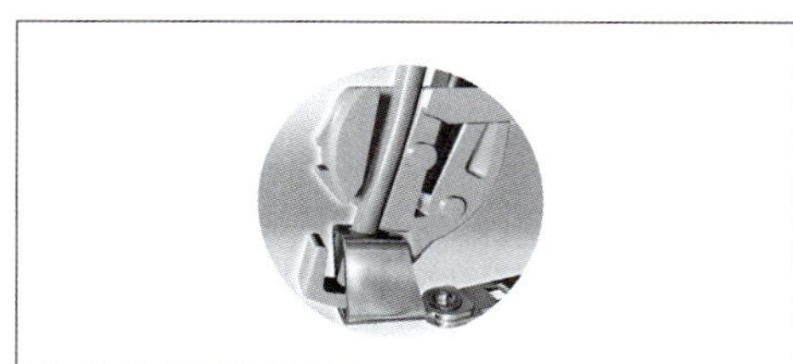

Bild 30 Schnellanschlussklemmen

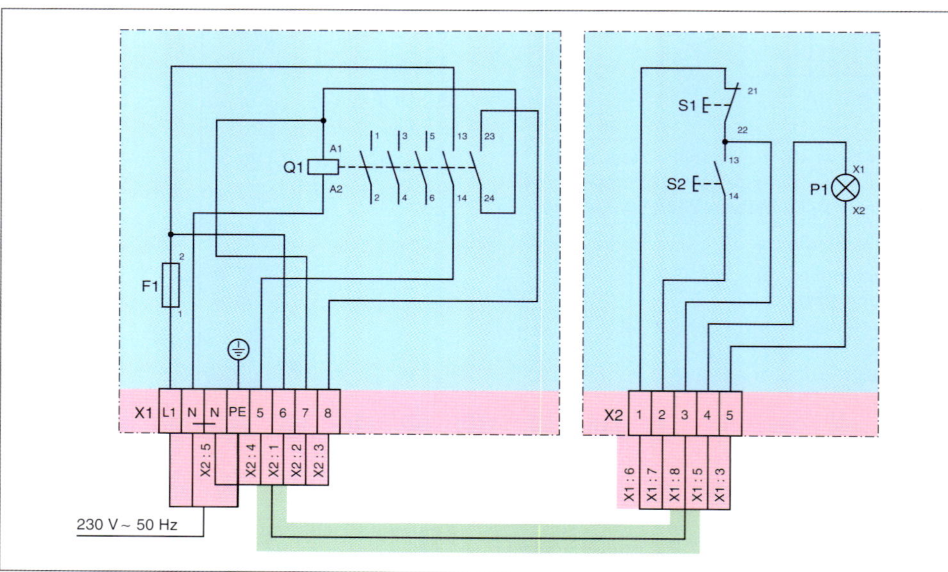

Bild 31 Schaltplandarstellung

Geräteverdrahtungsplan

Gibt die *Innenverbindung* von Geräten an. Hinweise zu äußeren Verbindungen dürfen hinzugefügt werden.

Anschlussplan

Gibt *innere* und *äußere Verbindungen* (beispielsweise an Klemmleisten) an.
Hinweise auf Anordnungspläne oder Stromlaufpläne sind möglich.

Verbindungsplan

Gibt Verbindungen zwischen Geräten und Baugruppen *ohne* interne Verbindungen an.
Hinweise auf Stromlaufpläne sind möglich.

Lage der Betriebsmittel

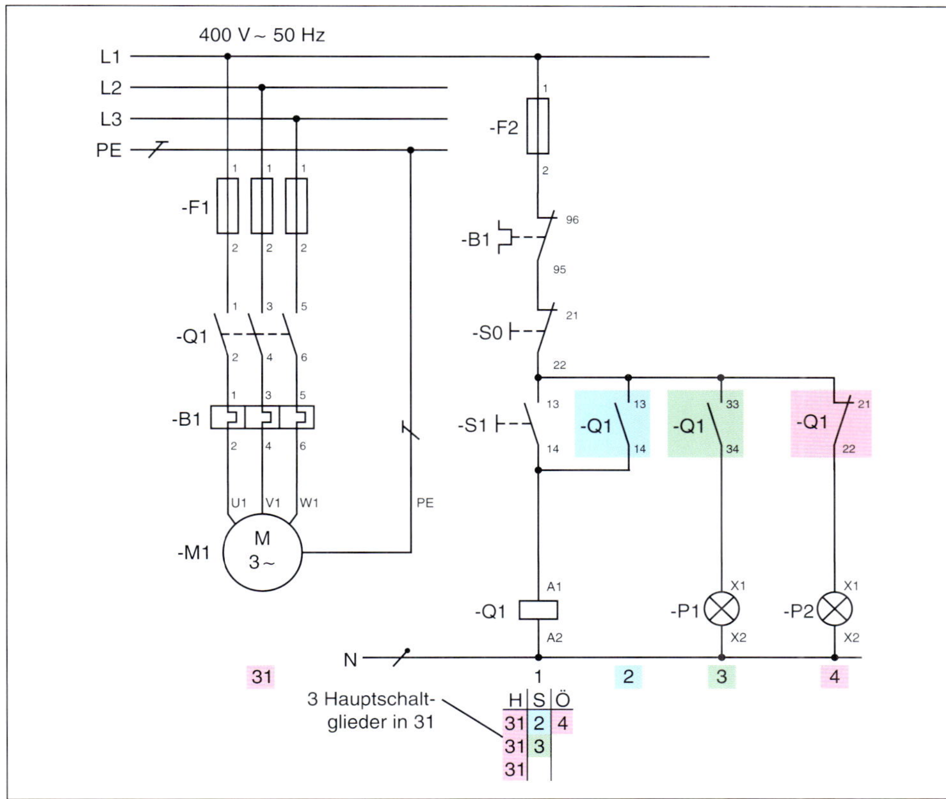

Bild 32 Stromkreis mit Kontakttabelle

■ **Kontakttabelle**
Zu Bild 33:

3.2: Seite 3, Koordinate 2

3.2A: Seite 3, Koordinaten 2, A

TB

Die Stromlaufpläne werden in **Koordinaten** eingetragen. Horizontal Ziffern, vertikal Buchstaben.

Unter den Schützspulen wird das vollständige **Schaltzeichen** des Schützes dargestellt (Bild 33).

In das Schaltzeichen werden die **Anschlussbezeichnungen** aller Schützkontakte eingetragen.

Der **Stromweg** wird angegeben, in dem der Kontakt liegt. So bedeutet eine 2, dass der Kontakt in Stromweg 2 liegt. 3.2 bedeutet, dass der Kontakt auf Blatt 3 in Stromweg 2 zu finden ist.

Auf die Buchstaben (vertikal) kann verzichtet werden.

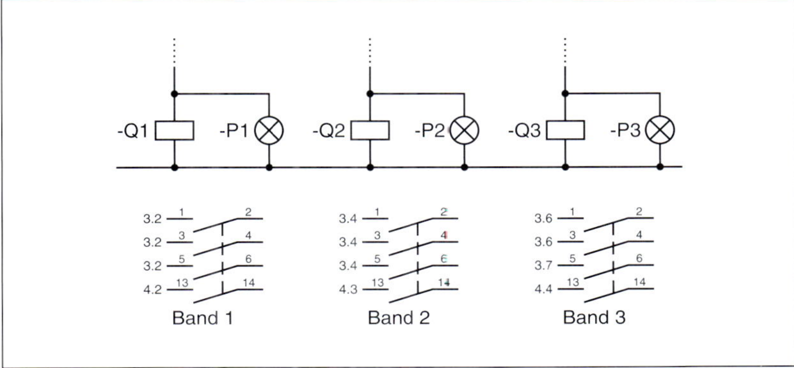

Bild 33 Haupt- und Hilfskontakte eines Schützes (Lage)

3.5 Grundlagen der Pneumatik

Der zu prüfende Elektromotor soll angehoben werden, um seine Anschlussklemmen gegen einen Kontaktsatz zu drücken → 17.

Dieser Hubvorgang muss schnell erfolgen und in kurzen Zeitabständen ständig wiederholt werden.

Ein elektromotorischer Antrieb wäre für diese Auf-Ab-Bewegung (translatorische Bewegung) sicherlich nicht optimal.

Die Projektgruppe hat sich aus diesem Grund für den Einsatz eines **Pneumatikzylinders** entschieden.

■ **Pneumatische Systeme**
arbeiten mit Druckluft (z. B. 6 bis 8 bar).

Pneumatikzylinder

Pneumatikzylinder führen *geradlinige* Bewegungen aus. Sie werden von **Druckluft** (z B. 6 bar) angetrieben.

Der Einsatz solcher Zylinder setzt also eine **Druckluftversorgung** voraus, die in jedem Betrieb zur Verfügung steht.

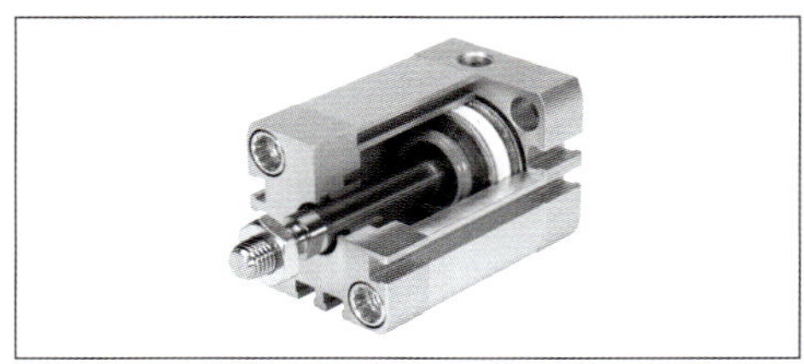

Bild 34 Pneumatikzylinder

■ **Symbole der Pneumatik**

Kolben-stange

Kolben-stange

1 Druckluftanschluss

2 Druckluftanschlüsse

Einfach wirkender Zylinder
Ausfahren: Druckluft
Einfahren: Federkraft

Zylinder kann nur beim Ausfahren Kraft aufbringen.

Doppelt wirkender Zylinder
Ausfahren: Druckluft
Einfahren: Druckluft

Über die zwei Leitungen wird die Druckluft zum Zylinder geführt und die Abluft aus dem Zylinder abgeführt.
Dies wechselt je nach Ein- und Ausfahrbewegung.

Zylinder kann beim Ein- und Ausfahren Kraft aufbringen.

Endlagendämpfung
Wenn Druckluft von z. B. 6 bar auf den Zylinderanschluss gegeben wird, fährt die Kolbenstange mit hoher Geschwindigkeit in die vordere Endlage. Würde dies ungebremst erfolgen, könnte der Zylinder beschädigt werden.
Bei der **Endlagendämpfung** wird der Kolben kurz vor Erreichen der Endlage durch ein **Luftpolster** abgebremst. Der Bremsvorgang ist einstellbar. Die Einstellung bewirkt, dass die Luft des Luftpolsters mehr oder weniger schnell entweichen kann.

Darstellung eines Zylinders mit **einstellbarer Endlagendämpfung**.

@ Interessante Links

Pneumatik
- smc.ch
- buerkert.de
- boschrexroth.com
- prematic.ch

Drossel und Drosselrückschlagventil

Mit der *Endlagendämpfung* kann *nicht* die *Verfahrgeschwindigkeit* der Kolbenstange eingestellt werden.

Hierzu werden **Drosseln** verwendet, die möglichst nahe am Zylinderanschluss zu montieren sind (Bild 35).

Die Drosseln sind *einstellbar* und ermöglichen eine **stufenlose Geschwindigkeitseinstellung**.

Bei *Rückstellung* des Kolbens muss die *Federkraft* die Drossel überwinden (Bild 35). Die Kolbenstange würde unter Umständen nicht einwandfrei einfahren.

Forderung: gedrosselt ausfahren, ungedrosselt einfahren.

■ **Drosselventile**
dienen zur Einstellung der Durchflussmenge und damit der Kolbengeschwindigkeit des Zylinders.

In beiden Richtungen ist der Luftdurchsatz annähernd gleich groß.

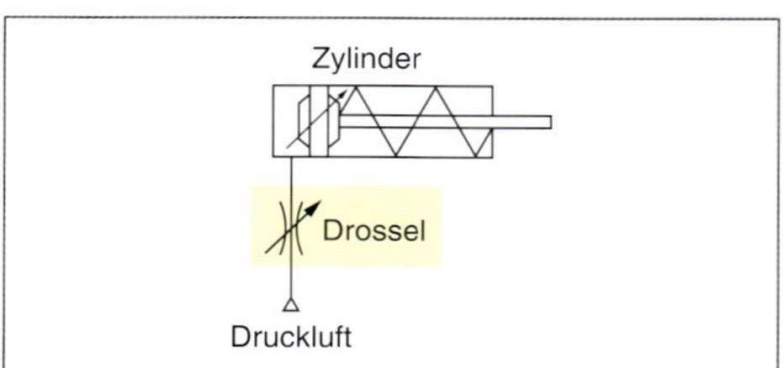

Bild 35 Zylinder mit Drossel

Zur Anwendung kommt dann ein **Drosselrückschlagventil**. Dabei sind Drossel und Rückschlagventil parallel geschaltet. Das Rückschlagventil bildet in einer Strömungsrichtung einen **Bypass** zur Drossel (Bild 36, Seite 145).

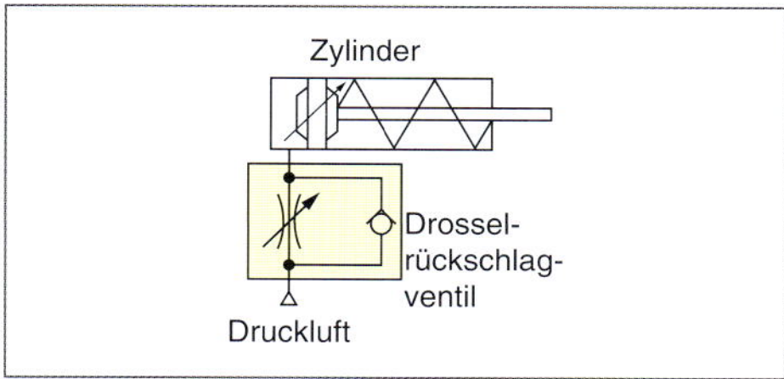

Bild 36 Zylinder mit Drosselrückschlagventil

Bild 37 Wirkung des Rückschlagventils

Rückschlagventil

Sperrung des Ventils beim *Ausfahren*, beim **Arbeitshub** (Bild 37). Die Druckluft muss dann über die Drossel (Bild 36).

Durchlass beim *Einfahren*, beim **Rückhub**. Die Drossel wir dann umgangen, sie ist wirkungslos (Bild 36).

Beim **doppelt wirkenden Zylinder** können Drosselrückschlagventile in *beide* Druckluftleitungen eingebaut werden (Bild 38).

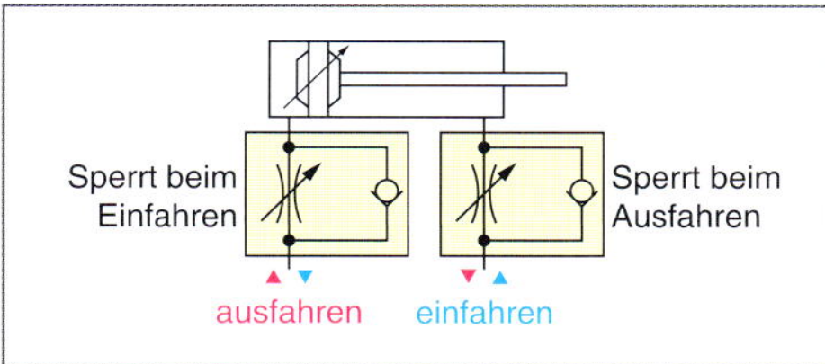

Bild 38 Doppelt wirkender Zylinder

Bevorzugt wird die **Abluftdrosselung**. Sie ermöglicht eine *gleichmäßige*, *ruckfreie* Bewegung der Kolbenstange. Es tritt dann kein sogenannter **slip-stick-Effekt** auf.

Wegeventile

Wegeventile öffnen und sperren den Durchfluss der Druckluft, bzw. ändern ihre Durchflussrichtung. Sie werden i. Allg. *elektromagnetisch* betätigt.

Elektromagnetisch betätigte **Wegeventile** sind die **Schnittstelle** zwischen dem *pneumatischen Arbeitsteil* und dem *elektrischen Steuerteil*.

Die Spulen der Wegeventile sind oft für die Spannung 24 V DC ausgelegt.

In Bild 41 ist ein **5/2-Wege-Vorsteuerventil** dargestellt.

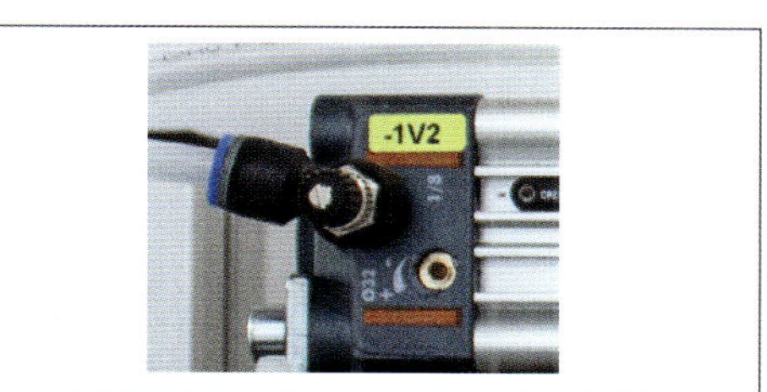

Bild 39 Drosselrückschlagventil

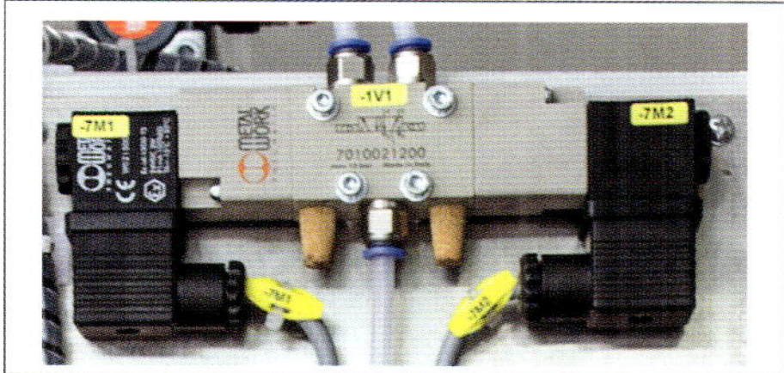

Bild 40 Wegeventil

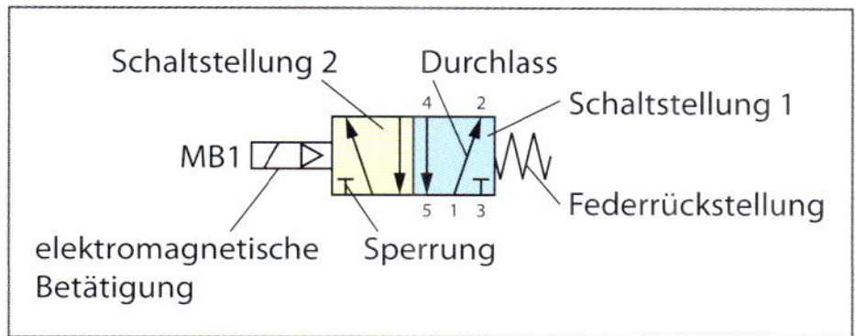

Bild 41 Wegeventil, Symbol

5/2-Wege-Vorsteuerventil

5/2 bedeutet: **5** Anschlüsse, **2** Schaltstellungen.

Vorsteuerventil bedeutet, dass die Kraft der Magnetspule **nicht** ausreicht, die Druckluft direkt „durchzuschalten".

Die kompakte Spule betätigt nur ein Vorsteuerventil, das pneumatisch den Steuerkolben bewegt.

Der Steuerkolben schaltet dann z. B. die Druckluftkanäle frei.

Lesen von Pneumatikplänen

Die *Anschlüsse* 1, 2, 3, 4, 5 sind als **ortsfest** anzusehen. Die *Schaltstellungen* **verschieben sich** (Bild 42, Seite 146).

Der Weg der Druckluft kann dann leicht nachvollzogen werden.

Pneumatikzylinder
pneumatic cylinder

Drossel
choke, throttle

Ventil
valve

Rückschlagventil
check valve

Wegeventil
distributing valve, way valve

Vorsteuerventil
pilot valve

doppelt wirkend
double-acting

einfach wirkend
single acting

■ **Wegeventile in elektrischen Schaltplänen**

■ **Abluftdrosselung**

Die Kolbenstange wird zwischen zwei Luftpolstern eingespannt.

Vor allem bei Lastschwankungen verbessert sich das Ausfahrverhalten.

■ **Anschlüsse von Wegeventilen**

Druckluftanschluss: 1

Arbeits- und Ausgangsleitungen: 2, 4, 6

Abluft, Entlüftung: 3, 5, 7

Steuerleitungen: 10, 12, 14

■ **Wegeventile**

Anzahl der Schaltstellungen = Anzahl der quadratischen „Schaltkammern", die nebeneinander liegen.

Die Leitungsanschlüsse werden nur an *eine* „Schaltkammer" gezeichnet.

Dies ist die Schaltstellung bei *unbetätigtem* Ventil (Ruhestellung, Ausgangsstellung).

Die „Schaltkammer" ohne Leitungsanschlüsse kennzeichnet die Schaltstellung bei *betätigtem* Ventil.

■ **BG...**

hier: Reedkontakt (Zylinderschalter); allgemein: Umwandlung einer Eingangsgröße in ein zur Weiterverarbeitung bestimmtes Signal (B).

Abstand, Stellung, Lage (G)

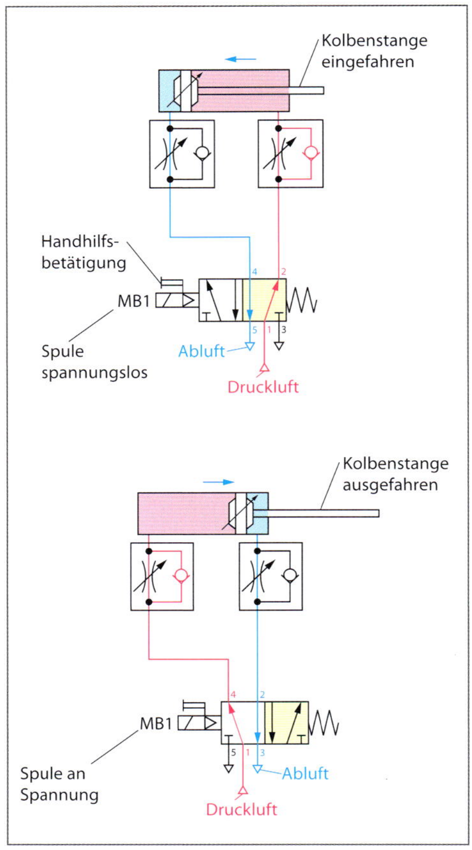

Bild 42 Wegeventil, Arbeitsweise

Steuerung eines einfach wirkenden Zylinders

Verwendung findet ein 3/2-Wegeventil (3 Anschlüsse, 2 Schaltstellungen). Bild 43 zeigt die Schaltung.

- S1 betätigt → Zylinderstange fährt aus.
- S1 nicht betätigt → Zylinderstange fährt durch Federkraft wieder ein.
- Die Darstellung zeigt den *spannungslosen* Zustand von M1.

Steuerung eines doppelt wirkenden Zylinders

Verwendung findet ein 5/2-Wegeventil (5 Anschlüsse, 2 Schaltstellungen). Bild 44 zeigt die Darstellung.

- S1 betätigt → Zylinderstange fährt aus.
- S1 nicht betätigt → Zylinderstange fährt ein.
- Die Darstellung zeigt den *spannungslosen* Zustand von M1.

Positionsschalter (Reed-Kontakte)

Die **Geschwindigkeit** der Kolbenstangenbewegung wird über **Drosseln** eingestellt.

Der **Weg** der Kolbenstange kann über **Positionsschalter** eingestellt werden.

Auf der Längsachse des Zylinders *verschiebbar*, können die **Haltepunkte** beim Aus- und Einfahren festgelegt werden.

Verwendet werden i. Allg. Positionsschalter mit **Reed-Kontakten**.

Reed-Kontakte werden *berührungslos* durch ein **Magnetfeld** betätigt. Hervorgerufen wird das Magnetfeld durch einen **Dauermagneten**, den der Zylinderhersteller am Kolben des Zylinders angebracht hat.

Vorteil: *Berührungslose* Kontaktgabe bei hoher Schaltleistung und hoher Schaltpunktgenauigkeit. Der Schaltzustand wird durch ein **Status-LED** angezeigt, was die *Einstellarbeiten* bei Inbetriebnahme erleichtert.

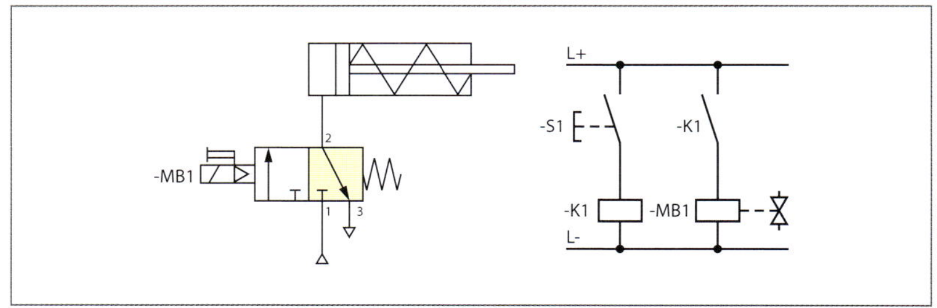

Bild 43 Einfach wirkender Zylinder, Steuerung mit 3/2-Wegeventil

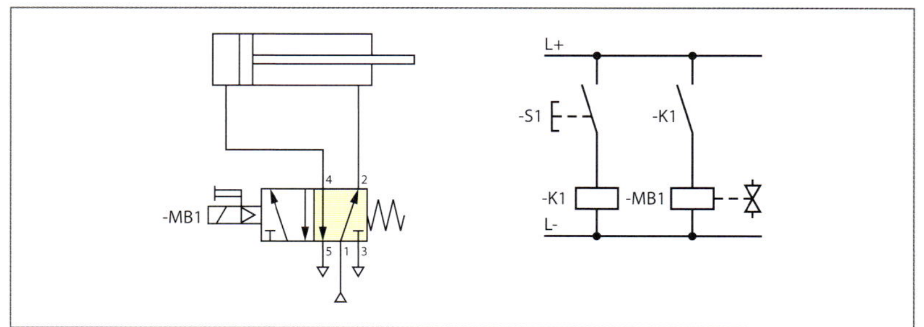

Bild 44 Doppelt wirkender Zylinder, Steuerung mit 5/2-Wegeventil

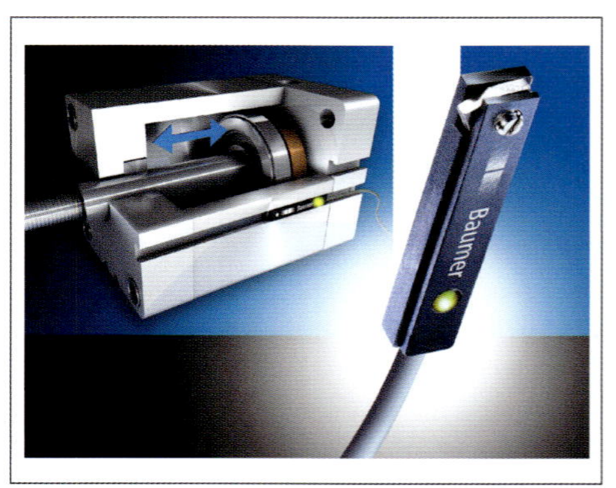

Bild 45 Reed-Kontakt

Selbsttätige Rücksteuerung eines doppelt wirkenden Zylinders

Zur Anwendung kommt ein **5/2-Wege-Impulsventil** (Bild 46).

Impulsventil:

- MB1 *kurzzeitig* an Spannung (Impuls) → Ventil *schaltet* und *speichert* den geschalteten Zustand (ausfahren).
- MB2 *kurzzeitig* an Spannung (Impuls) → Ventil *schaltet* und *speichert* den geschalteten Zustand.

Impulsventile *speichern* ihren letzten Schaltzustand.

- Taster S1 betätigt → Kolbenstange fährt aus.
- Reed-Kontakt BG1 betätigt → Kolbenstange fährt ein.
- Beim Erreichen der vorderen Endlage (BG1) kehrt die Kolbenstange selbsttätig in die hintere Endlage zurück.

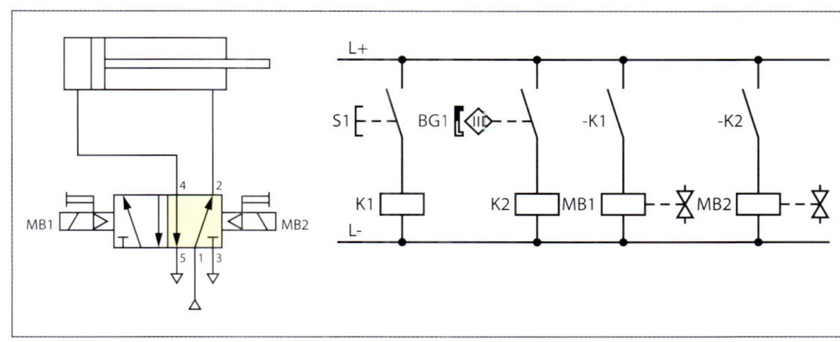

Bild 46 Selbsttätige Rücksteuerung eines doppelt wirkenden Zylinders

3.6 Hubeinheit der Prüfstation

Die Prüftstation → 16 soll mithilfe eines Pneumatikzylinders angehoben und wieder abgesenkt werden.

Dieser Vorgang ist immer dann einzuleiten, wenn ein zu prüfender Elektromotor in Teilverpackung die Prüfstation erreicht.

Das Erreichen der Prüfstation muss durch einen **Sensor** erfasst werden (Bild 47).

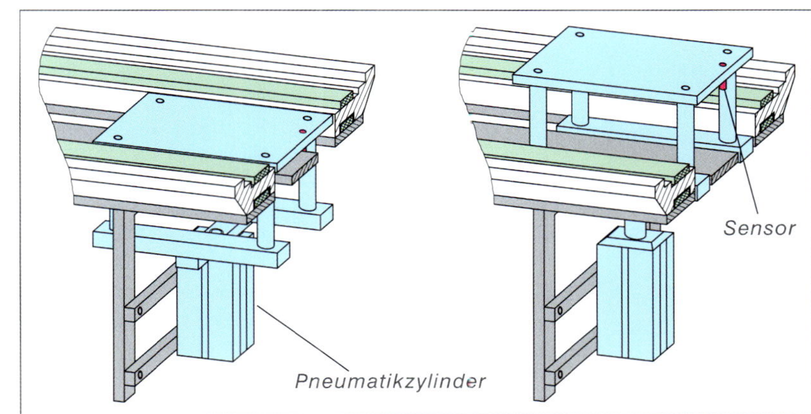

Bild 47 Hubeinheit der Prüfstation

Durch *welchen* Sensor soll das Erreichen der Prüfstation erfasst werden?

Zur Auswahl stehen **Grenztaster** mit Rollenstößel, ein **induktiver Näherungssensor** und ein **kapazitiver Näherungssensor**.

Grenztaster

Rollenstößel ragt aus der Oberfläche der Hubeinrichtung raus und wird von der Motorverpackung betätigt. Das Gewicht des Motors drückt auf das Rollenstößel und betätigt den Grenztaster.

Vorteil: Robuste Signalgabe durch einfache Technologie.

Nachteile: Relativ aufwendige Montage (metalltechnische Arbeiten zur Durchführung und Befestigung), Gewährleistung der Leichtgängigkeit der mechanischen Betätigung.

Gefahr durch Ablenkung der Motorverpackung durch Auflaufen auf Rollenstößel unmittelbar vor dem Anheben. Der Kontaktsatz könnte u. U. nicht richtig kontaktiert werden.

Induktiver Näherungssensor

Ein induktiver Näherungssensor kommt hier nicht in Betracht, da er nur auf *leitfähige* Materialien reagiert. Dies trifft auf die Verpackung des Motors nicht zu.

Kapazitiver Näherungssensor

Der kapazitive Näherungssensor reagiert praktisch auf *alle* Materialien. Also auch auf die Motorverpackungen.

Der Sensor kann *bündig* in die Trägerplatte der Hubeinrichtung eingeschraubt werden. Vorteilhaft ist die einfache Montage:

- Bohren
- Gewinde schneiden
- Sensor einschrauben und gegen Selbstlockern sichern.

Die Entscheidung fällt also auf einen **kapazitiven Näherungssensor**; zylindrische Bauform mit Gewindekörper.

■ **MB ...**

hier: Spule zur Betätigung eines vorgesteuerten Wegeventils: allgemein: mechanische Energie zu Antriebszwecken bereitstellen (M).

Durch magnetische Wirkung (B).

■ **Näherungssensoren**

Induktive oder kapazitive Näherungssensoren oder Näherungsschalter bestehen aus einem Abstandssensor und einer Auswerteelektronik.

Sie haben eine berührungslose Arbeitsweise und stören den zu erfassenden Prozess nicht.

■ **Oszillator**
Schwingungserzeuger

■ **Induktion**
→ 85

■ **Wirbelstrom**
→ 226

■ **Kondensator**
→ 65

Sensor
sensor

Näherungsschalter
proximity switch

Induktiver Näherungsschalter
inductive proximity switch

Kapazitiver Näherungsschalter
capacitive proximity switch

Wirbelstrom
eddy current

■ **Näherungssensoren**

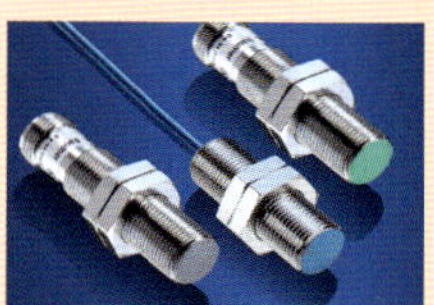

Näherungsempfindliche Sensoren

Kennzeichnend für solche Sensoren sind **Abstandssensor** und **Auswerteelektronik**, die in *einem* Gerät eingebaut sind.

Sie arbeiten *berührungslos* und *verschleißfrei*.

Induktiver Näherungssensor

Der **Oszillator** bewirkt ein höherfrequentes magnetisches Wechselfeld, das aus der **aktiven Fläche** des Sensors austritt und sich im umgebenden Raum ausbreitet.

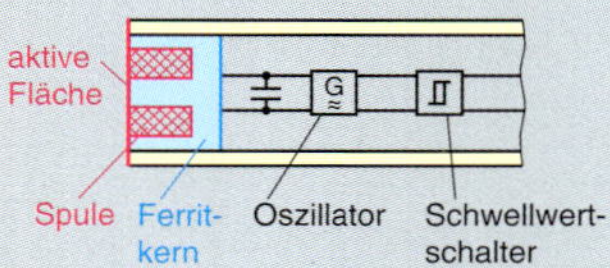

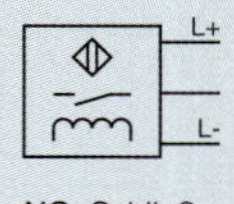

Kommt ein *leitfähiger* Stoff in den Einflussbereich des Magnetfeldes, wird in ihm eine Spannung induziert.

Die Spannung ruft im leitfähigen Stoff **Wirbelströme** hervor, wodurch dem Sensor *Energie entzogen* wird.

Man sagt, der Sensor wird **bedämpft**.

Ein **Schwellwertschalter** erkennt dies, der *Signalzustand* am Sensorausgang ändert sich.

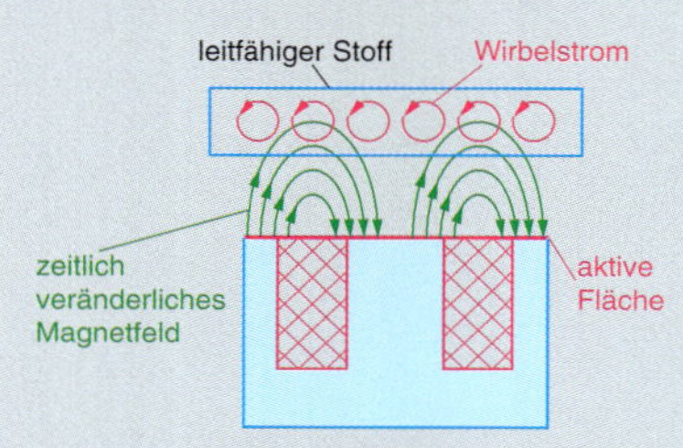

Der Wirbelstrom entzieht dem Sensor Energie. Der Sensor verhält sich prinzipiell wie eine **belastete Spannungsquelle** mit hohem Innenwiderstand: Bei Belastung bricht die Spannung stark ein.

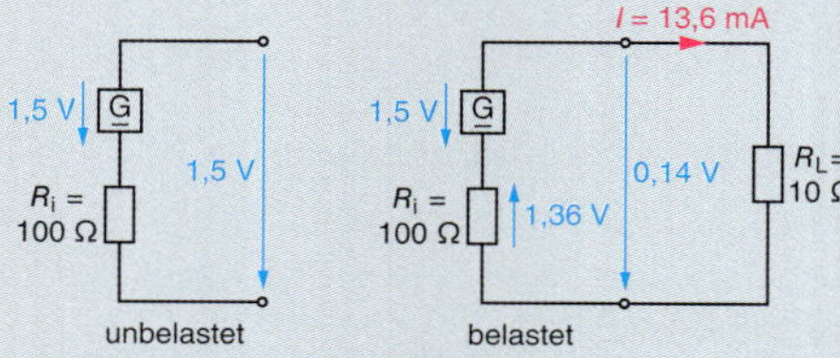

Technische Daten

Nennschaltabstand: S_N = 1 mm bis 150 mm

Schaltfrequenz: 100 Hz bis 3000 Hz

Schaltdifferenz: $\Delta s = 0{,}1 \cdot S_N$

Nennschaltabstand gibt an, wie weit der leitfähige Stoff von der aktiven Fläche entfernt sein darf, um einen Schaltvorgang zuverlässig zu bewirken.

Arbeitsabstand ist der Schaltabstand bei Annäherung eines Gegenstandes eines bestimmten Werkstoffes.

Schaltfrequenz ist die maximale Abfolge der Impulsfolgen pro Sekunde.

Schaltdifferenz ist der Unterschied zwischen Einschaltpunkt und Ausschaltpunkt bei Annäherung einer Messplatte.

Kapazitiver Näherungssensor

Bei Annäherung eines **metallischen** oder **nichtmetallischen** Stoffes ändert sich das **Dielektrikum eines Kondensators** und damit die Kondensatorkapazität.

Bei Überschreitung eines eingestellten Kapazitätswertes schwingt der Oszillator auf. Der Schaltzustand am Ausgang des Sensors ändert sich.

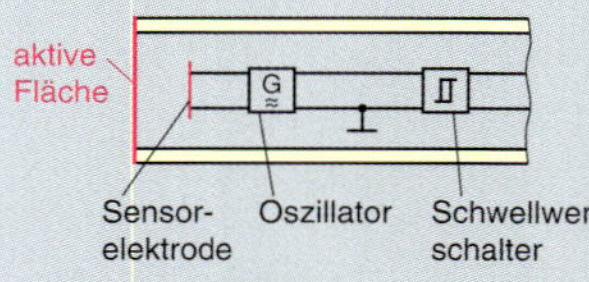

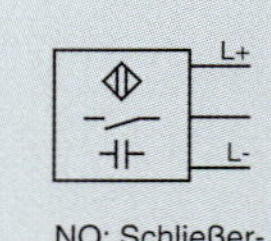

Während die induktiven Näherungssensoren preisgünstig und unempfindlich sind, ist der deutlich teuere *kapazitive Näherungssensor* nicht ganz unproblematisch.

Ein genauer Schaltabstand kann nicht ohne Kenntnis der Einsatzbedingungen angegeben werden. Mit einem Einstellpotenziometer kann der gewünschte Schaltabstand eingestellt werden.

Der Sensor ist empfindlich gegen äußere Störgrößen (Temperatur, Luftfeuchtigkeit, Staub). Er sollte nicht mit der maximalen Empfindlichkeit betrieben werden, da der Einfluss der Störgrößen mit der Empfindlichkeit zunimmt.

Technische Daten

Nennschaltabstand: S_N = 20 mm bis 40 mm

Arbeitsabstand: Metalle $1 \cdot S_N$, Glas $0{,}5 \cdot S_N$

Schaltdifferenz: $\Delta S \approx 0{,}25 \cdot S_N$

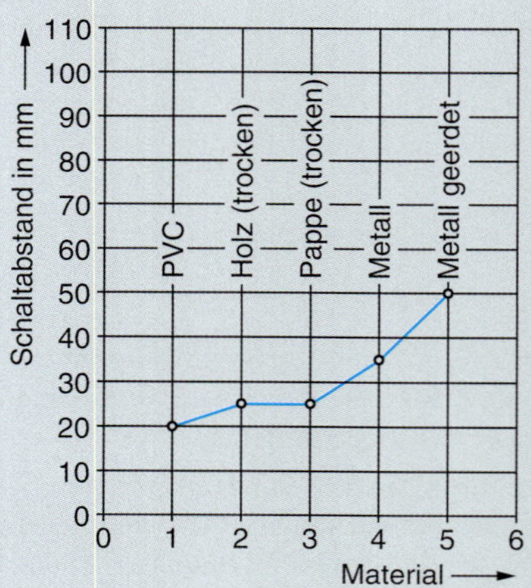

3.7 Erweiterungsauftrag

Zur Erfassung des zu testenden Motors wird ein kapazitiver Näherungssensor bündig in die Bodenplatte der Hubeinrichtung montiert. Wenn eine Motorverpackung von diesem Sensor erfasst wird, schaltet er durch und liefert 24 V an die Steuerung (Schließerfunktion, NO).

Das Anheben und Absenken des Motors erfolgt durch einen doppelt wirkenden Pneumatikzylinder.

Der Zylinder wird über ein 5/2-Wege-Impulsventil gesteuert.

Die Endstellungen der Zylinderstange werden durch Reed-Kontakte (Zylinderschalter) erfasst. Die Reed-Kontakte haben Schließerfunktion (NO).

Das Bedienteil der Steuerung wird durch einen Schalter mit Meldelampe erweitert. Mit diesem Schalter kann die Hubeinheit ein- und ausgeschaltet werden.

- Hubvorrichtung einschalten (S5)
  → P4 leuchtet.
- Zylinderkolben in hinterer Endlage (eingefahren) und Sensor erkennt Motor
  → Kolbenstange fährt aus.
- Zylinderkolben in vorderer Endlage (ausgefahren)
  → Kolbenstange fährt ein.

Fehler! Nach Einfahren der Kolbenstange fährt diese sofort wieder aus. Der Motor würde also erneut angehoben und wieder abgesenkt. Und das ständig.

Fehlerursache: Die Verpackung des Motors verbleibt auf dem kapazitiven Näherungssensor B4. B4 ist also „betätigt". Sobald die Zylinderstange wieder eingefahren ist (BG1 schließt), liegt wieder Spannung an MB1.

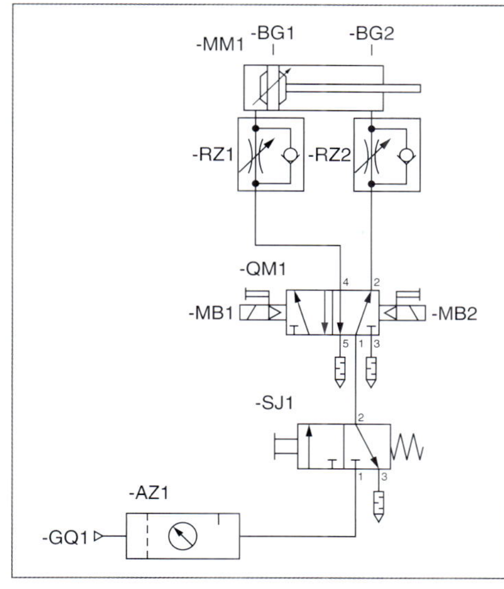

Bild 48 Pneumatikplan der Hubeinrichtung

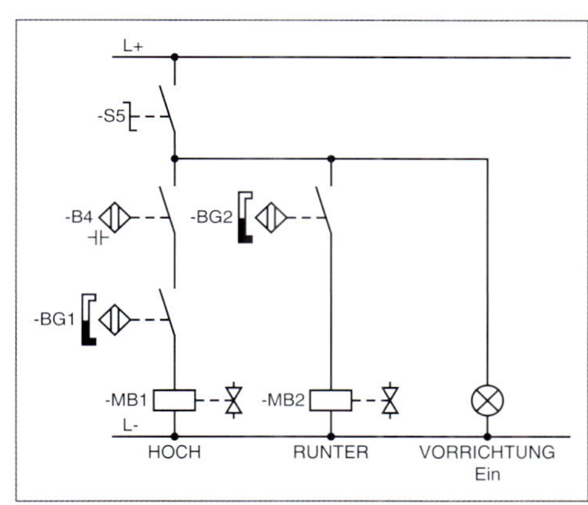

Bild 49 Steuerung der Hubeinrichtung

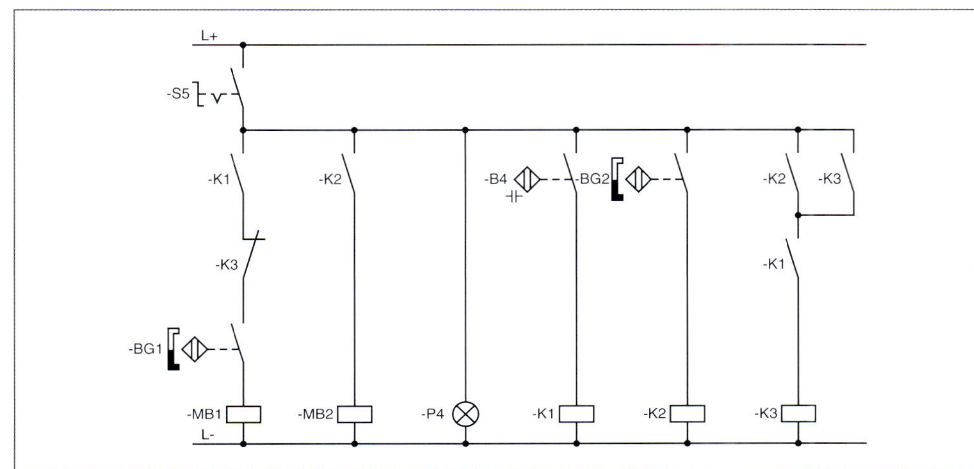

Bild 50 Steuerung der Hubeinrichtung mit Hilfsschützen, Stromlaufplan

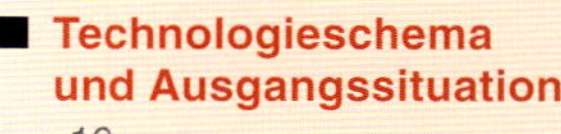

■ **Technologieschema und Ausgangssituation**
→ 16

@ Interessante Links

Sensoren

- siemens.de
- asm-sensor.de
- baumer.com
- binsack-reedtechnik.de
- turck.de

■ **Induktiver Näherungssensor**

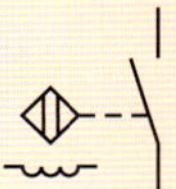

■ **Kapazitiver Näherungssensor**

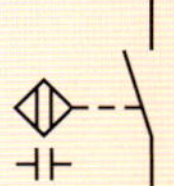

■ **Reedkontakt**

Machen Sie sich mit der Checkliste vertraut.
Es erleichtert Ihnen die Arbeit bei der Prüfung.

Checkliste zum Stromlaufplan

Handlung	Reaktion
S5 = 1	P4 = 1 (Meldelampe ein)
BG1 = 1, B4 = 1	K1 = 1, M1 = 1 (Zylinderstange fährt aus)
BG1 =0	keine Reaktion (Impulsventil)
BG2= 1	K2 = 1, K3 = 1 (Selbsthaltung), M2 = 1 (Zylinderstange fährt ein)
BG2 = 0	K2 = 0
BG1 = 1	keine Reaktion
B4 = 0	K1 = 0, K3 = 0

■ **Logische Verknüpfungen**

Jede Steuerungsaufgabe besteht aus den logischen Verknüpfungen. Gleichgültig, ob sie mit Schützen oder mit SPS verwirklicht wird.

Die logischen **Grundverknüpfungen** sind:

UND

ODER

NICHT

3.8 Logische Verknüpfungen

Die Grundlage der steuerungstechnischen Problemlösung sind **logische Verknüpfungen**. Und zwar unabhängig von der Art der Verwirklichung (Schützsteuerung, SPS).

Zum Beispiel:
Damit die Spule M1 an Spannung liegt, müssen *mehrere* Bedingungen *gleichzeitig* erfüllt sein (Bild 51):

- S5 eingeschaltet
- K1 angezogen
- K3 abgefallen
- BG1 betätigt

Diese Bedingungen lassen sich als **UND-Verknüpfung** formulieren. Sie müssen *alle* erfüllt sein: Bedingung 1 **UND** Bedingung 2 **UND** Bedingung 3 usw.).

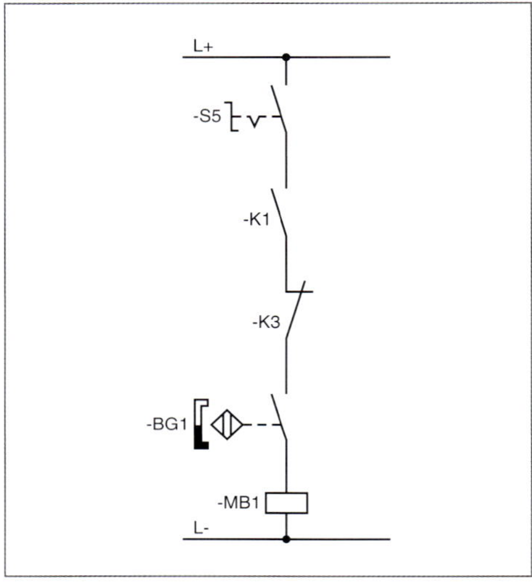

Bild 51 *Reihenschaltung, UND-Verknüpfung*

■ **UND-Verknüpfung**

Reihenschaltung

Reihenschaltung (UND)
Schaltungstechnisch ist die UND-Verknüpfung eine Reihenschaltung.
Nur wenn E1 und E2 (also beide) betätigt sind, erhält A1 Spannung.

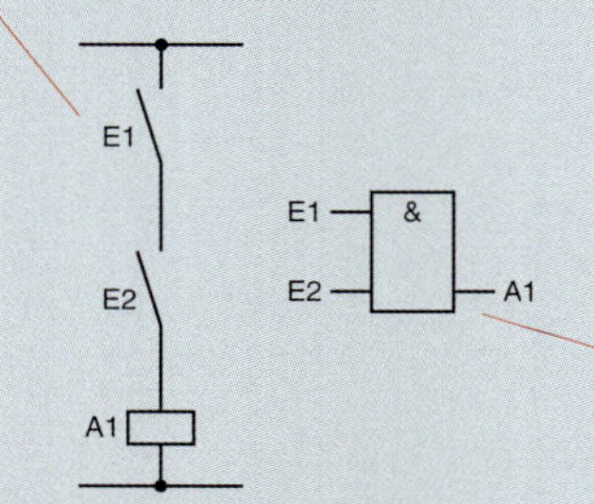

Signalzustände

Spannung vorhanden: „1"-Signal, Signalzustand „1"

Keine Spannung: „0"-Signal, Signalzustand „0"

Schaltfunktion

A1 = E1 ∧ E2
(lies: A1 = E1 UND E2)

Wahrheitstabelle

E2	E1	A1
0	0	0
0	1	0
1	0	0
1	1	1

Der Ausgang einer UND-Verknüpfung ist „1", wenn sämtliche Eingänge (hier E1 und E2) „1" sind.

Allgemeine Darstellung
Da die Schützschaltung nur eine Möglichkeit der Verwirklichung ist, wird eine allgemeine Darstellung der UND-Verknüpfung benötigt.

Nur wenn *alle Eingänge* der UND-Verknüpfung den Signalzustand „1" führen, nimmt der Ausgang den Signalzustand „1" an.

Schaltfunktion
switching function, logical function

UND-Funktion
AND function

ODER-Funktion
OR function

NICHT-Funktion
NOT function

Parallelschaltung (ODER)
Schaltungstechnisch ist die ODER-Verknüpfung eine Parallelschaltung. Wenn E1 ODER E2 betätigt sind (oder auch beide), erhält A1 Spannung.

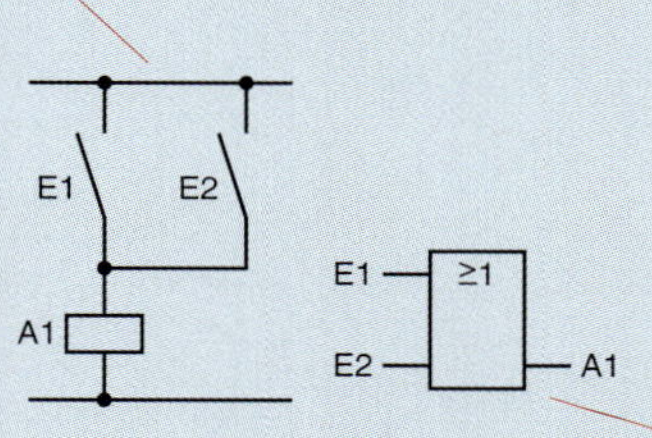

Schaltfunktion

A1 = E1 ∨ E2
(lies: A1 = E1 ODER E2)

Wahrheitstabelle

E2	E1	A1
0	0	0
0	1	1
1	0	1
1	1	1

Der Ausgang einer ODER-Verknüpfung ist „1“, wenn mindestens ein Eingang den Signalzustand „1“ hat.

Allgemeine Darstellung
≥ 1: mindestens ein Eingang oder mehr als Eingang

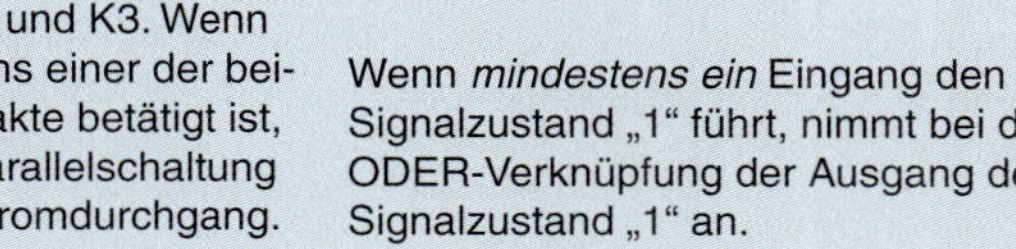

ODER-Verknüpfung zwischen K2 und K3. Wenn mindestens einer der beiden Kontakte betätigt ist, hat die Parallelschaltung K2, K3 Stromdurchgang.

Ausschnitt der Schaltung auf Seite 149.

Wenn *mindestens ein* Eingang den Signalzustand „1“ führt, nimmt bei der ODER-Verknüpfung der Ausgang den Signalzustand „1“ an.

■ **ODER-Verknüpfung**
Parallelschaltung

Öffner
Die NICHT-Funktion kann mit einem Öffner verwirklicht werden.

Öffner unbetätigt: → „1“-Signal
Öffner betätigt: → „0“-Signal

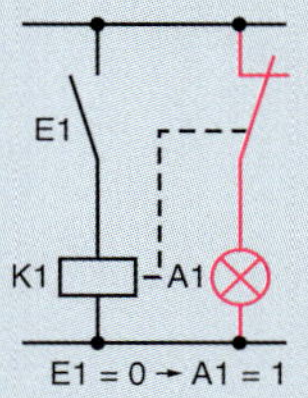

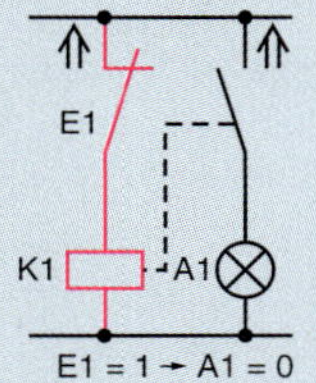

E1 = 0 → A1 = 1　　E1 = 1 → A1 = 0

Darstellung der NICHT-Funktion (Negation)
Im Allgemeinen wird nicht die ausführliche Darstellungsform verwendet. Das Symbol wird auf den Kreis reduziert und in Kombination mit anderen Verknüpfungen verwendet.

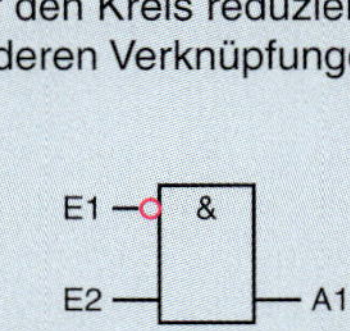

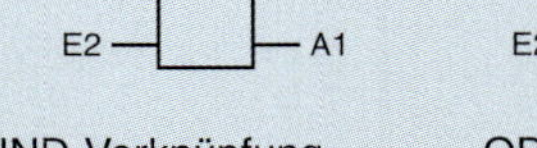

UND-Verknüpfung mit *Negation* von E1.

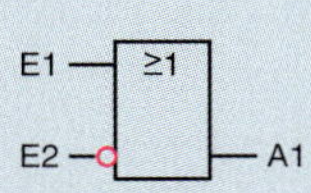

ODER-Verknüpfung mit *Negation* von E2.

Schaltfunktion

$A1 = \overline{E1}$
(lies: A1 = NICHT E1)

Wahrheitstabelle

E1	A1
0	1
1	0

Der Ausgang der NICHT-Verknüpfung nimmt den entgegengesetzten Signalzustand des Einganges an.

Allgemeine Darstellung

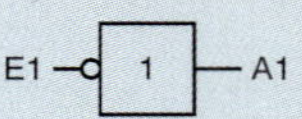

Ausschnitt der Schaltung auf Seite 149:

NICHT-Verknüpfung:
Schütz K3 abgefallen (0) → Öffner K3 Stromdurchgang (1)

Schütz K3 angezogen (1) → Öffner K3 unterbricht Stromkreis (0)

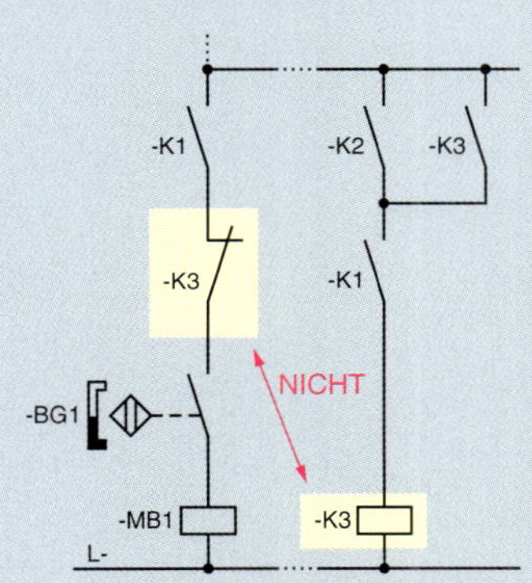

■ **Öffner**
Aus Gründen der Drahtbruchsicherheit werden in der Steuerungstechnik Öffner verwendet.

Öffner sind auf den Signalzustand „0“ abzufragen, da sie bei Betätigung diesen Signalzustand liefern.

In diesen Fällen ist eine Negation erforderlich.

■ **Signalzustand „0“**
Boolscher Wert: FALSE

■ **Signalzustand „1“**
Boolscher Wert: TRUE

■ **Selbsthaltung**
Bei Schützschaltungen wird die Signalspeicherung Selbsthaltung genannt.

Speicher
store, storage

Selbsthaltung
self-holding

Signalspeicher
transient recorder, event recorder

Signalspeicherung
signal storage

Bild 50, Seite 149:
Nur wenn K1 = „1“, kann K3 überhaupt den Signalzustand „1“ annehmen.

■ **Zeichen für Betätigung**

3.9 Signalspeicherung

Ausschnitt aus der Schaltung auf Seite 149.

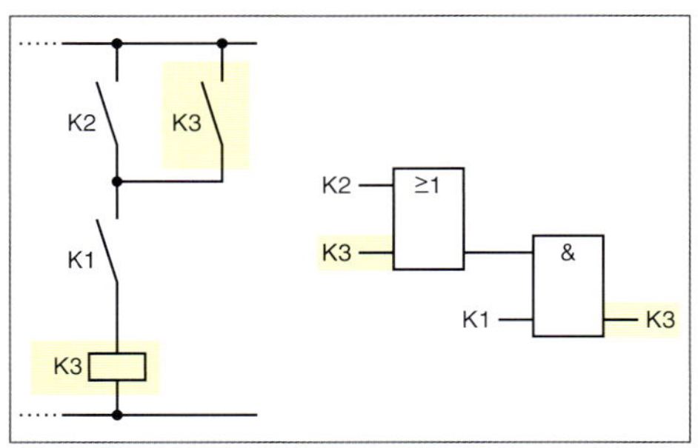

Bild 52 *Schützschaltung und Funktionsplan*

Bild 52: Schütz K3 geht in **Selbsthaltung**.

Funktionsplan der **Selbsthaltung**.

Parallelschaltung K2, K3:
ODER-Verknüpfung.

Reihenschaltung (K2, K3), K1:
UND-Verknüpfung.

Phase 1: K1 = „1“
UND-Funktion vorbereitet, aber noch nicht erfüllt (Bild 53).

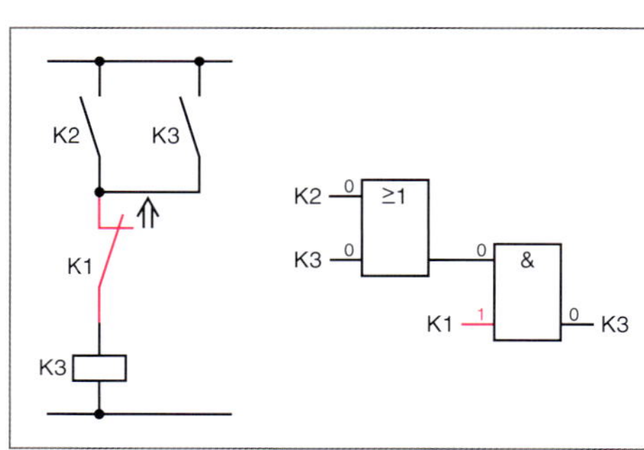

Bild 53 *Phase 1*

Phase 2: K2 = „1“
ODER-Funktion erfüllt → UND-Funktion erfüllt → K3 = „1“ (Bild 54).

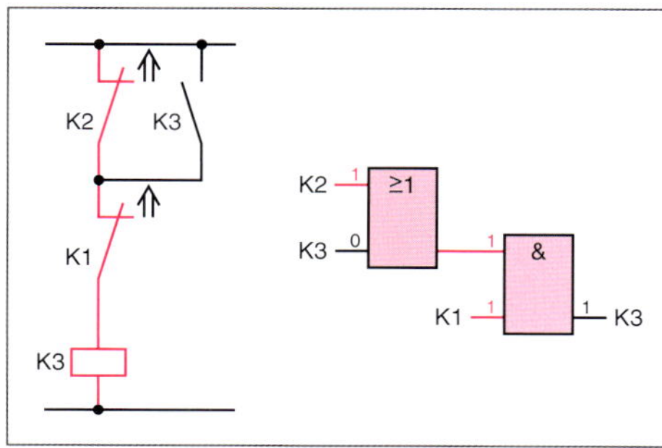

Bild 54 *Phase 2*

Phase 3: K3 = „1“
Keine Veränderung in Bezug auf Phase 2; Selbsthaltung (Bild 55).

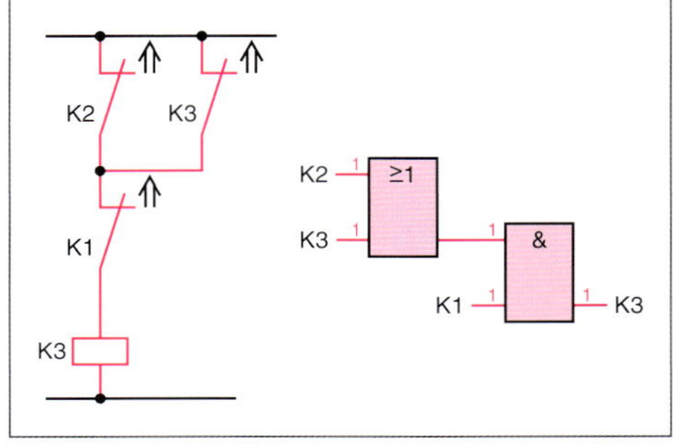

Bild 55 *Phase 3*

Phase 4: K2 = „0“
Schütz ist in Selbsthaltung, Signalspeicherung (Bild 56).

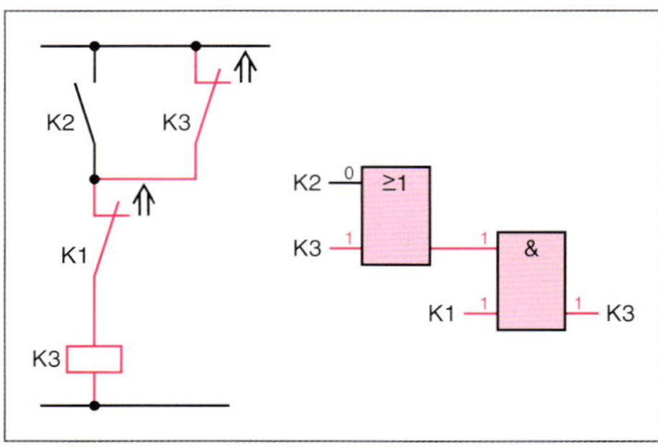

Bild 56 *Phase 4*

Phase 5: K1 = „0“
Schütz ausgeschaltet, Selbsthaltung fällt ab (Bild 57).

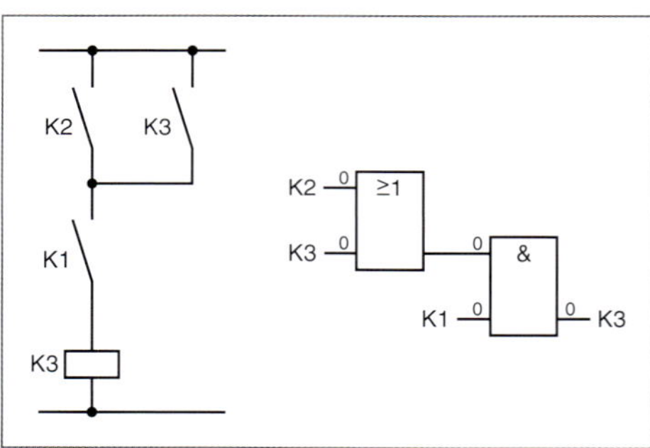

Bild 57 *Phase 5*

Darstellung bei einer einfachen Schützsteuerung

S1 ist ein Öffner. Im *unbetätigten Zustand* hat er Stromdurchgang, liefert den Signalzustand „1“.

Nur bei S1 = „1“ ist die UND-Funktion erfüllbar (Bild 58, Seite 153).

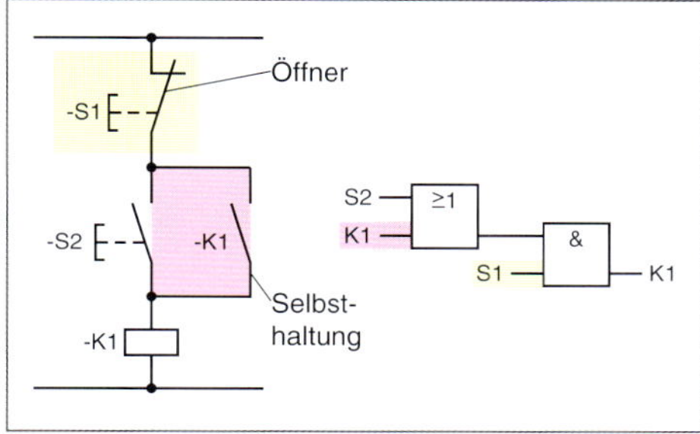

Bild 58 *Einfache Schützschaltung und FUP*

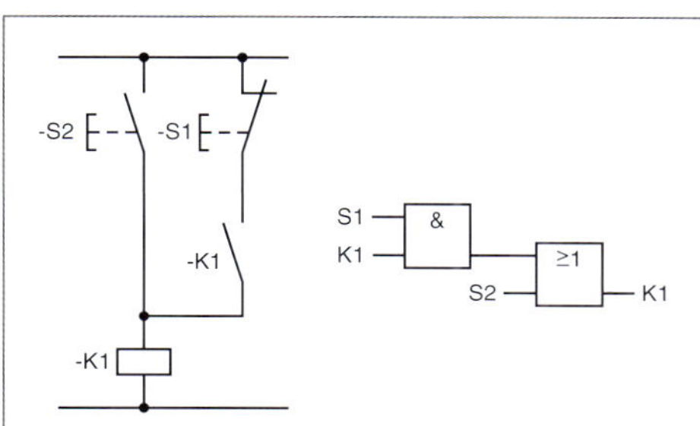

Bild 60 *Vorrangiges Einschalten*

- **VPS**
  Verbindungsprogrammierbare Steuerung
- **SPS**
  Speicherprogrammierbare Steuerung

Drahtbruchsicherheit ist eine wesentliche Eigenschaft von Öffnern beim Ausschalten.

Ein *betätigter* Öffner *unterbricht* den Stromkreis. Die gleiche Wirkung hat eine durch Fehler hervorgerufene Leitungsunterbrechung oder eine gelöste Klemmverbindung.

Öffner sind **drahtbruchsicher**.

Vorrangiges Ausschalten

Öffner S1 und Schließer S2 werden *gleichzeitig* betätigt.

Das Schütz kann dann nicht eingeschaltet werden oder bleiben, da der Öffner den Spulenstrom unterbricht.

Im Funktionsplan (FUP) liefert der betätigte Öffner „0"-Signal (S1 = „0") und blockiert damit die UND-Funktion.

Es liegt **vorrangiges Ausschalten** vor.

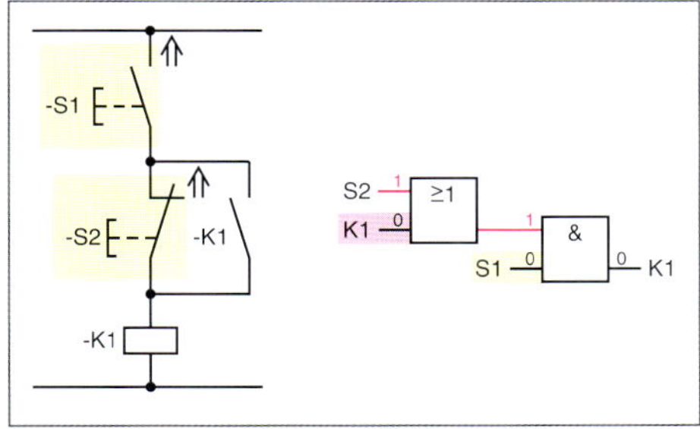

Bild 59 *Vorrangiges Ausschalten*

Vorrangiges Einschalten

Öffner S1 und Schließer S2 werden *gleichzeitig* betätigt.

Das Schütz wird dann zwingend eingeschaltet, wenn S2 betätigt wird. Der Öffner hat dann keinen Einfluss.

Beachten Sie die ODER-Funktion (Bild 60). Wenn S2 = „1" ist zwingend K1 = „1".

Es liegt **vorrangiges Einschalten** vor.

3.10 Speicherprogrammierbare Steuerungen

Ihr Ausbilder entscheidet sich, die Bandsteuerung und die Prüfstation nicht in Kontakttechnik (mit Schützen), sondern durch Einsatz einer speicherprogrammierbaren Steuerung (SPS) zu verwirklichen.

Sie werden beauftragt, dies der Aufgabenstellung entsprechend zu planen und durchzuführen.

Prinzip der SPS

Die *Logik* der Schützsteuerung (Seite 149) steckt in der *Verdrahtung* der einzelnen Betriebsmittel. *Reihenschaltung* und *Parallelschaltung* sind beispielsweise Elemente dieser Logik.

Die *Verdrahtung* ist das „Steuerungsprogramm". *Programmänderungen* erfolgen durch *Verdrahtungsänderung*. „Programmierwerkzeuge" sind Schraubendreher und Verdrahtungsleitung.

Man spricht dann von einer **verbindungsprogrammierten Steuerung** (VPS).

Bei der **VPS** ist eine **Programmänderung** im Allgemeinen mit einem erheblichen Aufwand verbunden.

Die **SPS** zählt zu den **freiprogrammierbaren Steuerungen** (FPS). Das Steuerungsprogramm ist schnell und ohne großen Aufwand änderbar.

Bei der SPS ist das Steuerungsprogramm in einem **Programmspeicher** abgelegt. Mithilfe eines **Programmiergerätes** kann es dort eingeschrieben, ausgelesen und geändert bzw. ausgetauscht werden.

Speicherprogrammierbare Steuerungen mit ihrer Untergruppe **Kleinsteuerungen** haben vielfältige Vorteile und beherrschen die Steuerungstechnik seit vielen Jahren. Selbst bei kleineren Steuerungsaufgaben sind sie *wirtschaftlich* einsetzbar.

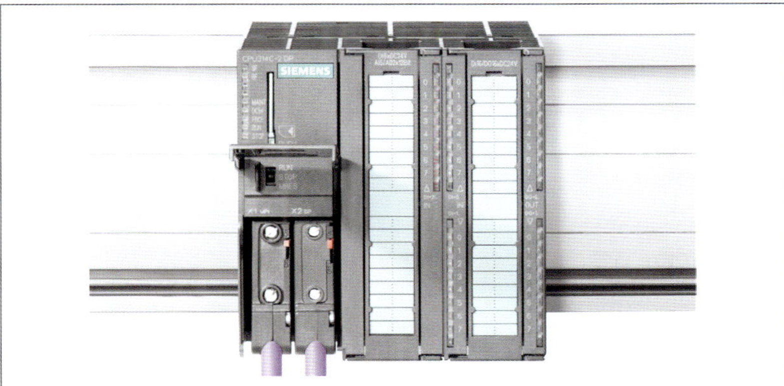

Bild 61 *Speicherprogrammierbare Steuerungen*

SPS-Steuerungen können vernetzt werden.

Wesentliche Vorteile der SPS

- **Flexibilität** durch problemlose Änderung der Steuerungsaufgabe bei gleicher Hardware.
- **Zuverlässigkeit** durch Ersatz von Schützen und Relais durch verschleißfreie Elektronik.
- **Kompakte Abmessungen** reduzieren die Kos-ten z. B. für Schaltschränke.
- Die Aufgaben von Hilfsschützen, Zeitrelais und Zählern können von der SPS ohne zusätzliche Kosten übernommen werden.

Auch Kombinationen zwischen Kompaktsteuerungen und modularen Steuerungen sind möglich.

Kompaktsteuerung

CPU mit Eingängen und Ausgängen in einem gemeinsamen Gehäuse.

Modulare Steuerung

Aus einzelnen Modulen aufbaubar (CPU, Eingabe-, Ausgabe-Baugruppen usw.). Modulare Steuerungen sind besonders flexibel in Bezug auf Erweiterungen.

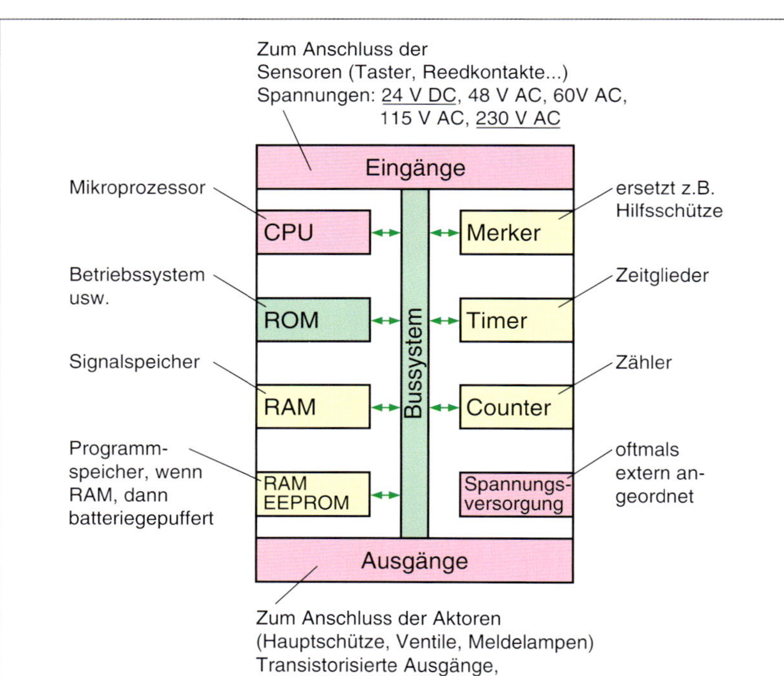

Bild 62 Aufbau einer speicherprogrammierbaren Steuerung (SPS)

Die Ein- und Ausgänge verfügen über **Optokoppler**. Sie dienen der **galvanischen Trennung** zwischen der 5-V-Ebene im Inneren des Automatisierungsgerätes und der Peripherie.

Ein **Optokoppler** besteht prinzipiell aus einer *Leuchtdiode* und einem *lichtempfindlichen Transistor*:
Signalübertragung erfolgt durch *Licht*.

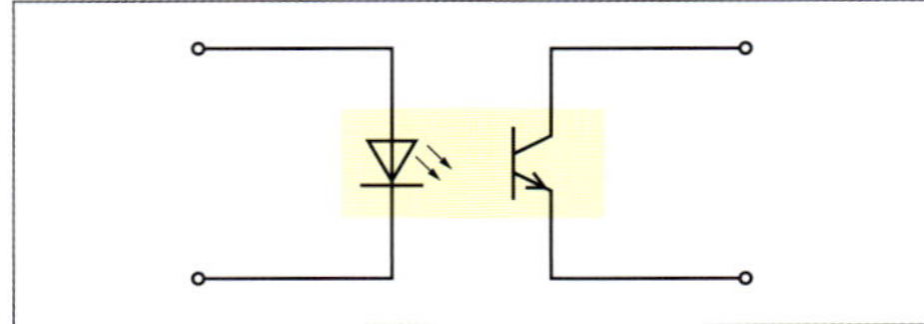

Bild 63 Optokoppler

Beschaltung der SPS

Die Sensoren und Aktoren des Projektes (Seite 149) müssen an die Ein- und Ausgänge der SPS angeschlossen werden.

Sensoren werden auf die *Eingänge*, *Aktoren* auf die *Ausgänge* der SPS aufgelegt. Die *Reihenfolge* ist dabei grundsätzlich *beliebig*.

Ihr Ausbilder rät Ihnen, zunächst eine Liste dieser Betriebsmittel zu erstellen. Er bezeichnet eine solche Liste als **Zuordnungsliste** (Seite 155).

Es werden 11 Eingänge und 9 Ausgänge benötigt.

Hinweis: Die Hilfsschütze K1 bis K3 können durch **Merker** ersetzt werden.

Zwar ist die *Zuordnung* der einzelnen Betriebsmittel zu den Ein- und Ausgängen der SPS beliebig. Sie bleibt demjenigen überlassen, der diese Liste erstellt.

Doch Vorsicht! Danach ist sie aber absolut verbindlich. **Verdrahtung** und **Programmierung** des Projektes müssen auf der *absolut gleichen* Zuordnungsliste beruhen.

So beruht der SPS-Anschluss auf der auf Seite 155 dargestellten **Zuordnungsliste**. Der Anschluss der Betriebsmittel ist im **Anschlussplan** auf Seite 155 dargestellt.

Programmierung der SPS

Die *Beschaltung* der SPS bedeutet ein „einfaches“ *Auflegen* der Ein- und Ausgänge, wie der *Anschlussplan* auf Seite 155 zeigt.

Die **Verdrahtung** im Sinne einer Schützsteuerung, also die **Erfüllung der Steuerungsaufgabe**, erfolgt durch ein **Steuerungsprogramm**, das in den **Programmspeicher** der SPS eingeschrieben wird.

Ein SPS-Programm ist eine Folge von **Steueranweisungen**.

Zuordnungsliste

Betriebsmittel	Ein-/Ausgang SPS	Bemerkung
S1	E0.0	Stopptaster, Öffner
S2	E0.1	Starttaster Band 1
S3	E0.2	Starttaster Band 2
S4	E0.3	Starttaster Band 3
B1	E0.4	Motorschutz Band 1, Öffner
B2	E0.5	Motorschutz Band 2, Öffner
B3	E0.6	Motorschutz Band 3, Öffner
S5	E0.7	Prüfstation EIN/AUS, Schalter
B4	E1.0	Motor vorhanden, kap. Näherungsschalter, NO
BG1	E1.1	Zylinder eingefahren, NO
BG2	E1.2	Zylinder ausgefahren, NO
Q1	A4.0	Motor Band 1
Q2	A4.1	Motor Band 2
Q3	A4.2	Motor Band 3
P1	A4.3	Meldung Band 1
P2	A4.4	Meldung Band 2
P3	A4.5	Meldung Band 3
P4	A4.6	Meldung Prüfstation
MB1	A4.7	Magnetventil „heben“
MB2	A5.0	Magnetventil „senken“

■ **NO**
normaly open, Öffnerfunktion

■ **NC**
normaly closed, Schließerfunktion

Anschlussplan

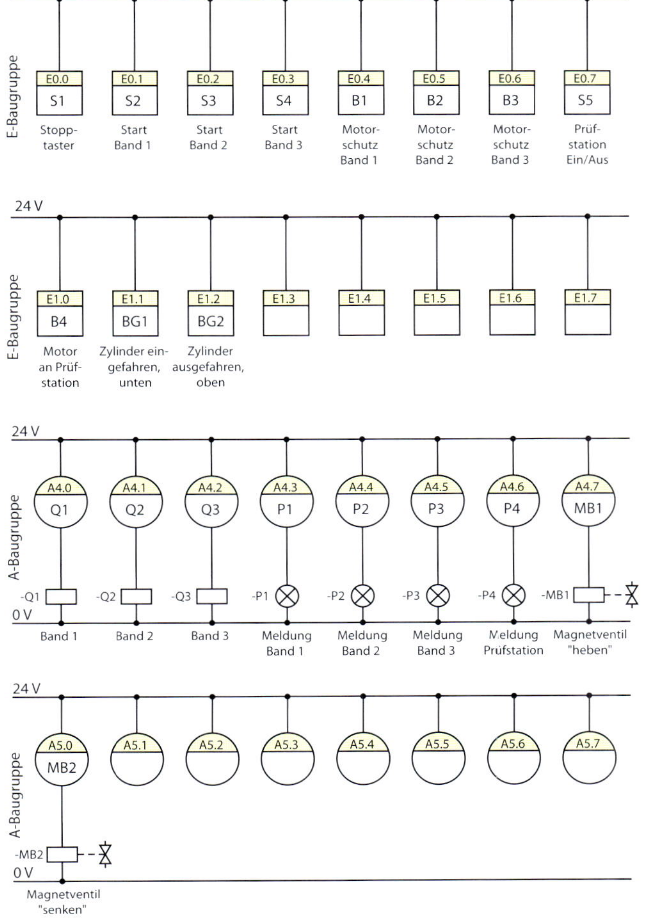

Nicht benötigte Ein- und Ausgänge bleiben unbeschaltet.

Beachten Sie, dass der Anschlussplan exakt der Zuordnungstabelle entsprechen muss.

@ Interessante Links

SPS

- siemens.de

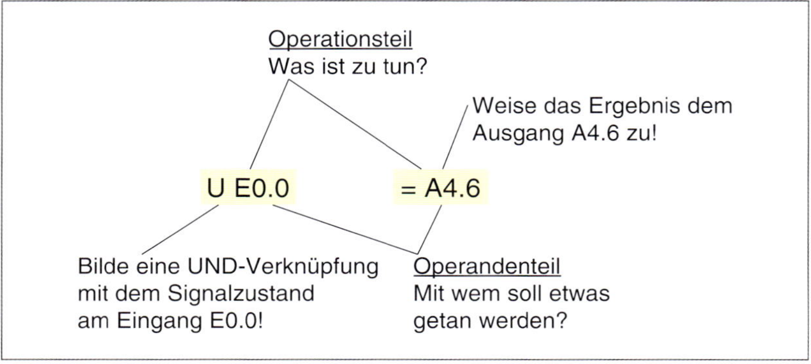

Bild 64 *Aufbau einer Steueranweisung im SPS-Programm*

■ **Steueranweisung**
Eine Steueranweisung besteht aus Operationsteil und Operandenteil.

Operationsteile

U	UND-Verknüpfung
O	ODER-Verknüpfung
N	NICHT-Verknüpfung
=	Ergebniszuweisung

Operandenteile (Kennzeichen)

E	Eingang
A	Ausgang
M	Merker
T	Zeitglied
Z	Zähler

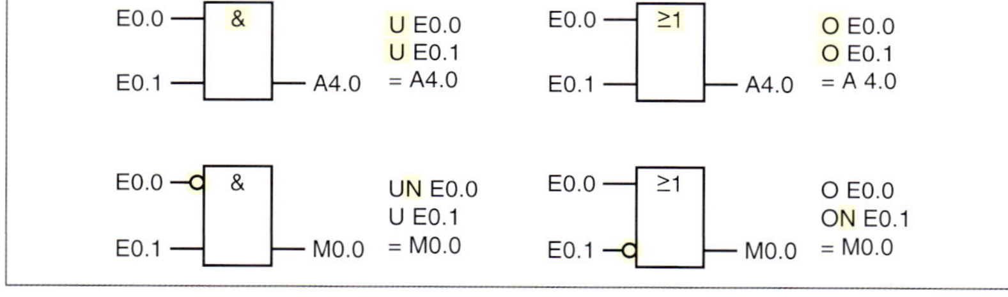

Bild 65 *Steueranweisungen, Beispiele*

■ **Bit**
Kleinste Informationseinheit, kann nur den Signalzustand „1“ oder „0“ speichern.

Merker

Die **Merker** (Bitmerker) sind 1-Bit-Speicherelemente. Sie können den Signalzustand „0“ bzw. „1“ speichern.

Programmtechnisch können **Merker** wie **Ausgänge** behandelt werden. Sie sind **interne Speicher** (z. B. für Zwischenergebnisse) und können ihren Signalzustand *nicht* unmittelbar an den Steuerungsprozess ausgeben. Darin unterscheiden sie sich von den Ausgängen.

Merker können wie **Eingänge** *abgefragt* werden.

Programmiersprachen

Die *Darstellung der Steuerungsprogramme* kann in den Programmiersprachen **Funktionsplan** (FUP), **Kontaktplan** (KOP) und **Anweisungsliste** (AWL) erfolgen.

Alle drei Programmiersprachen sind *gleichwertig*. Die Wahl erfolgt aus *Zweckmäßigkeitsgründen*. In der *Bitverarbeitung* wird allerdings der *Funktionsplan* bevorzugt angewendet.

Funktionsplan (FUP)

Jede *Steuerungsfunktion* wird durch ein entsprechendes **Symbol** dargestellt. Die **Programmierung** erfolgt durch die *funktionsrichtige Anordnung* der Symbole.

Programmierung der Bandsteuerung auf Seite 129. Zum Vergleich ist der zugehörige Ausschnitt der *Schützsteuerung* dargestellt (Bild 66).

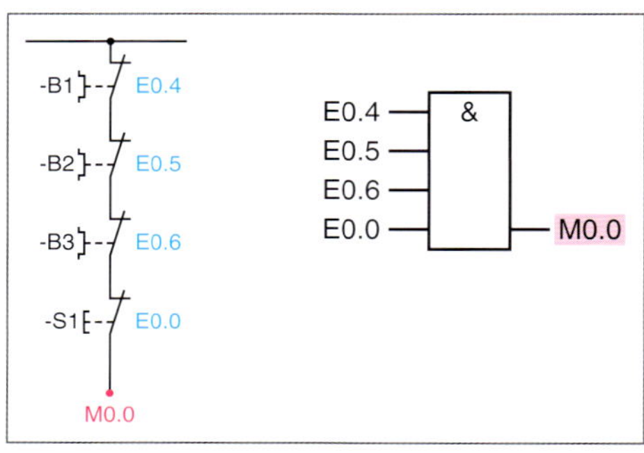

Bild 66 *UND-Verknüpfung mit 4 Eingängen*

Es handelt sich um eine **UND-Verknüpfung** mit 4 Eingängen (Reihenschaltung).

Nur wenn *alle* Eingänge den Signalzustand „1“ führen, nimmt der Merker M0.0 den Signalzustand „1“ an.

Merker M0.0 dient hier als *interner Speicher*.

Nur wenn M0.0 = 1, dürfen die Bänder 1 bis 3 eingeschaltet sein. Der Merker „ersetzt“ also die Motorschutzrelais und den Stopptaster.

Bild 67, Seite 157, zeigt den Einsatz des Merkers M0.0 für die Bandsteuerung.

Bild 69, Seite 157, zeigt das Steuerungsprogramm der Bandsteuerung in übersichtlicher Funktionsplandarstellung.

Nun wird die **Prüfstation** programmiert. Als Grundlage soll die *Schützsteuerung* auf Seite 149 dienen. Beachten Sie auch die *Zuordnungsliste* auf Seite 155 bzw. den *Anschlussplan* auf Seite 155. Funktionsplan Bild 68, Seite 157.

Die *Hilfsschütze* werden durch *Merker* ersetzt (K1: M0.1, K2: M0.2, K3: M0.3).

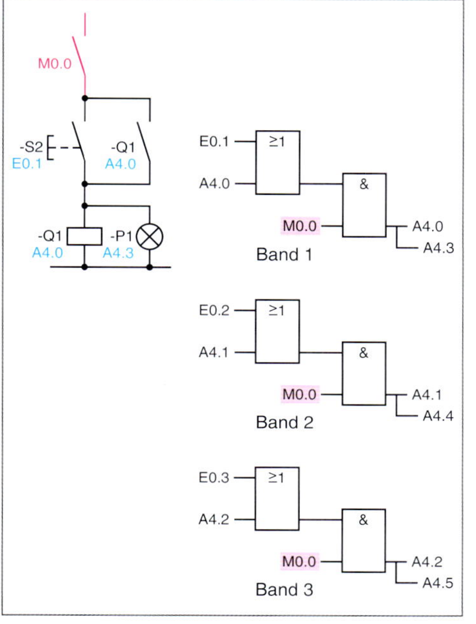

Bild 67 *Einsatz des Merkers M0.0*

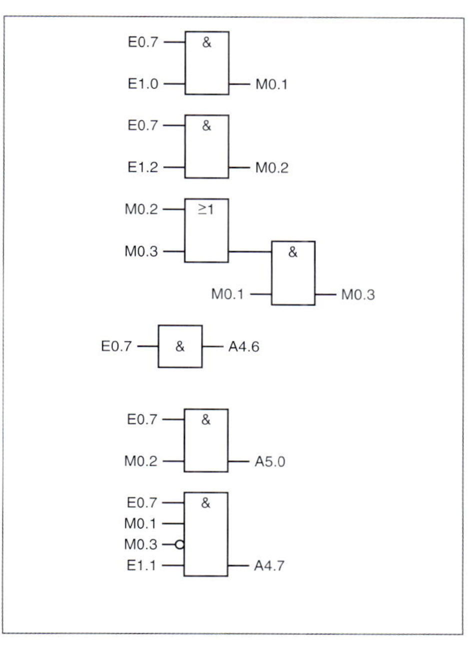

Bild 68 *Prüfstation, Funktionsplan*

Beachten Sie besonders den Zusammenhang zwischen Schützsteuerung und Funktionsplan.

Kommentar	Operand		Operand	Kommentar
Motorschutz B1	E0.4	&		
Motorschutz B2	E0.5			
Motorschutz B3	E0.6			
Stopptaster S1	E0.0		M0.0	Merker
Start Band 1	E0.1	≥1		
Band 1	A4.0	&		
Merker	M0.0		A4.0	Band 1
			A4.3	Meldung Band 1
Start Band 2	E0.2	≥1		
Band 2	A4.1	&		
Merker	M0.0		A4.1	Band 2
			A4.4	Meldung Band 2
Start Band 3	E0.3	≥1		
Band 3	A4.2	&		
Merker	M0.0		A4.2	Band 3
			A4.5	Meldung Band 3

Bild 69 *Bandsteuerung in übersichtlicher Funktionsplandarstellung*

In dieser Form werden Programme in den Prüfungen dargestellt. Dabei hängen die Operanden von der von Ihnen verwendeten Steuerung ab.

Das Programm der *Prüfstation* ist in der Darstellung nach Bild 68 nicht gut lesbar. Für den Anfänger ist es aber sinnvoll, sich unter Verwendung der Zuordnungsliste und der Schützsteuerung darin einzuarbeiten.

Mit zunehmender Kenntnis der SPS-Programmierung kann das Programm noch wesentlich vereinfacht werden.

Ersichtlich ist aber, dass Steuerungsprogramme in Funktionsplandarstellung (FUP) nach einiger Übung sehr gut lesbar sind.

Dies ist in Bezug auf wirtschaftlichen Service besonders wichtig.

Bild 70, Seite 158, zeigt das Programm der Prüfstation in übersichtlicher Darstellung.

Speicherprogrammierbare Steuerung
storage programmable control

modular
modular

kompakt
compact

Merker
flag, marker

Eingang
input

Ausgang
output

Beschaltung
wiring

Programmierung
programming

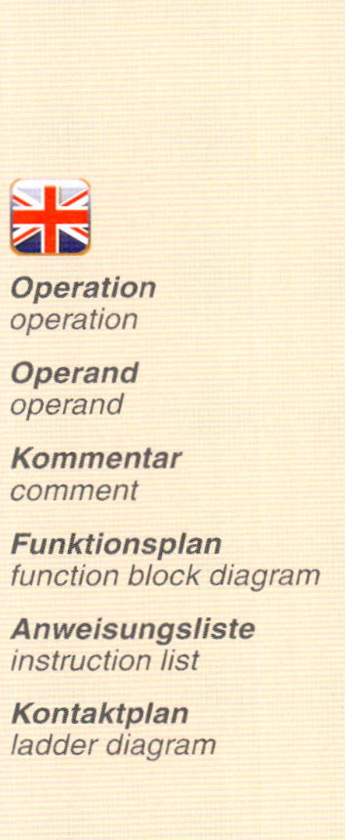

Operation
operation

Operand
operand

Kommentar
comment

Funktionsplan
function block diagram

Anweisungsliste
instruction list

Kontaktplan
ladder diagram

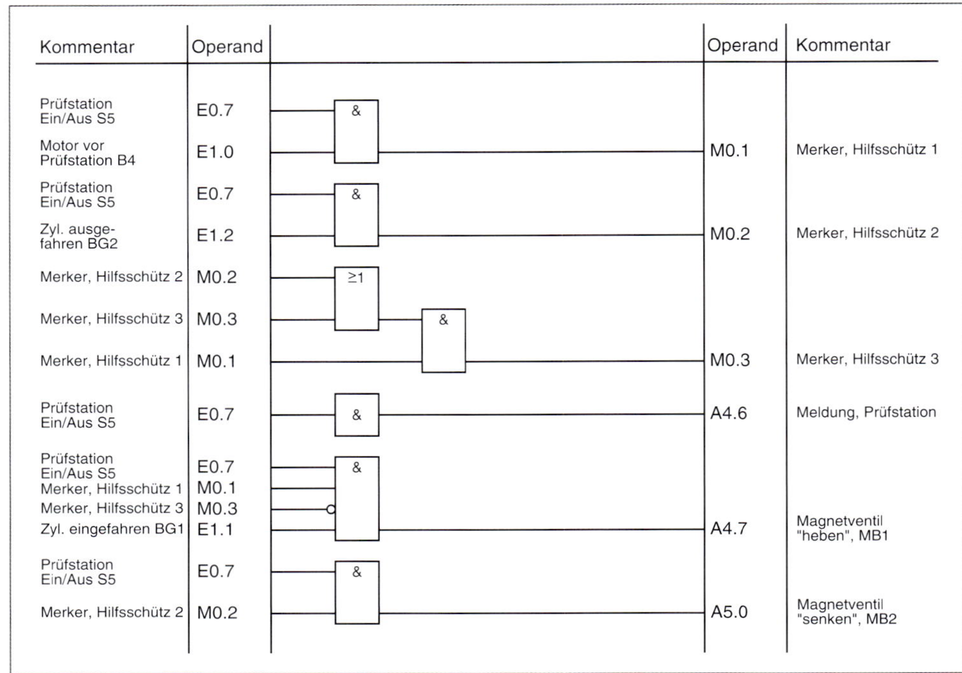

Bild 70 *Prüfstation in übersichtlicher Funktionsplandarstellung*

Kontaktplan (KOP)

Die Programmiersprache **Kontaktplan** ist eng mit dem Stromlaufplan verwandt. Allerdings sind die Strompfade waagerecht angeordnet.

Anweisungsliste (AWL)

Auch die **Anweisungsliste** (AWL) ist eine sehr anschauliche Programmiersprache.

Die CPU *bearbeitet* Steuerungsprogramme immer auf Grundlage der *Anweisungsliste*.

Die *grafischen* Programmiersprachen FUP und KOP sollen dem Anwender den Überblick erleichtern. Die CPU kann diese *nicht unmittelbar* bearbeiten.

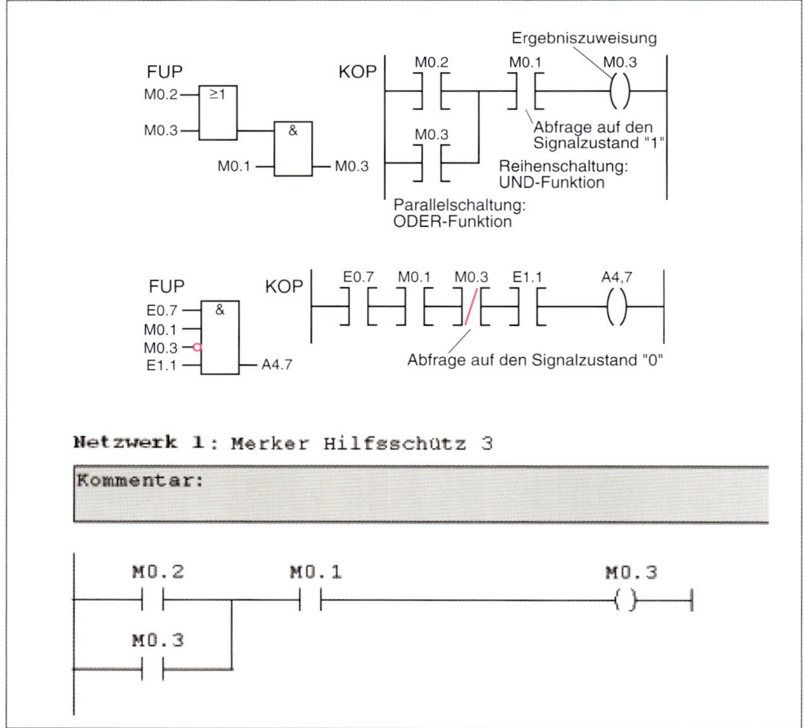

Bild 71 *Kontaktplandarstellung*

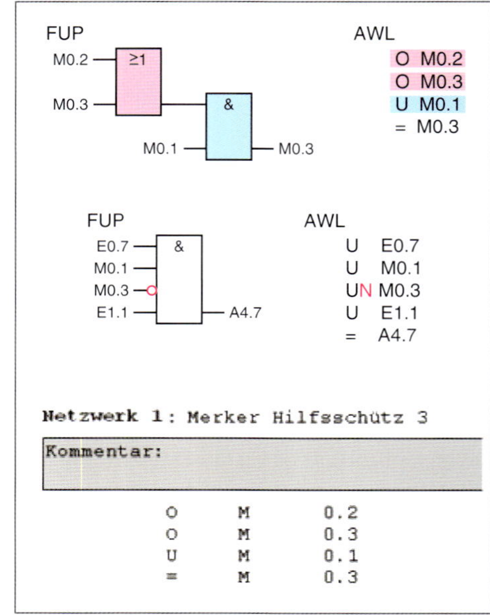

Bild 72 *Programmdarstellung in AWL*

Programmabarbeitung

Die Abarbeitung des Steuerungsprogramms soll am Beispiel der Anweisungsliste

O E0.0

O E0.1

= A4.0

gezeigt werden.

Wichtig ist dabei ein *interner SPS-Speicher*, den man **Verknüpfungsergebnis** (VKE) nennt.

Der Inhalt dieses Bitspeichers („0" oder „1") wird für die weitere Signalverarbeitung verwendet.

Am *Ende* des Programms wird der Inhalt des Signalspeichers an die *Ausgänge* gegeben.

Dann nimmt der Ausgang A4.0 den Signalzustand „1" an.

Danach folgt der Rücksprung zum Programmanfang.

SPS-Programme werden **sequenziell** nach dem **Prozessabbild** bearbeitet.

Die Programmbearbeitung erfolgt in einer gewollten **Endlosschleife**.

Wenn ein Programmdurchlauf beendet wurde, beginnt sofort der nächste Durchlauf.

Man spricht von einer **zyklischen Programmbearbeitung**.

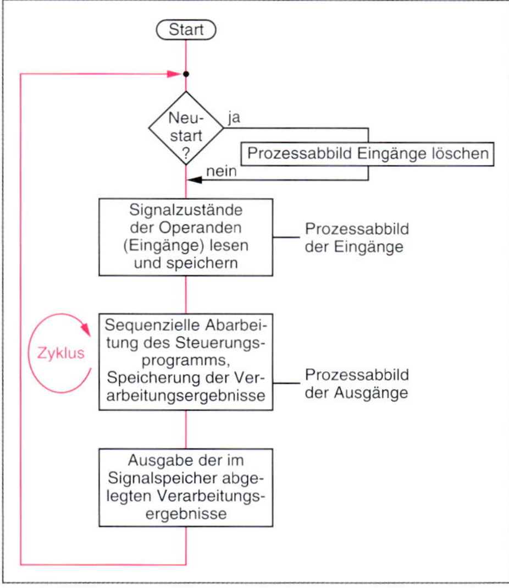

Bild 73 SPS-Programm, Abarbeitung

Prozessabbild der Eingänge (Bild 73)

Die zu *diesem Zeitpunkt* gültigen Signalzustände an den Eingängen werden für den folgenden **Zyklus** in das **Prozessabbild** übernommen.

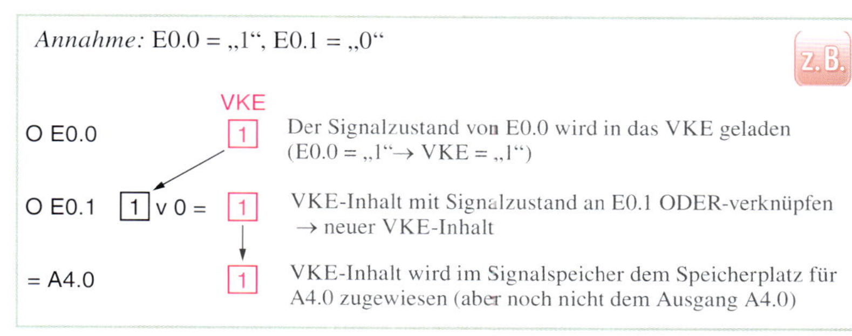

Mit *diesem* Prozessabbild wird der Zyklus durchgeführt. Erst *nach* dem Zyklus wird das Prozessabbild der Eingänge wieder *aktualisiert*.

Prozessabbild der Ausgänge (Bild 73)

Die bei der Programmbearbeitung gespeicherten *VKE-Inhalte* werden an die *Ausgänge* der SPS ausgegeben.

Zykluszeit (Bild 73)

Die Zeit, die für einen kompletten Zyklus benötigt wird, nennt man **Zykluszeit**.

Mit *abnehmender* Zykluszeit reagiert die SPS *schneller* auf Signalzustandsänderungen.

Es wird nämlich nur *einmal* das Prozessabbild der Eingänge während eines *Arbeitszyklus* gebildet.

Während der Programmbearbeitung kann auf *Änderung* des Eingangs-Signalzustandes *nicht* reagiert werden.

Während der Programmbearbeitung *ändern* sich die Ausgangs-Signalzustände *nicht*.

Die Funktionstüchtigkeit der SPS beruht auf einer sehr *kleinen* **Zykluszeit**.

■ **VKE**
Verknüpfungsergebnis, 1-Bit-Speicher

■ **Prozessabbild**
der Ausgänge wird erst an die Ausgangsbaugruppe übertragen, wenn das Steuerungsprogramm vollständig abgearbeitet wurde.

Zykluszeit
cycle time

Merker
flag, marker

Klammer
clip, clamp, bracket

aktualisieren
update

Prüfung

1. Welche Funktion hat die Schaltung?

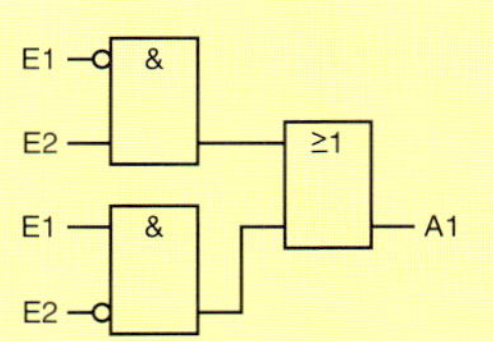

2. Welche Vorteile hat die speicherprogrammierbare Steuerung im Vergleich zur Schützsteuerung?

3. Skizzieren Sie das Signal-Zeit-Diagramm für den Ausgang A1.

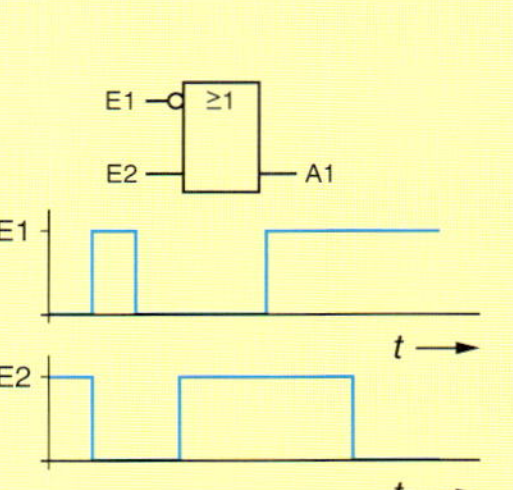

Programmierung mit Merkern und Klammern

ODER-Funktion UND-verknüpft

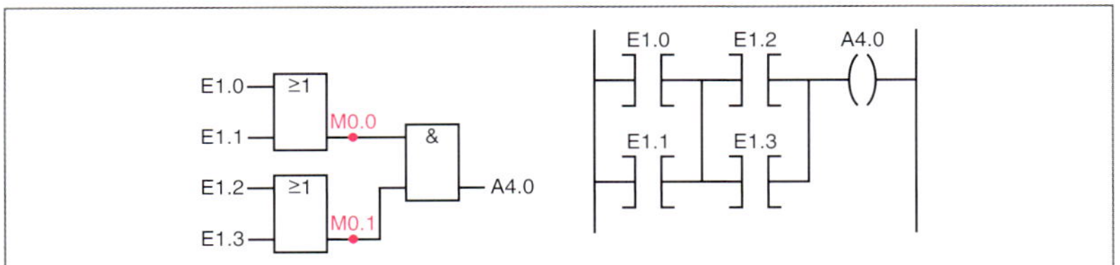

Bild 74 ODER-Funktion UND-verknüpft, FUP und KOP

Mit zwei Merkern

O E1.0
O E1.1
= M0.0

O E1.2
O E1.3
= M0.1

U M0.0
U M0.1
= A4.0

Mit einem Merker

O E1.0
O E1.1
= M0.0

O E1.2
O E1.3
U M0.0
= A4.0

Mit Klammern

U (
O E1.0
O E1.1
)
U (
O E1.2
O E1.3
)
= A4.0

Bei FUP- und KOP-Programmierung sind weder Klammern noch Merker notwendig.

UND-Funktion ODER-verknüpft

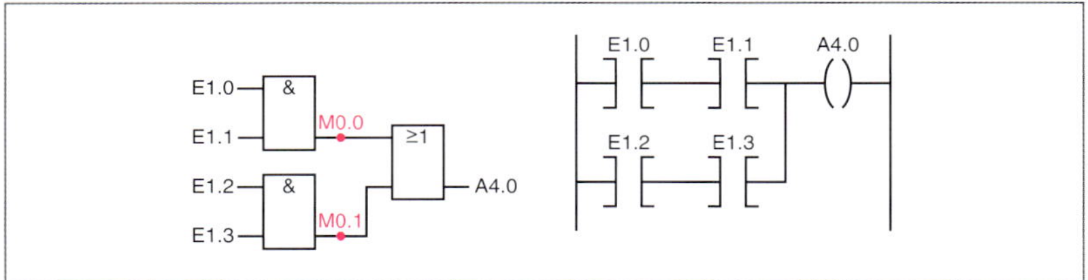

Bild 75 UND-Funktion ODER-verknüpft, FUP und KOP

Mit zwei Merkern

U E1.0
U E1.1
= M0.0

U E1.2
U E1.3
= M0.1

O M0.0
O M0.1
= A4.0

Mit einem Merker

U E1.0
U E1.1
= M0.0

U E1.2
U E1.3
O M0.0
= A4.0

Mit Klammern

U E1.0
U E1.1
O (
U E1.2
U E1.3
)
= A4.0

Bei FUP- und KOP-Programmierung sind weder Klammern noch Merker notwendig.

Prüfung

1. Welche Aufgabe hat die Schaltung?

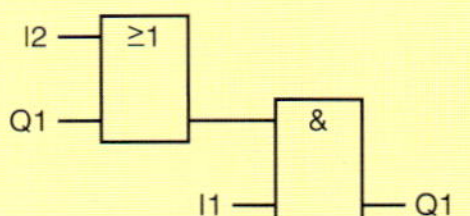

2. Welche Punkte sind bei der Auswahl einer SPS-Hardware besonders zu berücksichtigen?

3. Eine Steueranweisung besteht aus Operationsteil und Operandenteil.
Erläutern Sie dies an einem Beispiel.

4. Welche Bedeutung hat die Zykluszeit einer SPS?

5. Speicherprogrammierbare Steuerungen arbeiten nach dem Prinzip des Prozessabbildes.
Was bedeutet das?

6. Was bedeutet Drahtbruchsicherheit?

7. Welche Funktion hat die Schaltung?
Erstellen Sie die Zuordnungsliste und den Funktionsplan.

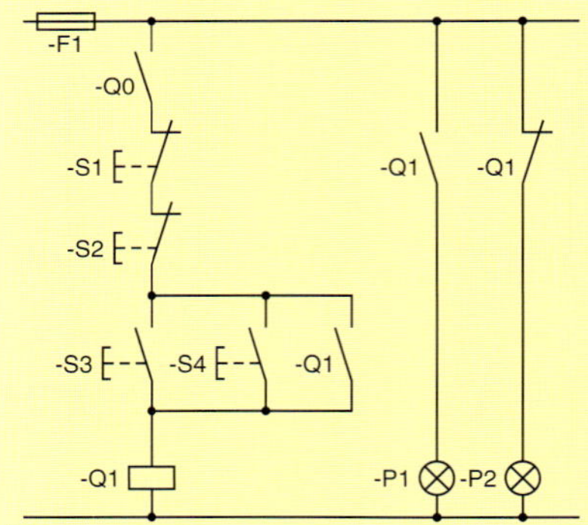

8. Welche Funktion hat die Steuerung?
Erstellen Sie den Funktionsplan.

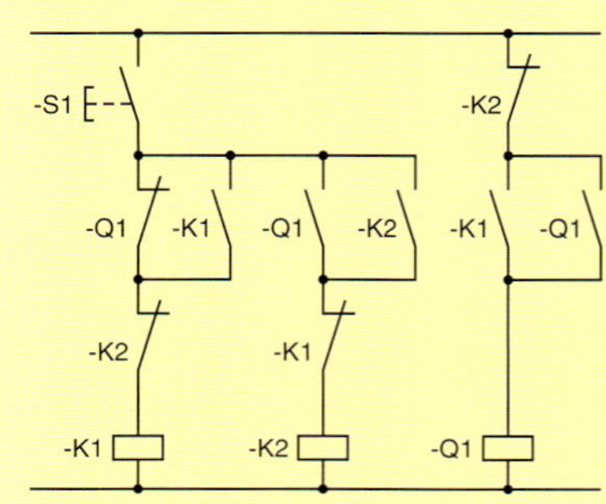

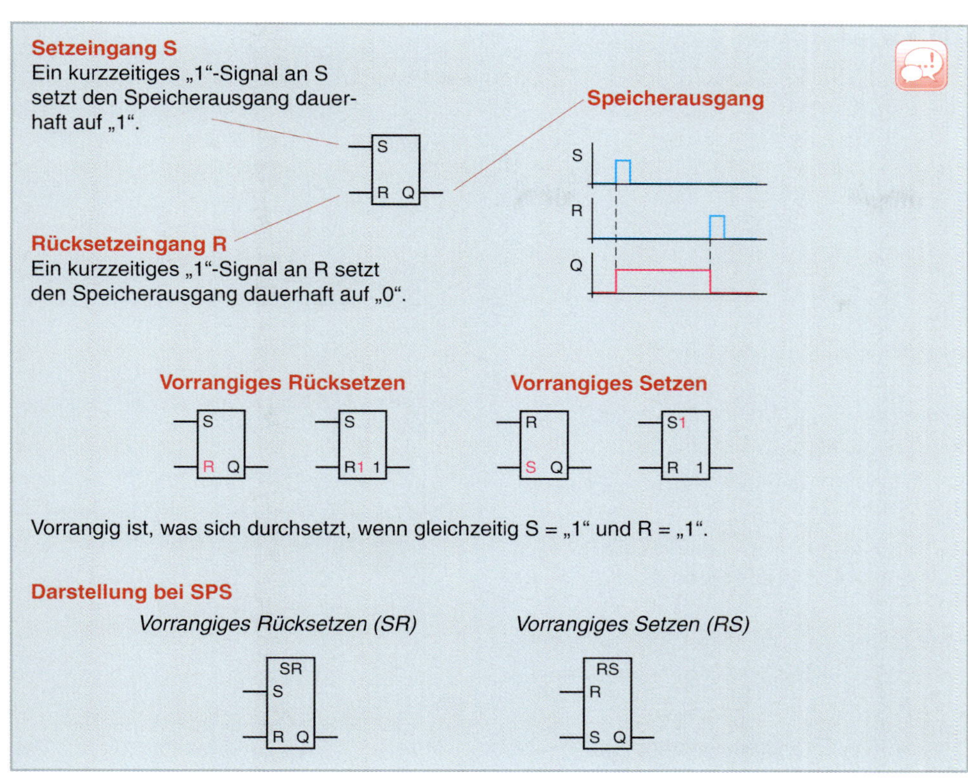

Bei manchen Programmiersystemen wird das **vorrangige Rücksetzen** mit **SR** und das **vorrangige Setzen** mit **RS** bezeichnet.

Beachten Sie die Informationen des Steuerungsherstellers.

Programmierung von Speicherfunktionen

Speicherfunktionen finden Verwendung, wenn ein nur *kurzzeitig* auftretendes Signal ein *dauerhaft* auftretendes Signal hervorrufen soll.

Zum Beispiel: Ein *kurzer* Druck auf den Starttaster schaltet den Motor *dauerhaft* ein.

Speicherschaltungen werden auf der Grundlage des **RS-Kippgliedes** programmiert.

Bild 78: **Setzen** des Speichers: M0.2 = „1", **Rücksetzen** des Speichers: E0.7 = „0" ODER M0.1 = „0".

Abfrage auf den Signalzustand „0"

Die Eingänge der ODER-Verknüpfung vor dem *Rücksetzeingang* des Speichers werden auf den *Signalzustand „0"* abgefragt (Negation).

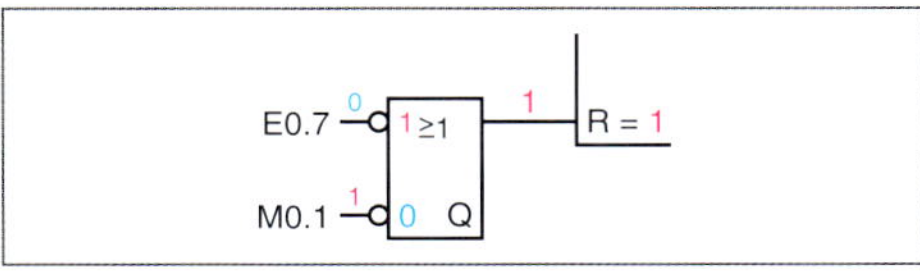

***Bild 76** Rücksetzbedingung „1"*

Schließer S5 offen → E0.7 = „0" → Negation von „0" ergibt „1" → R = „1" → Speicher wird ausgeschaltet oder kann nicht eingeschaltet werden. Beachten Sie, dass der Speicher *vorrangiges Rücksetzen* hat.

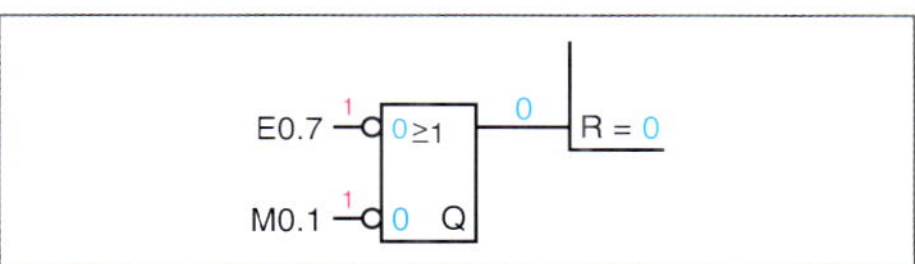

***Bild 77** Rücksetzbedingung „0"*

Schließer S5 geschlossen → E0.7 = „1" → Negation von „1" ergibt „0" → R = „0" → Speicher kann gesetzt werden oder gesetzt bleiben.

Dies entspricht genau der Aufgabenstellung von S5. Der Eingang E0.7, an dem S5 angeschlossen ist, muss auf den Signalzustand „0" abgefragt werden. E0.7 ist zu **negieren**.

■ **Speicher**
werden benötigt, wenn die Befehlsausführungsdauer größer als die Zeit der Befehlsausgabe ist.

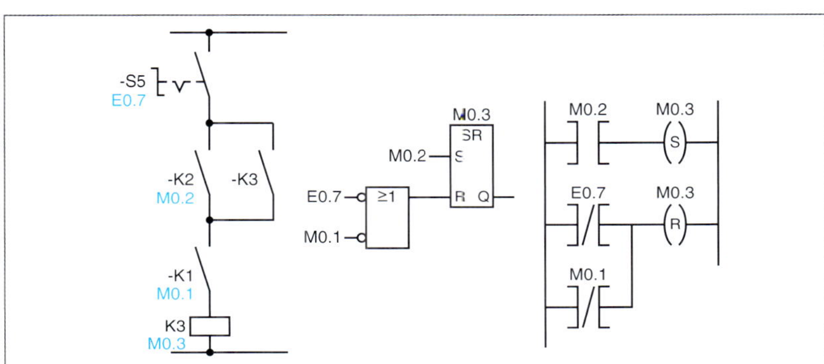

***Bild 78** Speicherfunktion, Steuerungsausschnitt Seite 149*

■ **Öffner**
müssen wegen der Drahtbruchsicherheit verwendet werden.

■ **Aufgabenlösung**

@ Interessante Links
- christiani.berufskolleg.de

Abfrage eines Öffners

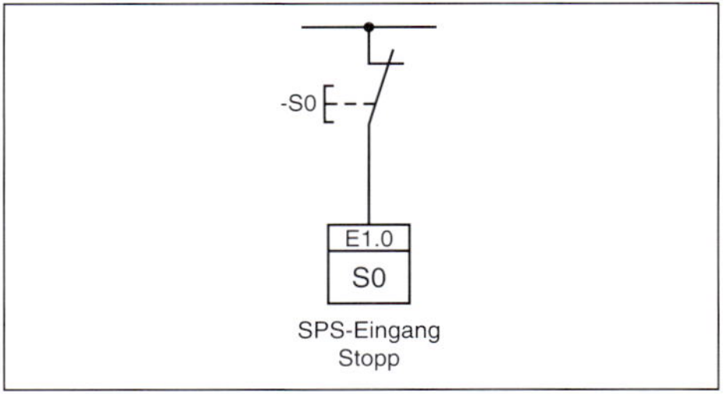

Bild 79 Abfrage eines Öffners

Bild 79: Austaster S0 unbetätigt → E1.0 = „1"
Austaster S0 betätigt → E1.0 = „0"

Bei *Betätigung* von S0 soll *ausgeschaltet* werden.

Bei E1.0 = „0", soll ausgeschaltet werden. E1.0 wird auf den **Signalzustand „0"** abgefragt.

> Ein **Öffner** wird zum Zwecke des **Rücksetzens** eines Speichers auf den **Signalzustand „0"** abgefragt.
>
> Dies macht eine **Negation** notwendig.

Prüfung

1. Welche Funktionen hat die dargestellte Schaltung?

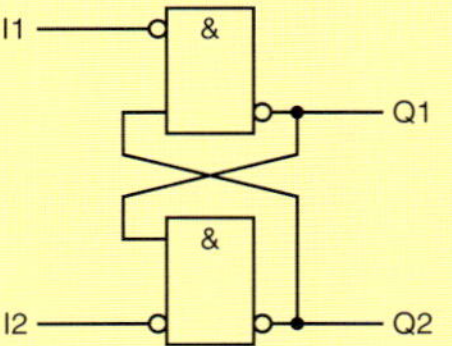

2. Entwickeln Sie den Funktionsplan für das dargestellte Signal-Zeit-Diagramm.

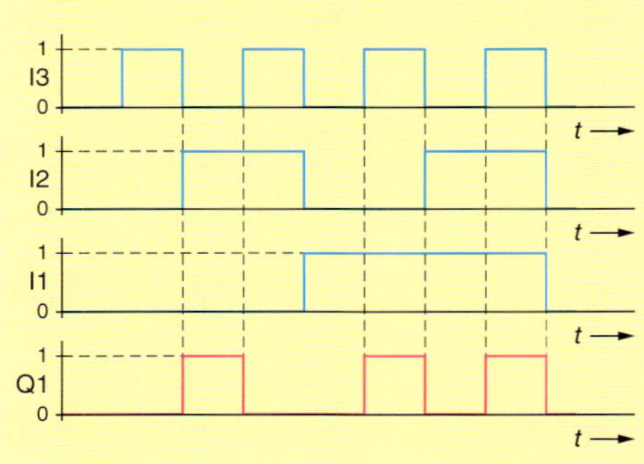

Bandsteuerung mit Speichern

Kommentar	Operand	Baustein	Operand	Kommentar
		A4.0 SR	A4.0	Band 1
Start Band 1	E0.1	S		
Merker	M0.0	R (negiert) Q	A4.3	Meldung Band 1
		A4.1 SR	A4.1	Band 2
Start Band 2	E0.2	S		
Merker	M0.0	R (negiert) Q	A4.4	Meldung Band 2
		A4.2 SR	A4.2	Band 3
Start Band 3	E0.3	S		
Merker	M0.0	R (negiert) Q	A4.5	Meldung Band 3
Motorschutz B1	E0.4	&		
Motorschutz B2	E0.5			
Motorschutz B3	E0.6			
Stopptaster S1	E0.0		M0.0	Merker

Zeitfunktion
time function

Einschaltverzögerung
turn-on delay

Ausschaltverzögerung
turn-off delay

Setzen
set

Rücksetzen
reset

Zeitfunktionen

Bislang wurden die drei Transportbänder über die drei Starttaster eingeschaltet (S2, S3, S4). Die Bänder können dann in beliebiger Reihenfolge eingeschaltet werden.

Gewünscht wird, dass mit einem einzigen Starttaster die drei Bänder zeitlich gestaffelt anlaufen sollen.

Start → Band 3 → Wartezeit 5 s → Band 2 → Wartezeit 5 s → Band 1

Einschaltverzögerung

Zeitglied starten → Zeit läuft ab. Wenn die eingestellte Zeit verstrichen ist, Schaltvorgang.

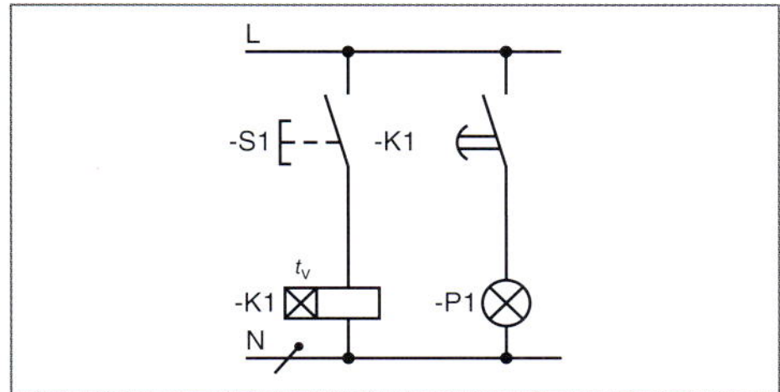

Bild 80 *Einschaltverzögerung*

Bild 80:

- Taster S1 wird betätigt und bleibt betätigt.
- Die eingestellte Zeit läuft ab.
- Wenn die Zeit abgelaufen ist, wird P1 eingeschaltet.
- Taster S1 wird losgelassen.
- P1 erlischt, Zeitglied läuft in Ruhelage zurück.

Beachten Sie:
Damit die Zeit ablaufen kann, muss S1 betätigt sein. Sobald S1 *nicht* mehr betätigt ist, wird K1 spannungslos und das Zeitglied kehrt in *Ruhelage* zurück.

Die **Einschaltverzögerung** ist **nicht speichernd**.

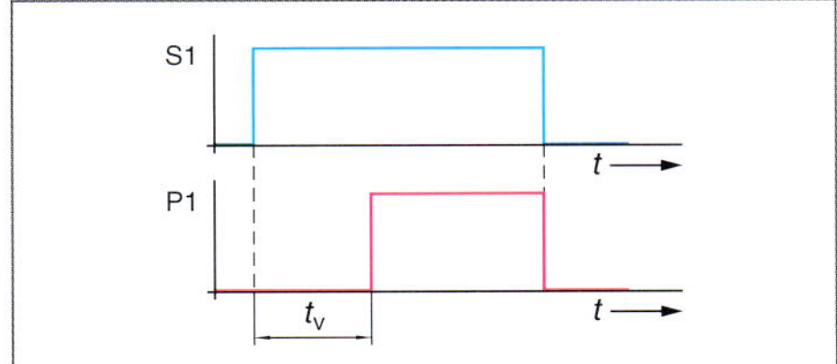

Bild 81 *Einschaltverzögerung, Wirkung*

Schützsteuerung mit Zeitgliedern (Bild 82)

Folgeschaltung

S2 betätigt → Q3 zieht an und geht in Selbsthaltung → Zeitglied K1 wird gestartet.

Zeit verstrichen → Q2 zieht an → Zeitglied K2 wird gestartet.

Zeit verstrichen → Q1 zieht an.

Beachten Sie:
Die Schütze Q2 und Q1 benötigen *keine Selbsthaltung*, da die *Kontakte* der Zeitrelais geschlossen bleiben, wenn die *Spulen* der Zeitglieder an *Spannung* liegen. Das ist hier der Fall.

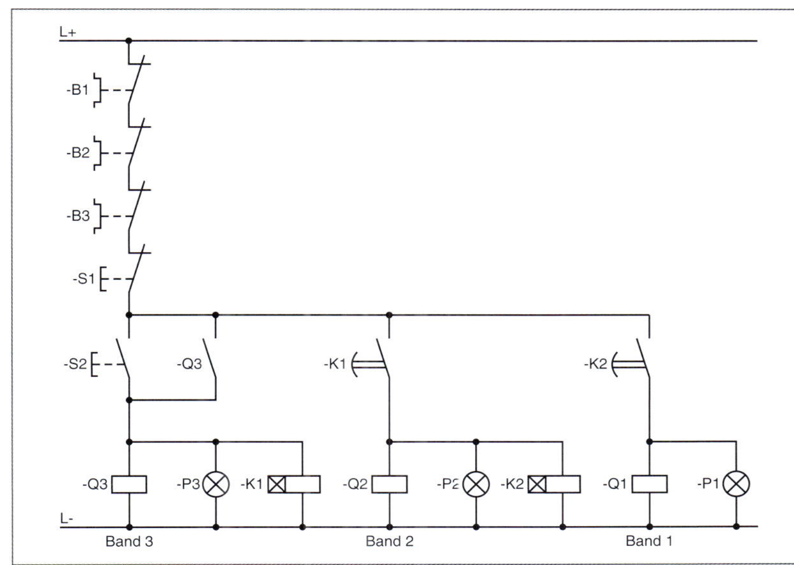

Bild 82 *Schützsteuerungen mit Zeitgliedern*

Einschaltverzögerung bei SPS

Wenn das VKE am *Starteingang* des Zeitgliedes von „0“ nach „1“ wechselt, wird das Zeitglied gestartet.

Die unter *Zeitdauer* programmierte Zeit läuft dann ab.

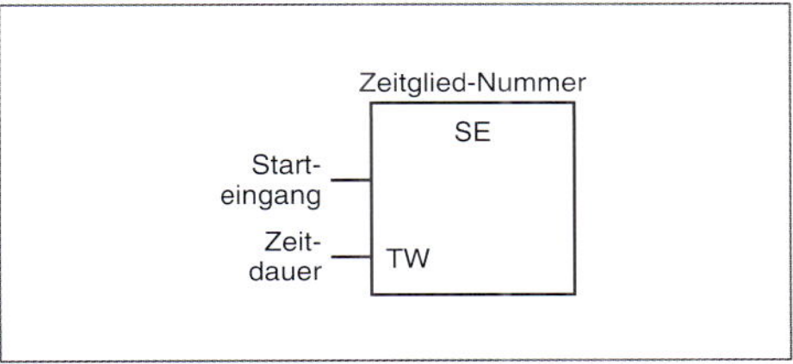

Bild 83 *Einschaltverzögerung, SPS*

Ist die programmierte Zeit *abgelaufen* und der Starteingang immer noch „1“, ergibt die *Abfrage* des Zeitgliedes den Signalzustand „1“.

Wenn *vor* Ablauf der programmierten Zeit das VKE von „1“ nach „0“ wechselt, wird die Zeitfunktion gestoppt.

Beispiele für die Eingabe der Zeitdauer:

S5t#12s 12 Sekunden

S5t#30m 30 Minuten

S5t#2h 2 Stunden

S5t#2h30m12s 2 Std., 30 Min., 12 Sek.

■ **Zeitfunktion**

wird gestartet, wenn das VKE vor der Startoperation seinen boolschen Wert ändert.

Abgesehen von der Ausschaltverzögerung wird die Zeit durch einen Wechsel von 0 → 1 gestartet.

Bei Start der Zeitfunktion wird die programmierte Zeitdauer übernommen.

■ **S5t#5s**

Groß- und Kleinschrift spielt hierbei keine Rolle.

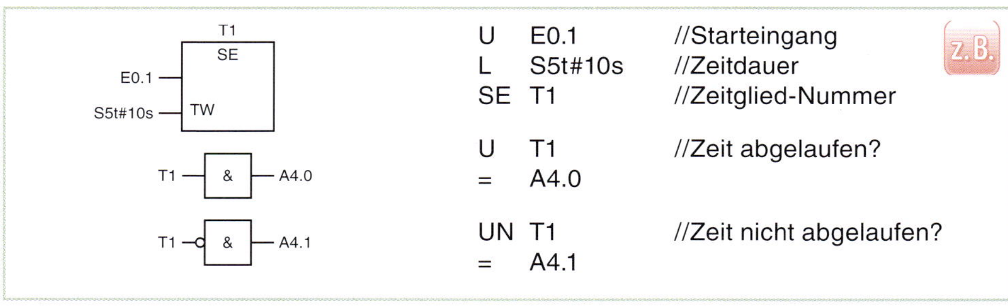

Transportbandsteuerung

Zuordnungsliste Seite 155, *Anschlussplan* Seite 155.

Netzwerk 1: Merker

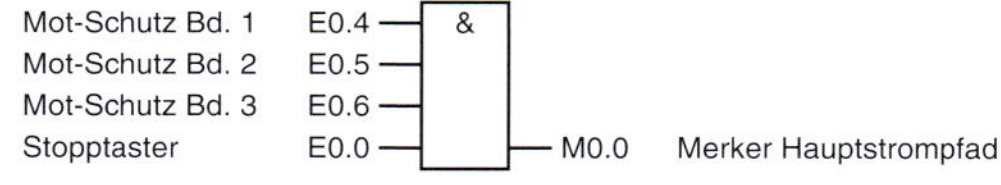

Netzwerk 2: Band 3

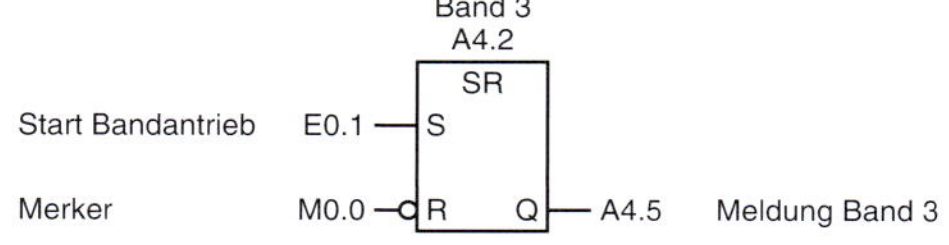

Netzwerk 3: Zeitglied T1 starten

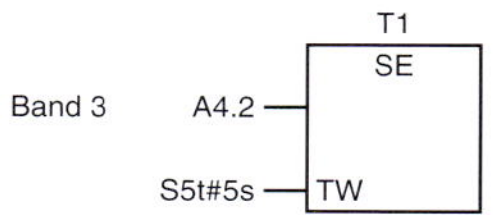

Netzwerk 4: Band 2

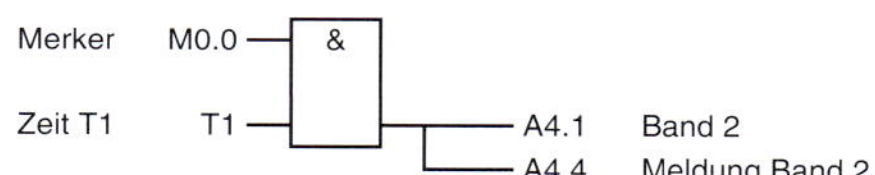

Netzwerk 5: Zeitglied T2 starten

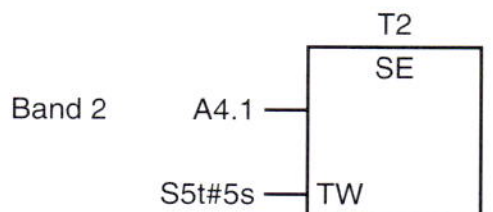

Netzwerk 6: Band 1

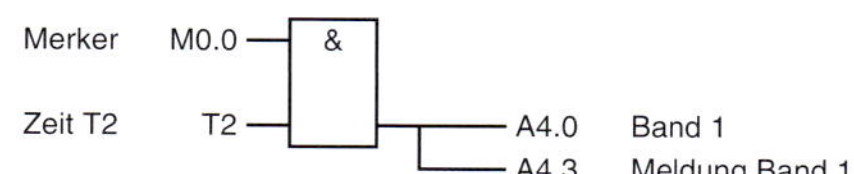

■ **Speichernde Einschaltverzögerung**
Wechselt das VKE am Starteingang des Timers von 0 → 1, wird die Zeit mit dem angegebenen Zeitwert gestartet.

Speichernde Einschaltverzögerung

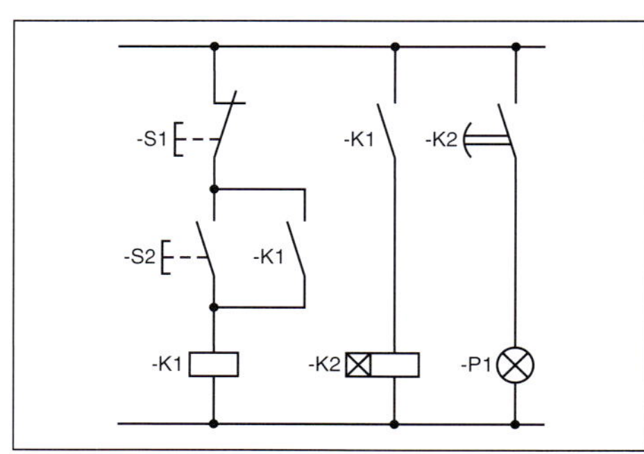

Bild 84 *Speichernde Einschaltverzögerung*

Bild 84:

- S2 wird betätigt → K1 zieht an und geht in Selbsthaltung.
- Zeitrelais K2 wird gestartet.
- Nach Ablauf der Zeit leuchtet P1.
- S1 wird betätigt → K1 fällt ab → K2 kehrt in Ruhelage zurück → P1 erlischt.

Zum Starten und Ablaufen des Zeitgliedes ist nur ein *kurzzeitiges* Betätigen von S2 notwendig (Bild 84).

Man spricht dann von einer **speichernden Einschaltverzögerung**.

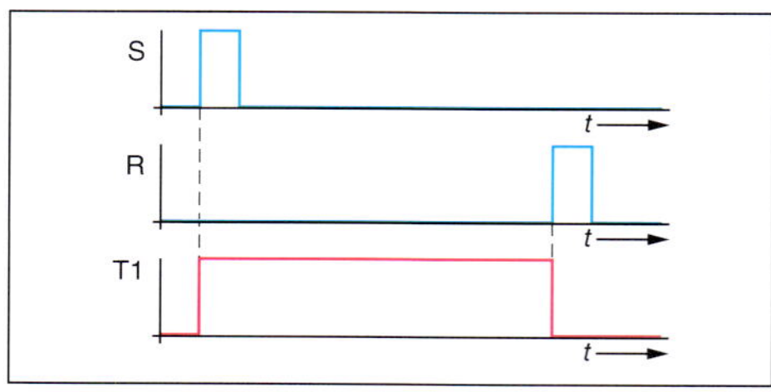

Bild 85 *Signal-Zeit-Diagramm*

Wenn ein Zeitglied zum Beispiel dadurch gestartet werden und die Zeit ablaufen soll, dass eine Lichtschranke für eine *kurze* Zeit unterbrochen wird, ist eine solche *speichernde* Einschaltverzögerung sinnvoll. Die Zeit kann dann vollständig ablaufen.

Speichernde Einschaltverzögerung mit SPS

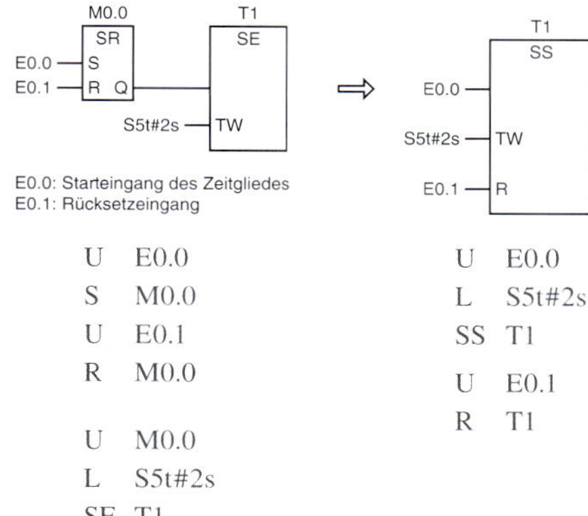


```
U  E0.0
S  M0.0
U  E0.1
R  M0.0

U  M0.0
L  S5t#2s
SE T1
```

```
U  E0.0
L  S5t#2s
SS T1

U  E0.1
R  T1
```

Ausschaltverzögerung

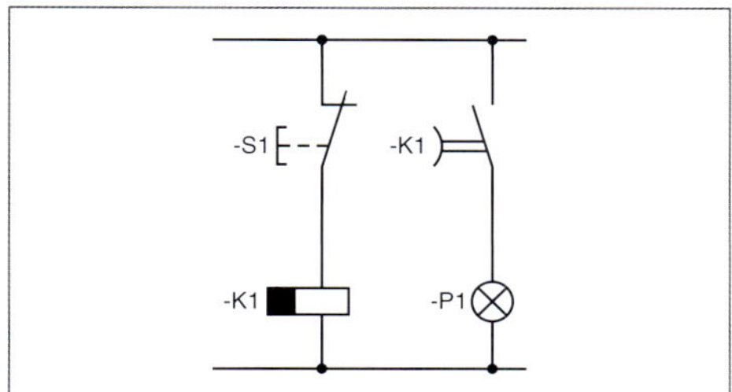

Bild 86 *Ausschaltverzögerung*

Bild 86:

- S1 wird betätigt → Zeitglied K1 wird gestartet, Lampe P1 leuchtet sofort.
- Zeit ist abgelaufen → Lampe P1 erlischt.

Ausschaltverzögerung mit SPS

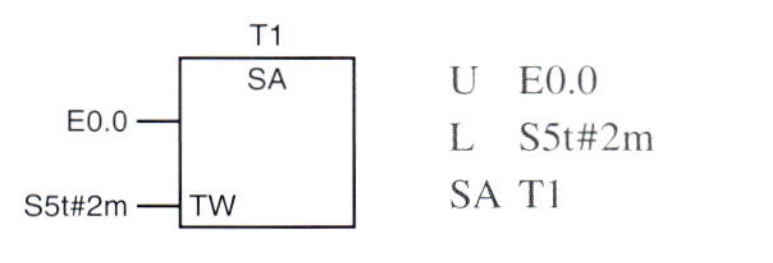


```
U  E0.0
L  S5t#2m
SA T1
```

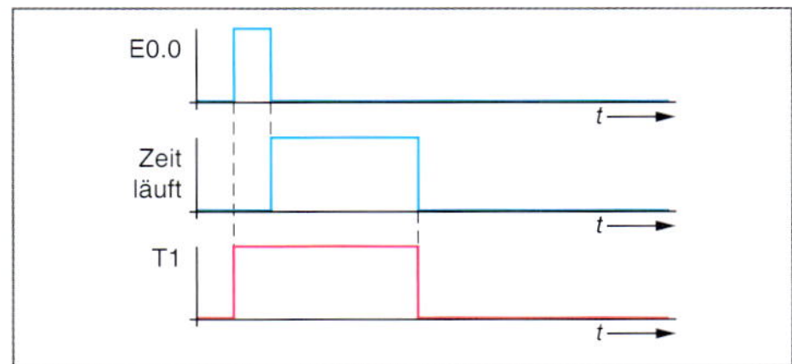

Bild 87 *Signal-Zeit-Diagramm*

Bekannt ist die **Ausschaltverzögerung** vor allem in der elektrischen Installationstechnik als „Treppenhausschaltung". Das Licht erlischt automatisch nach Ablauf der eingestellten Zeit.

Flankenauswertung

Das Programm für die Prüfstation → 158 erscheint ihrem Ausbilder ziemlich aufwendig und unübersichtlich.

Er meint, dass durch **Flankenauswertung** eine einfachere Programmgestaltung möglich ist.

Sie werden aufgefordert, das Programm entsprechend zu ändern.

Das *Problem* wurde schon auf Seite 149 erkannt.

Es besteht darin, dass die Zylinderstange *ständig* ausfahren und einfahren würde, weil der kapazitive Näherungssensor B4 *ständig* von der Motorverpackung bedämpft wird.

Wenn die Zylinderstange nur dann verfahren würde, wenn eine Verpackung den kapazitiven Näherungssensor erreicht

(Signalwechsel „0" → „1" an B4),

wäre eine einfachere Lösung möglich.

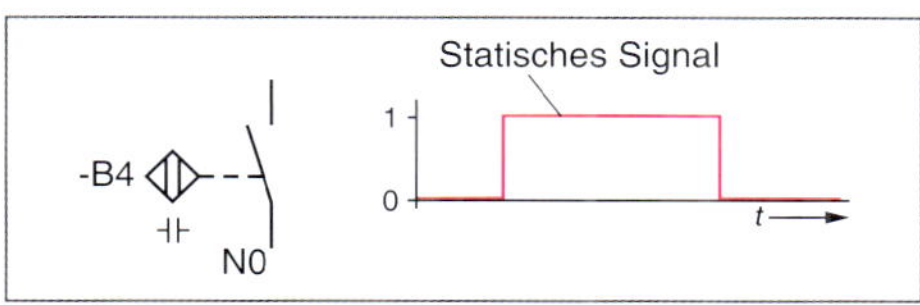

Bild 88 *„Statisches" Sensorsignal*

Bislang wurde bei den Sensoren nur das **statische Signal** ausgewertet: Die beiden **Signalzustände** „0" und „1".

- B4 unbedämpft: „0"-Signal
- B4 bedämpft: „1"-Signal

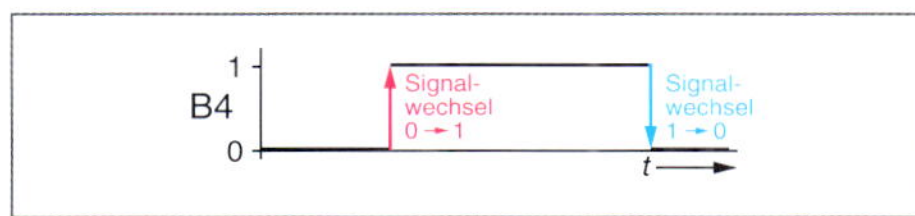

Bild 89 *Signalwechsel*

Auch die **Signalwechsel** von „0" → „1" bzw. von „1" → „0" können ausgewertet werden. Man nennt das **Flankenauswertung**.

- Positive Flanke: Signalwechsel „0" → „1"
- Negative Flanke: Signalwechsel „1" → „0"

Die Flankenauswertung mithilfe der SPS ist besonders einfach.

Positive Flanke (SPS)

Wechselt das VKE vor der Flankenauswertung von „0" nach „1", wird eine **positive Flanke** erkannt.

■ **Statisches Signal**
Das Signal hat für einen längeren Zeitraum einen definierten Signalzustand.

■ **Ausschaltverzögerung**
wird gestartet, wenn das VKE vor dem Starteingang des Timers von 1 → 0 wechselt.

■ **Symbol Einschaltverzögerung (allgemein)**

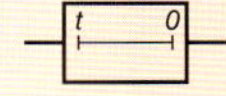

■ **Symbol Ausschaltverzögerung (allgemein)**

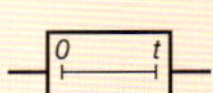

Positive Flanke

steigende Flanke, Signalwechsel 0 → 1

Negative Flanke

fallende Flanke, Signalwechsel 1 → 0

Flanke
slope, edge

flankengesteuert
edge-triggered

Flankenanstieg
rise of pulse

Flankenabfall
fall of pulse

Flankenauswertung

ermöglicht eine dreifache Auswertung eines Signals:

1. Statisches Signal
2. Signalanstieg 0 → 1
3. Signalabfall 1→ 0

Damit eröffnen sich dem Programmierer viele Möglichkeiten, z. B. Starttaster mit positiver Flanke.

Starttaster

Auch bei blockiertem Taster nur ein kurzer Impuls am Setzeingang S des Speichers.

M0.0
E0.0 — P — S

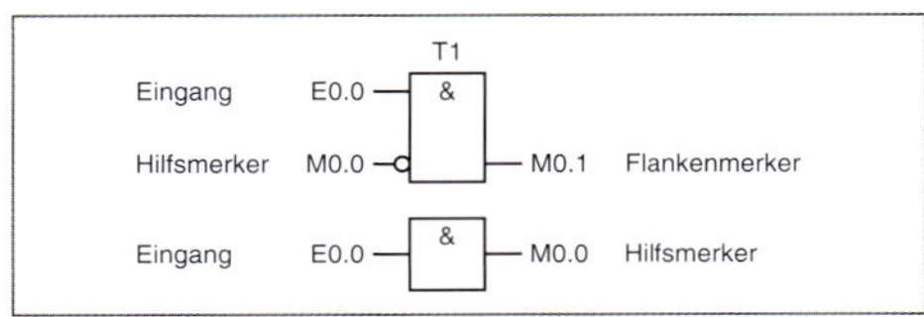

Bild 90 *Positive Flankenauswertung, FUP*

Anweisungsliste

```
U    E0.0    //Eingang
UN   M0.0    //Hilfsmerker
=    M0.1    //Flankenmerker

U    E0.0    //Eingang
=    M0.0    //Hilfsmerker
```

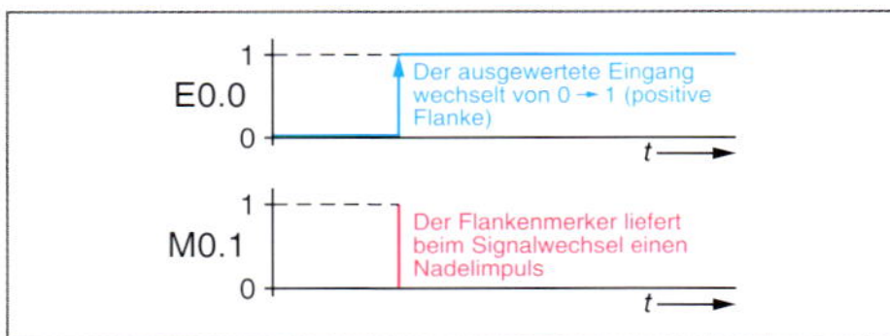

Bild 91 *Flankenmerker, Nadelimpuls*

Funktionsweise (siehe FUP oder AWL)

- Das Prozessabbild der Eingänge erkennt den Signalwechsel „0“ → „1“ an E0.0.
- Der Merker M0.0 ist dann noch „0“. Die Negation von „0“ ergibt „1“.
- Der Merker M0.1 nimmt „1“-Signal an (Nadelimpuls ansteigend).
- Da E0.0 immer noch „1“ ist, nimmt der Merker M0.0 den Signalzustand „1“ an.
- Im nächsten Zyklus ist M0.0 = „1“. Die Negation von „1“ ergibt „0“. Die UND-Funktion ist nicht mehr erfüllt und M0.1 = „0“ (Nadelimpuls abfallend).

Programmierung der positiven Flanke

M0.0
Eingang E0.0 — P — M0.1 Flankenmerker

```
U    E0.0    //Eingang
FP   M0.0    //Hilfsmerker
=    M0.1    //Flankenmerker
```

Negative Flanke (SPS)

Wechselt das VKE vor der Flankenauswertung von „1“ nach „0“, wird eine **negative Flanke** erkannt.

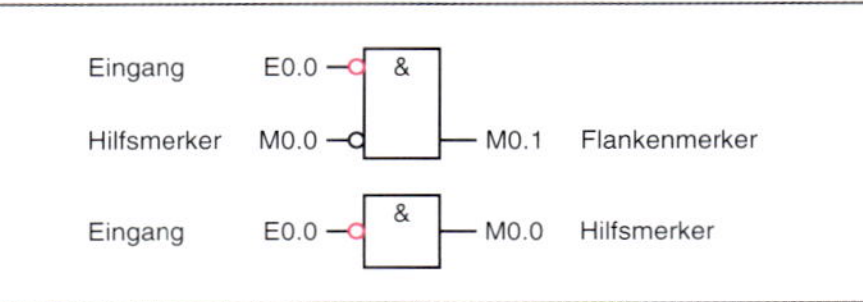

Bild 92 *Negative Flankenauswertung, FUP*

Anweisungsliste

```
UN   E0.0    //Eingang
UN   M0.0    //Hilfsmerker
=    M0.1    //Flankenmerker

UN   E0.0    //Eingang
=    M0.0    //Hilfsmerker
```

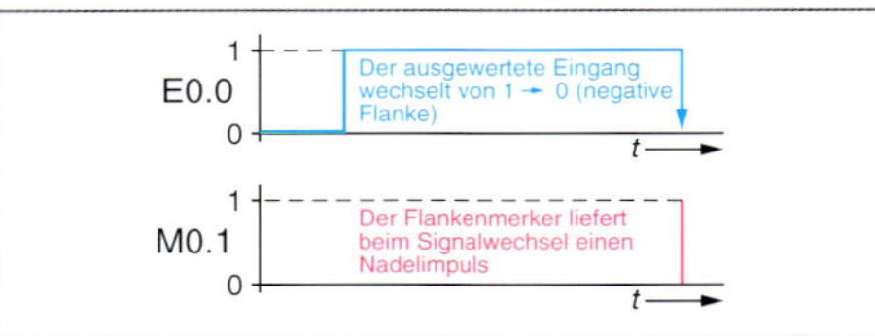

Bild 93 *Flankenmerker, Nadelimpuls*

Funktionsweise

Prinzipiell wie bei positiver Flanke.

Programmierung der negativen Flanke

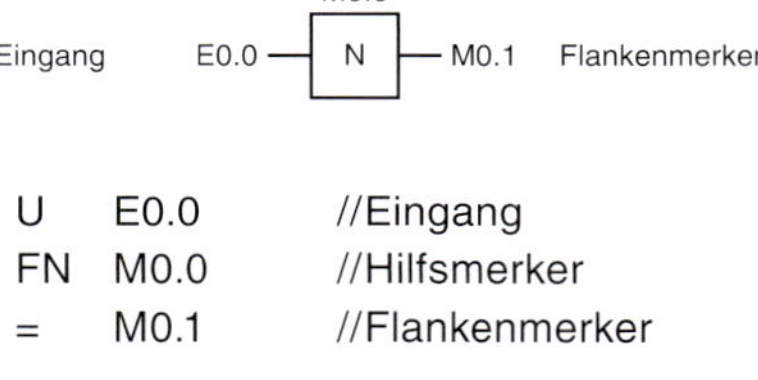


```
U    E0.0    //Eingang
FN   M0.0    //Hilfsmerker
=    M0.1    //Flankenmerker
```

Prüfstation

Es wird eine **positive Flanke** des kapazitiven Näherungssensors B4 ausgewertet.

Nur bei *positiver Flanke* von B4 fährt der Zylinder aus.

Dies ist der Fall, wenn eine neue Verpackung auf die Hubeinheit *aufläuft* und von B4 erkannt wird.

Auf Seite 167 ist das Programm als Funktionsplan dargestellt.

Programm in FUP-Darstellung

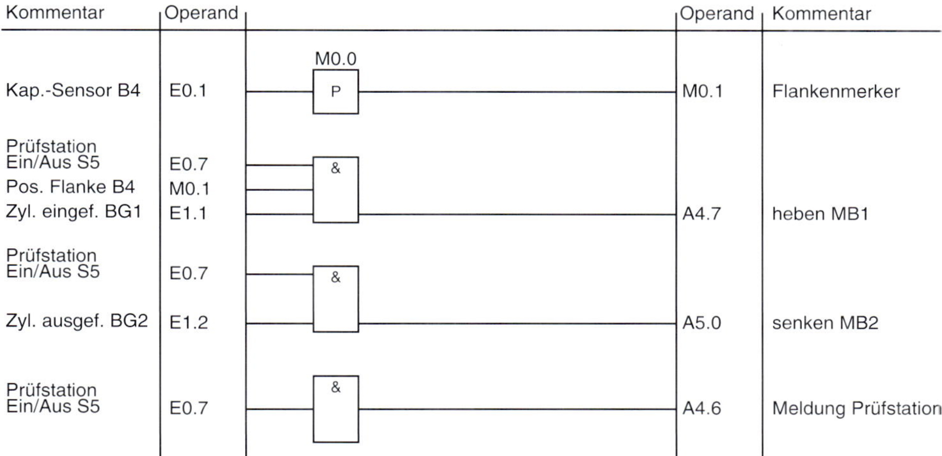

Prüfung

1. Für nebenstehende Schaltungen sind Wahrheitstabelle und Schaltfunktion zu ermitteln.

a)

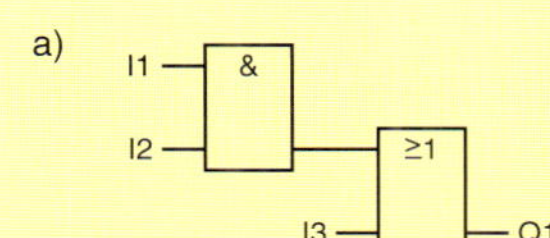

b)

c)

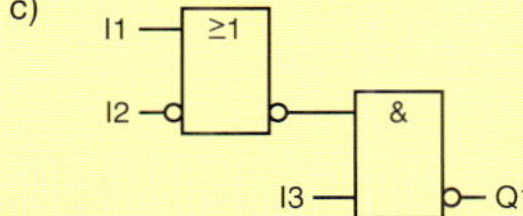

2. Welche Funktion hat die Schaltung?

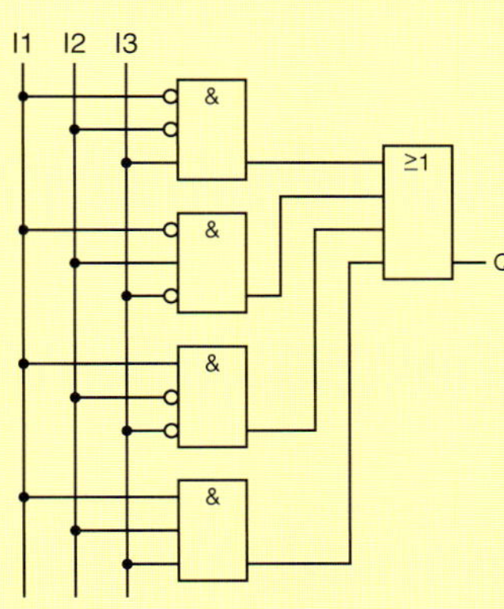

3. Welche Funktion haben die dargestellten Schaltungen?

a)

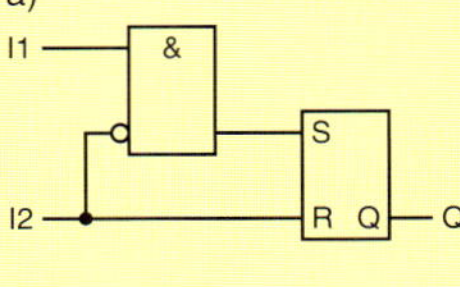

b)

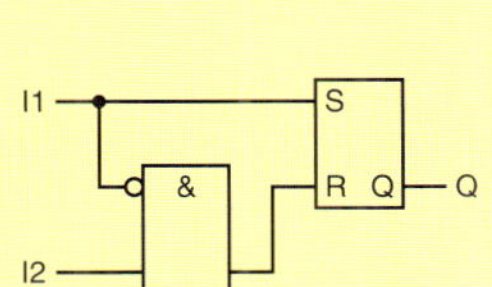

4. Worin besteht der Unterschied zwischen den beiden Symbolen?

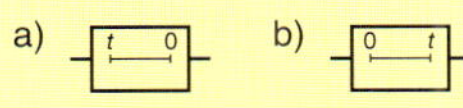

5. Vervollständigen Sie das Signal-Zeit-Diagramm.

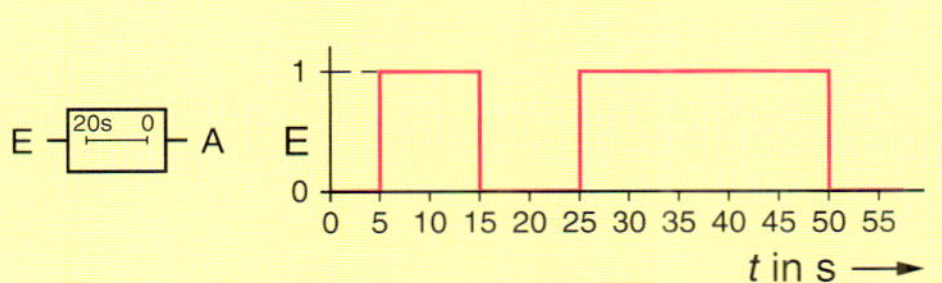

6. Nennen Sie Anwendungsbeispiele für die Flankenauswertung.

7. Worin besteht der Unterschied zwischen einer positiven und einer negativen Flanke?

■ **Aufgabenlösung**

TB

@ Interessante Links

- christiani-berufskolleg.de

3.11 Ablaufsteuerungen

Steuerungen mit *schrittweiser Abfolge* von Aktionen nennt man **Ablaufsteuerung**.

Kern solcher Steuerungen ist die **Schrittkette**, bei der im Allgemeinen nur *ein* Schritt gesetzt sein kann.

Schrittkette
Die einzelnen Schritte hängen wie Kettenglieder aneinander.
Man spricht daher von einer Schrittkette.

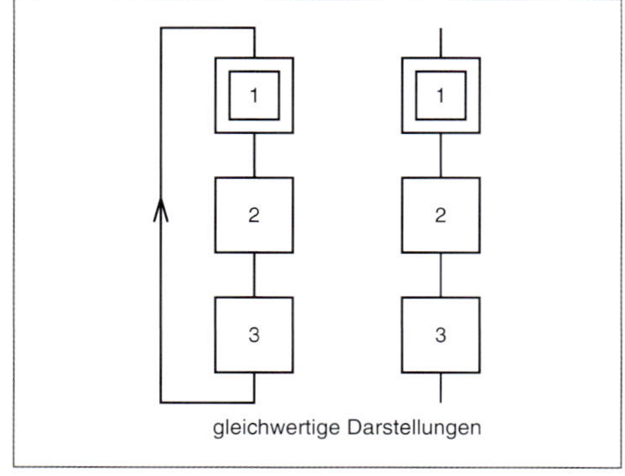

Bild 94 Schrittkette mit 3 Schritten

Schritt
Ein Schritt oder Steuerungsschritt beschreibt einen Beharrungszustand der Steuerung.

Wenn ein Schritt gesetzt (aktiv) ist, kennzeichnet man das durch einen Punkt im Schrittsymbol.

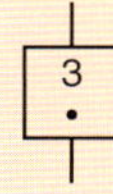

Schrittkette mit 3 Schritten

- Schritt 2 kann nur gesetzt werden, wenn Schritt 1 gesetzt ist.
- Schritt 3 kann nur gesetzt werden, wenn Schritt 2 gesetzt ist.
- Schritt 1 kann nur gesetzt werden, wenn Schritt 3 gesetzt ist oder durch Ersteinstieg in die Kette durch geeignete Maßnahmen.

Das Symbol für Schritt 1 (Bild 94) zeigt eine Besonderheit. Schritt 1 ist ein **Initialisierungsschritt** (Einstiegsschritt, Anfangsschritt).

Beim **Ersteinstieg** in die Schrittkette muss er vom Anwender oder vom Betriebssystem *bedingungslos* gesetzt werden.

Initialisierungsschritt
Der Initialisierungsschritt (Anfangsschritt) muss nicht zwingend am Anfang der Schrittkette stehen.

Er kann ein beliebiger Schritt innerhalb der Schrittkette (Ablaufkette) sein.

Transitionen

Der *Übergang* von Schritt zu Schritt erfolgt durch **Transitionen**.

Transition
(Übergang) durch den Übergang werden zwei Schritte miteinander verbunden.

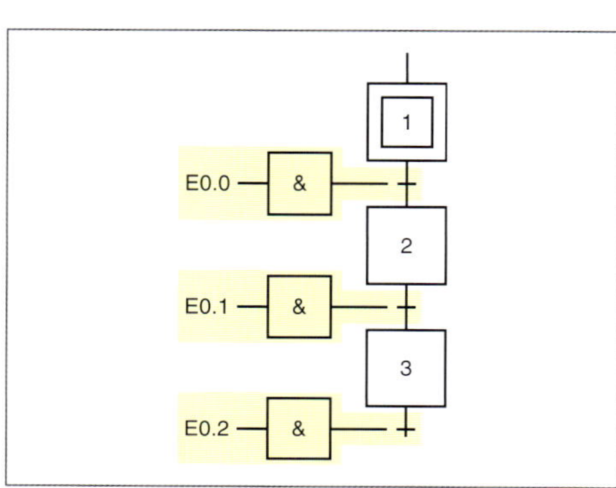

Bild 95 Transitionen

Der nachfolgende Schritt wird gesetzt, wenn der Vorgängerschritt gesetzt ist und die zugehörige Transition den Signalzustand „1“ hat.

- Schritt 2 wird gesetzt, wenn Schritt 1 gesetzt ist und E0.0 = „1“
- Schritt 3 wird gesetzt, wenn Schritt 2 gesetzt ist und E0.1 = „1“
- Schritt 1 wird gesetzt, wenn Schritt 3 gesetzt ist und E0.2 = „1“ oder Ersteinstieg
- Wenn der jeweilige Nachfolgeschritt gesetzt wird, dann wird der Vorgängerschritt zurückgesetzt.

Schrittkettenprinzip

- Vorgängerschritt gesetzt?
- Transition erfüllt („1“-Signal)?
- Nachfolgeschritt setzen!
- Nachfolgeschritt gesetzt?
- Vorgängerschritt zurücksetzen!

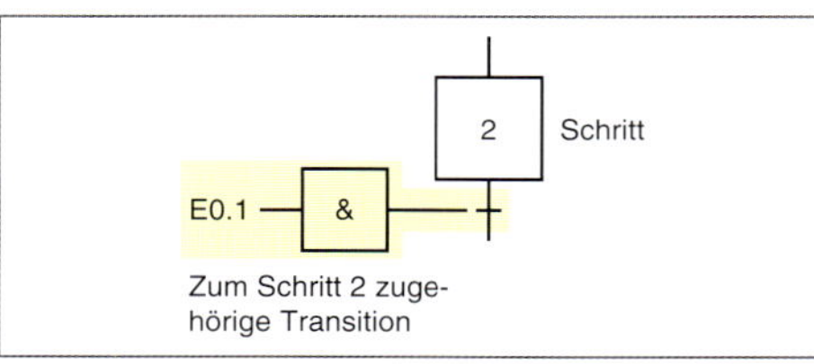

Bild 96 Schritt und Transition

Einstieg in die Schrittkette

Wenn die SPS von Stop auf Run geschaltet wird, soll der automatische Einstieg in die Schrittkette erfolgen. Dazu kann das in Bild 97 dargestellte Programm dienen.

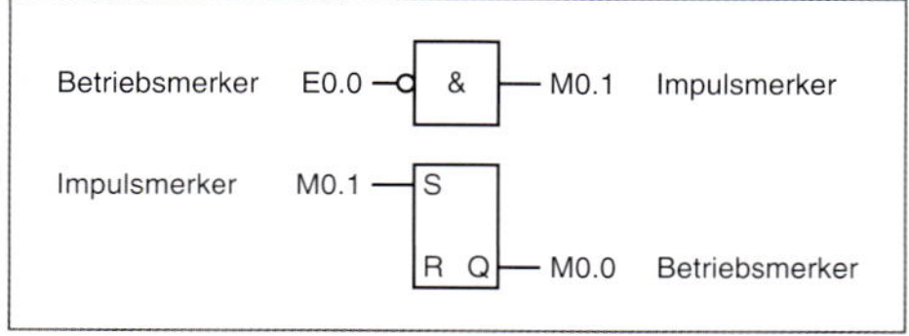

Bild 97 Schrittketteneinstieg, Impulsmerker

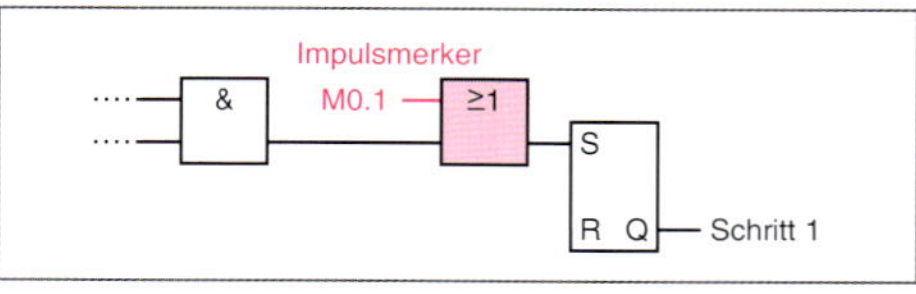

Bild 98 Setzen von Schritt 1, Impulsmerker

Der **Impulsmerker** erzeugt einen **Nadelimpuls**, der unabhängig von Vorgängerschritt und Transition den Initialisierungsschritt setzt. Damit ist der **Einstieg** in die Schrittkette erfolgt.

Schritte haben Speicherverhalten

Wenn ein Schritt gesetzt wird, bleibt er so lange *gesetzt*, bis er durch seinen *Nachfolgeschritt* wieder *zurückgesetzt* wird (Bild 95, Seite 168).

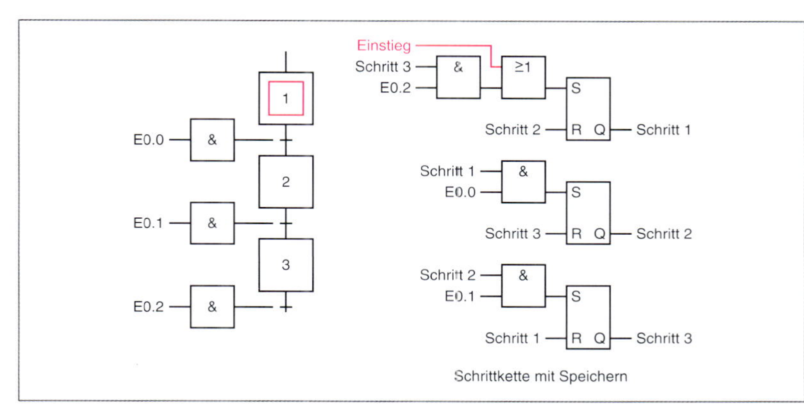

Bild 100 *Schritte haben Speicherverhalten, werden gesetzt und zurückgesetzt*

Befehle, Aktionen

Befehle rufen im Allgemeinen **Aktionen** hervor. Sie werden durch ein **Befehlssymbol** dargestellt.

Befehl: Zylinderstange ausfahren!

Aktion: Zylinderstange wird ausgefahren.

Grundsätzlich wird ein Befehl *ausgegeben*, wenn ein *Schritt*, dem er *zugeordnet* wurde, gesetzt ist (Bild 96, Seite 168).

Ein Schritt kann auch *mehrere* Befehle ausgeben. Die Befehlssymbole werden dann *untereinander* angeordnet (Bild 99).

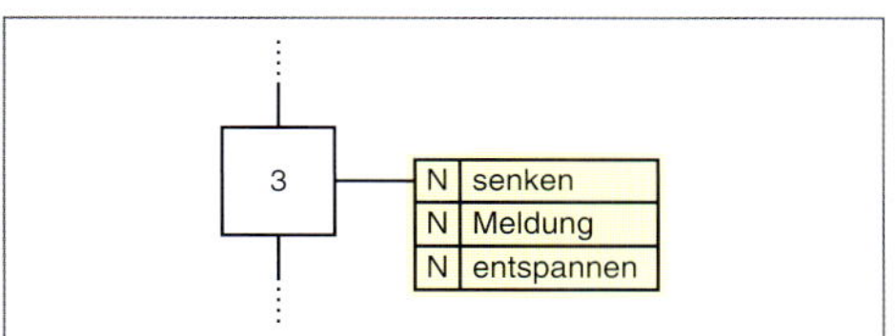

Bild 99 *Mehrere Befehle an einem Schritt*

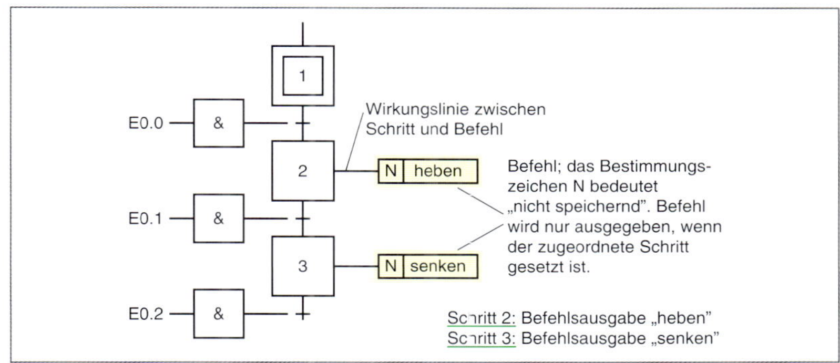

Bild 101 *Darstellung von Befehlen*

Bestimmungszeichen von Befehlen

kein oder N	nicht gespeichert	Nur ausgegeben, wenn zugehöriger Schritt gesetzt ist. Befehl wirkt nur an dem Schritt, an dem er hängt.
S	gespeichert	Befehl wird ausgegeben und wirkt schrittübergreifend, bis er durch R zurückgesetzt wird.
R	rückgesetzt	Rücksetzen des S-Befehls (S und R treten i. Allg. paarweise auf).
C	bedingt	Befehl wird ausgegeben, wenn der zugeordnete Schritt aktiv ist und die zusätzliche C-Bedingung den Signalzustand „1“ hat.
D	zeitverzögert	Befehl wird um die angegebene Zeit verzögert ausgegeben (Einschaltverzögerung).

■ **Bestimmungszeichen**

Links im Befehlssymbol wird das **Bestimmungszeichen** angegeben (Bild 99). Es gibt Auskunft über die **Befehlswirkung**.

Beispiele zu den Bestimmungszeichen

– *Bestimmungszeichen S und R*

IEC 1131 sieht das **Bestimmungszeichen R** zum *Rücksetzen* vor. Dies wird bei den meisten Programmiersystemen verwendet.

DIN 40719: Zu beachten ist die Kommentierung „EIN“ und „AUS“ der S-Befehle.

S: EIN → setzen, **R:** AUS → rücksetzen

Der **S-Befehl** ist immer dann sinnvoll einsetzbar, wenn die Befehlswirkung **schrittübergreifend** (über mehrere Schritte) erfolgen soll.

Bild 102, Seite 170, zeigt die Befehlsdarstellung.

■ **Befehl, Aktion**

Ein steuerndes System gibt einen Befehl aus, ein gesteuertes System führt eine Aktion aus.

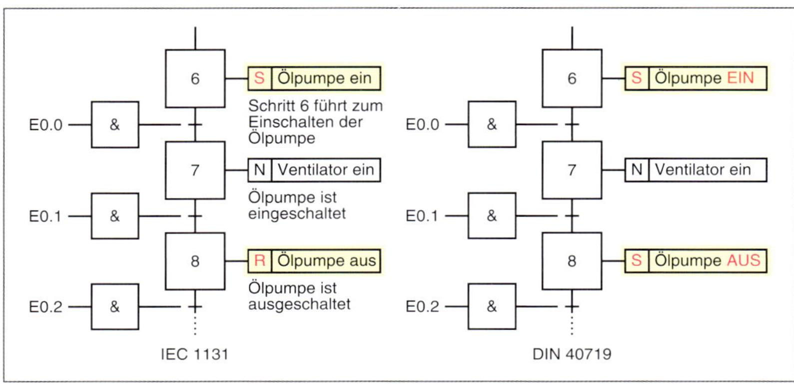

Bild 102 *Bestimmungszeichen S und R*

Bild 105 *Bandsteuerung, Ablaufsteuerung*

– Bestimmungszeichen C

C-Bedingung ist E1.6.

Der Befehl wird ausgegeben (Heizung wird eingeschaltet), wenn der Schritt 10 gesetzt ist und die C-Bedingung E1.6 den Signalzustand „1" hat.

Der **C-Befehl** hat *nichtspeicherndes* Verhalten.

■ **C-Befehl**
Die C-Bedingung wird mit dem Schrittmerker UND-verknüpft.

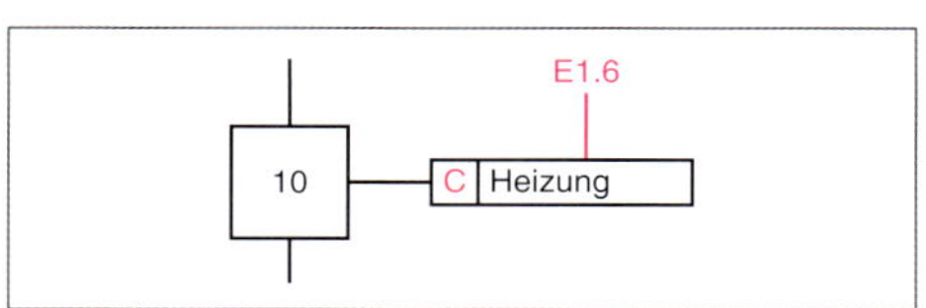

Bild 103 *C-Befehl*

– Bestimmungszeichen D

Wenn Schritt 6 gesetzt ist, wird die Heizung *unverzüglich* eingeschaltet. 10 Sekunden später wird der Ventilator zugeschaltet.

Der **D-Befehl** hat *nichtspeicherndes* Verhalten.

■ **D-Befehl**
Verhalten einer Einschaltverzögerung → 163

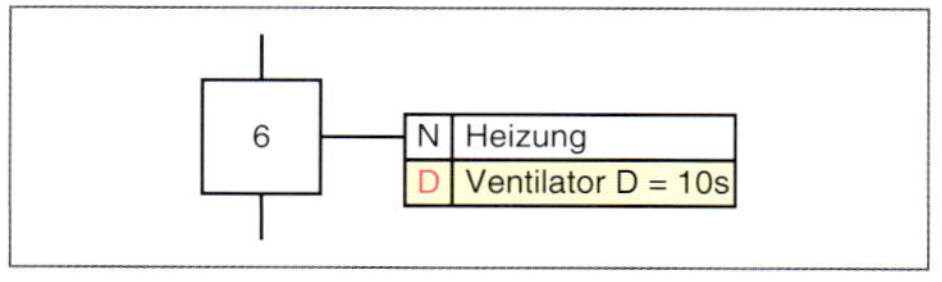

Bild 104 *D-Befehl*

Bandsteuerung

Die Bandsteuerung soll als Ablaufsteuerung (Schrittsteuerung) programmiert werden.

Der Starttaster schaltet unverzüglich Band 3 ein, 5 Sekunden später Band 2 und weitere 5 Sekunden später Band 1.

Der Stopptaster soll den Bandantrieb jederzeit stoppen. Bild 105 zeigt die Ablaufsteuerung des Bandantriebs.

■ **GRAFCET**
Graphe Fonctionnel de Commande Etapes/ Transitions

Ablaufsteuerung mit Speichern

Die Ablaufsteuerung kann auch mit **Speichern** programmiert werden.

Jeder Steuerungsschritt wird durch einen Speicher dargestellt, der nach den Gesetzmäßigkeiten der Ablaufsteuerung (Seite 171) gesetzt und rückgesetzt wird.

Beachten Sie besonders den Initialisierungsschritt mit dem Impulsmerker.

Die einzelnen Schritte rufen **Befehle** hervor, die ebenfalls in Funktionsplandarstellung programmiert werden.

Natürlich ist die Übersichtlichkeit der Ablaufsteuerung mit Speichern nach Bild 107 nicht so groß wie in der Darstellung nach Bild 105.

Die wesentlichen Vorteile der Ablaufsteuerung, die **Servicefreundlichkeit**, bleiben erhalten.

Wenn die Steuerung wegen eines Fehlers nicht mehr zum Folgeschritt schaltet, dann wird die *Fehlerursache* wahrscheinlich in der *Transition* zwischen den beiden Schritten liegen.

Dadurch wird eine relativ einfache *Fehlersuche* ermöglicht.

GRAFCET

Die *Entwurfssprache* GRAFCET dient der Steuerungsbeschreibung, *unabhängig* von einer konkreten Verwirklichung.

Die Abläufe werden in **Schritte** und **Transitionen** unterteilt.

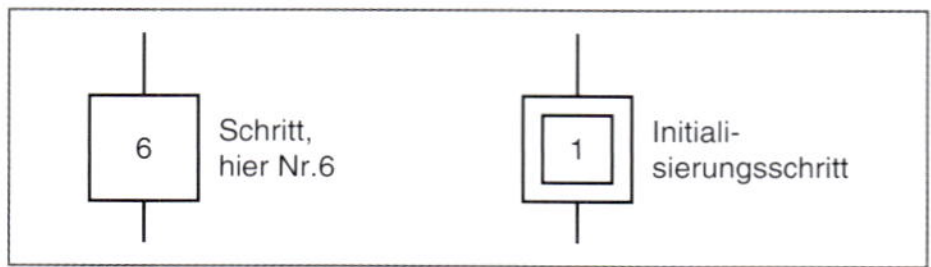

Bild 106 *Darstellung von Schritten, GRAFCET*

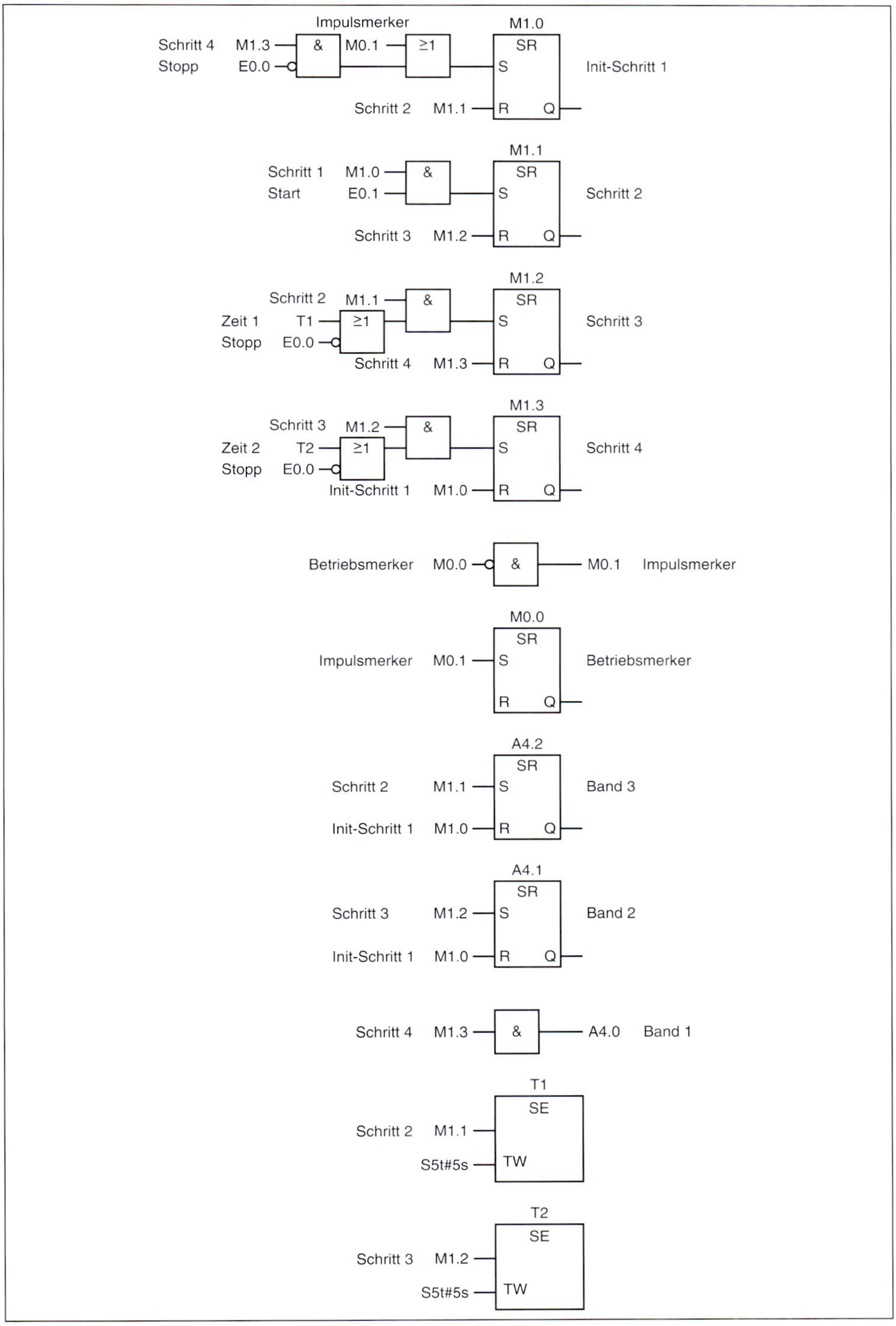

Bild 107 *Bandsteuerung, Ablaufsteuerung mit Speichern*

Ablaufsteuerung
run-off control, sequencing control

Schritt
step

Befehl
command

Aktion
action

Initialisierungsschritt
initial step

Übergang
transition

Übergangsbedingung
transition condition

■ **GRAFCET**

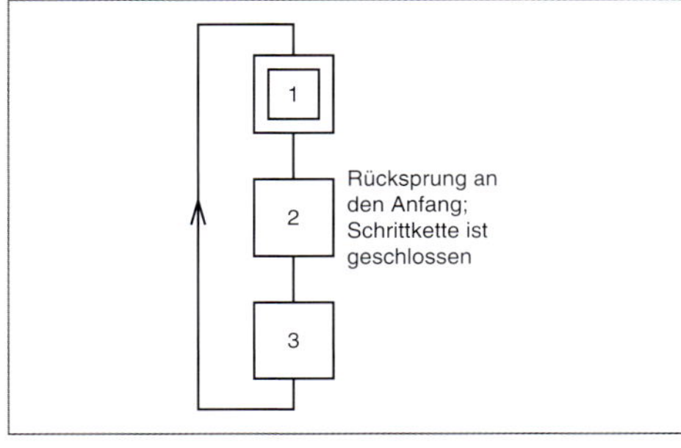

Bild 108 Schrittkette, GRAFCET

Darstellung von Transitionen

Die **UND-Verknüpfung** wird durch einen Stern (*, Multiplikationszeichen) und die **ODER-Verknüpfung** durch das Zeichen + dargestellt.

Negationen werden durch einen Strich über das zu negierende Signal gekennzeichnet.

Verknüpfung	GRAFCET
UND (S1, B1 → &)	$S1 * B1$
ODER (S1, B1 → ≥1)	$S1 + B1$
NICHT (S1, B1 negiert → &)	$\overline{S1} * \overline{B1}$

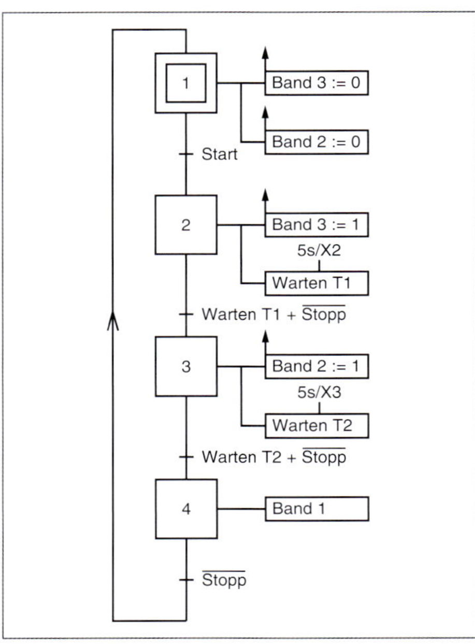

Bild 110 Bandsteuerung in GRAFCET

■ **Aufgabenlösung**

@ Interessante Links

- christiani-berufskolleg.de

Prüfung

1. Unterscheiden Sie zwischen Befehlen und Aktionen.

2. Worin bestehen die wesentlichen Vorteile der Ablaufsteuerung?

3. Nennen und beschreiben Sie das Schrittkettenprinzip.

4. Welche Aufgabe haben Transitionen bei einer Ablaufsteuerung?

5. Worin besteht der wesentliche Unterschied zwischen N- und S-Befehlen hinsichtlich der Verwendung bei Ablaufsteuerungen?

6. Bei einer Ablaufsteuerung sollen Sie einen Fehler suchen.
Wie gehen Sie dabei systematisch vor?

7. Nennen Sie Beispiele für Steuerungsaufgaben, bei denen sich eine Programmierung als Ablaufsteuerung besonders empfiehlt.

8. In der Praxis wird die Ablaufsteuerung häufig mit Speichern programmiert (vgl. Bild 107, Seite 171).
Welche Vorteile hat diese Form der Programmierung gegenüber der Ablaufkette (Bild 105, Seite 170)?
Beschreiben Sie dies an einem konkreten Beispiel.

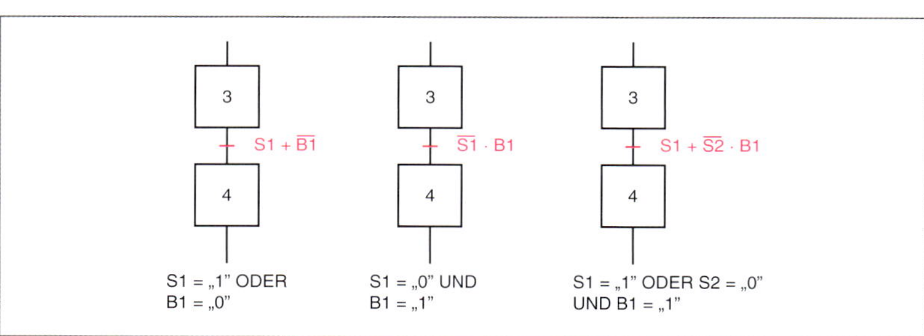

Bild 109 Beispiele für Transitionen bei GRAFCET

Darstellung von Aktionen in GRAFCET

Bezeichnung	GRAFCET	DIN EN 61131 zum Vergleich
Kontinuierlich wirkende Aktion	6 VENTIL M7	6 N VENTIL M7
Aktion mit Zuweisungs-bedingung	6 B2 VENTIL M7	6 B2 C VENTIL M7
Speichernde Aktion, setzen	6 VENTIL := 1 Wertzuweisung auf „1"	6 S VENTIL
Speichernde Aktion, rücksetzen	6 VENTIL := 0 Wertzuweisung auf „0"	6 R VENTIL
Zeitverzögerte Aktion	6 5s/X6 VENTIL 5s nach Setzen von Schritt 6 (Schritt-merker X6) wird das Ventil geöffnet	6 D VENTIL t = 5s
Aktion zu Beginn eines Schrittes		
Aktion am Ende eines Schrittes		
Kommentar	„Ventil Druckluft"	

- **Aktion bei Schrittaktivierung**

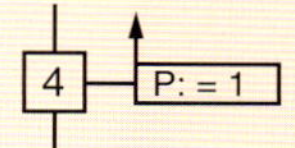

- **Aktion bei Schrittdeaktivierung**

4 P: = 1

- **Aktion bei ansteigender Flanke (positive Flanke)**

↑B1
4 P: = 1

3.12 Kleinsteuerungen

Kleinsteuerungen (Kleinsteuergeräte) werden für *einfache* bis *mittlere* Steuerungsaufgaben eingesetzt.

Seit Markteinführung ist ihr Leistungsumfang ständig gewachsen. Im Kern sind sie **Kompaktsteuerungen** mit allen Komponenten, die zur Bewältigung einer Steuerungsaufgabe notwendig sind. Angebotene **Erweiterungsbaugruppen** erhöhen Leistungsumfang und Einsatzmöglichkeit.

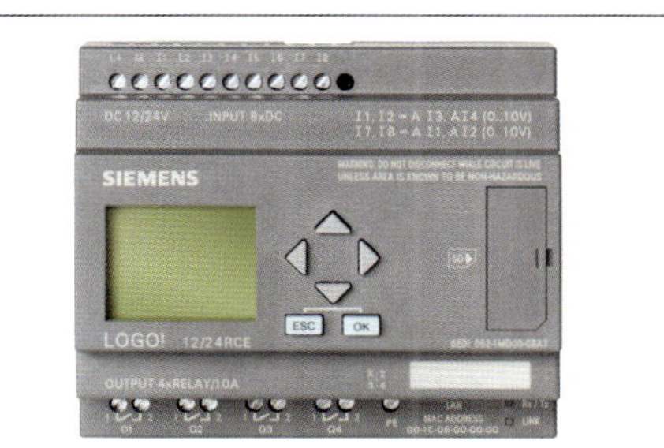

***Bild 111** Kleinsteuerung*

■ **Logische Verknüpfungen**
→ 150

■ **Speicher**
→ 161

■ **Zeitgeber**
→ 163

■ **Stromstoßrelais**
→ 216

■ **EEPROM**
Elektrisch löschbarer und programmierbarer Speicher, nullspannungssicher auch ohne Batteriepufferung.

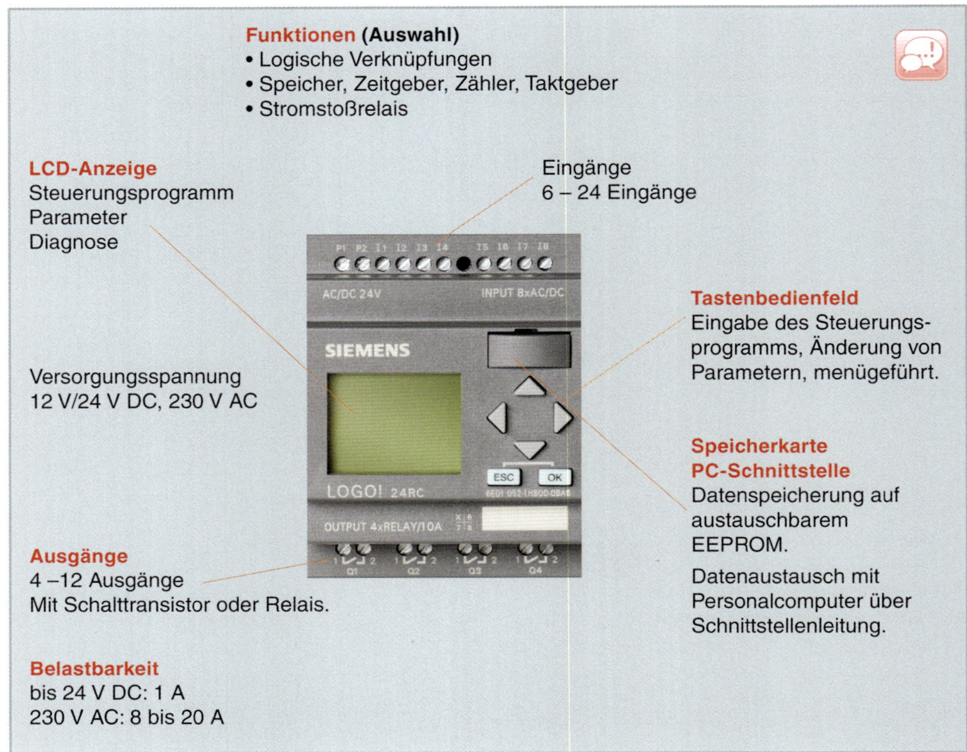

Die **Steuerungsprogramme** werden zweckmäßigerweise mithilfe eines Personalcomputers und zugehöriger **Programmiersoftware** eingegeben. Die Eingabe über die LCD-Anzeige ist wenig komfortabel.

Die **Programmiersoftware** umfasst einen **Simulator**, mit dem erstellte Programme im Vorfeld getestet werden können.

Das getestete Programm kann auf eine **Speicherkarte** übertragen werden oder über eine **Schnittstellenleitung** direkt zum Kleinsteuergerät übertragen werden.

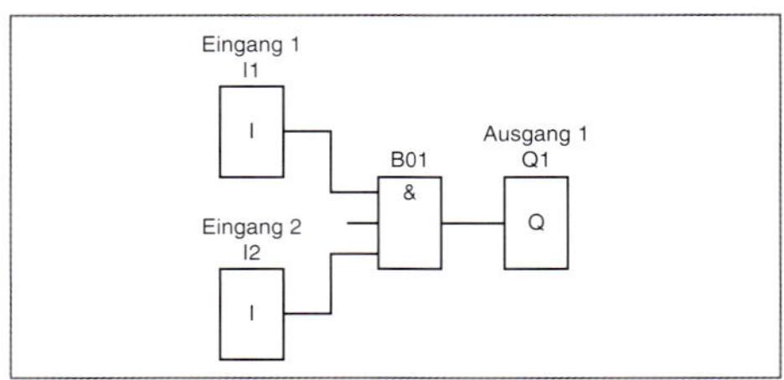

Bild 113 UND-Funktion, Kleinsteuerung

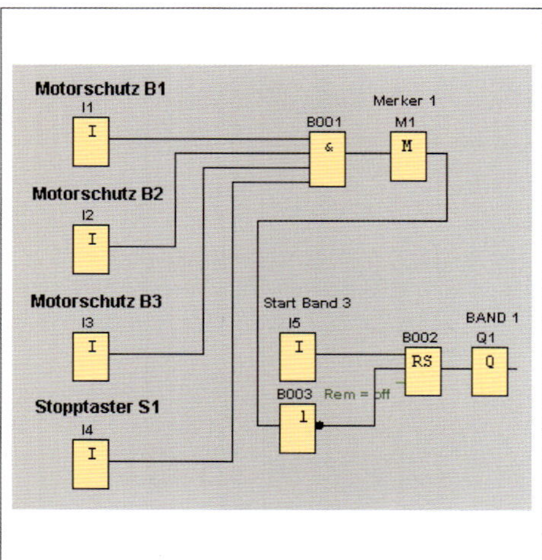

Bild 112 Kleinsteuerungsprogramm

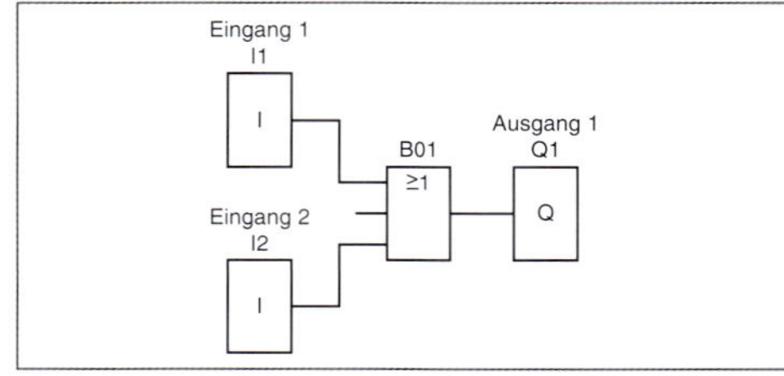

Bild 114 ODER-Funktion, Kleinsteuerung

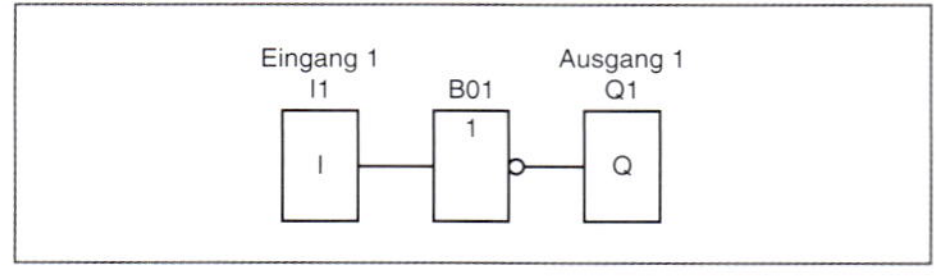

Bild 115 Negation, Kleinsteuerung

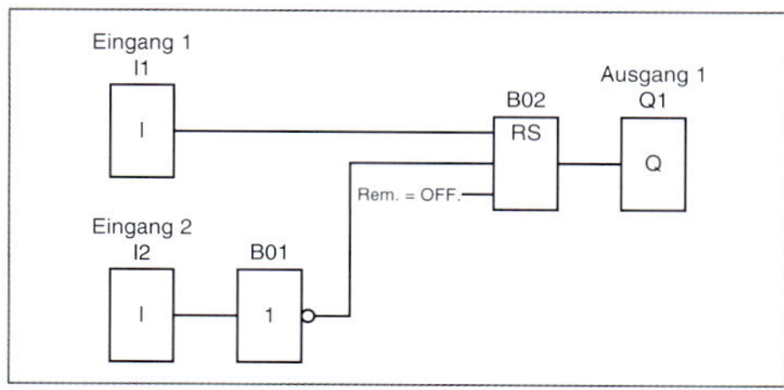

Bild 116 *Speicher, Kleinsteuerung*

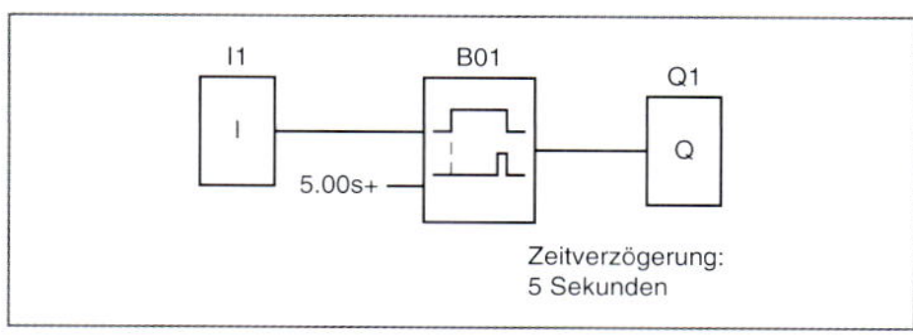

Bild 117 *Einschaltverzögerung, Kleinsteuerung*

Hinweise:

Wenn die **Anzahl der Eingänge** bei Funktionsplandarstellung nicht ausreicht, können mehrere Logikelemente hintereinander geschaltet werden (Bild 118).

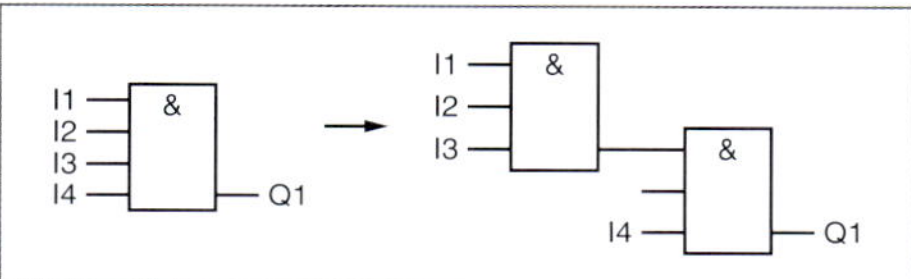

Bild 118 *Mehrere Eingänge*

Unbenutzte Eingänge führen bei

- UND-Verknüpfung den Signalzustand „1"
- ODER-Verknüpfung den Signalzustand „0"

- Der für die Spannungsversorgung benutzte Außenleiter ist bei 230-V-AC-Geräten auch für die Eingänge zu benutzen.
- Die Eingänge sind potenzialgebunden. Sie benötigen das gleiche Bezugspotenzial (Masse) wie die Spannungsversorgung.
- Transistorausgänge sind kurzschlussfest. Der maximale Schaltstrom pro Ausgang beträgt 0,3 A.
- Die Lastspannung muss nicht getrennt eingespeist werden, da die Kleinsteuerung die Spannungsversorgung der Ausgangslast übernimmt.

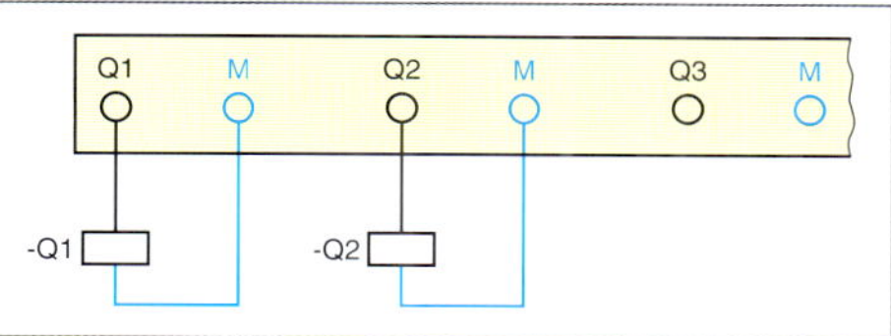

Bild 120 *Anschluss von Schützen*

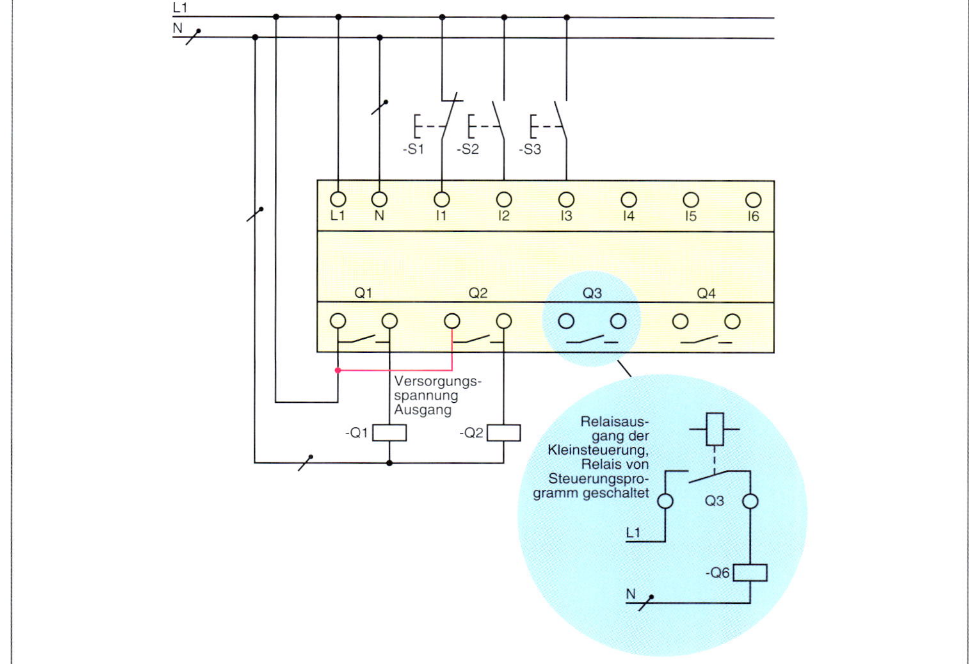

Bild 119 *Anschluss einer Kleinsteuerung an 230 V AC*

■ Rem

Remanenz; bietet die Möglichkeit, Schaltzustände, Zählwerte remanet (nullspannungssicher) zu halten.

Bei eingeschalteter Remanenz steht nach Spannungsausfall das Signal an, das vor Spannungsausfall aktuell war.

■ Potenzialtrennung

Die Relaiskontakte der Ausgänge sind von der Spannungsversorgung und von den Eingängen potenzialgetrennt.

■ **Transistorausgänge** sind kurzschlussfest und überlastfest.

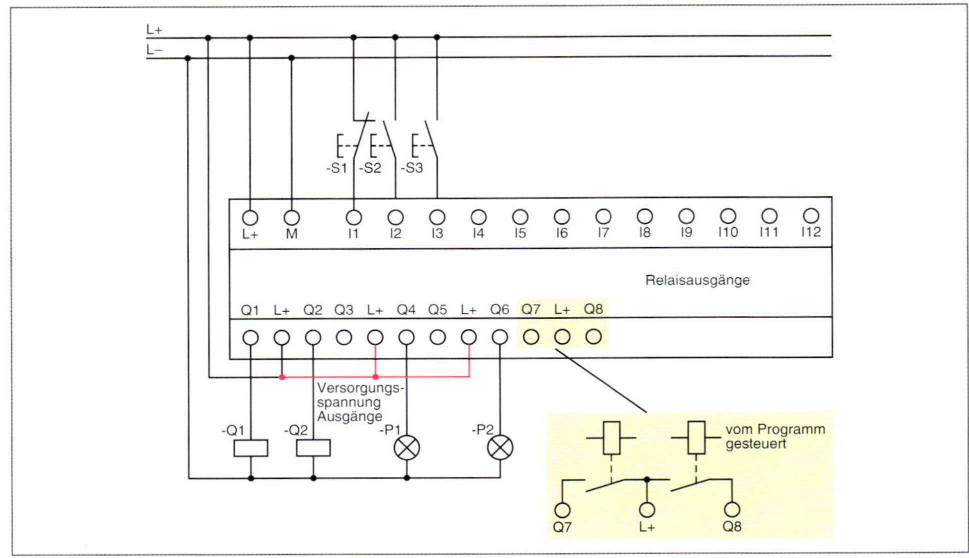

Bild 121 *Anschluss einer Kleinsteuerung an 24 V DC*

■ **Aufgabenlösung**

@ Interessante Links

- christiani-berufskolleg.de

Prüfung

1. Um was für eine Schaltung handelt es sich bei nebenstehender Darstellung?

2. Auf welchen Wert ist das Motorschutzrelais B1 einzustellen?

3. Wählen Sie den notwendigen Leitungsquerschnitt bei Verlegeart B2, 2 Leitungen gemeinsam in einem Rohr und einer Umgebungstemperatur von 40 °C.

4. Welchen Bemessungsstrom müssen die Schmelzsicherungen F1 haben?

5. Erstellen Sie eine Zuordnungsliste.

6. Entwickeln Sie das Steuerungsprogramm.

7. Erstellen Sie eine Checkliste für den Test des Steuerungsprogramms.

8. Nach welchen Kriterien werden die Schütze Q1 bis Q3 ausgewählt?

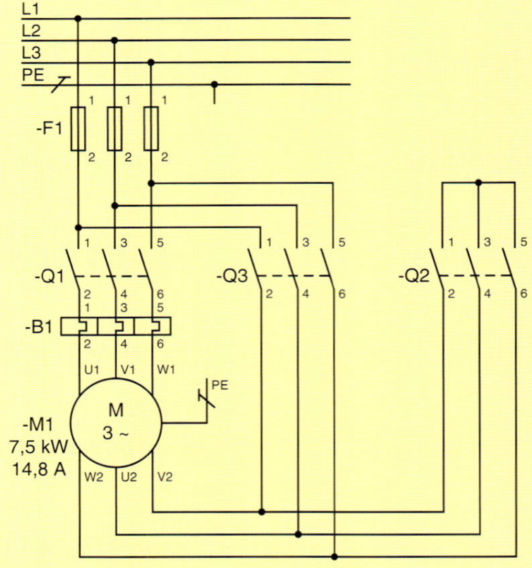

9. Erläutern Sie die Darstellungen a) bis c).

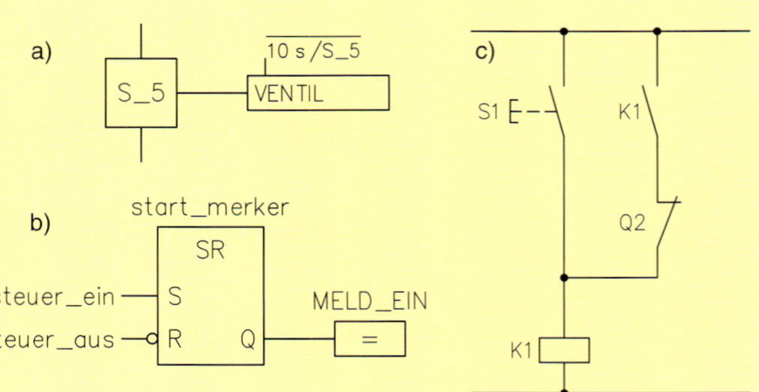

3.13 Sicherheit von Steuerungen

Steuerungen dienen dem Betrieb von elektrischen Anlagen und Betriebsmitteln. Diese stellen **Gefahrenquellen** dar.

Die *Abwendung* solcher Gefahren ist eine wesentliche Aufgabe der **Elektrofachkraft**.

Bei der Erstellung von Steuerungen sind viele **Sicherheitsbestimmungen** zu berücksichtigen, die einen *gefahrlosen* Umgang mit Anlagen und Betriebsmitteln ermöglichen.

Not-Aus-Einrichtung

Aufgabe: Gefahrbringende Zustände von Maschinen und Anlagen *schnellstmöglich beseitigen*, ohne dass dabei zusätzliche Gefahren entstehen.

Gestaltung: Stellteile rot, Flächen hinter und unter dem Stellteil gelb. Zielsetzung ist eine gute Erkennbarkeit.

Stellteile: Pilzdrucktaster und Reißleinen.

Der Not-Aus-Befehl ist **kein automatischer Befehl**. Er erfordert immer die **Mitwirkung von Personen**.

Personen können *nicht* abschätzen, was im Gefahrenfall stillgesetzt werden muss. Daher sind *alle* Bewegungen und Abläufe **stillzusetzen**, von denen eine Gefahr ausgehen kann.

Manchmal ist es notwendig, Zustände **fortbestehen** zu lassen, um Gefahren abzuwenden (Bremse, Kühlung usw.).

■ **Ruhestromprinzip**

Bild 123: Im Normalfall ist das Schütz K1 angezogen.

Im Not-Aus-Fall fällt K1 ab.

Bild 122 *Not-Aus-Einrichtung*

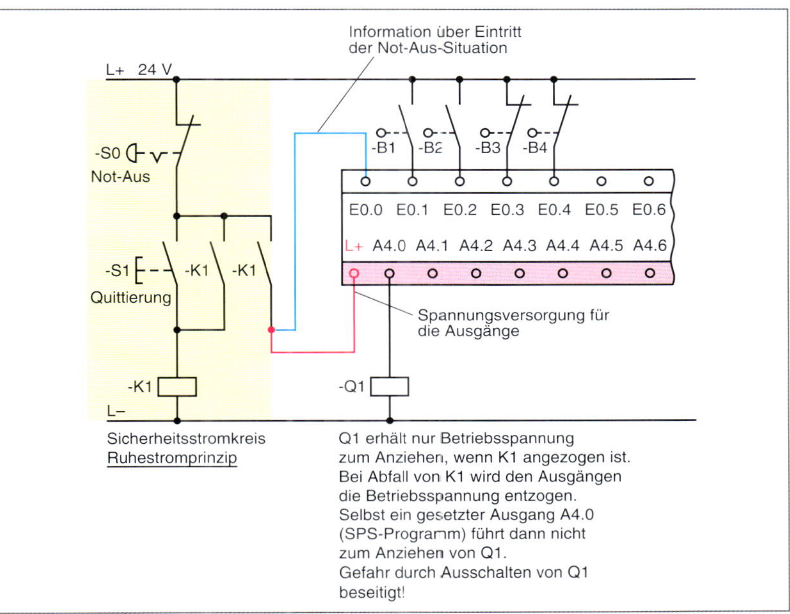

Bild 123 *Sicherheitsstromkreis, Not-Aus-Einrichtung bei SPS-Steuerung*

Forderungen: Not-Aus-Einrichtungen müssen **mechanisch einrasten**. Erst nach **Entriegelung von Hand** ist eine erneute Inbetriebnahme der Maschine oder Anlage möglich.

Kontakte der Not-Aus-Einrichtungen müssen durch **direkt wirkende** mechanische Glieder **zwangsläufig** geöffnet werden.

Die Not-Aus-Einrichtungen müssen in ausreichender Anzahl vorhanden und leicht erreichbar sein.

Risikobetrachtung

Für Maschinen bzw. Anlagen einschließlich der elektrischen Ausrüstung ist eine **Risikobetrachtung** anzustellen. Dadurch ergeben sich die **Anforderungen** an den der Sicherheit dienenden Steuerstromkreis.

Mit der Risikostufe wächst der **Steuerungsaufwand**.

Der **Sicherheitsstromkreis** (Bild 123) arbeitet nach dem **Ruhestromprinzip**:

- Kein Not-Aus-Fall: K1 ist angezogen (S1)
- Not-Aus-Fall: K1 ist abgefallen (S0)

Das **Ruhestromprinzip** gewährleistet **Drahtbruchsicherheit**.

Das Abfallen von K1 bringt die Maschine (Anlage) in den sicheren Zustand.

Sicherheitsschaltung

Die Schaltung (Bild 123) erfüllt **zwei** wesentliche Funktionen:

Das unverzichtbare **Ruhestromprinzip** mit **Drahtbruchsicherheit**.

Wenn die Not-Aus-Befehlseinrichtung S0 betätigt wird, einrastet und von Hand wieder entriegelt (herausgezogen) wird, zieht K1 noch nicht wieder an.

Sicherheit
safety, freedom from danger (Gefahrlosigkeit), freedom from care (Risikolosigkeit)

Sicherheitsbestimmungen
safety regulations

Sicherheitsanforderungen
safety requirements

Not-Aus
emergency switch

Ruhestrom
closed-circuit current, rest current

Redundanz
redundancy

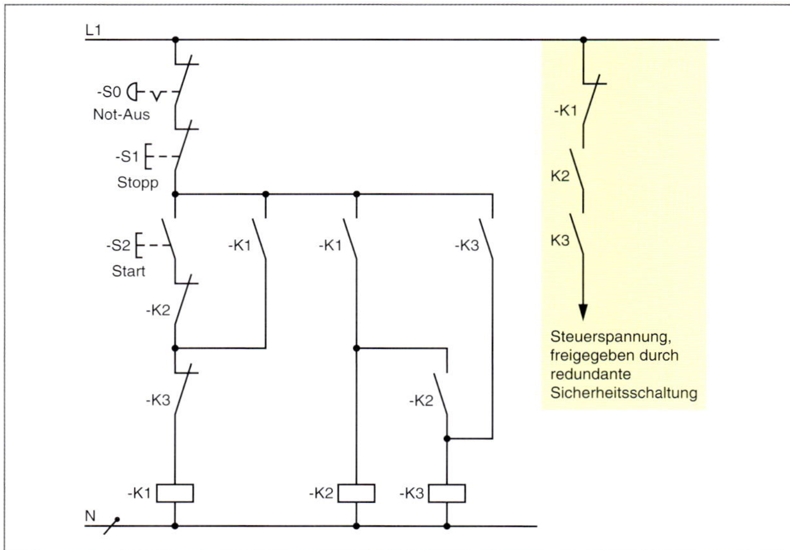

Bild 124 *Redundanter Sicherheitsstromkreis*

Redundanz

Der in Bild 123 dargestellte Sicherheitsstromkreis genügt nur *einfachsten Anforderungen*.

Besser ist da schon ein **redundanter Stromkreis**, bei dem eine *Verdoppelung* bzw. *Vervielfachung* von Schützen auch bei hängen bleibenden Kontakten Gefahren vermieden werden können.

Bild 124 zeigt einen solchen redundaten Stromkreis.

Steuerspannung wird nur *freigegeben*, wenn

- Schütz K1 abgefallen ist.
- Schütz K2 und K3 angezogen sind.

Funktion der Schaltung

- **Einschalten** nur möglich, wenn K2 und K3 angezogen haben.
- **Ausschalten** möglich, wenn K2 oder K3 abgefallen sind.
- Wenn eines der beiden Schütze K2, K3 nicht abfällt, kann K1 nicht anziehen. Dann sind K2 und K3 nicht einschaltbar.

Verriegelung
interlocking

Not-Aus-Einrichtung
emergency shutdown

Not-Aus-Taster
emergency shutdown caliper

Not-Halt
emergency stop

einschalten
switch on, turn on, connect

ausschalten
cut-off, cut-out, circuit breaking, opening operation

Redundanz

Bei Verdopplung bzw. Vervielfachung von Haupt- und Hilfsschützen können auch bei hängen bleibenden Kontakten Gefahrensituationen vermieden werden.

Zuvor muss der **Quittierungstaster** S1 betätigt werden (willentliche Befehlsgabe). Dieses Verhalten ist unverzichtbar.

Die *alleinige Entriegelung* der Not-Aus-Befehlseinrichtung darf *nicht* zum **Wiederanlauf** der Maschine (Anlage) führen. Zuvor ist die **willentliche Befehlsgabe** der Quittierung notwendig.

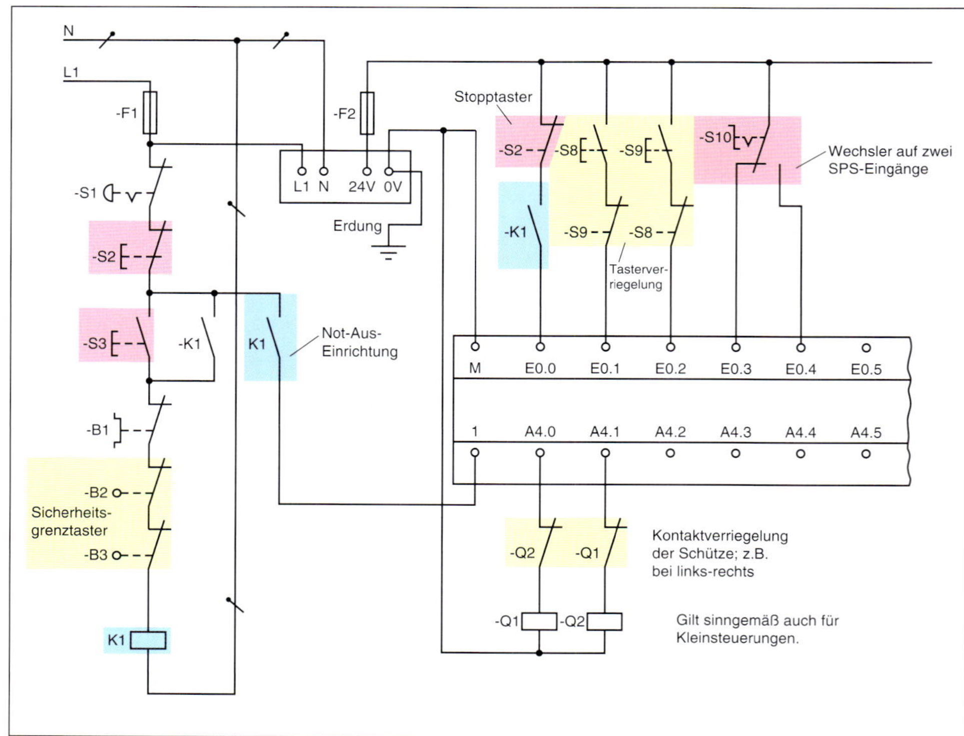

Bild 125 *Sicherheitstechnische Beschaltung einer SPS (Beispiel)*

Handlungen im Notfall

Stillsetzen im Notfall	Prozess oder Bewegung willkürlich anhalten, der (die) gefahrbringend ist oder werden könnte.
Ingangsetzen im Notfall	Prozess oder Bewegung starten, damit gefahrbringende Situationen beseitigt, begrenzt oder verhindert werden.
Ausschalten im Notfall	Die elektrische Energieversorgung wird ausgeschaltet.
Einschalten im Notfall	In Notsituationen wird die elektrische Energie zu einem Teil einer Maschine oder Anlage eingeschaltet.
Stoppsignal Kategorie 0	Ungesteuertes Stillsetzen durch sofortiges Abschalten der Energieversorgung zu den Antriebselementen.
Stoppsignal Kategorie 1	Gesteuertes Stillsetzen; Energieversorgung von Antriebselementen wird beibehalten, um Stillsetzung zu erreichen. Bei Stillstand wird Energieversorgung durch elektromechanische Schaltelemente unterbrochen.
Stoppsignal Kategorie 2	Gesteuertes Stillsetzen; Energie zu den Antriebselementen steht weiter an. Für Handlungen im Notfall ausgeschlossen!

Fehlerarten

Unterscheidung zwischen **aktiven** und **passiven Fehlern**, zwischen **gefährlichen** und **ungefährlichen Fehlern**.

Der Aufgabenstellung einer Steuerung entsprechend, können aktive und passive Fehler gefährliche Folgen haben.

Ein **aktiver Fehler** führt bei einer Antriebssteuerung zum **unerlaubten Einschalten**. Ein **passiver Fehler** verhindert z. B. die Meldung eines gefahrbringenden Zustandes.

Relais und Schütze benötigen zum Anziehen eine Spulenspannung. Daher sind bei ihnen *passive* Fehler wahrscheinlicher als *aktive* Fehler.

In elektronischen Schaltungen treten *aktive* und *passive* Fehler in gleicher Häufigkeit auf. Eine Diode kann im Fehlerfall z. B. dauernd leiten oder dauernd sperren.

Wichtige Sicherheitsbestimmungen

Grundregel: Funktionen **ohne** sicherheitstechnische Bedeutung können **elektronisch** gesteuert werden.
Funktionen **mit** sicherheitstechnischer Bedeutung werden mit **elektromechanischen** Bauelementen aufgebaut.

- Zustände, durch die Menschen, Maschinen und Material gefährdet bzw. beschädigt werden können, müssen verhindert werden.
- Nach Wiederkehr einer zuvor ausgefallenen Spannung dürfen Maschinen nicht automatisch wieder anlaufen.
- Fehler im Eingangsstromkreis (z. B. Drahtbruch) dürfen Ausschaltfunktionen nicht verhindern.
- Widersprüchliche Eingangsbefehle (z. B. links/rechts) müssen durch Tasterverriegelung unterbunden werden und außerdem im Programm verriegelt werden.
- Widersprüchliche Ausgangsbefehle (z. B. links/rechts) müssen neben dem Programm auch an den Hauptschützen verriegelt werden.
- Begrenzte Maschinenbewegungen müssen wegabhängig und dürfen niemals zeitabhängig gesteuert werden.
- Haben Maschinenbewegungen keinen mechanischen Anschlag, muss neben dem Grenztaster für Steuerungszwecke noch ein Sicherheitsgrenztaster mit mechanischer Zwangsöffnung vorhanden sein, der außerhalb der SPS wirksam ist.
- Eine Maschine darf nur gestartet werden können, wenn die Funktion aller Schutz einrichtungen gegeben ist. Die Anlauffolge muss durch Verriegelungen eindeutig bestimmt sein.
- Auch bei Fehlern der SPS müssen Not-Aus-Einrichtungen und Sicherheitsgrenztaster wirksam sein. Sie müssen daher direkt an den Stellgeräten wirken.

Erdung des Steuerstromkreises

Siehe Bild 126, Seite 180 und Bild 125, Seite 178. In *ungeerdeten* Steuerstromkreisen hat ein *einfacher* Erdschluss keine Folgen.

Ein **Erdschluss** entsteht z. B., wenn ein *aktiver* Leiter (L+, L1) Verbindung mit *Erde* hat.

Beachten Sie Bild 125 auf Seite 178.

Steuerstromkreis
control circuit

Erdung
earthing

Erdschluss
earth fault, line-to-earth fault, earth-leakage fault, short circuit to earth

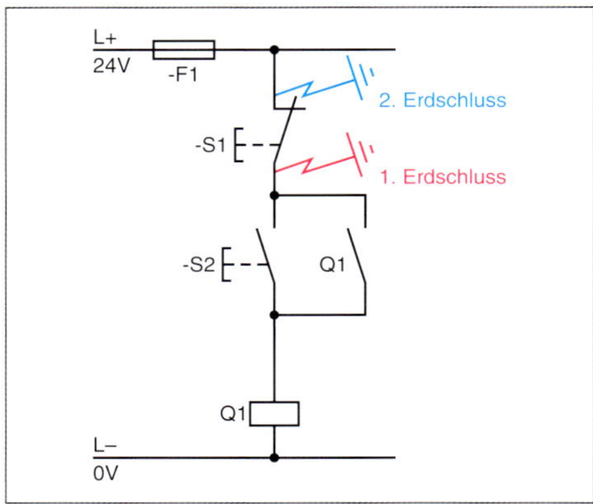

Bild 126 *Erdschlüsse im Steuerstromkreis*

1. Erdschluss: Kein Fehlerstromkreis möglich, der das Überstrom-Schutzorgan F1 zum Ansprechen bringt.

Der 1. Erdschluss hat keine Folgen!

2. Erdschluss: Kein Fehlerstromkreis möglich, F1 spricht auch jetzt nicht an. Der Öffner S1 wird aber durch die beiden Erdschlüsse überbrückt. Mit S1 kann nicht mehr ausgeschaltet werden → gefährliche Situation!

Bedenken Sie: Jeder Erdschluss kann z. B. eine Verbindung mit der Trägerplatte des Schaltschrankes herstellen.

Bei *zwei Erdschlüssen* sind die beiden Anschlüsse des Öffners S1 über die Trägerplatte des Schaltschrankes miteinander verbunden (Bild 126).

Abhilfe: Steuerstromkreis erden

Wenn der Steuerstromkreis *geerdet* ist, führt der *1. Erdschluss* zu einem *Fehlerstromkreis*, und das vorgeschaltete Überstrom-Schutzorgan schaltet ab.

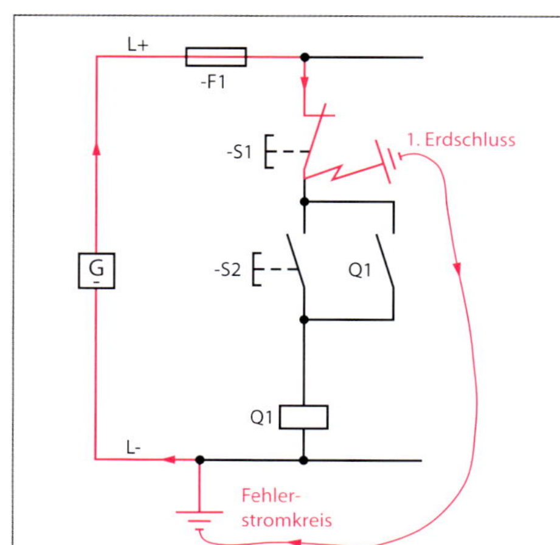

Bild 127 *Erdung des Steuerstromkreises*

Erdschlusssicherheit

Der 1. Erdschluss wird durch ein Überstromschutzorgan abgeschaltet.

Dies ist wichtig, um Gefahrensituationen zu verhindern.

PELV-Stromkreis!

Der 1. Erdschluss wird abgeschaltet, bevor der 2. Erdschluss eine Gefährdung hervorrufen kann.

Wenn der Steuerstromkreis geerdet ist, wirkt der Erdschluss wie ein Kurzschluss.

Die Erdverbindung (grün/gelb) muss den gleichen Querschnitt haben wie die Leitung, die durch das Überstrom-Schutzorgan geschützt ist.

3.14 Änderungen Prüfstation

Folgende Änderungen werden im Projekt Prüfstation → 19 eingearbeitet.

- Motorschutzschalter B1, B2, B3 werden durch eigensichere Motorschutzschalter F1, F2, F3 ersetzt. Dadurch entfallen die Schmelzsicherungen F6 – F8 der drei Motorstromkreise.
- Im Bedienteil der Steuerung werden die Taster S3 und S4 demontiert. Der automatische Bandstart erfolgt über Taster S2.
- Für den automatischen Bandstart werden zwei einschaltverzögerte Zeitrelais installiert.
- Das 5/2-Wegeventil wird in Zylindernähe montiert.
- Für den Anschluss der Sensoren (Reed-Kontakte und Näherungssensor) wird die Klemmleiste X3 vorgesehen. Auch die Magnetspulen MB1 und MB2 werden über diese Klemmleiste angeschlossen.
- Für die Steuerung der Prüfstation werden drei Hilfsschütze K1, K2, K3 installiert.
- Im Bedienteil wird die Meldelampe P4 für die Prüfstation eingebaut.
- Im Bedienteil wird ein Schalter für die Prüfstation eingebaut.

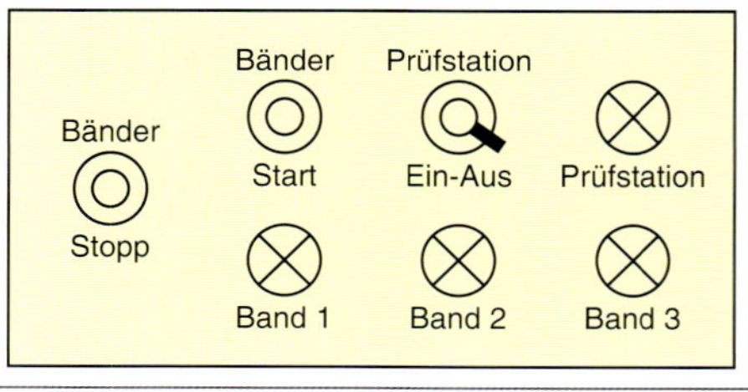

Bild 128 *Geändertes Bedienteil*

Stückliste Bedienteil

Anzahl	Bezeichnung	Daten
1	Einbautaster	1 NO, grün
1	Einbautaster	1 NC, rot
1	Einbauschalter	1 NO, schwarz
4	Meldelampen	24 V, grün

Anordnungsplan nach Änderung

Die Betriebsmittelbezeichnungen wurden bei den Änderungen entsprechend angepasst. Zur schnellen Orientierung sind sie hier aufgelistet.

F1	Motorschutzschalter, Band 1
F2	Motorschutzschalter, Band 2
F3	Motorschutzschalter, Band 3
F4	RCD, Steckdose
F5	LS-Schalter Steckdose
X1	Klemmleiste
X2	Klemmleiste
X3	Klemmleiste
X4	Steckdose
Q1	Hauptschütz, Band 1
Q2	Hauptschütz, Band 2
Q3	Hauptschütz, Band 3
K1 – K3	Hilfsschütze, Prüfstation
K4, K5	Zeitrelais, Prüfstation
T1	Spannungsversorgung 24 V
F6	Schmelzsicherung, Spannungsversorgung primär
F7	LS-Schalter, Spannungsversorgung sekundär

Stückliste

Anzahl	Bezeichnung	Daten
1	Netzgerät	230 V AC / 24 V DC / 5 A
3	Motorschutzschalter	2,5 – 4 A, 1 NO
1	RCD	25 A / 30 mA
1	LS-Schalter	B10 A
1	Steckdose	16 A, Hutschienenmontage
3	Hauptschütz	24 V, DC, 1 NO
3	Hilfsschütz	24 V DC, 2 NO, 2 NC
2	Zeitrelais	24 V, 1 NO, einschaltverzögert
1	Schmelzsicherung	Neozed, 6 A
1	LS-Schalter	C4 A DC
	Verdrahtungskanal	H = 50 mm, B = 35 mm, geschlitzt
	Tragschiene	DIN EN 50022
	Klemmleisten	Schraubklemmen

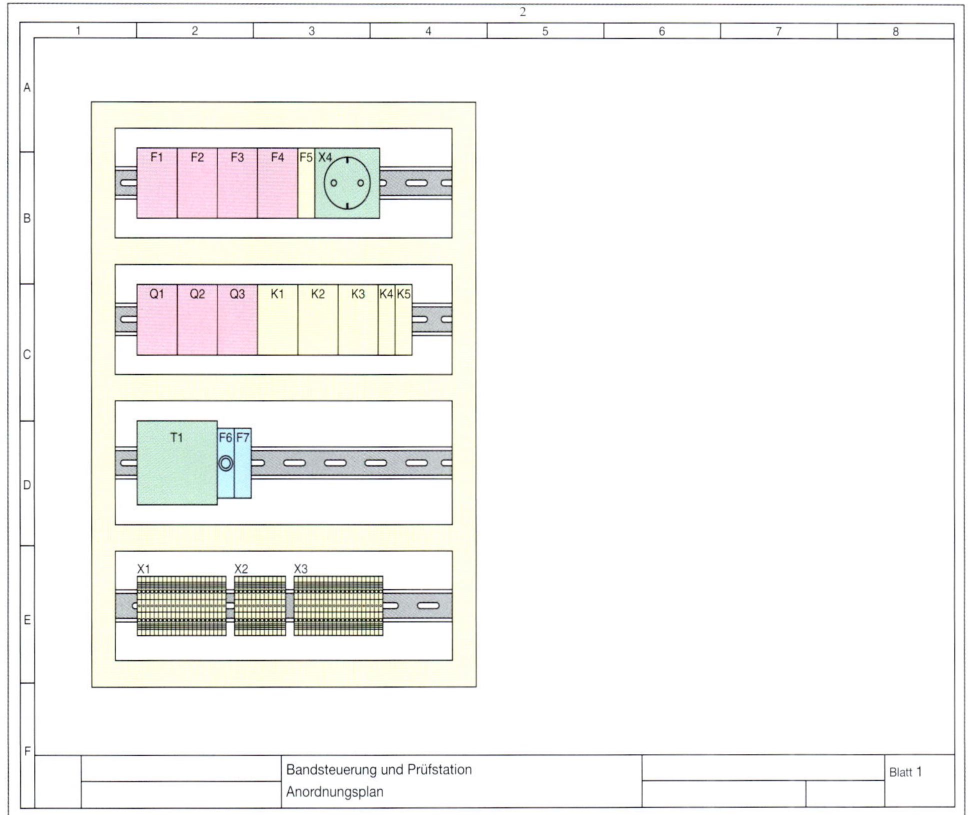

Bild 129 *Geänderter Anordnungsplan*

■ **Anordnungsplan**

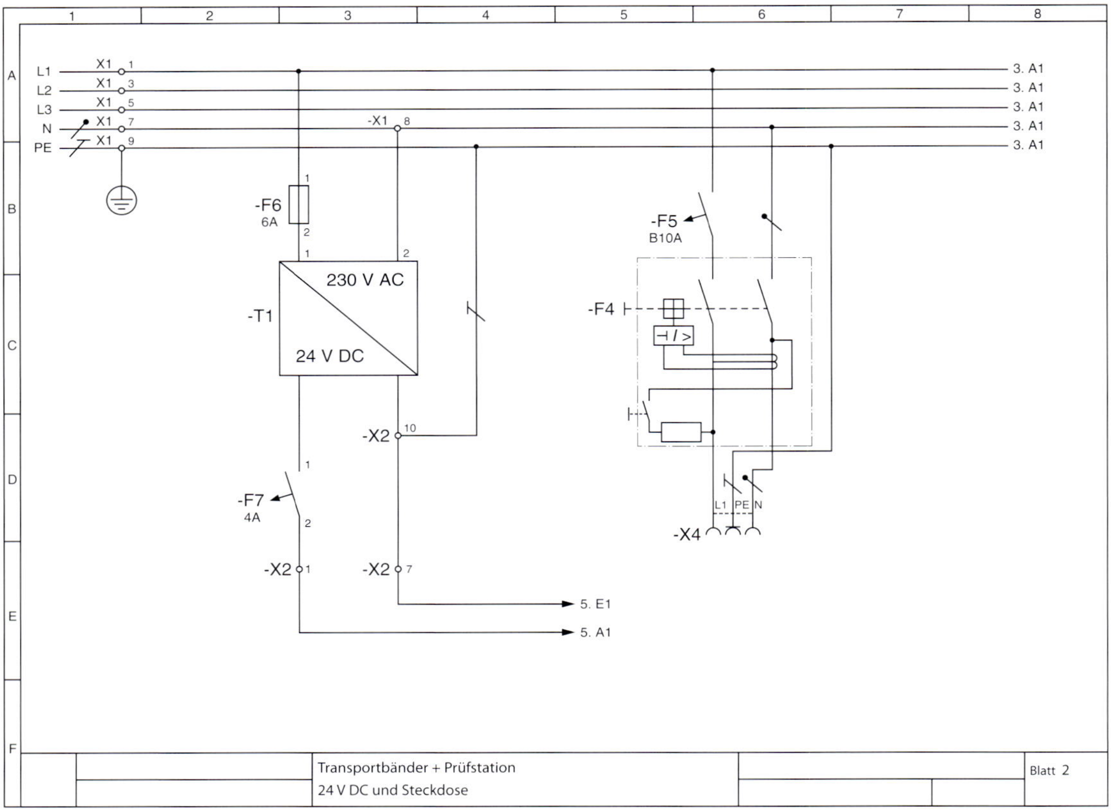

1
2
3
4
5
6
7
8
A
B
C
D
E
F
L1
L2
L3
N
PE
X1 1
X1 3
X1 5
X1 7
X1 9
-X1 8
3. A1
3. A1
3. A1
3. A1
3. A1
-F6
6A
230 V AC
-T1
24 V DC
-X2 10
-F7
4A
-X2 1
-X2 7
5. E1
5. A1
-F5
B10A
-F4
L1 PE N
-X4
Transportbänder + Prüfstation
24 V DC und Steckdose
Blatt 2

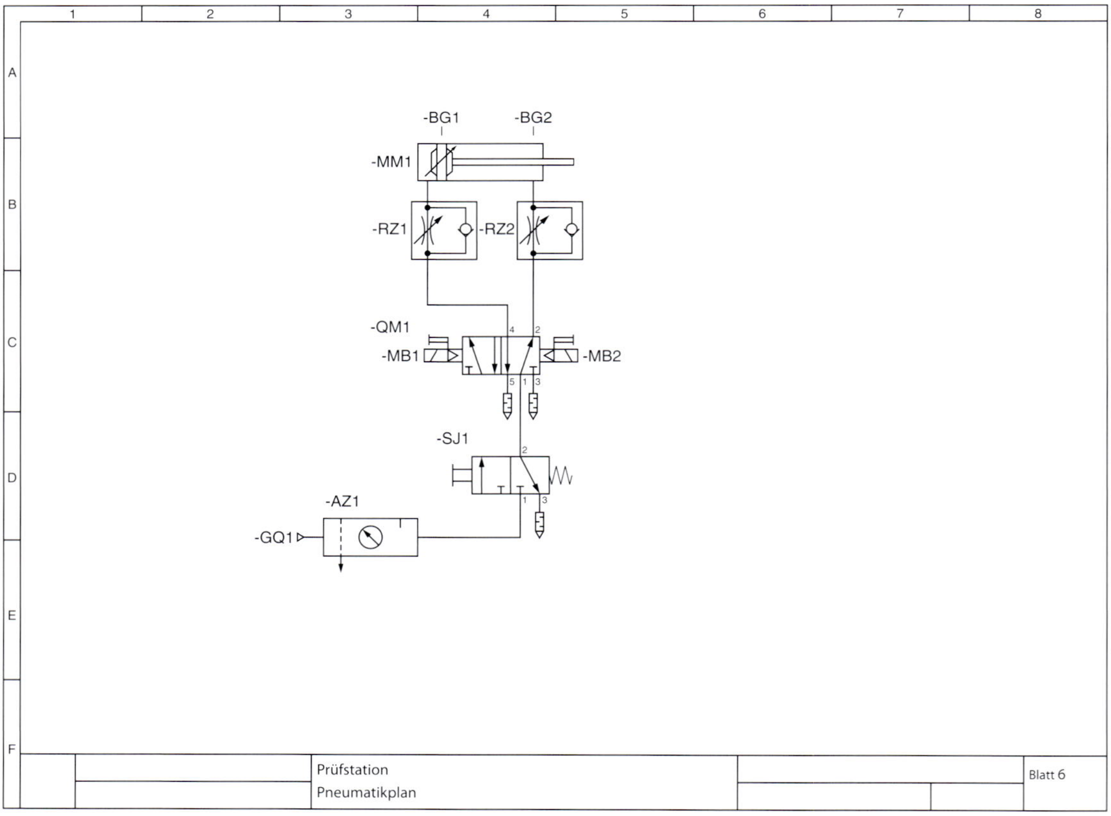

1
2
3
4
5
6
7
8
A
B
C
D
E
F
-BG1
-BG2
-MM1
-RZ1
-RZ2
-QM1
-MB1
-MB2
-SJ1
-AZ1
-GQ1
Prüfstation
Pneumatikplan
Blatt 6

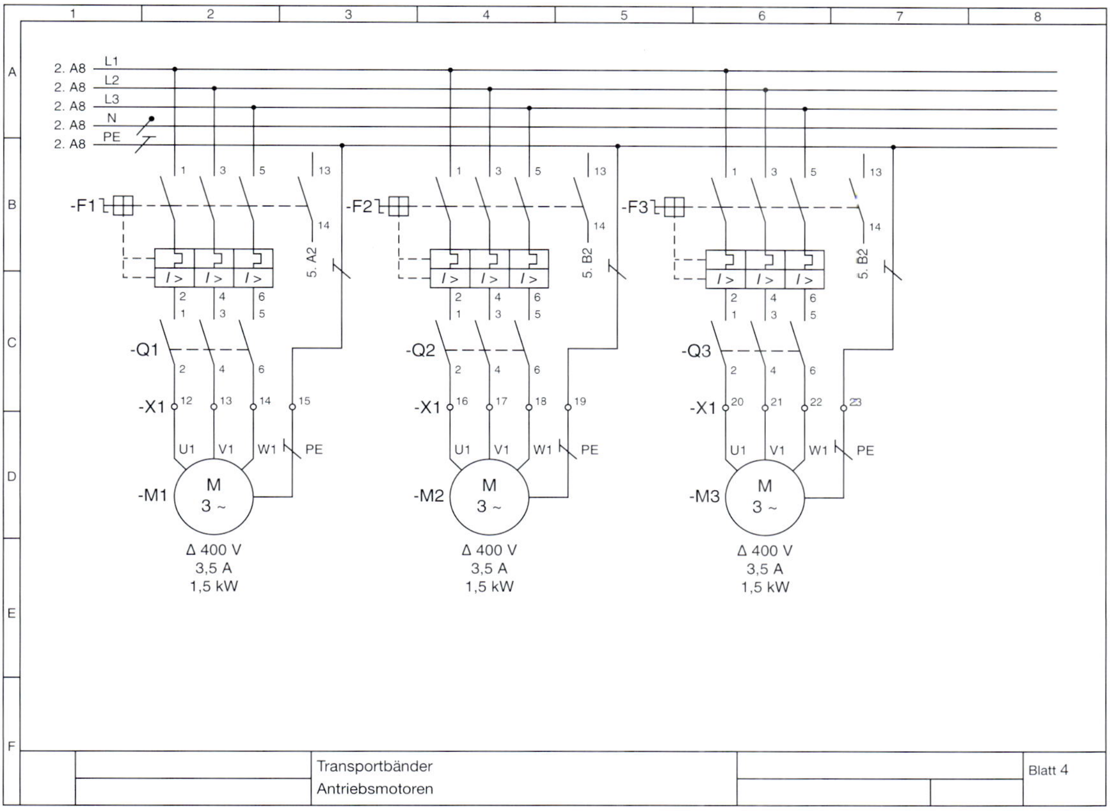
2. A8 L1
2. A8 L2
2. A8 L3
2. A8 N
2. A8 PE
-F1
-F2
-F3
5. A2
5. B2
-Q1
-Q2
-Q3
-X1
U1 V1 W1 PE
-M1
-M2
-M3
M 3 ~
Δ 400 V
3,5 A
1,5 kW
Transportbänder
Antriebsmotoren
Blatt 4

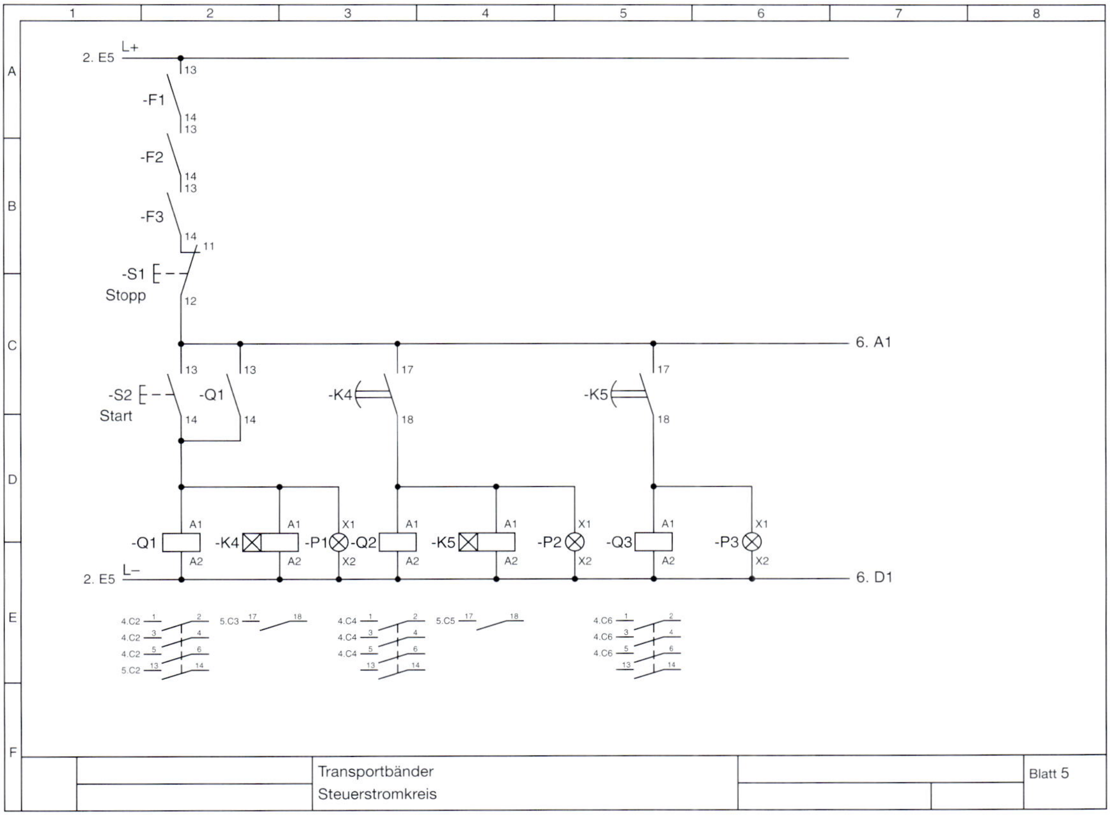
2. E5 L+
-F1
-F2
-F3
-S1 Stopp
-S2 Start
-Q1
-K4
-K5
6. A1
-Q1
-K4
-P1
-Q2
-K5
-P2
-Q3
-P3
2. E5 L–
6. D1
Transportbänder
Steuerstromkreis
Blatt 5

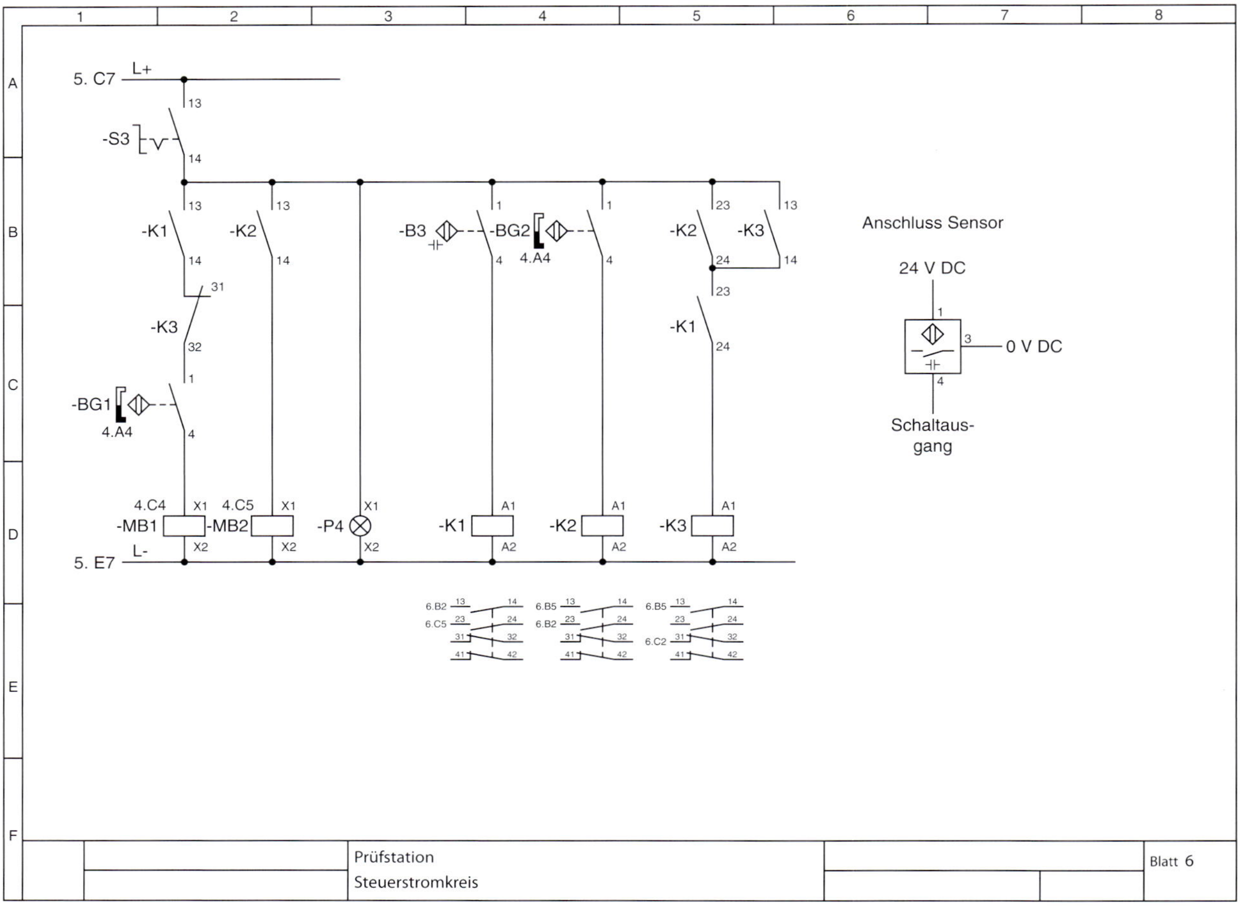

Anschluss Sensor

24 V DC

0 V DC

Schaltausgang

Prüfstation	Blatt 6
Steuerstromkreis	

Anschlussplan Eingänge

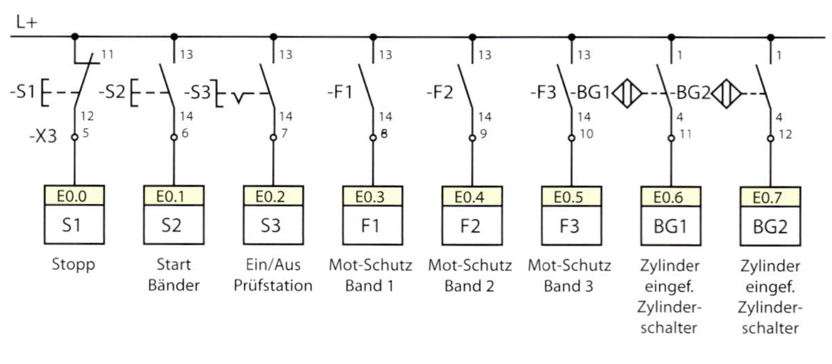

Anschlussplan Eingänge

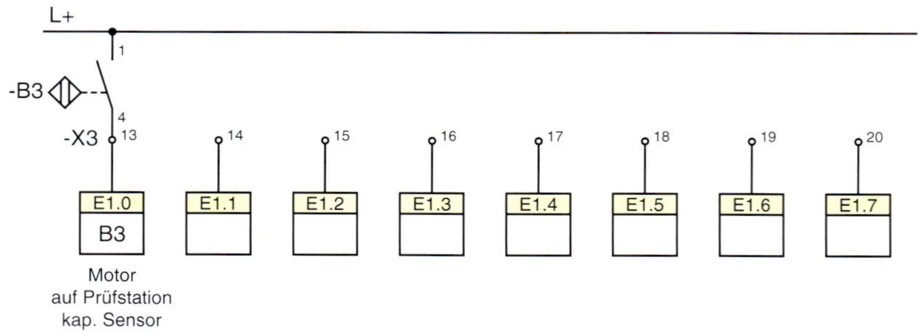

Zuordnungsliste SPS-Programm

Betriebs-mittel	Ein-/Ausgang/ Merker	Kommentar
S1	E0.0	Stopptaster, Öffner, (NC)
S2	E0.1	Starttaster, Schließer (NO)
S3	E0.2	Schalter Prüfstation, Schließer (NO)
F1	E0.3	Motorschutz Band 1, Schließer (NO)
F2	E0.4	Motorschutz Band 2 Schließer (NO)
F3	E0.5	Motorschutz Band 3, Schließer (NO)
BG1	E0.6	Zylinderschalter, eingefahren, Schließer (NO)
BG2	E0.7	Zylinderschalter, ausgefahren, Schließer (NO)
B3	E1.0	Motor auf Hubvorrichtung, Schließer (NO)
Q1	A4.0	Band 1, Motor M1
Q2	A4.1	Band 2, Motor M2
Q3	A4.2	Band 3, Motor M3
P1	A4.3	Meldung Band 1
P2	A4.4	Meldung Band 2
P3	A4.5	Meldung Band 3
P4	A4.6	Meldung Prüfstation
MB1	A4.7	Hubvorrichtung heben, Prüfstation
MB2	A5.0	Hubvorrichtung senken, Prüfstation
K4	T1	Zeitglied Prüfstation
K5	T2	Zeitglied Prüfstation
	M1.0	Merker Hauptstrompfad
	M1.1	Flankenmerker, kapazitiver Sensor
	M1.2	Hilfsmerker Flanke

Die in der Spalte „Ein-/Ausgang/Merker" stehenden Angaben werden auch als Operanden bezeichnet.

Sie hängen von der verwendeten Steuerung ab.

■ **BG...**

hier: Reedkontakt (Zylinderschalter). Allgemein: Umwandlung einer Eingangsgröße in ein zur Weiterverarbeitung bestimmtes Signal (B).

Abstand, Stellung, Lage (G)

■ **MB...**

hier: Spule zur Betätigung eines vorgesteuerten Wegeventils. Allgemein: Mechanische Energie zu Antriebszwecken bereitstellen (M).

Durch magnetische Wirkung (B).

Anschlussplan Ausgänge

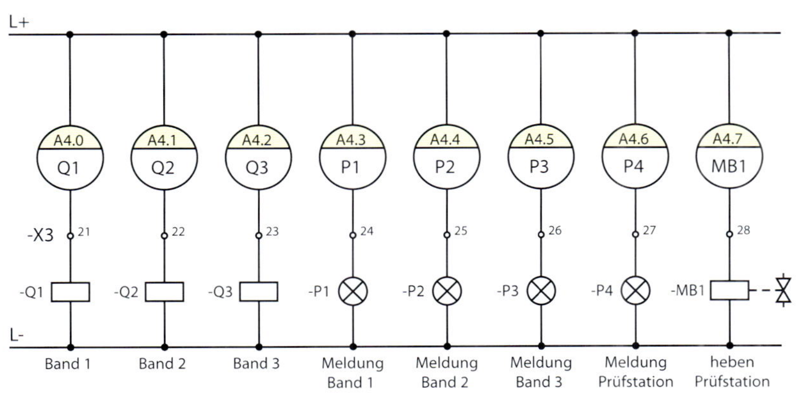

Anschlussplan Ausgänge

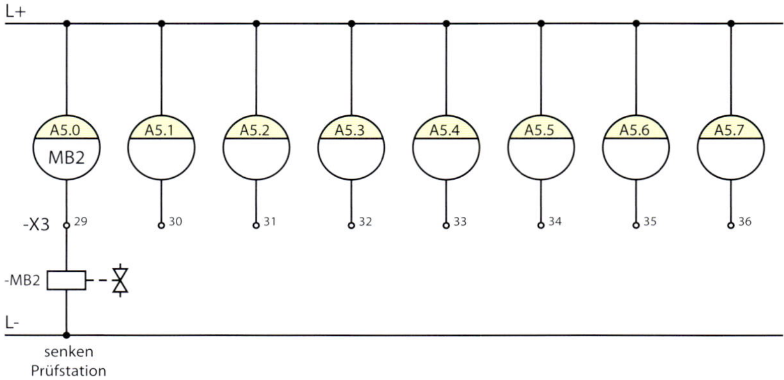

SPS-Programm

Netzwerk 1: Merker Hauptstrompfad

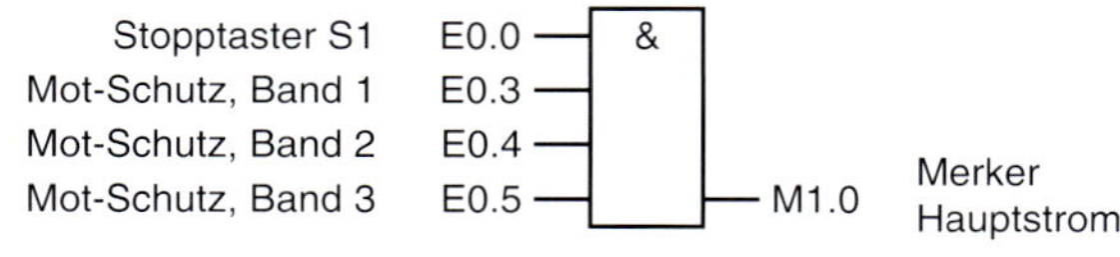

Netzwerk 2: Band 3

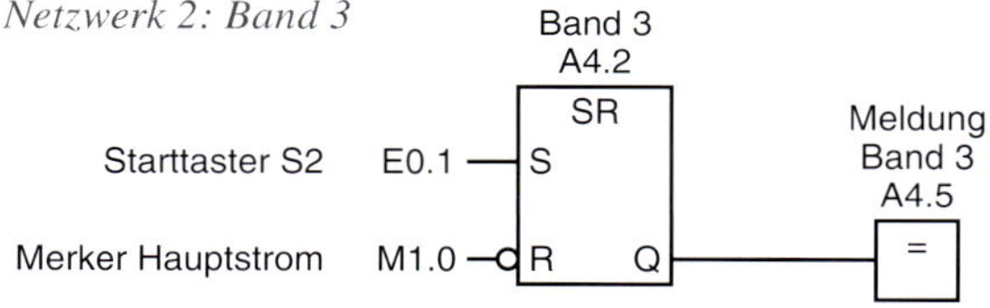

Netzwerk 3: Anlaufzeit Band 2

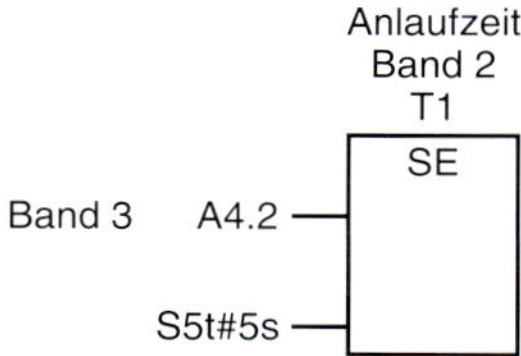

Netzwerk 4: Band 2

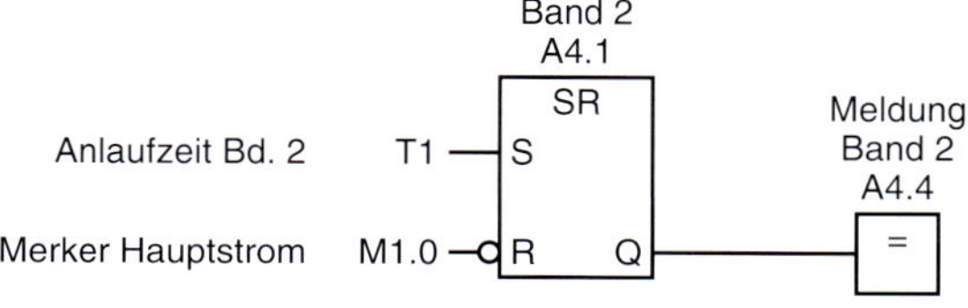

Netzwerk 5: Anlaufzeit Band 1

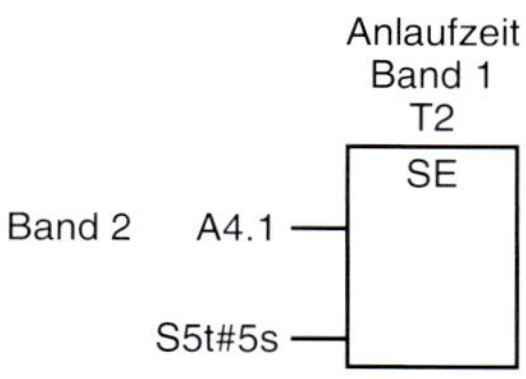

Netzwerk 6: Band 1

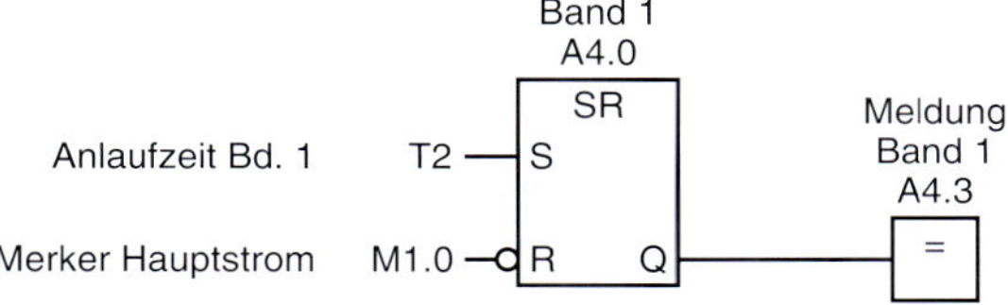

Netzwerk 7: Flankenmerker, kap. Sensor

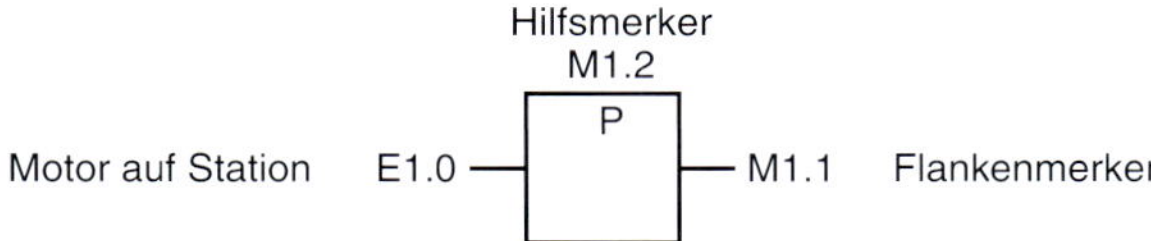

Netzwerk 8: Prüfstation „heben“

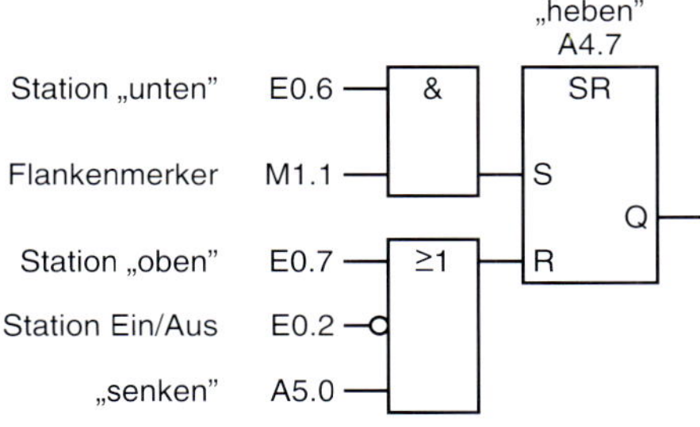

Netzwerk 9: Prüfstation „senken“

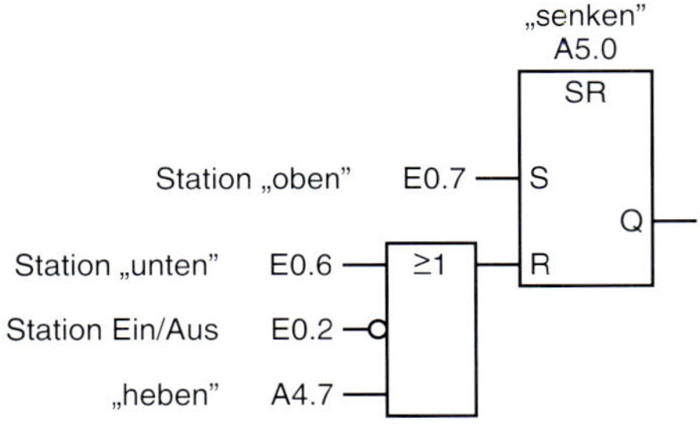

Netzwerk 10: Meldung „Prüfstation“

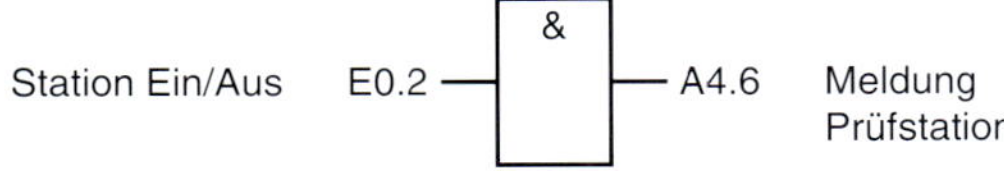

■ **Flankenbildung**
→ 165

Checkliste zum Programmtest

Ausgangssituation:

- E0.0 = 1 (Stopptaster)
- E0.3 = 1, E0.4 = 1, E0.5 = 1 (Motorschutzschalter)
- E0.6 = 1 (Station unten)
- Alle anderen Eingänge führen „0"-Signal

Handlung	Reaktion	o.k.	nicht o.k.
E0.2 = 1	A4.6 = 1 (Meldung Prüfstation)		
E0.1 = 1 → 0	A4.2 = 1, A4.5 = 1 (Band 3) → T1 startet		
T1 = 1	A4.1 = 1, A4.4 = 1 (Band 2) → T2 startet		
T2 = 1	A4.0 = 1, A4.3 = 1 (Band 1)		
E1.0 = 1	A4.7 = 1 (Prüfstation heben)		
E0.6 = 0	keine Reaktion		
E0.7 = 1	A4.7 = 0, A5.0 = 1 (Prüfstation senken)		
E0.7 = 0	keine Reaktion		
E0.6 = 1	A5.0 = 0		
E0.0 = 0 → 1	A4.2 = 0, A4.5 = 0, A4.1 = 0, A4.4 = 0, A4.0 = 0, A4.3 = 0, T1 = 0, T2 = 0		
Überprüfung der Motorschutzschalter und Stopptaster			

■ **Simulation**

Machen Sie sich mit der Simulation, dem Test erstellter Steuerungsprogramme vertraut. Dies ist eine wesentliche Prüfungsanforderung.

■ **Aufgabenlösung**

@ Interessante Links

- christiani-berufskolleg.de

Prüfung

1. Welche Aufgabe haben Not-Befehlseinrichtungen?

2. Welche Anforderungen werden an die Stellteile von Not-Befehlseinrichtungen gestellt?

3. Das Not-Aus-Befehlsgerät darf nicht einrasten, ohne einen Not-Aus-Befehl zu erzeugen. Warum ist das so?

4. Ältere Not-Aus-Befehlsgeräte haben manchmal die Eigenschaft, zunächst den elektrischen Kontakt zu öffnen und danach mechanisch einzurasten. Wie beurteilen Sie dies?

5. Ihr Ausbilder spricht im Zusammenhang mit Steuerstromkreisen von Erdschlusssicherheit. Was meint er damit?

6. Erläutern Sie die Aussagen der nebenstehenden Zeichnungen.

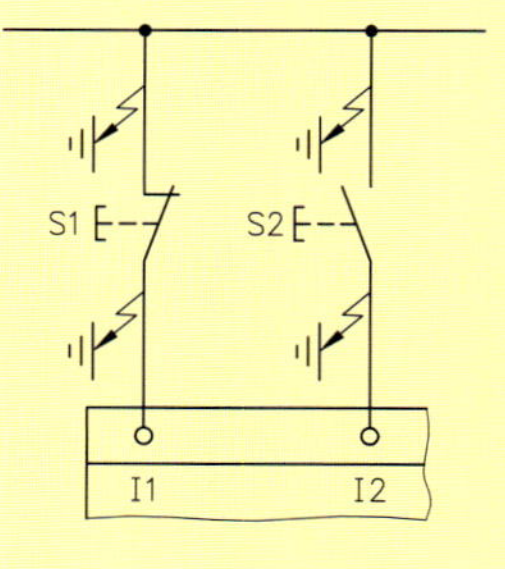

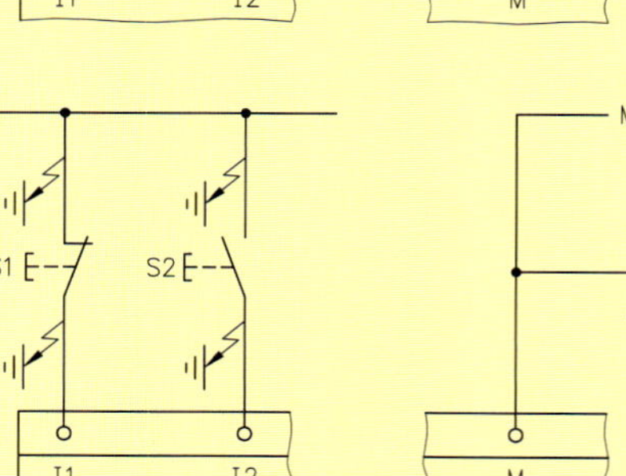

7. Erklären Sie den Begriff Verriegelung. Geben Sie Beispiele für den Einsatz von Verriegelungen an.

8. Was sind Sicherheitsgrenztaster?

4 Elektrische Installationen

Anschluss der **Zuleitung** zum Schaltkasten der Transportbänder.

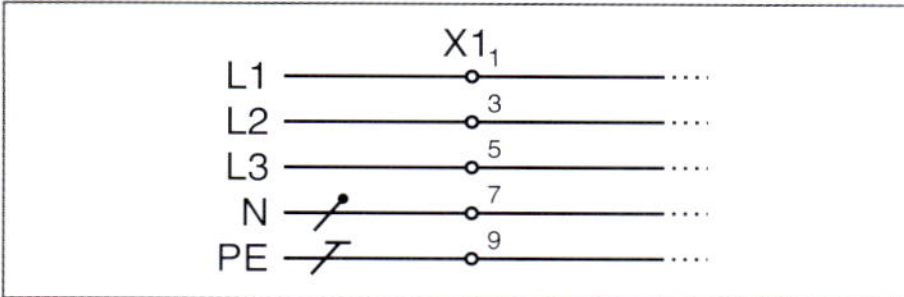

Bild 1 Netzanschluss

Die Zuleitung ist 5-adrig, 3 Außenleiter, Neutralleiter und Schutzleiter.

Ihr Ausbilder zeigt Ihnen den Anschluss der Zuleitung in der Unterverteilung der Abteilung.

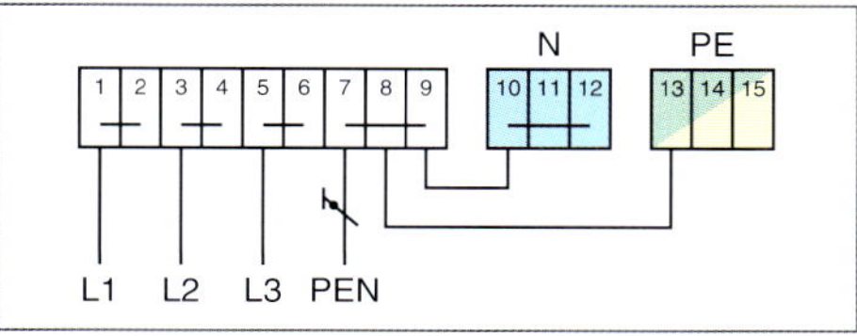

Bild 2 Anschluss der Zuleitung

Die Zuleitung ist 4-adrig (L1, L2, L3, PEN).

PEN: PE und N in einem Leiter kombiniert. Wird als **Nullleiter** bezeichnet. *Kennzeichnung*: **grün/gelb** und an den Anschlussenden **blau**.

Der Ausbilder bezeichnet dieses **Netzsystem** als **TN-C-S-System**.

4.1 Netzsysteme

Bei **Niederspannungsnetzen** kommen international genormte **Netzsysteme** zur Anwendung. Die *Unterscheidungsmerkmale* sind:

- Art und Anzahl der **aktiven Leiter**
- Art der **Erdverbindung**

Aktive Leiter stehen bei ungestörtem Betrieb unter Spannung. Auch der **N-Leiter** ist ein aktiver Leiter, *nicht* aber der **PEN-Leiter** (Nullleiter).

TN-S-System

Ein Punkt direkt geerdet, alle Körper der Anlage über Schutzleiter mit diesem Punkt verbunden. Im gesamten System sind Neutralleiter und Schutzleiter **getrennt** verlegt (Bild 3).

Bezeichnung der Netzsysteme

Erster Buchstabe	Beziehung des Systems zur Erde
T	Direkte Erdverbindung eines Punktes
I	Aktive Teile von Erde getrennt oder ein Punkt über eine Impedanz mit Erde verbunden
Zweiter Buchstabe	**Beziehung der Körper zur Erde**
T	Körper direkt geerdet
N	Körper direkt mit dem geerdeten Punkt des Systems verbunden
Weitere Buchstaben	**Anordnung von Neutral- und Schutzleiter**
S	Leiter für Schutzfunktion vorgesehen, der vom N-Leiter oder dem geerdeten Außenleiter getrennt ist
C	Neutral- und Schutzleiter sind in einem Leiter kombiniert (PEN)

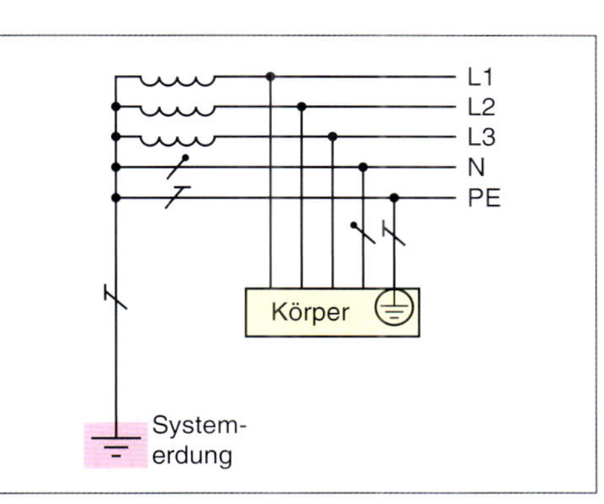

Bild 3 TN-S-System

Installation
installation

Netzanschluss
power supply, main connection

Zuleitung
lead, feeding, supply

Nullleiter
zero conductor, neutral conductor

Neutralleiter
neutral wire

Netzsystem
power supply system

Schutzleiter
protective conductor

Schutzmaßnahmen
safety measures

PEN-Leiter (Nullleiter)

Der PEN-Leiter kombiniert Schutzleiter und Neutralleiter. Er ist mit dem Erdungssystem und dem Potenzialausgleich verbunden.

Somit kann sich der Strom im N-Leiter über alle Erdungssysteme und Potenzialausgleichsleitungen, Abschirmungen usw. ausbreiten.

Man spricht dann von vagabundierenden Strömen.

TN-C-System

Funktionen von Neutral- und Schutzleiter im gesamten System in *einem* Leiter kombiniert (Bild 4).

Fest verlegte Leitungen mit Querschnitten von mindestens 10 mm² Cu bzw. 16 mm² Al.

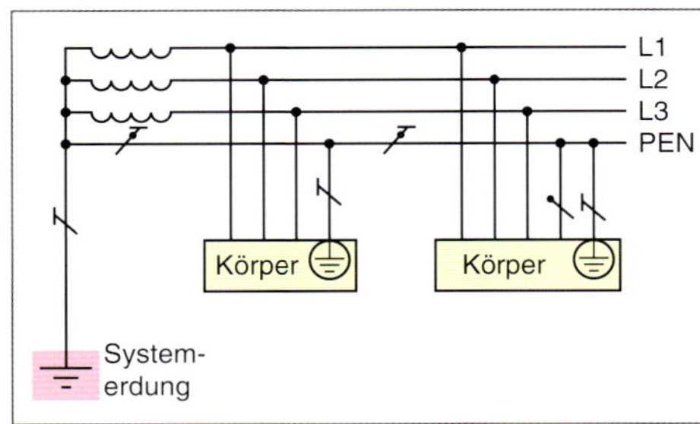

Bild 4 *TN-C-System*

TN-C-S-System

Funktionen von Neutral- und Schutzleiter sind in *einem Teil des Systems* in *einem* Leiter kombiniert (Bild 5).

Querschnitte kleiner als 10 mm² Cu.

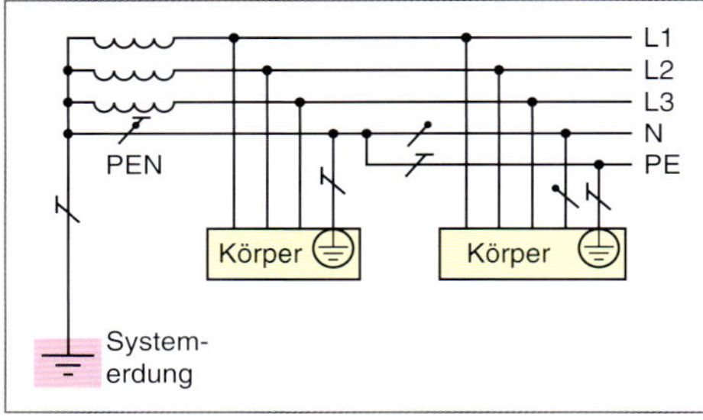

Bild 5 *TN-C-S-System*

TT-System

Ein Punkt ist geerdet. Die Körper der Anlage sind mit Erde verbunden, die unabhängig vom Systemerder sind (Bild 6).

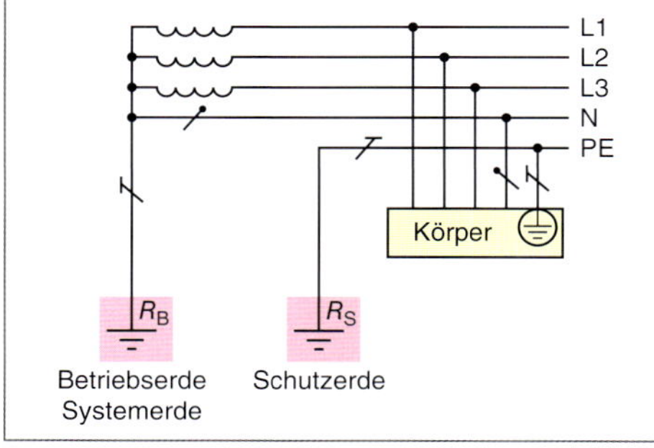

Bild 6 *TT-System*

IT-System

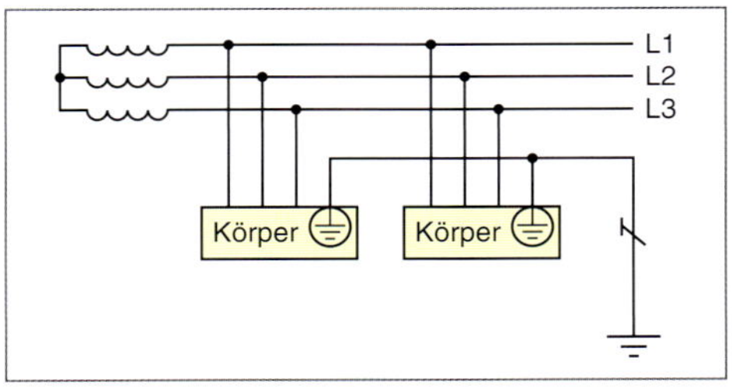

Bild 7 *IT-System*

Alle aktiven Teile sind von Erde getrennt oder ein Punkt ist über eine Impedanz mit Erde verbunden (Bild 7).

4.2 Schutzmaßnahmen

Unsachgemäße Anwendung der elektrischen Energie kann erhebliche **Gefahren** mit sich bringen. Es liegt in der Verantwortung der **Elektrofachkraft**, die Gefahrenrisiken zu minimieren.

Gefahren des elektrischen Stromes

- **Wärmewirkung**
  Brandgefahr durch überlastete Leitungen, überhitzte Verbrauchsmittel, mangelhafte Leitungsverbindungen, Kurzschlussströme usw.
  Verletzungen durch Wärmewirkung besonders an den Ein- und Austrittsstellen des Stromes am menschlichen Körper.
- **Lichtwirkung**
  Lichtbögen bei Unterbrechung von Stromkreisen usw. können Augen und andere Körperteile verletzen.
- **Physiologische Wirkung**
  Muskelverkrampfungen, Atemlähmung, Steigerung des Blutdrucks, Herzkammerflimmern usw.
- **Chemische Wirkung**
  Der Körper des Menschen besteht zu zwei Drittel aus Wasser. Strom kann die Zellflüssigkeit des Köpers zersetzen, was zum Absterben der Zellen führt.

Körperimpedanz

Der **menschliche Körper** leitet den elektrischen Strom. Die Stromstärke des **Körperstromes** hängt ab von

- der am Körper anliegenden **Spannung** (Berührungsspannung),
- der **Impedanz**, dem Widerstand des menschlichen Körpers.

Die **Körperimpedanz** hängt ab

- vom Weg des Stromes durch den Körper
- von der Berührungsspannung
- von der Dauer des Stromflusses
- von der Frequenz
- von der Hautfeuchte
- von der Berührungsfläche
- vom Druck auf die Kontaktfläche

Die Körperimpedanz wird überwiegend als **ohmsch** angenommen. Wirkt überwiegend wie ein ohmscher Widerstand.

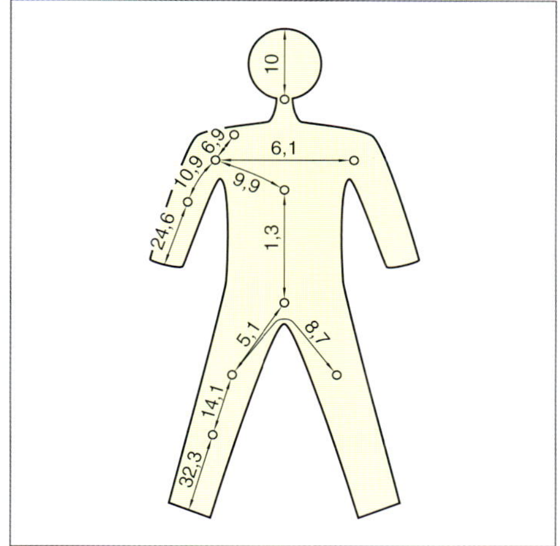

Bild 8 *Körperimpedanz des Menschen*

Bild 8: Körperimpedanz

Prozentuale Anteile der Körperinnenimpedanz des jeweiligen Körperteils in Bezug auf den Stromweg Hand → Fuß.

Höchstzulässige Berührungsspannung U_L

- Wechselspannung (AC): 50 V
- Gleichspannung (DC): 120 V

Gründe für den höheren **Gleichspannungswert**:

- Bei einer Frequenz von 50 Hz kann es bereits zu *Herzkammerflimmern* kommen. Diese Gefährdung gibt es bei Gleichspannung nicht.
- Die Sperrwirkung der Kapazitäten menschlicher Haut wirkt bei Gleichspannung strombegrenzend.

Wirkung des elektrischen Stromes auf den menschlichen Körper

Die **Gefährdung** durch den elektrischen Strom nimmt mit steigender **Stromstärke** und längerer **Einwirkzeit** zu. Eine Stromstärke von 50 mA kann bereits zum Tod führen, wenn der Strom über das Herz fließt (Bild 9).

Der **Körperwiderstand** wird mit 1000 Ω angenommen.

Stromschlag

Wirkungen des Stromschlags:

- Verkohlung von Körperteilen durch Lichtbögen. Starke Verbrennungen haben tödliche Folgen.
- Verbrennungen an den Ein- und Austrittsstellen des Stromes (Strommarken).
- Zersetzung des Blutes mit der Folge schwerer Vergiftungen. Können auch noch nach Tagen auftreten.

■ **Aktive Teile**
Teile, die betriebsmäßig unter Spannung stehen oder stehen können.

■ **Körper**
Berührbare, leitfähige Teile eines Betriebsmittels, die nicht zum Betriebsstromkreis gehören und Spannung im Fehlerfall annehmen können.

■ **Fremde leitfähige Teile**
Berührbare, leitfähige Teile, die nicht zur elektrischen Anlage gehören.

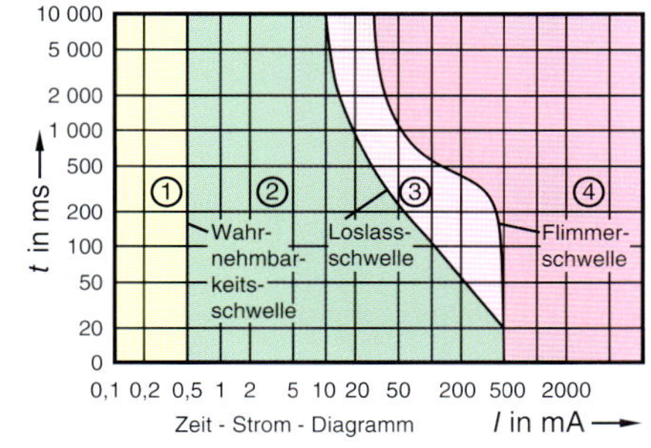

Stromweg: Linke Hand zu beiden Füßen (erwachsene Personen)

(1) Keine Reaktion

(2) Keine physiologisch gefährliche Wirkung

(3) Bei $t < 10$ s oberhalb der Loslassschwelle treten Muskelverkrampfungen auf

(4) Herzkammerflimmern, Herzstillstand

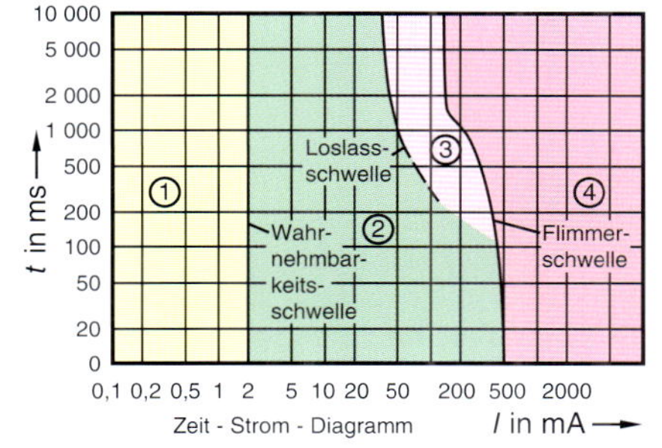

Stromweg: Linke Hand zu beiden Füßen (erwachsene Personen)

(1) Keine Reaktion

(2) Keine physiologisch gefährliche Wirkung

(3) Störungen durch Impulse im Herzen

(4) Herzkammerflimmern, Verbrennungen

Bild 9 *Wirkung des elektrischen Stromes auf den menschlichen Körper*

Körper
body

Körperschluss
body contact

Elektrischer Schlag
electric shock

Schutz gegen elektrischen Schlag
protection against electric shock

Vorsicht!
Es ist ratsam, nach einem Stromschlag auch dann einen Arzt aufzusuchen, wenn keine unmittelbaren Schädigungen erkennbar sind.

Fehlerarten

- **Kurzschluss**
  Elektrisch leitende Verbindung zwischen betriebsmäßig unter Spannung stehenden Teilen. Kein **Nutzwiderstand** im Stromkreis.

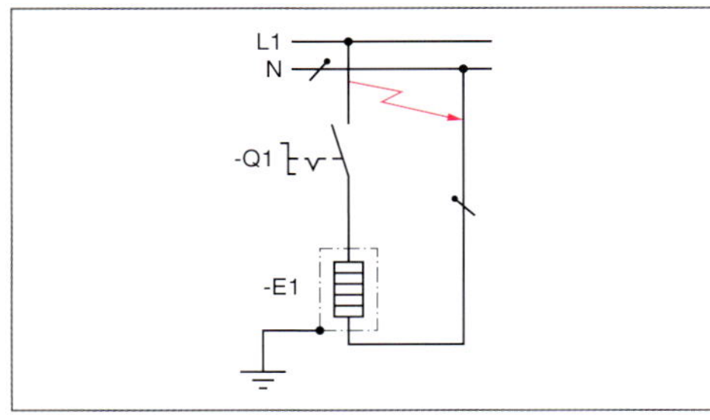

Bild 10 *Kurzschluss*

- **Erdschluss**
  Elektrisch leitende Verbindungen eines Außenleiters oder eines betriebsmäßig isolierten Neutralleiters mit Erde oder mit geerdeten Teilen.

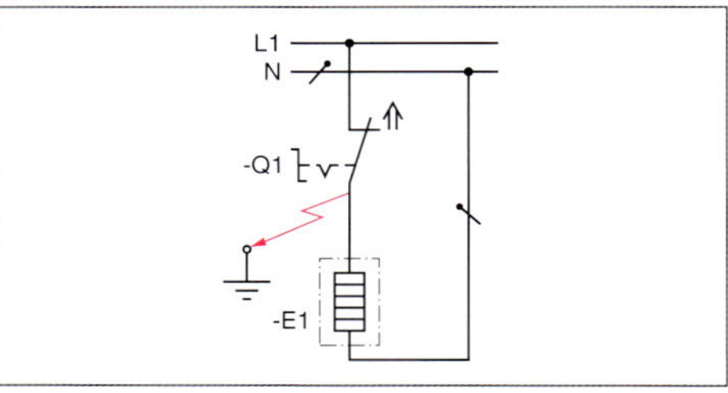

Bild 11 *Erdschluss*

- **Körperschluss**
  Elektrisch leitende Verbindung zwischen nicht zum Betriebsstromkreis gehörenden leitfähigen Teilen (z. B. Gehäuse) und betriebsmäßig unter Spannung stehenden Teilen.

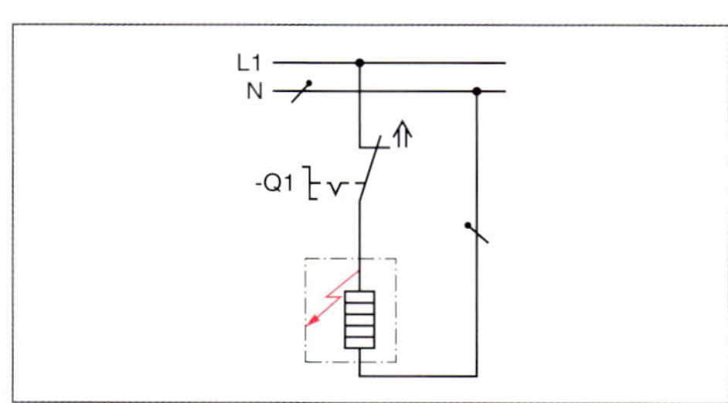

Bild 12 *Körperschluss*

- **Leiterschluss**
  Fehlerhafte Verbindung zwischen Leitern. Dabei liegt noch ein **Nutzwiderstand** im Fehlerstromkreis.

Bild 13 *Leiterschluss*

Fehlerstromkreis

Im Motor tritt ein **Körperschluss** auf. Das Gehäuse nimmt Spannung gegen Erde an. Es ist die **Fehlerspannung** U_F.

Wenn ein Mensch das Motorgehäuse berührt, entsteht ein **Fehlerstromkreis**.

Der **Fehlerstrom** I_F fließt über den menschlichen Körper.

Die dabei *am menschlichen Körper* anliegende Spannung ist die **Berührungsspannung** U_B.

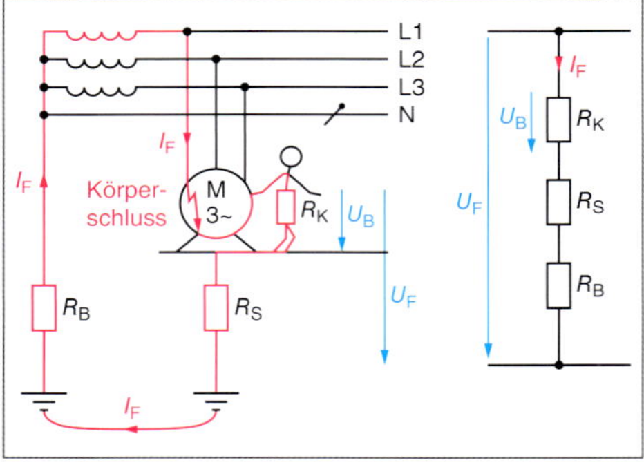

Bild 14 *Fehlerstromkreis*

> Die **Berührungsspannung** U_B ist der Teil der Fehlerspannung U_F, die am menschlichen Körper anliegt.

Annahme:

Gesamtwiderstand des Fehlerstromkreises: 1180 Ω, Spannung gegen Erde U_0 = 230 V.

Dann fließt ein gefährlicher **Fehlerstrom** von

$$I_F = \frac{U_0}{R} = \frac{230\ \text{V}}{1180\ \Omega} = \mathbf{195\ mA} \quad \text{(Lebensgefahr!)}$$

Fehlerstrom
Strom, der durch einen Isolationsfehler zum Fließen kommt.

Körperstrom
Strom, der bei einem elektrischen Schlag durch einen menschlichen oder tierischen Körper fließt.

Berührungsspannung
ist die Spannung, die zwischen gleichzeitig berührbaren Teilen durch Isolationsfehler auftreten kann.

Fehlerspannung
fault voltage

Berührungsspannung
contact voltage, touch voltage

Fehlerstrom
fault current

Unter der Annahme, dass der menschliche Körperwiderstand R_K den mit Abstand größten Widerstandsanteil im Fehlerstromkreis darstellt, wird die **zulässige Berührungsspannung** von 50 V deutlich überschritten.

Der **Körper** des Betriebsmittels wird mit Erde verbunden (Bild 15).
Ein Fehlerstrom fließt bereits, ohne dass ein Mensch den Körper des Motors berührt.

Der Fehlerstrom fließt über „Kupfer". Der Widerstand des Fehlerstromkreises ist somit gering.

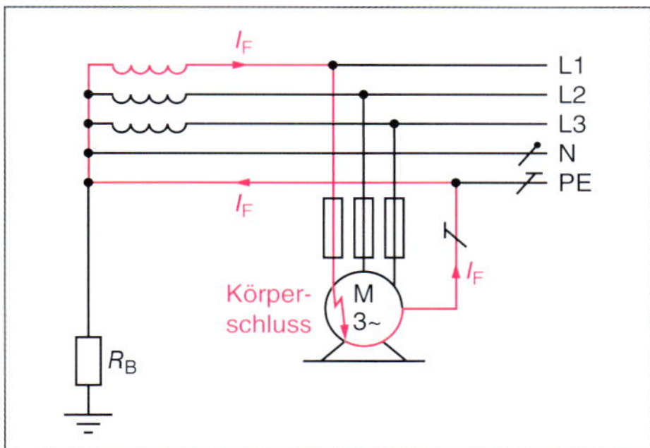

Bild 15 *Fehlerstromkreis über Schutzleiter*

Annahme:

Widerstand des Fehlerstromkreises: $R_F = 1{,}5\ \Omega$,
Spannung gegen Erde $U_0 = 230$ V.

Fehlerstrom

$$I_F = \frac{U_0}{R_F} = \frac{230\ \text{V}}{1{,}5\ \Omega} = 153\ \text{A}$$

Der Strom kann ausreichen, um das vorgeschaltete *Überstrom-Schutzorgan* ansprechen zu lassen. Dann wird das defekte Betriebsmittel vom Netz getrennt.

Eine 10-A-Schmelzsicherung würde bei einem Strom von 153 A in einer Zeit unterhalb von 0,2 s abschalten.

Nur während dieser Zeit kann eine *gefährlich hohe Berührungsspannung* auftreten.

Schutzleiteranschlüsse sind mit größter Sorgfalt durchzuführen!

Die Einhaltung der einschlägigen **Bestimmungen** und **Vorschriften** (VDE, UVV, DIN) ermöglichen für den Anwender der elektrischen Energie einen hohen **Sicherheitsstandard**.
Für die **Errichtung** und die **Instandsetzung** elektrischer Anlagen gilt aber ein erheblich höheres Risiko. Für diese Tätigkeiten ist eine **besondere Qualifikation** notwendig.

- **Elektrofachkraft**
  Fachliche Ausbildung, Kenntnisse und Erfahrungen sind wichtig. Die Kenntnis und Beachtung der Normen setzt sie in die Lage, aufgeführte Arbeiten zu beurteilen und Gefahren zu erkennen.

- **Unterwiesene Person**
  Können einen konkreten Arbeitsbereich ausführen. Wurden von einer Elektrofachkraft über fachliche Aufgaben, Gefahren und notwendige Schutzmaßnahmen unterwiesen.

Die fünf Sicherheitsregeln

1. Freischalten
Verbrauchsmittel und Anlagenteile, an denen gearbeitet werden soll, müssen zuvor **allpolig** vom Energieversorgungsnetz getrennt werden

Dabei werden sämtliche *nicht geerdete* Leiter unterbrochen.

- Schalter
- Überstrom-Schutzorgan
- Steckvorrichtungen

Sinnvoll ist ein **Hinweisschild** mit Angaben über Dauer und Zuständigkeit der Freischaltung.

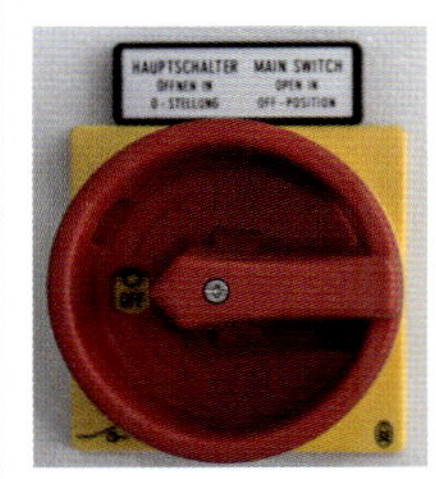

Freischalten zum Beispiel durch Ausschalten des Hauptschalters.

Bild 16 *Freischalten*

2. Gegen Wiedereinschalten sichern
Während der Zeitdauer der Arbeiten muss ein Wiedereinschalten verhindert werden.

- Sichere Aufbewahrung der entfernten Sicherungen
- Vorhängeschloss bei Schaltern
- Unterwiesene Person am Freischaltort belassen

Verbotsschild gegen Wiedereinschalten anbringen.

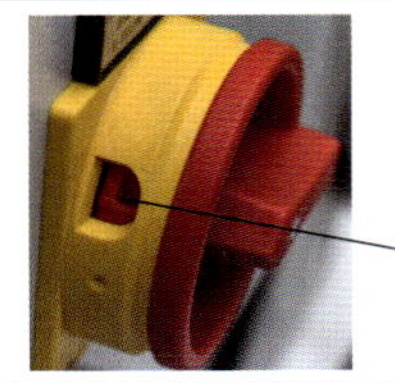

Gegen Wiedereinschalten sichern durch einhängbares Vorhängeschloss.

Bild 17 *Gegen Wiedereinschalten sichern*

■ **TN-System**
Der Fehlerstrom fließt ausschließlich über Kupfer.

Damit sind kleine Widerstandswerte des Fehlerstromkreises und große Fehlerströme möglich.

Diese hohen Fehlerströme können von Überstrom-schutzorganen abgeschaltet werden.

■ **Vorsicht!**
Spannungsfreiheit nicht mit dem Multimeter, sondern mit dem zweipoligen Spannungsprüfer feststellen.

3. Spannungsfreiheit feststellen
Eine *Elektrofachkraft* oder *unterwiesene Person* stellt am Arbeitsort die allpolige Spannungsfreiheit fest (zweipoliger Spannungsprüfer).

Bild 18 Spannungsfreiheit feststellen

■ **Elektrischer Schlag**
Wirkung des elektrischen Stroms auf Menschen und Tiere; die gestörte Funktion von Organen und Organsystemen während der Durchströmung ihrer Körper.

4. Erden und Kurzschließen
Zuerst erden, dann kurzschließen!
Einrichtungen zunächst mit der Erdungsanlage oder einem Erder und danach mit den Anlagenteilen verbinden.

Verbindung in Sichtweite der Arbeitsstelle.

Bei Anlagen mit Bemessungsspannungen bis 1000 V darf auf das Erden und Kurzschließen verzichtet werden.

Schutzklasse
class of protection

Basisschutz
basic protection

Fehlerschutz
fault protection

Zusatzschutz
additional protection

Schutzisolierung
protective insulation

Schutztrennung
protective separation

Schutz durch Abschaltung
protection by cut-off

Schutzkleinspannung
safety extra low voltage

5. Benachbarte, unter Spannung stehende Teile abdecken/abschranken
Zwecks Vermeidung der Berührung von unter Spannung stehenden Teilen.

Geeignet sind Gummimatten, Kunststoffmatten, geschlitzte Gummischläuche und Formstücke.

Schutzklassen

Elektrische Betriebsmittel müssen eine **Schutzklasse** haben, die durch ein genormtes Symbol gekennzeichnet wird.

Schutz gegen elektrischen Schlag

Basisschutz:
Schutz gegen elektrischen Schlag unter normalen Bedingungen
Die Berührung spannungsführender Teile wird verhindert.
- Isolierung
- Abdeckung
- Hindernisse

Schutz sowohl gegen direktes Berühren als auch bei indirektem Berühren
Ein elektrischer Schlag ist nicht möglich.
- SELV (Safety Extra Low Voltage)
- PELV (Protective Extra Low Voltage)

Fehlerschutz:
Schutz bei indirektem Berühren, Schutz gegen elektrischen Schlag unter Fehlerbedingungen
Gefährlich hohe Berührungsspannungen können nicht entstehen.
- Schutzisolierung
- Schutztrennung
- Potenzialausgleich, Erdung
- nicht leitende Räume

Fehlerschutz:
Schutz gegen elektrischen Schlag unter Fehlerbedingungen
Eine gefährlich hohe Berührungsspannung kann nicht bestehen bleiben.
- Abschaltung im TN-System
- Abschaltung im TT-System
- Abschaltung im IT-System

Basisschutz

Schutz gegen elektrischen Schlag unter normalen Bedingungen, Schutz gegen direktes Berühren. Notwendig bei Bemessungsspannungen über 25 V AC bzw. 60 V DC.

Schutzklasse I *Schutzmaßnahmen mit Schutzleiter*	Bei Betriebsmitteln mit elektrisch leitfähigen Gehäusen	⏚
Schutzklasse II *Schutz durch verstärkte oder doppelte Isolierung*	Bei Betriebsmitteln mit Kunststoffgehäusen	⧈
Schutzklasse III *Schutzkleinspannung*	Betriebsmittel mit Bemessungsspannungen bis 50 AC bzw. 120 V DC	III

■ **Schutzklasse II**
ist in der Praxis unter dem Begriff Schutzisolierung bekannt.

Bei *elektromotorisch angetriebenen* Werkzeugen und Verbrauchsmitteln ist auch unterhalb der angegenen Spannungen ein **Basisschutz** notwendig.

- **Isolierung aktiver Teile**

Vollständiger Basisschutz durch Isolation aktiver Teile mit einer **Basis-** und **Betriebsisolierung**.

Die Isolation darf nur durch Zerstörung entfernt werden können.

- **Abdeckung und Umhüllung**

Sichere und feste Abdeckung aktiver Teile durch **Isoliermaterialien**.

Abdeckungen dürfen nur von **Elektrofachkräften** mithilfe von **Werkzeugen** entfernt werden.

Schutzart mindestens IP2X, bei waagerecht angeordneten Abdeckungen mindestens IP4X.

- **Hindernisse**

Geländer, Schutzgitter oder Schutzleisten verhindern, dass sich Menschen *zufällig* aktiven Teilen nähern können. Nur ein **teilweiser** Schutz gegen direktes Berühren.

Durch die Hindernisse muss gewährleistet sein, dass bei reflexartigen Handlungen während der Arbeit kein aktives Teil berührt werden kann.

- **Fingersicherheit**

Fingersicherheit ist gegeben, wenn aktive Teile mit dem **Prüffinger** nach DIN VDE 0106, Teil 100 nicht berührt werden können.

Abmessungen des Prüffingers:
Länge 80 mm, Durchmesser 12 mm, Länge der Spitze 20 mm, Winkel der Spitze 36°.

Druck auf Prüffinger beim Test: $F = 10$ N

- **Abstand**

Wenn der Mensch keine **Potenzialdifferenz** überbrücken kann, dann kann kein *Körperstrom* fließen.

Schutz durch Abstand beruht darauf, dass der Mensch nur mit **einem** Potenzial in Berührung kommen kann.

Voraussetzung: Im **Handbereich** dürfen sich keine berührbaren Anlageteile mit *unterschiedlichem Potenzial* befinden.

Handbereich

Reichweite eines Menschen von der **Standfläche** aus gemessen. Nach *oben* mindestens 2,5 m, *seitlich* und nach unten mindestens 1,25 m.

Schutz durch Kleinspannung

Bemessungsspannungen: ≤ 50 AC, ≤ 120 V DC

SELV- und **PELV**-Stromkreise unterscheiden sich in der **Erdverbindung**.

- **SELV:** *Keine* sekundärseitige Verbindung mit Erde oder mit anderen Spannungssystemen.

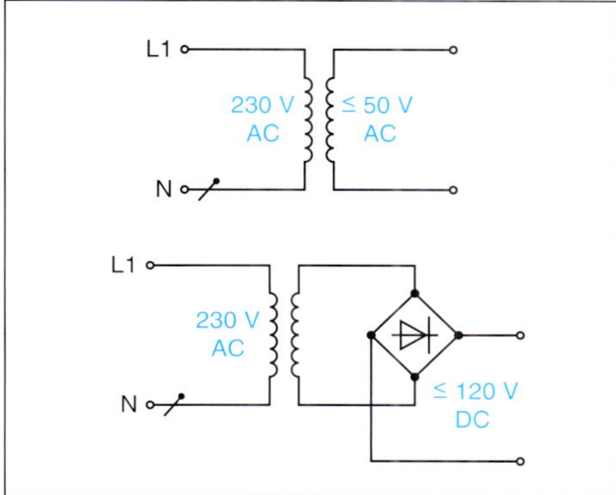

***Bild 19** SELV-Spannungen*

Spannungsquellen für Kleinspannung

- Galvanische Elemente
- Sicherheitstransformatoren
- Elektronische Geräte zur Erzeugung von DC- bzw. AC-Spannungen
- Motorgeneratoren mit getrennten Wicklungen

- **PELV**: *Sekundärseitige Erdverbindung* (siehe Seite 182).

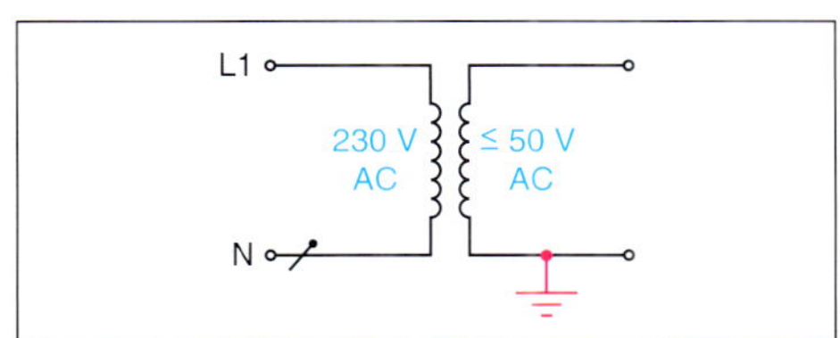

***Bild 20** PELV, sekundärseitige Erdung*

In **Kleinspannungsstromkreisen** kann auf einen *Schutz gegen direktes Berühren* verzichtet werden, wenn die **Bemessungsspannung** 25 V AC bzw. 60 V DC nicht übersteigt.

Ausnahme: *Erhöhte Gefährdung*, bei der geringere Spannungen vorgeschrieben sind:

- Spielzeug $U_N \le 25$ V
- Geräte in Badewannen usw: $U_N \le 12$ V

Medizinische Geräte (Strom führende Teile im Körper): $U_N \le 6$ V.

■ **SELV**
Safety Extra Low Voltage

■ **PELV**
Protective Extra Low Voltage

■ **Schutzarten**

■ **PELV-Stromkreise**
werden in Steuerstromkreisen aus Gründen der Erdschlusssicherheit angewendet → 179

Vorsicht!
Bei Leitungseinführungen in Betriebsmittel der Schutzklasse II dürfen keine Metallverschraubungen verwendet werden. Nur Kunststoffverschraubungen, eventuell Würgenippel.

Steckvorrichtungen für Kleinspannung

- Steckvorrichtungen für Kleinspannung dürfen nicht mit Steckvorrichtungen anderer Stromkreise verwechselt werden können.
- Steckvorrichtungen für Kleinspannung dürfen keine Schutzkontakte haben.
- Zusätzlich zur Basisisolation müssen die Leiter gegeneinander isoliert sein.

Hinweis:
Wenn die Isolierung aller Leiter für die *höchste* Spannung bemessen ist, dann dürfen Leitungen *unterschiedlicher* Spannungen und Stromkreise *gemeinsam* verlegt werden. Zum Beispiel in einem Leitungskanal.

SELV	PELV
Wegen des **ungeerdeten** Betriebs können keine höheren Spannungen über den Schutzleiter in den SELV-Kreis übertragen werden. **Sichere Trennung** von Stromkreisen höherer Spannung ist unerlässlich. Keine Verbindung aktiver Teile mit Erdungsleitungen, Schutzleitern, Körpern einer anderen Anlage bzw. fremden leitfähigen Teilen von anderen Stromkreisen. Unverwechselbare Steckvorrichtungen, auch gegenüber PELV-Systemen.	Geerdeter Betrieb! Bis 6 V AC bzw. 15 V DC kann auf Schutz gegen direktes Berühren verzichtet werden, wenn sich die Betriebsmittel in einem Gehäuse befinden und gleichzeitig berührbare Körper und fremde leitfähige Teile mit dem gleichen Erdungssystem verbunden sind. Unverwechselbare Steckvorrichtungen, auch gegenüber SELV-Systemen.

Konturenstecker

Bild 21 Betriebsmittel der Schutzklasse II

Schutz durch verstärkte oder doppelte Isolierung

Vollisolierung	Gehäuse besteht aus Isolierstoff
Isolierauskleidung	Metallgehäuse innen mit Isolierstoff beschichtet
Isolierumkleidung	Metallgehäuse außen mit Isolierstoff beschichtet
Zwischenisolierung	Nach außen reichende Metallteile sind durch Isolierstücke unterbrochen

Hinweise:

- Farb- oder Lacküberzüge gelten nicht als Schutzisolierung.
- Wenn Leitungen und Kabel den VDE-Bestimmungen entsprechen, gelten sie als schutzisoliert. Sie tragen aber nicht das Zeichen der Schutzklasse II.
- Bei Reparaturen darf eine *dreiadrige* Anschlussleitung mit Schutzkontaktstecker verwendet werden. Der Schutzleiter wird im Stecker angeschlossen, im Gerät allerdings nicht.
- Betriebsmittel der Schutzklasse II können Metallklemmen mit dem Schutzleiterzeichen enthalten. Zum Beispiel zum Durchschleifen des Schutzleiters.
  Die Klemmen müssen zu sämtlichen Metallteilen des Betriebsmittels isoliert sein.
- Bei Leitungseinführen in Betriebsmittel der Schutzklasse II sind *Kunststoffverschraubungen* oder *Würgenippel* zu verwenden.

Schutztrennung

Hinweise:

- Ortsveränderliche Trenntransformatoren Schutzklasse II.
- Steckvorrichtung (sekundär) darf keine Schutzkontakte haben.
- Sekundärkreis darf *nicht* geerdet sein und *keine* leitende Verbindung mit anderen Anlageteilen haben.
- Leitungen müssen getrennt verlegt sein.
- Leitungsarten: Gummischlauchleitungen H07RN-F oder gleichwertig, Mehraderleitungen in Installationsrohren bzw. -kanälen.

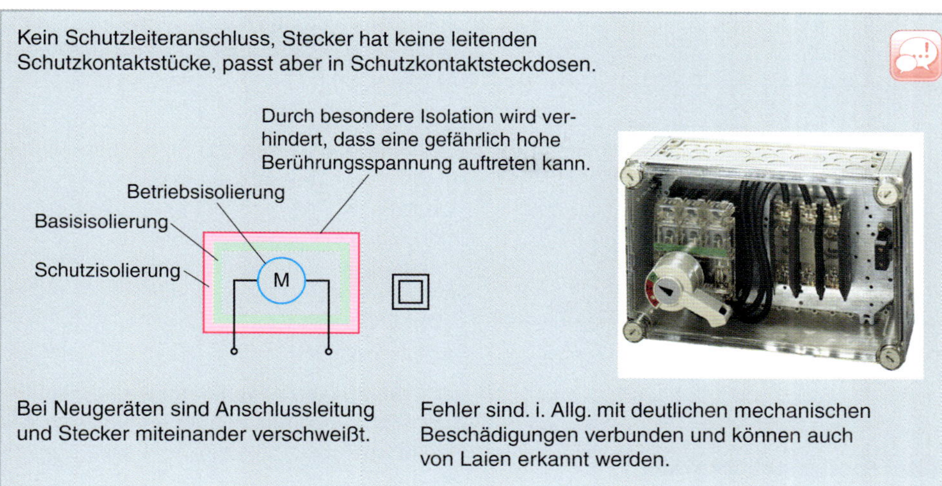

■ **Schutz durch verstärkte oder doppelte Isolierung (Schutzisolierung)**

■ **Schutztrennung**

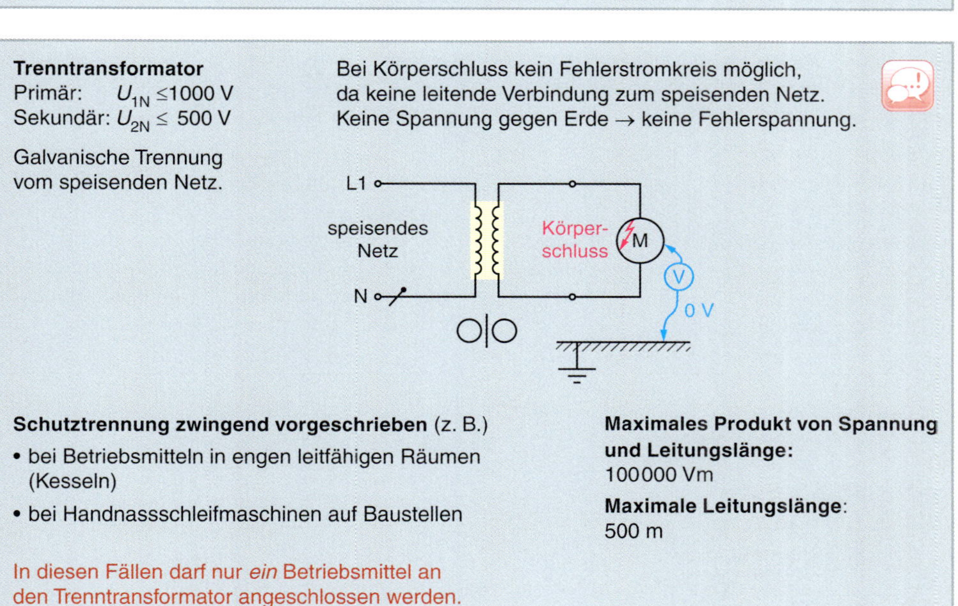

■ **PA**
Potenzialausgleichsleiter

Schutztrennung (nicht zwingend vorgeschrieben)

In diesem Fall dürfen **mehrere Verbrauchsmittel** an einen Trenntransformator angeschlossen werden. Dabei sind **Schutzkontaktsteckdosen** zu verwenden.

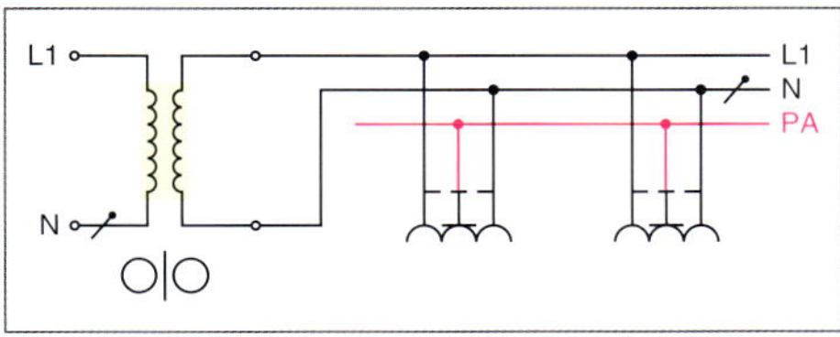

Bild 22 *Schutztrennung bei Steckdosen*

Die **Schutzkontakte** werden über **ungeerdete, isolierte Potenzialausgleichsleiter** (PA) miteinander verbunden (Bild 22).

Dann kann zwischen **zwei Gehäusen** (Körpern) der angeschlossenen Betriebsmittel keine gefährlich hohe **Potenzialdifferenz** (Bild 23) auftreten.

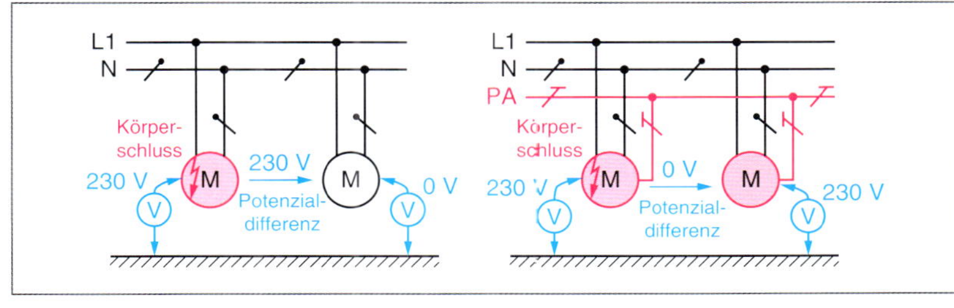

Bild 23 *Wirkung des Potenzialausgleichsleiters (PA)*

Wenn **zwei Körperschlüsse** auftreten, muss durch eine *Überstrom-Schutzeinrichtung* **abgeschaltet** werden.

Potenzialausgleich
potential compensation

Potenzialdifferenz
potential difference

Schutzpotenzialausgleich
additional protective potential compensation

Hauptpotenzialausgleich
main potential compensation

Die **Abschaltzeit** liegt spannungsabhängig zwischen 0,1 und 0,4 s.

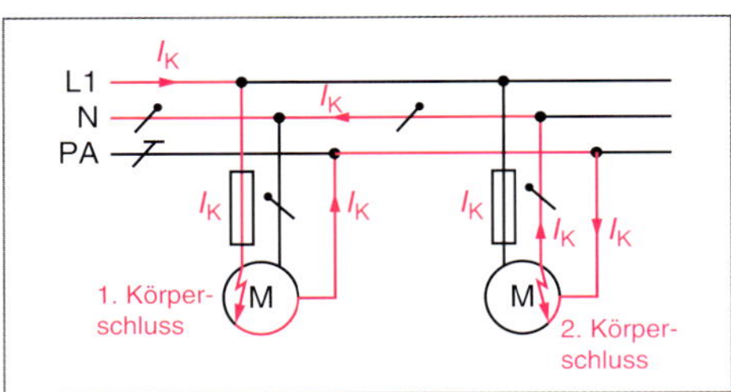

Bild 24 *Schutztrennung, zwei Körperschlüsse*

Schutzpotenzialausgleich

Prinzipiell ist der **Schutzpotenzialausgleich keine** Schutzmaßnahme. Durch ihn wird aber der **Sicherheitsstandard** elektrischer Anlagen wesentlich gesteigert.

Aufgabe: Spannungsunterschiede durch Fehler in elektrischen Anlagen zu beseitigen oder nicht entstehen zu lassen.

Ausführung: Körper und Betriebsmittel und fremde leitfähige Teile über **Potenzialausgleichsleitungen** ausreichenden Querschnitts miteinander verbinden.

Schutzpotenzialausgleich

Folgende leitfähigen Teile werden miteinander verbunden:

- Fundamenterder
- Frischwasserleitungen
- Abwasserleitungen
- Heizungsrohre
- Gasleitungen im Gebäudeinneren
- Fernmelde- und Antennenanlage
- leitfähige Gebäudeteile
- PEN- bzw. PE-Leiter im TN-System

Der **Hauptschutzleiter** ist der vom Hauptverteiler bzw. Hausanschlusskasten abgehende Schutzleiter.

Potenzialausgleichsleiter dürfen grün/gelb gekennzeichnet sein.

Zusätzlicher Schutzpotenzialausgleich

Ohne **zusätzlichen Schutzpotenzialausgleich** könnten in Verbraucheranlagen, z. B. zwischen Rohrleitungen, *Spannungsdifferenzen* auftreten. Dies ist vorrangig bei *ausgedehnten Anlagen* zu erwarten und kann sich besonders in Räumen mit **erhöhter Stromempfindlichkeit** (z. B. Baderäumen) bemerkbar machen.

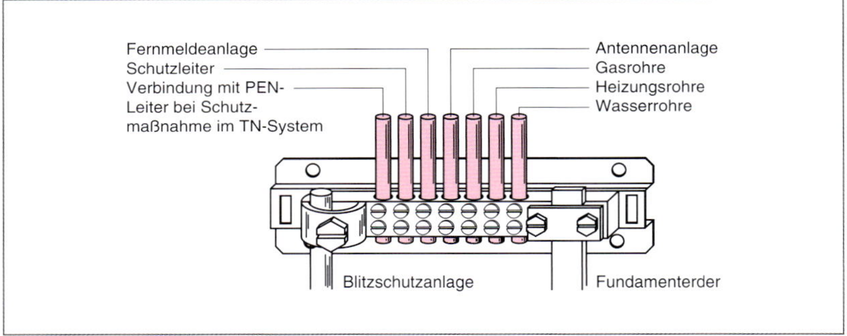

Bild 25 *PA-Schiene*

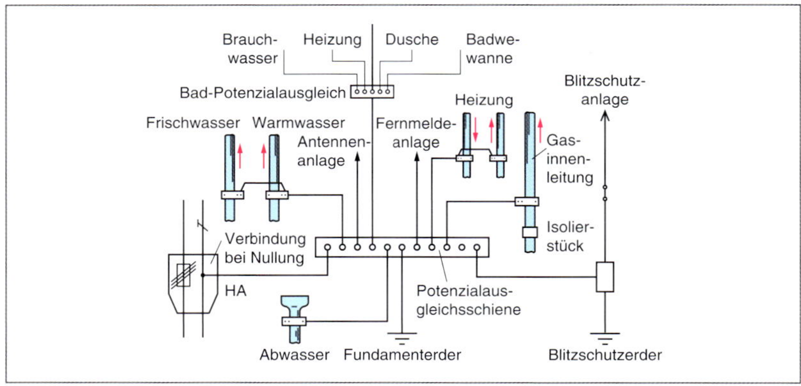

Bild 26 *Schutzpotenzialausgleich*

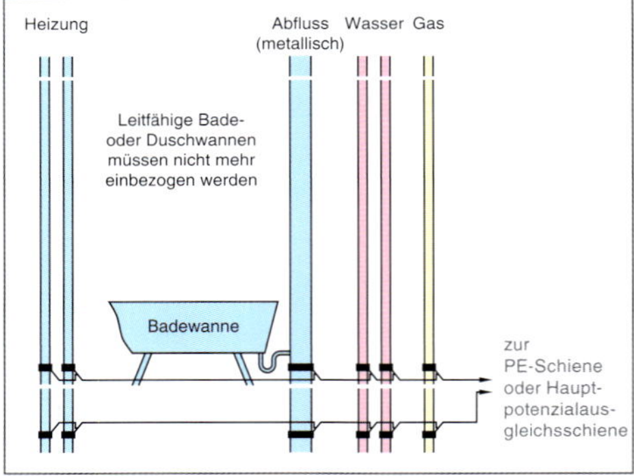

Bild 27 *Zusätzlicher Potenzialausgleich*

Die Stelle, an der ein **zusätzlicher Schutzpotenzialausgleich** durgeführt wird, ist praktisch identisch mit dem Ort der **erhöhten Stromempfindlichkeit**.

- Potenzialausgleichsleiter, die Körper verbinden, müssen einen Querschnitt haben, der mindestens halb so groß ist, wie der Querschnitt des kleineren Schutzleiters der Körper.
- Potenzialausgleichsleiter, die einen Körper mit fremden leitfähigen Teilen verbinden, müssen einen Querschnitt haben, der mindestens dem halben Schutzleiterquerschnitt entspricht.

Erdfreier, örtlicher Potenzialausgleich

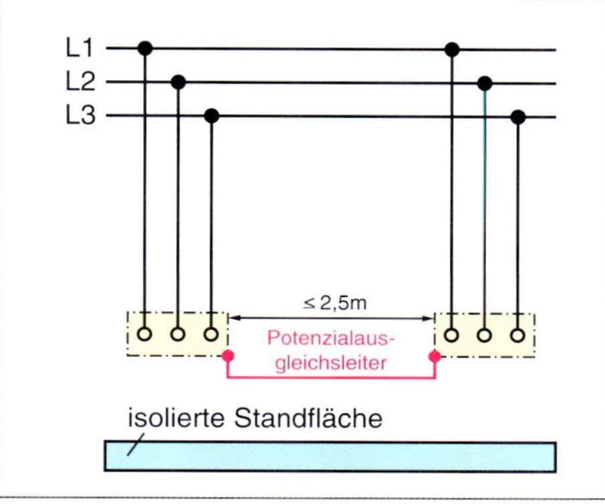

Bild 28 Erdfreier, örtlicher Potenzialausgleich

- Sämtliche gleichzeitig berührbare Körper und fremde leitfähige Teile, die sich im Handbereich (≤ 2,5 m) befinden, sind durch Potenzialausgleichsleiter miteinander zu verbinden.
- Die gleichzeitige Berührung eines Körpers und eines fremden leitfähigen Teils ist entweder zu verhindern oder es ist ein zusätzlicher erdfreier Potenzialausgleich durchzuführen.

Schutz durch nichtleitende Räume

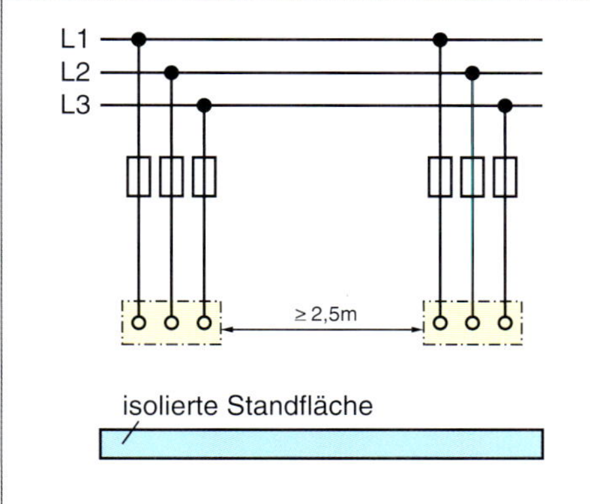

Bild 29 Schutz durch nichtleitende Räume

Das *gleichzeitige* Berühren von Teilen, die unterschiedliche Potenziale annehmen können, wird vermieden. Im Fehlerfall kann nur ein potenzialbehaftetes Teil berührt werden.

- Nur in Sonderfällen anzuwenden.
- An Betriebsmitteln der Schutzklasse I und an Steckdosen dürfen keine Schutzleiter angeschlossen werden.
- Betriebsmittel dürfen nur vom isolierten Standort aus berührt werden können. Abdeckungen sind fest mit dem Standort zu verbinden.

- Der Widerstand isolierender Fußböden und Wände hat folgende Mindestwerte:
  bis 500 V AC: 50 kΩ
  über 500 V AC: 100 kΩ

Erhöhte Stromempfindlichkeit

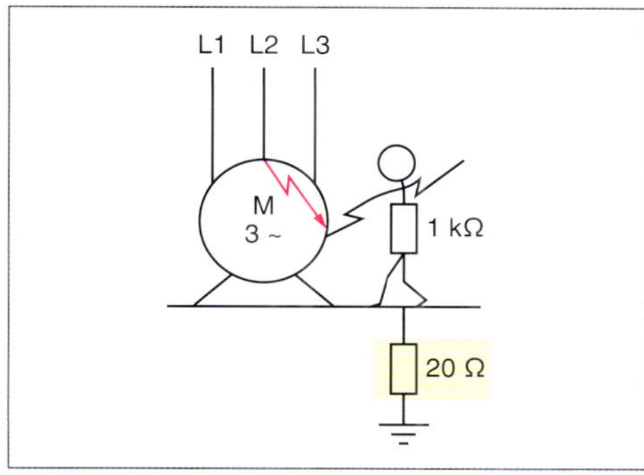

Bild 30 Erhöhte Stromempfindlichkeit

Der Widerstand ist *sehr gering* (z. B. 20 Ω). Mensch steht barfüßig in einer Duschwanne.

Spannung gegen Erde: $U_0 = 230$ V

Fehlerstrom: $I_F = \frac{U_0}{R} = \frac{230\ \text{V}}{1020\ \Omega} = 225$ mA

Berührungsspannung:
$U_B = I_F \cdot R_K = 0{,}225\ \text{A} \cdot 1\ \text{k}\Omega$
$U_B = 225$ V!

Extreme Gefährdung!

Wenn der Widerstand statt 20 Ω den Wert 200 kΩ hat, dann beträgt der Fehlerstrom

$$I_F = \frac{230\ \text{V}}{20\ \text{k}\Omega} = 11{,}5\ \text{mA}$$

Berührungsspannung:

$U_B = I_F \cdot R_K = 0{,}0115\ \text{A} \cdot 1000\ \Omega = 11{,}5$ V

Keine Gefährdung!

Prüfung

1. Welche Sicherheitsregeln sind bei Arbeiten an Anlagen bis 1000 V zu beachten?

2. Wie wird die Spannungsfreiheit festgestellt? Wo ist diese Arbeit auszuführen?

3. Wie ist ein TN-S-System aufgebaut?

4. Im 3/N/PE-400/230-V-50-Hz-Netz berührt ein Elektriker einen Außenleiter gegen Erde. Sein Körperwiderstand beträgt 1 kΩ, der Übergangswiderstand zur Erde beträgt 2 kΩ. Welche Berührungsspannung tritt auf?

5. Beschreiben Sie die in elektrischen Anlagen auftretenden Fehlerarten anhand von einfachen Skizzen.

Zu Bild 30:

Die Widerstände 1 kΩ und 20 Ω bilden einen Spannungsteiler, der an 230 V (Spannung gegen Erde) anliegt.

Am 1-kΩ-Widerstand fällt die Berührungsspannung ab.

■ **Aufgabenlösung**

@ Interessante Links

- christiani-berufskolleg.de

■ **Aufgabenlösung**

@ Interessante Links

- christiani-berufskolleg.de

■ **TN-System**

Im TN-System erfolgt die Abschaltung des Fehlerstromes durch das vorgeschaltete Überstromschutzorgan.

Um die Abschaltzeit einzuhalten, sind hohe Fehlerströme notwendig.

Der Widerstand des Fehlerstromkreises muss also hinreichend gering sein. Man nennt diesen Widerstand Schleifenimpedanz.

Im TN-System ist stets darauf zu achten, dass Abschaltzeiten eingehalten werden. Dieses Netzsystem bedarf also einer ständigen Überwachung.

Schutzmaßnahmen im TN-System
safety measures in the TN-system

Schutzmaßnahmen im TT-System
safety measures in the TT-system

Schutzmaßnahmen im IT-System
safety measures in the IT-system

Abschaltzeit
clearing time

Fehlerarten
type of faults

■ **Impedanz**

Scheinwiderstand Z

Prüfung

1. Ein Mensch berührt den Außenleiter L1. Welcher Strom fließt über den 40-Ω-Widerstand?

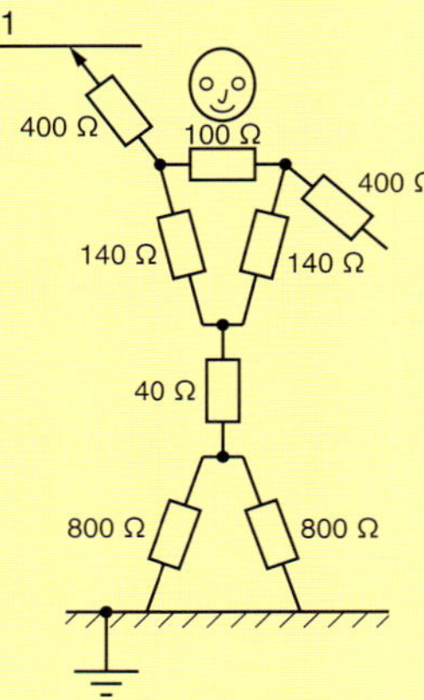

2. Was bedeuten die Begriffe Basisschutz und Zusatzschutz?

3. Klären Sie folgende häufig gebrauchten Begriffe: Aktive Leiter, Körper, Erde, Schutzleiter, Nullleiter, Neutralleiter.

4. Bei Niedespannungsnetzen werden international genormte Netzsysteme unterschieden.
Nennen Sie die typischen Unterscheidungsmerkmale dieser Netzsysteme.

5. Dargestellt ist eine Einspeisung. Welches Netzsystem kommt zur Anwendung?

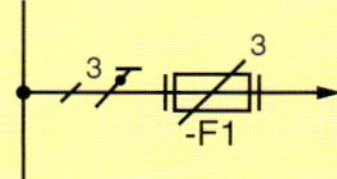

6. Dargestellt ist ein Netzanschluss. Welches Netzsystem liegt vor?

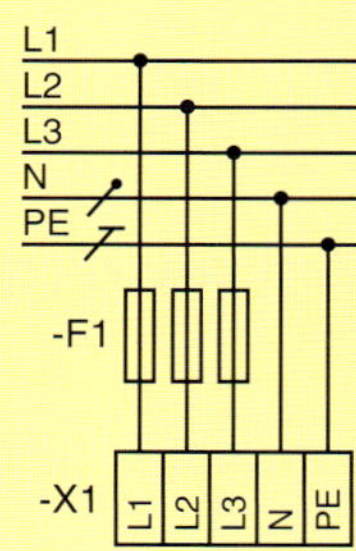

7. Was versteht man unter einem Nullleiter? Welche farbliche Kennzeichnung hat der Nullleiter?

8. Welche Anforderungen werden an einen Schutzleiteranschluss gestellt?

Schutzmaßnahmen im TN-System

Fehlerstromkreis in einem TN-C-S-System: Bei einem **Körperschluss** fließt der Fehlerstrom I_F nahezu ausschließlich über den widerstandsarmen „Kupferweg“. Der Strom über das Erdreich kann dagegen vernachlässigt werden.

Das vorgeschaltete **Überstrom-Schutzorgan** muss den Fehlerstrom innerhalb einer **zulässigen Abschaltzeit** abschalten.

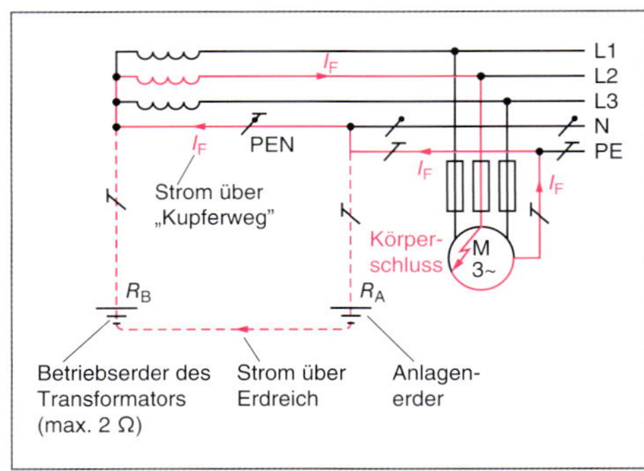

Bild 31 *TN-C-S-System, Fehlerstromkreis*

Forderung: Ein Körperschluss ruft einen **Fehlerstrom** hervor, der so groß sein muss, dass das vorgeschaltete Überstrom-Schutzorgan innerhalb der vorgegebenen Zeit zum **Ansprechen** bringt.

Dann kann eine unzulässig hohe **Berührungsspannung** an den Körpern der Betriebsmittel nicht bestehen bleiben.

Abschaltzeiten im TN-System

Stromkreise, die über einen festen Anschluss oder Steckdosen ortsveränderliche Betriebsmittel der Schutzklasse I oder Handgeräte versorgen	≤ 120 V AC	0,8 s
	≤ 230 V AC	0,4 s
	≤ 400 V AC	0,2 s
	> 400 V AC	0,1 s
Stromkreise mit ortsfesten Verbrauchsmitteln Verteilerstromkreise in Gebäuden		5 s

Die Höhe des Fehlerstromes wird durch den **Gesamtwiderstand** des **Fehlerstromkreises** bestimmt. Man nennt diesen Widerstand **Schleifenimpedanz** Z_S.

Die Schleifenimpedanz besteht aus dem Widerstand von Trafowicklung, Außenleiter, Schutzleiter, PEN-Leiter.

Um einen ausreichend hohen **Abschaltstrom** des Überstrom-Schutzorgans fließen zu lassen, muss

$$Z_S \leq \frac{U_0}{I_a}$$

sein.

Z_S Schleifenimpedanz
U_0 Spannung gegen Erde
I_a Abschaltstrom des Überstromschutzorgans

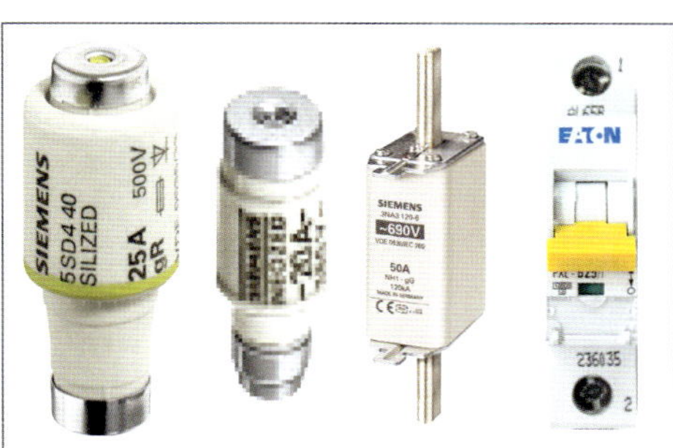

Bild 32 Überstrom-Schutzorgane

■ U_0
Spannung gegen Erde 230 V

Beispiel:

Fehlerstromkreis Bild 31, Seite 200.
Schleifenimpedanz Z_S = 1 Ω, Motor mit 25-A-Schmelzsicherungen abgesichert.
Wird die Abschaltbedingung eingehalten?

Der Fehlerstrom I_F wird von der Spannung U_0 = 230 V und der Schleifenimpedanz Z_S = 1 Ω bestimmt.

$$I_F = \frac{U_0}{Z_S}$$

$$I_F = \frac{230\ \text{V}}{1\ \Omega} = 230\ \text{A}$$

Motor = ortsunveränderliches Betriebsmittel → max. Abschaltzeit t_a = 5 s.

Der Strom I_F = 230 A muss die 25-A-Sicherung innerhalb von 5 s zum Ansprechen bringen. Die Abschaltbedingung wird eingehalten.

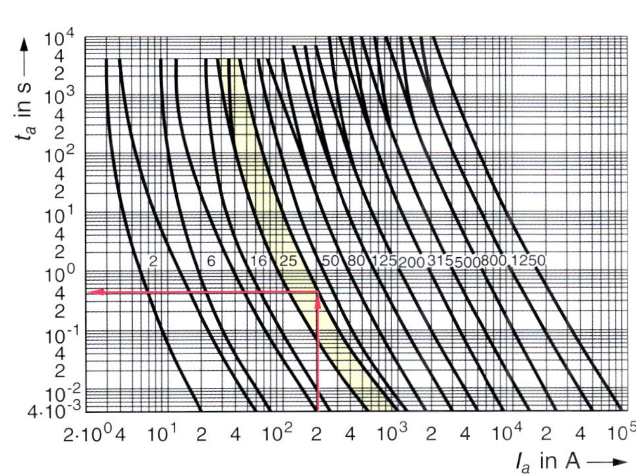

■ **Schmelzsicherungen**
→ 52

Schmelzsicherungen der Betriebsklasse gL/gG:

Abschaltzeit 0,4 s: 8 · I_n

Abschaltzeit 5 s: 6 · I_N

Beispiel:

Ein 230-V-Steckdosenstromkreis wird mit einem B16-Leitungsschutzschalter abgesichert.
Die Schleifenimpedanz des Steckdosenstromkreises beträgt 1,25 Ω.
Ist die Abschaltbedingung eingehalten?

Zulässige Abschaltzeit ≤ 0,4 s (TN-System, 230 V).

LS-Schalter, B-Charakteristik:
$I_a = 5 \cdot I_n = 5 \cdot 16\ \text{A} = 80\ \text{A}$

$$Z_S \leq \frac{U_0}{I_a} \rightarrow I_a \cdot Z_S \leq U_0$$

80 A · 1,25 Ω ≤ 230 V
100 V ≤ 230 V
(Abschaltbedingung eingehalten)

Fehlerstrom:

$$I_F = \frac{U_0}{Z_S} = \frac{230\ \text{V}}{1{,}25\ \Omega} = 184\ \text{A}$$

184 A > 80 A;
Abschaltbedingung wird eingehalten.

■ **Leitungsschutzschalter**
→ 55

Fehlerstrom-schutzeinrichtung
residual protective current device

Bemessungsstrom
rating current

Bemessungsdifferenzstrom
rating difference current

vierpolig
quadripolar, four-terminal, four-pole

Schleifenimpedanz
loop impedance

■ **Vorsicht!**
Bei zweipoligem direktem Berühren ohne ausreichende Verbindung mit Erde besteht auch bei der Fehlerstrom-schutzeinrichtung kein Schutz.

■ **RCD**
residual current protective device

Fehlerstrom-Schutzeinrichtung

Die **Servicesteckdose** im Schaltkasten der Bandsteuerung ist zusätzlich zum Leitungsschutzschalter mit einer **Fehlerstrom-Schutzeinrichtung** ausgestattet.

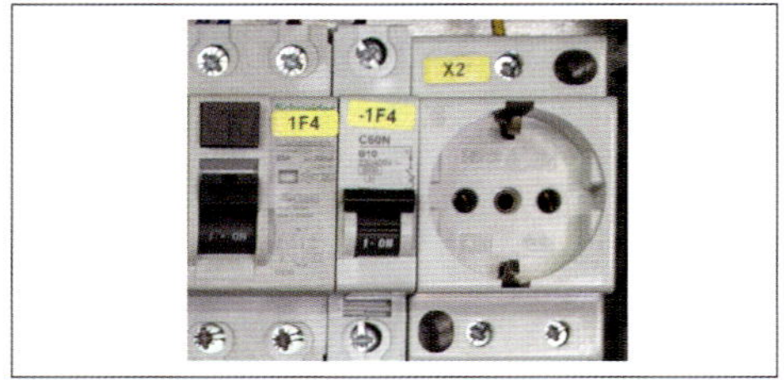

Bild 33 *Servicesteckdose im Schaltschrank*

Kann die Abschaltbedingung mit dem Leitungsschutzschalter B10 A eingehalten werden?

Sie werden gebeten, dies zu überprüfen.

Die **Schleifenimpedanz** an der Steckdose wird gemessen: $Z_S = 2{,}2\ \Omega$.

Fehlerstrom: $I_F = \dfrac{230\ \text{V}}{2{,}2\ \text{A}} = 104{,}5\ \text{A}$

Der Leitungsschutzschalter der B-Charakteristik spricht bei $3 - 5 \cdot I_n$ an.

$5 \cdot 10\ \text{A} = 50\ \text{A}$. Die **Abschaltbedingung** wird eingehalten.

Annahme:
Für Montagearbeiten wird ein 100-m-Leitungsroller in die Steckdose eingesteckt.

Leitungswiderstand des Leitungsrollers:

$$R_L = \frac{2 \cdot l}{\gamma \cdot q} = \frac{2 \cdot 100\ \text{m}}{56\ \dfrac{\text{m}}{\Omega \cdot \text{mm}^2} \cdot 1{,}5\ \text{mm}^2} = 2{,}4\ \Omega$$

Schleifenimpedanz an Steckdosen des Leitungsrollers:

$Z_S = 2{,}2\ \Omega + 2{,}4\ \Omega = 4{,}6\ \Omega$

Fehlerstrom: $I_F = \dfrac{U_0}{Z_S} = \dfrac{230\ \text{V}}{4{,}6\ \Omega} = 50\ \text{A}$

Bei 50 A spricht der LS-Schalter zwar an, die Situation ist aber schon „grenzwertig".

Der 10-A-LS-Schalter könnte auch durch einen 16-A-LS-Schalter ersetzt werden. Dann wäre die Abschaltbedingung sicher nicht mehr erfüllt.

Durch den **Fehlerstrom-Schutzschalter** (RCD) kann die Sicherheit ganz wesentlich erhöht werden.

Der Steckdosenstromkreis wird durch einen **zweipoligen RCD** geschützt.

Zweipoliger RCD

Kernstück des RCD ist der **Summenstromwandler**. Er vergleicht die Höhe der Ströme, die in die Anlage hinein (I_1) und aus der Anlage wieder heraus fließen (I_2).

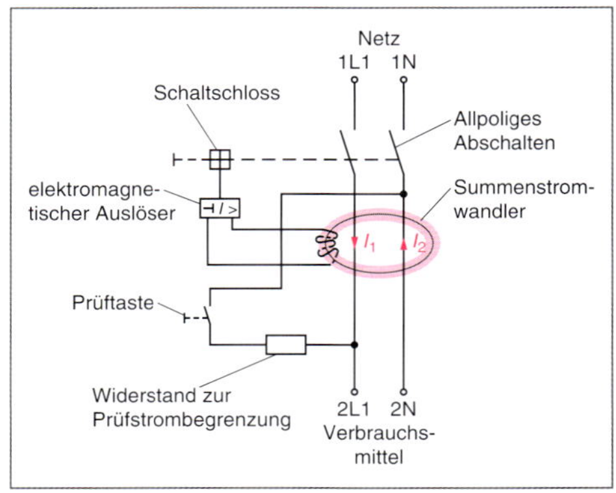

Bild 34 *Fehlerstrom-Schutzeinrichtung*

I_1: Vom Netz zum Verbrauchsmittel
I_2: Vom Verbrauchsmittel zum Netz

Im **fehlerfreien Zustand** sind die beiden Ströme gleich ($I_1 = I_2$), aber entgegengesetzt gerichtet.

Ihre **magnetischen Wirkungen** heben sich im Summenstromwandler auf. In der **Sekundärwicklung** des Wandlers wird keine Spannung induziert. Der RCD löst nicht aus.

Bemessungs-Differenzstrom $I_{\Delta n}$

Wenn der Fehlerstrom so groß ist wie der auf dem RCD angegebene Bemessungs-Differenzstrom $I_{\Delta n}$, muss der RCD spätestens auslösen. Er darf aber schon bei halbem Wert von $I_{\Delta n}$ auslösen.

Beispiel:
Bemessungs-Differenzstrom $I_{\Delta n} = 30$ mA: Spätestens bei einem Fehlerstrom von 30 mA muss der RCD auslösen. Er kann aber bereits bei einem Fehlerstrom ab 15 mA ($0{,}5 \cdot I_{\Delta n}$) auslösen. Spätestens nach 200 ms.

Bemessungs-Differenzströme von RCDs:
10 mA, 30 mA, 100 mA, 300 mA, 500 mA

Vierpoliger RCD

Hier werden die drei Außenleiter L1, L2, L3 und der N-Leiter durch den Summenstromwandler (Bild 35, Seite 203) geführt.

Die Wirkungsweise entspricht dem zweipoligen RCD.

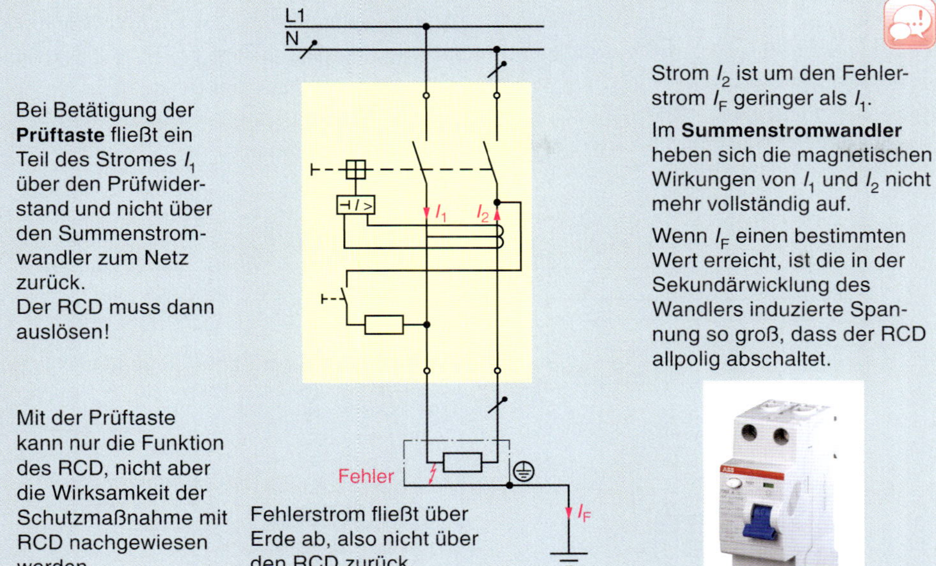

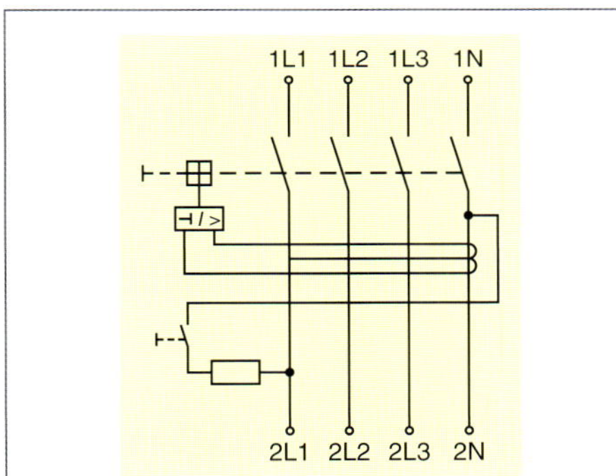

Bild 35 *Fehlerstrom-Schutzeinrichtung*

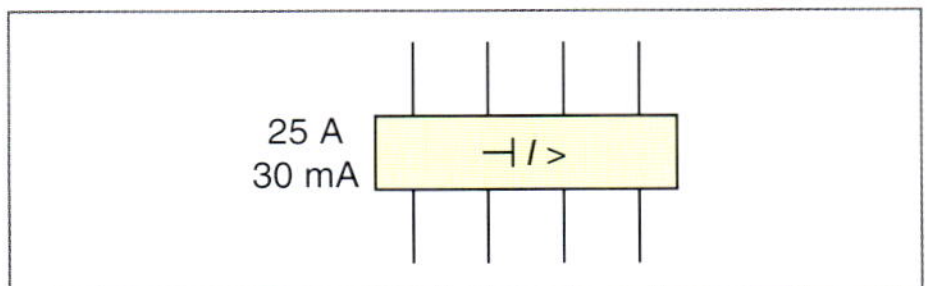

Bild 36 *RCD, vereinfachte Darstellung*

Zusatzschutz durch RCD

Selbst bei **Unterbrechung des Schutzleiters** bietet der 30-mA-RCD bei Auftreten eines Körperschlusses noch Schutz.

Es kann dann nur ein Strom zwischen 15 und 30 mA durch den menschlichen Körper fließen, was keine erhebliche Gefährdung für den Menschen bedeutet. Zu beachten ist, dass ein RCD bei $5 \cdot I_{\Delta n}$ (hier also 150 mA) bereits nach 40 ms auslösen muss.

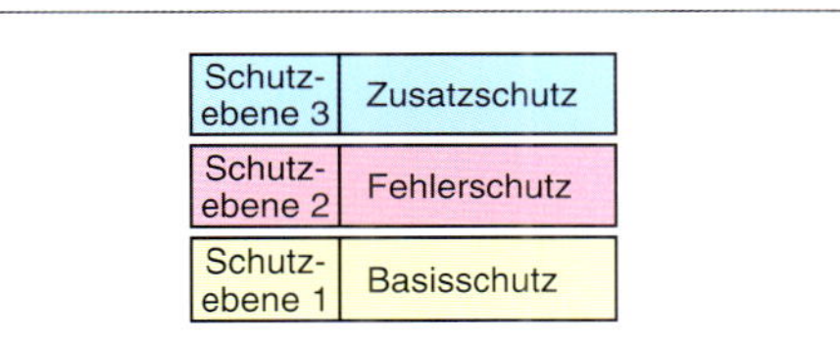

Schutzebene 3	Zusatzschutz
Schutzebene 2	Fehlerschutz
Schutzebene 1	Basisschutz

Bild 37 *Schutzebenen*

Eine Fehlerstrom-Schutzeinrichtung (RCD) mit $I_{\Delta n} \leq 30$ mA bietet somit einen **Zusatzschutz**.

Schutz bei Erdschluss

Bei **Erdschluss** fließt der Fehlerstrom infolge eines Isolationsfehlers aus der Hin- bzw. Rückleitung direkt ins Erdreich oder über mit Erde in Verbindung stehenden fremden leitfähigen Teilen zur Erde hin ab (Bild 38).

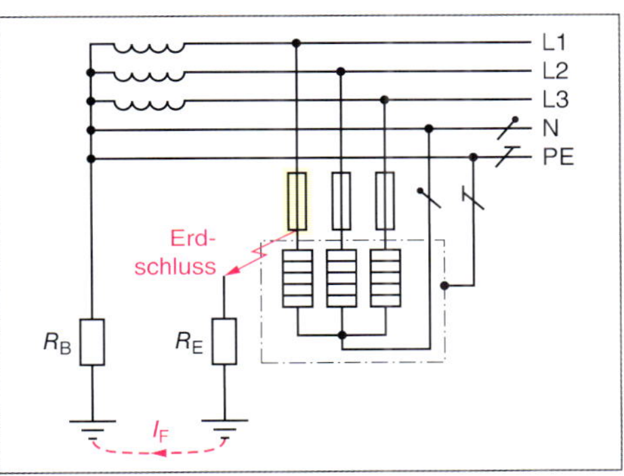

Bild 38 *Stromkreis bei Erdschluss*

■ **Vorsicht!**

Wenn ein zweipoliger durch einen vierpoligen RCD ersetzt wird, muss auf die Funktion der Prüftaste geachtet werden.

@ Interessante Links

Fehlerstrom-Schutzeinrichtung

- siemens.de
- doepke.de
- moeller.net

Der **Abschaltstrom** des vorgeschalteten Überstromschutzorgans ist relativ groß. **Erdschlussströme** können aber bereits ab Stromstärken von 1 A Brände verursachen.

Schutz bei Erdschluss (Brandschutz) bietet also nur ein RCD. Spätestens bei Erreichen des Bemessungs-Differenzstromes $I_{\Delta n}$ schaltet der RCD ab. Ein hoher und damit gefährlicher Erdschlussstrom kann dann nicht entstehen.

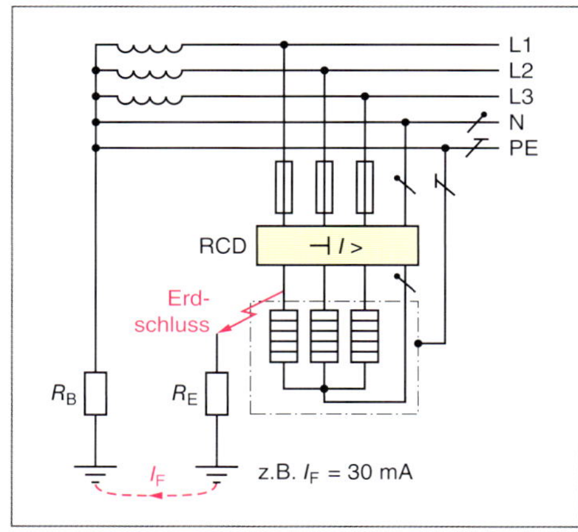

Bild 39 Erdschlussstrom über RCD

Schutzmaßnahmen im TT-System

Beim **TT-System** werden die *Körper* der Betriebsmittel und die *Schutzkontakte* der Steckdosen über einen Schutzleiter an einen gemeinsamen **Erder** angeschlossen.

Wichtig: *Gleichzeitig berührbare* Körper müssen an *denselben Erder* angeschlossen werden.

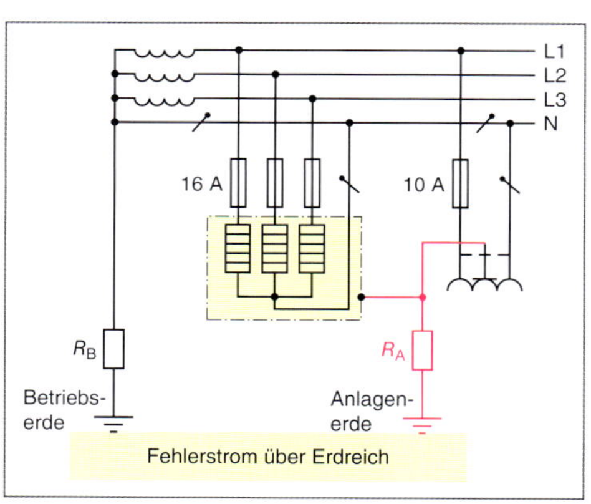

Bild 40 TT-System

Der **Fehlerstrom** muss *mindestens so groß* sein wie der **Auslösestrom** der Überstrom-Schutzeinrichtung. Da der Fehlerstrom über das **Erdreich** fließen muss, ist der *Widerstand des Fehlerstromkreises* so groß, dass die **Abschaltbedingungen** *nicht eingehalten* werden können.

Deshalb werden im TT-System **Fehlerstrom-Schutzeinrichtungen** eingesetzt.

Abschaltbedingung:

$R_A \cdot I_a \leq U_L$

R_A Erdungswiderstand
I_a Auslösestrom der Überstromschutzeinrichtung
U_L höchstzulässige Berührungsspannung

Wenn ein **RCD** zum Einsatz kommt, gilt:

$$R_A \leq \frac{U_L}{I_{\Delta n}}$$

Zulässige Erdungswiderstände für den RCD im TT-System

Bemessungs-Differenzstrom $I_{\Delta n}$	Erdungswiderstand R_A
10 mA	5000 Ω
30 mA	1665 Ω
300 mA	165 Ω
500 mA	100 Ω

Abschaltzeiten im TT-System

Schmelzsicherungen	$t_a \leq 5$ s
Leitungsschutzschalter	$t_a \leq 0{,}1$ s
RCD	$t_a \leq 0{,}2$ s

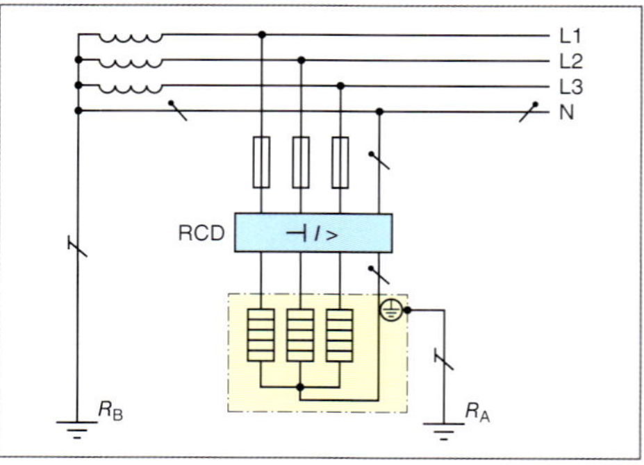

Bild 41 RCD im TT-System

■ **TT-System**
Beim TT-System fließt der Fehlerstrom über das Erdreich.

Damit ist der Widerstand des Fehlerstromkreises relativ groß, sodass ein Schutz durch Abschalten des Überstromschutzorgans praktisch nicht möglich ist.

Im TT-System ist die Anwendung der Fehlerstromschutzeinrichtung praktisch zwingend.

Schutzmaßnahmen im IT-System

Im **IT-System** sind die aktiven Leiter *gegen Erde isoliert* oder über eine ausreichende Impedanz geerdet.

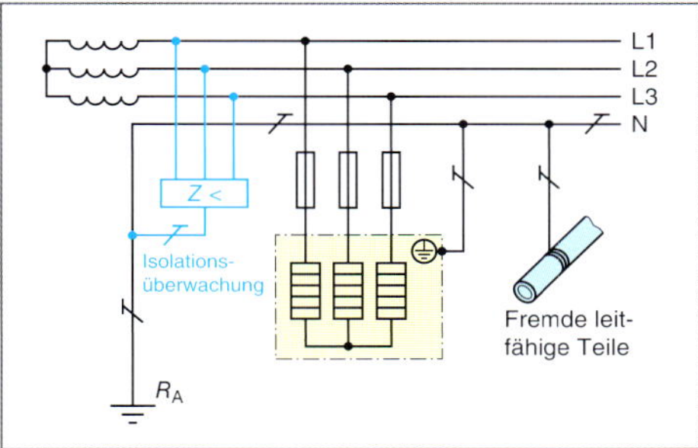

Bild 42 *IT-System ohne Neutralleiter*

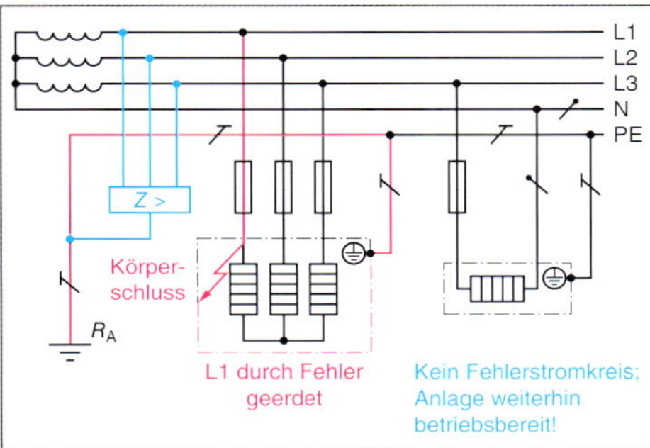

Bild 43 *IT-System mit Neutralleiter, ein Fehler*

Ein **Fehlerstromkreis** kann *nicht* aufgebaut werden, da das Netz *nicht* geerdet ist (Bild 43).

Eine gefährliche *Berührungsspannung* tritt *nicht* auf. Das vorgeschaltete Überstromschutzorgan schaltet *nicht* ab.

Die Anlage ist weiterhin *betriebsbereit*.

Der **erste Fehler** führt im IT-System **nicht zur Abschaltung** des fehlerhaften Betriebsmittels. Nur eine optische und akustische Meldung wird bewirkt.

Der Vorteil der *IT-Systeme* ist eine hohe **Versorgungssicherheit**, was zum Beispiel im Bergbau und in der chemischen Industrie von Bedeutung ist.

Wenn zwei Fehler auftreten, entsteht ein **Fehlerstromkreis** (Bild 44). Ist der **Fehlerstrom** ausreichend groß, schalten die Überstrom-Schutzorgane ab.

Im Sinne der **Versorgungssicherheit** kommt es darauf an, den *ersten* Fehler zu *beheben*, bevor der *zweite* Fehler *auftritt*.

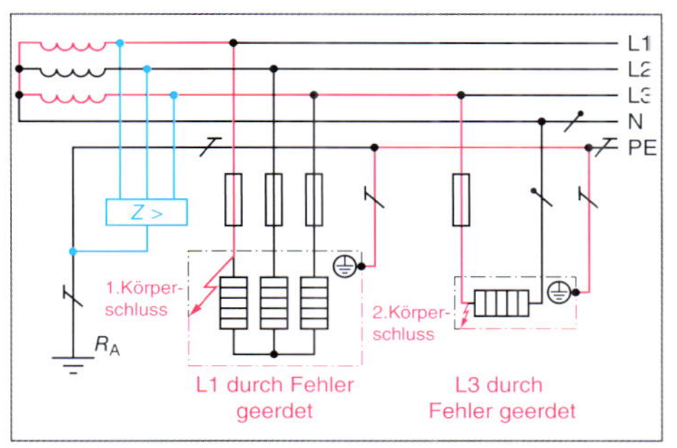

Bild 44 *IT-System mit Neutralleiter, zwei Fehler*

Zulässige Schleifenimpedanz beim IT-System

IT-System ohne N-Leiter

$$Z_S \leq \frac{U}{2 \cdot I_a}$$

IT-System mit N-Leiter

$$Z_S \leq \frac{U_0}{2 \cdot I_a}$$

Z_S Schleifenimpedanz
U Außenleiterspannung
U_0 Spannung zwischen Außenleiter und N-Leiter
I_a Abschaltstrom

IT-System, Bemessungsspannung und Abschaltzeiten

Bemessungs-spannung U_0/U	Abschaltzeit, zulässige		
	ohne N	mit N	
230/ 400 V 400/ 690 V 580/1000 V	0,4 s 0,2 s 0,1 s	0,8 s 0,4 s 0,2 s	andere Stromkreise $t_A \leq 5$ s

Sind die **Abschaltzeiten** *nicht zu erreichen*, ist ein **zusätzlicher Schutzpotenzialausgleich** durchzuführen. In diesen Schutzpotenzialausgleich sind gleichzeitig berührbare leitfähige Teile einzubeziehen.

Prüfung

1. Warum muss der N-Leiter grundsätzlich in der Nähe der Außenleiter geführt werden?

2. Warum wird das TN-S-System bevorzugt?

3. In einem Stromkreis mit Steckdose wird Z_S = 1,42 Ω gemessen, U_N = 230 V.
Wie beurteilen Sie den Einsatz einer 16-A-Schmelzsicherung?

Impedanz
Scheinwiderstand

IT-System
Die Anlage muss galvanisch vom speisenden Netz des Versorgers durch einen separaten Transformator getrennt werden.

Aktive Teile des IT-Systems dürfen nicht geerdet werden.

Aufgabenlösung

@ Interessante Links
- christiani-berufskolleg.de

■ **Aufgabenlösung**

@ Interessante Links

- christiani-berufskolleg.de

Prüfung

1. Ein 30-mA-RCD schützt eine elektrische Anlage mit der Bemessungsspannung 230 V. Der Schutzleiter ist unterbrochen. Die bei Körperschluss auftretende Fehlerspannung wird durch den Körperwiderstand des Menschen (1000 Ω) und den Übergangswiderstand am Standort (450 Ω) überbrückt.

Bei welcher Berührungsspannung löst der RCD aus? Wie beurteilen Sie die Situation?

2. Schematische Darstellung einer Verteilung.

Ist die Verdrahtung in Ordnung? Welche Änderungen sind eventuell notwendig?

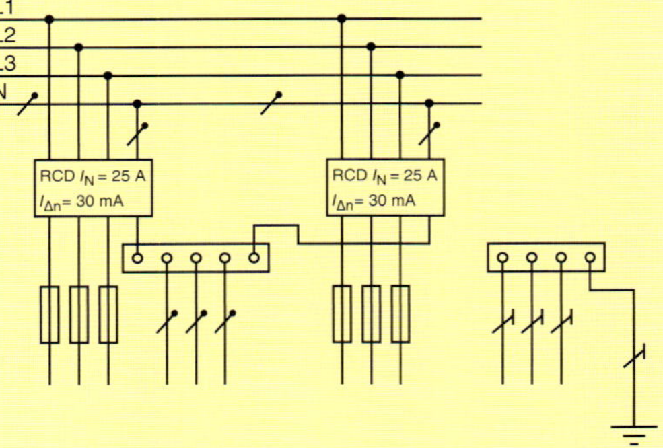

3. Welche wesentlichen Bestimmungen gelten bei Einsatz der Fehlerstrom-Schutzeinrichtung im TN-System? Unter welchen Voraussetzungen ist im TN-System der Einsatz von Fehlerstrom-Schutzeinrichtungen notwendig?

4. Die bei Verwendung der Fehlerstrom-Schutzeinrichtung einzuhaltende Bedingung lautet:

$R_A \cdot I_{\Delta n} \leq U_L$.

Welchen Wert darf der Erdungswiderstand R_A bei einem 30-mA-RCD maximal haben?

5. Ist der RCD in der Schaltung wirksam?

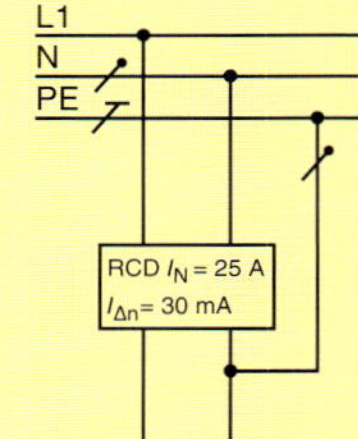

6. Welche Bedeutung haben die dargestellten Zeichen?

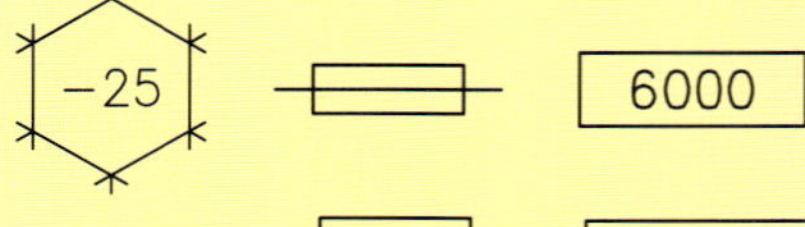

7. Erläutern Sie die Darstellung.

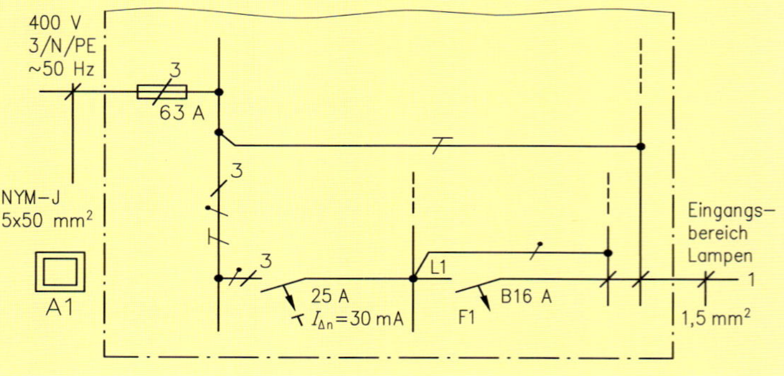

4.3 Prüfung von Schutzmaßnahmen

Nach Fertigstellung der elektrischen Arbeiten der Prüfstation ist eine **Inbetriebnahme** durchzuführen.

Dabei sind die notwendigen **Prüfungen** und **Messungen**, die den sicheren Umgang des Nutzers gewährleisten, durchzuführen.

Die Prüfstation soll nicht nur einwandfrei funktionieren, sie soll für den Nutzer auch möglichst jedes Risiko ausschließen.

Die Ergebnisse sind zu protokollieren.

Ihr Ausbilder beauftragt Sie, sich in das Thema Inbetriebnahme einzuarbeiten und die notwendigen Prüfungen und Messungen unter Aufsicht einer **Elektrofachkraft** auszuführen und zu protokollieren.

Beachten Sie: Die **Sicherheit** elektrischer Anlagen und Betriebsmittel muss gewährleistet sein.

Hierzu sind **Prüfungen** notwendig.

- **Erstprüfung** nach DIN VDE 0100-600 Notwendig vor Inbetriebnahme einer neu errichteten oder erweiterten Anlage.
- **Wiederholungsprüfung** nach DIN VDE 0105 Während des Betriebes von Anlagen in festgelegten Zeiträumen
- **Sicherheitsprüfung** von Geräten nach DIN VDE 0701/702

Für die Prüfungen dürfen nur **Geräte nach DIN VDE 0413-1-7** eingesetzt werden.

Prüfen: Sämtliche Maßnahmen zur Feststellung, dass die elektrische Anlage den Normen entsprechend errichtet wurde.

Ablauf: Besichtigen, Erproben, Messen

1. Besichtigung

„Untersuchung der elektrischen Anlage mit allen Sinnen" zwecks Feststellung, dass sie normgerecht errichtet wurde. Anlage ist dabei spannungsfrei.

Ohne vorherige Besichtigung keine Erprobung und Messung!

Beachten Sie: Die *Besichtigung* erfolgt häufig schon *während* der Installationsarbeiten.

Zum Beispiel:

- Leitungsart und Leitungsquerschnitt ausreichend?
- Leitung fachgerecht eingeführt? (Verschraubung: Schutzart, Zugentlastung).
- Leitung fachgerecht abgesetzt und abgemantelt?
- Ringkabelschuhe fachgerecht aufgesetzt und gequetscht?
- Leitungsadern im Anschlussraum fachgerecht verlegt?
- Schutzleiter länger als die übrigen Adern?
- Klemmkastenabdeckung fachgerecht abgedichtet?

Dieser Abschnitt ist auch in Hinblick auf die Prüfung von ganz großer Bedeutung.

Prüfung
inspection

Prüffrist
inspection period

Prüfung einer elektrischen Anlage
inspection of an electronic system

Prüfung der elektrischen Ausrüstung von Maschinen
inspection of electric machine equipment

Prüfzeichen
test symbol

Schutzleiterprüfung
inspection of protective conductor

Schleifenimpedanzprüfung
inspection of loop impedance

Isolationswiderstandsprüfung
inspection of insulation resistance

Prüfablaufplan
inspection shedule

Prüfbericht
inspection report

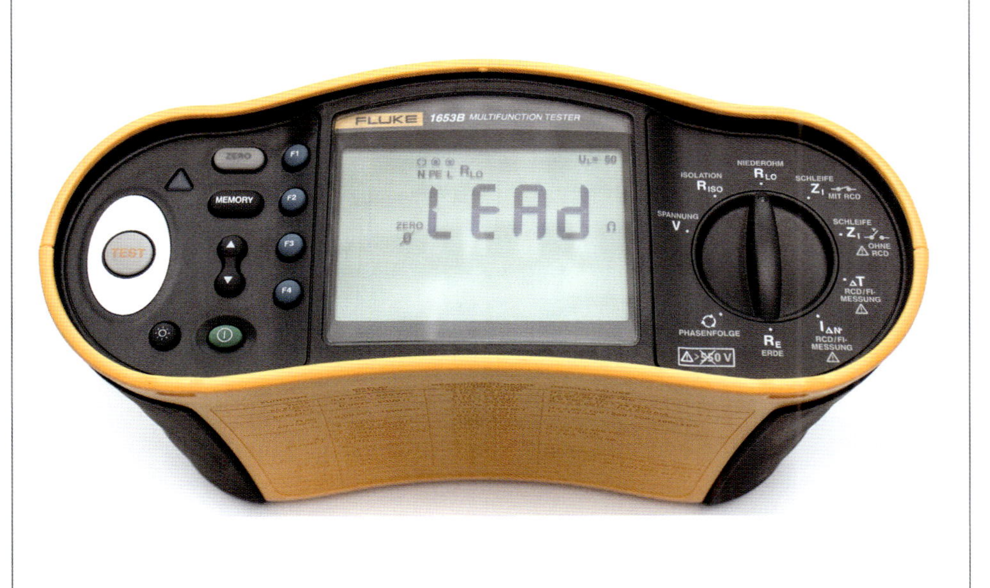

Bild 45 *Messgerät für die Prüfung der Schutzmaßnahmen*

Machen Sie sich unbedingt mit dem Prüfgerät, das Sie in der Prüfung verwenden, genau vertraut.

Bei der Inbetriebnahme haben Sie diese Messungen praktisch auszuführen.

Die hier aufgenommen Punkte sind nur beispielhaft.

Fragen Sie den Ausbilder.

Checkliste zur Besichtigung

Nr.	Prüfobjekt	in Ordnung	Mangel
1	Montage der Betriebsmittel	X	
2	Kennzeichnung und Beschriftung der Betriebsmittel	X	
3	Übereinstimmung von Nr. 2 mit der Dokumentation	X	
4	Schutz gegen direktes Berühren (Basisschutz), Fingersicherheit		Fingersicherheit Schmelzsicherungssystem nicht gegeben
5	Leitungsauswahl (Leiterquerschnitte, Aderfarben usw.)	X	
6	Leitungsanschlüsse; Schutzleiteranschlüsse	X	
7	Überstromschutzeinrichtungen, Motorschutzeinrichtungen (Auswahl, Einstellung, Bemessungsstrom)	X	
8	Fehlerstrom-Schutzeinrichtungen (Auswahl, Bemessungs-Differenzstrom)	X	
9	Leichter Zugang zur Bedienung und Wartung	X	
10	Dokumentation (Vollständigkeit)	X	

Prüfungen

Zeitlicher Abstand der Prüfungen	Prüfobjekt	Prüfer
arbeitstäglich	RCD in nicht stationären Anlagen, Prüftaste	jede Person
monatlich	Schutzmaßnahme mit RCD in nicht stationären Anlagen	unterwiesene Person
halbjährlich	nicht ortsfeste Betriebsmittel	unterw. Person
	Verlängerungsleitungen, Geräteanschlussleitungen einschließlich Steckvorrichtungen	unterwiesene Person
	Anschlussleitungen mit Steckern, bewegliche Leitungen mit Steckern oder Festanschluss	unterwiesene Person
	RCD in stationären Anlagen, Prüftaste	jede Person
alle 4 Jahre	elektrische Anlagen	Elektrofachkraft
	ortsfeste elektrische Betriebsmittel	Elektrofachkraft

Erproben

Das Erproben weist die Wirksamkeit der **Schutz- und Meldeeinrichtungen** nach.
Bei der Erprobung dürfen keine Gefahren für Personen, Nutztiere und Sachen entstehen.

- Betätigung der Prüftaste beim RCD
- Not-Aus-Einrichtung
- Verriegelungsstromkreise, Meldestromkreise

Erprobung des RCD für den Steckdosenstromkreis (Prüftaste)	☒ in Ordnung	☐ nicht in Ordnung

@ Interessante Links

Messgerät

- fluke.de

Messen: Niederohmige Durchgängigkeit des Schutzleiters

Nachweis der **Niederohmigkeit** von Schutzleitern, Potenzialausgleichleitern und Erdungsleitungen. Nachweis der **niederohmigen Verbindung** von Körpern, Schutzleitern und Erdern.

- Messspannung: 4 – 24 V AC oder DC
- Messstrom: ≥ 0,2 A

Vorbereitung der Messung

Benötigt wird eine Messleitung der Länge 10 m. Der Widerstandswert der Messleitung muss vom Messergebnis abgezogen werden. Im Allgemeinen geschieht das durch das Messgerät selbst.

- Gerät einschalten
- Niederohmmessung wählen
- Messspitzen zusammenhalten
- Kalibrieren (0 Ω)

Durchführung der Messung

- Eine Messspitze mit Schutzkontakt des Steckers verbinden.
- Zweite Messspitze mit Schutzkontakt klemmen verbinden.
- Messen
- Messspitze vom Schutzkontakt des Steckers lösen und mit Schutzleiteranschluss auf Lochrasterblech verbinden.
- Messen

Allgemein

- Messleitung mit Schutzleiterschiene im Verteiler verbinden.
- Mit der anderen Messleitung die Schutzkontakte der zu prüfenden Anlage oder der zu prüfenden Geräte kontaktieren.
- Messleitung von Schutzleiterschiene entfernen und mit dem bereits geprüften Schutzkontakt verbinden.
- Mit der anderen Messleitung den nächst erreichbaren Schutzkontakt kontaktieren.
- usw.

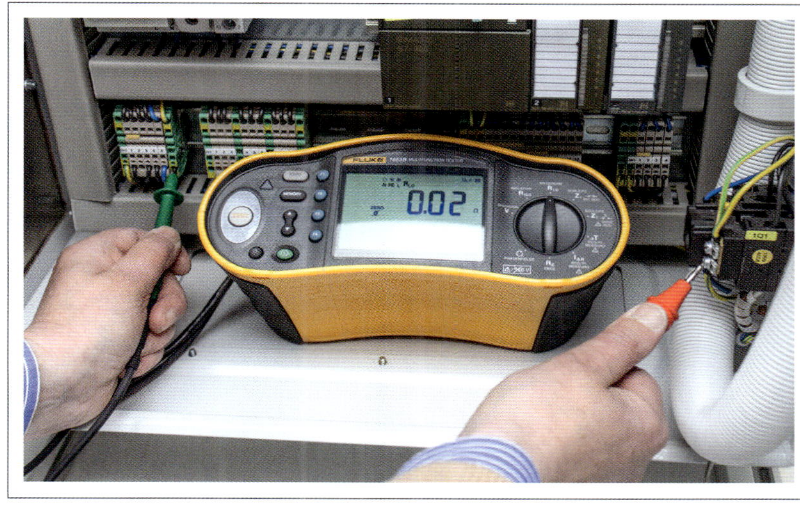

Bild 46 Messung: Niederohmige Durchgängigkeit des Schutzleiters

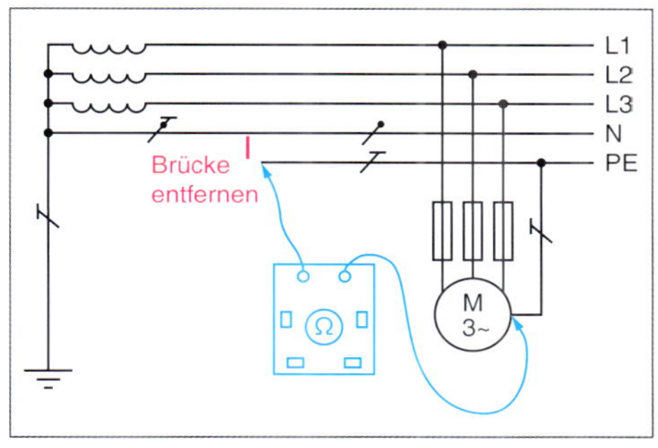

Bild 47 Prüfung: Vertauschung N und PE

Hinweis:
Wenn vor der Messung die Brücke zwischen PE und N entfernt wird, kann eine mögliche **Vertauschung** beider Leiter am Verbrauchereingang erkannt werden (Bild 47).

Grenzwerte
Messen ist nur sinnvoll, wenn der Messwert (Istwert) mit einem erwarteten Sollwert verglichen werden kann.
Ein vorgegebener Grenzwert kann hier nicht angegeben werden; der Sollwert muss **plausibel** sein.

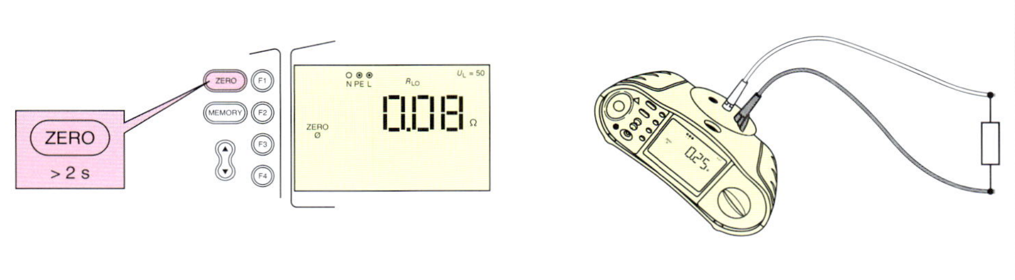

Bild 48 Arbeitsschritte bei der Messung (Nullabgleich durchführen, kalibrieren)

■ Kalibrieren
vor Messung

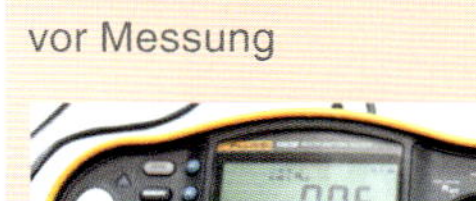

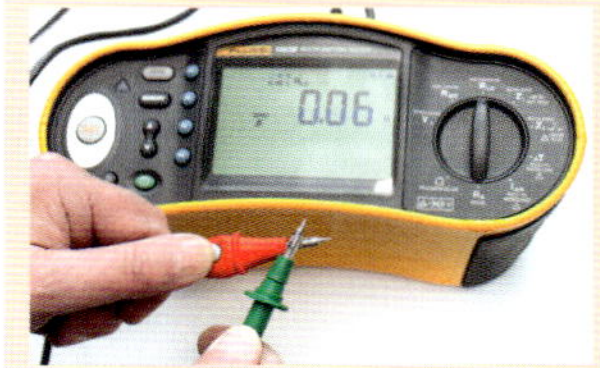

■ Vorsicht!
Vergessen Sie nicht, vor der Messung das Messgerät zu kalibrieren. Der Widerstand der Messleitungen darf keinen Einfluss auf das Messergebnis haben.

Messspannung
4 bis 24 V

Kurzschlussstrom bei DC 0,2 A, bei AC 5 A

Vorsicht!
Bei Gleichspannung ist der Messstrom in beiden Richtungen durch den Messkreis zu treiben (Diodeneffekt durch Korrosion).

So hat natürlich ein Schutzleiter mit einem Querschnitt von 185 mm^2 ein sehr viel kleineren Widerstandswert pro Meter als ein Schutzleiter von 1,5 mm^2.

Zum Beispiel:

Anschlussleitung: $q = 2{,}5 \text{ mm}^2$, $l = 2{,}5$ m

Plausibler (theoretischer) Wert:

$$R_L = \frac{l}{\gamma \cdot q} = \frac{2{,}5 \text{ m}}{56 \frac{\text{m}}{\Omega \cdot \text{mm}^2} \cdot 2{,}5 \text{ mm}^2} = 17{,}86 \text{ m}\Omega$$

Zu berücksichtigen sind natürlich noch die *Übergangswiderstände* von Klemmen.

Entspricht der gemessene Widerstandswert annähernd dem Leitungswiderstand des Leiters, wird er als *durchgängig* bezeichnet.

Beachten Sie:
Multimeter mit ihren geringen Messströmen dürfen *nicht* für Niederohmmessung verwendet werden.

Grenzwerte für den Isolationswiderstand

Anlage	Isolations-widerstand	Mess-spannung
SELV, PELV	≥ 0,5 MΩ	DC 250 V
U_N ≤ 500 V	≥ 1 MΩ	DC 500 V

Beachten Sie:

Die Tabellenwerte sind **Mindestwerte**.

Üblicherweise ist der Isolationswiderstand sehr viel größer.
Beachten Sie auch, dass die **Betriebsmessabweichung** ± 30 % betragen kann.

Der **Mindestanzeigewert** des Isolationsmessers ist also 1,3 MΩ, wenn der Grenzwert nach DIN VDE 0100-600 1 MΩ betragen kann.

Vor Durchführung der Messungen ist das Messgerät zu prüfen.

Messspitzen zusammenhalten und Messvorgang einleiten; Anzeigewert 0 Ω.

Schleifenimpedanz
→ 200

Messen: Isolationswiderstand

Der Nachweis der Niederohmigkeit des Schutzleiters dient der Prüfung, ob die **Abschaltbedingungen** der Überstrom-Schutzorgane eingehalten werden. Sie ist als „Ersatz“ für die Messung der **Schleifenimpedanz** anzusehen.

Die **Isolationswiderstandsmessung** dient vorrangig dem vorbeugenden **Brandschutz**.
Isolationsfehler zwischen zwei Leitungsadern können zu einer Erwärmung und damit zu einem Brand führen.

Isolationswiderstandsmessungen werden im **spannungslosen** Zustand der Anlage gemacht.

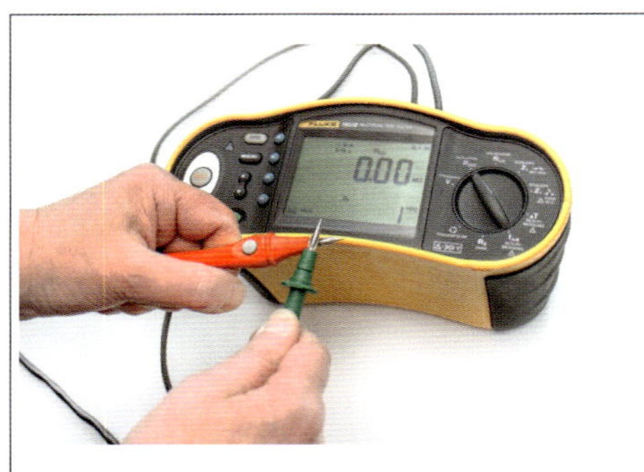

Bild 49 *Prüfung des Messgerätes*

Bei der Isolationswiderstandsmessung wird der Ableitstrom gemessen.

$R_{iso} \geq 1 \text{ M}\Omega$

$I_{Abl} \leq \frac{500 \text{ V}}{1 \text{ M}\Omega} = 500 \text{ µA}$

Voraussetzungen

- Messung mit Gleichspannung, um kapazitive Ströme zu vermeiden.
- Messspannung 500 V oder 1000 V DC.
- Mindestwerte siehe Tabelle.
- Zu messendes Anlagenteil muss vom speisenden Netz getrennt sein. Vorhandene Schalter müssen geschlossen sein.
  Sonst müssen Teilabschnitte getrennt gemessen werden.
- Gemessen werden alle aktiven Leiter (auch der N-Leiter) gegen Schutzleiter.
- Mögliche Messfehler nach DIN EN 61557-2 ± 30 %.
- Bei Stromkreisen mit elektronischen Einrichtungen sollen Außenleiter und N-Leiter während der Messung verbunden sein. Damit können Zerstörungen vermieden werden.

Vorbereitung der Messung

- Spannungsversorgung des Transformators ausschalten (LS-Schalter, Schmelzsicherung).
- Platinen mit elektronischen Bauelementen herausnehmen.
- Alle übrigen Leitungsschutzorgane, RCD und Motorschutzschalter einschalten, damit möglichst weit in die Anlage hinein gemessen werden kann.

Machen Sie sich unbedingt mit dem verwendeten Messgerät vertraut.

Das Handling der am Markt angebotenen Messgeräte ist unterschiedlich, sodass eine vorherige Übung unerlässlich ist.

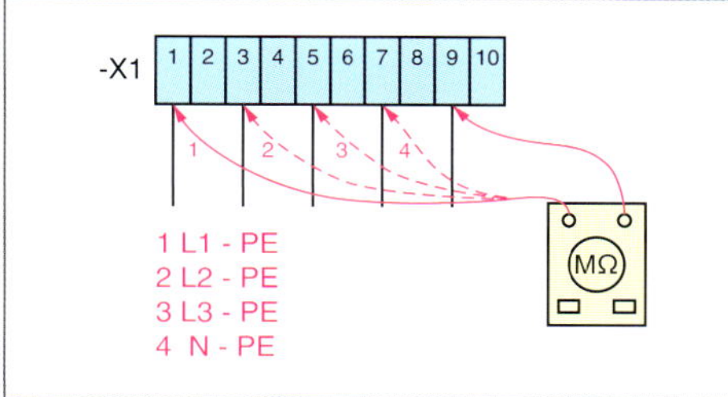

Bild 51 *Messungen, Isolationswiderstand*

Gemessen wird der **Ableitstrom** zwischen den kontaktierten Leitungsadern der Leitung.

Dieser Ableitstrom fließt über die Leitungsisolation und ist sehr gering. Die Messschaltung (500 V DC) treibt über einen Isolationswiderstand von 1 MΩ den Strom

I_{Abl} = 500 V/1 MΩ = 500 μA = 0,5 mA.

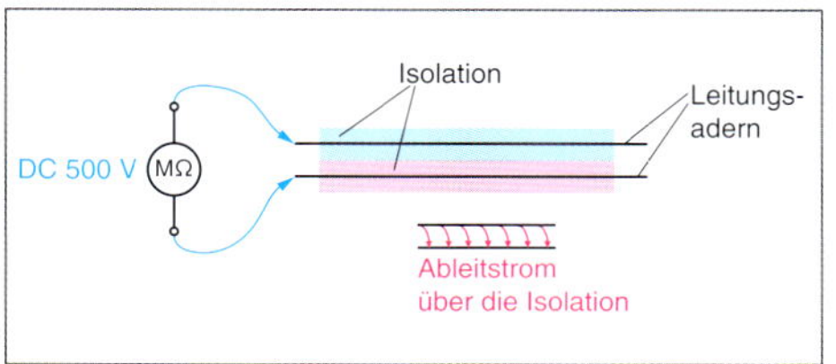

Bild 52 *Ableitstrom über die Isolation*

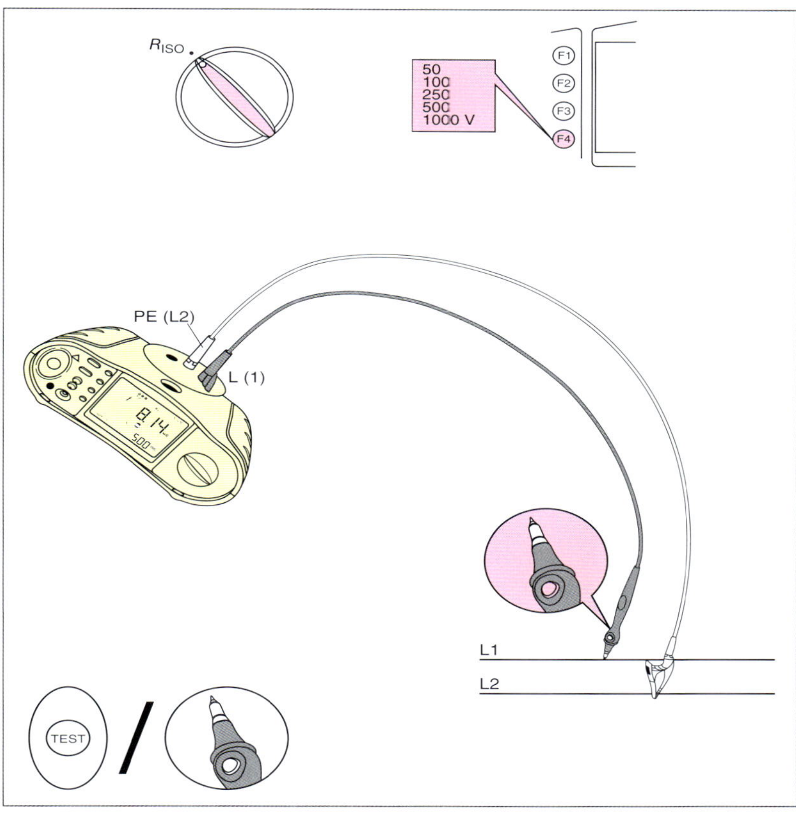

Bild 50 *Messung des Isolationswiderstandes*

Messung des Isolationswiderstandes (Zuleitung)

Nr.	Messpunkt 1	Messpunkt 2	Messspannung	Sollwert	Messwert
1	X1.1	X1.9	DC 500 V	≥ 1 MΩ	≥ 399 MΩ
2	X1.3	X1.9	DC 500 V	≥ 1 MΩ	≥ 399 MΩ
3	X1.5	X1.9	DC 500 V	≥ 1 MΩ	≥ 399 MΩ
4	X1.7	X1.9	DC 500 V	≥ 1 MΩ	≥ 399 MΩ

Messpunkte: siehe Schaltung Seite 182.

Dies wäre dann der **maximal zulässige Ableitstrom**, da 1 MΩ der *minimal zulässige* Isolationswiderstand ist. Im Allgemeinen ist der Ableitstrom noch wesentlich kleiner.

Hinweis:
Eine elektrische Gefährdung ist durch die Isolationswiderstandsmessung nicht möglich, da der Kurzschlussstrom der Messgeräte auf 12 mA begrenzt ist.

Allerdings können durch Erschrecken Folgeunfälle verursacht werden.

Bild 53 *Isolationswiderstandsmessung*

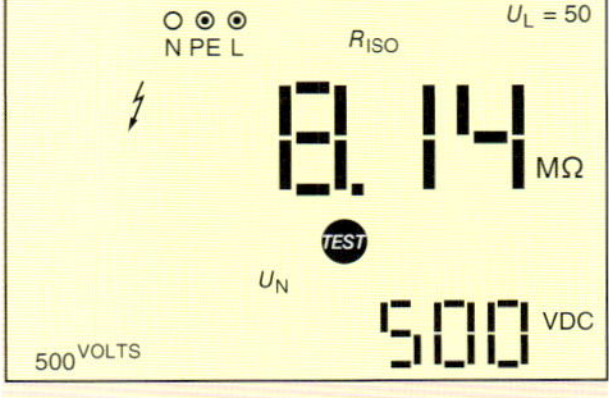

■ **Vorsicht!**
Messspitzen bei der Isolationswiderstandsmessung nicht berühren.

■ **Vorsicht!**
Achten Sie bei der Spannungsmessung auf die richtige Einstellung des Multimeters: AC bzw. DC.

Spannungsmessungen

Nr.	1. Messpunkt	2. Messpunkt	Sollwert	Messwert
1	X1.1	X1.3	400 V AC	395 V
2	X1.1	X1.5	400 V AC	395 V
3	X1.3	X1.5	400 V AC	395 V
4	X1.1	X1.7	230 V AC	226 V
5	X1.3	X1.7	230 V AC	226 V
6	X1.5	X1.7	230 V AC	226 V
7	X1.7	X1.9	0 V	0 V
8	X2.1	X2.7	24 V DC	24 V

Messpunkte: siehe Schaltung Seite 182.

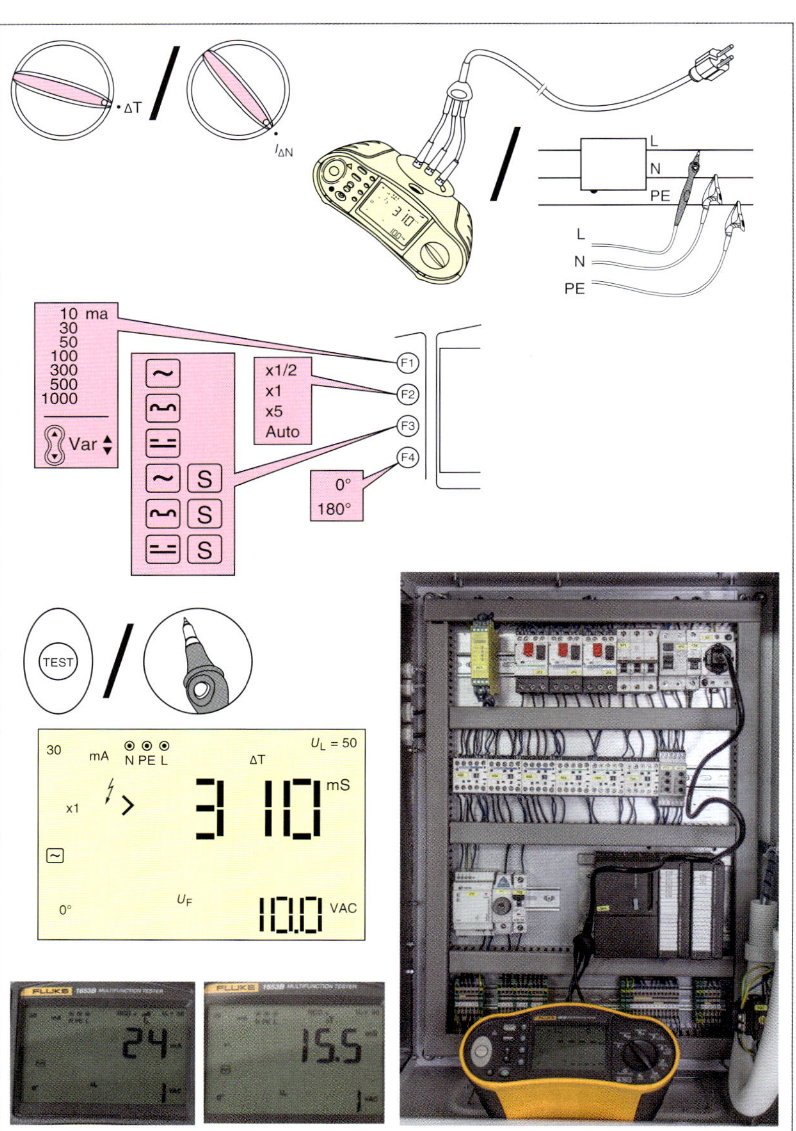

Bild 54 Prüfung der Fehlerstrom-Schutzeinrichtung

Prüfung der Fehlerstrom-Schutzeinrichtung

Die **Erprobung** des RCD hat durch Betätigung der Prüftaste bereits stattgefunden.

Nun ist die **Wirksamkeit** der Schutzmaßnahme nachzuweisen. Dabei sind **drei Messgrößen** von Bedeutung:

- Die maximal zulässige Berührungsspannung (U_L).
- Der Fehlerstrom, bei dem der RCD anspricht (I_F oder I_Δ).
- Die Zeit, in der der RCD anspricht (t_A).

Voraussetzungen

- RCDs müssen bei Erreichen des Bemessungs-Differenzstromes $I_{\Delta n}$ innerhalb von 0,3 s ansprechen.
- RCDs müssen bei einem Fehlerstrom von $5 \cdot I_{\Delta n}$ innerhalb von 40 ms ansprechen.
- RCDs dürfen bereits ab einem Fehlerstrom von $0{,}5 \cdot I_{\Delta n}$ ansprechen.
- Durch Erzeugung eines Fehlerstromes hinter dem RCD wird nachgewiesen, dass der RCD spätestens bei Erreichen des Bemessungs-Differenzstromes $I_{\Delta n}$ anspricht und die zulässige Berührungsspannung U_L dabei nicht überschritten wird.

Der **Prüfstrom** wird langsam gesteigert. Erst nach einigen Sekunden erreicht er den **Bemessungswert**.
Wenn der RCD auslöst, werden **Fehlerstrom** und **Berührungsspannung** gemessen und gespeichert.

Messung des Steckdosenstromkreises (RCD)

Nr.	Messung	Sollwert	Messwert	Beurteilung
1	Netzspannung	230 V	228 V	o.k.
2	Berührungsspannung	≤ 50 V	3 V	o.k.
3	Auslösestrom	≤ 30 mA	19 mA	o.k.
4	Auslösezeit	≤ 0,4 s	29 ms	o.k.

Drehfeldrichtung

An Drehstrom-Steckvorrichtungen wird ein **Rechtsdrehfeld** gefordert. Dies ist bei der Inbetriebnahme zu überprüfen.

Prüfprotokoll

Das Prüfergebnis ist zu protokollieren. Machen Sie sich mit den Protokollen des Ausbildungsbetriebes und der Prüfungen vertraut.

Prüfung

1. Beschreiben Sie kurz, wie Sie die Messung der Niederohmigkeit des Schutzleiters durchführen. Was wird durch die Messung nachgewiesen? Welche Messwerte gelten als in Ordnung?

2. Worauf ist zu achten, wenn Sie die Niederohmigkeit des Schutzleiters mit Gleichspannung messen? Auch dabei beträgt der Messstrom ≥ 0,2 A.

3. Welchen Vorteil hat die Messung der Niederohmigkeit des Schutzleiters gegenüber der Schleifenimpedanzmessung?

4. Die Schleifenimpedanzmessung ergibt in einem 16-A-Stromkreis den Kurzschlussstrom 94 A. Ist eine Absicherung mit C16 A möglich?

5. Bei Prüfung der Fehlerstrom-Schutzeinrichtung im TN-System stellt man fest, dass im Allgemeinen eine sehr geringe Berührungsspannung (z. B. 2 V) angezeigt wird.
Der Grenzwert liegt bei U_L = 50 V.
Woran liegt das? Wie kann die Wirksamkeit der Schutzmaßnahme dennoch geprüft werden?

6. Was versteht man unter Prüfen im Sinne von DIN VDE 0100-600? Welche Elemente umfasst das Prüfen? Wer darf die Prüfungen durchführen?

7. Was versteht man unter Besichtigen? Nennen Sie Beispiele für die Besichtigung.
Was ist z. B. bei Einsatz einer Fehlerstrom-Schutzeinrichtung zu besichtigen?

8. Definieren Sie den Begriff Erproben nach DIN VDE 0100-600. Worin unterscheidet er sich von der „technischen Inbetriebnahme“?

9. Welchen Zweck hat die Isolationswiderstandsmessung? Warum muss die Messung mit mindestens 500 V DC durchgeführt werden?

10. Wie ist die Isolationswiderstandsmessung vorzubereiten? Wie wird sie durchgeführt?

11. Wenn ein Mindestwert des Isolationswiderstandes von 1 MΩ gefordert ist, welchen Wert muss das Messgerät dann mindestens anzeigen?

12. Vor Messungen ist das verwendete Messgerät zu überprüfen.
Beschreiben Sie dies am Beispiel des Isolationswiderstandsmessgerätes.

13. Wie wird die Wirksamkeit der Fehlerstrom-Schutzeinrichtung geprüft?
Beschreiben Sie genau, wie Sie dabei vorgehen.
Die Messergebnisse sind zum Beispiel: 0 V, 21 mA, 27 ms. Wie beurteilen Sie diese Messergebnisse eines 30-mA-RCD?

Drehfeldmessung

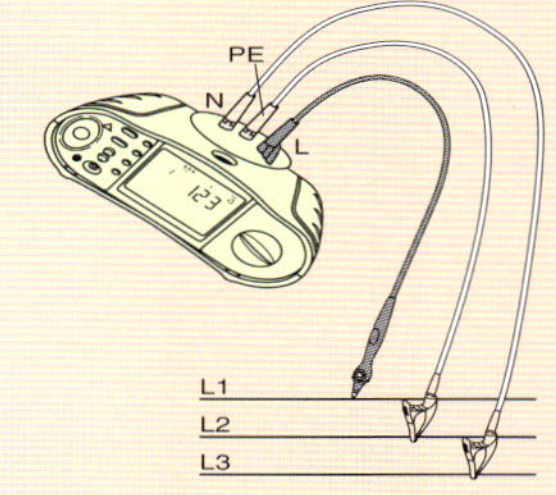

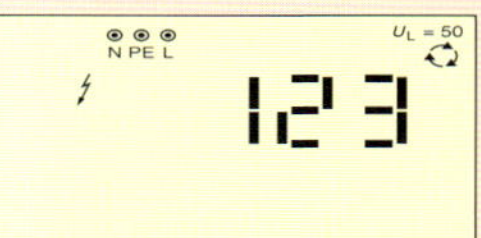

Aufgabenlösung

@ Interessante Links

- christiani-berufskolleg.de

Prüfprotokoll

Machen Sie sich mit dem in ihrem Betrieb verwendeten Prüfprotokoll vertraut.

Lassen Sie sich vom Ausbilder ein Exemplar geben und prüfen Sie, welche Einträge notwendig sind und welche Grenzwerte im Einzelfall gelten.

■ **Normung**

■ **Leitungen**

■ **Harmonisierungsbestimmungen**

Installationsschalter
installation switch

Installationstaster
installation push button

installieren
install

Ausschalter
cut-out (switch), single throw switch

Wechselschalter
double-throw switch, two-way switch

Wechselschaltung
two-way wiring

Kreuzschaltung
cross connection, back-to-back connection

Steckdose
socket, plug connector

Abzweigdose
junction box, access fitting

■ **Ausschalter**

Ausschalter werden von den Herstellern im Allgemeinen nicht mehr angeboten.

Man kann die Ausschaltung mit einem Wechselschalter aufbauen.

4.4 Installationsschaltungen

Stromkreis mit Steckdosen

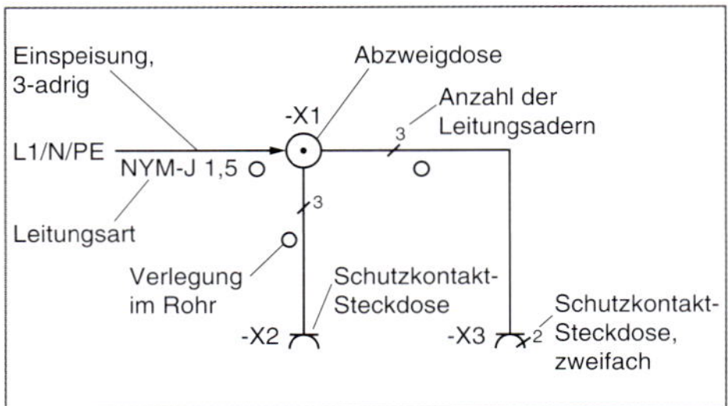

Bild 55 *Übersichtsschaltplan*

Leitungsverlegung

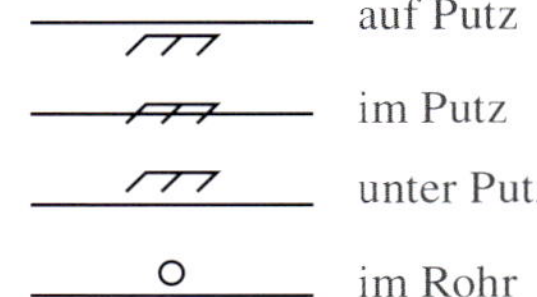

Mantelleitung

NYM-J 1,5

- Leitung mit Schutzleiter (J oder G)
- Leitung ohne Schutzleiter (O oder X)

J und O für Leitungen, die noch nicht den Harmonisierungsbestimmungen entsprechen und für zugelassene nationale Typen.

Ausschaltung

Ein Verbrauchsmittel soll von *einer* Betätigungsstelle ein- und ausgeschaltet werden.

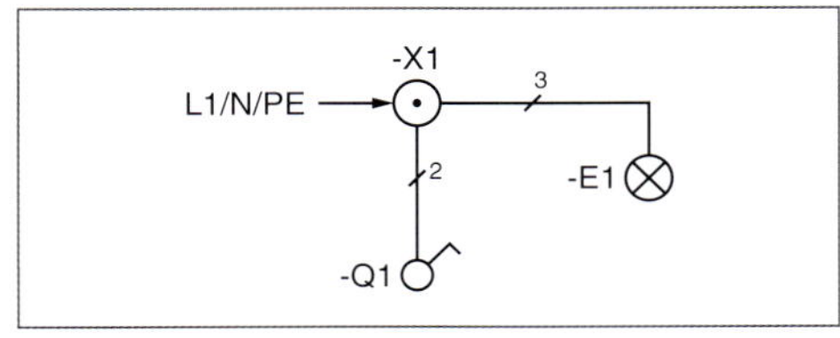

Bild 58 *Ausschaltung, Übersichtsschaltplan*

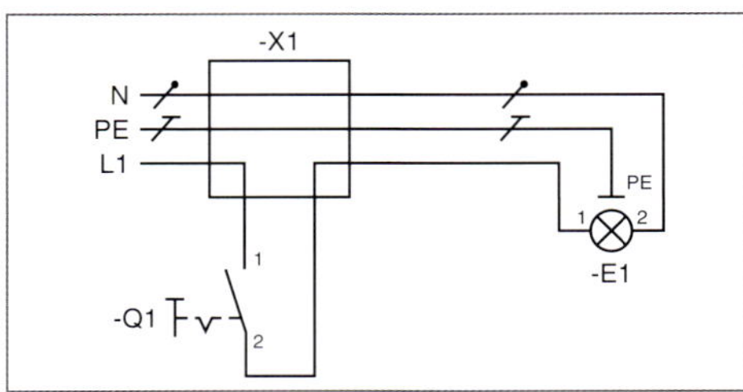

Bild 59 *Zusammenhängende Darstellung*

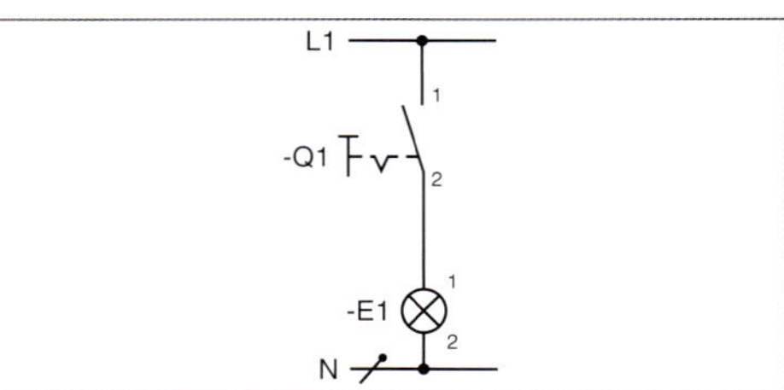

Bild 60 *Aufgelöste Darstellung*

Symbole

Abzweigdose, Zuleitung von links	L1/N/PE 3		Ist kein Neutralleiter notwendig, darf die blaue Ader als Außenleiter verwendet werden.
	einpolige Darstellung	mehrpolige Darstellung	
Schutzkontaktsteckdose	3		
	einpolige Darstellung	mehrpolige Darstellung	

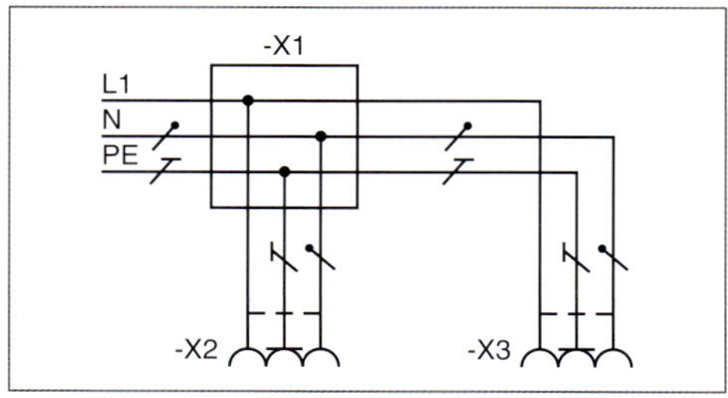

Bild 56 *Zusammenhängende Darstellung*

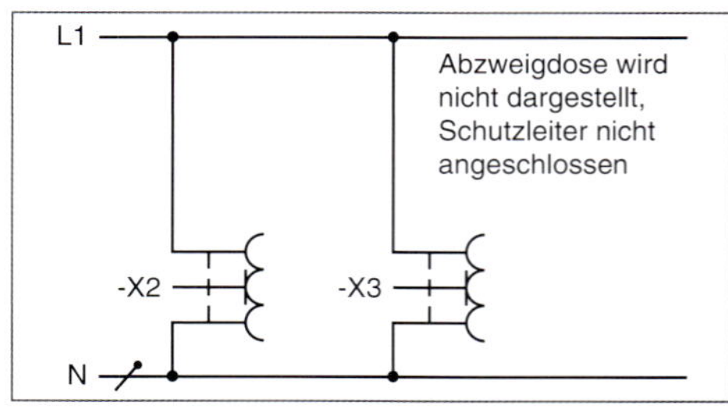

Bild 57 *Aufgelöste Darstellung*

Serienschaltung

Kombination von *zwei* Ausschaltern in *einem* System (Serienschalter).

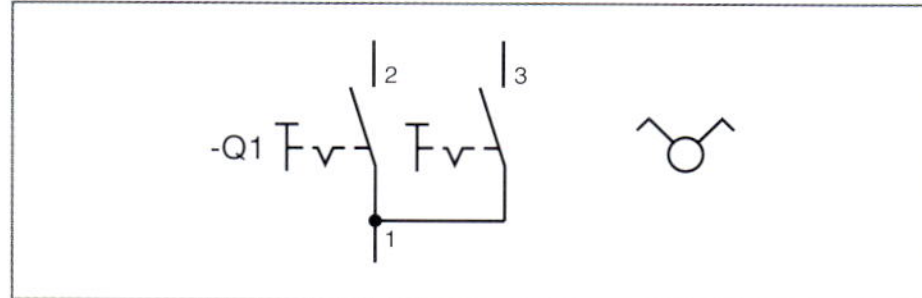

Bild 61 *Serienschalter*

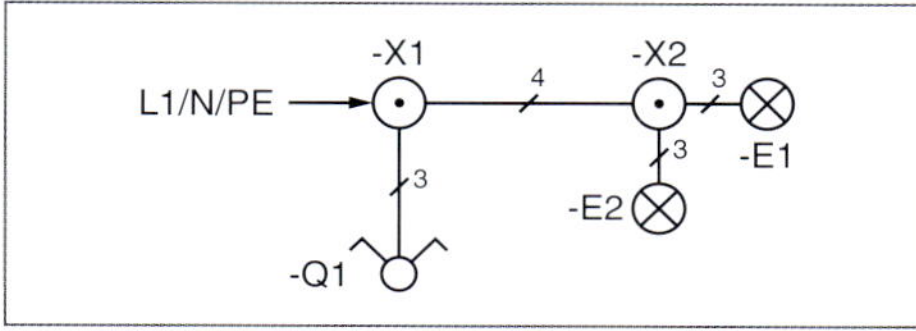

Bild 62 *Übersichtsschaltplan*

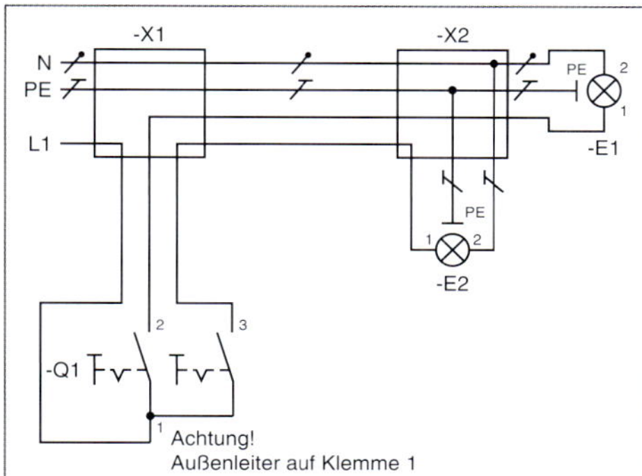

Bild 63 *Zusammenhängende Darstellung*

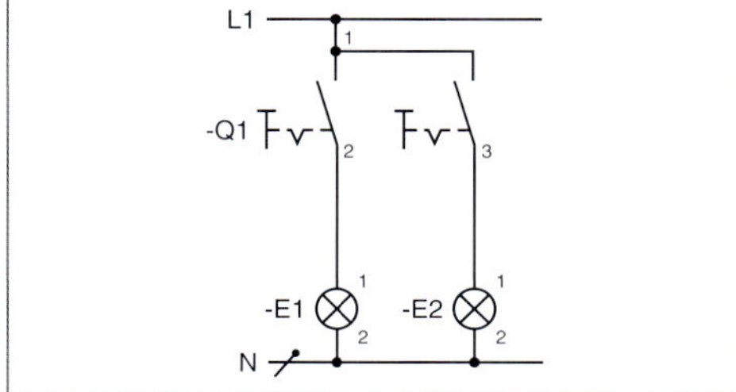

Bild 64 *Aufgelöste Darstellung*

Wechselschaltung

Einsetzbar, wenn ein Verbrauchsmittel von *zwei* Betätigungsstellen geschaltet werden soll.

Benötigt werden *zwei* **Wechselschalter**.

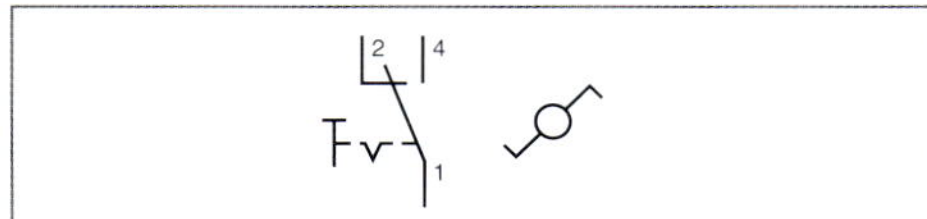

Bild 65 *Wechselschalter*

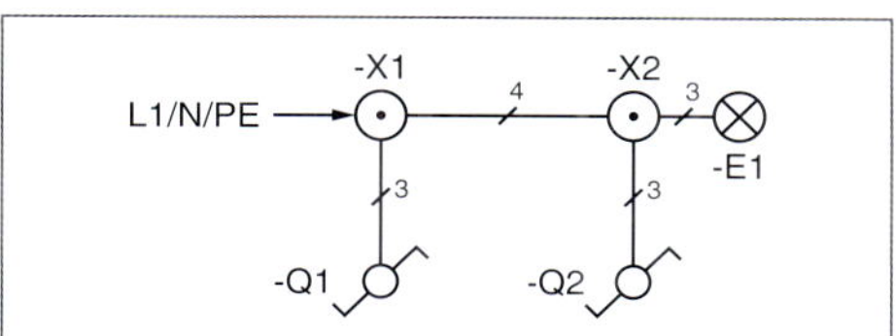

Bild 66 *Übersichtsschaltplan*

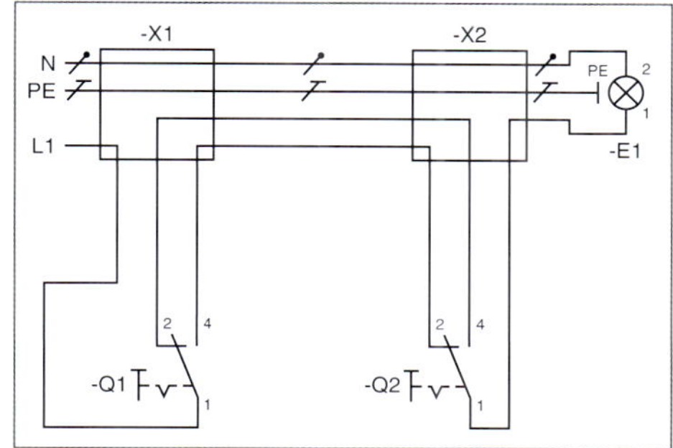

Bild 67 *Zusammenhängende Darstellung*

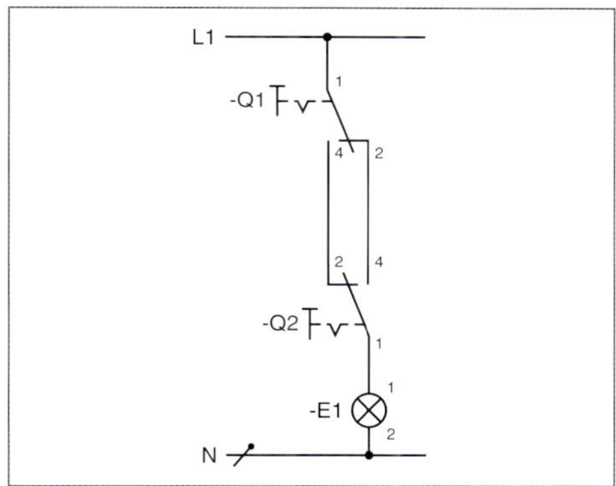

Bild 68 *Aufgelöste Darstellung*

Montagehinweis

- Außenleiter mit Klemme 1 eines Wechselschalters verbinden.
- Lampe (Schaltdraht, Lampendraht) mit Klemme 1 des anderen Wechselschalters verbinden.
- Klemmen 2 und 4 der beiden Wechselschalter miteinander verbinden (Korrespondierende).

Kreuzschaltung

Anwendung, wenn ein Verbrauchsmittel von *mehr als zwei Stellen* geschaltet werden soll. Findet nur noch relativ selten Anwendung, ersetzt durch Stromstoßschaltung.

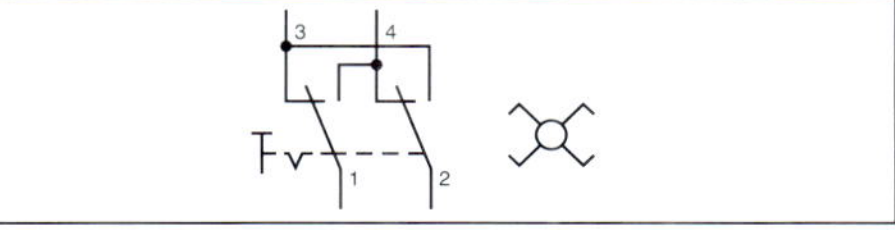

Bild 69 *Kreuzschalter*

■ Serienschaltung

Der Außenleiter muss an die Klemme 1 des Serienschalters angeschlossen werden.

■ Farbkennzeichnung

von Leitungsadern

TB

@ Interessante Links

Elektroinstallation

- busch-jaeger.de
- kopp.eu
- moeller.net
- merten.de
- sab-kabel.de
- wiska.de
- stego.de

■ Kreuzschaltung

Bei der Kreuzschaltung sind die äußeren Schalter stets Wechselschalter.

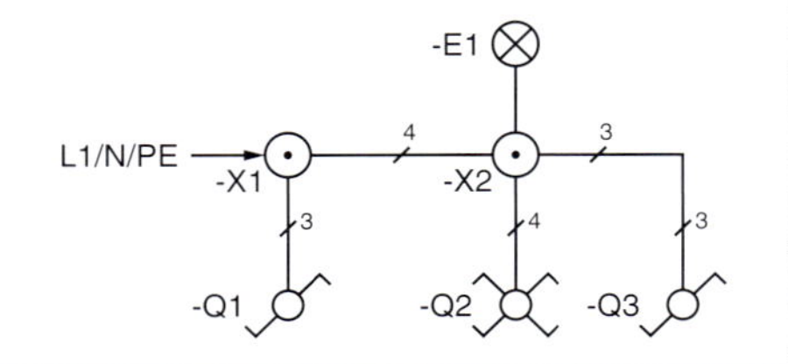

Bild 70 Übersichtsschaltplan

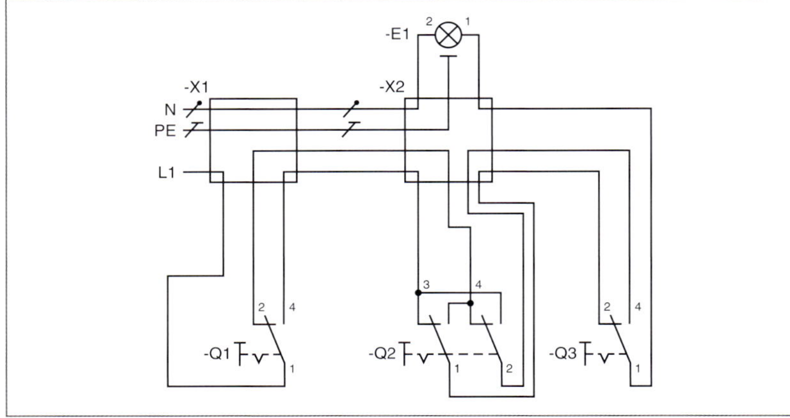

Bild 71 Zusammenhängende Darstellung

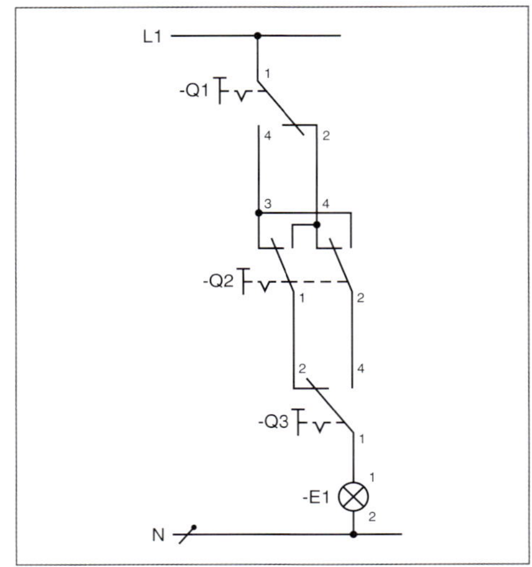

Bild 72 Aufgelöste Darstellung

Montagehinweis

- Die beiden äußeren Schalter sind immer Wechselschalter.
- Die Wechselschalter werden wie bei der Wechselschaltung angeschlossen (Außenleiter, Lampendraht).
- In die Korrespondierenden können die Kreuzschalter eingebaut werden.

Stromstoßschaltung

Stromstoßschalter sind elektromagnetisch betätigte Schalter mit „mechanischer Selbsthaltung".

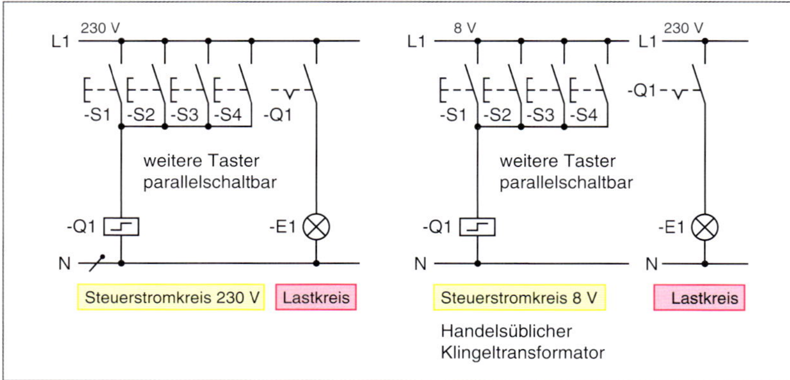

Bild 73 Stromstoßschaltung mit Steuerspannungen 230 V und 8 V

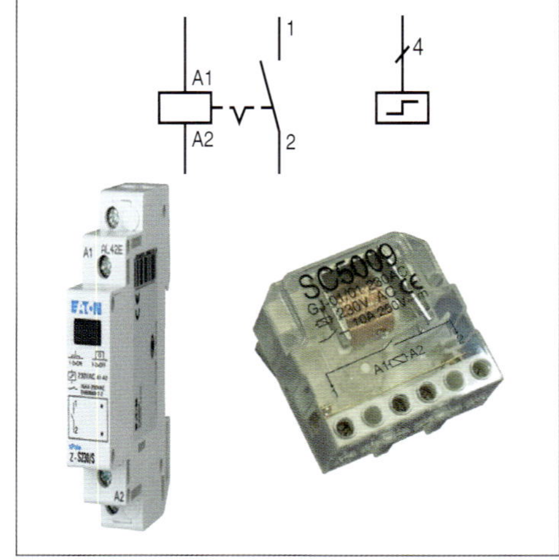

Bild 75 Stromstoßschalter

■ Steuerstromkreise

mit Spannungen von 8 V eignen sich besonders für ausgedehnte Anlagen.

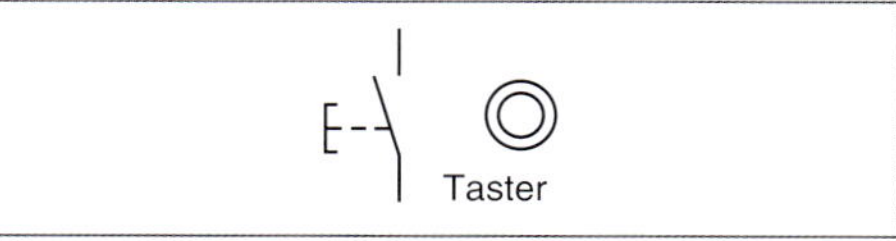

Bild 74 Taster

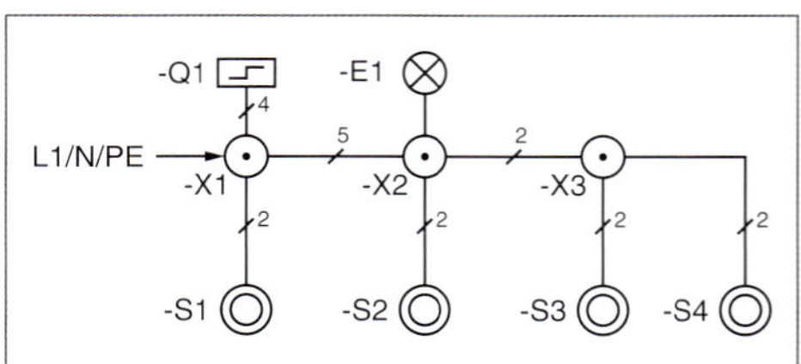

Bild 76 Übersichtsschaltplan

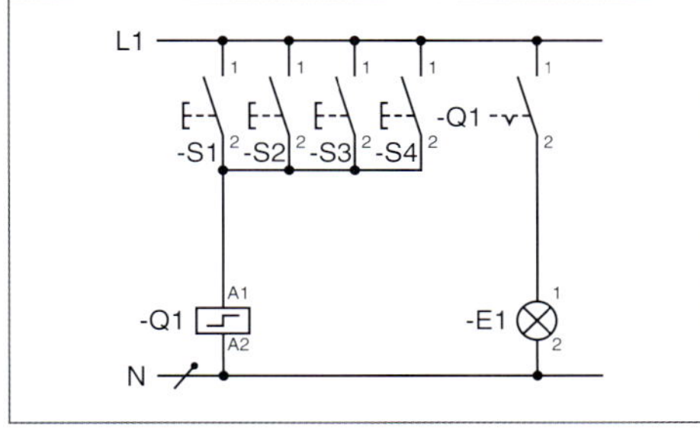

Bild 78 *Aufgelöste Darstellung*

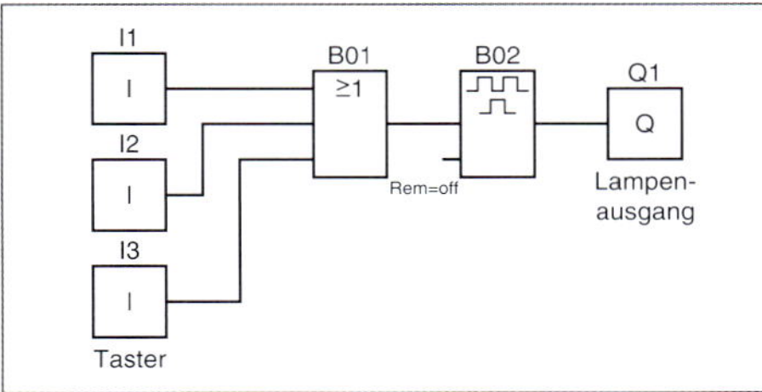

Bild 79 *Stromstoßschaltung, Kleinsteuerung*

Schalterbeleuchtung und Betriebszustandsanzeige

Es kann sinnvoll oder auch *vorgeschrieben* sein, *selbstleuchtende* Schalter bzw. Taster zu verwenden.

Zur Beleuchtung dienen **Glimmlampen** mit einer Stromaufnahme von 0,5 bis 1 mA.

Im ausgeschalteten Zustand liegt die Netzspannung an der Glimmlampe an (Bild 80). Sie leuchtet dann.

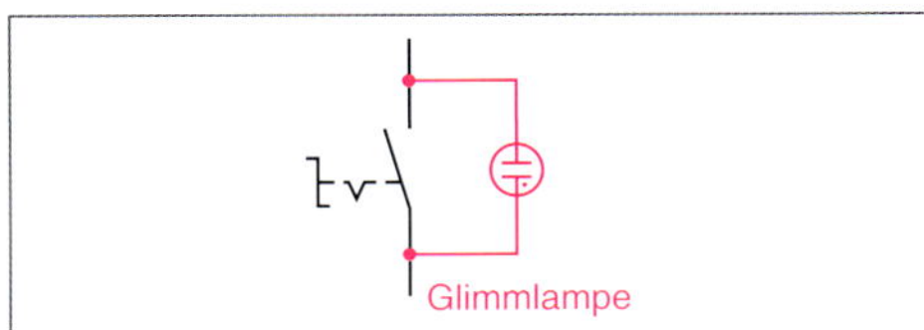

Bild 80 *Schalterbeleuchtung*

Bei **Betriebszustandsanzeige** (Bild 81) wird der eingeschaltete Zustand des Verbrauchsmittels angezeigt. Dazu ist dann auch der N-Leiter notwendig.

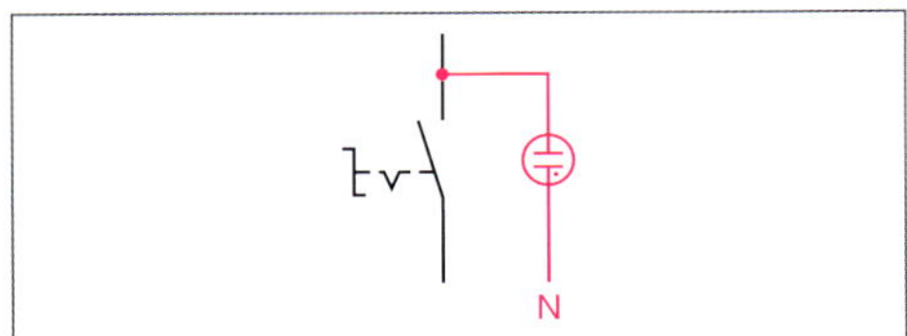

Bild 81 *Betriebszustandsanzeige*

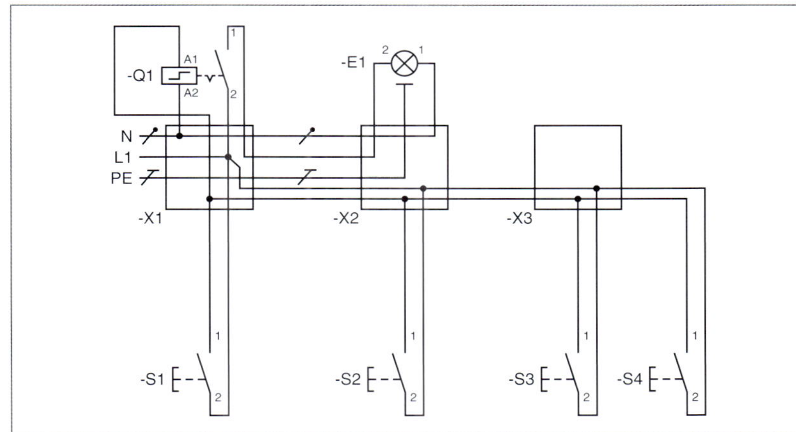

Bild 77 *Stromstoßschaltung, zusammenhängende Darstellung*

4.5 Leuchtstofflampen

Leuchtstofflampen sind Gasentladungslampen.

Das **Entladungsrohr** ist mit Gas oder Metalldampf gefüllt. An den Enden sind zwei Elektroden eingebracht.

Zwischen den Elektroden entsteht im Entladungsrohr ein **elektrisches Feld**. Dadurch werden freie Elektronen und Ionen im Entladungsrohr beschleunigt und kollidieren mit den Gasatomen.

Durch die Kollision wird das Atom angeregt und in einen Zustand höherer Energie versetzt. Es tritt eine kurzzeitige **Strahlungsemission** auf. Danach fällt das angeregte Atom wieder in seinen Ausgangszustand zurück.

Ein **Lawineneffekt** muss dabei vermieden werden. Die *Ladungsträgerzunahme* durch Entstehung weiterer freier positiver Ionen (also die Zunahme der Stromstärke) ist zu *begrenzen*. Sonst würde die Lampe zerstört werden.

Diese begrenzende Aufgabe übernimmt ein **Vorschaltgerät**.

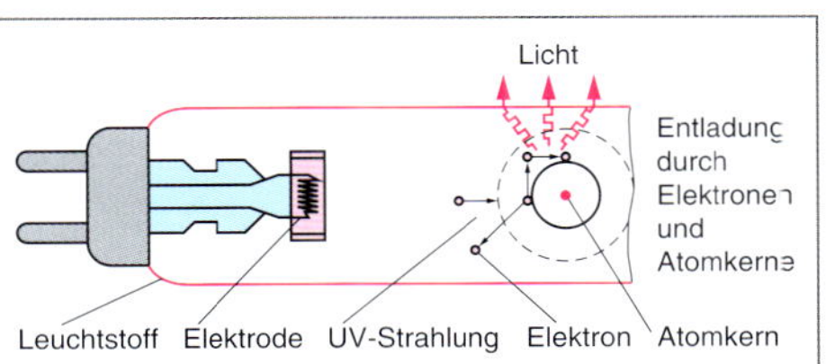

Bild 82 *Leuchtstofflampe, Wirkungsweise*

Aufgaben des Vorschaltgerätes:

- Vorheizung der Lampenelektroden
- Erzeugung der notwendigen Zündspannung
- Begrenzung des Stromes nach dem Zünden

■ **Kleinsteuerung**
→ 173

Leuchtstofflampe
fluorescent lamp

Strahlung
radiation, emission

Vorschaltgerät
series reactor

Entladungsrohr
discharge tube, discharger

■ **Leuchtstofflampen**
haben bei Temperaturen von 20 °C bis 25 °C die maximale Lichtleistung.

Lampen mit 26 mm ∅ statt 38 mm ∅ haben unterhalb von 20 °C eine besonders starke Lichtstromverminderung.

■ **Stroboskopischer Effekt**

Lichtstromschwankungen, hervorgerufen durch den Wechselstrom, können zu Sehstörungen oder Sehirrtümern führen.

Gasentladungslampen, die im Takte der Frequenz leuchten, rufen bei Beleuchtung bewegter Teile den Eindruck des Stillstandes hervor.

Dies bedeutet erhebliche Unfallgefahr!

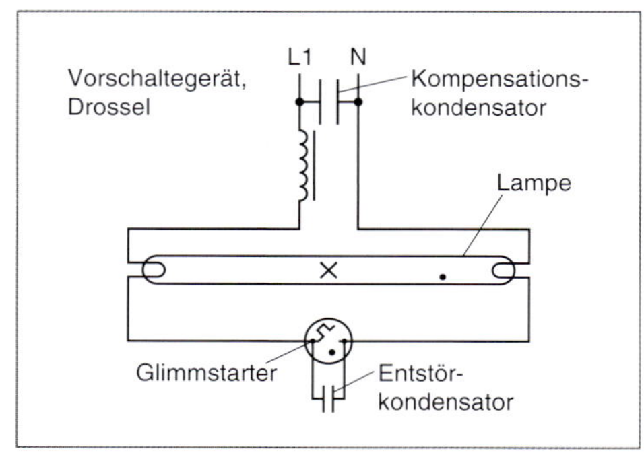

Bild 83 Leuchtstofflampe, Schaltung

Zündvorgang

- Nach Einschalten fließt ein geringer Strom über Drossel, Lampenelektroden und Starter.
- Durch Glimmentladung erwärmen sich die Bimetallkontakte des Starters. Sie schließen den Stromkreis.
- Der dann höhere Strom erhitzt die Lampenelektroden. Es kommt zur Elektronenemission im Entladungsrohr.
- Glimmentladung im Starter erlischt. Bimetalle kühlen ab und öffnen den Stromkreis.
- Durch die Stromflussunterbrechung wird an der Drossel eine hohe Selbstinduktionsspannung hervorgerufen, die zur Zündung der Leuchtstofflampe führt (etwa 1000 V).
- Der induktive Widerstand der Drossel begrenzt die Lampenspannung auf ca. 80 V. Der Lampenstrom nimmt dadurch den Wert des Bemessungsstromes an.

Das *konventionelle Vorschaltgerät* verursacht relativ hohe Wärmeverluste.

Der **Leistungsfaktor** von Leuchtstofflampen (ohne Kompensation) ist (außer bei Verwendung von elektronischen Vorschaltgeräten) gering: cos φ = 0,4 bis 0,5.

Vorteile des EVG

- Geringe Verlustleistung
- Problemlose, schonende Zündung
- Praktisch keine Blindleistung (cos φ = 1)
- Kein stroboskopischer Effekt

Vorsicht!

Überspannungen durch Sternpunktverschiebung können zur Zerstörung von EVGs führen.

Am Drehstromnetz ist also der N-Leiter stets anzuschließen.

Während des Betriebs der Beleuchtung niemals den N-Leiter allein oder zuerst unterbrechen.

Vor Inbetriebnahme unbedingt auf einwandfreie N-Leiter-Verbindung achten.

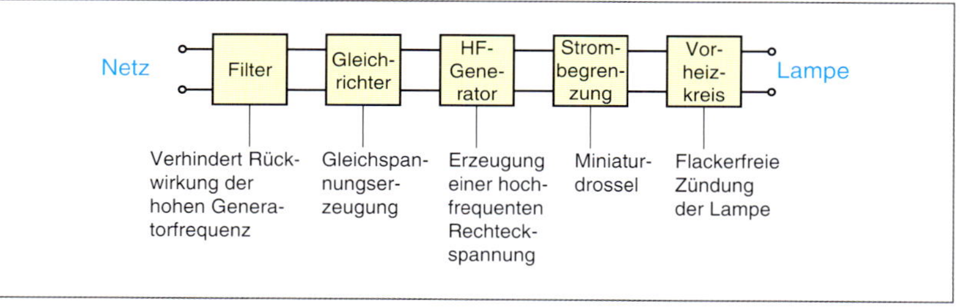

Bild 84 Aufbau eines elektronischen Vorschaltgerätes

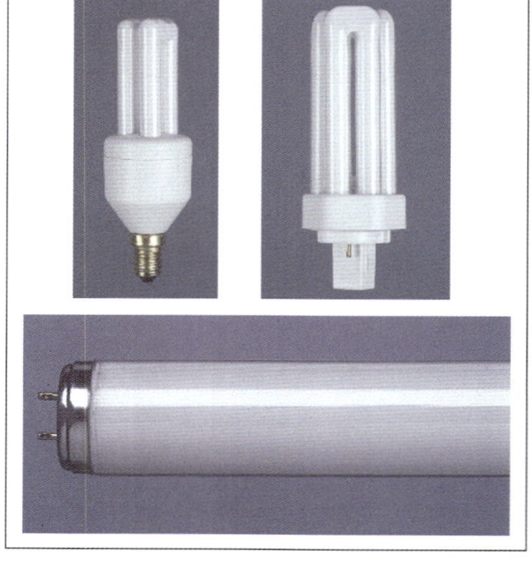

Bild 85 Leuchtstofflampen

Ausführung von Vorschaltgeräten

KVG	konventionelles (herkömmliches) Vorschaltgerät	Drossel aus Kupfer – Eisen	Leistung z. B. bei 58-W-Lampe 13 W (20 %)
VVG	verlustarmes Vorschaltgerät	Drossel mit weniger und dickerem Kupferdraht und besserem Eisen	Leistung z. B. bei 58-W-Lampe 8 W (15 %)
EVG	elektronisches Vorschaltgerät	Frequenzwandler und Filter	Leistung z. B. bei 58-W-Lampe 5 W (10 %)

@ **Interessante Links**

Leuchtstofflampen

- osram.de

Hallenbeleuchtung

Die Halle, in der die Transportbänder aufgestellt sind, soll beleuchtet werden.

Verwendet werden 58-W-Leuchtstofflampen mit elektronischem Vorschaltgerät.

Die Lampen sollen von 4 Stellen schaltbar sein.

Installiert sind 60 Lampen.

Sie erhalten den Auftrag, den elektrischen Anschluss der Lampen durchzuführen und die Anlage in Betrieb zu nehmen.

Die insgesamt 60 Leuchtstofflampen werden auf die drei Außenleiter des Drehstromsystems aufgeteilt. Also 20 Lampen pro Außenleiter.

Da die Lampen von 4 Stellen geschaltet werden sollen, fällt die Entscheidung für die **Stromstoßschaltung**.

Der Lastkontakt des Stromstoßschalters (einpolig) ist bis maximal 16 A belastbar. Er wird genutzt, um ein **Drehstromschütz** zu schalten. Das Schütz schaltet dann die Lampen.

Leistung einer Lampe einschließlich Vorschaltgerät: 55 W

Leistung eines Stranges: 20 · 55 W = 1100 W

Gesamtleistung aller Lampen:
3 · 1100 W = 3300 W

Strangstrom: $I_{Str} = \frac{P_{Str}}{U_{Str}} = \frac{1100\ W}{230\ V} = 4{,}8\ A$

Leitungsschutzschalter: B10 A

Leiterquerschnitt: 1,5 mm^2

Die Beleuchtung ist 10 Stunden täglich an 280 Tagen im Jahr eingeschaltet.
Eine Kilowattstunde kostet 0,20 Euro.

Elektrische Energie:

$W = P \cdot t = 3300\ W \cdot 10\ h \cdot 280 = 9240\ kWh$

Energiekosten:

$K = W \cdot T_{ar} = 9240\ kWh \cdot 0{,}20\ \frac{Euro}{kWh}$
$= 1848\ Euro$

Würden Leuchtstofflampen mit VVG eingesetzt, wäre die Leistung einer Lampe
58 W + 8 W = 66 W.

Gesamtleistung: 60 · 66 W = 3960 W

Kosten: 3960 W · 10 h · 280 = 11088 kWh

$11088\ kWh \cdot 020\ \frac{Euro}{kWh} = 2217{,}60\ Euro$

Die jährlichen Energiekosten wären um 20 % höher.

$\frac{2217{,}60\ Euro}{1848{,}00\ Euro} \cdot 100\ \% = 120\ \%$

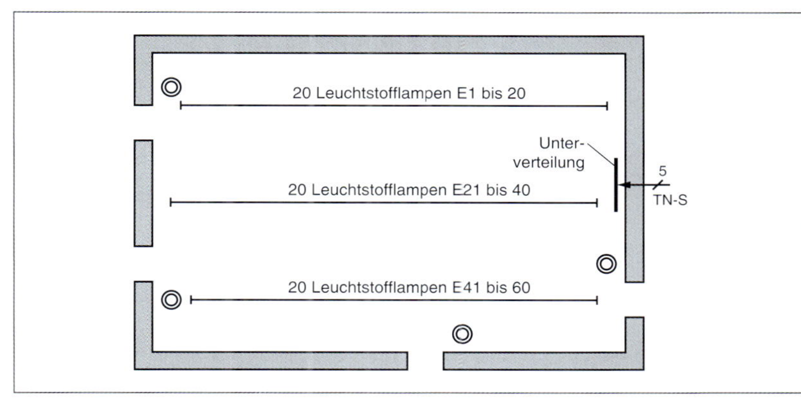

Bild 86 *Hallenbeleuchtung*

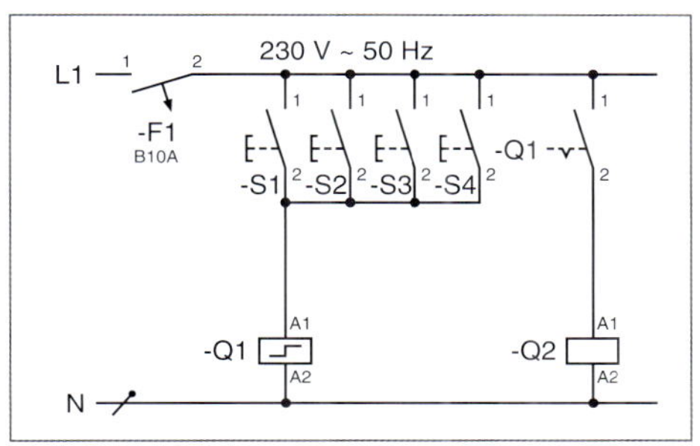

Bild 87 *Stromstoßschaltung mit Schütz*

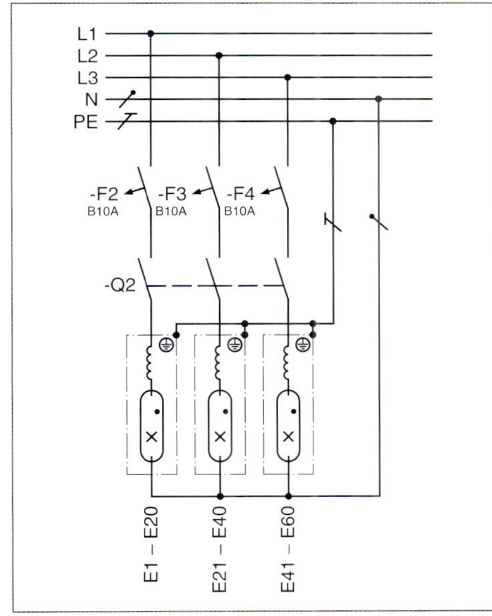

Bild 88 *Schaltung der Lampen*

■ **Gründe für die Aufteilung der Lampen auf die drei Außenleiter**

Symmetrische Belastung des Drehstromnetzes und Vermeidung des stroboskopischen Effektes durch 120° Phasenverschiebung.

■ **Aufgabenlösung**

@ Interessante Links

- christiani-berufskolleg.de

Prüfung

1. Vor Beginn der Arbeiten werden Sie von ihrem Vorgesetzten über die Gefahren der elektrischen Energie aufgeklärt. Er sagt, dass die Gefahren des elektrischen Stromes in seinen Wirkungen begründet liegen.

Nennen und beschreiben Sie die Wirkungen.

2. Welche Spannungen gelten für den Menschen als gefährlich?

Warum ist der Gleichspannungswert deutlich höher als der Wechselspannungswert?

3. Welche Wirkungen kann ein elektrischer Stromschlag auf den Menschen haben?

4. Welche Stromstärke kann bei einem Menschen bereits zum Tod führen?

5. Beschreiben Sie die Aussage der dargestellten Kennlinie.

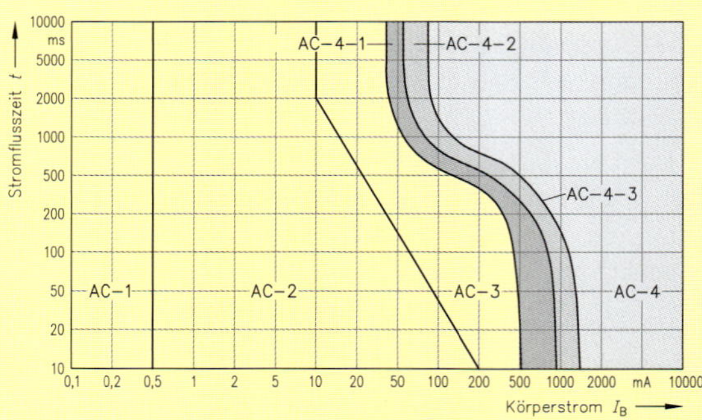

6. Welchen Vorteil hat es, Stromstoßschalter mit Kleinspannung zu betreiben?

7. Wie ist eine Mantelleitung aufgebaut?

8. Worin besteht der Unterschied zwischen Kabeln und Leitungen?

9. Welchen Kennfaden haben isolierte Leitungen nach harmonisierten Normen?

10. Um welche Leitungen handelt es sich? a) NYFAW b) H05 RN-F

11. Was bedeutet U_0 = 300 V, U = 500 V?

12. Erläutern Sie den Begriff Selektivität bei Überstrom-Schutzorgangen.

13. Welchen wesentlichen Zweck hat die Duo-Schaltung von Leuchtstofflampen?

14. Die Beleuchtung erfolgt durch 120 Niedervolt-Halogenlampen mit Kaltlichtreflektor.

Leistung einer Lampe 20 W, Nennspannung 12 V. Die Lampen sind täglich 12 Stunden i n Betrieb.

a) Welche jährlichen Energiekosten entstehen? (0,24 Euro/kWh)

b) Die Halogenlampen werden durch LED-Lampen (je 2,3 W) ersetzt. Wie groß ist das prozentuale Einsparpotenzial?

15. Bei Servicearbeiten finden Sie im Datenblatt des Betriebsmittels folgende Angabe:

Warning! Explosion Hazard

Do not disconnect equipment unless power has been switched of or area is known to be nonharzardous.

Übersetzen Sie den Text.

5 Elektrische Antriebe

Der Abteilungsleiter „Verpackung und Lager“ äußert den Wunsch, die Bandantriebe mit zwei Geschwindigkeiten betreiben zu können.

Er möchte die derzeitige Geschwindigkeit um 50 % reduzieren können. Dies für alle Bänder gleichzeitig.

Sie werden gebeten, eine Lösung zu erarbeiten.

5.1 Drehstrom-Asynchronmotor mit Käfigläufer

Jedes Transportband wird von einem eigenständigen Motor angetrieben. Dabei handelt es sich um einen **Käfigläufermotor**. Er ist ein robuster, preisgünstiger Antrieb. Sein Servicebedarf beschränkt sich praktisch auf den Tausch der Lager. Dies liegt vor allem daran, dass bei diesem Motor keine Stromzufuhr zu rotierenden Teilen (Läufer) notwendig ist.

Der Läuferstrom entsteht durch *Induktion*. Daher zählt der Käfigläufer zur Gruppe der **Induktionsmotoren**.

Die an die Außenleiter angeschlossenen Strangwicklungen erzeugen ein magnetisches **Ständerfeld** (Drehfeld).

Die Anzahl der magnetischen **Polpaare** (Nord- und Südpol) bestimmt die Geschwindigkeit, mit der das Drehfeld rotiert.

Bei Nennfrequenz bezeichnet man diese Geschwindigkeit als **synchrone Drehzahl** n_1.

Polpaarzahl	1	2	3	4	5
synchrone Drehzahl n_1	3000	1500	1000	750	600

Den in der Tabelle angegebenen Zusammenhang beschreibt die Gleichung

$$n_1 = \frac{f \cdot 60}{p}$$

n_1 synchrone Drehzahl in 1/min
f Frequenz Ständerfeld in Hz
p Polpaarzahl der Ständerwicklung

Die Strangwicklungen des Motors bestehen aus *mehreren Spulen*. Die Anzahl der Spulen pro **Strang** hängt von der gewünschten **Polpaarzahl** ab.

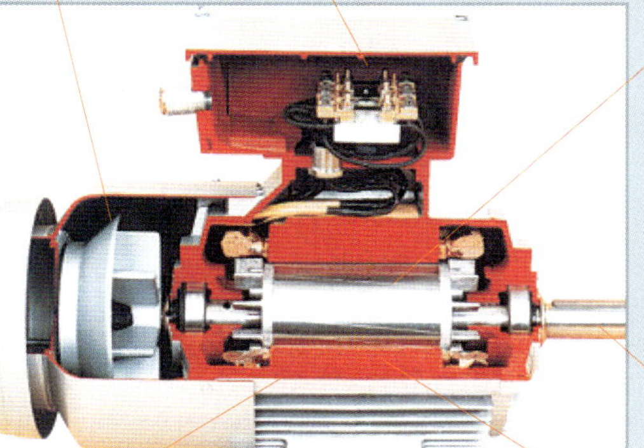

Magnetische Pole

treten stets paarweise auf (Nordpol und Südpol).

Man gibt daher die Polpaarzahl *p* an.

2 Magnetpole → 1 Polpaar

4 Magnetpole → 2 Polpaare

Elektrisch angetrieben
electrically driven

Antriebsmotor
drive motor, driving motor

Elektromotor
electric motor, electromotor

Drehstrommotor
three-phase motor

Asynchronmotor
asynchronous motor

Induktionsmotor
induction motor

Käfigläufermotor
squirrel-cage motor

Polpaar
pole pair

Drehzahl
speed (of rotation)

Strang
phase winding

Ständer
stator

Läufer
rotor

Vorsicht!

Beachten Sie bei Anschluss eines Drehstrommotors unbedingt, ob der Motor für die Strangspannung von 400 V geeignet ist.

Schutzart, Wärmeklasse

Weitere Informationen

Bemessungsleistung

eines Motors hängt von der Umgebungstemperatur und der Aufstellungshöhe ab.

Leistungsschildangaben für P_N: 40 °C und bis zu 100 m über NN.

Häufig werden Motoren der Wärmeklasse B eingesetzt.

Ausgehend von 40 °C darf die Wicklungstemperatur um maximal 80 K zunehmen.

Baugröße des Motors
Normgröße des Motors

Drehstrommotor

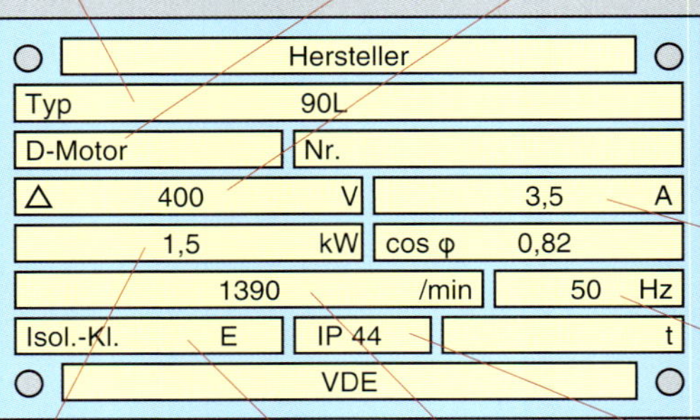

Bemessungsspannung
Dreieckschaltung (Δ) möglich, Strangspannung 400 V zulässig.
Bei Dreieckschaltung gelten die Leistungsschildangaben (z. B. 1,5 kW).
Sternschaltung auch möglich; aber mit geringerer Leistungsabgabe des Motors.

$$P_Y = \frac{1}{3} \cdot P_\Delta$$

Auch die Stromaufnahme ist bei Sternschaltung geringer.

Bemessungsstrom I_N bei Dreieckschaltung

Bemessungsfrequenz

Bemessungsleistung P_N
Mechanische Leistung, die an der Motorwelle abgegeben wird.
Die aufgenommene elektrische Leistung ist um den Wirkungsgrad größer.

$$P_{el} = \sqrt{3} \cdot U \cdot I \cdot \cos\varphi$$

$$P_{el} = \frac{P_N}{\eta}$$

Bemessungsdrehzahl
n_N
auch Bemessungsdrehfrequenz genannt.

Wärmeklasse
E: Grenztemperatur 120° C

Schutzart
1. Kennziffer: Personen- und Fremdkörperschutz
2. Kennziffer: Wasserschutz

Leistungsfaktor $\cos\varphi$
Verhältnis von Wirkleistung zu Scheinleistung.

$$\cos\varphi = \frac{P}{S}$$

$\cos\varphi = 0{,}82$ bedeutet, das 82 % der Scheinleistung in Wirkleistung umgesetzt wird.

Beispiel:

Strangwicklung $p = 1$ (1 Polpaar)
Abstand zwischen Anfangspunkten der 3 Spulen: 360°/3 = 120°

Strangwicklung $p = 2$ (2 Polpaare)
Abstand 360°/6 = 60°

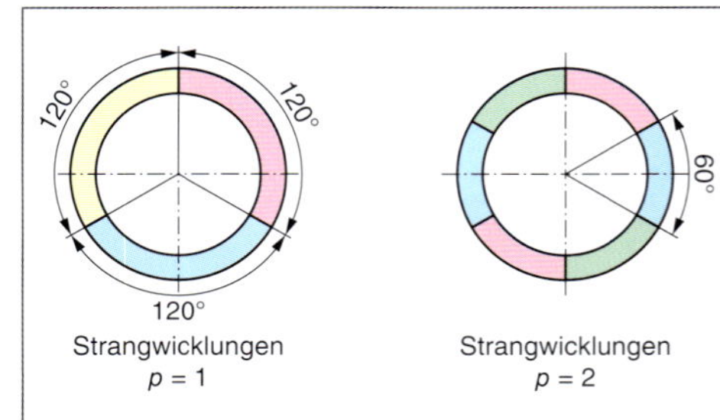

***Bild 2** Polpaarzahlen, Strangwicklung*

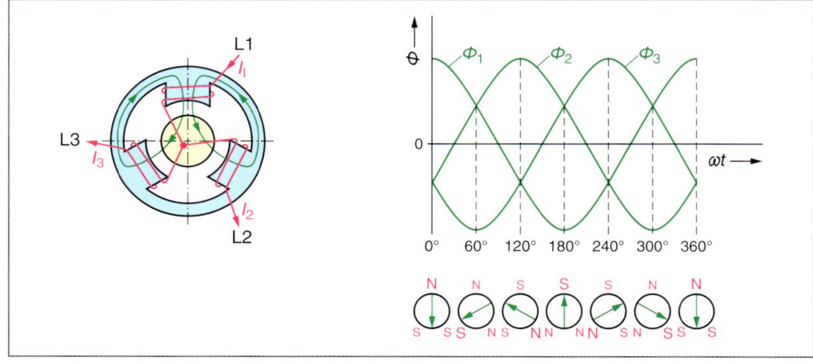

***Bild 1** Magnetisches Drehfeld rotiert im Luftspalt zwischen Ständer und Läufer*

Bei Rotation des Drehfeldes werden die **Stäbe des Käfigläufers** geschnitten. Im Käfigläufer wird eine **Spannung induziert**.

Dadurch wird ein **Läuferstrom** hervorgerufen, der ein magnetisches **Läuferfeld** bewirkt.

Dies wirkt in Verbindung mit dem Ständerfeld drehmomentbildend. Der Motor entwickelt ein **Drehmoment**.

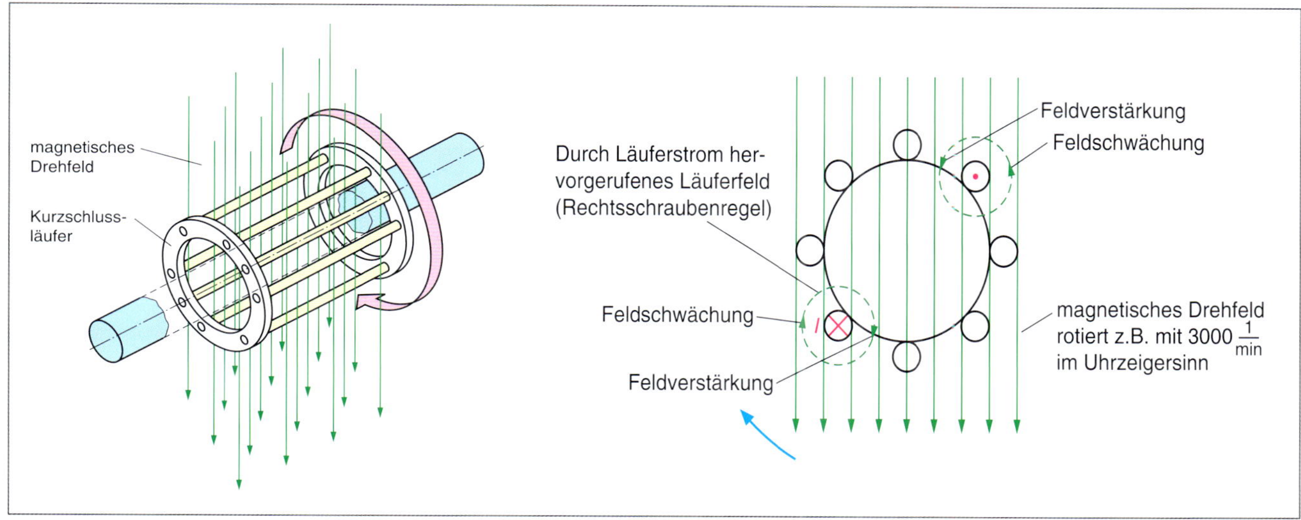

Bild 3 *Ständerdrehfeld induziert einen Läuferstrom, der ein Läuferfeld hervorruft; Drehmomentbildung*

In einem Raumpunkt können nicht *zwei* Magnetfelder *unabhängig* voneinander existieren. Die Felder *überlagern* sich und bilden ein **resultierendes Feld**.

Beachten Sie die *verstärkende* und *schwächende* Wirkung des Läuferfeldes (Bild 4).

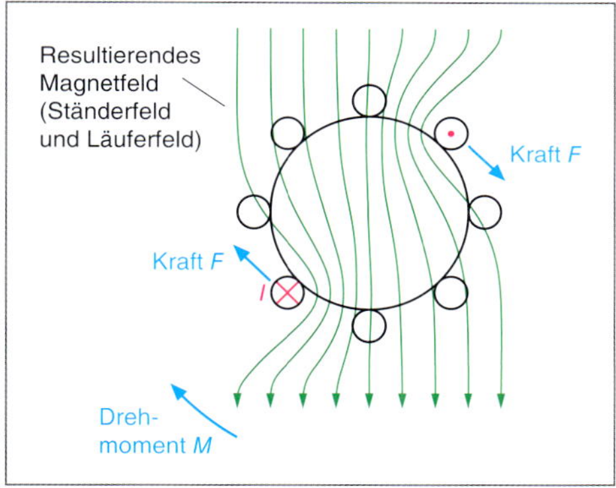

Bild 4 *Resultierendes Feld und Drehmoment*

z.B.

Welches Drehmoment (Bemessungsmoment) kann der Bandantriebsmotor entwickeln? Leistungsschild, Seite 222.

Bemessungsdaten des Motors:	$P_N = 1{,}5\ \text{kW},\quad n_N = 1390\ \frac{1}{\text{min}}$
Die Leistung (Welle) ist in W und die Drehzahl in $\frac{1}{\text{s}}$ anzugeben.	$P_N = 1500\ \text{W}$ $n_N = \dfrac{1390\ \frac{1}{\text{min}}}{60\ \frac{\text{s}}{\text{min}}} = 23{,}17\ \frac{1}{\text{s}}$
$1\ \text{Ws} = 1\ \text{Nm}$ $\dfrac{\text{W}}{\frac{1}{\text{s}}} = \text{Ws} = \text{Nm}$	$M_N = \dfrac{P_N}{2\pi \cdot n_N} = \dfrac{1500\ \text{W}}{2\pi \cdot 23{,}17\ \frac{1}{\text{s}}}$ $M_N = 10{,}3\ \text{Nm}$

Auf den Läufer wirken **Kräfte** ein, die ihn in Richtung des Drehfeldes bewegen.

Es wird ein **Drehmoment** entwickelt.

Drehmoment

$$M = \frac{P}{2\pi \cdot n}$$

M Drehmoment in Nm
P Leistung in W
n Drehzahl in 1/s

Asynchronmotor

Der Läufer kann *nicht* die gleiche Drehzahl wie das Ständerdrehfeld annehmen.

Dann würden nämlich die Läuferstäbe nicht mehr von den Feldlinien des Ständerdrehfeldes geschnitten. Folge: Keine Induktionsspannung im Läufer → kein Läuferstrom → kein Läufermagnetfeld → kein Drehmoment.

Der Läufer und das Ständerdrehfeld sind **asynchron** (nicht gleich). Die Läuferdrehzahl ist etwas niedriger als die Ständerdrehzahl.

Man nennt den Unterschied **Schlupfdrehzahl** n_S. Solche Motoren werden **Asynchronmotoren** genannt.

Bemessungsleistung
rated power, wattage rating

Bemessungsmoment
rated torque

Drehmoment
torque

Wirkungsgrad
efficiency (factor)

Leistungsfaktor
power factor

Betriebsart
(operating) mode

z.B.

Wie groß sind Schlupfdrehzahl und Schlupf des Bandantriebsmotors? Leistungsschild, Seite 222.

$n_2 = 1390$ 1/min

$n_1 = 1500$ 1/min

Im Leerlauf ist der Schlupf gering. Er wird mit zunehmender Motorbelastung größer.

$n_S = n_1 - n_2 = 1500 \frac{1}{\text{min}} - 1390 \frac{1}{\text{min}} = 110 \frac{1}{\text{min}}$

$s = \frac{n_S}{n_1} \cdot 100\,\% = \frac{110 \frac{1}{\text{min}}}{1500 \frac{1}{\text{min}}} \cdot 100\,\%$

$s = 7{,}33\,\%$

Schutzart
international protection, IP

Schlupfdrehzahl
asynchronous speed

Schlupf
slip, slippage

Anzugsmoment
initial torque, starting torque

Anzugsstrom
making current

Läuferstrom
rotor current

Drehmomentkennlinie
torque characteristic

Sattelmoment
cogging torque

Kippmoment
cutt-off torque

Nebenschlussverhalten
shunt charakteristic

Schlupfdrehzahl

$n_S = n_1 - n_2$

n_S Schlupfdrehzahl in 1/min
n_1 Drehfelddrehzahl in 1/min
n_2 Läuferdrehzahl in 1/min

Schlupf

Die Schlupfdrehzahl wird häufig in Prozent der Drehfelddrehzahl angegeben. Diese prozentuale Angabe ist der **Schlupf** s.

$s = \frac{n_1 - n_S}{n_1} \cdot 100\,\%$

Im Allgemeinen liegt der Schlupf zwischen 4 und 8 %.

Nun werden die Läuferstäbe nur noch mit der **Schlupfdrehzahl** $110 \frac{1}{\text{min}}$ des Ständerfeldes überholt (geschnitten).

Dies reicht, um die **Bemessungswerte** zu erreichen.

Im **Einschaltaugenblick** sind **Läuferspannung** und **Läuferfrequenz** am größten, um mit zunehmender Läuferdrehzahl abzunehmen.

Der Kurzschlussläufermotor hat einen relativ hohen **Anzugsstrom**.

Beachten Sie, dass der *Läuferstrom* bei Induktionsmotoren *dem speisenden Netz entnommen* wird. Eine Veränderung des Läuferstromes ist in den Zuleitungen zum Motor messbar.

Läuferfrequenz, Läuferstrom

Motor eingeschaltet, Läufer steht noch:

$n_2 = 0,\ n_1 = 1500 \frac{1}{\text{min}}$:

Feldlinien des Ständerfeldes schneiden Läuferstäbe mit $1500 \frac{1}{\text{min}}$.

Hohe Induktionsspannung mit 50-Hz-Netzfrequenz, hoher Läuferstrom.

Läuferfrequenz = maximal
Läuferstrom = maximal

Motor wurde auf die halbe Bemessungsdrehzahl beschleunigt:

$n_2 = 695 \frac{1}{\text{min}},\ n_1 = 1500 \frac{1}{\text{min}}$:

Feldlinien des Ständerfeldes schneiden Läuferstäbe mit $1500 \frac{1}{\text{min}} - 695 \frac{1}{\text{min}} = 805 \frac{1}{\text{min}}$, da der Läufer dem Ständerfeld nachläuft.

Induktionsspannung, Läuferfrequenz und Läuferstrom nehmen ab.

Motor wurde auf Bemessungsdrehzahl beschleunigt:

$n_2 = n_N = 1390 \frac{1}{\text{min}},\ n_1 = 1500 \frac{1}{\text{min}}$:

Induktionsspannung, Läuferfrequenz und Läuferstrom nehmen weiter ab.

Läuferfrequenz: minimal
Läuferstrom: minimal

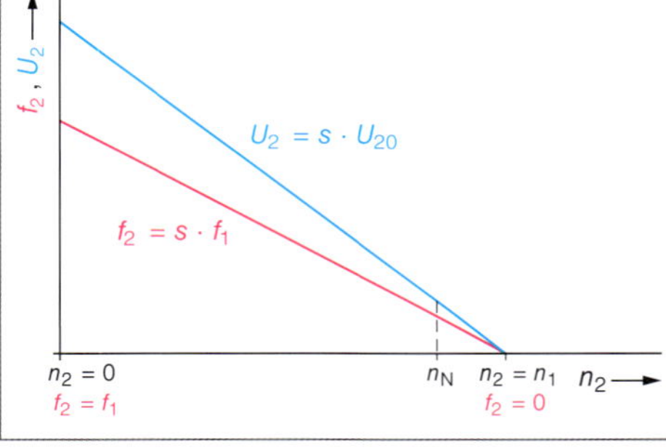

Bild 5 *Läuferspannung und Läuferfrequenz*

Bild 6 *Drehstrom-Asynchronmotor*

@ Interessante Links

Drehstrommotoren

- abb.de
- sew-eurodrive.de
- siemens.de
- weg.net
- schorch.de

■ **Frequenz des Läuferstromes**

$f_2 = f_1 \cdot s$

f_1: Netzfrequenz

s: Schlupf

Bandantriebsmotor: Wie groß ist die Frequenz der Läuferspannung bei n_N? Leistungsschild, Seite 222.

$s = 7{,}33\ \% \rightarrow s = \frac{7{,}33\ \%}{100\ \%} = 0{,}0733$

Netzfrequenz: $f_1 = 50$ Hz

$f_2 = s \cdot f_1$

$f_2 = 0{,}0733 \cdot 50\ \text{Hz} = 3{,}67\ \text{Hz}$

Drehmomentkennlinie

Technische Daten des Motors 90L (Bandantrieb)

Baugröße	P_N in kW	n_N in 1/min	I_N in A	$\frac{I_A}{I_N}$	M_N in Nm	$\frac{M_A}{M_N}$	$\frac{M_K}{M_M}$	$\cos\varphi$	η in %
90L	1,5	1390	3,5	5,1	10,3	2,3	2,5	0,82	76

■ **Weitere Informationen**

TB

$\frac{I_A}{I_N} = 5{,}1 \rightarrow I_A = 5{,}1 \cdot I_N = 17{,}85\ \text{A}$

Der Motor mit dem Bemessungsstrom $I_N = 3{,}5$ A nimmt im Anlauf den Strom 17,85 A auf.

Entsprechend stark ist auch das Magnetfeld und somit wird das **Drehmoment** bei Anlauf größer als bei Bemessungsbetrieb sein.

$\frac{M_A}{M_N} = 2{,}3 \rightarrow M_A = 2{,}3 \cdot M_N = 2{,}3 \cdot 10{,}3\ \text{Nm}$

$M_A = 23{,}7\ \text{Nm}$

Der Kurzschlussläufermotor entwickelt ein kräftiges **Anzugsmoment** M_A.

$\frac{M_K}{M_N} = 2{,}5 \rightarrow M_K = 2{,}5 \cdot M_N = 2{,}5 \cdot 10{,}3\ \text{Nm}$

$M_K = 25{,}75\ \text{Nm}$

Das **Kippmoment** M_K ist das maximale Moment des Motors. Wird das Kippmoment überschritten, fällt die Drehzahl des Motors auf null ab. Der Kurzschlussläufermotor hat **Nebenschlussverhalten**. Die Drehzahl sinkt zunächst bei Belastungssteigerung des Motors relativ gering ab, um bei Überschreitung des Kippmoments auf null zu „kippen".

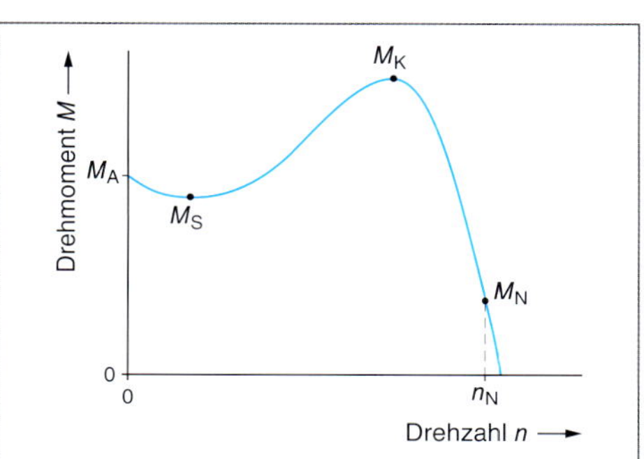

***Bild 7** Drehmomentkennlinie*

Zu Bild 7:

M_A: Anzugsmoment
Wird beim Anlaufen, also aus dem Stillstand heraus, abgegeben.

M_S: Sattelmoment
Ist das kleinste während des Anlaufens abgegebene Drehmoment.

M_K: Kippmoment
Maximales Drehmoment, das der Motor abgeben kann, Kippschlupf ca. 20 bis 30 %.

M_N: Bemessungsmoment
Bei M_N gibt der Motor bei n_N seine Bemessungsleistung P_N ab.

Betriebskennlinie

Die Drehzahl n fällt bei Belastung nur wenig ab (Nebenschlussverhalten). **Wirkungsgrad** η und **Leistungsfaktor** $\cos\varphi$ sind stark *belastungsabhängig*. Bei **Bemessungsbetrieb** ist das Produkt $\eta \cdot \cos\varphi$ möglichst groß.

Daher sollte die Bemessungsleistung des Motors möglichst genau dem Leistungsbedarf der Arbeitsmaschine angepasst werden.

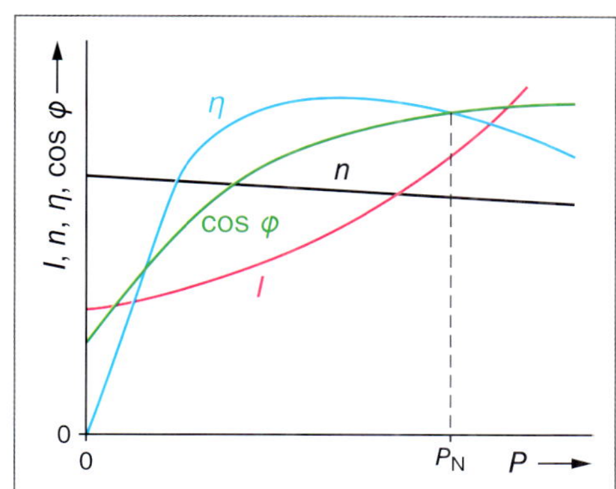

***Bild 8** Betriebskennlinie*

■ **Nebenschlussverhalten**
Relative Drehzahlkonstanz bis Überschreitung des Kippmomentes.

■ **Arbeitspunkt**
Ein stabiler Arbeitspunkt wird erreicht, wenn das Lastmoment der angetriebenen Arbeitsmaschine kleiner als das Anlauf- (M_A) und Sattelmoment (M_S) ist.

Bei Beschleunigung des Läufers nimmt die Frequenz der induzierten Läuferspannung ab.

Der induktive Widerstand wird kleiner, die Phasenverschiebung zwischen Läuferspannung und Läuferstrom wird geringer.

Der Leistungsfaktor cos φ verbessert sich.

Trotz geringer werdenden Ständerstromes nimmt dadurch das Drehmoment zu.

Ummagnetisierung *remagnitization, cycle magnetization*

Eisenkern *iron core*

Wirbelstrom *eddy current*

Hysterese *hysteresis*

Hystereseverlust *hysteresis loss*

Eisenverlust *iron loss*

Stromwärmeverlust *copper loss*

Wendeschalter *reversing switch, reserver*

Wendeschütz *reversing starter*

Eisenkern, geblättert

z.B.

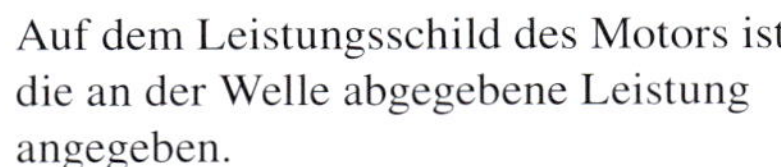

Bandantriebsmotor 90L (siehe Seite 222).
Wie groß ist der Wirkungsgrad? Wie groß ist die Blindleistung des Motors?

Auf dem Leistungsschild des Motors ist die an der Welle abgegebene Leistung angegeben.

$P_N = P_2 = 1{,}5$ kW

Die aufgenommene Leistung (Wirkleistung) kann berechnet werden.

Technische Daten siehe Seite 225.

$P_1 = \sqrt{3} \cdot U \cdot I \cdot \cos\varphi$

$P_1 = \sqrt{3} \cdot 400\ \text{V} \cdot 3{,}5\ \text{A} \cdot 0{,}82 = 1986\ \text{W}$

Der Wirkungsgrad ist das Verhältnis der aufgenommenen und abgegebenen Leistung.

$$\eta = \frac{P_2}{P_1} = \frac{1500\ \text{W}}{1986\ \text{W}} = 0{,}755$$

Berechnung der Blindleistung:

$\cos\varphi = 0{,}82 \rightarrow \varphi = 34{,}9^\circ \rightarrow \sin\varphi = 0{,}57$

$Q = \sqrt{3} \cdot U \cdot I \cdot \sin\varphi$

$Q = \sqrt{3} \cdot 400\ \text{V} \cdot 3{,}5\ \text{A} \cdot 0{,}57 = 1380{,}5\ \text{W}$

$Q \approx 1{,}38$ kvar

Leistungen beim Drehstrommotor

Aufgenommene Scheinleistung
$S = \sqrt{3} \cdot U \cdot I$

Aufgenommene Wirkleistung
$P_1 = \sqrt{3} \cdot U \cdot I \cdot \cos\varphi = S \cdot \cos\varphi$

Abgegebene Wirkleistung (Bemessungsleistung)
$P_2 = \sqrt{3} \cdot U \cdot I \cdot \eta \cdot \cos\varphi = S \cdot \eta \cdot \cos\varphi$

Aufgenommene Blindleistung
$Q = \sqrt{3} \cdot U \cdot I \cdot \sin\varphi = S \cdot \sin\varphi$

Verluste des Motors

Ständer: Kupferverluste und Eisenverluste

Kupferverluste sind *Stromwärmeverluste*.

Sie sind *belastungsabhängig* und entstehen in den ohmschen Widerständen der Motorwicklungen.

Eisenverluste sind **Wirbelstromverluste** und **Ummagnetisierungsverluste**.

Hystereseverluste entstehen, wenn Eisen von einem Wechselstrom magnetisiert wird.

Das Eisen muss ständig *ummagnetisiert* werden, bei einer Frequenz von 50 Hz 100-mal in der Sekunde.

Für Magnetisierung und Ummagnetisierung ist Energie notwendig.

Wirbelstromverluste entstehen, weil auch im Eisenkern eine Spannung induziert wird (genau wie in den Spulen). Die induzierte Spannung ruft Ströme hervor, die Wärmeverluste bewirken. Die Ströme verlaufen *kreisförmig* um die Magnetfelder.

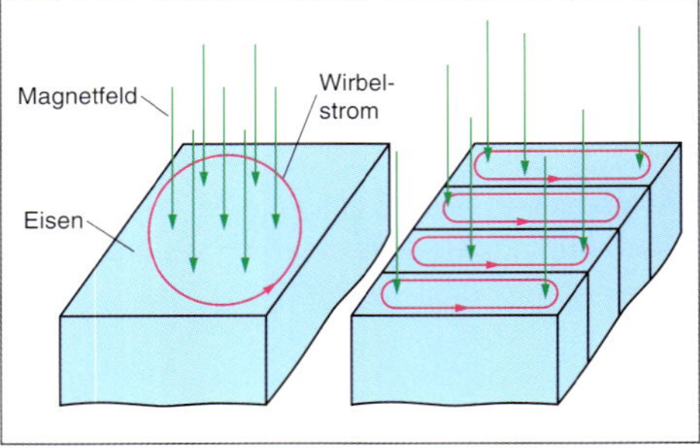

Bild 9 *Wirbelströme*

Durch **Blätterung** des Eisens (Aufteilung in dünne Bleche) können die *Wirbelstromverluste* verringert werden (Bild 9).

Die **Läuferverluste** sind *schlupfabhängig*. Wenn der Schlupf z. B. 7 % beträgt, dann betragen die Läuferverluste etwa 7 % der abgegebenen Leistung.

Bild 11, Seite 227 zeigt die Verluste beim Drehstrommotor.

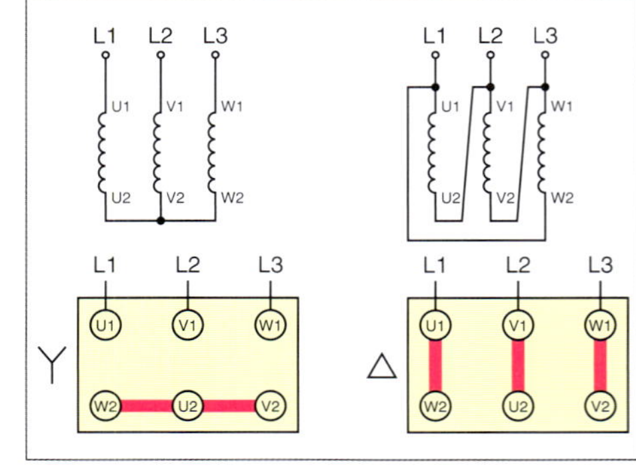

Bild 10 *Ständerwicklungsschaltung*

Vorsicht!

Nicht jeder Motor ist für Dreieckschaltung geeignet.
Wenn der Motor für Dreieckschaltung geeignet sein soll, dann müssen die Strangwicklungen für 400 V ausgelegt sein.

Auf dem **Leistungsschild** des Bandantriebsmotors (siehe Seite 222) steht Δ 400 V.

In *Dreieckschaltung* dürfen also 400 V an den Strangwicklungen anliegen.

In *Sternschaltung* beträgt die Strangspannung 230 V, was kein Problem darstellt.
Der Motor kann also in *Sternschaltung* oder in *Dreieckschaltung* betrieben werden.

An den *Strangwicklungen* darf *niemals* eine *höhere Spannung* anliegen, als vom Motorhersteller vorgesehen.
Bei Sternschaltung gibt der Motor aber nur *ein Drittel* seiner Bemessungsleistung ab.

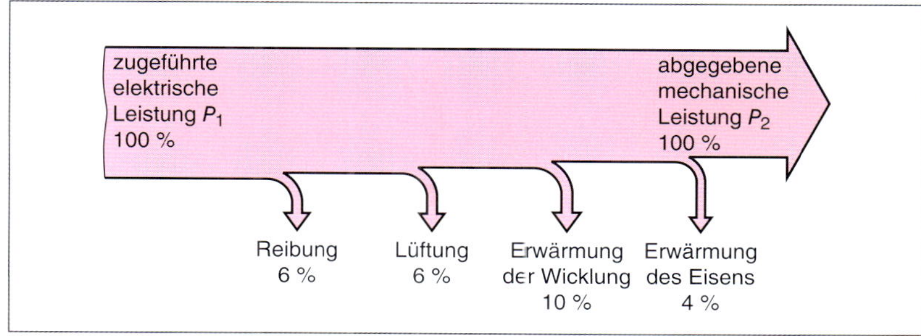

Bild 11 *Verluste beim Motor*

Drehrichtungsumkehr von Drehstrommotoren

Die **Drehrichtungsumkehr** erfolgt durch *Vertauschung* von zwei Außenleitern (Bild 12).

Dadurch ändert sich die Richtung des magnetischen Drehfeldes.

Man spricht von einer **Wendeschaltung**.

Die **Schützverriegelung** bewirkt, dass nur immer eines der beiden Schütze Q1, Q2 angezogen sein kann (Bild 12).

Wenn nämlich beide Schütze angezogen wären, würde sich im Hauptstromkreis ein *zweipoliger Kurzschluss* ergeben. Die Schützverriegelung ist *zwingend* erforderlich.

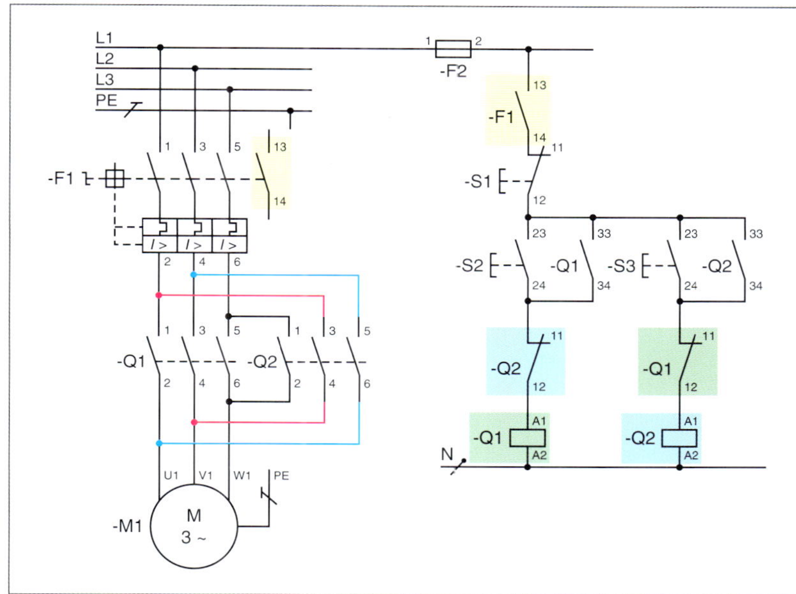

Bild 12 *Wendeschaltung, Drehrichtungsumkehr von Motoren*

Tasterverriegelung

Zusätzlich zur Schützverriegelung kann noch eine **Tasterverriegelung** vorgesehen werden. Dabei sind zwei Möglichkeiten zu unterscheiden.

1. Möglichkeit (Bild 13)

Die Selbsthaltung überspannt auch die Öffner der Befehlsgeber S2 und S3.

Ein Umschalten der Drehrichtung ist dann nur **über AUS** (S1) möglich.

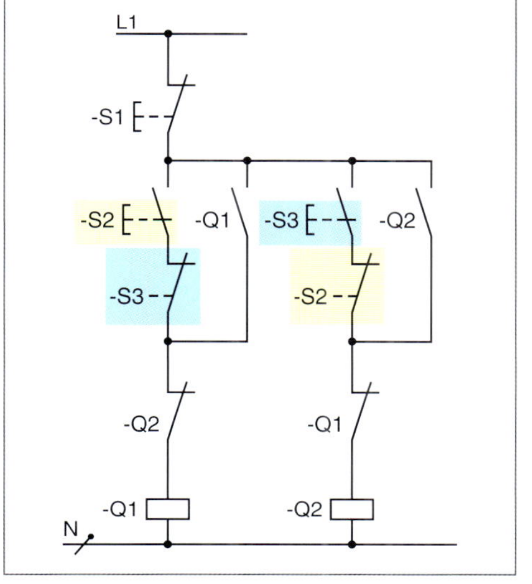

Bild 13 *Tasterverriegelung (über AUS)*

Bei Sternschaltung sind Leistungsabgabe und Drehmoment des Motors nur noch ein Drittel so groß wie bei Dreieckschaltung.

■ **Schützverriegelung** ist zwingend, Tasterverriegelung im Allgemeinen optional.

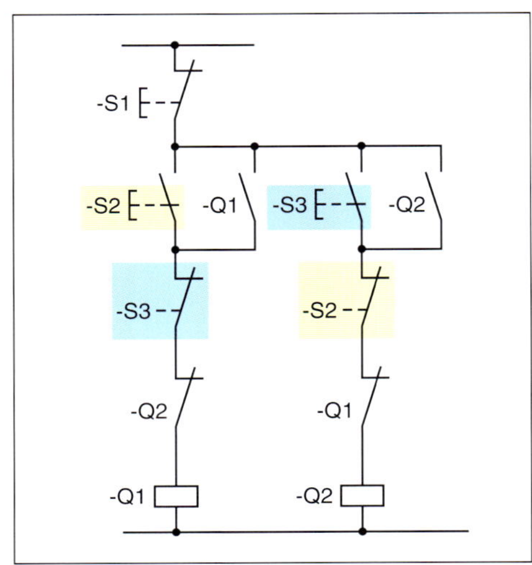

Bild 14 *Tasterverriegelung, direkt*

■ **Direktes Umschalten** kann zu einer erheblichen Belastung der Kupplungselemente zwischen Motor und Arbeitsmaschine führen.

2. Möglichkeit (Bild 14)

Die Selbsthaltung überspannt nur die Schließer der Befehlsgeber S2 und S3.

Die Drehrichtung kann dann auch ohne S1 direkt mit S2 bzw. S3 umgeschaltet werden. Man spricht dann von **direktem Umschalten**.

Stern-Dreieck
star-delta, wye-delta

Stern-Dreieck-Schaltung
star-delta-connection

Stern-Dreieck-Anlauf
star-delta-starting

Stern-Dreieck-Umschaltung
star-delta-switching

Stern-Dreieck-Anlassschaltung

Um den **Anzugsstrom** des Motors zu begrenzen, wird der Motor mit *verminderter Spannung* angelassen.

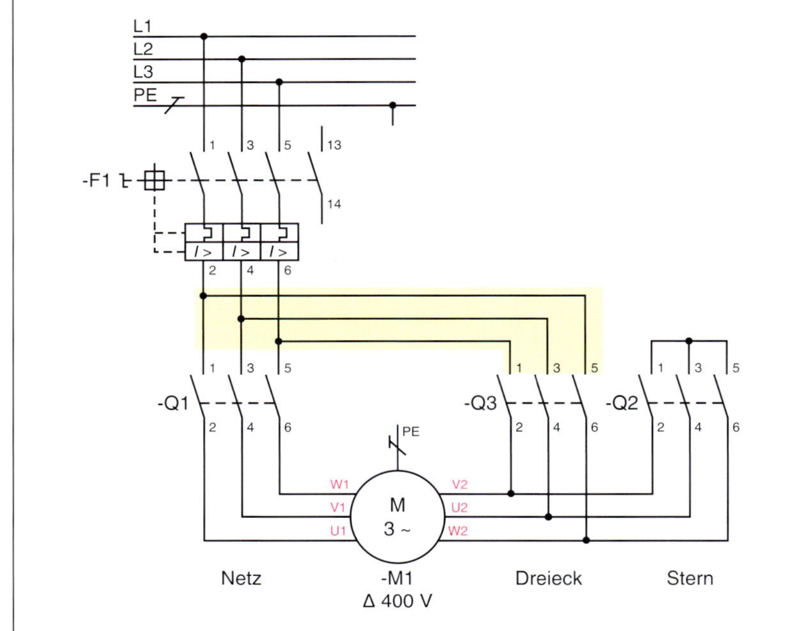

Bild 15 *Stern-Dreieck-Schaltung*

Sternschaltung: 230 V an des Strängen

Dreieckschaltung: 400 V an den Strängen

Die Anlassschaltung wird **Stern-Dreieck-Schaltung** genannt. Der Motor wird in *Sternschaltung angelassen* und nach kurzer Zeit in *Dreieck umgeschaltet*.

- Q1 und Q2 angezogen: *Sternschaltung*
- Q1 und Q3 angezogen: *Dreieckschaltung*
- Umschaltung von Stern- auf Dreieckschaltung erfolgt zeitverzögert.
- Sternschütz Q2 und Dreieckschütz Q3 dürfen niemals gemeinsam angezogen sein (dreipoliger Kurzschluss).
- Q2 und Q3 sind zu verriegeln.

Vorsicht!

Besondere Beachtung verdient der *gelb unterlegte* Anschluss (Bild 15). Hier wird die **Dreieckschaltung** der *Strangwicklung* hergestellt, die wie in Bild 16 gezeigt durchgeführt wird.

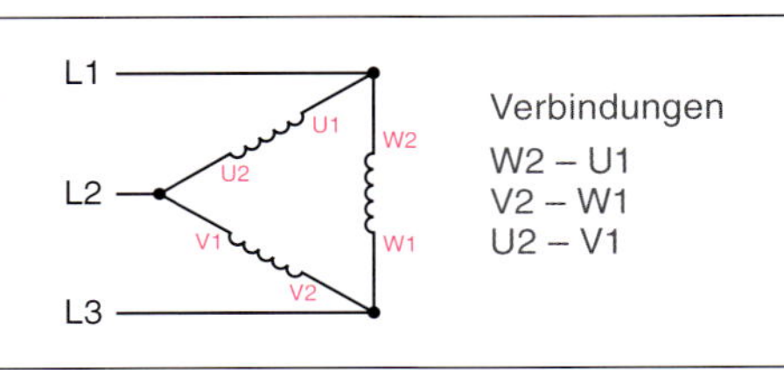

Bild 16 *Dreieckschaltung*

Eine **Vertauschung** (z. B. bei Austausch des Netzschützes Q1) hätte eine *Fehlfunktion* der Schaltung zur Folge:

- *Motor arbeitet im Dreieckbetrieb nicht.*
- *Motor arbeitet im Dreieckbetrieb nicht einwandfrei und Motorschutz spricht an.*

Achten Sie besonders auf die Schaltung nach Bild 16, wenn die **Motoranschlüsse** *nicht wie auf dem Klemmbrett* angeordnet sind. Ein Beispiel dafür zeigt Bild 17.

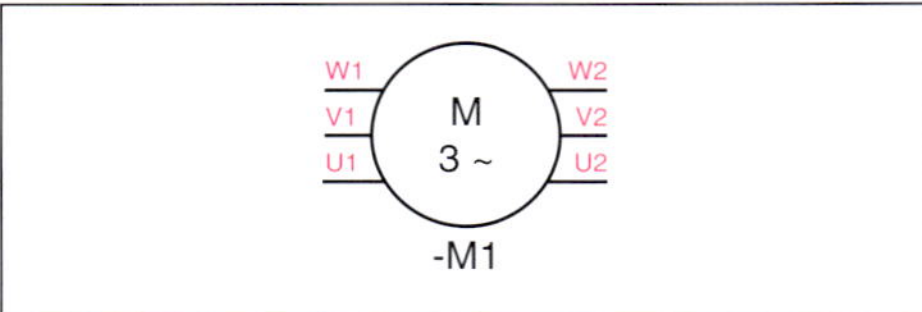

Bild 17 *Vertauschung der Motoranschlüsse*

Einen möglichen **Steuerstromkreis** für die Stern-Dreieck-Anlassschaltung zeigt Bild 18, Seite 229.

Die Umschaltung von Stern- auf Dreieckschaltung erfolgt automatisch mithilfe eines Zeitrelais.

Bild 18:

- S1 betätigen → Q1 und Q2 ziehen an, Zeit läuft ab.
- Zeit abgelaufen → Q2 fällt ab, Q3 zieht an (Dreieckbetrieb).

Motorschutz bei Stern-Dreieck-Schaltung

Grundsätzlich gilt: Der Motorschutz ist auf den **Bemessungsstrom** I_N (Leistungsschildangabe) einzustellen.

Die einzige **Ausnahme** von dieser Regel kann die Stern-Dreieck-Schaltung sein.

1. Der Motorschutz liegt in den Netzzuleitungen *vor* den *Stromverzweigungspunkten* der Dreieckschaltung.

Hier fließen die *Außenleiterströme* (Bemessungsströme in den Außenleitern). In diesem Fall ist der **Motorschutz** auf den **Bemessungsstrom** des Motors einzustellen (Bild 18).

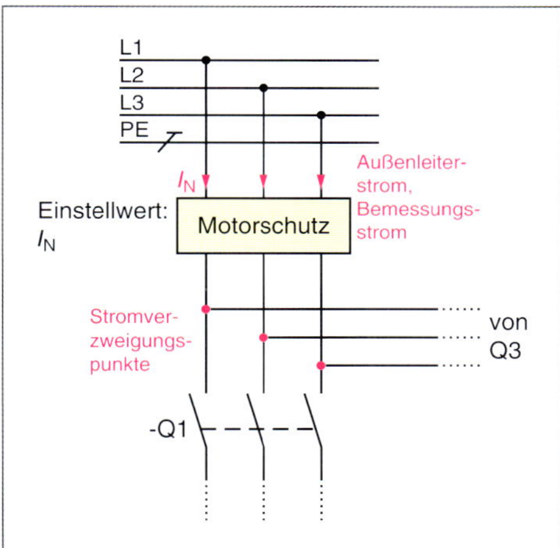

Bild 19 *Motorschutz in den Leitern*

2. Der Motorschutz liegt in den Strängen des Motors *nach* den *Stromverzweigungspunkten* der Dreieckschaltung (Bild 19).

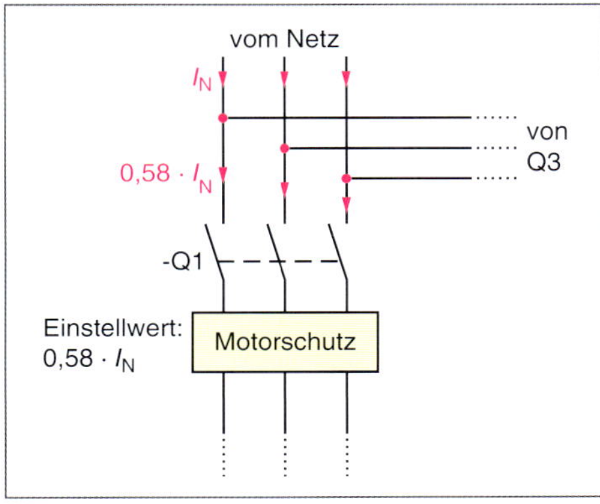

Bild 20 *Motorschutz in den Strängen*

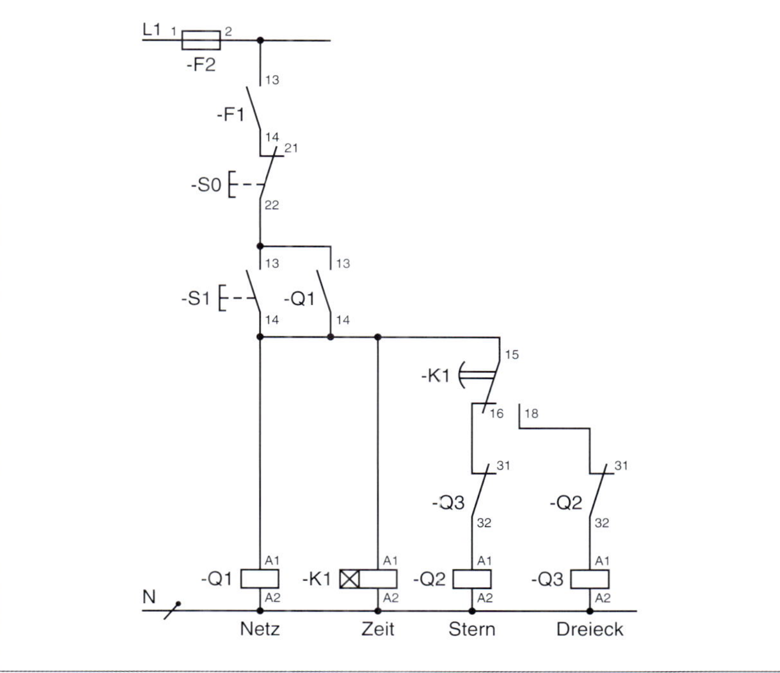

Bild 18 *Steuerstromkreis einer Stern-Dreieck-Anlassschaltung*

Die Motorschutzeinrichtung wird vom **Strangstrom** durchflossen.

$$\text{Strangstrom} = \frac{\text{Außenleiterstrom}}{\sqrt{3}}$$

$$I_{Str} = \frac{I_N}{\sqrt{3}} = 0{,}58 \cdot I_N$$

Der Motorschutz ist auf den **0,58-fachen Wert** des **Bemessungsstromes** einzustellen.
Zum Beispiel:

- Bemessungsstrom: $I_N = 3{,}5$ A
- Einstellwert: $0{,}58 \cdot I_N = 2$ A

Der Unterschied ist beträchtlich. Bei falscher Einstellung ist **kein Motorschutz** gegeben.

Drehzahländerung

Die **Drehzahl** des Drehstrommotors ist abhängig von der **Drehfelddrehzahl**.

$$n_2 = n_1 - n_S = \frac{f \cdot 60}{p} - n_S$$

n_2 Drehzahl des Motors (Läufer) in 1/min
n_1 Drehfeld in 1/min
n_S Schlupfdrehzahl in 1/min
f Frequenz in Hz
p Polpaarzahl

Die **Drehfelddrehzahl** ist also durch eine Änderung der **Polpaarzahl** p möglich.

■ Motorschutz bei Dreieckschaltung

Wenn der Motorschutz in den Strängen des Motors angeordnet ist, dann ist der Einstellwert $0{,}58 \cdot I_N$.

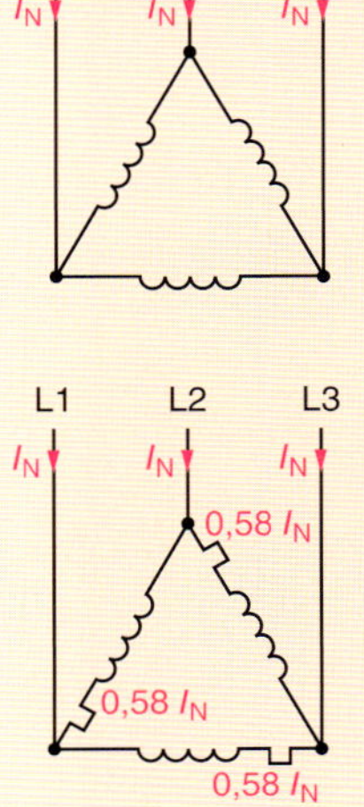

■ **Vorsicht!**

Mit dem Multimeter im Widerstandsmessbereich messen Sie nur den ohmschen Anteil der Strangwicklung (*R*).

Für eine erste Diagnose ist dies aber durchaus hilfreich.

Drehzahländerung
speed variation

Drehfeld
rotating field, revolving field

Änderung
change, alternation

Drehzahländerung
speed variation, change of speed

Polumschaltbarer Drehstrommotor
pole-changing three-phase motor

Dahlanderschaltung
tapped winding

@ Interessante Links

Motorstarter

- siemens.de
- moeller.net
- phoenixcontact.com
- lovatoelectric.de

Bild 21

Beachten Sie, dass in den Motorsymbolen die *Polzahl* und nicht die *Polpaarzahl* angegeben ist.

z.B.

Ein Bandandtrieb ist defekt.
Sie werden beauftragt, ihn mithilfe eines Multimeters zu überprüfen.
Nachdem Sie die Brücken des Motorklemmbrettes entfernt haben, messen Sie die drei Strangwiderstände im Widerstandsmessbereich des Multimeters.

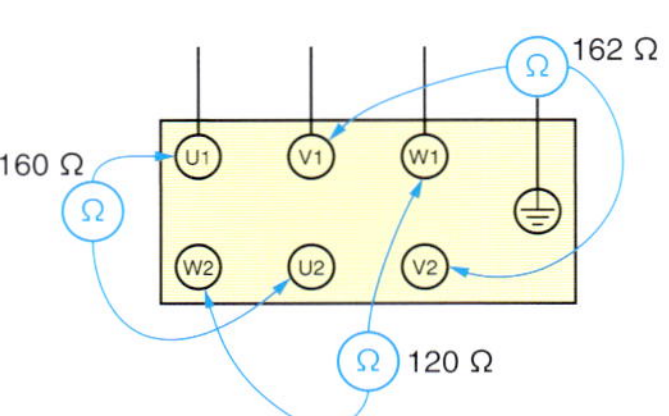

Messungen im spannungsfreien Zustand durchführen!

Beachten Sie, dass die Leistungsschildangaben für den Dreieckbetrieb gelten!

Zunächst fällt auf, dass die 3 Strangwiderstände nicht gleich sind. Der Widerstand des Stranges W1 – W2 ist deutlich kleiner als die beiden anderen Strangwiderstände.

U1 – U2: $R = 160\ \Omega$
V1 – V2: $R = 162\ \Omega$
W1 – W2: $R = 120\ \Omega$

Rechnerischer Wert der Strangwiderstände:

$$I_{Str} = \frac{I_N}{\sqrt{3}} = \frac{3{,}5\ A}{\sqrt{3}} = 2\ A$$

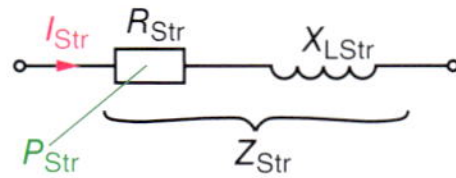

In Dreieckschaltung liegen 400 V an jedem Strang.

Scheinwiderstand *Z* des Stranges:

$$Z = \frac{U}{I_{Str}}$$

$$Z = \frac{400\ V}{2\ A} = 200\ \Omega$$

Widerstandsdreieck der Reihenschaltung:

$\cos\varphi = R/Z \rightarrow R = Z \cdot \cos\varphi$

$R = 200\ \Omega \cdot 0{,}82 = 164\ \Omega$

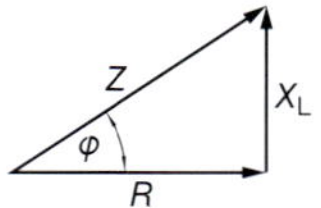

Der Widerstand des Stranges W1 – W2 ist eindeutig zu klein. Möglicherweise liegt ein Windungsschluss vor. Der Motor muss ausgetauscht werden.

Polumschaltbarer Motor mit getrennten Wicklungen

Der Motor hat *getrennte* Ständerwicklungen *unterschiedlicher Polpaarzahl*.

Die **Motordrehzahl** wird durch die gerade eingeschaltete *Ständerwicklung* bestimmt.

Nachteilig ist der hohe **Aufwand** der getrennten Wicklungen, die im Ständer des Motors untergebracht werden müssen.

Beliebige *Drehzahlkombinationen* möglich.

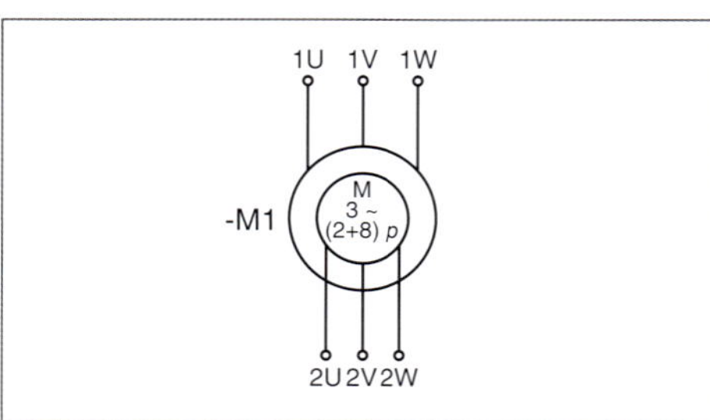

Bild 21 *Polumschaltbarer Motor, Symbol*

(2 +8)p: Im Motorsymbol ist die **Polzahl**, *nicht* die *Polpaarzahl* angegeben (Bild 21).

2 Pole: $p = 1 \rightarrow n_1 = 3000$ 1/min

8 Pole: $p = 4 \rightarrow n_1 = 750$ 1/min

Bezogen auf die **Drehfelddrehzahl** hätte der Motor also die Kombination 3000/750 1/min.

Die **Bemessungsleistungen** verhalten sich annähernd wie die *Drehzahlen*.

Bild 22, Seite 231, zeigt den **Hauptstromkreis** und den **Steuerstromkreis** eines *polumschaltbaren* Motors.

Beachten Sie dabei unbedingt den *gelb unterlegten* Anschluss des Motors. Im Allgemeinen soll der Motor bei beiden Drehzahlen in der gleichen Drehrichtung laufen.

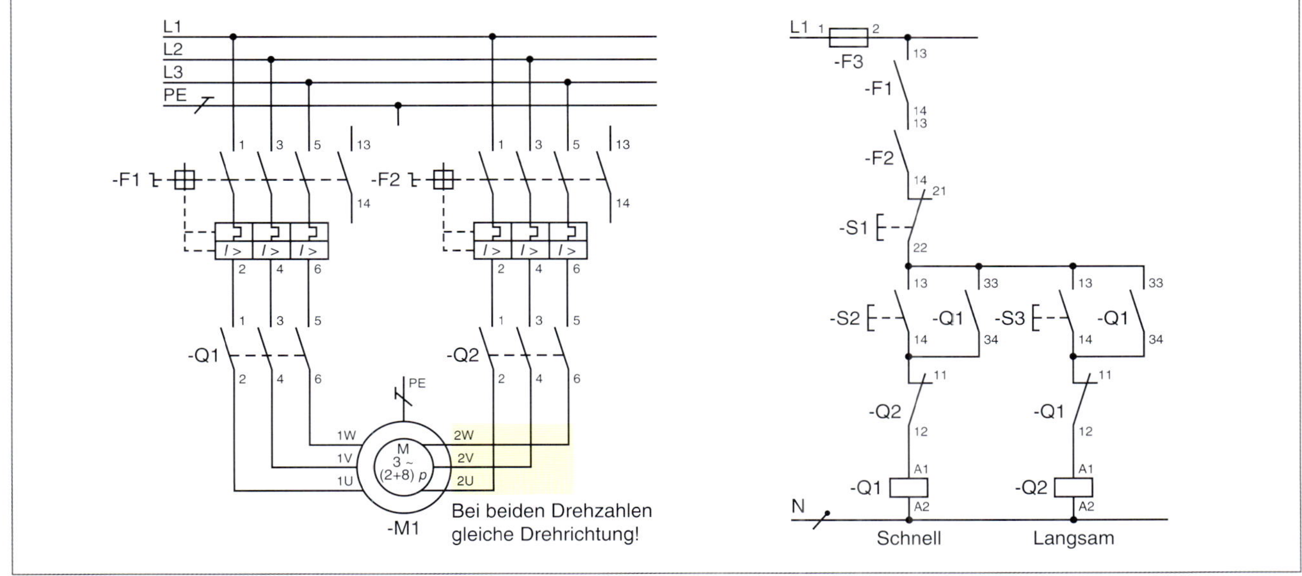

***Bild 22** Polumschaltbarer Motor mit getrennten Wicklungen, Hauptstromkreis und Steuerstromkreis*

Die beiden Ständerwicklungen haben eine *unterschiedliche* **Stromaufnahme**.

Daher sind *zwei* **Motorschutzeinrichtungen** notwendig, die auf die unterschiedlichen Bemessungsströme einzustellen sind.

Dahlanderschaltung

Niedrige Drehzahl: Ständerwicklung in *Dreieckschaltung* (Δ).

Hohe Drehzahl: Ständerwicklung in *Doppelsternschaltung* (YY).

Einschränkung: Drehzahlverhältnis 1 : 2

Vorteil: Preiswerter Motor, der mit *einer* Ständerwicklung auskommt. Dies ermöglicht auch heute noch den *wirtschaftlichen Einsatz* der Dahlanderschaltung.

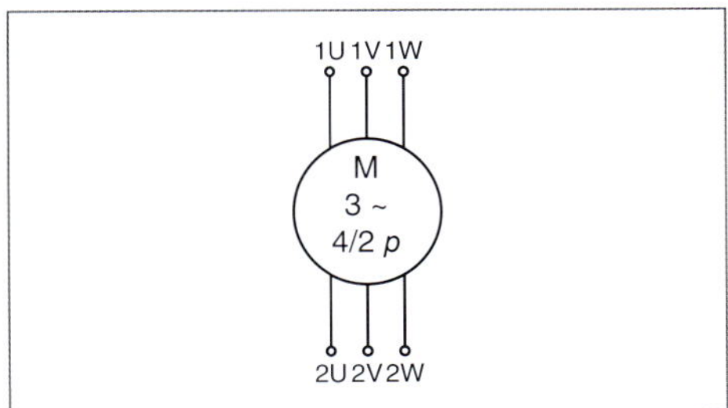

***Bild 23** Dahlandermotor, Symbol*

Die *magnetischen Pole* der Strangwicklung bilden zwischen Spulenseiten *ungleiche Stromrichtungen* aus (Bild 26, Seite 232).

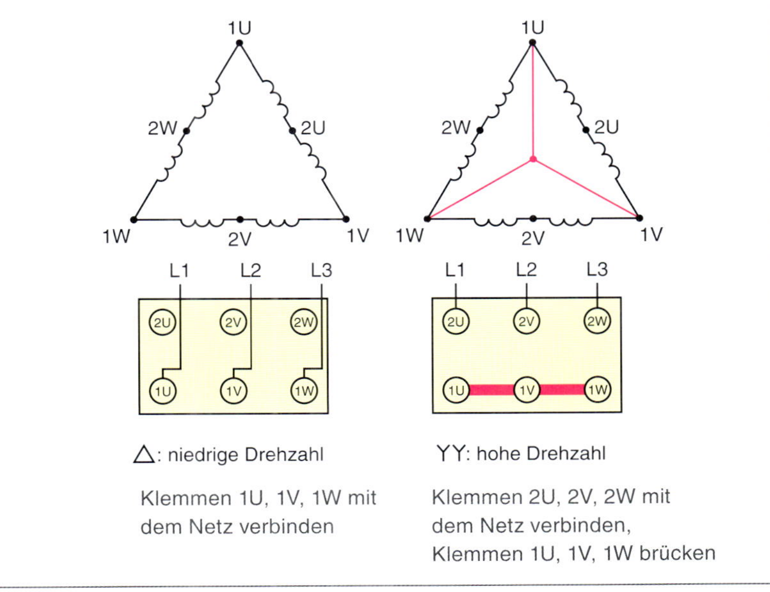

***Bild 24** Schaltung der Wicklungen bei Dahlanderschaltung*

Bei Doppelsternschaltung bildet sich nur die *halbe Polzahl* der Dreieckschaltung aus.

Verhältnis der Leistungen bei Dahlanderschaltung:

$$\frac{P_{\Delta}}{P_{YY}} = 0{,}65$$

Auch bei Dahlanderschaltung sind wegen der unterschiedlichen Stromaufnahme *zwei Motorschutzeinrichtungen* notwendig.

Bild 23:

Im Motorsymbol ist die *Polzahl* und nicht die *Polpaarzahl* angegeben.

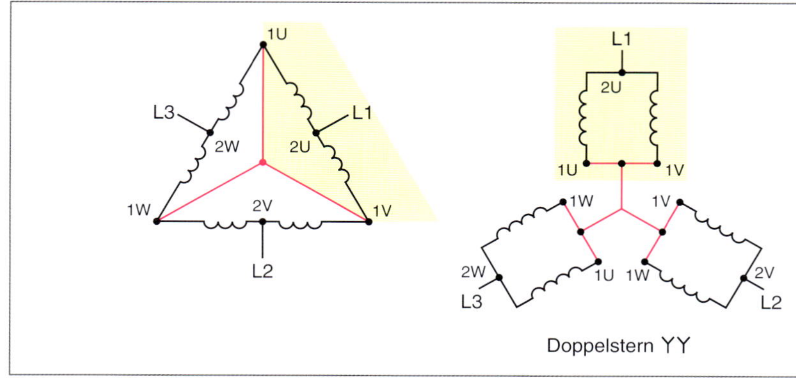

Bild 25 Doppelsternschaltung, beide Schaltungen elektrisch gleichwertig

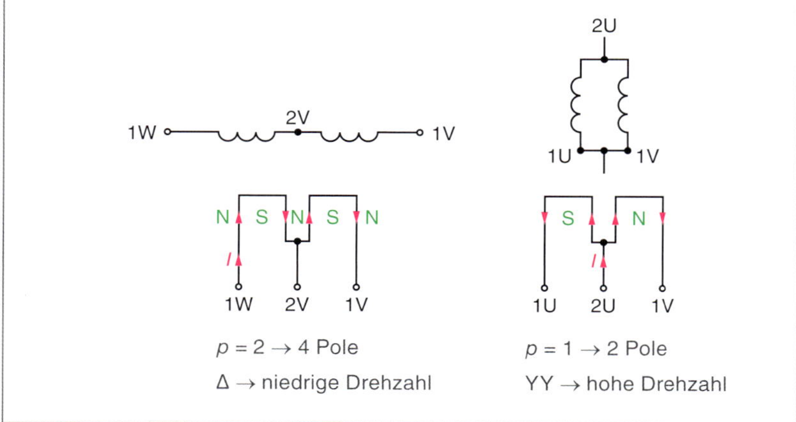

Bild 26 Änderung der Polzahl (Polpaarzahl) bei Dahlanderschaltung

Drehstrommotor am Einphasennetz

Ein *Drehstrommotor* kann auch an **Einphasen-Wechselstrom** betrieben werden. Allerdings mit stark verminderter Leistung (ein Drittel).

Verwendet wird die **Steinmetzschaltung**.

Die Ständerwicklungen werden in **Dreieck** geschaltet, ein **Betriebskondensator** C_B sorgt für einen selbsttätigen Anlauf.

Durch die Schaltung des *Betriebskondensators* wird die **Drehrichtung** bestimmt.

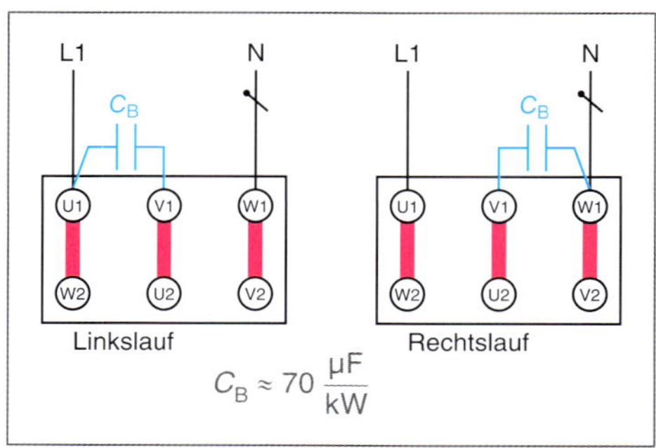

Bild 28 Steinmetzschaltung, 2 Drehrichtungen

Drehstrommotor

- am Drehstromnetz: P_N, M_N
- in Steinmetzschaltung: $\frac{1}{3} \cdot P_N$, $\frac{1}{3} \cdot M_N$

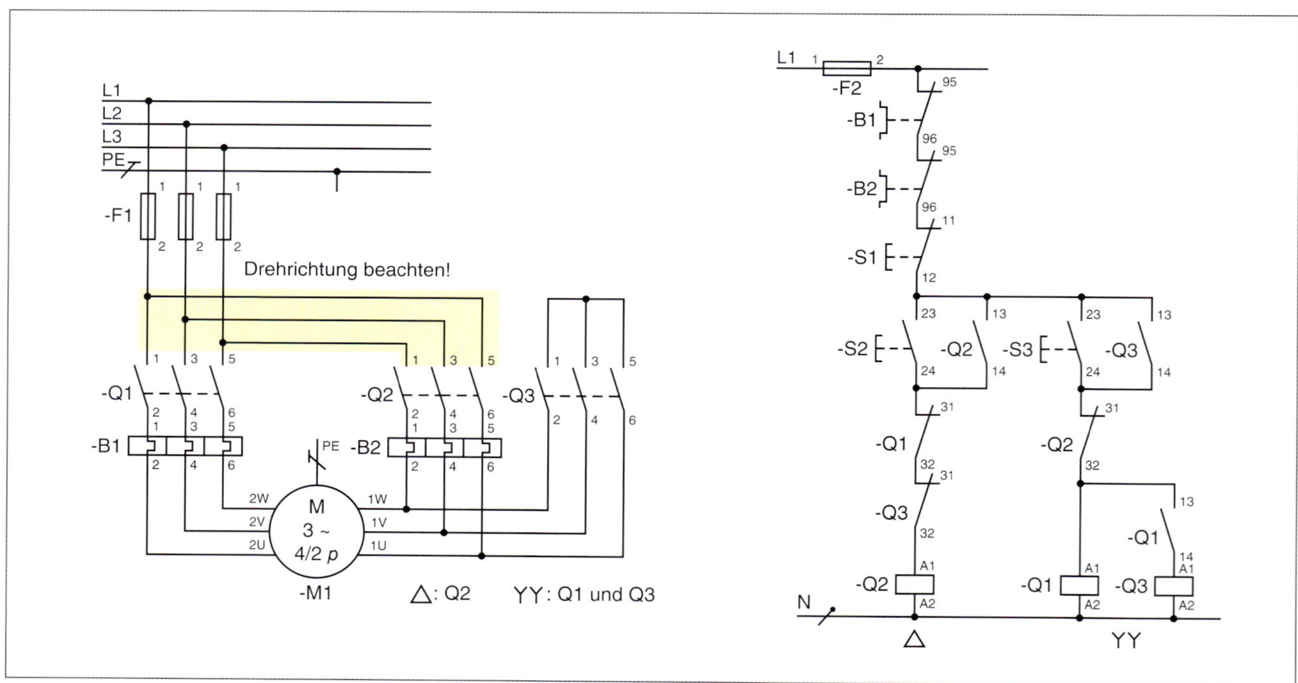

Bild 27 Dahlanderschaltung, Hauptstromkreis und Steuerstromkreis

5.2 Kondensatormotor

Der Einsatz eines *Drehstrommotors* am Einphasennetz ist technisch wenig sinnvoll.

Der konstruktive Aufwand des Drehstrommotors wird nur zu einem Drittel genutzt. Eine „Notlösung" vielleicht, aber sicher nicht wirtschaftlich.

Dennoch ist man auch im *Einphasenbereich* an einem *robusten* Antriebsmotor mit **Kurzschlussläufer** interessiert, allerdings angepasst an die Notwendigkeiten.

Der **Kondensatormotor** hat *zwei* Wicklungen: **Hauptwicklung** und **Hilfswicklung**. Der Läufer ist ein robuster **Kurzschlussläufer**.

Die **Hauptwicklung** ist in zwei Dritteln der Ständernuten untergebracht. Das restliche Drittel wird vom **Hilfsstrang** belegt.

Der Strom in der **Hilfswicklung** ist durch den Betriebskondensator C_B annähernd um 90° gegenüber dem Strom in der Hauptwicklung phasenverschoben. Damit sind dann auch die Magnetflüsse um ca. 90° gegeneinander phasenverschoben.

Durch den **Betriebskondensator** darf sich die Hilfswicklung nicht unzulässig erwärmen.

Je Kilowatt Motor-Bemessungsleistung soll C_B die Blindleistung 1 kvar aufnehmen.

Um das **Anzugsmoment** des Motors zu steigern, kann während des Motoranlaufs ein **Anlaufkondensator** C_A parallel zum Betriebskondensator geschaltet werden (Kapazitätserhöhung).

Bild 31 zeigt eine solche Schaltung mit Fliehkraftschalter.

Nach dem Anlauf muss C_A allerdings unbedingt abgeschaltet werden, sonst wird die Hilfswicklung zerstört. Die Abschaltung kann durch einen **Fliehkraftschalter** erfolgen (Bild 31).

Der Anlaufkondensator C_B soll je Kilowatt Bemessungsleistung etwa eine Blindleistung von 4 kvar aufnehmen.

Es wird beim *Kondensatormotor* ein **magnetisches Drehfeld** hervorgerufen. Der Motor kann *selbsttätig* anlaufen (siehe Seite 234).

Beachtet werden muss jedoch, dass der **Flusszeiger** ϕ bei der Drehung seine *Länge* ändert. Das Drehfeld ist *nicht kreisförmig* wie beim Drehstrommotor, sondern **elliptisch** (Bild 30).

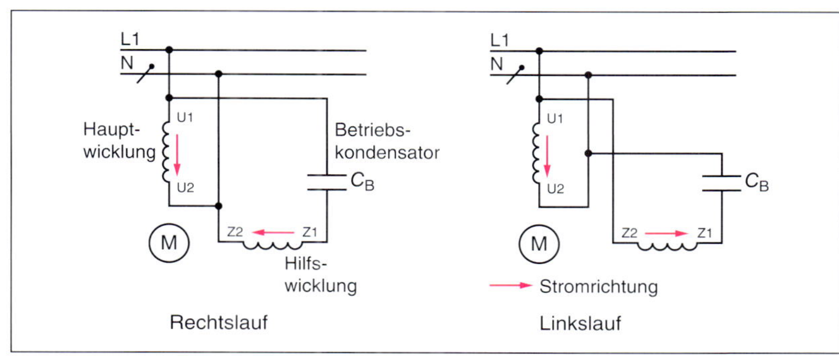

Bild 29 *Kondensatormotor, Rechtslauf und Linkslauf*

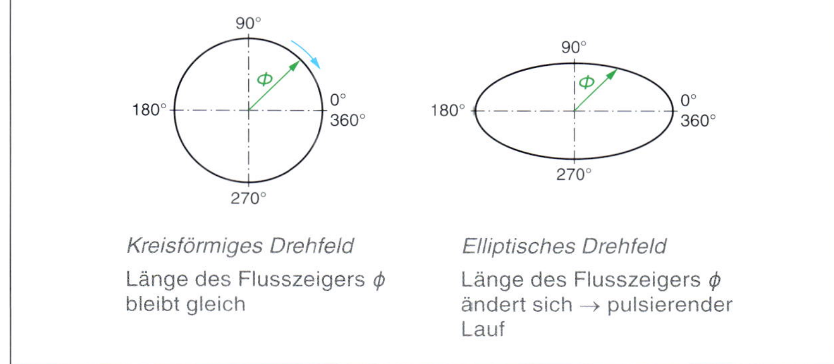

Bild 30 *Kreisförmiges und elliptisches Drehfe'd*

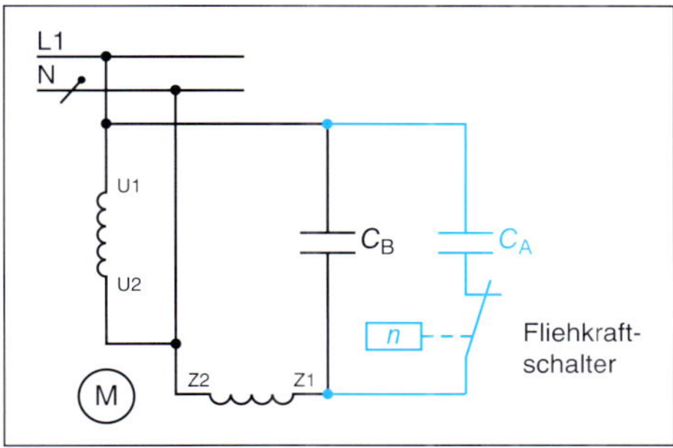

Bild 31 *Anlasskondensator*

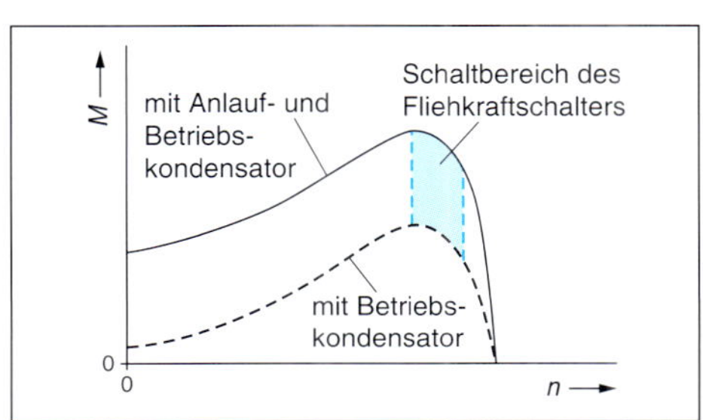

Bild 32 *Drehmomentkennlinie*

Beim Austausch des **Betriebskondensators** ist unbedingt die gleiche Kapazität zu wählen.

■ **Fliehkraftschalter**

Nach Erreichen einer einstellbaren Drehzahl unterbricht der Schalter den Stromkreis.

Steinmetzschaltung
Steinmetz connection

Kondensatormotor
capacitor motor, capacitor-run motor

Betriebskondensator
utilisation capacitor

Anlaufkondensator
starting capacitor

Kapazität
capacity, capacitance

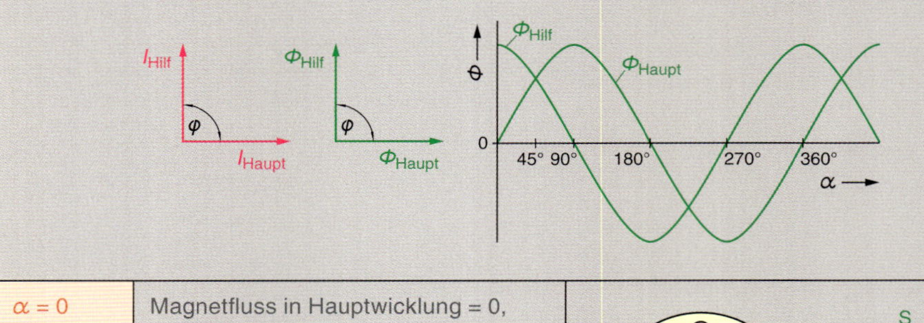

$\alpha = 0$	Magnetfluss in Hauptwicklung = 0, Magnetfluss in Hilfswicklung = + max.	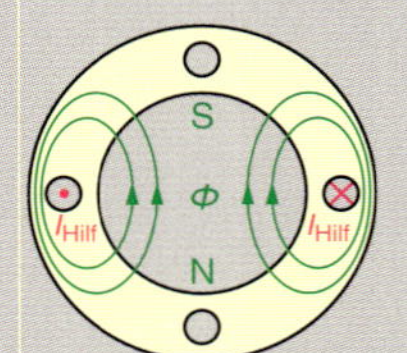 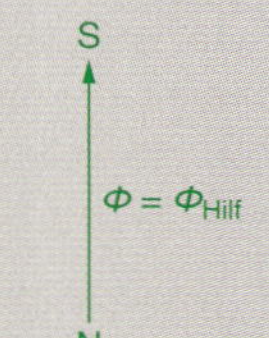
$\alpha = 45°$	Beide Flüsse sind gleich groß und positiv	
$\alpha = 90°$	Hauptfluss = + max. Hilfsfluss = 0	
$\alpha = 135°$	Hauptfluss positiv Hilfsfluss negativ	
$\alpha = 180°$	Hauptfluss = – max. Hilfsfluss = 0	

Ströme und **Magnetflüsse** in der Hauptwicklung und Hilfswicklung sind um ca. 90° *phasenverschoben.*

@ Interessante Links

Kondensatormotor

- epcos.de
- sew-eurodrive.de
- weg-antriebe.de

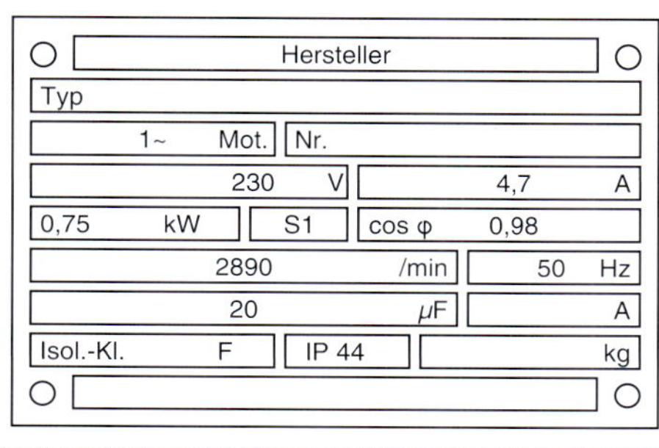

Bild 33 *Leistungsschild, Kondensatormotor*

Bild 34 *Kondensatormotor*

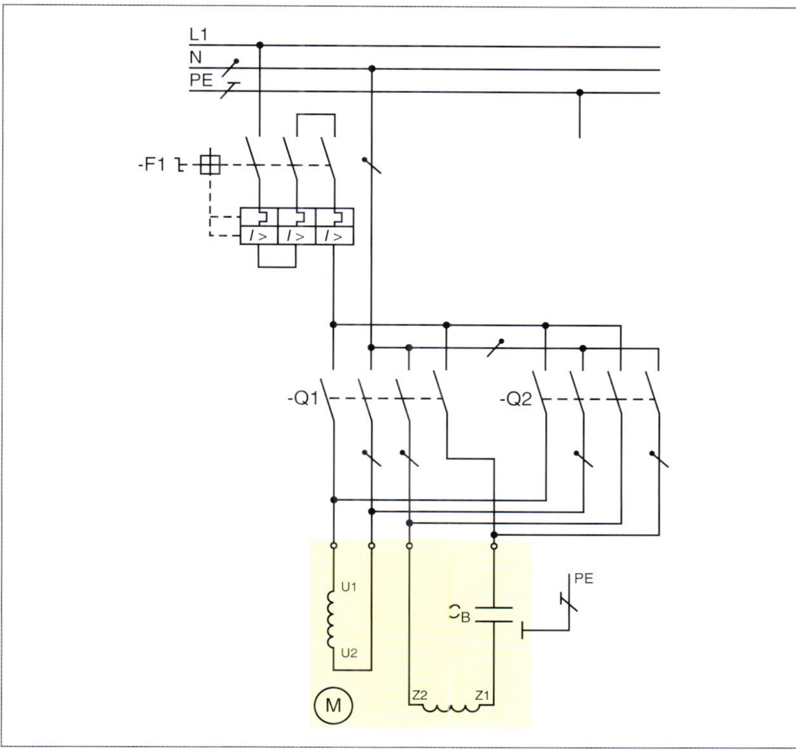

Bild 35 *Drehrichtungsänderung beim Kondensatormotor*

Prüfung

1. Beschreiben Sie den Aufbau eines Käfigläufermotors.

2. Der Käfigläufermotor zählt zu den Induktionsmotoren. Was bedeutet das?

3. Leistungsschild eines Käfigläufermotors:

a) Welche Leistung kann der Motor an der Welle abgeben?

b) Welche Leistung nimmt der Motor aus dem Netz auf?

c) Wie groß ist der Wirkungsgrad des Motors?

d) Welches Drehmoment hat der Motor?

e) Was bedeuten die Angaben S1 und IP 44?

f) Welche Schlupfdrehzahl und welchen Schlupf hat der Motor?

g) Wie viele Pole bzw. Polpaare hat der Motor?

Hersteller		
Typ		
3~ Mot.	Nr.	
△ 400 V	1,5 A	
0,55 kW	S3	cos φ 0,8
1400 /min	50 Hz	
Läufer Y V	A	
Isol.-Kl. F	IP 44	8 kg
VDE 0530 T1		

4. Ist der Motor nach Aufgabe 3 für Stern-Dreieck-Anlauf geeignet? Begründung!

5. Wie groß sind Wellenleistung und Stromaufnahme des Motors nach 3 in Sternschaltung?

6. Auf dem Leistungsschild eines Motors finden Sie nebenstehende Angabe.
Welche Schlussfolgerung ziehen Sie aus dieser Angabe?

400/690 V	△/Y

7. Auf welchen Wert stellen Sie den Motorschutz nach Aufgabe 3 bei Stern-Dreieck-Schaltung ein?

Bild 35:

Beachten Sie den Anschluss des Motorschutzschalters F1.

Alle drei Auslöseelemente sind in Reihe geschaltet.

Aufgabenlösung

@ Interessante Links

- christiani-berufskolleg.de

■ **Aufgabenlösung**

@ Interessante Links

- christiani-berufskolleg.de

Prüfung

Hersteller			
Typ 90S			
D-Motor	Nr. 28701		
△ △/YY 400 V	2,6/3,4 A		
1,0/1,2 kW	cos φ		
1430/2890 /min	50 Hz		
Läufer Y V	13 kg		
Isol.-Kl. B	IP 54	t	
VDE			

1. Leistungsschild eines Motors.

a) Um welchen Motor handelt es sich?

b) Auf welchen Wert sind die Motorschutzeinrichtungen einzustellen?

c) Wie viele Polpaare hat der Motor bei den beiden Drehzahlen?

d) Welche Drehmomente gibt der Motor bei den beiden Drehzahlen an die Welle ab?

e) Wie viele Schütze benötigen Sie für die Schützschaltung zum Betrieb des Motors?

f) Welches Schütz bzw. welche Schütze müssen anziehen, damit der Motor mit der niedrigen Drehzahl läuft?

g) Nennen Sie Anwendungsbeispiele für solche Motoren.

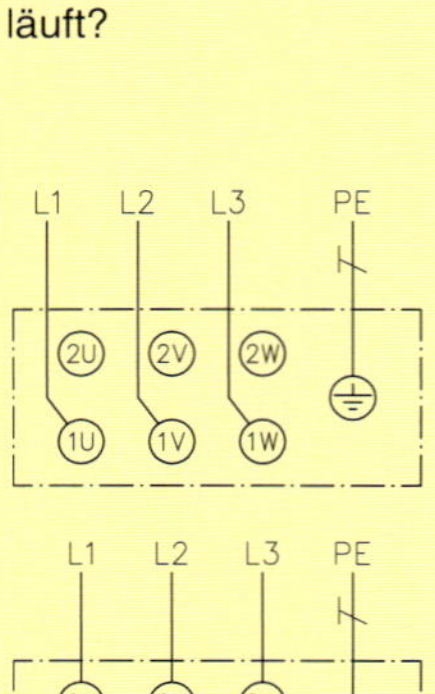

2. Worum handelt es sich bei nebenstehenden Klemmbrettanschlüssen?

3. Die Motorsteuerung nach Aufgabe 2 soll automatisiert werden.

a) Wie viele Adern muss die Motorleitung haben?

b) Worauf achten Sie bei Leitungseinführung und Anschluss der Adern besonders?

4. Warum ist bei Dahlanderschaltung nur das Drehzahlverhältnis 1 : 2 möglich?

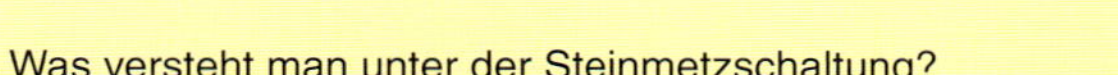

5. Was versteht man unter der Steinmetzschaltung?

Wie kann die Drehrichtung des Motors bei Steinmetzschaltung geändert werden?

Welche Leistung würde der Motor nach Aufgabe 3, Seite 235, in Steinmetzschaltung an der Welle abgeben?

6. Was versteht man unter Tasterverriegelung? Worauf ist in Zusammenhang mit einer Tasterverriegelung bei SPS-Einsatz zu achten?

7. Eine Umwälzpumpe wird durch einen Kondensatormotor angetrieben. Der Motor läuft sehr unruhig.

Welche Fehlerursache würden Sie vermuten, und worauf achten Sie besonders bei der Reparatur?

8. Die Motorschutzeinrichtung des Kondensatormotors wird „durchgeschliffen“ (siehe Seite 235).

Warum macht man das?

9. Welcher Motor ist dargestellt?

Entwickeln Sie den Hauptstromkreis und den Steuerstromkreis für diesen Motor.

Warum werden zwei Motorschutzeinrichtungen benötigt?

Würden Sie sich für Motorschutzschalter oder Motorschutzrelais entscheiden?

Entwickeln Sie ein SPS-Programm für die Steuerung.

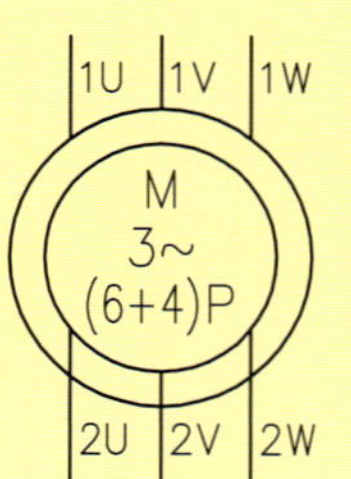

10. Schließen Sie den Motor für die hohe Drehzahl an.

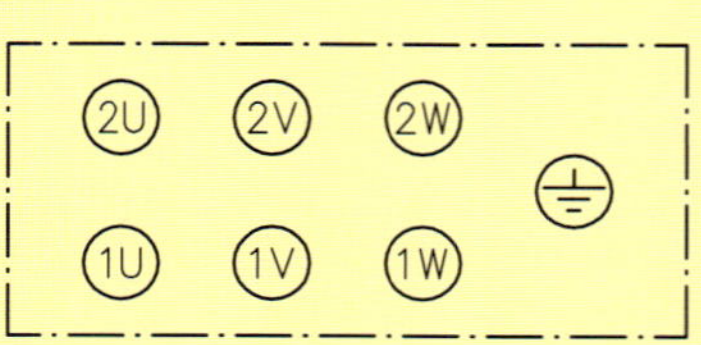

6 Transformator

Für die 24-V-Spannungsversorgung der Steuerung wird ein Transformator benötigt.

Er hat die Aufgabe, die 230-V-Wechselspannung auf ca. 27 V herabzusetzen.

Die 27-V-Wechselspannung wird dann gleichgerichtet, geglättet und stabilisiert.

Aufbau des Transformators

Grundsätzlich besteht der Transformator aus zwei **Spulen**, die auf einen gemeinsamen **Eisenkern** aufgebracht sind.

Wirkungsweise des Transformators

Die Wechselspannung treibt den Wechselstrom I_1 durch die **Primärwicklung** mit der Windungszahl N_1. Der Wechselstrom ruft einen **magnetischen Wechselfluss** ϕ hervor.

Der magnetische Wechselfluss induziert in der **Sekundärwicklung** die Spannung U_2.

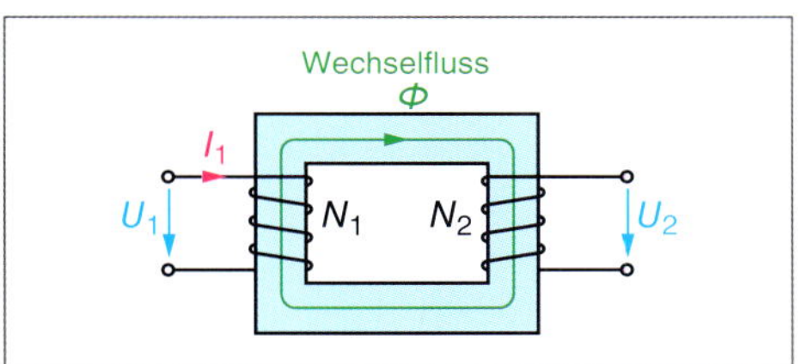

Bild 1 Wirkungsweise des Transformators

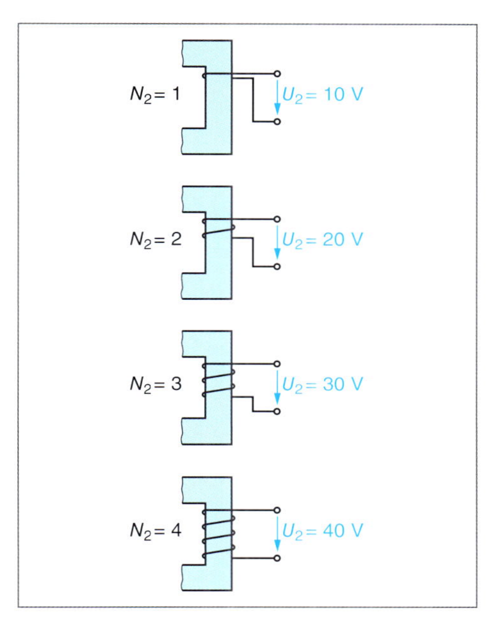

Bild 2 Sekundärwicklung, Spannungsinduktion

In jede *Windung* der **Sekundärwicklung** wird ein bestimmter *Spannungsanteil* induziert, zum Beispiel 10 V in jede Windung (Bild 2).

Mit der *Anzahl der Windungen* (der Windungszahl) *erhöht* sich dann die Sekundärspannung entsprechend.

Ähnlich wie bei der Reihenschaltung von galvanischen Elementen.

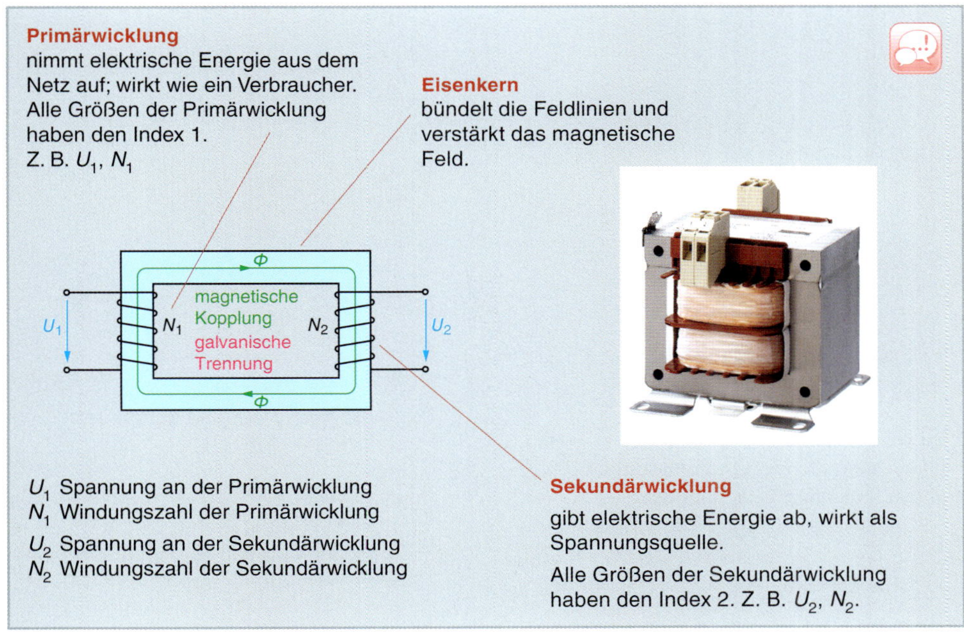

■ **Wirbelstromverluste**

Zur Vermeidung der Wirbelstromverluste ist der Eisenkern geblättert.

■ **Galvanische Trennung**

Beim Transformator kommt es zu einer „Spannungsübertragung" von der Primärwicklung zur Sekundärwicklung, obwohl die Wicklungen galvanisch voneinander getrennt sind.

Träger der „Spannungsübertragung" ist das Magnetfeld.

Transformator
transformer

Primärwicklung
primary winding

Sekundärwicklung
secondary winding, transformer secondary

Übersetzungsverhältnis
transformation ratio, turn(s) ratio (der Windungen)

Kurzschlussspannung
impedance voltage (drop)

Ersatzschaltbild
equivalent network diagram, equivalent circuit

Verluste beim Transformator

Bei Betrieb des Transformators treten Kupferverluste (Wicklung) und Eisenverluste (Eisenkern) auf.

Eisenverluste sind unabhängig von der Belastung, *Kupferverluste* sind belastungsabhängig.

@ Interessante Links

Transformator

- abb.de
- moeller.net
- siemens.de
- hahn-trafo.com

Übersetzungsverhältnis

Transformatoren haben einen relativ guten Wirkungsgrad. Man kann also mit ziemlicher Genauigkeit sagen:

Die primäre Scheinleistung S_1 ist gleich der sekundären Scheinleistung S_2.

$$S_1 = S_2$$

$$U_1 \cdot I_1 = U_2 \cdot I_2$$

$$\frac{U_1}{U_2} = \frac{I_2}{I_1} = ü \text{ (Übersetzungsverhältnis)}$$

$$ü = \frac{U_1}{U_2} = \frac{I_2}{I_1} = \frac{N_1}{N_2}$$

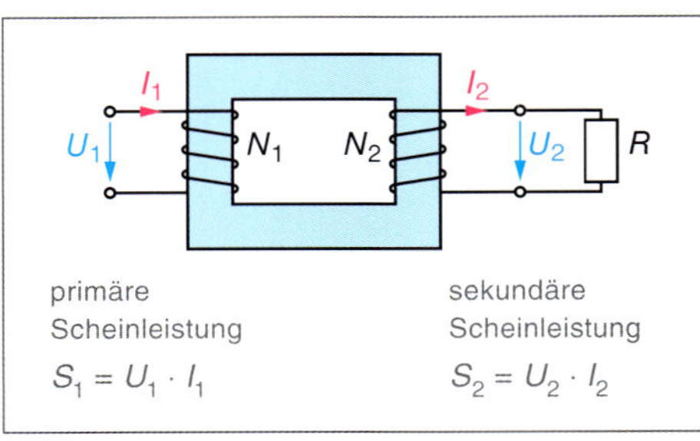

***Bild 3** Übersetzungsverhältnis*

Wenn der Transformator *belastet* wird, dann wird aus dem speisenden Netz **Wirk-** und **Blindleistung** zum Verbraucher übertragen.

Daher muss der Transformator für die **Scheinleistung** ausgelegt werden.

Die *Scheinleistung* ist auf dem **Leistungsschild** des Transformators angegeben.

Die **Kurzschlussspannung** ist ein Maß für den **Innenwiderstand** des Transformators und bestimmt den im Kurzschlussfall auftretenden **Kurzschlussstrom**.

Kurzschlussspannung *gering* → Innenwiderstand *gering* → Kurzschlussstrom *groß*.

Kurzschlussspannung *groß* → Innenwiderstand *groß* → Kurzschlussstrom *gering*.

Kurzschlussspannung des Transformators

Die Kurzschlussspannung U_K ist der *innere Spannungsfall* des Transformators.

z.B.

$U_1 = 230$ V, $U_2 = 27$ V
Wie groß ist die Windungszahl N_2?
Wie groß ist I_1, wenn $I_2 = 2{,}5$ A?

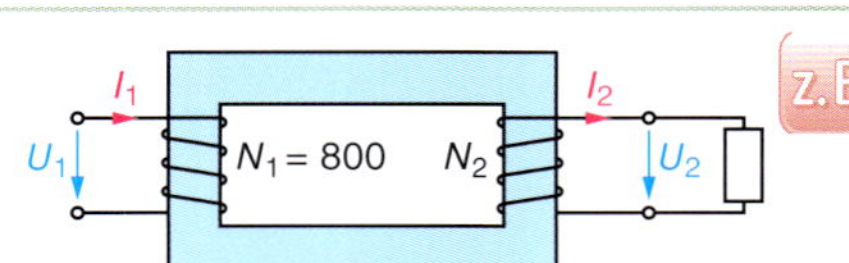

Die Windungszahl N_2 ergibt sich aus dem Übersetzungsverhältnis.

$$\frac{U_1}{U_2} = \frac{N_1}{N_2} \rightarrow N_2 = N_1 \cdot \frac{U_2}{U_1}$$

$$N_2 = 800 \cdot \frac{27\text{ V}}{230\text{ V}} = 94 \text{ Windungen}$$

Auch der Primärstrom I_1 ergibt sich aus dem Übersetzungsverhältnis.

$$\frac{I_2}{I_1} = \frac{N_1}{N_2} \rightarrow I_1 = I_2 \cdot \frac{N_2}{N_1}$$

$$I_1 = 2{,}5\text{ A} \cdot \frac{94}{800} = 294\text{ mA}$$

z.B.

Transformator: $U_1 = 230$ V, $U_2 = 27$ V, $I_2 = 5$ A, $\eta = 0{,}9$.
Bestimmen Sie den Primärstrom I_1.

Zu beachten ist der Wirkungsgrad $\eta = 0{,}9$. Die primäre Scheinleistung ist dann größer als die sekundäre Scheinleistung.

$$S_1 = U_1 \cdot I_1$$
$$S_2 = U_2 \cdot I_2$$

$$S_1 = \frac{S_2}{\eta} \qquad S_2 = \eta \cdot S_1$$

$$U_1 \cdot I_1 = \frac{U_2 \cdot I_2}{\eta}$$

$$I_1 = \frac{U_2 \cdot I_2}{\eta \cdot U_1} = \frac{27\text{ V} \cdot 5\text{ A}}{0{,}9 \cdot 230\text{ V}} = 652\text{ mA}$$

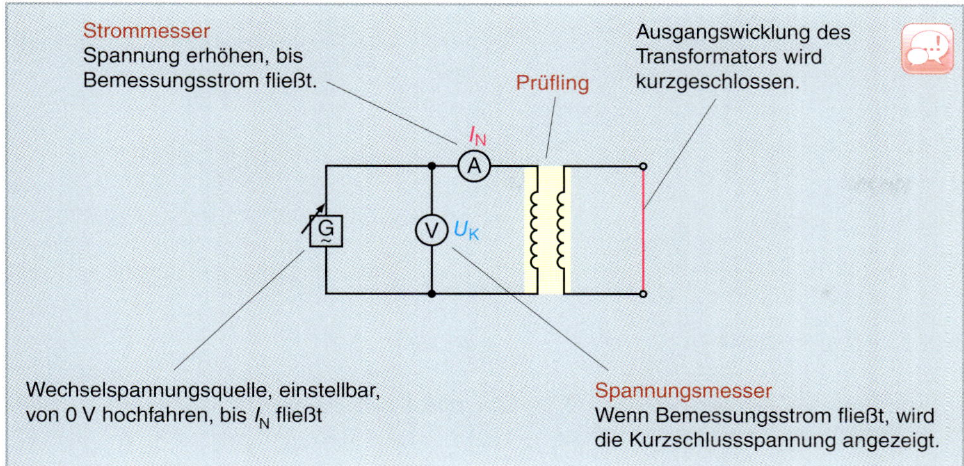

Bestimmung der Kurzschlussspannung

Wenn die Ausgangswicklung (Sekundärwicklung) des Transformators *kurzgeschlossen* wird, darf selbstverständlich **nicht** mehr die **Bemessungsspannung** U_{1N} an die Primärwicklung angelegt werden. Der Transformator würde einen zu hohen Strom aufnehmen.

Also wird die Spannung an der Primärwicklung von null ausgehend so lange erhöht, bis in der Primärwicklung der **Bemessungsstrom** fließt.

Für diesen Strom ist der Transformator bemessen. Ihn kann er schadlos führen.

Die Spannung, die bei *Bemessungsstrom* angezeigt wird, ist die **Kurzschlussspannung** U_K.

Relative Kurzschlussspannung u_K

Die gemessene Kurzschlussspannung U_K wird im Allgemeinen in *Prozent der Bemessungsspannung* U_{1N} angegeben. Diese Angabe nennt man **relative Kurzschlussspannung** u_K.

$$u_K = \frac{U_K}{U_{1N}} \cdot 100\ \%$$

Beispiel:

Gemessen wird eine Kurzschlussspannung $U_K = 11$ V. Die Bemessungsspannung beträgt $U_{1N} = 230$ V.

Relative Kurzschlussspannung:

$$u_K = \frac{U_K}{U_{1N}} \cdot 100\ \% = \frac{11\ \text{V}}{230\ \text{V}} \cdot 100\ \% = 4{,}8\ \%$$

Ersatzschaltbild des Transformators bei kurzgeschlossener Ausgangswicklung

Im Wesentlichen bestimmt die **magnetische Streuung** (X_K) die Kurzschlussspannung.

Je höher die Streuung, umso größer die Kurzschlussspannung (Bild 4).

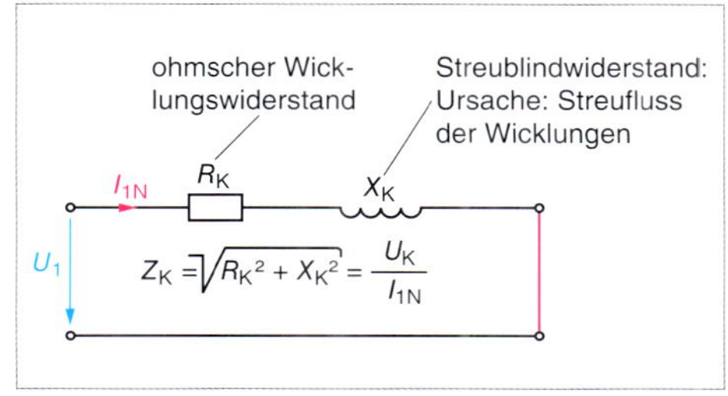

Bild 4 *Ersatzschaltbild Transformator*

Die *magnetische Streuung* kann durch **Anordnung der Wicklungen** auf dem Eisenkern beeinflusst werden.

Große Streuung → hohe Kurzschlussspannung

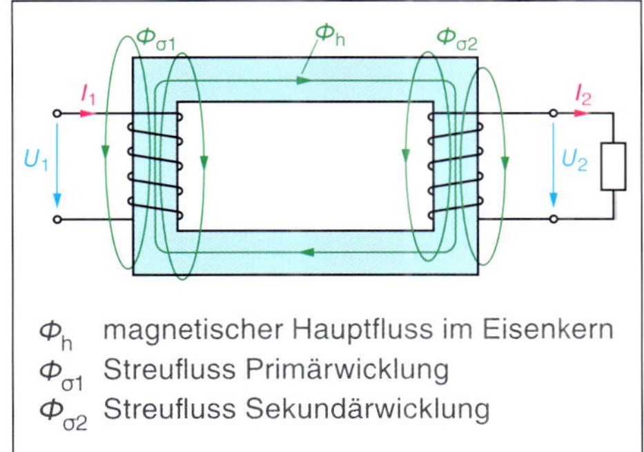

Bild 5 *Große magnetische Streuung*

Die *magnetischen Streuflüsse* der Wicklungen durchsetzen *nicht* die jeweils andere Wicklung. **Folge:** Hohe Kurzschlussspannung, großer Innenwiderstand, starker Spannungseinbruch bei Belastung. **Aber:** geringer Kurzschlussstrom. Solche Transformatoren bezeichnet man als **spannungsweich**.

■ **Magnetischer Streufluss Φ_σ**

Magnetische Streufeldlinien treten aus dem Eisenkern aus und schließen sich in Luft.

Sie tragen also nur eingeschränkt zur Energieübertragung beim Trafo bei und stehen für die Verluste des Transformators; für seinen Innenwiderstand.

Geringe Streuung → kleine Kurzschlussspannung

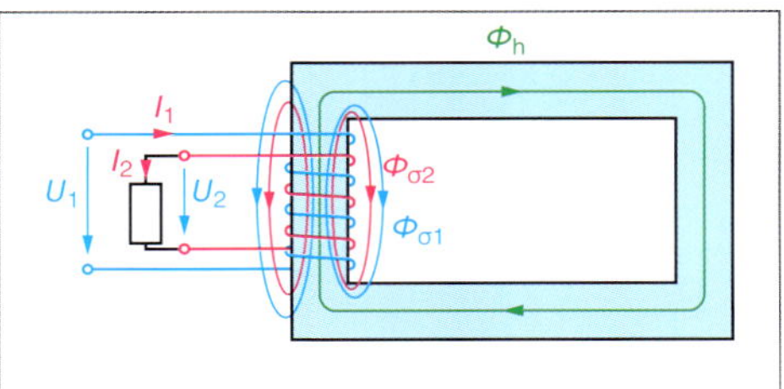

Bild 6 Geringe magnetische Streuung

Die Streuflüsse durchsetzen auch die jeweils andere Wicklung.

Folge: Geringe Kurzschlussspannung, geringer Innenwiderstand, relativ konstante Ausgangsspannung bei Belastung. **Aber**: hoher Kurzschlussstrom. Solche Transformatoren bezeichnet man als **spannungshart**.

Anwendung: z. B. Netzanschlusstransformatoren, Energieverteilungstransformatoren.

Kleintransformatoren

■ **Kleintransformatoren** werden z. B. zur Spannungsversorgung elektronischer Betriebsmittel verwendet.

Kleintransformatoren sind Transformatoren mit Leistungen bis 16 kVA.

Eisenkerne

Die Eisenkerne von Kleintransformatoren sind genormt. Man unterscheidet **Streifenschnitte** und **Formschnitte**.

Bild 7 Streifenschnitte

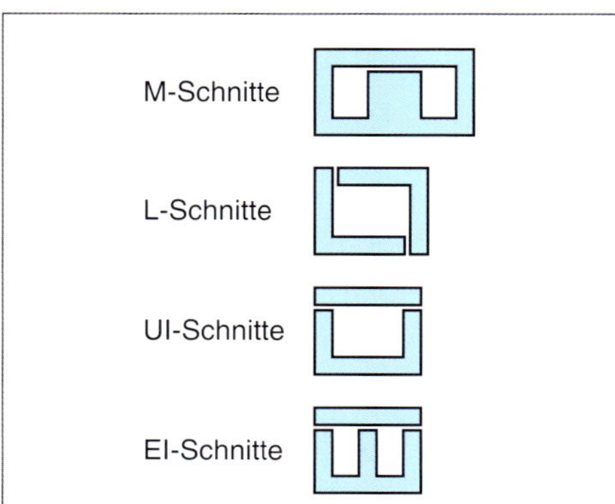

Bild 8 Formschnitte

Bei Verbindungen zwischen Schenkel und Joch unterscheidet man **Schachteljoch** und **Stumpfjoch**.

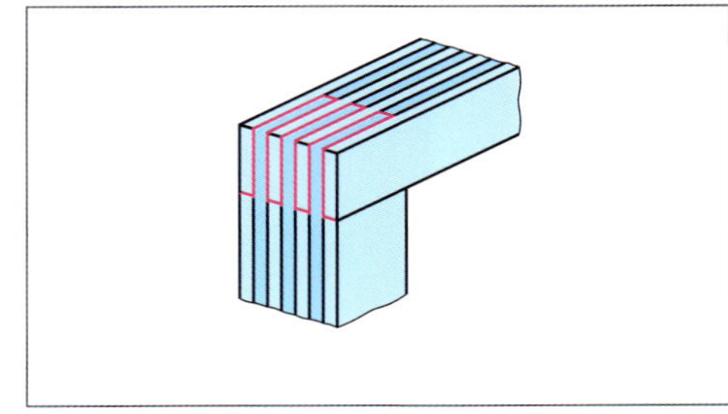

Bild 9 Schachteljoch

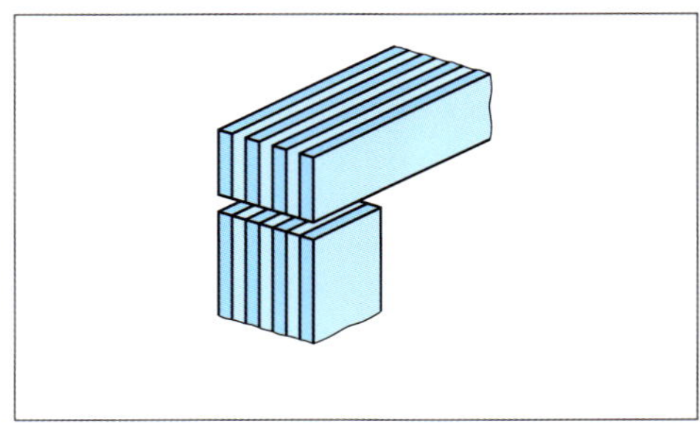

Bild 10 Stumpfjoch

Wicklung

Im Allgemeinen verwendet man Kupferlackdraht, Lack-Seide-Draht, Lack-Glasseide-Draht mit zwischengelegten Lack-Seide-Isolationen.

Wichtig ist eine sehr gute **Isolation** zwischen Primär- und Sekundärwicklung.

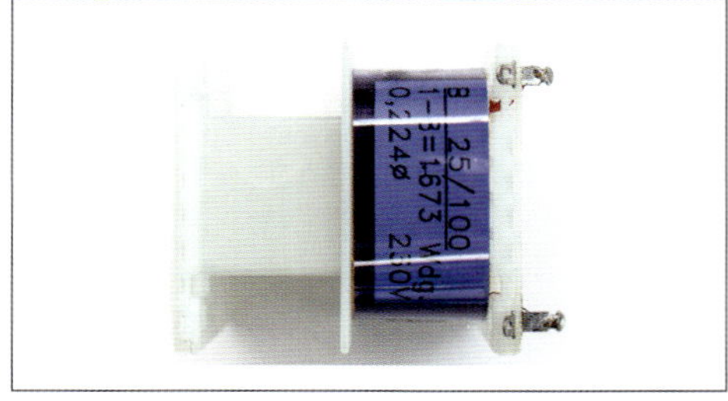

Bild 11 Wicklung eines Trafos

Kurzschlussverhalten von Transformatoren

Abhängig vom konstruktiven Aufbau des Transformators (siehe Seite 239).

Kurzschlussfestigkeiten

- **Kurzschlussfeste Transformatoren** haben eine sehr hohe Kurzschlussspannung. Die dann geringen Kurzschlussströme erwärmen den Transformator nicht unzulässig. Selbst wenn sie dauerhaft im Kurzschluss betrieben werden, geht keine Brandgefahr von ihnen aus.
- **Bedingt kurzschlussfeste Transformatoren** werden bei Kurzschluss abgeschaltet.
- **Nicht kurzschlussfeste Transformatoren** sind durch vorgeschaltete Schutzeinrichtungen zu schützen.

Symbole

Transformator ist kurzschlussfest		
Transformator ist bedingt kurzschlussfest		
Transformator ist nicht kurzschlussfest		

Anwendung	Symbol	Einsatzbedingungen
Klingeltransformator		$U_2 \leq 12$ V, kurzschlussfest
Spielzeug-transformator		$S \leq 200$ VA, kurzschlussfest, Schutzklasse II
Handleuchten-transformator		Schutzklasse II, spritzwassergeschützt oder wasserdicht
Auftautransformator		$U_1 \leq 250$ V, Schutzklasse II
Transformator für medizinische Zwecke	med	Schutzklasse II, in Sonderfällen $U_2 \leq 6$ V
Trenntransformator		Für Schutztrennung, ortsveränderliche Transformatoren schutzisoliert und *eine* eingebaute Steckdose

Sicherheitstransformatoren

Solche Transformatoren müssen *kurzschlussfest* oder *bedingt kurzschlussfest* sein.

Die *Primärspannung* darf maximal 500 V betragen. Zwischen den Wicklungen ist eine sichere Trennung durch eine **Isolierstoff-Zwischenwand** erforderlich.

Sie müssen **allpolig** abschaltbar sein.

Ortsveränderliche Transformatoren dürfen nur für **ein** Übersetzungsverhältnis gebaut sein.

***Bild 12** Spannungsversorgung 24 V DC*

■ Aufgabenlösung

@ Interessante Links

- christiani-berufskolleg.de

Prüfung

1. Ein Transformator ist primärseitig an 230 V angeschlossen. Die Sekundärspannung beträgt 27 V. Die Sekundärwicklung wird mit einem Strom von 5 A belastet.
Welchen Strom nimmt die Primärwicklung auf?

2. Sie werden beauftragt, die Kurzschlussspannung eines Transformators zu bestimmen.
a) Was versteht man unter der Kurzschlussspannung?
b) Skizzieren Sie die Messschaltung und beschreiben Sie den Messvorgang.
c) Wie wird die Kurzschlussspannung berechnet?

3. Transformatoren mit niedriger Kurzschlussspannung haben einen niedrigen Innenwiderstand.
Was bedeutet das? Wie sind solche Transformatoren aufgebaut?

4. Ein Transformator mit 16 Windungen pro Volt hat eine Spannungsübersetzung von 230/24 V.
Bestimmen Sie die Windungszahlen N_1 und N_2.

5. Auf seinem Leistungsschild trägt ein Transformator u. a. folgende Angaben:
100 VA, 230/27 V, $N_1 = 500$.
Bestimmen Sie die Ströme und die sekundäre Windungszahl.

6. Ein Schutztransformator 230/24 V wird mit 250 W belastet. Der Wirkungsgrad beträgt 92 %.
Bestimmen Sie die Ströme und die primäre Wirkleistung P_1 des Transformators.

7. Wie groß ist der Dauerkurzschlussstrom folgender Transformatoren?
a) $S = 1000$ VA, 400/24 V, $u_K = 10$ %
b) $S = 10$ VA, 230/8 V, $u_K = 100$ %

8. Welche Wirkung hat die magnetische Streuung bei Transformatoren?

9. Ein Transformator soll seine Ausgangsspannung bei Belastung nur wenig ändern.
Welche Folgerung ziehen Sie daraus bezüglich seiner Kurzschlussspannung?

10. Welche Forderungen sind an Sicherheitstransformatoren zu stellen?

11. Welche Bedeutung haben die Symbole?

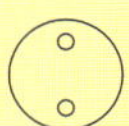

12. Sie sollen den Isolationswiderstand eines Transformators messen.
Beschreiben Sie genau die Vorgehensweise.

13. Warum ist der Eisenkern von Transformatoren geblättert?

14. Auf dem Leistungsschild von Transformatoren ist die Scheinleistung in VA angegeben.
Warum gibt man nicht die Wirkleistung in Watt an?

7 Multimeter

Im Allgemeinen werden **Digitalmultimeter** verwendet. Diese können *Spannungen*, *Stromstärken*, *Widerstände*, Frequenzen und Kapazitäten messen.

Die Messwerte werden auf einem **LCD-Display** angezeigt, sodass ein **Ablesefehler** *nicht* auftreten kann. Viele Digitalmultimeter haben zusätzlich noch eine **Balkenanzeige** im Display, wodurch die Beurteilung *schwankender Messwerte* erleichtert wird.

Vorteile digitaler Multimeter

- Wenig störanfällig, da keine mechanischen oder bewegten Teile
- Fehlerfreie Ablesung
- Relativ hohe Genauigkeit bei geringem technischen Aufwand
- Speicherung der Messergebnisse

Messungen mit Digitalmultimetern werden (mit Ausnahme der Frequenzmessung) auf die **Spannungsmessung** zurückgeführt.

Die *analoge Messgröße Spannung* wird für die digitale Anzeige in eine *binäre Signalfolge* umgewandelt.

Im Allgemeinen verfügen die Multimeter über **Auto-Range**. Messbereiche müssen dann nicht gewählt werden.

Bild 1 Messung mit dem Digitalmultimeter

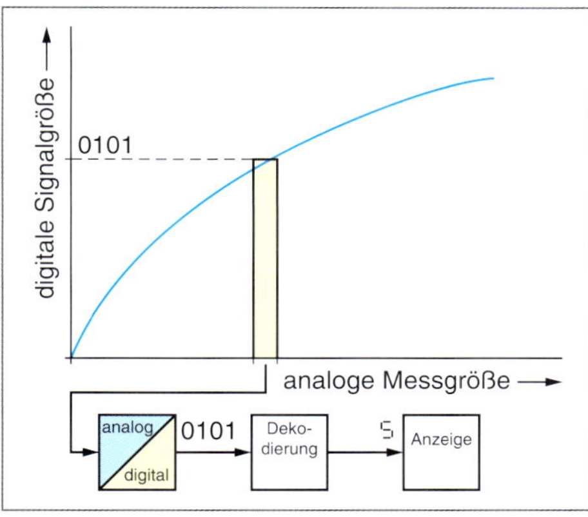

Bild 2 Prinzip der digitalen Messung

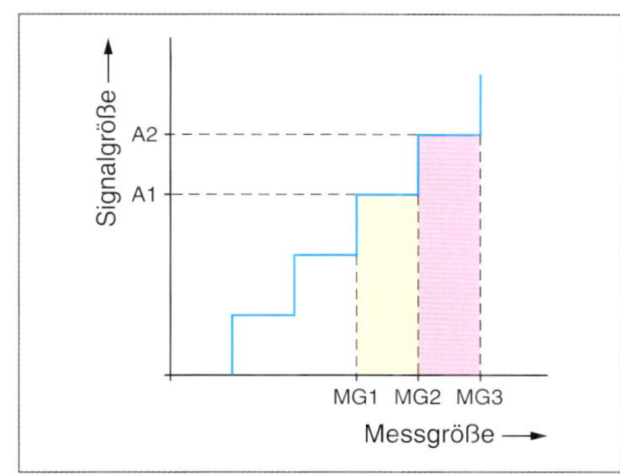

Bild 3 Quantisierung der Signalgröße

Die analoge Messgröße wird in eine endliche Anzahl von Teilen (Quanten) eingeteilt. Das analoge Signal wird **quantifiziert** (Bild 3).

Zwei Messgrößen, die zwischen MG1 und MG2 liegen, führen zur Anzeige der gleichen Signalgröße A1. Das deutet auf einen erheblichen Fehler hin. Aber nur dann, wenn die einzelnen „Stufen" sehr breit sind. In der Praxis ist dies allerdings nicht der Fall.

Wird z. B. der Messbereich 1 Volt in 1000 Stufen aufgeteilt, dann ist jede Stufe nur noch $1 \cdot 10^{-3}$ V = 1 mV breit.

■ Vorsicht!

Niemals die angegebenen zulässigen Grenzwerte überschreiten.

Niemals eine unbenutzte Klemme des Multimeters berühren.

Stets den höchsten Messbereich wählen, wenn der Wert der Messgröße nicht zuvor genau bekannt ist.

Vor Umschalten der Messart die Messleitungen vom Messkreis abklemmen.

■ **Einsatzklassen**

KAT I

Stromkreise, die durch Vorrichtungen geschützt sind, die Stoßspannungen auf ein niedriges Niveau begrenzen (z. B. geschützte Elektronikstromkreise).

KAT II

Speisestromkreise für Haushalts- oder ähnliche Geräte, die Stoßspannungen mittlerer Stärke aufweisen können (z. B. tragbares Werkzeug).

KAT III

Versorgungsstromkreise von Hochleistungsgeräten, die starke Stoßspannungen aufweisen können (z. B. Industriemaschinen).

KAT IV

Stromkreise, die sehr starke Stoßspannungen aufweisen können (z. B. Energiezufuhr).

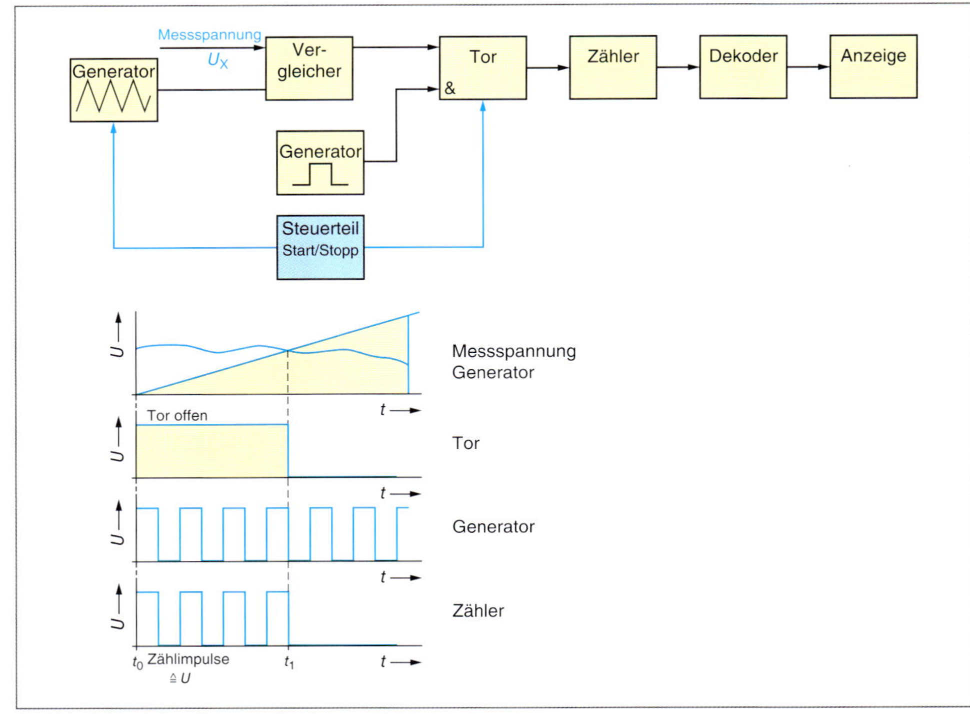

***Bild 4** Digitale Spannungsmessung*

4 1/2-stellige Anzeige

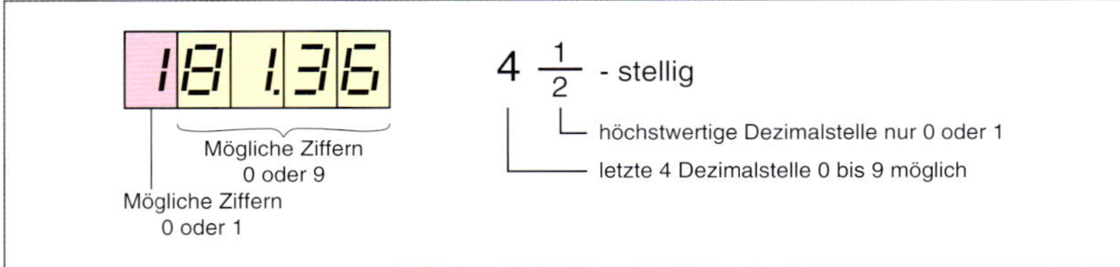

***Bild 5** 4 1/2-stellige Anzeige eines Digitalmultimeters*

■ **Quantisierung**

Jede Stufe wird als Quant bezeichnet.

Angaben zum Messfehler digital anzeigender Messgeräte finden sich nicht auf dem Messgerät, sondern in der Betriebsanleitung.

200-V-Bereich

- Größtmögliche Anzeige: 199.99 V
- Anzeigeumfang: 19999 Digits
- Anzahl Messschritte: 20000
- Unterteilung: 200 / 20000 = 10 mV

Messfehler

Angaben hierzu in der *Bedienungsanleitung* des Messgerätes. **Fehlerursachen**: *Toleranzen* der elektronischen Bauelemente und *Quantisierungsfehler.*

Beispiel:

Die Spannung 0,715 V wird im 2-V-Bereich mit einer 3-stelligen Anzeige gemessen.

Anzeige kann 0,71 V oder 0,72 V sein.

Absoluter Quantisierungsfehler: 0,01 V

Relativer Quantisierungsfehler:
0,01 V/0,71 V entspricht 1,4 %

Der **Quantisierungsfehler** kann durch eine kleinere Schrittfolge und eine Erhöhung der Stellenzahl der Anzeige verringert werden.

Fehlerangabe

0,5 % + 2 Digits

Der Quantisierungsfehler ist am geringsten, wenn der Messwert im **Endbereich der Anzeige** liegt.

Strommessung

Der zu messende Strom wird über einen niederohmigen **Präzisionswiderstand** geführt.

Der Spannungsfall an diesem Widerstand ist der Stromstärke verhältnisgleich und wird zur Anzeige gebracht.

Widerstandsmessung

Ein definierter **Konstantstrom** wird über den zu messenden Widerstand geführt.

Der Spannungsfall am Widerstand ist dann dem Widerstandswert verhältnisgleich.

Kapazitätsmessung

Der Kondensator wird durch einen **Konstantstrom** geladen. Die Dauer des Ladevorganges ist ein Maß für die Kondensatorkapazität.

Geladene Kondensatoren müssen vor der Messung entladen werden.

Analog anzeigende Messgeräte

Bild 6 zeigt ein *analog anzeigendes* Schalttafel-Messgerät. Vorteil der analogen Anzeige: Messwert kann „mit einem Blick" erfasst werden. Auch *Veränderungen* der Messgröße sind gut erkennbar.

Der **Zeigerausschlag** *analoger Messgeräte* wird mithilfe einer Kraft hervorgerufen, die durch elektrische oder magnetische Felder hervorgerufen werden kann.

Das *Schalttafelinstrument* hat ein **Dreheisenmesswerk**.

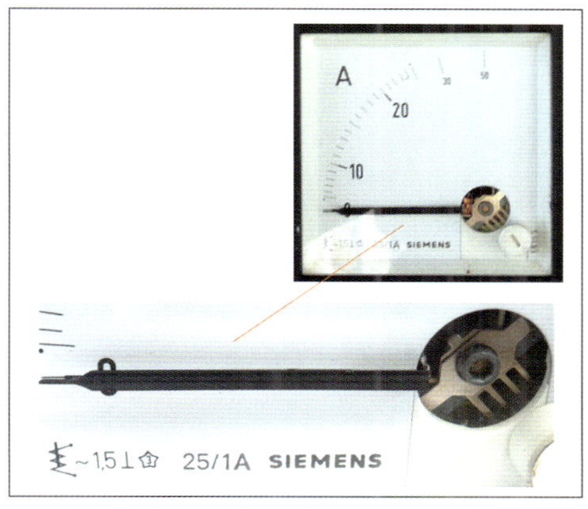

Bild 6 *Messgerät mit Analoganzeige*

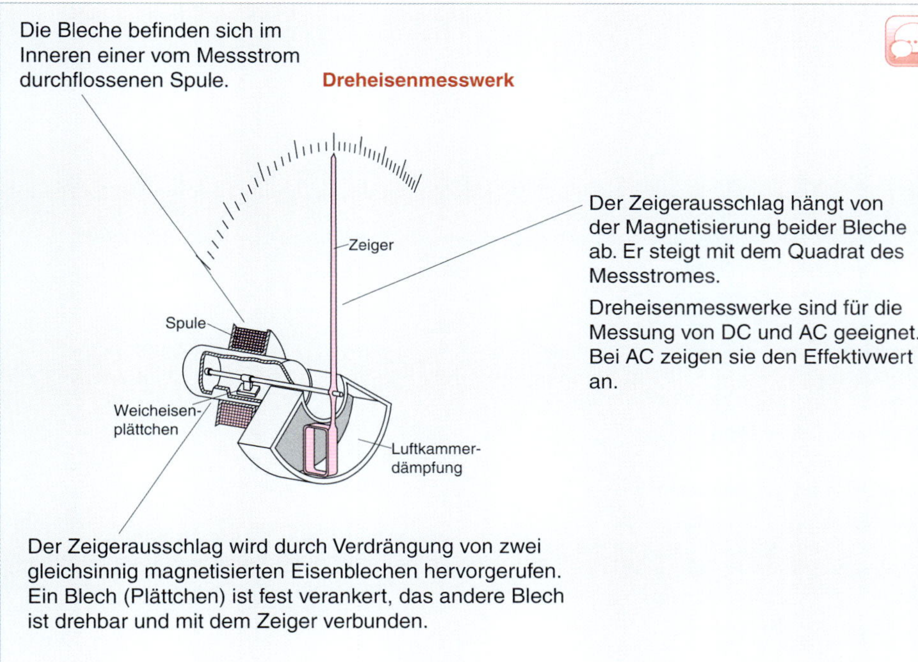

Angabe der Gebrauchslage ⊥

Bei der Messung werden geringe Massen bewegt. Daher kann die **Genauigkeit** der Anzeige nur erreicht werden, wenn die vom Hersteller vorgesehene **Gebrauchslage** (hier senkrecht) eingehalten wird.

Fehler 1,5

Die **Genauigkeitsklasse** des Schalttafelinstrumentes ist 1,5.

Bei jedem *angezeigten* Messwert darf der *tatsächliche* Wert um ± 1,5 % vom **Messbereichsendwert** abweichen.

± 1,5 % von 500 V = ± 7,5 V

Die Abweichung ± 7,5 V gilt für die gesamte Skala des Messbereiches.

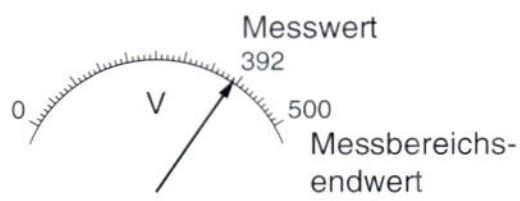

Tatsächlicher Wert:

392 V – 7,5 V = 384,5 V

392 V + 7,5 V = 399,5 V

Wenn 392 V angezeigt werden, darf der tatsächliche Spannungswert zwischen 384,5 V und 399,5 V liegen.

@ Interessante Links

Multimeter

- metrix-elektronics.com
- fluke.de

Weitere Messwerke

Sinnbilder für analog anzeigende Messgeräte

Betriebsmessgeräte

Klasse: 1; 1,5; 2,5; 5

Feinmessgeräte

Klasse: 0,1; 0,2; 0,5

Messergebnis

ist Messwert ± Fehlerangabe

Würde mit dem gleichen Spannungsmesser eine Spannung von 10 V gemessen, dürfte der *tatsächliche Spannungswert* zwischen

10 V – 7,5 V = 2,5 V und

10 V + 7,5 V = 17,5 V liegen.

Sicher ein nicht zumutbarer Fehler.

Folgerung

Nur bei Anzeigen im **letzten Skalendrittel** ist die **Genauigkeit** analoger Messgeräte hinreichend.

Ablesefehler können durch eine Spiegelskala minimiert werden.

Decken sich *Zeiger* und *Spiegelbild* des Zeigers, schaut der Betrachter *senkrecht* auf die Skala.

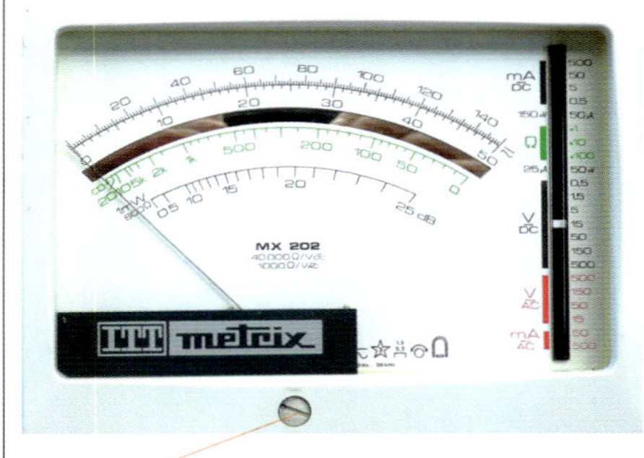

Einstellung des Skalennullpunktes bei der Widerstandsmessung (grüne Skala).

***Bild 7** Analoginstrument mit Spiegelskala*

■ **Aufgabenlösung**

@ Interessante Links

- christiani-berufskolleg.de

Prüfung

1. Was bedeutet in der Elektrotechnik der Begriff Messen?

2. This device can be used for measurements on category III installations, for voltages never exeeding 600 V AC or DC.
Übersetzen Sie den Hinweis.

3. Caution: Refer to the instruction manual. Incorrect us may result in damage to the device or its componets.
Danger: High voltage, risk of electric shock.
Übersetzen Sie die Hinweise.

4. Switching on the instrument
The selector switch is on the off position.
Turn the selector switch to the required position.
All segments of the display come on for a few seconds.
The instrument is then ready for measurements.
Übersetzen Sie die Hinweise.

5. Beschreiben Sie, wie eine Widerstandsmessung mit dem Multimeter durchgeführt wird.

6. Beschreiben Sie, wie Sie eine Strommessung mit dem Multimeter durchführen.

7. Bei Durchführung der Prüfung sind Sie nicht sicher, ob der Schmelzleiter einer Neozed-Sicherung noch in Ordnung ist.
Wie überprüfen Sie das?

8. Bei der Spannungsmessung im 400-V-Drehstrombereich (Anschlüsse des Prüfungsstückes) zeigt das Multimeter 0 V an.
Was tun Sie dann?

9. Messgeräte sollen vor ihrem Einsatz grundsätzlich auf Funktion geprüft werden.
Wie machen Sie das zum Beispiel mit einem Multimeter in der Prüfungssituation?

10. Für welche Zwecke kann die Durchgangsprüfung angewendet werden?
Im Allgemeinen ist diese Prüfung auch mit handelsüblichen Multimetern möglich.

8 Grundlagen der Elektronik

Für die *Spannungsversorgung* der Steuerung wird eine Gleichspannung 24 V DC benötigt.

Sie wird aus der 230-V-Netzspannung „gewonnen“. Hierzu wird ein Transformator (Seite 237) eingesetzt.

Neben dem Transformator ist eine elektronische Schaltung notwendig, die folgende Aufgaben übernimmt:

- *Gleichrichtung*
- *Glättung*
- *Stabilisierung*

Sie werden beauftragt, sich in diese Schaltung einzuarbeiten. Dazu ist es notwendig, die Bauelemente der Elektronik zu kennen.

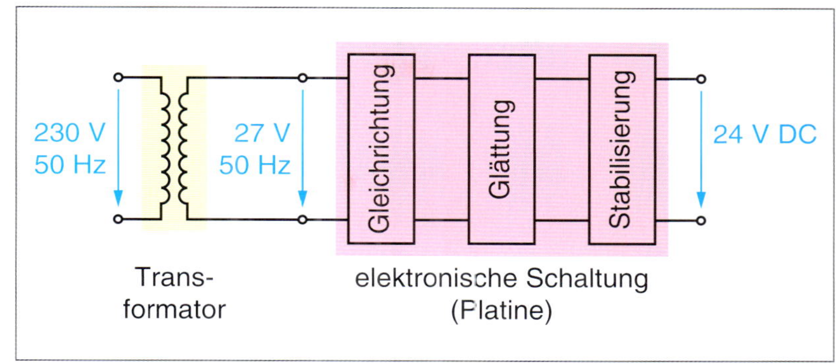

Bild 1 *Aufbau einer Spannungsversorgung (Blockschaltbild)*

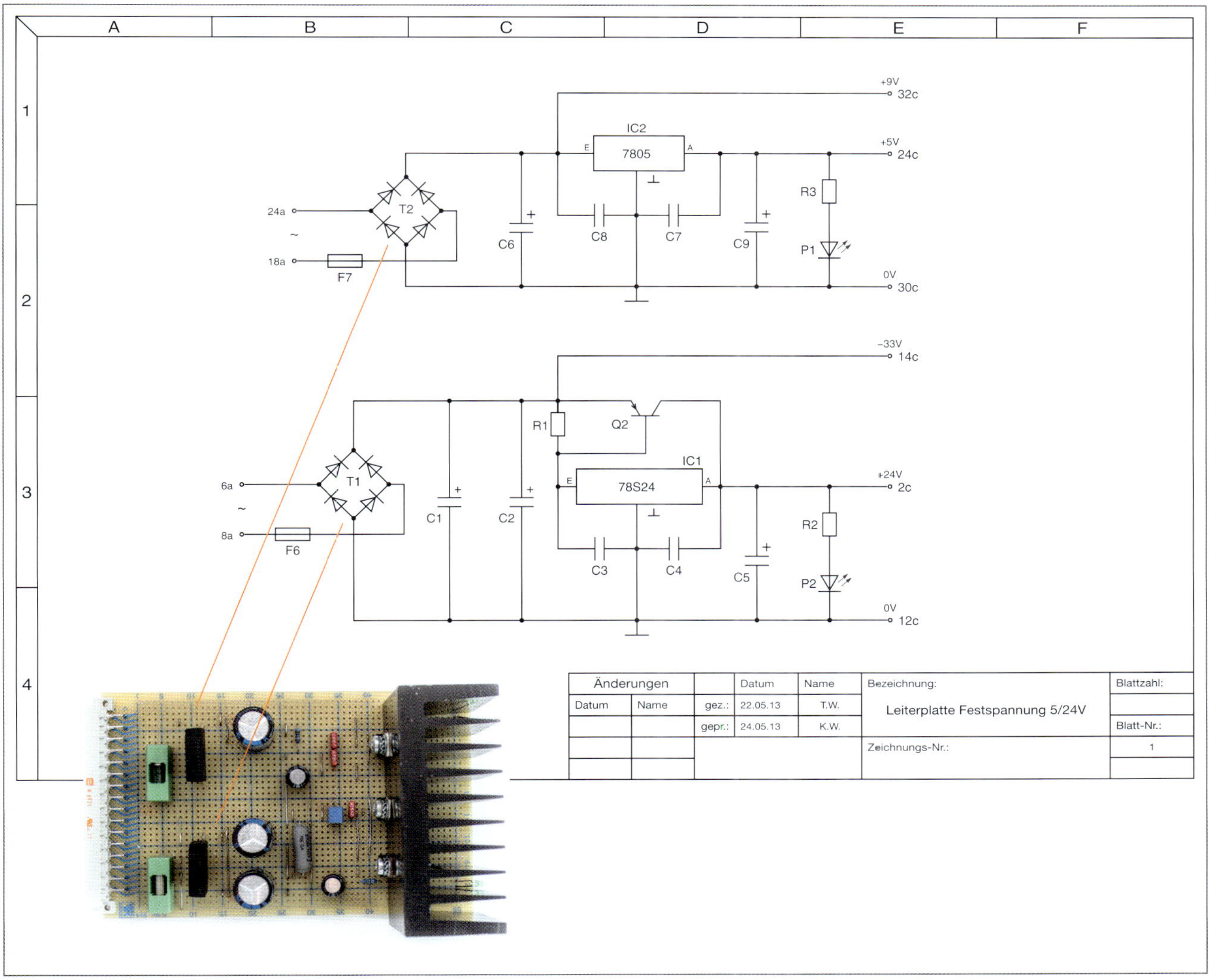

Bild 2 *Spannungsversorgung*

■ **Festwiderstände**
→ 24

■ **Leistung**
→ 44

■ **Arbeit, Energie**
→ 42

Verlustleistung
dissipation (power), loss (power)

Erwärmung
heating, warming

Elektronik
electronics

■ P_{tot}

P_{total}: maximal zulässige Leistung, die das Bauelement ohne Schaden umsetzen kann.

8.1 Festwiderstände

Festwiderstände verändern ihren Widerstandswert nicht. Lichtstrahlung, Magnetfelder oder Spannungseinwirkung haben keinen nennenswerten Einfluss auf den Widerstandswert.

Festwiderstände sind **passive Bauteile**. Sie können Spannungen oder Signale nicht verstärken.

Baugrößen von Festwiderständen

Beim Einsatz von Festwiderständen ist nicht nur der *Widerstandswert*, sondern auch die **Verlustleistung** zu beachten.

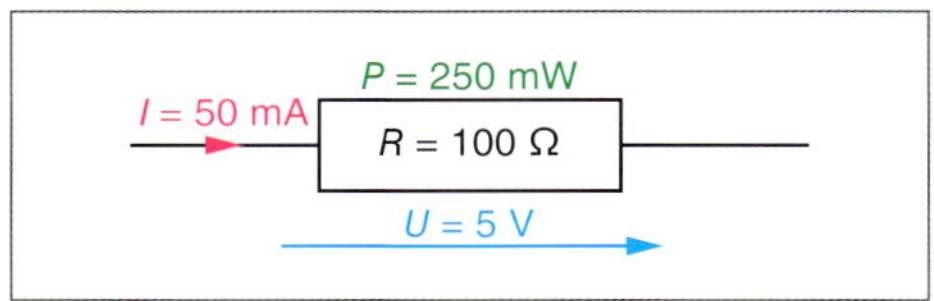

Bild 3 *Verlustleistung in einem Widerstand*

In einem Widerstand wird **Wärmeleistung** umgesetzt (Seite 42). Man spricht dann von *Verlustleistung*.

Eine zu hohe (unzulässige) Verlustleistung bedeutet eine **Überhitzung** und damit eine **Zerstörung** des Bauteils.

Die zulässigen **Maximalwerte** der Verlustleistung lassen sich mit der **Leistungshyperbel** ermitteln (Bild 4, Seite 249).

Jedes Wertepaar U, I, das $P_{tot} = U \cdot I = 250$ mW ergibt, wird in ein Diagramm eingetragen.

Die Verbindung der einzelnen Punkte ergibt die **Leistungshyperbel** (Bild 4, Seite 249).

An welche **Spannung** ein Widerstand gelegt werden darf und für welchen **Strom** der Widerstand geeignet ist, muss der **Anwender** im Einzelfall berechnen.

z.B.

$R = 1\ \text{k}\Omega$, $P_{tot} = 0{,}5\ \text{W}$

Der Widerstand darf maximal an der **Spannung**

$$U = \sqrt{P \cdot R} = \sqrt{0{,}5\ \text{W} \cdot 1000\ \Omega} = 22{,}3\ \text{V}$$

liegen.

$R = 100\ \Omega$, $P_{tot} = 250\ \text{mW}$

Der Widerstand darf maximal den Strom

$$I = \sqrt{\frac{P}{R}} = \sqrt{\frac{0{,}25\ \text{W}}{100\ \Omega}} = 50\ \text{mA}$$

führen.

Der **Strom** durch den **Festwiderstand** ist nur von der angelegten Spannung abhängig.
Die ***U-I*-Kennlinie** eines Festwiderstandes ist linear.
Gleiche Spannungsänderungen ΔU verursachen gleiche Stromänderungen ΔI.

Angabe der **Widerstandswerte**

Beispiele:

47R = 47 Ω
4R7 = 4,7 Ω
R47 = 0,47 Ω

Reicht der Platz für derartige Angaben nicht aus:
Farbringcodierung TB

E24-Reihe: Toleranz 5 %
Durch die Toleranz berühren bzw. überlappen sich die einzelnen Widerstandswerte der Reihe.

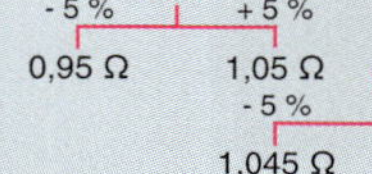

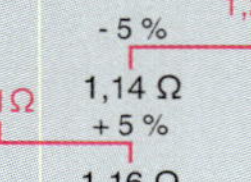

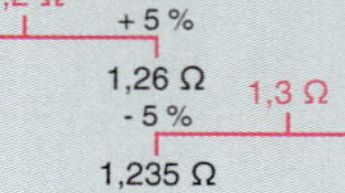

1,3 Ω −5 % +5 % 1,235 Ω 1,365 Ω

Anwendung von Festwiderständen in der Elektronik

1. Vorwiderstand zur Spannungsbegrenzung

Auf einer Platine ist häufig nur **eine Spannungsebene** vorhanden.

Werden dann für Betriebsmittel niedrigere Spannungen benötigt, kann ein **Festwiderstand** zur **Spannungs-** und **Strombegrenzung** eingesetzt werden.

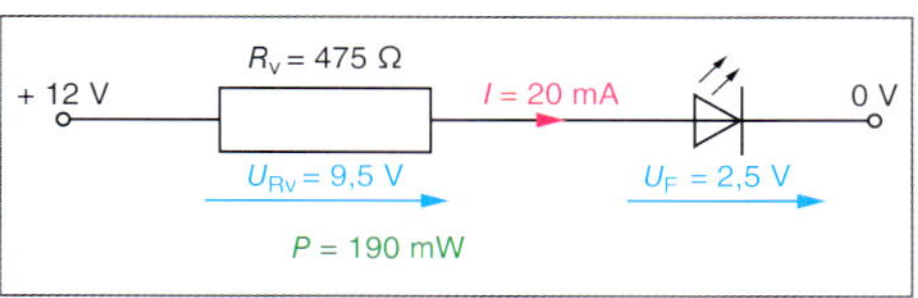

Bild 5 *LED mit Vorwiderstand*

Zu Bild 5:

Betriebsspannung: 12 V
LED-Daten: 2,5 V; 20 mA
Vorwiderstand:

$$R_v = \frac{U_B - U_F}{I_F}$$

$$R_v = \frac{12\text{ V} - 2{,}5\text{ V}}{0{,}02\text{ A}} = 475\ \Omega$$

$P = U_{Rv} \cdot I_F = 9{,}5\text{ V} \cdot 0{,}02\text{ A} = 190\text{ mW}$

E24-Reihe: 470 Ω/250 mW

2. Spannungsteiler mit Festwiderständen

Ein Feldeffekttransistor (FET) soll an seiner Steuerelektrode (G = Gate) eine positive Spannung von $U_{GS} = 3$ V erhalten.

Zur Transistoransteuerung ist kein Gatestrom erforderlich.

Die Reihenschaltung R_1, R_2 ist also ein **unbelasteter Spannungsteiler**:

$$\frac{U_{R1}}{U_{GS}} = \frac{R_1}{R_2}$$

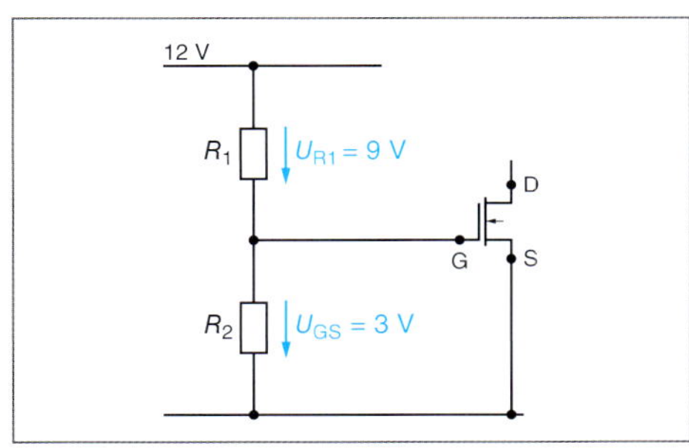

Bild 6 *Unbelasteter Spannungsteiler*

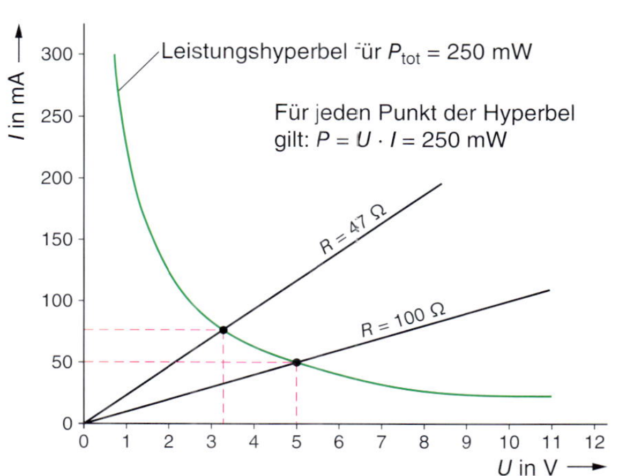

$R = 100\ \Omega$, $P_{tot} = 250$ mW:
Der Widerstand darf an maximale 5 V gelegt werden.
Dann fließen 50 mA. Dies ergibt den Grenzwert $P_{tot} = 5\text{ V} \cdot 50\text{ mA} = 250\text{ mW}$.

Bild 4 *Leistungshyperbel eines Festwiderstandes*

3. Spannungsteilung mit Festwiderständen

Ein NPN-Transistor soll an der Basis eine Spannung von $U_{BE} = 0{,}6$ V erhalten.

Dann fließt ein Basisstrom von $I_B = 1$ mA.

Hierbei wird der Spannungsteiler R_1, R_2 mit dem Basisstrom I_B belastet.

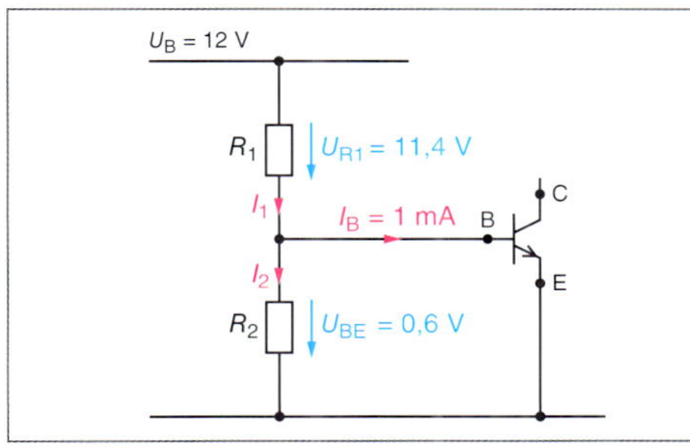

Bild 7 *Belasteter Spannungsteiler*

$$R_1 = \frac{U_{R1}}{I_1} = \frac{U_B - U_{BE}}{I_2 + I_B}$$

Für I_2 wird häufig festgelegt: $I_2 = 5 \cdot I_B$.

$$R_2 = \frac{U_{BE}}{I_2} = \frac{U_{BE}}{5 \cdot I_B} = 120\ \Omega$$

$R_1 = 1{,}9$ kΩ (siehe oben)

Widerstände können aus der **E24-Reihe** gewählt werden. Die auftretenden **Verlustleistungen** sind zu beachten.

■ **Vorwiderstand**
→ 37

■ **Spannungsteiler**
→ 38

■ **Transistor**
→ 275

Hyperbel
hyperbolic

Maximalwert
maximum (value) peak value

Toleranz
tolerance, allowance

■ **$I_2 = 5 \cdot I_B$**
$q_i = 5$, hier ist der Querstromfaktor $q_i = 5$ → 39.

■ **E24-Reihe**

4. Pullup- und Pulldown-Schaltungen

In der Digitaltechnik werden **definierte Signalzustände** zur Weiterverarbeitung benötigt.

H: High-Signal; z. B. 5 V
L: Low-Signal; z. B. 0 V

Sollen diese Signalzustände mit einem Taster oder Schalter erzeugt werden, sind folgende Schaltungen möglich.

■ **Pullup**
hochziehen

■ **Pulldown**
runterziehen

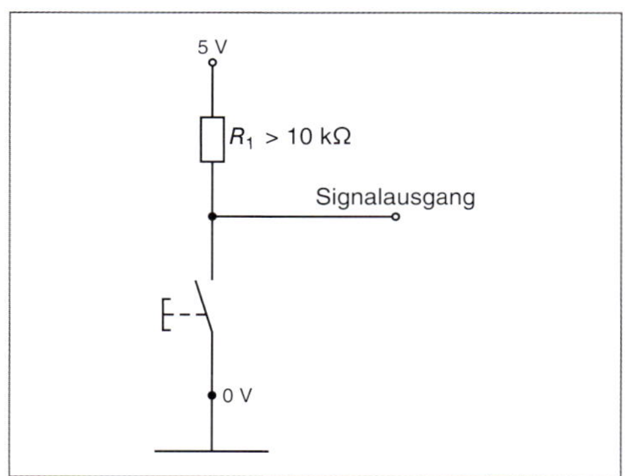

Bild 8 Pullup-Schaltung

- Widerstand in Pullup-Schaltung

  Taster offen → Signalausgang wird über R_1 auf das Potenzial 5 V hochgezogen (H).

  Taster geschlossen → Der Signalausgang hat über den Taster 0 V (L).

Strombegrenzung *current limitation*

Leuchtdiode *light-emitting diode*

Vorwiderstand *series resistor*

Spannungsteiler *potential divider*

Schleifkontakt *sliding contact*

Winkelgeber *angle resolver*

verstellbar *adjustable*

unbelastet *unloaded, non-loaded*

Abgleich *adjustment*

temperaturbeständig *temperature-resistant, thermally stable*

Kühlkörper *cooling attachment*

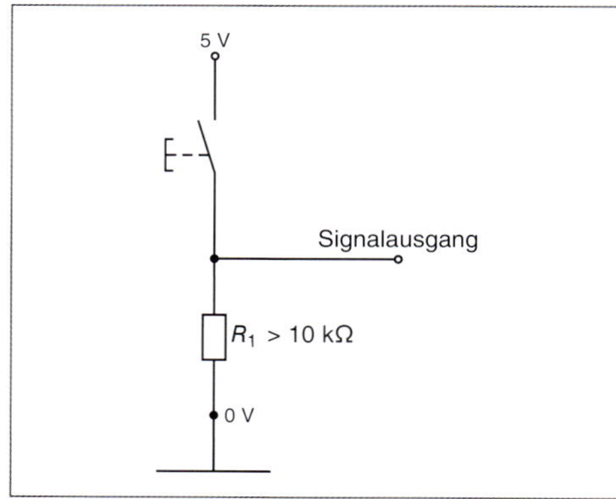

Bild 9 Pulldown-Schaltung

- Widerstand in Pulldown-Schaltung

  Taster offen → Signalausgang wird über R_1 auf 0 V heruntergezogen (L).

  Taster geschlossen → Signalausgang wird über den Taster an 5 V gelegt.

8.2 Potenziometer

Potenziometer sind *verstellbare* Widerstände. Sie haben 3 Anschlüsse. Ein **Schleifkontakt** wird über eine Widerstandsbahn geführt.

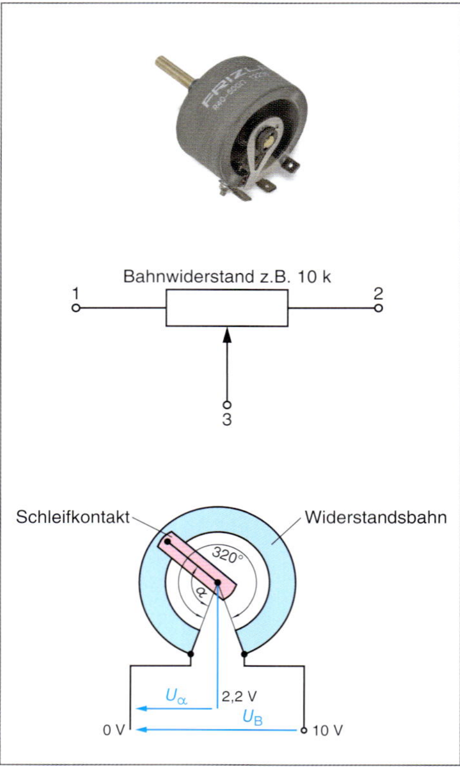

Bild 10 Potenziometer

Anschlüsse 1 und 2:
Widerstandsschicht; z. B. 10 kΩ

Anschlüsse 1 und 3:
Widerstandswert zwischen 0 und 10 kΩ

Anschlüsse 2 und 3:
Widerstandswert zwischen 10 kΩ und 0

Drehpotenziometer sind als **stetige Winkelgeber** verwendbar.

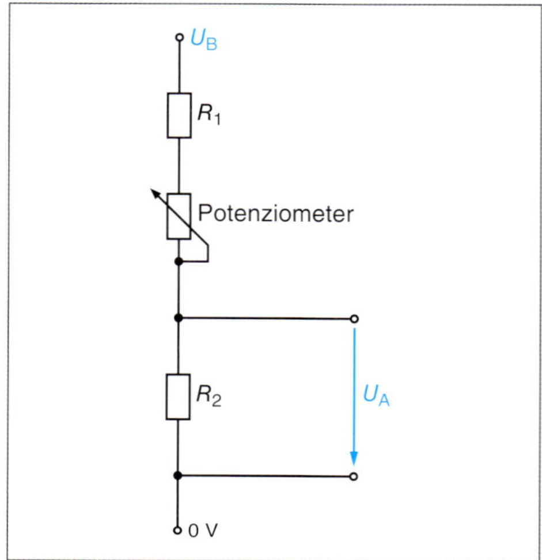

Bild 11 Potenziometeranwendung

Einsatzbeispiele für Potenziometer

1. Verstellbarer Widerstand in Spannungsteilern

Die Ausgangsspannung eines Spannungsteilers mit *Festwiderständen* ist nicht genau genug.

Die Ausgangsspannung muss *verstellbar* sein (Bild 11, Seite 250).

2. Unbelasteter Spannungsteiler

Wenn über den Schleifkontakt des Potenziometers *kein Strom* entnommen wird, kann bei *linearen Potenziometern* die an der Widerstandsbahn anliegende Gesamtspannung aufgeteilt werden.

Gleich lange Abschnitte auf der Widerstandsbahn ergeben gleich große Widerstandswerte (linearer Zusammenhang).

Schleiferstellung und Ausgangsspannung sind dann *verhältnisgleich*.

3. Drehpotenziometer

Wird eine 10-V-Spannung auf einen Drehwinkel von 320° aufgeteilt, lässt sich jeder Winkel in diesem Bereich als Spannung zwischen 0 und 10 V darstellen (Bild 10, Seite 250).

Wenn zum Beispiel eine Spannung von $U_\alpha = 2{,}2$ V gemessen wird, beträgt der *Drehwinkel* des Potenziometers

$$\alpha = \frac{U_\alpha}{U_B} \cdot 320^\circ = \frac{2{,}2\ \text{V}}{10\ \text{V}} \cdot 320^\circ = 70^\circ.$$

4. Belasteter Spannungsteiler

Wird dem Potenziometer über den Schleifkontakt ein *Strom entnommen*, liegt ein *belasteter Spannungsteiler* vor (Bild 12).

Eine veränderliche Last $P = 0$ bis 1 W hat eine Bemessungsspannung von $U_L = 6$ V.

Zur Verfügung steht eine Versorgungsspannung von $U_B = 12$ V.

Die Spannungsanpassung erfolgt mit einem Potenziometer $R = 100\ \Omega$, $P_{tot} = 4$ W.

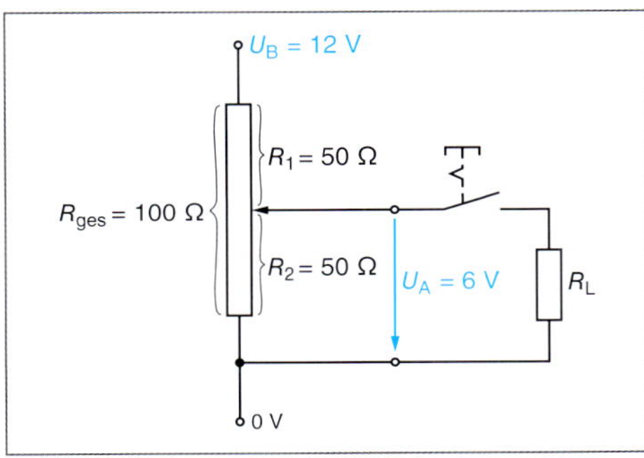

Bild 12 Spannungsteiler im Leerlauf

1. Leerlauf, $I_L = 0$ (Bild 12)

$$I_1 = \frac{U_B}{R_g} = \frac{12\ \text{V}}{100\ \Omega} = 120\ \text{mA}$$

2. Belastung mit Verbraucher 6 V/0,6 W

$$R_L = \frac{U_L^2}{P} = \frac{(6\ \text{V})^2}{0{,}6\ \text{W}} = 60\ \Omega$$

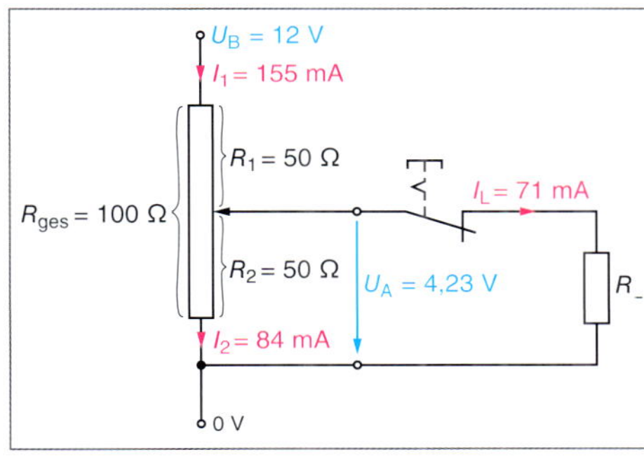

Bild 13 Spannungsteiler, belastet

R_2 und R_L sind parallel geschaltet (Bild 13).
Ersatzwiderstand: $R_{2L} = 27{,}3\ \Omega$.

R_{2L} und R_1 sind in Reihe geschaltet.

Durch die Belastung mit R_L ist die Spannung U_A von 6 V auf 4,23 V abgesunken (Bild 14).

Die Leistung an R_L beträgt dann noch

$$P = \frac{U_A'^2}{R_L} = \frac{(4{,}23\ \text{V})^2}{60\ \Omega} = 0{,}3\ \text{W}.$$

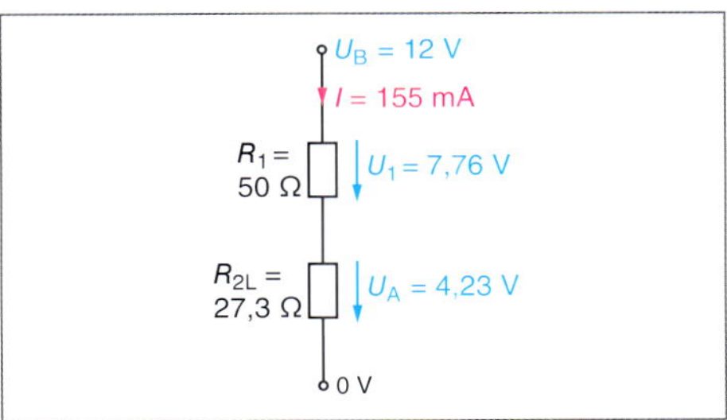

Bild 14 Belasteter Spannungsteiler

Um den Verbraucher auf 6 V/0,6 W einzustellen, muss der *Schleifkontakt* des Potenziometers *verschoben* werden:
$R_1 = 32\ \Omega$, $R_2 = 68\ \Omega$.

Ersatzwiderstand $R_{2L} = 32\ \Omega$.

Für alle **Laständerungen** muss der Schleifkontakt *nachgeführt* werden.

Die **Verlustleistung** des Potenziometers ist mit $P_{tot} = 4$ W angegeben.

■ **Unbelasteter Spannungsteiler**
→ 38

■ **Belasteter Spannungsteiler**
→ 38

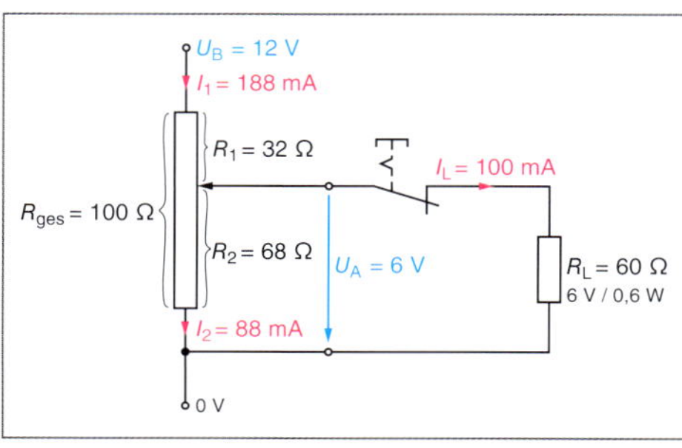

Bild 15 *Potenziometer, Ströme*

Für dieses Beispiel beträgt die *Verlustleistung*

$P_v = P_{R1} + P_{R2} = U_{R1} \cdot I_1 + U_{R2} \cdot I_2$

$P_v = 6\ \text{V} \cdot 188\ \text{mA} + 6\ \text{V} \cdot 88\ \text{mA}$

$P_v = 1{,}13\ \text{W} + 0{,}528\ \text{W}$

Das Potenziometer wäre für diese Anwendung geeignet (Bild 15).

Zu überlegen ist, ob diese Anwendung in Anbetracht der hohen *Verlustleistung* im Verhältnis zur *Nutzleistung* sinnvoll ist.

Wird die Belastung des Potenziometers weiter erhöht, muss der Widerstandsanteil R_1 weiter verkleinert werden.

Es besteht dann die Gefahr, dass die *Widerstandsbahn* durch zu hohen Strom zerstört wird.

■ **Aufgabenlösung**

@ Interessante Links

• christiani.berufskolleg.de

Trimmpotenziometer

Kleine verstellbare Widerstände zur genauen Einstellung von Teilspannungen. Einsatz zum Abgleich von elektronischen Schaltungen.

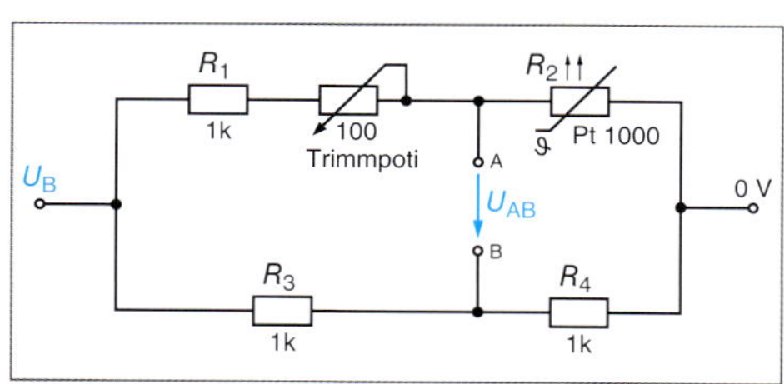

Bild 16 *Messbrücke mit Trimmpotenziometer*

Die Ausgangsspannung U_{AB} der Messbrücke soll bei 0 °C am Messfühler Pt1000 0 V betragen.

Dazu wird die Schaltung mit P_1 *abgeglichen*. Dieser **Abgleich** wird mit einem Werkzeug vorgenommen und die Einstellung dann mit einem Lacktropfen fixiert.

■ **Brückenschaltung**

→ 41

■ **Trimmpotenziometer**

Hochlastwiderstände

Die *Hochlastwiderstände* haben eine **Wärmeleistung** von mehr als $P_{tot} = 5$ W. Sie werden i. Allg. aus **Widerstandsdraht** hergestellt.

Die *Drahtwindungen* befinden sich in einem Hohlkörper aus *Keramik*. Der Hohlraum wird mit feinstem *Quarzsand* ausgefüllt.

Solche Widerstände (E12- und E24-Reihe) haben eine sehr hohe **Temperaturbeständigkeit** (bis zu 350 °C).

Bei **Kühlkörpermontage** kann die Leistungsaufnahme um ein Vielfaches gesteigert werden.

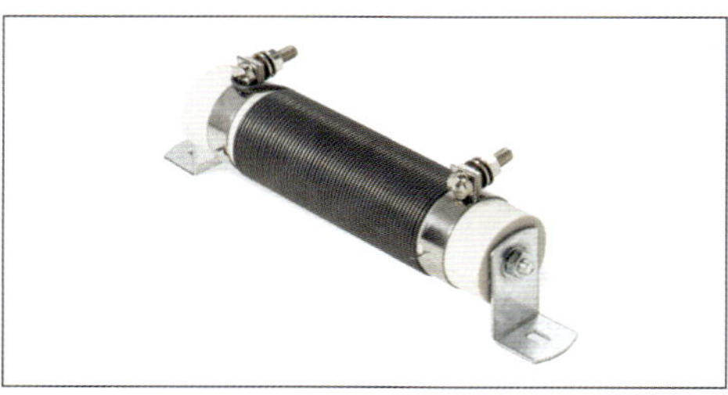

Bild 17 *Hochlastwiderstand*

Prüfung

1. Warum ist bei der Wahl eines Widerstandes nicht nur der Widerstandswert, sondern auch die Verlustleistung des Widerstandes zu beachten?

2. Eine Kennlinie beschreibt den linearen Zusammenhang zwischen zwei Größen.
Was bedeutet lineraer Zusammenhang?

3. Unter welcher Voraussetzung ist ein Spannungsteiler sinnvoll einsetzbar?

4. Erläutern Sie die Größe P_{tot} in Zusammenhang mit der Leistungshyperbel.
Beachten Sie dazu Bild 4 auf Seite 249.

5. Nennen Sie Anwendungsbeispiele für Potenziometer.

6. Bild 16 zeigt eine Messbrücke (Brückenschaltung) mit Trimmpotenziometer.
Wie lautet die Abgleichbedingung einer Brückenschaltung?
Wie groß ist die Spannung U_{AB} bei abgeglichener Brücke?

7. Unter welcher Voraussetzung spricht man von einem Hochlastwiderstand?
Wie ist ein solcher Widerstand aufgebaut?

8.3 Nichtlineare Widerstände

Thermistoren ändern ihren Widerstandswert in Abhängigkeit von der Temperatur.

Heißleiter
NTC-Widerstand
(**N**egativer **T**emperatur-**C**oeffizient)
Widerstand nimmt mit Anstieg der Temperatur ab.

R_T in Ω →
T in °C →

Kaltleiter
PTC-Widerstand
(**P**ositiver-**T**emperatur **C**oeffizient)
Widerstand nimmt mit Anstieg der Temperatur zu.

Der **Temperaturkoeffizient** α ist **negativ**

$\alpha = -0{,}025 \text{ bis } -0{,}045 \frac{1}{\text{K}}$

Der **Temperaturkoeffizient** α ist **positiv**

$\alpha = +0{,}07 \text{ bis } +0{,}6 \frac{1}{\text{K}}$

Die **Erwärmung** der Thermistoren kann durch die Umgebungstemperatur und/oder die elektrische Belastung erfolgen.
Die **Ausgangstemperatur** ist 20 °C.

■ **Thermistoren**
Oberbegriff für alle temperaturabhängigen Widerstände.

■ **Temperaturkoeffizient**

Kaltleiter

Das Material hat in einem weiten Bereich einen **positiven** Temperaturkoeffizienten.

Oftmals kann die Temperaturabhängigkeit nicht mit **einem einzigen** Temperaturkoeffizienten beschrieben werden. Dann muss das **Datenblatt** des Herstellers den Zusammenhang zwischen Temperatur und Widerstand angeben.

Die meisten **Metalle** sind Kaltleiter. Im Idealfall ist die temperaturabhängige Widerstandszunahme ΔR der Temperaturänderung $\Delta \vartheta$ verhältnisgleich.

Dies gilt weitgehend für das Metall **Platin**.

Industriestandard für sogenannte **Widerstandsthermometer** sind daher PTC-Fühler **Pt100** und **Pt1000**.

Pt = Platin

100 = R_0 = 100 Ω bei 0 °C
1000 = R_0 = 1000 Ω bei 0 °C

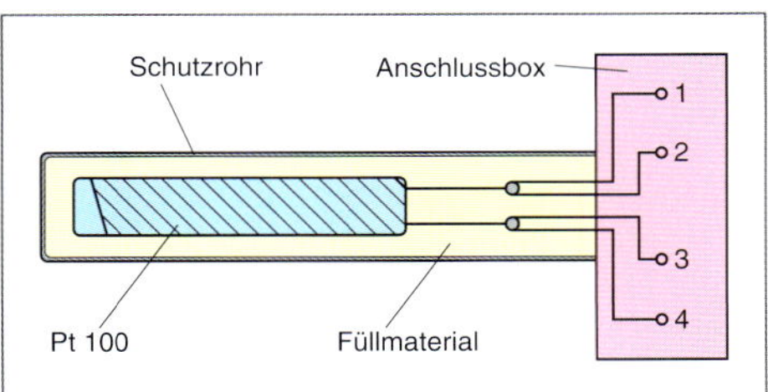

Bild 18 Widerstandsthermometer, Aufbau

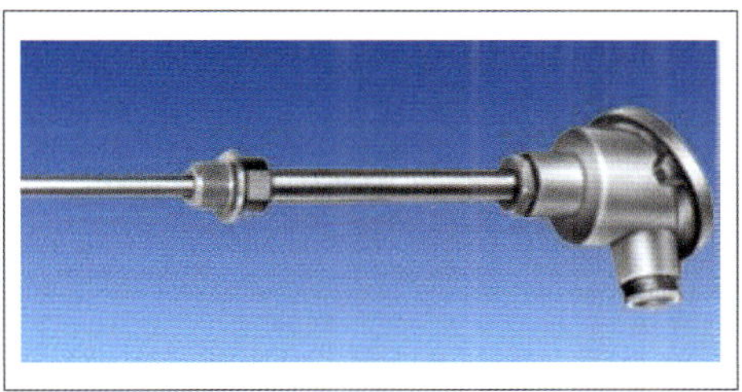

Bild 19 Widerstandsthermometer

Der Zusammenhang zwischen Temperatur und Widerstand wird auch beim **Pt100** mit einer Tabelle oder einer Kennlinie angegeben.

Der Tabelle (Seite 254) kann man entnehmen, dass der Pt100 eine **Empfindlichkeit** von ca. 0,4 % pro Kelvin hat.

■ **Pt100**
Beachten Sie, dass der Widerstand bei 0 °C 100 Ω beträgt (und nicht bei 20 °C).

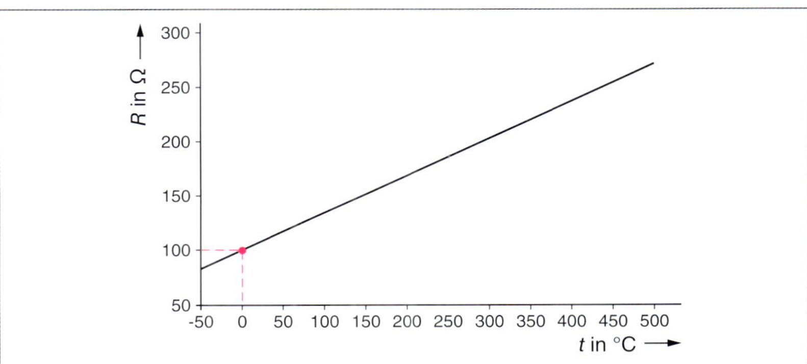

Bild 20 Kennlinie eines Pt100

Thermistor
thermistor sensor

Kaltleiter
PTC resistor

Heißleiter
NTC resistor

Widerstandsthermometer
resistance temperature probe, temperature-sensitive resistor

Genauigkeit
accuracy, precision

Überstromschutz
overcurrent protection

Kurzschlussstrom
short-circuit current, s-c current

Netztransformator
power transformer

Primärwicklung
primary winding

Sekundärwicklung
secondary winding

Strom-Spannungs-Kennlinie
current-voltage charcteristic

Kenndaten
characteristics

Tabelle eines Pt100

Temperatur Bereich	Grundwerte nach DIN EN 60751 für Pt100	
°C	Ohm	Ohm/K
– 200	18,49	0,44
– 100	60,25	0,41
– 50	80,30	0,40
0	100,00	0,39
100	138,50	0,385
200	175,64	0,37
250	194,09	0,36
300	212,02	0,35
400	247,04	0,34
450	264,17	0,34
500	280,90	0,33
600	313,59	0,33

Pt-Sensoren können im **Temperaturbereich** von – 200 °C bis + 600 °C eingesetzt werden.

Sie werden in **Genauigkeitsklassen** A und B eingeteilt. Damit diese **Toleranzen** eingehalten werden können, darf ein Temperatursensor nur einen *sehr kleinen Strom* führen ($I < 1$ mA).

Höhere Ströme verursachen im Fühler eine innere **Stromwärme**.

Zweileiterschaltung

Durch den Pt-Sensor fließt ein *konstanter* Strom I_M (Bild 22).

Die Spannung U_M soll die Temperatur am Sensor darstellen.

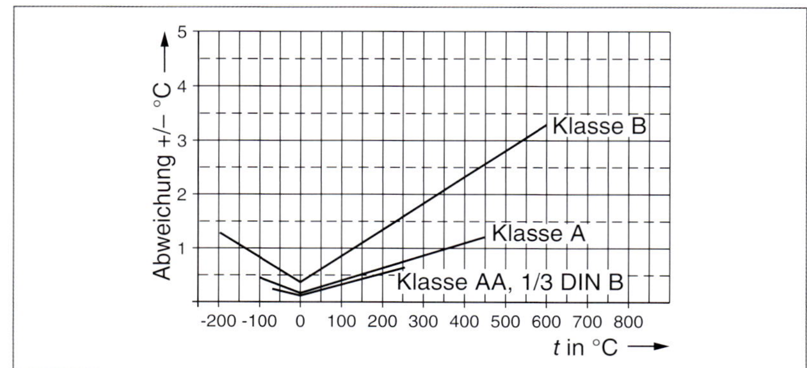

Bild 21 *Toleranzklassen für Pt100*

Der Spannungsfall an der Hin- und Rückleitung wird aber auch gemessen. Daher ist die Messung vor allem bei längeren Leitungen fehlerhaft.

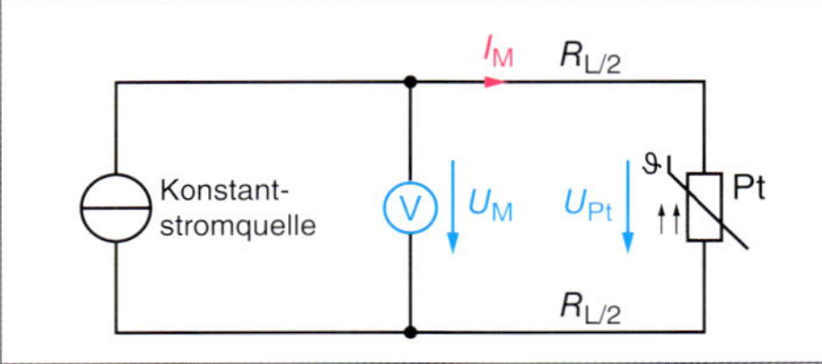

Bild 22 *Zweileiterschaltung mit Pt100*

Dreileiterschaltung

Ein *konstanter* Strom I_K wird durch die Zuleitungen und den Sensor geführt (Bild 23).

Eine dritte Leitung ist direkt an den Sensor angeschlossen.

Zunächst wird mit einem hochohmigen Spannungsmesser die Spannung $U_{L/2}$ gemessen ($I_M \approx 0$).

Gemessen wird $U_{L/2} = I_K \cdot R_{L/2}$.

Dann wird die Spannung
$U_M = I_K \cdot (R_{L/2} + R_{Pt})$ gemessen.

Diese Spannung wird um den Spannungsfall auf der Rückleitung korrigiert. Dann ergibt sich die korrekte Spannung $U_{Pt} = U_M - U_{L/2}$.

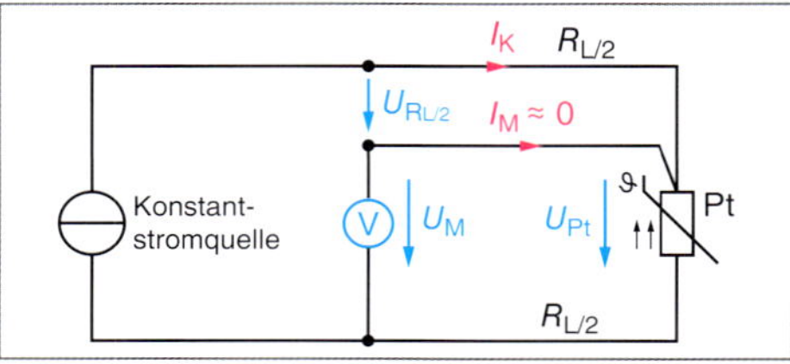

Bild 23 *Dreileiterschaltung mit Pt100*

Vierleiterschaltung

Stromführende Leitungen und Messleitungen sind getrennt. Der konstante Strom I_K durch den Sensor verursacht eine Spannung an R_{Pt}, die der Sensortemperatur verhältnisgleich ist. Die Spannung wird mit einem hochohmigen Spannungsmesser ($I_M \approx 0$) richtig gemessen.

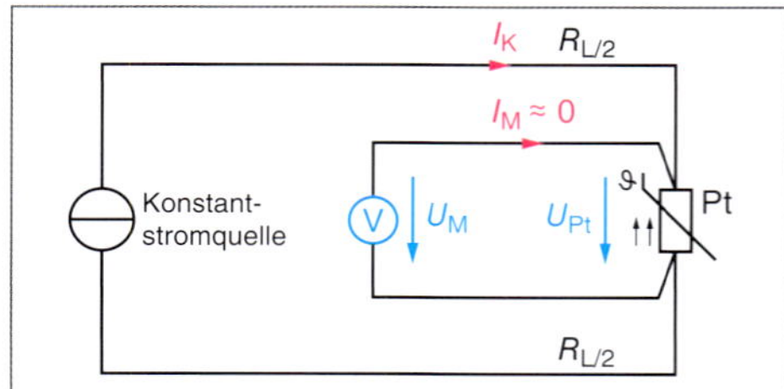

Bild 24 *Vierleiterschaltung mit Pt100*

Überstromschutz

Ein Kaltleiter soll einen **Netztransformator** vor Überlastung und Kurzschluss schützen.

Der **PTC-Widerstand** wird mit gutem Wärmekontakt direkt an den Eisenkern des Trafos montiert.
Bei **Überlastung** des Trafos erwärmt sich der Eisenkern. Der Widerstand des Kaltleiters steigt an, der Strom des Trafos wird begrenzt.

Ein **Kurzschluss** im Primärkreis führt zu unverzögertem Anstieg des Kaltleiterwiderstandes. Der **Kurzschlussstrom** wird begrenzt.

Sind Überlast oder Kurzschluss beseitigt, kühlt der PTC wieder ab und kann die Schutzfunktion wieder übernehmen.

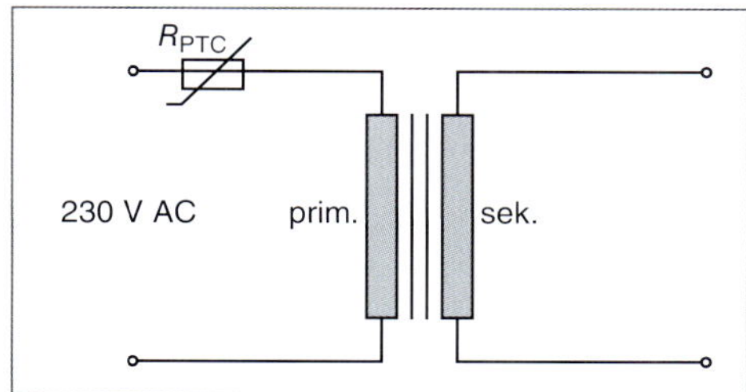

Bild 25 *Überstromschutz mit Kaltleiter*

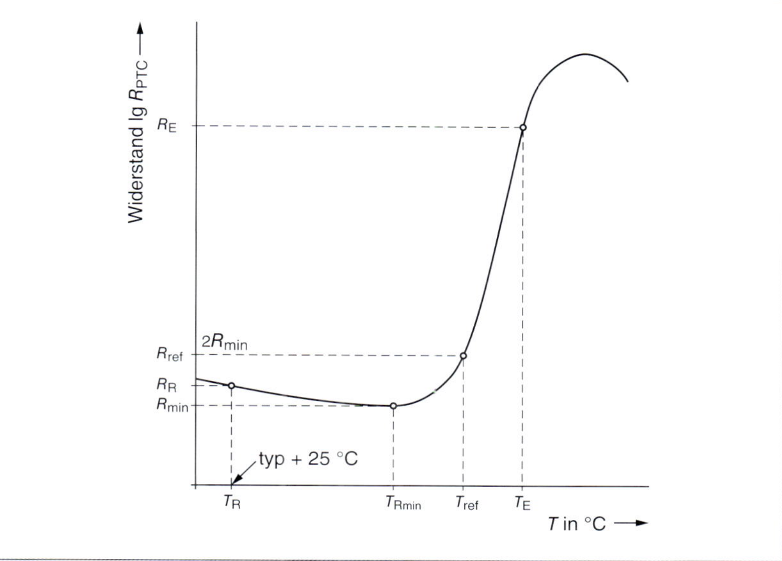

Bild 26 *Kennline eines keramischen PTC*

Die als **Überlastschutz** verwendeten Kaltleiter haben als *aktives Material* kein Metall, sondern keramische Halbleiter (z. B. dotiertes Bariumtitanat).

Die Kennlinie dieser Bauteile zeigt einen charakteristischen Verlauf (Bild 26):

Zu Beginn – bei niedrigen Temperaturen – haben sie einen leicht negativen Temperaturkoeffizienten.

Es folgt der eigentliche Arbeitsbereich in dem der Temperaturkoeffizient stark positiv ist → steile Kennlinie.

Ab einer bestimmten Temperatur fällt die Kennlinie wieder ab.

Kennline Bild 26:

T_N	Nenntemperatur, üblich 25 °C
R_N	Nennwiderstand bei 25 °C
T_{Rmin}	Anfangstemperatur, der negative Temperaturkoeffizient geht in einen positiven über
R_{Rmin}	Anfangswiderstand (Minimalwiderstand)
T_{ref}	Bezugstemperatur, Beginn des Arbeitsbereiches
R_{ref}	Bezugswiderstand
T_E	Endtemperatur

z. B.

Netztransformator: 230 V/60 W, PTC in Reihe mit Primärwicklung geschaltet, Wärmekontakt mit dem Trafokern.
Trafo im Normalbetrieb:
Widerstand ca. 885 Ω, Strom 260 mA.

Bei diesem Betriebszustand hat der Trafokern eine Temperatur von etwa 40 °C.

Der PTC nimmt ebenfalls diese Temperatur an. Der Strom 260 mA erzeugt keine nennenswerte Eigenerwärmung.
Laut Datenblatt (Seite 256) hat der PTC bei 40 °C einen Widerstand von 5 Ω. Er beeinflusst den Stromfluss unerheblich.

a) **Kurzschluss** auf der **Sekundärseite** des Trafos. **Primärstrom** steigt auf 2 A.

Der PTC wird innerhalb 1 s hochohmig (Kennlinie Seite 256). Es fließt ein **Reststrom** von I_r = 15 mA. Nahezu die gesamte Betriebsspannung 230 V liegt am PTC.
Im PTC wird dann eine **Wärmeleistung** von P = 220 V · 15 mA = 3,45 W erzeugt.

Es stellt sich ein Gleichgewicht zwischen erzeugter Leistung im PTC und abgegebener Wärmeleistung des Kaltleiters ein.
Der Kaltleiterwiderstand stellt sich bei etwa R_{PTC} = 230 V/15 mA = 14,7 kΩ ein.

Laut Kennlinie hat der PTC eine Temperatur von 140 °C angenommen.

■ Dotierung
Gezielte Verunreinigung mit Fremdatomen.

b) Der Eisenkern des Transformators erwärmt sich durch sekundärseitige Überlastung oder mangelnde Wärmeabfuhr.

Der Kaltleiter ist mit dem Eisenkern wärmegekoppelt, die Temperatur steigt auf $T_{PTC} = 100\,°C$.

Laut Kennlinie steigt der PTC-Widerstand auf 50 Ω. Wegen der Reihenschaltung der Trafowicklung mit dem PTC erhöht sich der Gesamtwiderstand.

Der Strom wird begrenzt bzw. zurückgeführt. Solange der Fehler nicht behoben wird, stellt sich bei einer bestimmten Temperatur ein thermisches Gleichgewicht am PTC ein: zugeführte Wärmeleistung = abgeführte Wärmeleistung.

Typische Kennwerte von ausgewählten Kaltleitern, im Beispiel C 830

Type	I_R	I_S	$I_{S_{max}}$ ($V = V_{max}$)	I_r (typ.) ($V = V_{max}$)	T_{ref} (typ.)	R_R	R_{min}
	mA	mA	A	mA	°C	Ω	Ω
C810	650	980	7.0	20	130	3.5	2.3
C820	460	920	7.0	20	120	3.7	2.4
C830	**450**	**680**	**4.1**	**15**	**130**	**5**	**3.3**
C840	330	500	2.2	13	130	9	5.9
C840	330	660	4.1	15	120	6	3.8
C830	250	510	7.0	15	80	3.7	2.2

Kennlinie eines Kaltleiters für Überlastschutz

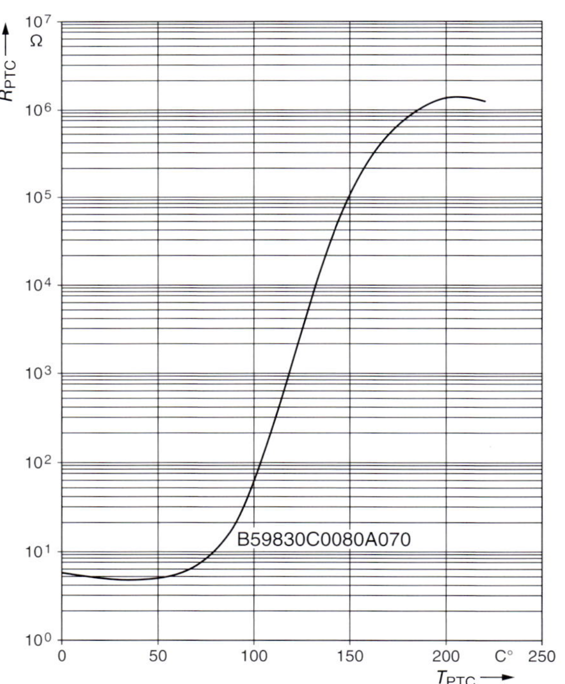

Abhängigkeit der Schaltzeit vom Schaltstrom

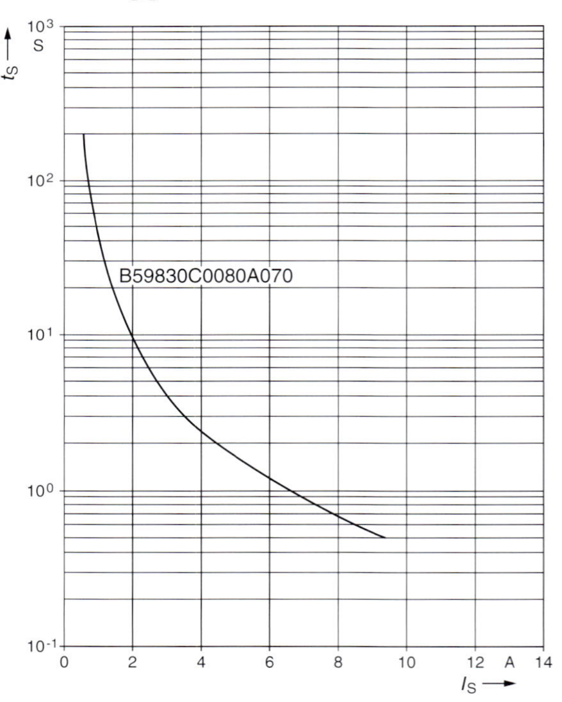

I_R Bemessungsstrom, es wird keine innere Stromwärme erzeugt

I_S Schaltstrom, bei dem in einer bestimmten Zeit der PTC hochohmig wird (Kennlinie)

I_{Smax} maximaler Schaltstrom

I_r typischer Reststrom bei hochohmigem Kaltleiter

T_{ref} typische Ansprechtemperatur

R_R Bemessungswiderstand, typisch bei 25 °C

R_{min} minimaler Widerstand des Kaltleiters

Motorvollschutz

In den drei *Wicklungen* eines Drehstrommotors wird ein **Kaltleiter** eingebracht. Sämtliche drei Kaltleiter werden **in Reihe** geschaltet.

Bei *normaler Motortemperatur* haben die Kaltleiter einen *geringen Widerstand*. Der Strom durch die Kaltleiter ist groß genug, um das Relais K1 zu betätigen. Das Schütz Q1 kann dann anziehen (Bild 27).

Wenn sich die Motorwicklung **unzulässig** erwärmt, werden die PTC-Widerstände hochohmig. Der Spulenstrom des Relais unterschreitet den **Haltestrom**. Das Relais K1 fällt ab.

Der Motor wird über Q1 ausgeschaltet.

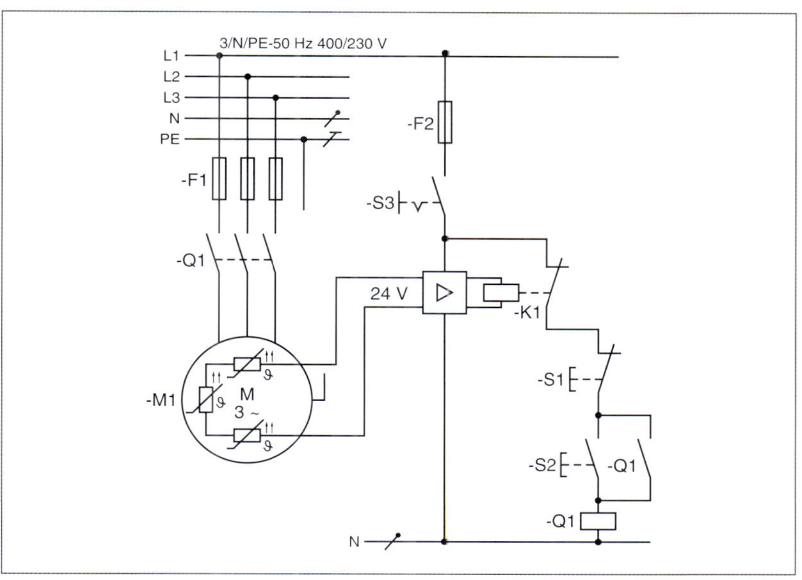

Bild 27 *Motorvollschutz*

Heißleiter

Die verschiedenen **Einsatzmöglichkeiten** von **NTC-Widerständen** (Heißleitern) lassen sich mithilfe der **Strom-Spannungs-Kennlinie** erläutern (Bild 28).

- **Festwiderstände** erscheinen in dieser Darstellung als parallele Geraden.
- Auch die **Verlustleistungen** sind parallele Geraden.

Die beiden Kennlinienachsen sind **logarithmisch** geteilt (Bild 28).

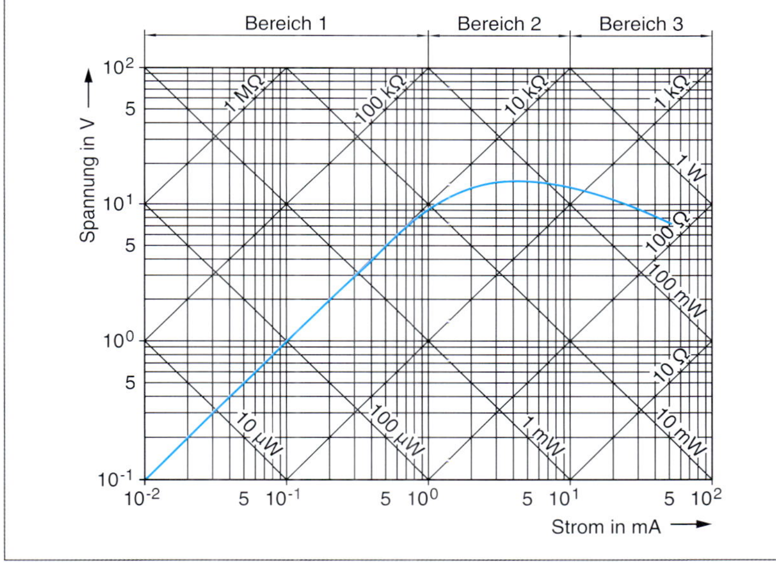

Bild 28 *Heißleiterkennlinie*

Bereich 1:

Fließt ein Strom $I < 1$ mA durch den NTC, wird im Heißleiter maximal eine Leistung von $P = 10\ \text{V} \cdot 1\ \text{mA} = 10\ \text{mW}$ erzeugt.

Dieser Strom bzw. diese Leistung verursachen keine innere Erwärmung des NTC. Der Widerstand des NTC bleibt konstant $R_{25} = 10\ \text{k}\Omega$.

Erst wenn eine äußere Erwärmung auftritt, verändert sich der Widerstand. Der *Bereich 1* eignet sich also für **messtechnische Anwendungen**, bei dem der Strom gering gehalten wird.

Bereich 2:

Fließt ein Strom $I > 1$ mA, macht sich die **Eigenerwärmung** bemerkbar. Stromanstieg und Widerstandsabnahme *kompensieren* sich. Die Spannung bleibt fast konstant. In diesem Bereich kann der NTC zur **Spannungsstabilisierung** eingesetzt werden.

Bereich 3:

Fließt ein Strom $I > 10$ mA, nimmt der Widerstand schneller ab als der Strom ansteigt.

Die Spannung am NTC sinkt. Es stellt sich ein Arbeitspunkt ein, bei dem die im Bauteil erzeugte Wärmeleistung gleich der abgeführten Wärmeleistung ist.

Eine wichtige Anwendung für den *Bereich 3* ist die **Einschaltstrombegrenzung** für elektrische Verbraucher.

Prüfung

1. Erläutern Sie die Kennlinie.
2. Was ist ein Widerstandsthermometer?
3. Welchen wesentlichen Vorteil haben Pt-Sensoren?
4. Beschreiben Sie die Arbeitsweise des Motorvollschutzes.

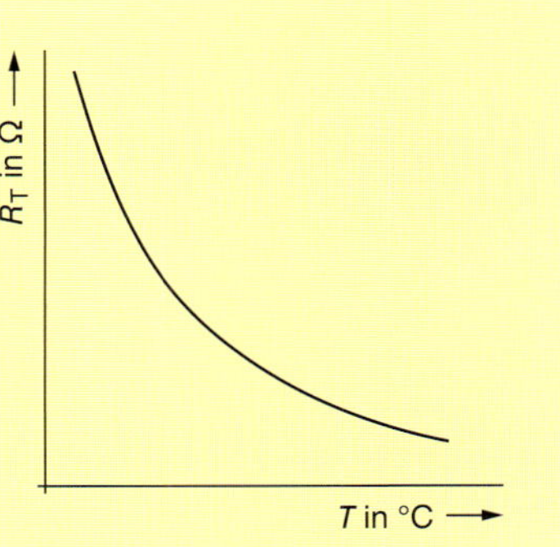

Mit einem NTC-Widerstand als Temperaturfühler lassen sich Produktionsprozesse überwachen und Schaltvorgänge auslösen.

Der NTC befindet sich in einem Medium, dessen Temperatur überwacht werden soll.

In Reihe zum NTC ist ein Festwiderstand geschaltet.
Die Schaltung wird mit einer Festspannung von 12 V gespeist.

Steigt die Temperatur am NTC an, verringert sich sein Widerstand. Der Strom durch die Reihenschaltung nimmt zu.

Der Strom ($I < 1$ mA) verursacht am Festwiderstand den Spannungsfall U_{RM}.

Die Spannung U_{RM} am Widerstand R_m steigt also mit der NTC-Temperatur.

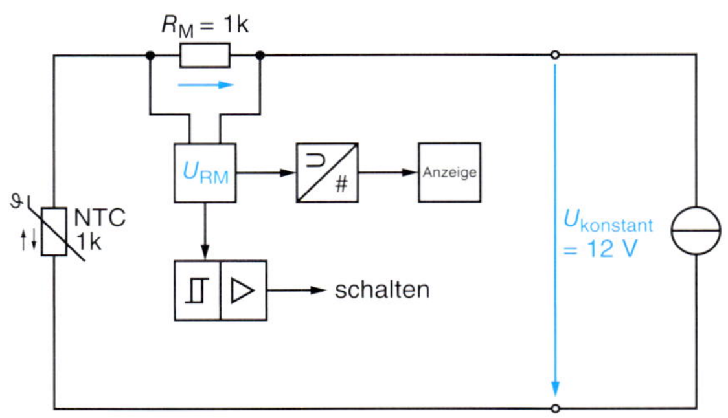

Die Spannungen können mithilfe der Hersteller-Datenblattangaben berechnet werden.

$$U_{RM} = \frac{U_{konst} \cdot R_M}{R_{NTC} + R_M}$$

Zusammenhang zwischen Temperatur und Messspannung

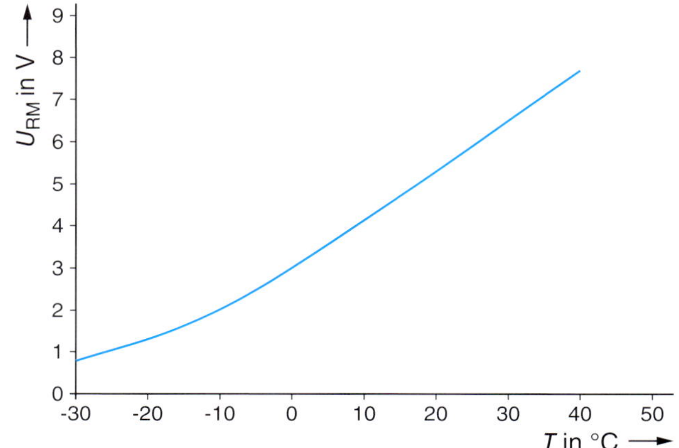

In Bereichen verläuft die Spannung proportional zur Temperatur.

Datenblattangaben für einen Heißleiter, berechnete Spannungen U_{RM}

T in °C	$R_{25} = 1$ kΩ	T-Koeffizient	U_{RM} in V
	R_T/R_{25}	α in % K	
– 30	14,48	5,8	0,78
– 25	10,9	5,6	1,02
– 20	8,29	5,4	1,29
– 15	6,36	5,2	1,6
– 10	4,92	5,1	2,02
– 5	3,83	4,9	2,48
0	3	4,8	2,99
5	2,39	4,6	3,55
10	1,9	4,5	4,14
15	1,52	4,3	4,76
20	1,23	4,2	5,4
25	1	4,1	6
30	0,82	3,9	6,6
35	0,67	3,8	7,1
40	0,56	3,7	7,7

Bei weiteren Anwendungen von Heißleitern spielt die **innere Erwärmung** durch den **Stromfluss** die entscheidende Rolle.

z.B.

Beim Einschalten von Netztransformatoren treten hohe **Einschaltstromspitzen** auf. Ein Auslösen der vorgeschalteten Überstrom-Schutzeinrichtung kann die Folge sein. Bei Transformatoren kleinerer Leistung ($S < 100$ VA) kann durch einen in Reihe geschalteten NTC der **Einschaltstrom begrenzt** werden.

z.B.

Beim Einschalten hat der NTC die Umgebungstemperatur 20 °C.

Laut Kennlinie beträgt sein Widerstand $R_{NTC} = 40\ \Omega$.

Dadurch wird die Stromspitze auf $I_{Spitze} = 2{,}1$ A abgeschwächt. Nach 20 ms hat der Strom den Heißleiter auf $T = 110\,°C$ erhitzt. Der Widerstand sinkt dadurch auf $R_{NTC} = 2\ \Omega$.

Dieser Vorwiderstand verändert die Betriebsdaten des Transformators unwesentlich.

Der NTC muss so montiert sein, dass seine hohe Temperatur nicht andere Bauteile beeinflusst.

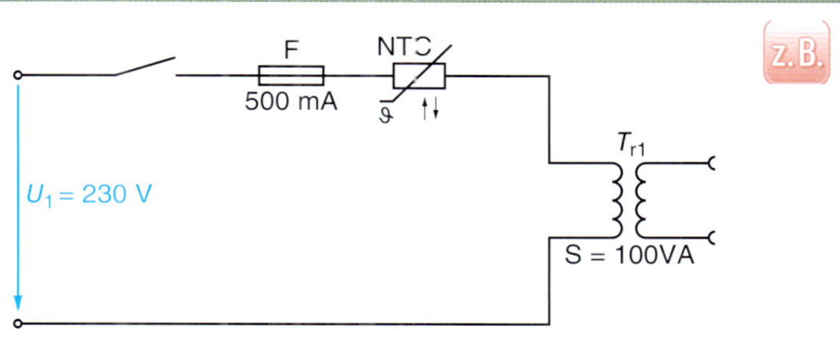

Kennlinie eines NTC

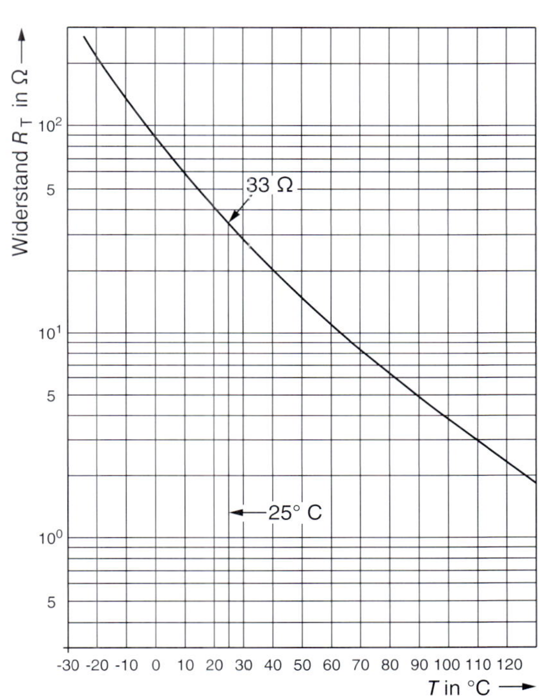

Heißleiter verhindern hohe Einschaltstromspitzen

ohne NTC
mit NTC
Strom in A
Zeit in ms

z.B.

Ein ungeladener Kondensator wirkt im Einschaltmoment wie ein kurzzeitiger Kurzschluss. Dadurch können vorgeschaltete Bauelemente zerstört werden.
Ein NTC kann den Einschaltstrom auf ungefährliche Werte begrenzen.

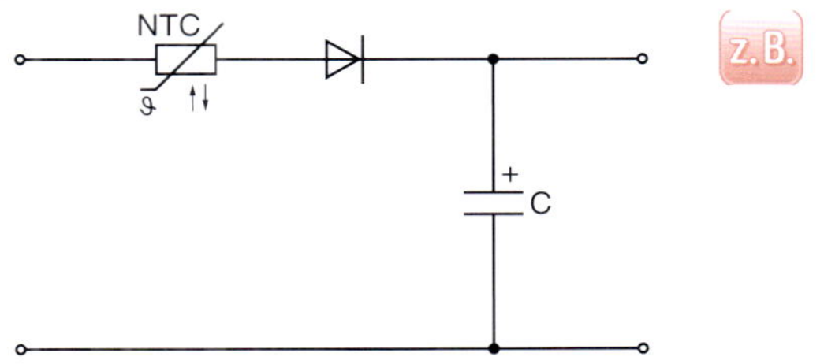

z.B.

Auch bei Konsumartikeln wird der NTC eingesetzt. Glühlampen in Lichterketten sind häufig in Reihe geschaltet. Im Normalbetrieb ist der NTC hochohmig. Es fließt kein nennenswerter Strom durch den Heißleiter. Brennt der Glühfaden einer Lampe durch, fließt ein Strom durch den NTC. Er erwärmt sich und wird niederohmig.
Die verbleibenden Lampen bleiben in Betrieb.

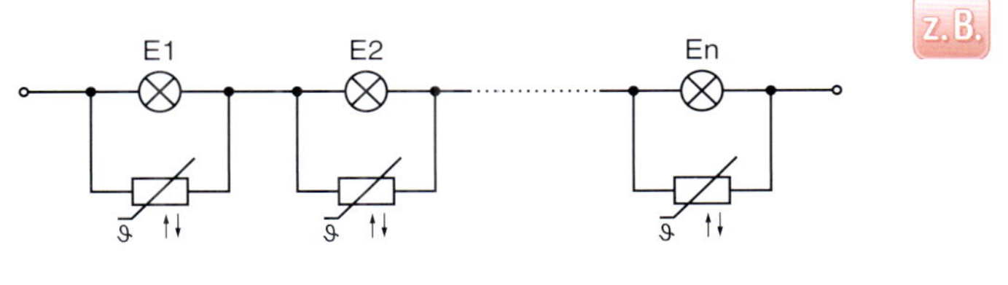

■ **Symbol LDR**

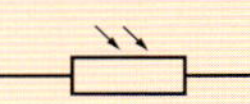

■ **LDR**
Light Dependend Resistor

8.4 Lichtabhängige Widerstände

Trifft Licht auf die offenliegende Halbleiterschicht, werden *Ladungsträger* freigesetzt.

Mehr Ladungsträger bedeutet eine *Zunahme* der Leitfähigkeit. Der *Widerstand* des LDR *verringert* sich.

Kennlinie (Bild 29)

- Fällt nur wenig Licht auf den LDR (0,1 Lux), dann hat der LDR einen Widerstand von ca. 500 kΩ.
- Fällt 500 Lux auf den LDR, dann hat er einen Widerstand von 400 Ω.
- Wenn Sonnenlicht (> 50000 Lux) auf den LDR fällt, sinkt sein Widerstand auf wenige Ohm.

Datenblattangabe
Spannungsfestigkeit: 100 V
Maximale Verlustleistung: P_{tot} = 200 W
Reaktionszeit: ca. 50 ms

Anwendungsbeispiele

- Flammenmelder zur Abschaltung der Zündung in Öl- und Gasbrennern.
- Lichtschranken zur Erfassung und Zählung von Vorgängen.
- Dämmerungsschalter zum Ein- und Ausschalten von Beleuchtungen.
- Belichtungsmesser zur Blendeneinstellung in Fotoapparaten.

Der LDR bildet mit R_1 und dem Trimmer R_2 einen Basisspannungsteiler. Für den LDR gilt die Kennlinie nach Bild 29.

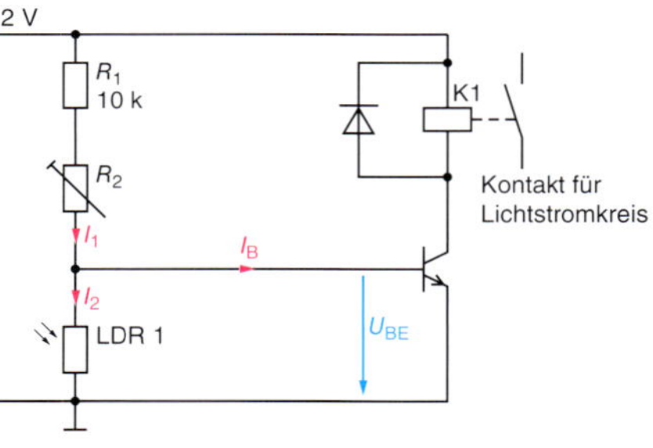

Kein Licht (0,2 lux):
LDR hochohmig (ca. 200 kΩ) → $I_2 \approx 0$ → $U_{BE} \approx 0{,}7$ V; $I_1 \approx I_B$
R_2 ist so eingestellt, dass $I_B \approx 1$ mA. Dies reicht, um den Transistor durchzusteuern → Relais K1 zieht an.

Lichteinfall (1000 lux):
LDR-Widerstand ca. 250 Ω (Kennlinie) → U_{BE} fällt durch Spannungsteilung auf ca. 0,2 V → Basisstrom $I_B = 0$ → Relais K1 fällt ab.

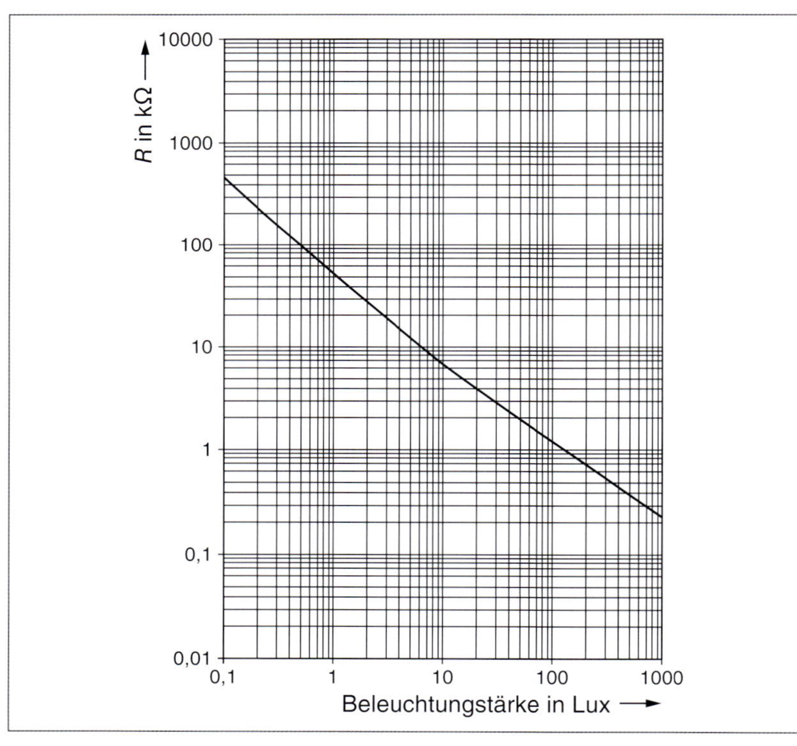

Bild 29 *Kennline eines LDR*

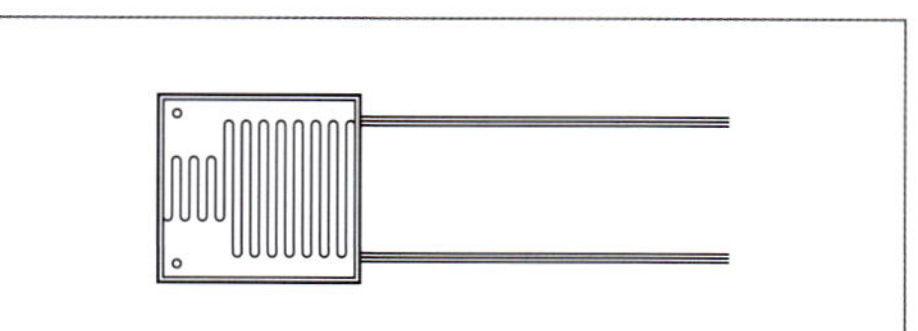

Bild 30 *Aufbau eines LDR*

■ **Aufgabenlösung**

@ Interessante Links
- christiani-berufskolleg.de

Prüfung

1. Nennen Sie Anwendungsbeispiele für NTC-Widerstände.

2. Worin besteht bezüglich der Anwendung der wesentliche Unterschied zwischen einem PTC-Widerstand (Kaltleiter) und einem NTC-Widerstand (Heißleiter)?

3. Erläutern Sie die Aussage des dargestellten Symbols.

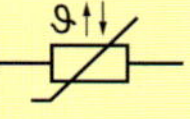

Was bedeuten die beiden Pfeile?

8.5 Spannungsabhängige Widerstände

Solche Widerstände werden auch **Varistoren** genannt. Das **aktive Material** des VDR besteht hauptsächlich aus **Zinkoxid**. Das Zinkoxid ist gekörnt und wird dann zu einer Scheibe gepresst und gesintert.

An den Berührungsflächen der Körner bilden sich **Halbleiterübergänge** (Sperrschichten).

Jede Sperrschicht hat eine **Durchbruchspannung** von ca. 4 V.

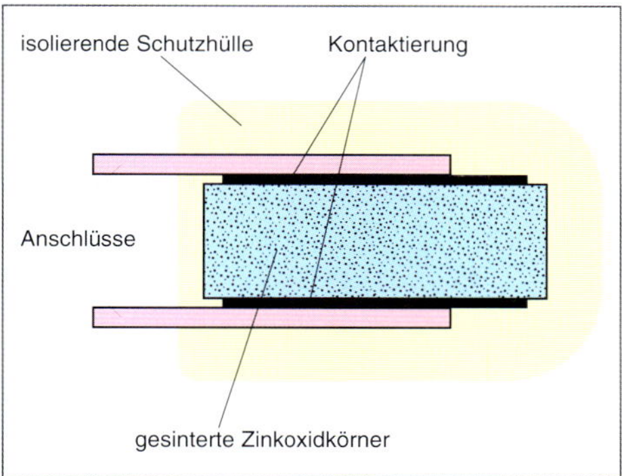

Bild 31 *Aufbau eines Varistors*

Durch den Sinterprozess sind nun viele Sperrschichten in Reihe und parallel geschaltet.

Die **Dicke** des Bauteils bestimmt die Anzahl der in Reihe geschalteten Übergänge und damit die **Ansprechspannung**.

Liegen z. B. 100 Sperrschichten hintereinander (in Reihe), dann hat der VDR eine **Durchbruchspannung** von 400 V.

- Unterhalb von 400 V ist der Varistor hochohmig.
- Ab 400 V wird der Varistor niederohmig.

Der **Bauteildurchmesser** bestimmt die Anzahl der parallel geschalteten Sperrschichten.

Dadurch wird der Strom festgelegt, den der VDR führen kann.

Der Varistor ist ein spannungsabhängiger Widerstand, der bei Überschreiten einer Schwellspannung den Widerstandswert von nahezu 0 Ω annimmt.
Varistoren haben sehr kurze Reaktionszeiten.

Die **Polarität** hat für die Funktion eines VDR keine Bedeutung.

Varistoren können also in **Wechselstromkreisen** eingesetzt werden. Varistoren haben eine *symmetrische U-I*-Kennlinie (Bild 32).

Kennwerte eines Varistors

Varistorspannung		250	V
Schaltspannung		390	V
Operating temperature	to IEC 61051	– 40 ··· + 85	°C
Storage temperature		– 40 ··· + 125	°C
Electric strengh	to IEC 61051	≥ 2.5	kV_{RMS}
Insulation	to IEC 61051	≥ 100	MΩ
Response time		< 25	ns

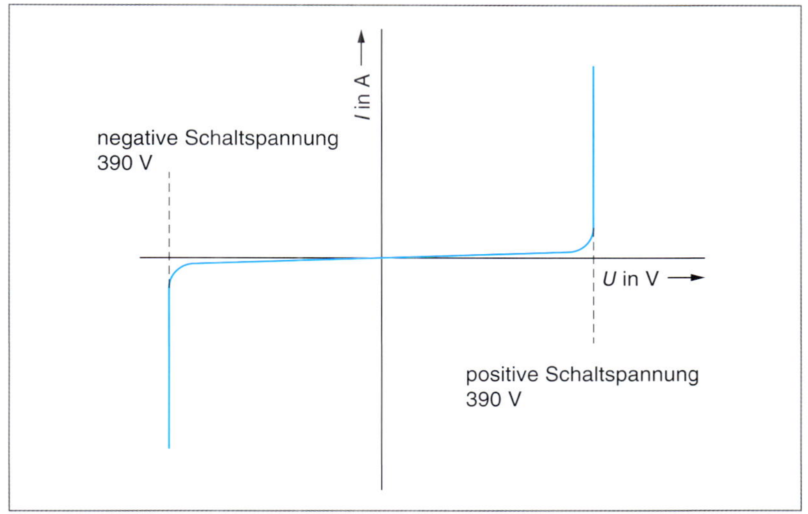

Bild 32 *Kennlinie eines VDR für 250 V*

Der wichtigste Anwendungsbereich für Varistoren ist der **Überspannungsschutz**.

In der Elektrotechnik können durch **Schaltvorgänge hohe Spannungsspitzen** entstehen: Ausschalten von Relais-, Schützspulen und Transformatoren.

Um diese zerstörerisch wirkenden Spannungsspitzen zu löschen, wird ein VDR *parallel* zur Quelle der Impulsspannung geschaltet.

Ein VDR wird parallel zu einer Relaisspule geschaltet. Ein Transistor schaltet die Relaisspule K1.

Beim Abschalten von K1 werden von Spulen hohe Spannungen hervorgerufen.

Betriebsspannung der Spule: 24 V DC
Schaltspannung VDR: 30 V

Im Normalbetrieb ist der VDR hochohmig. Er führt dann praktisch keinen Strom.

Beim Abschalten der Relaisspule wird ein Spannungsimpuls von 100 V erzeugt.

■ **Varistor**
VDR-Widerstand,
Volt Dependend Resistor

■ **Symbol VDR**

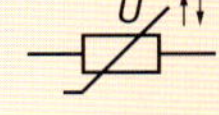

■ **Löschglieder**
→ 133

■ **Diode**
Dielektrode; zwei Anschlüsse (Anode und Katode).

Die Pfeilrichtung zeigt die Stromrichtung in Durchlassrichtung an. Dabei gilt die technische Stromrichtung.

■ **Symbol Diode**

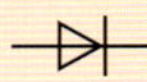

Ladungsträger
charge carrier, carrier

Varistor
voltage-dependend resistor

Überspannungsschutz
overvoltage protection

Spannungsfestigkeit
electric strenght

Halbleiter
semiconductor

Dotierung
doping

Defektelektron
defect electron, p-hole

Sperrschicht
blocking layer, junction

■ **Dotierung**
Gezielte Verunreinigung des Halbleitermaterials.

■ **P**
Chemisches Zeichen für Phosphor.

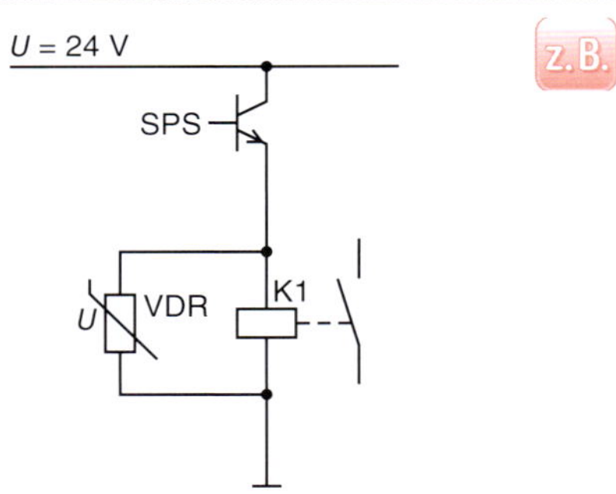

Die Impulsdauer beträgt nur wenige ms, dennoch würde der im Stromkreis liegende Transistor zerstört.

Übersteigt der Spannungsimpuls die Schaltspannung des Varistors (30 V), wird er niederohmig und stellt für die Überspannung einen Kurzschluss dar.

Auch *von außen* in elektrische Schaltungen einwirkende Überspannungen (statische Aufladungen) müssen unwirksam gemacht werden. Zu diesem Zweck werden vor elektronischen Komponenten Varistoren parallel in die Versorgungsleitung geschaltet.

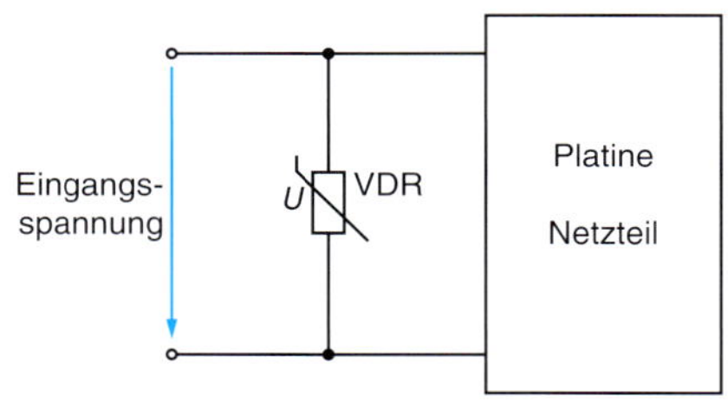

Funktion
Eingangsspannung ist kleiner als die Ansprechspannung des VDR: Varistor ist hochohmig. Über den Varistor fließt kein Strom.

Spannungsimpuls überlagert: Nach Überschreiten der Ansprechspannung wird der VDR niederohmig.

Die Impulsenergie wird im Varistor in Wärme umgesetzt. Die Überspannung wird abgebaut.

Beim Unterschreiten der Ansprechspannung wird der VDR wieder hochohmig.

Varistoren dürfen nur mit *kurzen Impulsen* belastet werden. Bei länger bestehender Überspannung fließt ein hoher Strom über den VDR.

Der Strom erhitzt den Varistor, Zerstörung und Kurzschluss wären die Folgen.

8.6 Dioden

Wichtige **Werkstoffe** der Elektronik sind die Elemente **Silizium**, **Germanium** und verschiedene Metalllegierungen.

Die meisten **Dioden** bestehen aus **Silizium**.

Silizium ist ein **Halbleiter**. Halbleiter haben die Eigenschaft, dass sie bei 0 K = – 273 °C **Nichtleiter** sind.

Der Grund dafür ist, dass alle Ladungsträger (z. B. Elektronen) im Halbleiterkristall gebunden sind. Es kann dann kein Strom fließen.

Wenn auf Halbleiterkristalle **Licht**- oder **Wärmestrahlung** einwirkt, werden Ladungsträger freigesetzt. Elektronen sind nicht mehr in der **Kristallstruktur** gebunden und damit beweglich.

Die **Leitfähigkeit** bzw. der **Widerstand** von Silizium ist also **temperaturabhängig**.

Bild 33 *Dioden*

Dotierung
Die Leitfähigkeit von Silizium lässt sich auch gezielt beeinflussen. Mischt man z. B. Phosphor in eine Siliziumschmelze, dann hat der Halbleiterkristall **freie Elektronen**. Dadurch wird die Leitfähigkeit des Siliziums erhöht.

Gezielten Einbau von **Fremdatomen** in das Kristallgitter des Halbleiters nennt man **Dotierung**.

In diesem Fall liegt eine **n-Dotierung** vor, da **negative Ladungsträger** frei beweglich sind.

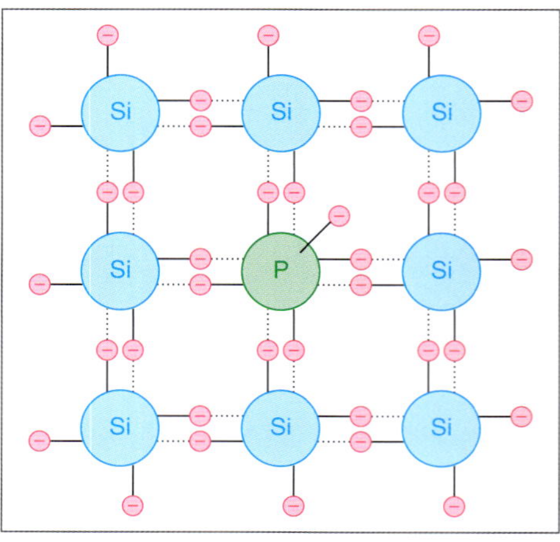

Bild 34 *n-dotiertes Siliziumkristall*

Verunreinigt man Silizium mit Aluminiumatomen, erhält man **p-dotiertes** Silizium.
Im Halbleiterkristall entstehen Leerstellen, die als **Defektelektronen** bzw. **Löcher** bezeichnet werden.

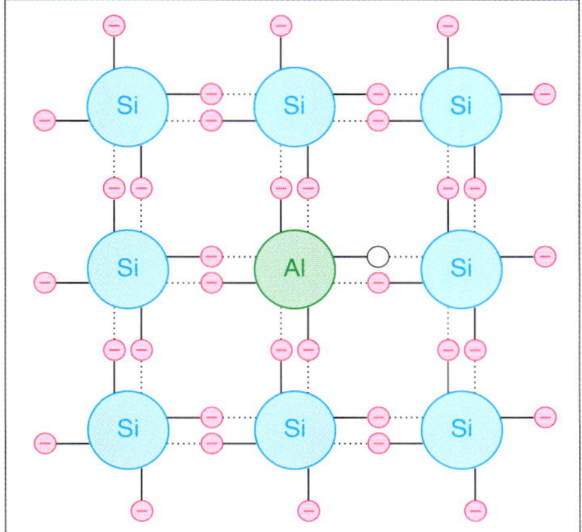

Bild 35 *p-dotiertes Siliziumkristall*

Wird eine Gleichspannung an einen p-dotierten Halbleiter angelegt, können Elektronen fließen. Sie fließen dann zum **Pluspol** der Spannungsquelle, die „**Löcher**" fließen in Gegenrichtung zum **Minuspol** der Spannungsquelle.

Beim Herstellungsprozess werden ein n-dotiertes und ein p-dotiertes Siliziumplättchen zusammengefügt (Bild 36).
An der **Kontaktfläche** der beiden Plättchen kommt es zu einem **Ladungsträgeraustausch**.

- Aus der n-dotierten Schicht wandern **Elektronen** in die p-dotierte Schicht.
- Aus der p-dotierten Schicht bewegen sich **Löcher** in die n-dotierte Schicht.

Ergebnis dieses Vorganges ist eine **ladungsträgerfreie Zone**. Dieser Bereich ist eine hochohmige **Sperrschicht** (Bild 37).
Durch die **Ladungsträgerverschiebung** an der Kontaktfläche ist die p-Schicht negativ und die n-Schicht positiv geworden.
In der Sperrzone ist ein **elektrisches Feld** *E* entstanden. Wegen dieses elektrischen Feldes hört die Ladungsträgerverschiebung bei einer bestimmten Spannung auf (Bild 37).
Bei **Siliziumdioden** beträgt diese Spannung $U_D \approx 0{,}7$ V.

Wirkungsweise der Diode

Diode und Widerstand werden in Reihe an eine verstellbare Spannungsquelle angeschlossen (Bild 38). Die **Katode** der Diode liegt am *Minuspol*, die **Anode** am *Pluspol*.

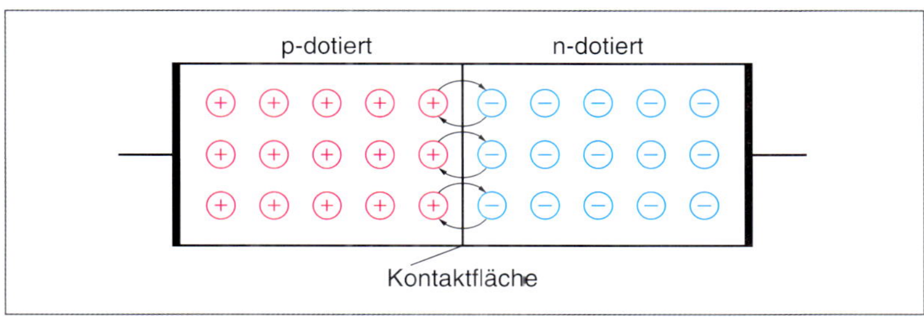

Bild 36 *Rekombination an der Kontaktfläche*

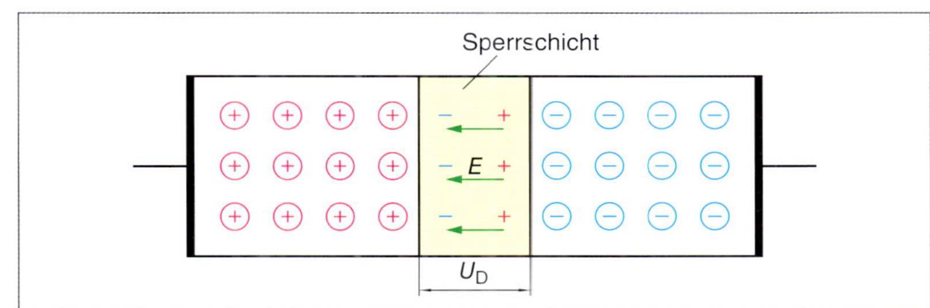

Bild 37 *Sperrschicht*

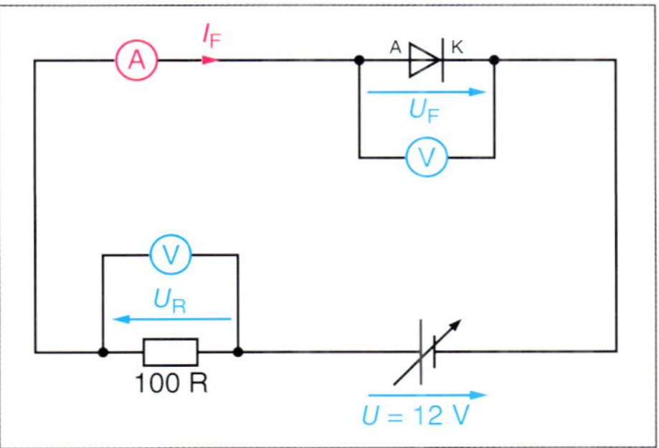

Bild 38 *Diode in Vorwärtsrichtung*

- Spannung U von 0 V beginnend erhöhen. Diode ist hochohmig, der größte Widerstand im Stromkreis. Bis ca. $U = 0{,}6$ V ist U_F ebenfalls 0,6 V und $U_R = 0$. Der Strom $I_F = 0$.
- Bei $U = 0{,}7$ V ist $U_F = U_D$. U_D ist die **innere Sperrschichtspannung**. Die Spannungen sind entgegengerichtet und heben sich auf. Die Sperrschicht ist abgebaut. Es fließt der Strom I_F.
  Wenn bei Siliziumdioden die Anode (A) etwa 0,7 V positiver als die Katode (K) ist, dann ist die Diode leitend.
- Bei $U = 5$ V ist U_F weiterhin ca. 0,7 V. Diese Spannung wird benötigt, um die Sperrschicht abzubauen. Die Spannung am ohmschen Widerstand R ergibt sich zu $U_R = U - U_F = 5\text{ V} - 0{,}7\text{ V} = 4{,}3$ V.

■ Al
Chemisches Zeichen für Aluminium.

■ Loch
Defektelektron, Fehlen eines Elektrons (gleichbedeutend mit einer positiven Ladung).

■ Rekombination
Verschwinden eines Ladungsträgerpaares: Loch fängt Elektron ein.

■ Diode

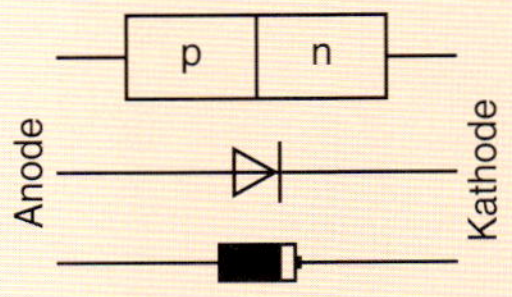

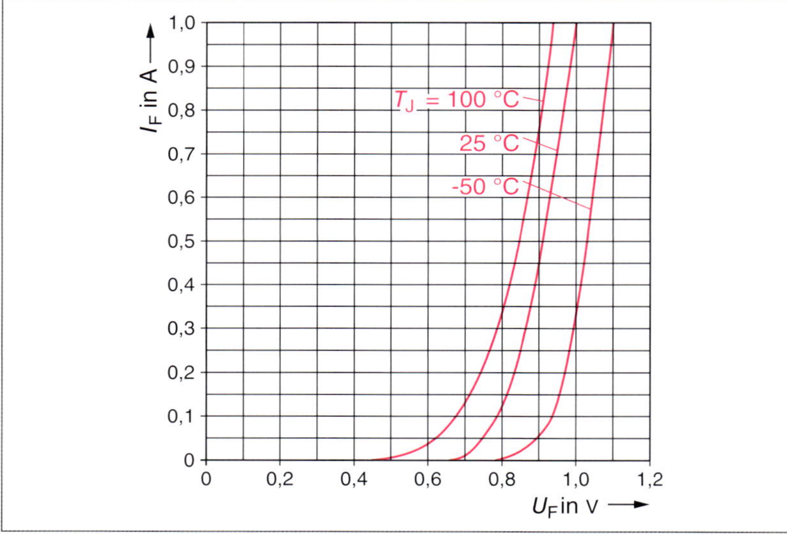

Bild 39 Durchlasskennline einer Siliziumdiode

- Der Strom errechnet sich zu

$$I_F = \frac{U_R}{R} = \frac{4{,}3\ \text{V}}{100\ \Omega} = 43\ \text{mA}$$

- Mit zunehmendem Strom I_F wird die Spannung U_F an der Diode größer.
- Die Sperrschichttemperatur T_J hat Einfluss auf die Durchlasskennlinie der Diode.

Nun wird die Diode in der Schaltung **umgepolt**.

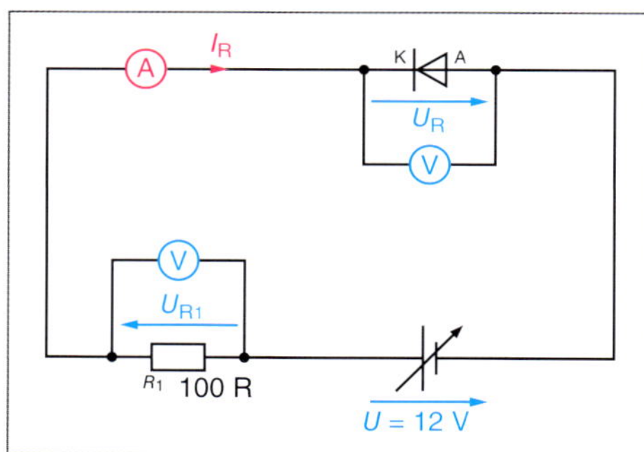

Bild 40 Diode in Rückwärtsrichtung

- Wird die Spannung U von 0 V beginnend erhöht, wird die Sperrschichtspannung U_D verstärkt. U und U_D haben die gleiche Richtung.
- Die Sperrschicht der Diode wird breiter. Die Diode sperrt den Strom: $I_R \approx 0$. Wenn die Katode positiver ist als die Anode, wird die Diode in **Rückwärtsrichtung** geschaltet.
- Die Spannung U ist gleich der Spannung U_R.
- Wenn die Spannung in Rückwärtsrichtung über einen vom Diodentyp abhängigen **Maximalwert** gesteigert wird, steigt der Strom I_R lawinenartig an. Die Diode wird zerstört.

Arbeitsweise Diode

4 V —▷|— 3 V
Diode leitet

3 V —▷|— 4 V
Diode sperrt

Die Diode wird in Durchlassrichtung betrieben, wenn die Anode A um ca. 0,7 V positiver als die Katode ist (bei Siliziumdioden).

@ Interessante Links

Varistoren

- abb.de
- epcos.de
- buerklin.com

Z-Dioden

- diotec.com
- semicron.de

PN-Übergang

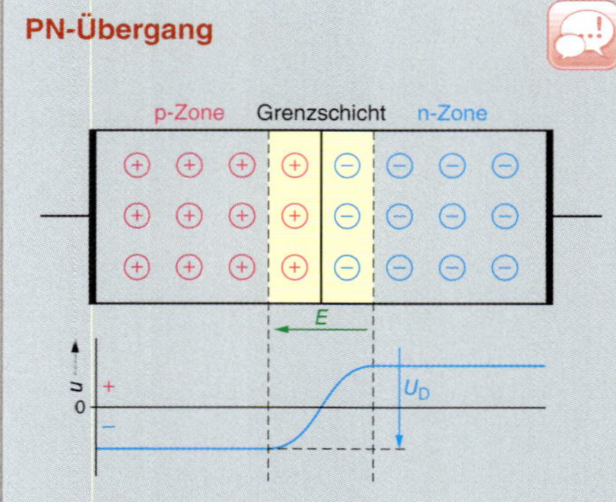

PN-Übergang stromlos

Elektroden der n-Zone diffundieren in die p-Zone. Es entsteht ein elektrisches Feld E und eine Diffusionsspannung U_D.

Diese Spannung tritt an der Grenzschicht zwischen p- und n-Zone auf. An den Diodenanschlüssen ist diese Spannung nicht messbar.

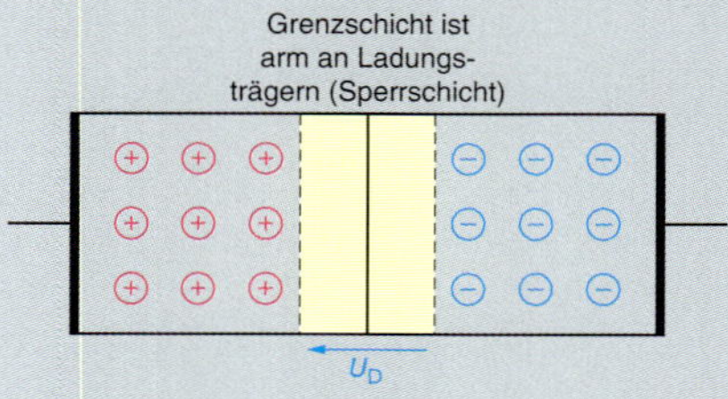

Diode in Durchlassrichtung geschaltet

Diode wird in Vorwärtsrichtung an Spannung gelegt (U_F).

Die Diffusionsspannung wirkt U_F entgegen. Erst wenn U_F größer als U_D ist, kann ein Strom I_F in Vorwärtsrichtung fließen.

Die Diode ist leitend. Sie wirkt wie ein geöffnetes Ventil.

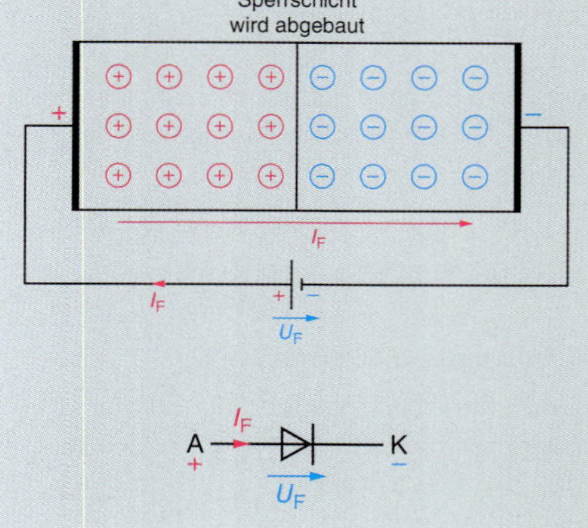

Diode in Sperrrichtung geschaltet

Bei dieser Spannungspolarität in Rückwärtsrichtung verbreitert sich die Sperrschicht.

Es fließt nur noch ein geringer Sperrstrom I_R über die Diode. Die Spannungen U_R und U_D überlagern sich.

Die Diode sperrt. Sie wirkt wie ein geschlossenes Ventil.

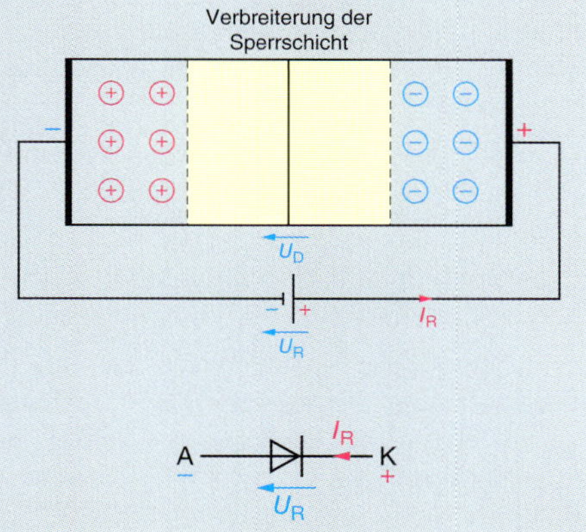

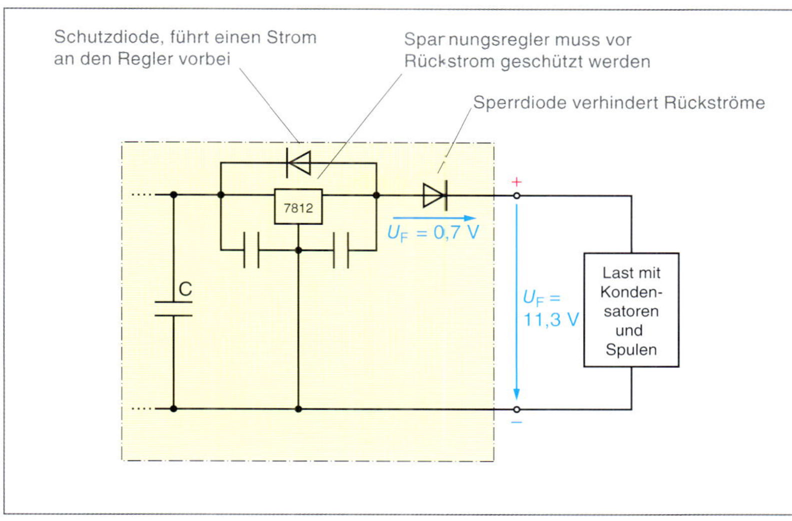

Bild 41 *Schutzbeschaltung eines Festspannungsreglers mit Dioden*

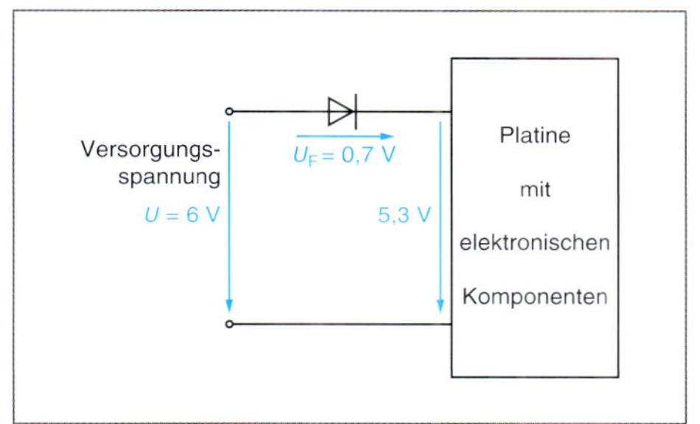

Bild 42 *Verpolschutzdiode*

Gleichrichter
rectifier

Gleichrichtersatz
rectifier stack

Netzteil
power pack

■ **Gleichrichterschaltungen**

Anwendung von Dioden

Sperrdioden als Schutz vor Rückströmen

Netzgeräte sollen bei **konstanter Spannung** einen Gleichstrom liefern. Hierzu dienen elektronische Komponenten, u. a. ein **Festspannungsregler** (Bild 41).

Die elektronischen Komponenten müssen vor **Rückwärtsströmen** geschützt werden.

Rückwärtsströme treten auf, wenn die Ausgangsklemmen eines Netzteils an eine Energiequelle angeschlossen werden (geladener Kondensator, Batterie, weiteres Netzteil).

Ist die Spannung dieser Energiequelle höher als die Netzteilspannung, kommt es zu einem *Gegenstrom*.

Durch eine **Diode** vor den Ausgangsklemmen kann diese Gefährdung ausgeschlossen werden (Bild 41).

Verpolschutzdioden

Nach dem gleichen Prinzip können elektronische Schaltungen und Komponenten vor **Verpolung** geschützt werden (Bild 42).

Wenn die Eingangsspannung **umgepolt** wird, kann kein Strom fließen. Die Diode ist dann in *Sperrrichtung* geschaltet, sie wirkt wie ein *geöffneter* Schalter.

Dioden in Gleichrichterschaltungen

Gleichspannungsnetzteile werden mit Wechselspannung gespeist und liefern am Ausgang eine **konstante** oder **einstellbare Gleichspannung**.

Ein Bestandteil des Netzteils ist die **Gleichrichterschaltung**. Im einfachsten Fall besteht sie aus *einer* Diode. Eine solche Schaltung wird **M1-Schaltung** genannt.

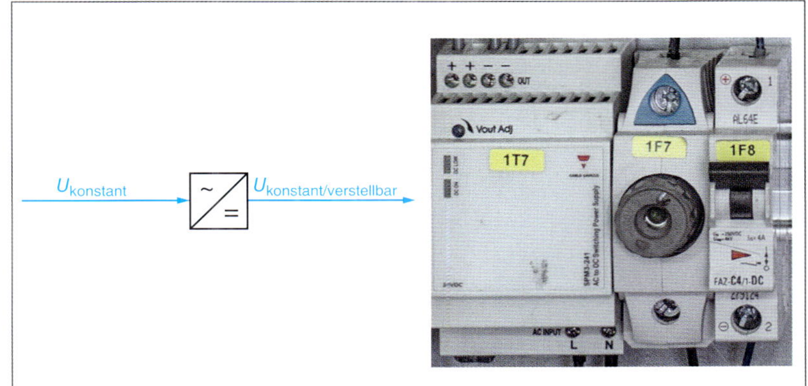

Bild 43 *Gleichspannungsnetzteil mit primärer und sekundärer Absicherung*

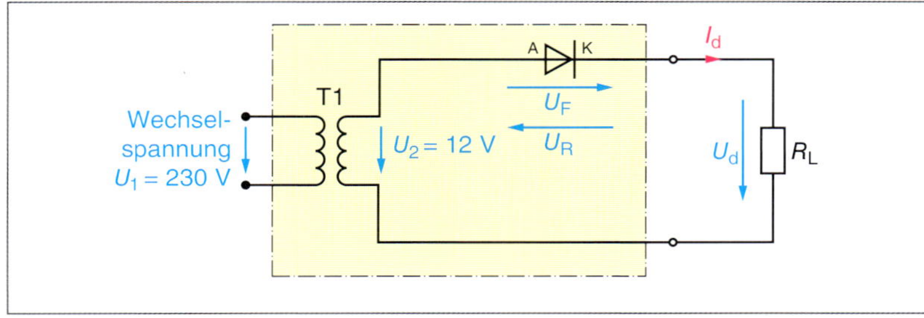

Bild 44 M1-Schaltung (Einweggleichrichtung)

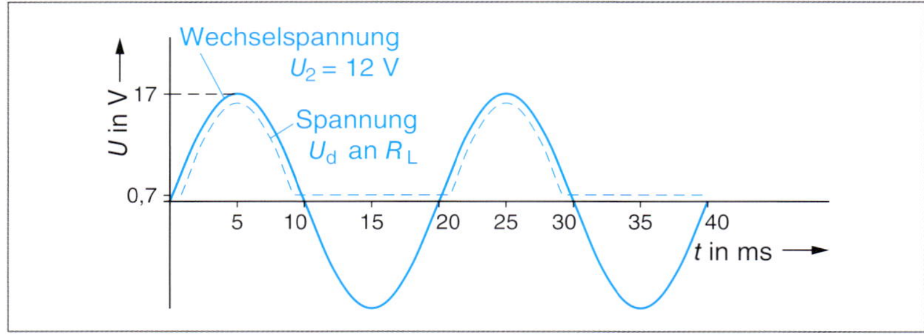

Bild 45 Am Lastwiderstand R_L liegt die Ausgangsspannung U_d

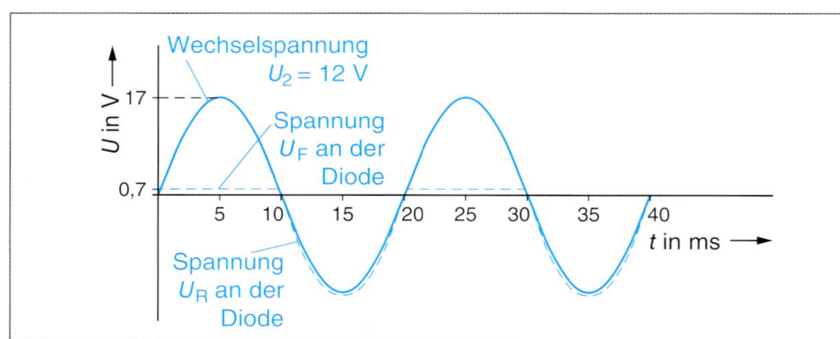

Bild 46 Spannung an der Diode

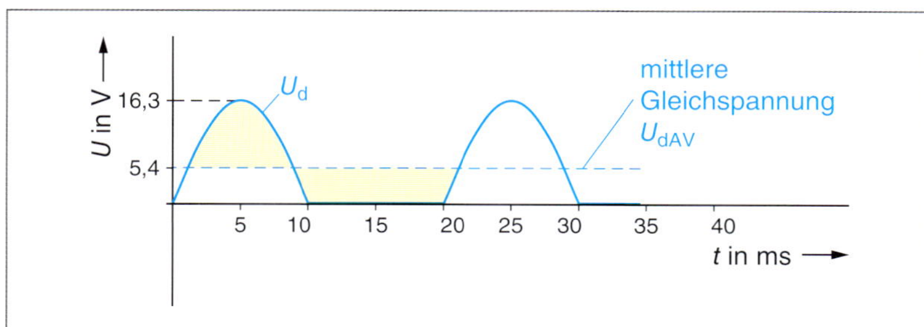

Bild 47 Spannung am Lastwiderstand

■ **Aufgabenlösung**

TB

Während der **positiven Halbwelle** der Wechselspannung ist die Anode positiver als die Katode. Die Diode wird bei einer **Schwellspannung** $U_F = 0{,}7$ V leitend und lässt den Strom I_D fließen.

Am Ende der positiven Halbwelle (bei Unterschreiten der Schwellspannung) sperrt die Diode wieder.

Am Lastwiderstand R_L liegt eine **pulsierende Gleichspannung** U_d mit dem Scheitelwert

$u_S = U_2 \cdot \sqrt{2} - U_F = 12\ \text{V} \cdot \sqrt{2} - 0{,}7\ \text{V} = 16{,}3\ \text{V}.$

Während der **negativen Halbwelle** ist die Anode negativer als die Katode. Die Diode liegt dann in Sperrrichtung an Spannung.

An der Diode liegt in *Vorwärtsrichtung* die Spannung U_F, in *Rückwärtsrichtung* die negative Halbwelle.

Mit einem *Multimeter* (Einstellung V DC) misst man den *Mittelwert* dieser pulsierenden Gleichspannung

$U_{dAV} = 0{,}45 \cdot U_2 = 0{,}45 \cdot 12\ \text{V} = 5{,}4\ \text{V}.$

Die Spannung U_d am Lastwiderstand ist eine **Mischspannung**. Der mittleren Gleichspannung U_{dAV} ist eine nicht sinusförmige Wechselspannung überlagert (Bild 47).

Glättungskondensator, Ladekondensator

Um den **Gleichspannungsanteil** an der Mischspannung zu erhöhen, wird ein Kondensator parallel zum Ausgang geschaltet (Bild 48).

Man nennt diesen Kondensator **Glättungskondensator** oder **Ladekondensator**.

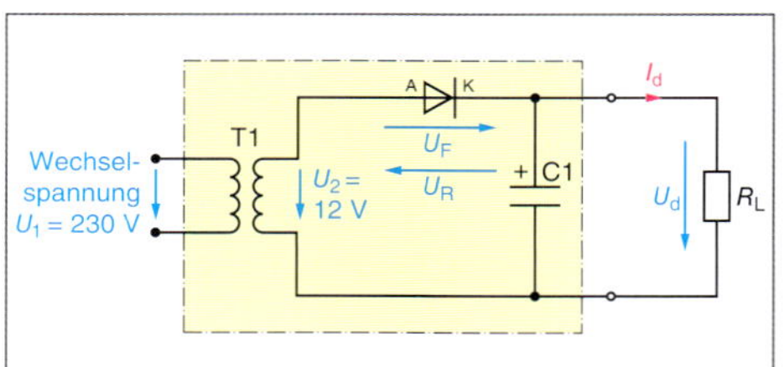

Bild 48 Spannung am Lastwiderstand

Prüfung

1. Beschreiben Sie die Arbeitsweise eines pn-Übergangs.

2. Wie kann eine Sperrschicht am pn-Übergang aufgebaut bzw. abgebaut werden?

3. Beschreiben Sie die Wirkungsweise einer Diode.

4. Welche Bedeutung hat die Spannung 0,7 V bei Siliziumdioden?

Drei Belastungsfälle des Netzteils

z.B.

1. Leerlauf ($I_d = 0$)
Der Kondensator lädt sich auf und erreicht den **Scheitelwert** der pulsierenden Spannung. Da kein Laststrom fließt ($I_d = 0$), kann sich der Kondensator nicht entladen.

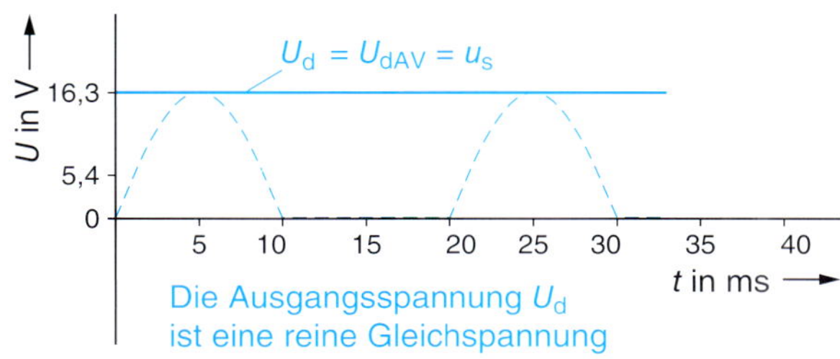

2. Belastung mit Gleichstrom ($I_d = 0{,}5$ A)
Der Kondensator hat die **Kapazität** $C_1 = 2200$ µF. Seine **Bemessungsspannung** muss größer als die **Scheitelspannung** sein (hier z. B. 40 V).

Der Kondensator C_1 wird in der Zeit $t = 3{,}3$ ms bis $t = 5$ ms nachgeladen. Er entlädt sich in der Zeit $t = 5$ ms bis $t = 23{,}3$ ms um 3,4 V.

Mit seiner gespeicherten elektrischen Energie überbrückt der Kondensator die Pausenzeit des Gleichrichters. Kondensatoren können pulsierende Gleichspannungen **glätten**.

Die Spannung U_d sinkt in diesem Zeitraum vom Spitzenwert $u_S = 16{,}3$ V auf 14,9 V ab.

Allerdings hat die Gleichspannung wieder eine **Welligkeit**. Wenn man diese Welligkeit mittelt, ergibt sich die **mittlere Gleichspannung** $U_{dAV} = 14{,}6$ V.

Brummspannung

Der mittleren Gleichspannung ist eine Wechselspannung überlagert. Diese nennt man Brummspannung U_{Br}. Angegeben wird U_{Br} in Vss (Volt, Spitze-Spitze).

$$U_{Br} = \frac{0{,}75 \cdot I_d}{f_{Br} \cdot C_L} = \frac{0{,}75 \cdot 0{,}5\ \text{A}}{50\ \text{Hz} \cdot 2200\ \mu\text{F}} = 3{,}4\ \text{V}$$

f_{Br} ist die Frequenz der überlagerten Brummspannung.

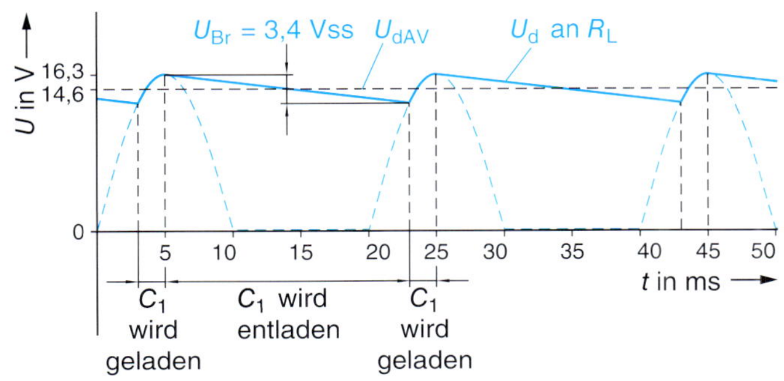

3. Belastung mit Gleichstrom ($I_d = 1$ A)
Der Kondensator wird in den Pausenzeiten stärker entladen. Seine Nachladezeit ist entsprechend länger. Der **Gleichspannungsanteil** U_{dAV} ist geringer geworden, da der Wechselspannungsanteil (Brummspannung) angestiegen ist. Wenn die **Brummspannung** wieder verringert werden soll, kann ein Kondensator mit größerer Kapazität eingesetzt werden.

Scheitelwert

$u_S = \sqrt{2} \cdot U$

$i_S = \sqrt{2} \cdot I$

$\sqrt{2}$ = Scheitelfaktor

Vorsicht!

Kondensatoren müssen für den Scheitelwert der gleichgerichteten Wechselspannung bemessen sein.

U_{dAV}

Arithmetischer Mittelwert der pulsierenden Gleichspannung.

Idealisierter Wert unter Vernachlässigung des Spannungsfalls am Gleichrichter.

Brummspannung
hum voltage, ripple (voltage)

Einweggleichrichter
half-wave rectifier, one way rectifier

Halbwelle
halfwave

Zweipuls-Brückenschaltung
two-pulse bridge connection

Duchlassspannung
forward voltage, on-state voltage

Sperrspannung
cut-off voltage

Stromzweig
current branch, branch circuit

Z-Diode
z-diode, reference diode

Konstantspannungsquelle
constant-voltage source

M1-Schaltung

Der Ausgang der M1-Schaltung liefert eine pulsierende Gleichspannung mit *einem* Puls pro Periode.

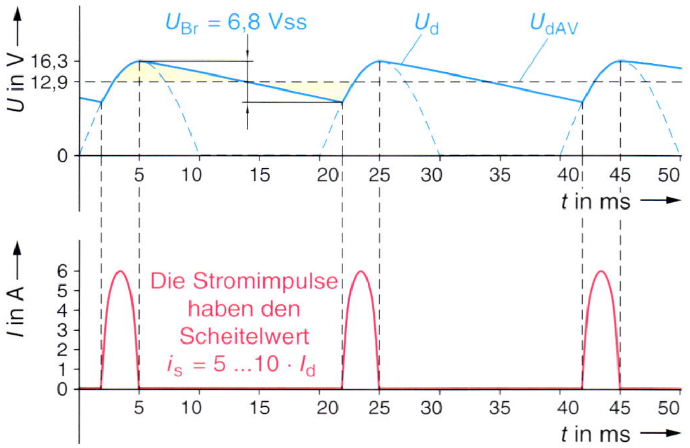

Dem Gleichrichter und dem Versorgungsnetz werden sehr hohe **Pulsströme** entnommen. Dadurch werden alle vorgeschalteten Bauelemente belastet.

Beachten Sie:

Die Diode muss die **maximale Spannung in Rückwärtsrichtung** sicher sperren können.

Bei der **M1-Schaltung** mit Ladekondensator muss die Diode die Spannung

$$U_{Rmax} = 2 \cdot \sqrt{2} \cdot U$$

sperren können.

Beispiel: Wechselspannung U = 12 V:

$$U_{Rmax} = 2 \cdot \sqrt{2} \cdot 12\ \text{V} = 34\ \text{V}.$$

In der Praxis muss man einen **Sicherheitsfaktor** einbeziehen (z. B. U_{Rmax} = 50 V).

In der Diode wird die **Verlustleistung** P_{tot} umgesetzt.

In *Rückwärtsrichtung* kann die Verlustleistung vernachlässigt werden, Strom $I_R \approx 0$.
In *Vorwärtsrichtung* liegt an der Diode die Spannung $U_F \approx 0{,}7$ V.

Soll ein mittlerer Gleichstrom von 1 A entnommen werden, beträgt die Verlustleistung

$$P_{tot} = \frac{U_F \cdot I}{2} = \frac{0{,}7\ \text{V} \cdot 1\ \text{A}}{2} = 350\ \text{mW}.$$

Auswahl: P_{tot} = 500 mW (Sicherheitsfaktor)

@ Interessante Links

Dioden
- abb.de
- semikron.de
- diotec.com
- infineon.com

Einweggleichrichter (M1)

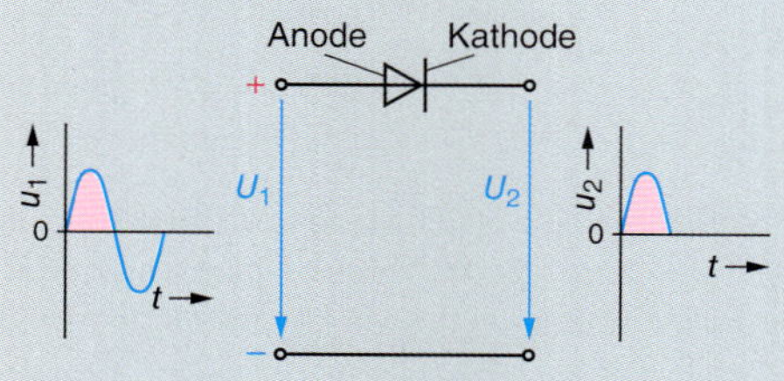

Diode in **Vorwärtsrichtung**, die **positive** Halbwelle wird durchgelassen.

Einweggleichrichter (M1)

Anode
Kathode
u_1
0
t
U_1
U_2
u_2
0
t

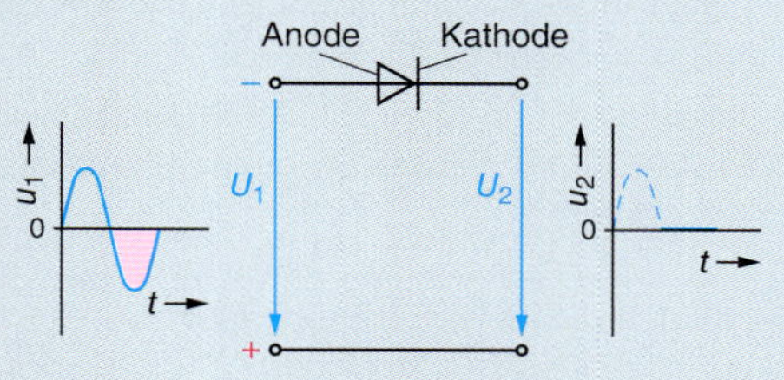

Diode in **Rückwärtsrichtung**, die **negative** Halbwelle wird gesperrt.

Zweipuls-Brückenschaltung (B2)

u
0
t
I
U
R
u, i
u
i
u_{1s}
u_1
U_1
U_2
1
2
3
4
ohne Ladekondensator
u_2
3 und 2 leitend
1 und 4 leitend
3 und 2 leitend
mit Ladekondensator
C_L

■ **Zweipuls-Brückenschaltung**
Zwei Pulse pro Periode

■ **Kennwerte der B2-Schaltung**
TB

Gleichrichterschaltung B2

Die **B2-Schaltung** ist die am häufigsten eingesetzte Gleichrichterschaltung.

Die kann mit *vier einzelnen* Dioden aufgebaut werden. Häufig sind die vier Dioden allerdings in einem *Block* vergossen (Bild 49).

Wechselspannung am Eingang der B2-Schaltung

Es ergeben sich folgende Stromwege:
Positive Halbwelle: Diode 1, Lastwiderstand R_L und Diode 4 liegen in Reihe (Bild 50).

Eingang
Ausgang
1
2
3
4
+
−
~
~

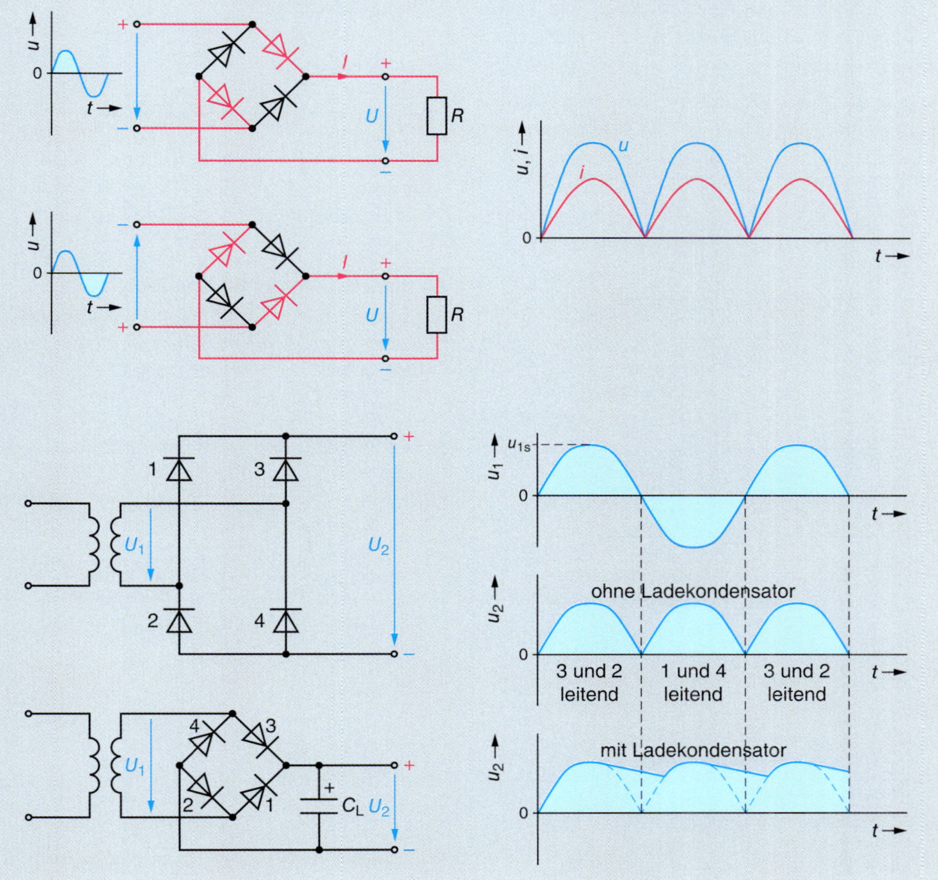

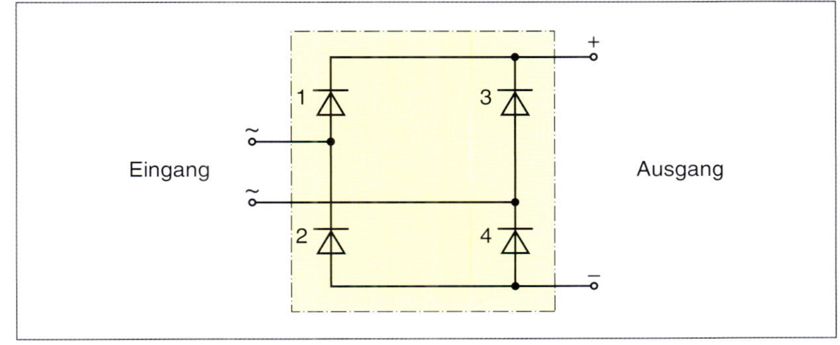

Bild 49 *Brückenschaltung B2*

■ **Durchlassspannung einer Diode**
→ 263

Beide Dioden benötigen eine *Durchlassspannung* $U_F \approx 0{,}7$ V.

Steigt die Spannung der positiven Halbwelle auf 1,4 V an, werden die Dioden 1 und 2 leitend.

Es fließt ein Strom I_{d14} über den Lastwiderstand R_L (Bild 50).

Negative Halbwelle: Es ergeben sich die gleichen Verhältnisse für die Dioden 3 und 2. Es fließt ein Strom I_{d32} durch den Lastwiderstand.

Beide Zweigströme (I_{d14} und I_{d32}) fließen in *gleicher Richtung* durch R_L (Bild 50).

Der Lastwiderstand R_L wird von einem *pulsierenden Strom* durchflossen, der eine *pulsierende Spannung* verursacht.

Die pulsierende Spannung hat **zwei positive Halbwellen** pro Periode der Wechselspannung.

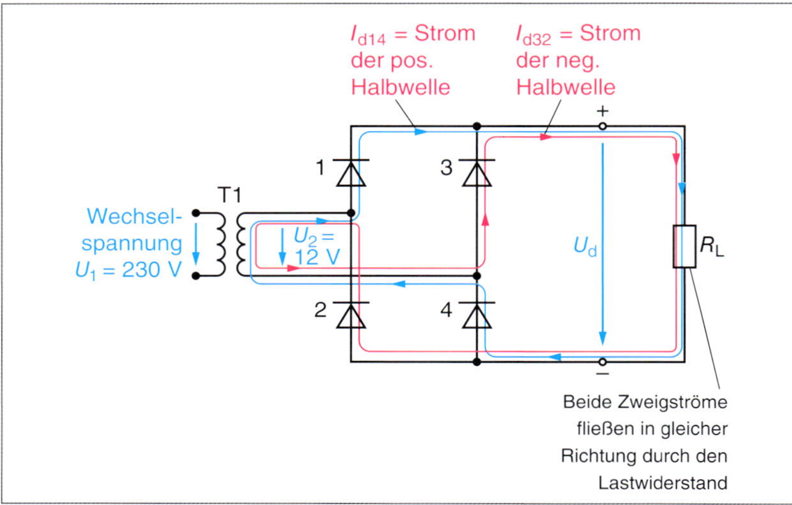

Bild 50 Ströme in der B2-Schaltung

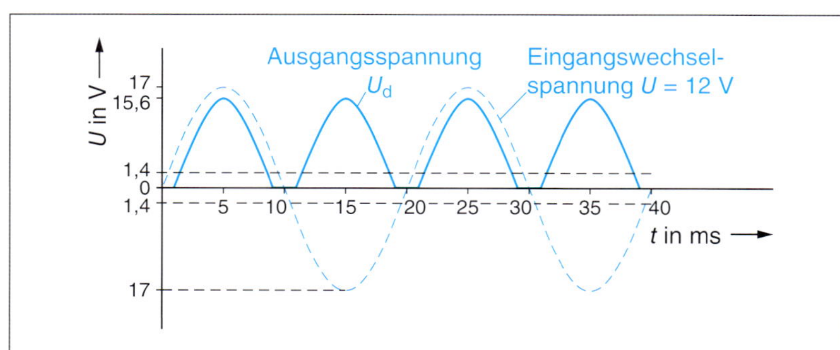

Bild 51 Spannungen bei der B2-Schaltung

Die pulsierende Gleichspannung U_d ist eine Mischspannung. Die mittlere Gleichspannung beträgt $U_{dAV} = 0{,}9 \cdot U$.

Zum Beispiel: $U_{dAV} = 0{,}9 \cdot 12\ \text{V} = 10{,}8$ V

Bild 53, Seite 271, zeigt den Spannungsverlauf.

Der **mittleren Gleichspannung** ist eine nichtsinusförmige Wechselspannung (Brummspannung) überlagert (Bild 54, Seite 271).

Durch einen nachgeschalteten **Glättungskondensator** kann der **Gleichspannungsanteil** erhöht werden.

Entnommener Gleichstrom: 1 A, $C_L = 2200\ \mu\text{F}$, $f_{Br} = 100$ Hz

Brummspannung

$$U_{Br} = \frac{0{,}75 \cdot I_d}{f_{Br} \cdot C_L} = \frac{0{,}75 \cdot 1\ \text{A}}{100\ \text{Hz} \cdot 2200\ \mu\text{F}}$$

$$U_{Br} = 3{,}4\ \text{V}_{SS}$$

Der *Gleichspannungsanteil* ist durch *Glättung* von $U_{dAV} = 10{,}8$ V auf 14 V angestiegen. Der *Wechselspannungsanteil* wurde verringert.

Besonderheiten der B2 Schaltung

- In jedem Stromzweig liegen *zwei* Dioden in Reihe. Die auftretende *Rückwärtsspannung* teilt sich auf zwei Dioden auf: $U_{Rmax} = \sqrt{2} \cdot U$.
- Die überlagerte *Brummspannung* hat die Frequenz $f_{Br} = 100$ Hz. Der *Glättungskondensator* kann gegenüber der M1-Schaltung eine geringere Kapazität haben.
- Es sind *zwei* Stromzweige vorhanden. Jeder Stromzweig und damit jede Diode braucht nur den *halben* Ausgangsstrom zu führen: $I_F = \frac{I_d}{2}$

B2-Gleichrichter werden als integrierte Bausteine angeboten.
Neben den *Anschlussbezeichnungen* sind häufig die wichtigsten *Kenndaten* aufgedruckt.

B Brückenschaltung
80 Eingangsspannung bis 80 V
C Kapazitive Last zulässig, die verwendeten Dioden können hohe Nachladeimpulse führen.
800 Gleichstrom in mA

Bild 52 B2-Gleichrichter

8.7 Z-Dioden

Z-Dioden sind speziell dotierte Siliziumdioden. In **Vorwärtsrichtung** haben sie die *gleiche Wirkung* wie Gleichrichterdioden.

Ist die Anode ca. 0,7 V *positiver* als die Katode, wird die innere Sperrschicht abgebaut.

Bei weiterem *Spannungsanstieg* in *Vorwärtsrichtung* steigt die Stromstärke *steil* an.

Die *Besonderheit* liegt im Verhalten in **Rückwärtsrichtung**. In Sperrrichtung (Katode positiver als Anode) wird die Diode bei einer durch die Dotierung festgelegten Spannung **schlagartig niederohmig**.

Die Kennlinie ist sehr steil: *Kleinste* Spannungsänderungen über U_Z hinaus verursachen einen *großen* Stromanstieg.

Z-Dioden dürfen nur mit **Vorwiderstand** betrieben werden.

Wird die **Z-Spannung** *unterschritten*, baut sich die Sperrschicht wieder auf.

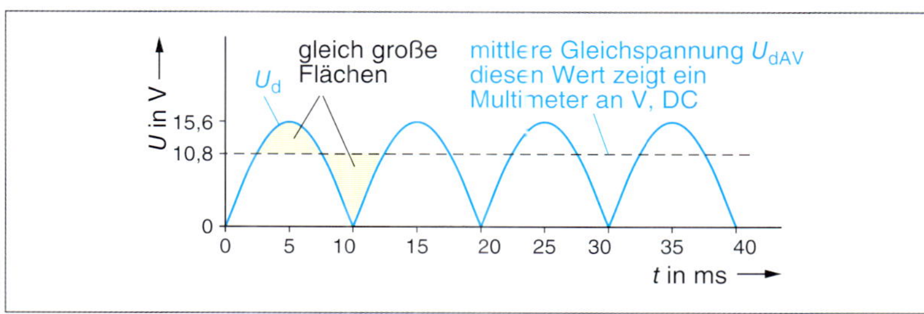

Bild 53 *Mittlere Gleichspannung* U_{dAV}

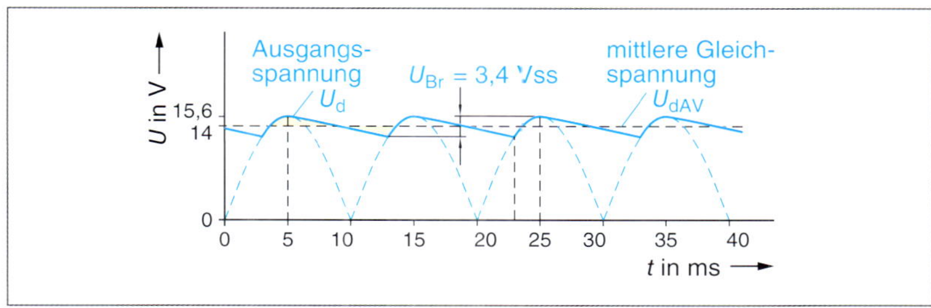

Bild 54 *Brummspannung*

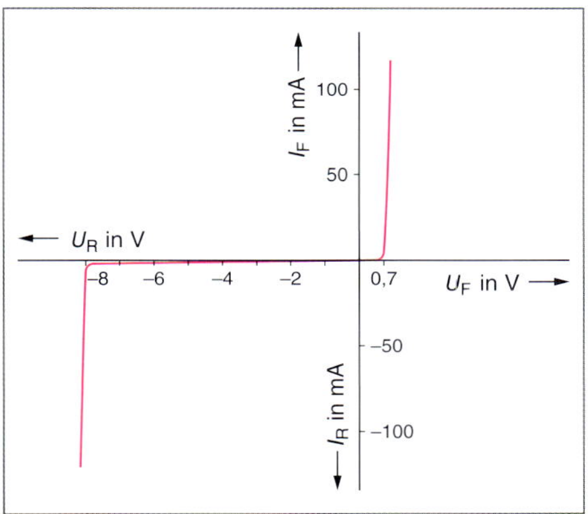

Bild 55 *Kennlinie einer Z-Diode*

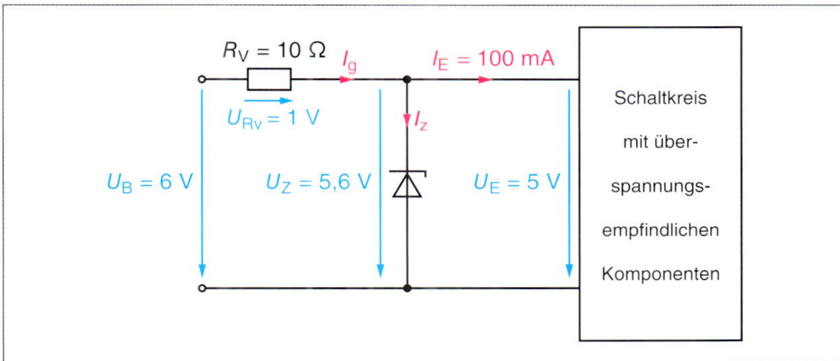

Bild 56 *Spannungsbegrenzung mit Z-Diode*

Anwendung von Z-Dioden

Spannungsbegrenzung

Z-Dioden eignen sich zur **Spannungsbegrenzung**.

Beispiel: Es muss sichergestellt werden, dass an einer elektronischen Baugruppe nicht erheblich mehr als 5-V-Eingangsspannung anliegen können (Bild 56).

An die überspannungsempfindlichen Bauteile dürfen keine Spannungsspitzen und deutliche Überspannungen gelangen.

Versorgungsspannung $U_B = 6$ V.
Katode der Z-Diode hat ein Potenzial von 5 V.
Die Z-Diode ist hochohmig.
Die Eingangsspannung der Schaltung beträgt $U = 5$ V (Bild 56).

Der Versorgungsspannung ist ein Impuls überlagert (Bild 57, Seite 272).

Die Spannung erreicht einen Spitzenwert von 10 V.

Auch das Potenzial der Z-Diode steigt.

Bei einem Potenzial von 5,6 V an der Katode wird die Z-Diode niederohmig.

Über Z-Diode und Vorwiderstand fließt der Strom I_B.

Der Strom I_Z verursacht einen Spannungsfall am Vorwiderstand R_V. Die Spannungsspitze wird an R_v abgebaut.

Die Eingangsspannung U_E erhöht sich nur auf $U_E = U_Z = 5{,}6$ V.

Die Z-Diode wirkt *spannungsbegrenzend*.

■ **Symbol Z-Diode**

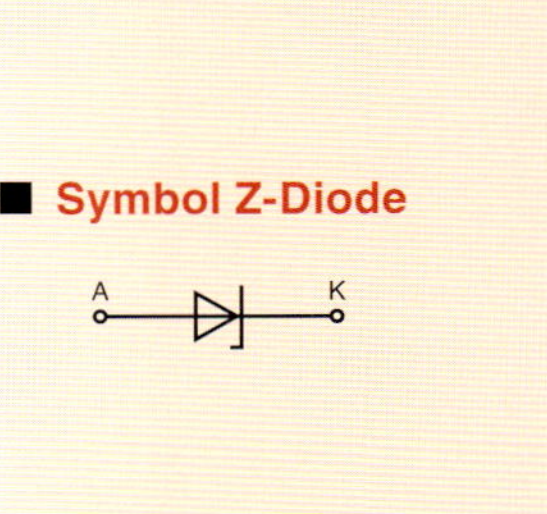

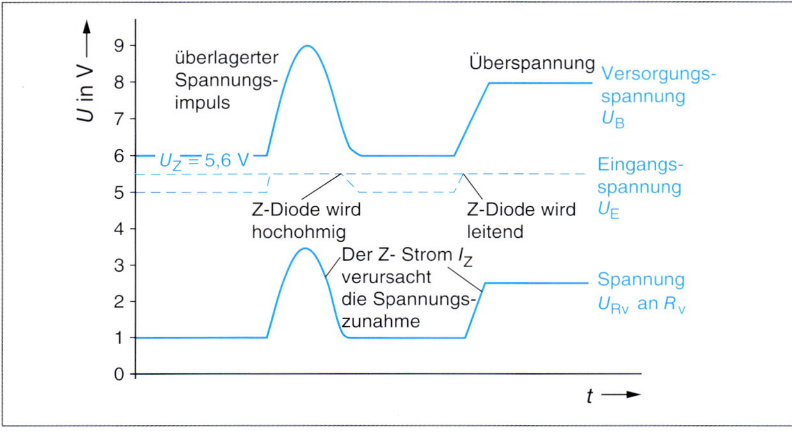

Bild 57 Spannungsbegrenzung

■ **Stabilisierung**

Bei Änderung der Eingangsspannung soll sich die Ausgangsspannung nur wenig ändern.

■ **Dynamischer Widerstand**

Bei nichtlinearen Kennlinen (z. B. Diodenkennline) ergibt sich für jeden Kennlinienpunkt ein anderer Widerstandswert.

Der dynamische Widerstand wird häufig mit einem Kleinbuchstaben *r* angegeben.

Liegt eine **dauerhafte Überspannung** $U_B = 8$ V an, begrenzt die Z-Diode die Eingangsspannung ebenfalls auf $U_E = 5{,}6$ V. Am Vorwiderstand R_V fallen dann $U_{RV} = 2{,}4$ V ab.

Für den Fall einer **dauerhaften** Überspannung ist die **Verlustleistung** der Bauelemente zu beachten.

Versorgungsspannung $U_B = 8$ V

Z-Diode:

$P_{tot} = U_Z \cdot I_Z = U_Z \cdot (I_g - I_E)$

$P_{tot} = 5{,}6\ \text{V} \cdot (240\ \text{mA} - 100\ \text{mA})$

$P_{tot} = 784\ \text{mW}$

Einsatz einer Z-Diode mit $P_{tot} = 1$ W.

Vorwiderstand:

$P_{tot} = U_{RV} \cdot I_g = 2{,}4\ \text{V} \cdot 240\ \text{mA} = 576\ \text{mW}$

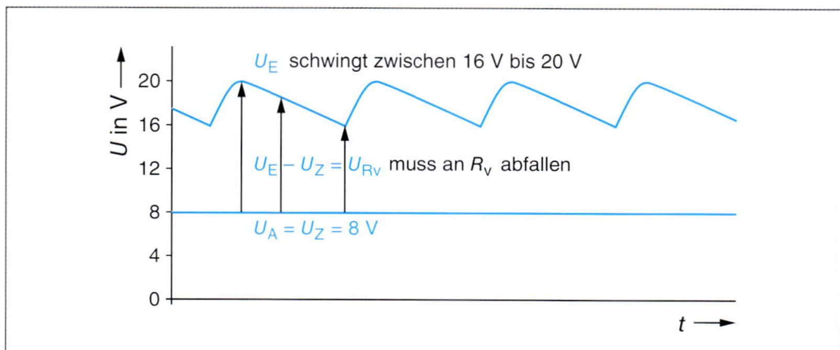

Bild 58 Spannungen an der Stabilisierungsschaltung

Spannungskonstanter

Z-Dioden können wegen ihrer steilen Kennlinie Spannungen konstant halten. Man nutzt dies, um **Referenz-** oder **Festspannungen** zu erzeugen.

Hinter einem Gleichrichter mit Glättungskondensator steht eine Spannung zur Verfügung, die zwischen 16 V und 20 V pulsiert.

Aus dieser Spannung soll eine **konstante Spannung** von $U = 8$ V erzeugt werden.

Zu diesem Zweck wird ein **Festwiderstand** in Reihe mit einer **Z-Diode** geschaltet.

Die Z-Diode ist in Sperrrichtung geschaltet.

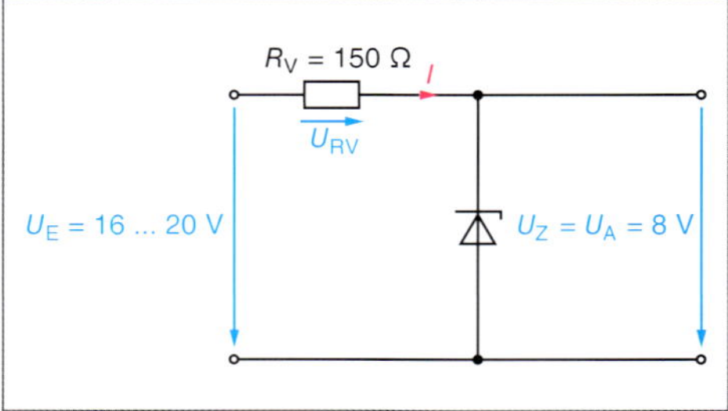

Bild 59 Z-Diode als Spannungskonstanter

Bei der Reihenschaltung verhalten sich die Spannungen wie die in Reihe geschalteten Widerstände. Der Strom ist an allen Stellen der Schaltung gleich groß.

In dieser **Stabilisierungsschaltung** sind ein **Festwiderstand** und ein **dynamischer** (sich verändernder) **Widerstand** (Z-Diode) in Reihe geschaltet.

Liegt die Z-Spannung an der Z-Diode, verliert die Z-Diode ihren Widerstand.

Kleinste **Spannungsänderungen** an den Dioden verursachen große Widerstandsänderungen und damit große Stromänderungen.

Wenn die Gesamtspannung an der Reihenschaltung größer wird, verringert sich durch die Spannungszunahme der Widerstand der Z-Diode. Der Strom wird größer und verursacht am Vorwiderstand einen größeren Spannungsfall.

Die Spannung an der Z-Diode bleibt nahezu **konstant**, da die Stromerhöhung durch den Widerstandsrückgang ausgeglichen wird.

Berechnungen

Dem Diagramm (Bild 60) kann man entnehmen:

A1: $U_Z = 8{,}4$ V; $I_Z = 78$ mA

A2: $U_Z = 8{,}3$ V; $I_Z = 52$ mA

Widerstand der Z-Diode im Punkt A1:

$$R_Z = \frac{U_Z}{I_Z} = \frac{8{,}4\ \text{V}}{78\ \text{mA}} = 108\ \Omega$$

Widerstand der Z-Diode im Punkt A2:

$$R_Z = \frac{U_Z}{I_Z} = \frac{8{,}3\ \text{V}}{52\ \text{mA}} = 160\ \Omega$$

Spannungen an der Z-Diode

A1: $U_Z = I_Z \cdot R_Z = 78\ \text{mA} \cdot 108\ \Omega = 8{,}4\ \text{V}$

A2: $U_Z = I_Z \cdot R_Z = 52\ \text{mA} \cdot 160\ \Omega = 8{,}3\ \text{V}$

Die Stabilisierungswirkung der Z-Diode erkennt man gut in Bild 60. Das Diagramm wurde zur besseren Übersicht um 180° gedreht.

Die Kennlinie der Z-Diode wird mit der Kennlinie des Festwiderstandes zum Schnitt gebracht. Die Eingangsspannung schwankt zwischen 16 V und 20 V.

Die Schnittpunkte der beiden Kennlinien wandern auf der Z-Dioden-Kennlinie zwischen den Punkten A1 und A2.

Die Spannung schwankt nur zwischen $U_Z = 8{,}4$ V und $U_Z = 8{,}3$ V.

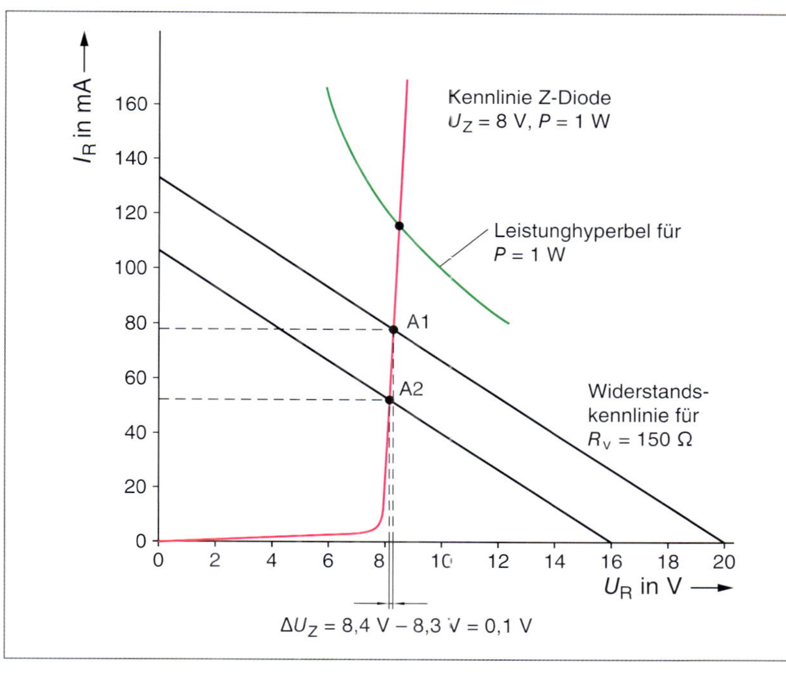

Bild 60 Spannungsstabilisierung mit Z-Diode

Es ergibt sich ein **Stabilisierungsfaktor** von

$$S = \frac{\Delta U_E}{\Delta U_Z} = \frac{4\ \text{V}}{0{,}1\ \text{V}} = 40.$$

Die **Grenzen der Stabilisierungswirkung** einer Z-Diode sind gegeben durch den minimalen Z-Strom I_{zmin} (Beispiel im Diagramm: $I_Z = 12$ mA) und den maximalen Z-Strom I_{zmax}. Bei I_{zmax} ist die maximale Verlustleistung P_{tot} erreicht.

8.8 Leuchtdioden (LED)

Leuchtdioden (LED) werden aus *p-dotierten* und *n-dotierten* Halbleiterlegierungen hergestellt.

Die dickere *n-dotierte Schicht* hat frei bewegliche *Elektronen*, die sehr dünne *p-dotierte Schicht* hat *Defektelektronen* (Löcher).

Die Halbleiterschichten bilden eine **Trichterform**. Diese wirkt als Reflektor und bündelt die **Lichtstrahlung**.

Beim *Stromfluss über die Sperrschicht* rekombinieren ständig freie Elektronen mit Defektelektronen.

Bei dem für die LED verwendeten Halbleitermaterial wird bei der Rekombination (Elektron besetzt ein „Loch") **Energie** frei, da das Elektron in einen energetisch günstigeren Zustand übergeht.

Die Energie wird als **Lichtstrahlung** bestimmter Wellenlänge abgegeben.

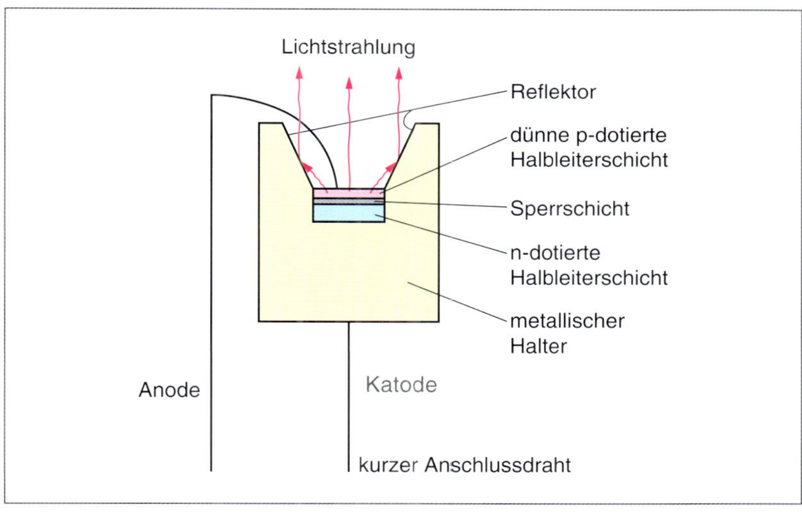

Bild 61 Aufbau einer Leuchtdiode (LED)

Wellenlänge und damit **Lichtfarbe** werden durch die verwendete Halbleiterlegierung und die Dotierung bestimmt.

Die **Strahlung** entsteht in der **Sperrschicht** der LED. Die p-Schicht ist sehr dünn ausgeführt.

Die Strahlung tritt durch die p-Schicht und trifft auf den Reflektor. Der Reflektor bündelt die Lichtstrahlung.

Die farbige Kunststoffhülle wirkt dabei als **Farbfilter**.

Symbol LED

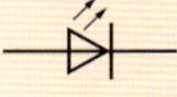

@ Interessante Links

Leuchtdioden

- moeller.net
- osram.de
- semikron.de

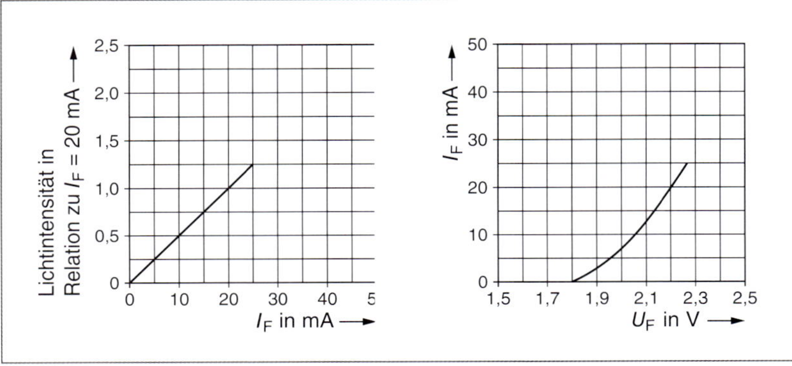

Bild 62 *Kennlinien einer Standard-LED, grün*

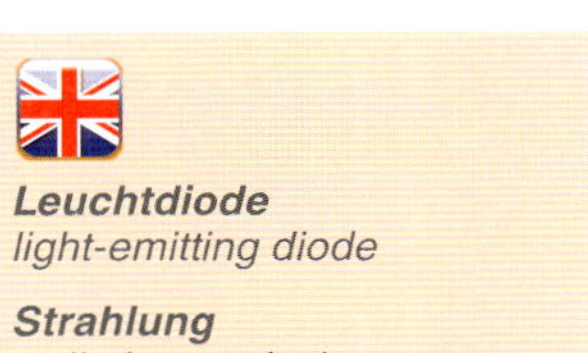

Leuchtdiode
light-emitting diode

Strahlung
radiation, emission

Grenzwert
limit value, limit

Für eine **Standard-LED** (grün) gilt die dargestellte **Spannungs-Strom-Kennlinie** (Bild 62).

Kleine Spannungsschwankungen verursachen große Stromschwankungen.

Die **Helligkeit** der LED wird aber vom **Strom** bestimmt.

Wenn die Helligkeit der LED konstant sein soll, ist es ideal, die LED mit einem konstanten Strom zu versorgen.

Vorwiderstandsbeschaltung

LED können annähernd mit einem konstanten Strom versorgt werden, wenn sie mit einem **Vorwiderstand** beschaltet sind (Bild 62).

$$R_V = \frac{U_B - U_F}{I_F} = \frac{12\text{ V} - 2{,}2\text{ V}}{20\text{ mA}} = 490\ \Omega$$

Gewählt: $R_V = 500\ \Omega$

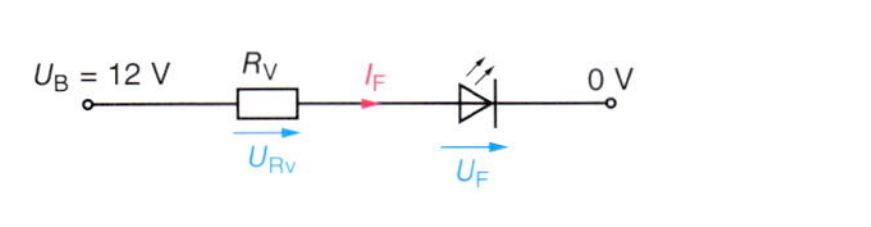

Bild 63 *Vorwiderstandsbeschaltung einer LED*

> z.B.
> Um eine grüne LED konstant mit der **Lichtintensität** = 1 (100 %) zu betreiben, ist ein konstanter Strom von I_F = 20 mA und die Spannung U_F = 2,2 V notwendig (Bild 62).

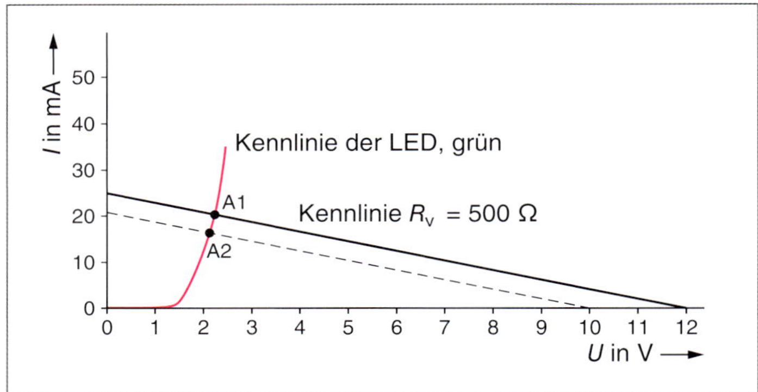

Bild 64 *Arbeitspunkte einer LED bei veränderlicher Betriebsspannung*

Kennwerte von LED

V_F	Forward Voltage	Red	2.0	2.5	V	I_F = 20 mA
		Orange	2.0	2.5		
		Green	2.2	2.5		
		Yellow	2.1	2.5		
I_R	Reverse Current	All		10	µA	V_R = 5 V

Grenzwerte von Standard LED bei T = 25 °C

Parameter	High Efficiency Red	Orange	Green	Yellow	Units
Power Dissipation	105	105	105	105	mW
DC Forward Current	30	30	25	30	mA
Peak Forward Current	160	160	140	140	mA
Reverse Voltage	5	5	5	5	V
Operating/Storage Temperature	– 40 °C To + 85 °C				
Lead Solder Temperature	260 °C For 5 Seconds				

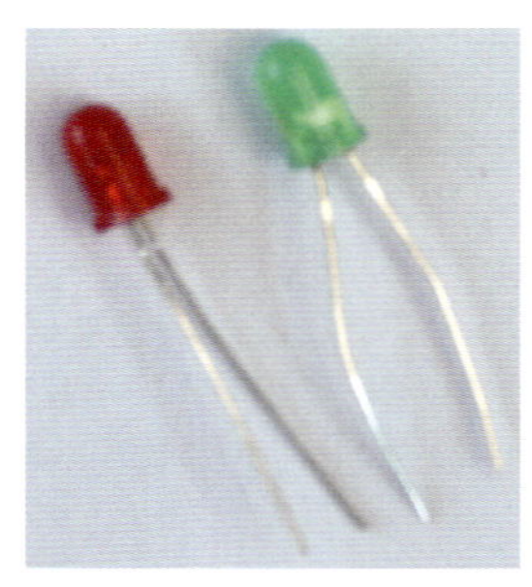

8.9 Transistor

Beschrieben wird der **bipolare Transistor**.

Bipolar sagt aus: An der Stromleitung sind **zwei** Arten von Ladungsträgern beteiligt; negative **Elektronen** und positive **Defektelektronen**, die man auch „Löcher“ nennt.

NPN bedeutet: Der Transistor hat **drei** Halbleiterschichten.

N: dotiert mit Elektronen
P: dotiert mit Defektelektronen

Ein **Transistor** hat *drei* Anschlüsse. Die Anschlüsse sind jeweils mit einer Halbleiterschicht verbunden.

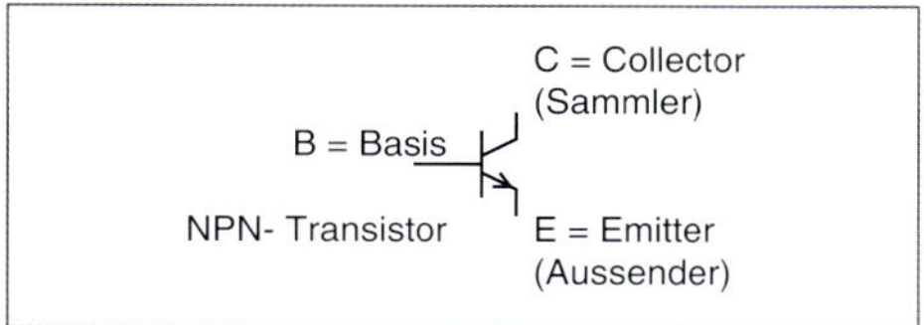

Bild 65 *Schaltzeichen, bipolarer Transistor*

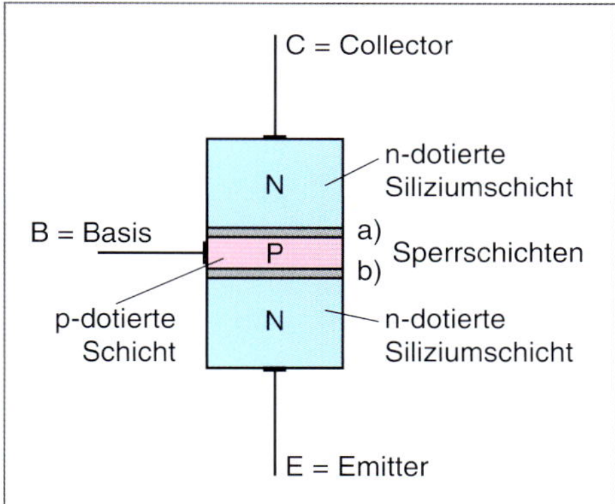

Bild 66 *Schichtenmodell , NPN-Transistor*

Zwischen der n-dotierten Kollektorschicht und der p-dotierten Basisschicht bildet sich bei der Herstellung durch **Rekombination** eine ladungsträgerfreie Zone → **Sperrschicht a**.

Gleiches gilt für die Berührungsfläche zwischen der n-dotierten Emitterschicht und der Basisschicht → **Sperrschicht b**.

Der Transistor hat also **zwei pn-Übergänge**.

NPN-Transistor als Schalter

In Bild 67 ist ein Transistor-Schichtenmodell in Reihe mit einer Glühlampe dargestellt. Die Reihenschaltung liegt an 12 V DC.

An Basis- und Emitteranschluss wird die **Steuerspannung** U_{St} gelegt. Die Gleichspannung ist so gepolt, dass die Basis positiver als der Emitteranschluss ist.

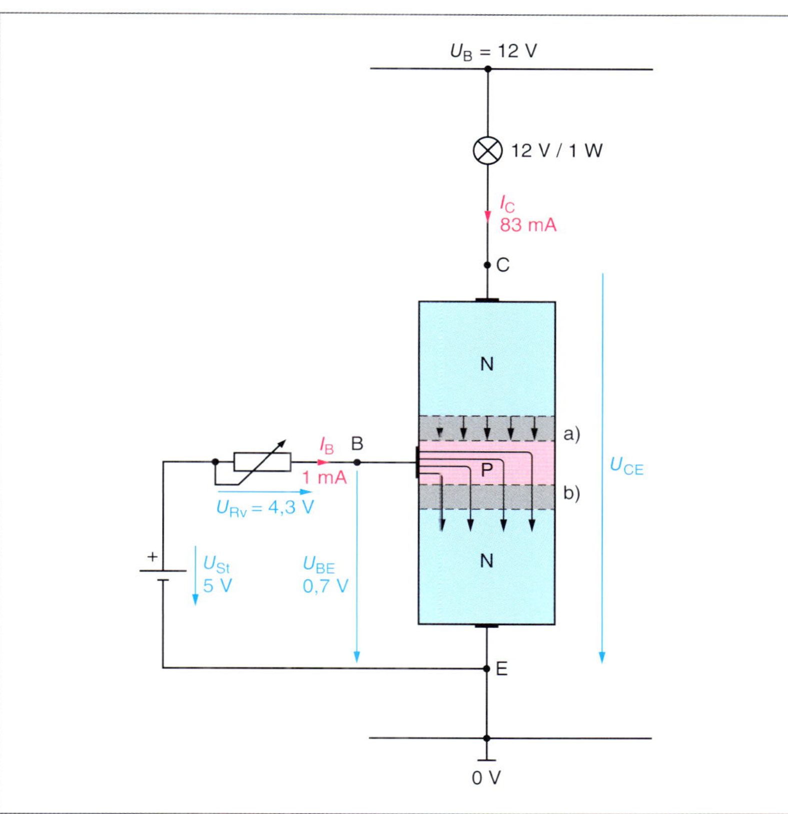

Bild 67 *Schichtenmodell in Reihe mit einer Glühlampe*

Die Spannung U_{BE} zwischen Basis und Emitter kann mit einem **Vorwiderstand** eingestellt werden.

Der pn-Übergang zwischen B und E (Sperrschicht b) wirkt wie eine Siliziumdiode.

Erreicht die Spannung $U_{BE} \approx 0{,}7$ V, wird dieser Übergang niederohmig.

Der Vorwiderstand R_V begrenzt den Basisstrom auf $I_B = 1$ mA.

$$R_V = \frac{U_{RV}}{I_B} = \frac{4{,}3\ \text{V}}{1\ \text{mA}} = 4{,}3\ \text{k}\Omega$$

Ist die Sperrschicht b) aufgehoben, sendet der Emitter Elektronen in die dünne Basisschicht.

Der pn-Übergang a) entspricht nun einer in **Sperrrichtung** geschalteten Diode.

An dieser Sperrschicht liegt nun die gesamte Betriebsspannung U_B. Folge ist ein starkes elektrischen Feld in der Sperrschicht.

Ein **lawinenartiger Durchbruch** verursacht, dass diese Sperrschicht überwunden wird und der Strom I_C durch den Transistor von C nach E fließen kann.

■ **Transistor**
Transfer: engl.: übertragen
Resistor: engl.: Widerstand

■ **bi**
zwei (pn-Übergänge)

■ **Symbol Transistor**
mit Spannungen und Strömen

IB IC C UCE UBE IE E

■ **Transistorsymbol**
Der Pfeil im Transistorsymbol gibt die technische Stromrichtung an.

Transistor
transistor

Durchbruch
breakdown

Schalter
switch, contactor

Steuerspannung
control voltage, trigger voltage

Funktion:

- Innerhalb des Transistors befinden sich zwei hochohmige Sperrschichten a) und b).
- Es kann kein Strom über den Transistor fließen ($I_C = 0$).
- Zwischen Basis und Emitter wird eine positive Spannung gelegt ($U_{BE} \approx 0{,}7$ V).
- Es fließt ein Strom I_B von der Basis zum Emitter, die Sperrschicht b) ist aufgehoben.
- Das starke elektrische Feld in der Sperrschicht a) verursacht einen Durchbruch dieser Sperrschicht.
- Der Widerstand R_{CE} zwischen Kollektor C und Emitter E geht gegen null.
- Der Strom I_C wird nur vom Lampenwiderstand begrenzt. ($I_C = U_B/R_L$).

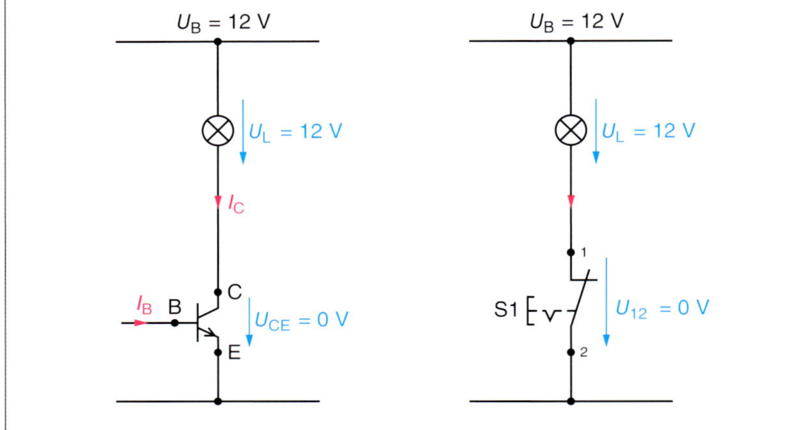

Bild 68 *Transistor als Schalter; Schaltstellung EIN (Basisstrom I_B)*

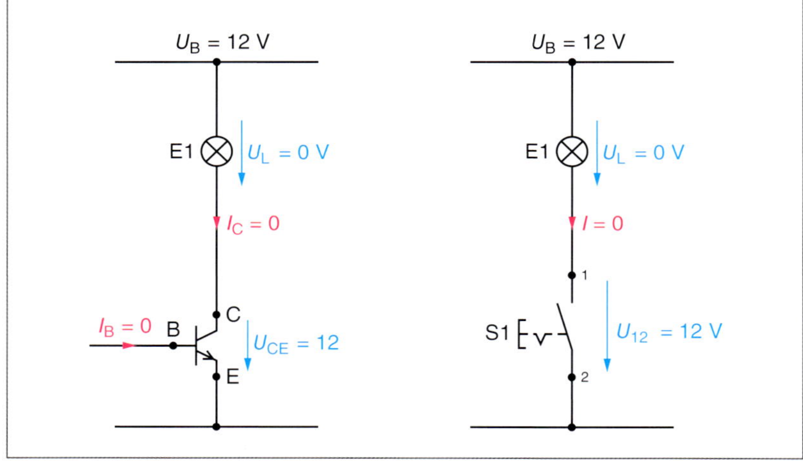

Bild 69 *Transistor als Schalter; Schaltstellung AUS (Basisstrom $I_B = 0$)*

- Die Spannung zwischen Kollektor und Emitter beträgt $U_{CE} \approx 0$ V.
- Die Spannung an der Lampe beträgt $U_L \approx 12$ V.

Wird die Steuerspannung und damit die Spannung U_{BE} mit steiler Flanke eingeschaltet, schaltet der Transistor niederohmig und damit die Lampe an volle Spannung.

Der Transistor hat damit dieselbe Funktion wie ein mechanischer Schalter.

Die **Schaltzustände** und die **Spannungs- und Stromverteilung** in dieser Schaltung lassen sich übersichtlich mithilfe von Kennlinien darstellen (Bild 70, Seite 277).

Lampe „EIN"

- Beträgt die Eingangsspannung $U_B \approx 0{,}7$ V, ergibt sich an der Eingangskennlinie der Arbeitspunkt A1.
  Es fließt ein Steuerstrom $I_B = 1$ mA.
- Der Basisstrom I_B steuert den Transistor niederohmig. Auf der Stromsteuerkennlinie ergibt sich der Arbeitspunkt A2.
  Es fließt ein Kollektorstrom $I_C = 80$ mA.
- Der Widerstand des Transistors zwischen Kollektor und Emitter wird vom Basisstrom bestimmt.
  Das zeigen die Kennlinien im Ausgangskennlinienfeld.
- Die Transistorwiderstände R_{CE} und der Lampenwiderstand R_L bilden einen Spannungsteiler.
- Die Arbeitspunkte dieser Spannungsteilerschaltung lassen sich zeichnerisch ermitteln. Dazu wird die Widerstandsgerade für R_L in das Ausgangskennlinienfeld eingetragen.
- Der Arbeitspunkt A3 liegt im Schnittpunkt von R_L mit R_{CE} für $I_B = 1$ mA.
- Es fließt ein Kollektorstrom $I_C = 80$ mA. Am Widerstand der Lampe liegt $U_L = 11{,}6$ V.
- Am Transistor liegt die Spannung $U_{CE} = 0{,}4$ V. Die Lampe hat 0,93 W.
- Der Transistor hat die Verlustleistung
  $P_{tot} = U_{CE} \cdot I_C + U_{BE} \cdot I_B$
  $P_{tot} = 0{,}4\text{ V} \cdot 80\text{ mA} + 0{,}7\text{ V} \cdot 1\text{ mA} = 32\text{ mW}$

  Die Steuerleistung des Transistors ist vernachlässigbar klein.

Lampe „AUS"

- Annahme: $U_{BE} = 0{,}1$ V. Es stellt sich ein Basisstrom von $I_B = 10$ µA ein: Arbeitspunkt A4.
- Der Transistor wird nicht aufgesteuert. Es fließt ein Kollektorstrom $I_C = 3$ mA (A5).

- Der Widerstand R_{CE} ist für $I_B = 10\ \mu A$ sehr groß ($R_{CE} \approx 4\ k\Omega$).
- Der Arbeitspunkt A6 zeigt den Schnittpunkt der Widerstandsgeraden mit der Widerstandskennlinie R_{CE} für 10 µA.
- An den Koordinatenachsen kann abgelesen werden: $U_L = 0{,}4\ V$, $U_{CE} = 11{,}6\ V$.
- Die Lampe hat die Leistung $P = 12\ mW$, der Transistor die Verlustleistung $P_{tot} = 35\ mW$.

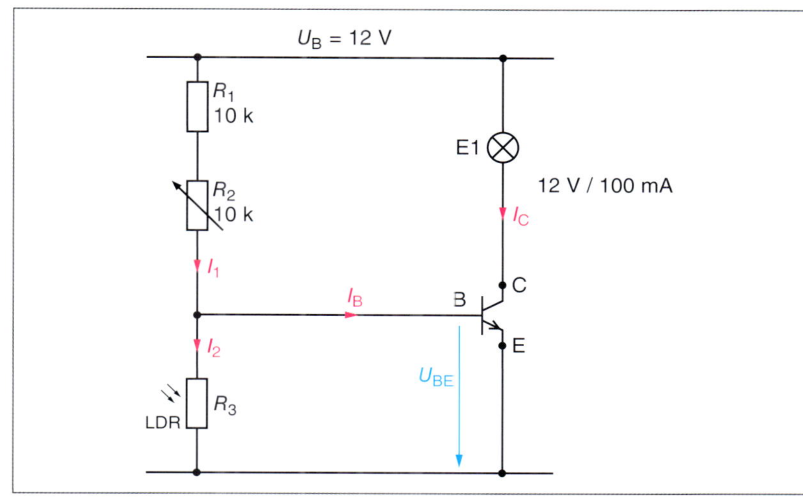

Bild 71 Transistor als Schalter, Aufbau der Schaltung

Steuerspannung des Transistors

Die *Steuerspannung* des Transistors kann aus der **Betriebsspannung** gewonnen werden.

Dazu dient die Reihenschaltung von R_1, R_2 und R_3. Dabei ist R_3 zum Beispiel ein lichtabhängiger Widerstand (LDR). Bild 71 zeigt die Schaltung.

- R_3 ist parallel zur Basis-Emitter-Diode des Transistors geschaltet.
- Diese Parallelschaltung liegt in Reihe mit R_1 und R_2.
- Wird die Spannungsteilung so eingestellt, dass $U_{BE} \approx 0{,}7\ V$ beträgt, kann ein Basisstrom I_B fließen und den Transistor *niederohmig* steuern.

z.B.

Eine Lampe E1 soll mit einem Transistor geschaltet werden.
Fällt ein Lichtstrahl auf den LDR → Lampe AUS.
Fällt kein Lichtstrahl auf den LDR → Lampe EIN.
$R_1 = 10\ \Omega$, $R_2 = 0 \cdots 10\ k\Omega$ (einstellbar)
Kein Licht: LDR > 100 kΩ, Licht: LDR < 100 Ω
Basisstrom $I_B = 1\ mA$, um den Transistor sicher niederohmig zu steuern.

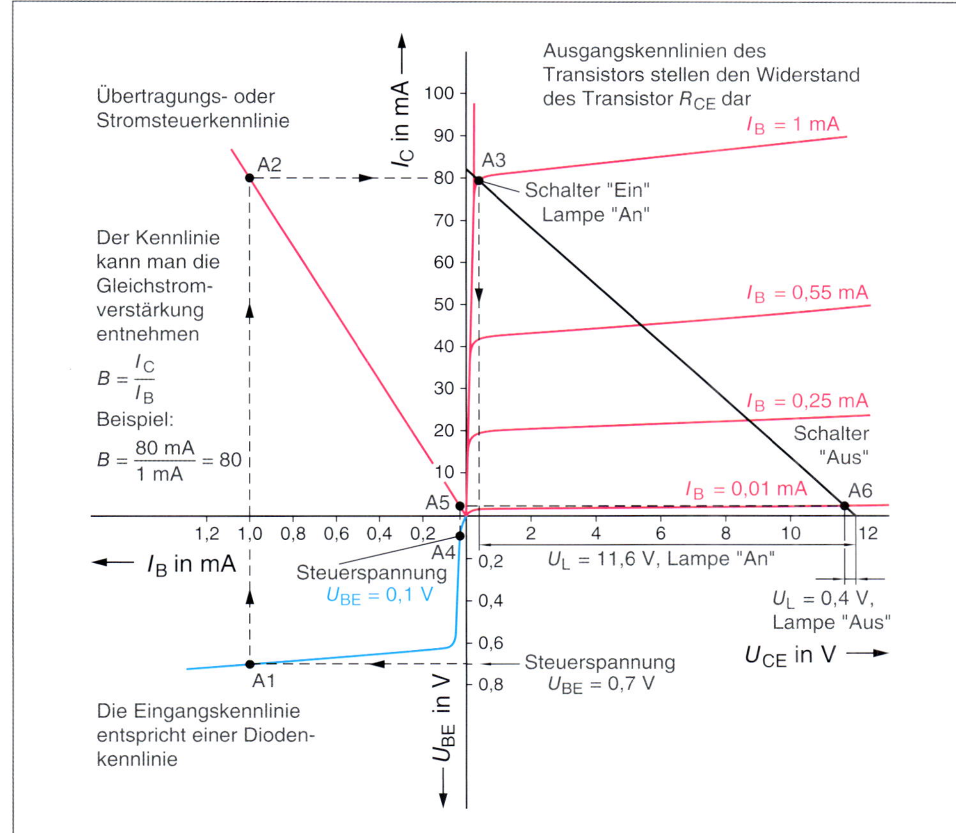

Bild 70 Transistor als Schalter, Arbeitspunkte im Kennlinienfeld

■ Typenbezeichnung von Transistoren

Erster Buchstabe:

A: Germanium

B: Silizium

Zweiter Buchstabe:

C: Tonfrequenzbereich, geringe Leistung

D: Tonfrequenzbereich, höhere Leistung

S: Schalttransistor, geringe Leistung

U: Schalttransistor, höhere Leistung

Ziffern:
Verwendung in Kommunikationsgeräten usw.

Buchstabe und 2 Ziffern
Verwendung in professionellen Geräten

■ **Stromverstärkung**

$\frac{\text{Kollektorstrom}}{\text{Basisstrom}}$

■ **Spannungsverstärkung**

$\frac{\text{Kollektor-Emitter-Spannung}}{\text{Basis-Emitter-Spannung}}$

■ **Transistoren**

Beispiele für Ausführungsformen

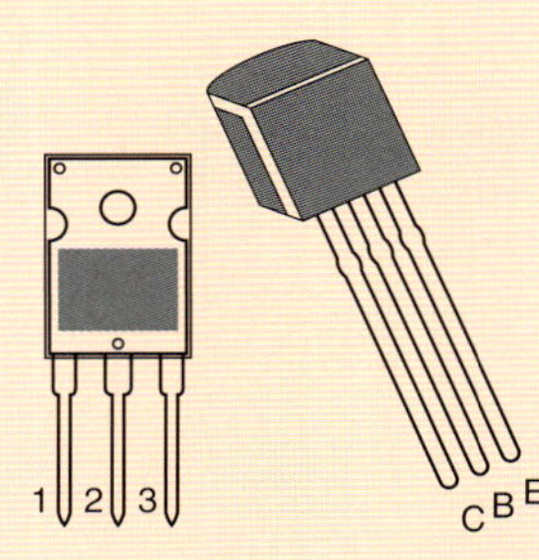

@ Interessante Links

Transistoren

- infineon.com
- diotec.com
- semikron.de

Funktion der Schaltung:

- Es fällt kein Licht auf den LDR. Die Lampe ist „An".
- Der LDR hat einen Widerstand $R_3 = 100\ \text{k}\Omega$. Der pn-Übergang von der Basis zum Emitter wirkt wie eine in Vorwärtsrichtung geschaltete Diode. Diese Diode ist parallel geschaltet zum LDR. Diese Parallelschaltung ist in Reihe geschaltet zu R_1 und R_2. Da der LDR hochohmig ist, bestimmt der dynamische Widerstand der Diode den Ersatzwiderstand.
- Der Ersatzwiderstand stellt sich so ein, dass die Steuerspannung $U_{BE} \approx 0{,}7\ \text{V}$ beträgt. Der Transistor wird geschaltet.
- An R_1 und R_2 liegt dann die Spannung $U_{R_1R_2} = U_B - U_{BE} = 12\ \text{V} - 0{,}7\ \text{V} = 11{,}3\ \text{V}$.
- Soll ein Basisstrom $I_B = 1\ \text{mA}$ fließen, lässt sich der Gesamtwiderstand $R_g = R_1 + R_2$ berechnen:

  $$R_g = \frac{U_{R_1R_2}}{I_B} = \frac{14{,}3\text{V}}{1\ \text{mA}} = 14{,}3\ \text{k}\Omega.$$

  Der verstellbare Widerstand R_2 muss folglich auf $4{,}3\ \text{k}\Omega$ eingestellt werden.
- Mit R_2 kann eingestellt werden, bei welcher Lichtintensität der Transistor geschaltet werden soll.
- Der Strom I_2 durch R_3 ist sehr klein:

  $$I_2 = \frac{U_{BE}}{R_3} = \frac{0{,}7\ \text{V}}{100\ \text{k}\Omega} = 7\ \mu\text{A}.$$

- Der Strom I_C durch die Reihenschaltung von E1 und der C-E-Strecke des Transistors kann berechnet werden. Dabei soll angenommen werden, dass an der C-E-Strecke eine Restspannung von $U_{CEsat} = 0{,}1\ \text{V}$ liegt.
- $$I_C = \frac{(U_B - U_{CEsat})}{R_{E1}} = \frac{11{,}9\ \text{V}}{120\ \Omega} = 99\ \text{mA}$$
- Die Gleichstromverstärkung des Transistors beträgt

  $$B = \frac{I_C}{I_B} = \frac{99\ \text{mA}}{1\ \text{mA}} = 99$$

- Ein Lichtstrahl trifft auf den LDR, die Lampe ist „Aus". Der LDR hat einen Widerstand $R_3 = 100\ \Omega$.
- Für die Parallelschaltung aus R_3 und dem Eingangswiderstand des Transistors bestimmt R_3 den Ersatzwiderstand. R_3 liegt dann in Reihe mit R_1 und R_2.
- An R_3 und gleichzeitig zwischen Basis und Emitter liegt dann die Spannung

  $$U_{BE} = \frac{U_B \cdot R_3}{R_1 + R_2 + R_3}$$

  $$= \frac{12\ \text{V} \cdot 100\ \Omega}{10\ \text{k}\Omega + 4{,}3\ \text{k}\Omega + 100\ \Omega} = 83\ \text{mV}$$

- Diese Spannung reicht nicht aus, um den Transistor niederohmig zu steuern.
  Der Basisstrom beträgt $I_B = 0$,
  der Kollektorstrom beträgt ebenfalls $I_C = 0$.

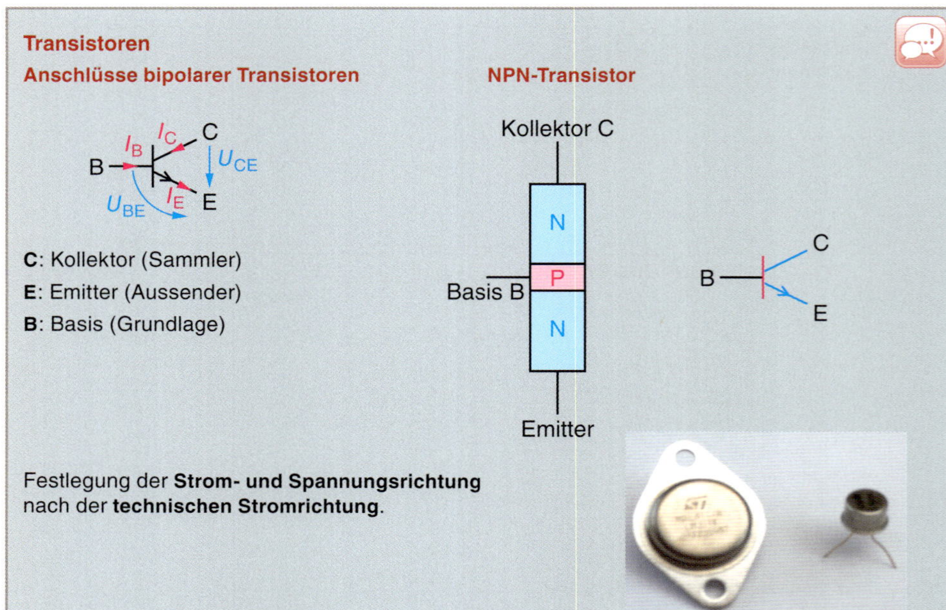

Wirkungsweise des bipolaren Transistors

Eine Transistorschaltung hat einen **Steuerstromkreis** und einen **Laststromkreis**.

Steuerstromkreis:
Spannungsquelle, Spannungsteiler, Transistor

Laststromkreis:
Spannungsquelle, Kollektorwiderstand, Transistor

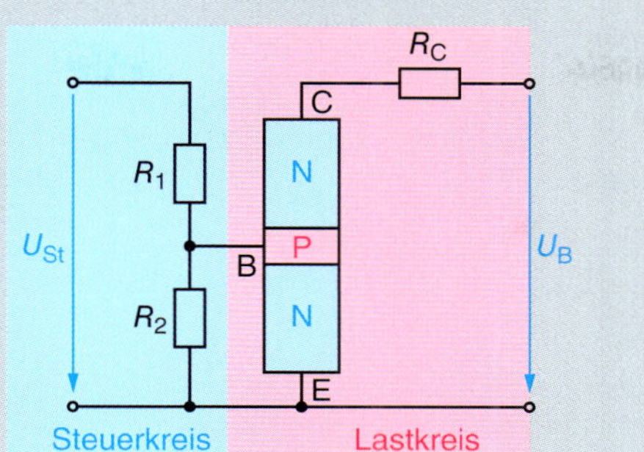

Keine Steuerspannung am Transistor

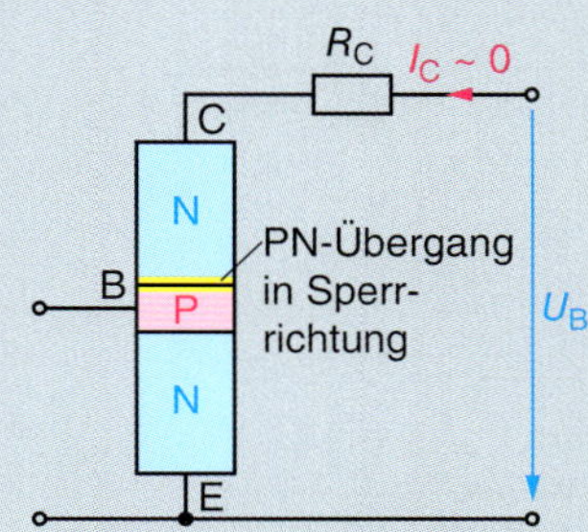

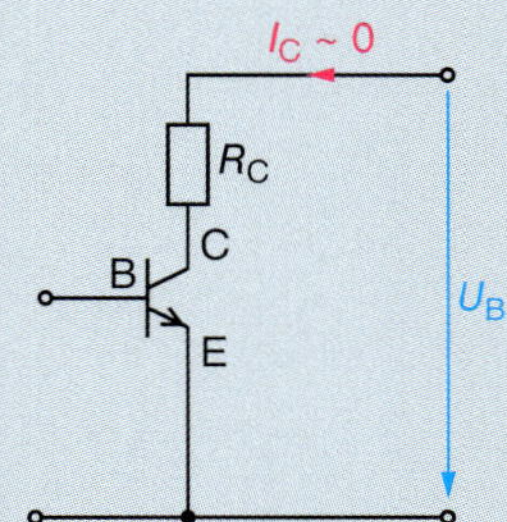

Der PN-Übergang zwischen **Kollektor** und **Basis** wird in **Sperrrichtung** betrieben.

Damit kann kein nennenswerter Kollektorstrom fließen ($I_C \approx 0$).

Steuerspannung am Transistor

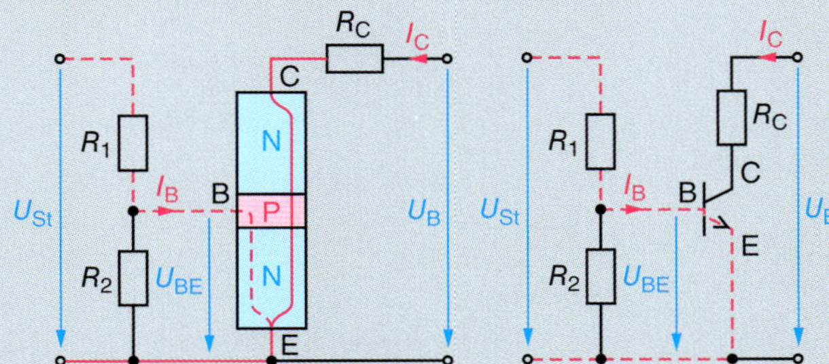

Wenn bei Siliziumtransistoren eine Spannung von ca. 0,7 V zwischen Basis und Emitter anliegt, fließt der **Basisstrom** I_B.

Dadurch wird der PN-Übergang zwischen Kollektor und Basis abgebaut:
PN-Übergang in **Durchlassrichtung**.

Es kann dann ein Kollektorstrom I_C über den Transistor fließen. I_C ist dabei um ein Vielfaches größer als I_B.

Stromverstärkungsfaktor *B* eines Transistors

$$B = \frac{\text{Kollektorstrom}}{\text{Basisstrom}} = \frac{I_C}{I_B}$$

$B = 300$ bedeutet zum Beispiel, dass der Kollektorstrom 300-mal so groß wie der Basisstrom ist:
$I_B = 1\text{ mA} \rightarrow I_C = 300\text{ mA}$.

Man kann den Basisstrom als **Steuerstrom** und den Kollektorstrom als **Laststrom** ansehen.

■ **Transistoren**
ermöglichen die Steuerung hoher Kollektorströme durch kleine Basisströme.

Stromverstärkung
current amplification

Verstärker
amplifier

Emitterschaltung
emitter circuit

Basisvorwiderstand
basis resistance

■ **NPN-Transistor**

Beim NPN-Transistor muss die Basis *positiv* angesteuert werden.

Sonst wäre die Emittersperrschicht in Sperrrichtung gepolt.

Über den Basisspannungsteiler bzw. den Basisvorwiderstand wird das Gleichspannungspotenzial an der Basis angehoben.

■ **Innenwiderstand**

Geringer Laststrom → hoher Innenwiderstand

Hoher Laststrom → geringer Innenwiderstand

Basisspannungsteiler

Durch den Basisspannungsteiler R_1, R_2 kann die Steuerspannung aus der Betriebsspannung U_B gewonnen werden.

$$R_2 = \frac{U_{BE}}{q_i \cdot I_B}$$

$$R_1 = \frac{U_B - U_{BE}}{(q_i + 1) \cdot I_B}$$

q_i Querstromfaktor, ca. 5 bis 10

Basisspannungsteiler

Basisvorwiderstand

$$R_V = \frac{U_B - U_{BE}}{I_B}$$

Basisvorwiderstand

Transistor als Gleichspannungsverstärker

Ein Rechtecksignal mit dem Scheitelwert $u_S = 5$ V soll auf einen Scheitelwert von 12 V angehoben werden (Bild 72).
Für diese **Spannungsverstärkung** eignet sich eine Transistorstufe.

Mit einem **Kleinsignalverstärker** kann eine Verstärkerstufe in **Emitterschaltung** aufgebaut werden.

Emitterschaltung bedeutet: Ein- und Ausgangsspannung haben dasselbe *Bezugspotenzial*. Zum Beispiel: Masse = 0 V. Der Emitter liegt ebenfalls auf diesem Potenzial.

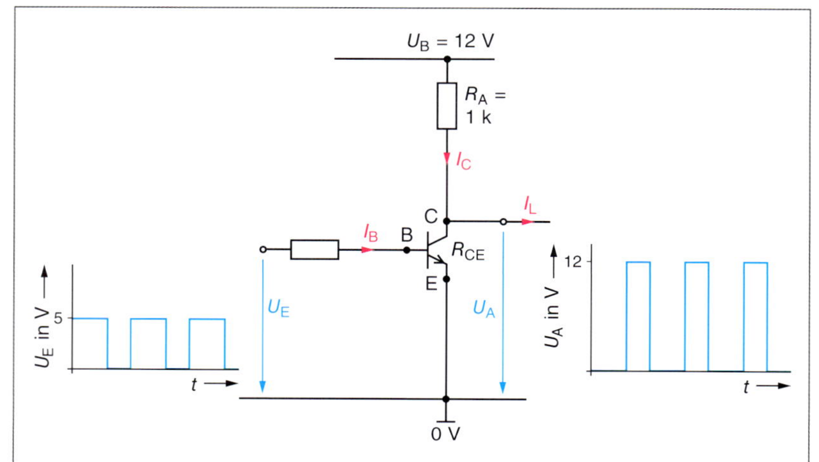

Bild 72 Transistor als Gleichspannungsverstärker

Laut Herstellerdatenblatt genügt ein *Basisstrom* von $I_B = 0{,}5$ mA, um den Transistor sicher niederohmig zu steuern.

Der Basisstrom wird mit einem **Basisvorwiderstand** begrenzt.

$$R_B = \frac{U_E - U_{BE}}{I_B} = \frac{5\text{ V} - 0{,}7\text{ V}}{0{,}5\text{ mA}} = 8{,}6\text{ k}\Omega$$

Der Arbeitswiderstand $R_A = 1$ kΩ bildet mit dem Transistorwiderstand zwischen Kollektor C und Emitter E einen *Spannungsteiler*. Der Widerstand R_{CE} kann Werte zwischen nahezu null und 1,5 MΩ annehmen.

- Wird der Transistor mit dem Rechteckimpuls angesteuert, geht der Widerstand R_{CE} gegen 0 Ω.
  Beispiel: $R_{CE} = 5\ \Omega$.
  Es fließt ein Kollektorstrom.

  $$I_C = \frac{U_B}{(R_A + R_{CE})} = \frac{12\text{ V}}{(1000\ \Omega + 5\ \Omega)}$$

  $$I_C = 12\text{ mA}$$

  Am Ausgang *A* liegt dann das Potential $\varphi_A = I \cdot R_{CE} = 12\text{ mA} \cdot 5\ \Omega = 60$ mV.
  Die Ausgangsspannung beträgt $U_A \approx 0$ V.
  Das H-Signal am Eingang der Transistorstufe erzeugt ein L-Signal am Ausgang.
- Liegt am Eingang das L-Signal $U_E = 0$ V, ist der Transistor hochohmig zwischen C und E.
  Beispiel: $R_{CE} = 1\text{ M}\Omega$.

Nach der Spannungsteilerregel liegt am größten Widerstand die größte Spannung.

$$\frac{U_{AS}}{U_B} = \frac{R_{CE}}{R_{CE} + R_A}$$

$$U_{As} = U_B \cdot \frac{R_{CE}}{R_{CE} + R_A} = 12\ \text{V} \cdot \frac{1\ \text{M}\Omega}{1\ \text{M}\Omega + 1\ \text{k}\Omega}$$

$= 11{,}99\ \text{V} \approx 12\ \text{V}.$

Die Transistorstufe hat die Eingangsspannung also um den **Spannungsverstärkerfaktor**

$$V_U = \frac{U_A}{U_E} = \frac{12\ \text{V}}{5\ \text{V}} = 2{,}4$$

verstärkt.

Das Ausgangssignal ist gegenüber dem Eingangssignal invertiert (umgekehrt). Die **Invertierung** kann *aufgehoben* werden, wenn eine weitere Transistorstufe nachgeschaltet wird.

Wird dem Ausgang ein Strom I_L entnommen, verursacht diese Belastung einen Spannungsfall am **Arbeitswiderstand** R_A.

Am Ausgang wird ein Strom $I_L = 1$ mA entnommen.
Der Strom fließt über $R_A = 1\ \text{k}\Omega$.
Der Strom verursacht einen Spannungsfall von $U_{RA} = I_C \cdot R_A = 1\ \text{mA} \cdot 1\ \text{k}\Omega = 1\ \text{V}$.
Die Ausgangsspannung sinkt auf den Wert $U_{As} = 11\ \text{V}$.

Transistor als verstellbarer Widerstand

In der Praxis werden zur **Gleichspannungsversorgung** von elektronischen Komponenten neben Batterien und Akkumulatoren **Konstantspannungsquellen** verwendet.

Diese **geregelten Netzteile** halten die Spannungen an den Ausgangsklemmen bei Belastungsänderungen und Veränderungen der Eingangsspannung **konstant**.

Prinzip: Der **Innenwiderstand** R_i der Spannungsquelle muss **veränderbar** sein (Bild 73).

Bedingung: U_E muss immer einige Volt größer als U_A sein.

Erläuterung für zwei Fälle:

1. Der Lastwiderstand wird kleiner, der Laststrom I_L nimmt zu.

Bei *konstantem Innenwiderstand* R_i wird die Spannung U_{Ri} größer.

Die Ausgangsspannung U_A wird entsprechend kleiner.

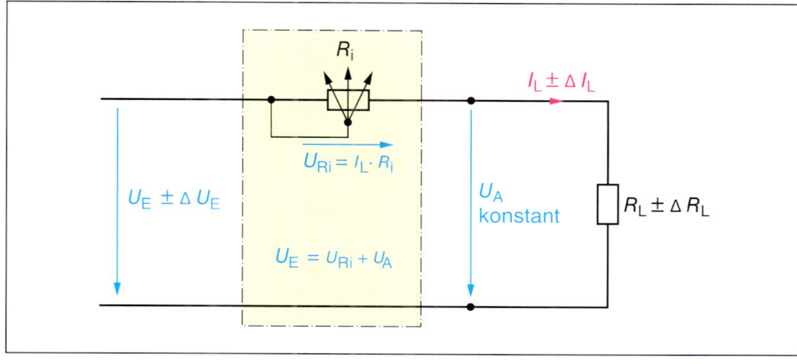

Bild 73 *Verstellbarer Innenwiderstand zur Stabilisation, Prinzip*

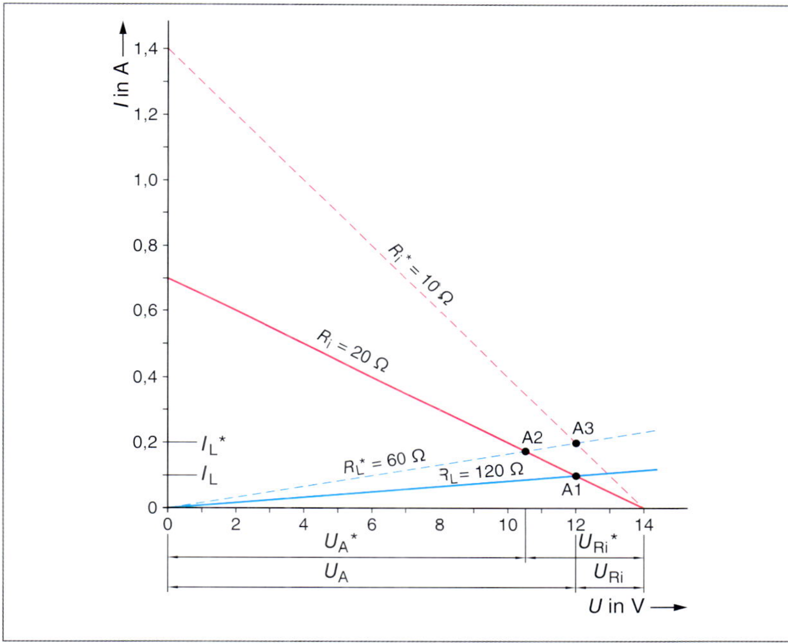

Bild 74 *Spannungsregelung mit Längswiderstand (Laständerung)*

Wird R_i kleiner gestellt, verringert sich der Spannungsfall U_{Ri} an R_i.

Wird R_i richtig eingestellt, stellt sich an den Ausgangsklemmen wieder der Sollwert der Ausgangsspannung ein. U_A = konstant.

Eingangsspannung $U_E = 14\ \text{V}$

Ausgangsspannung $U_A = 12\ \text{V}$ (konstant)

Laststrom $I_L = 100\ \text{mA}$

Lastwiderstand $R_L = 120\ \Omega$

Spannungsfall am Innenwiderstand

$U_{Ri} = U_E - U_A = 14\ \text{V} - 12\ \text{V} = 2\ \text{V}$

Innenwiderstand der Spannungsquelle

$$R_i = \frac{U_{Ri}}{I_L} = \frac{2\ \text{V}}{0{,}1\ \text{A}} = 20\ \Omega$$

Arbeitspunkt A1 in Bild 74.

Spannungsregler
voltage controller, constant-voltage regulator

Regelung
automatic control, automatic regulation

@ Interessante Links

Spannungsregler

- phoenixcontact.com
- siemens.de
- panasonic.de
- eme-gmbh.de

■ Spannungsregler

Ein Teil der Ausgangsspannung wird mit einer Referenzspannung verglichen (Spannung an der Z-Diode in Bild 77, Seite 283).

Durch die Regelabweichung (Regeldifferenz) wird der Längstransistor angesteuert.

Die Belastung ändert sich:

$R_L{}^* = 60\ \Omega$.

Der Strom ändert sich:

$$I_L{}^* = \frac{U_E}{R_i + R_L} = \frac{14\ \text{V}}{20\ \Omega + 60\ \Omega} = 175\ \text{mA}.$$

Die Ausgangsspannung U_A ändert sich:

$U_A{}^* = I_L \cdot R_L = 0{,}175\ \text{A} \cdot 60\ \Omega = 10{,}5\ \text{V}$.

Die Spannung am Innenwiderstand ändert sich:

$U_{Ri}{}^* = I_L \cdot R_i = 0{,}175\ \text{A} \cdot 20\ \Omega = 3{,}5\ \text{V}$.

Der Spannungsfall am Innenwiderstand hat zugenommen, die Ausgangsspannung U_A ist um 1,5 V gefallen → **Arbeitspunkt A2** (Bild 74).

Der Innenwiderstand R_i wird verstellt:

Bei einer erwarteten Ausgangsspannung $U_A = 12$ V wird ein Strom

$$I_L = \frac{U_A}{R_L} = \frac{12\ \text{V}}{60\ \Omega} = 200\ \text{mA}$$

erwartet.

Am Innenwiderstand R_i müssen $U_{Ri} = 2$ V abfallen. Daraus ergibt sich

$$R_i{}^* = \frac{U_{Ri}}{I_L} = \frac{2\ \text{V}}{0{,}2\ \text{A}} = 10\ \Omega \rightarrow$$ **Arbeitspunkt A3**.

Wird der Innenwiderstand auf $R_i = 10\ \Omega$ gestellt, beträgt U_A wieder 12 V.

2. Die Eingangsspannung U_E wird größer, der Strom durch R_i und R_L nimmt zu.

Die Ausgangsspannung U_A steigt.

Wird R_i größer gestellt, wird der Strom I_L reduziert und die Ausgangsspannung wird auf den geforderten Wert zurückgeführt.

Anfangszustand

Eingangsspannung $U_E = 14$ V, Ausgangsspannung $U_A = 12$ V, Lastwiderstand $R_L = 120\ \Omega$, Laststrom $I_L = 100$ mA (**Arbeitspunkt A1** in Bild 75).

Die Eingangsspannung steigt auf $U_E = 16$ V. Bei unverändertem R_i steigt der Strom durch die Schaltung auf

$$I_L{}^* = \frac{U_E}{R_i + R_L} = \frac{16\ \text{V}}{20\ \Omega + 120\ \Omega} = 114\ \text{mA}.$$

Die Ausgangsspannung erhöht sich auf

$U_A{}^* = I_L{}^* \cdot R_L = 114\ \text{mA} \cdot 120\ \Omega = 13{,}7\ \text{V}$ (**Arbeitspunkt 2**, Bild 75).

Die Spannung am Innenwiderstand beträgt

$U_{Ri}{}^* = 114\ \text{mA} \cdot 20\ \Omega = 2{,}3\ \text{V}$.

Am Innenwiderstand R_i müssen

$U_{Ri} = U_E - U_A = 16\ \text{V} - 12\ \text{V} = 4\ \text{V}$

abfallen.

Es soll ein Laststrom $I_L = 100$ mA fließen.

Der Innenwiderstand muss verstellt werden auf

$$R_i = \frac{U_{Ri}}{I_L} = \frac{4\ \text{V}}{0{,}1\ \text{A}} = 40\ \Omega.$$

Die Ausgangsspannung beträgt wieder

$U_A = I_L \cdot R_L = 100\ \text{mA} \cdot 120\ \Omega = 12\ \text{V}$ (**Arbeitspunkt 1**, Bild 75).

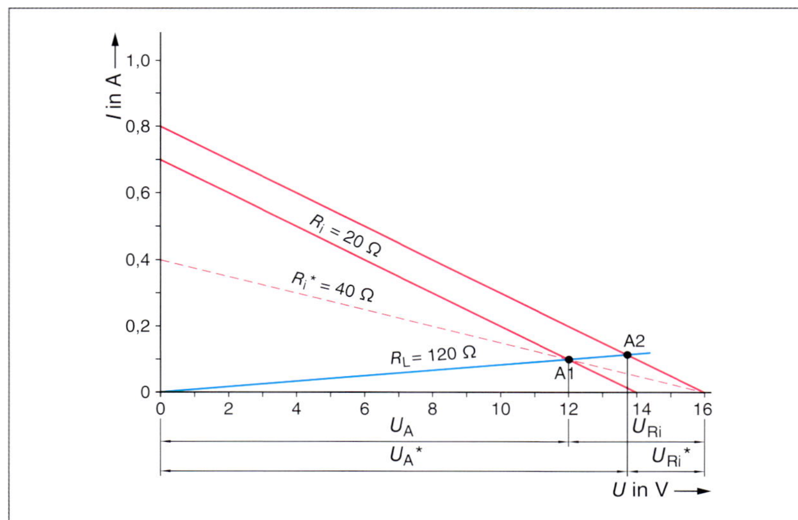

Bild 75 *Spannungsregelung nach Änderung der Eingangsspannung*

Längsregelung mit Längstransistor

Die Funktion des *verstellbaren Innenwiderstandes* kann ein **Leistungstransistor** übernehmen.

Der Widerstand eines Transistors zwischen Kollektor C und Emitter E kann mit dem Basisstrom I_B verstellt werden.

Da der Transistor in die Leitung geschaltet wird, nennt man den Transistor **„Längstransistor"** und die Art der Spannungsregelung **„Längsregelung"**.

Die Regelung der Ausgangsspannung soll selbsttätig ablaufen.

Regelung meint hier: Weicht die tatsächliche Ausgangsspannung U_A (Istwert) von der geforderten Spannung (Sollwert) ab, dann muss durch Verstellen des Innenwiderstandes $R_{CE} = R_i$ die Ausgangsspannung wieder den Sollwert annehmen.

Eine Schaltung zur Erzeugung einer konstanten Spannung ist in Bild 77 dargestellt.

Funktion der Schaltung (Bild 77):

Die Spannungen U_A, U_Z und U_{BE} liegen in einer unverzweigten Masche.

Es gilt die Maschenregel:

$$U_A - U_Z + U_{BE} = 0 \rightarrow U_{BE} = U_Z - U_A$$

Die Z-Spannung der Z-Diode ist konstant. Die Steuerspannung des Transistors U_{BE} und damit der Basisstrom I_B sind also nur von der Ausgangsspannung abhängig.

Sinkt die Ausgangsspannung U_A durch zunehmende Last, werden U_{BE} und I_B zunehmen.

Der Transistor wird niederohmiger gesteuert, $U_{CE} = I_L \cdot R_{CE}$ wird kleiner, U_A wird auf dem Sollwert gehalten.

Steigt durch geringer werdenden Lastrom I_L die Ausgangsspannung an, wird U_{BE} kleiner, der Transistor wird hochohmiger gesteuert.

Die Spannung U_{CE} steigt an, U_A wird auf dem Sollwert gehalten.

Auch Schwankungen der Eingangsspannung werden ausgeregelt.

Diese Regelvorgänge werden durch geringste Abweichungen bei U_A oder U_E und zeitlich unverzögert ausgelöst. Spannungsschwankungen am Ausgang sind kaum feststellbar.

Berechnungsbeispiel (Bild 78):

Die Spannungsquelle wird mit einem Lastwiderstand $R_L = 20\ \Omega$ beschaltet. Der Laststrom beträgt dann

$$I_L = \frac{U_A}{R_L} = \frac{6\ \text{V}}{20\ \Omega} = 0{,}3\ \text{A}.$$

Bei einer Eingangsspannung von $U_E = 10$ V muss am Transistorwiderstand R_{CE} eine Spannung $U_{CE} = 4$ V abfallen.

Durch den Basisstrom I_B wird der Widerstand der Kollektor-Emitter-Strecke auf

$$r_{CE} = \frac{U_{CE}}{I_L} = \frac{4\ \text{V}}{0{,}3\ \text{A}} = 13{,}3\ \Omega \text{ gestellt.}$$

Festspannungsregler

Zur Erzeugung einer *konstanten Gleichspannung* eignen sich besonders **integrierte Festspannungsregler**.

Zentrale Komponente in diesem integrierten Schaltkreis ist ein **Längstransistor**, der in die positive oder negative Strombahn geschaltet wird. Zudem beinhaltet dieser Baustein einen Regelkreis, der einen **Soll/Ist-Vergleich** durchführt.

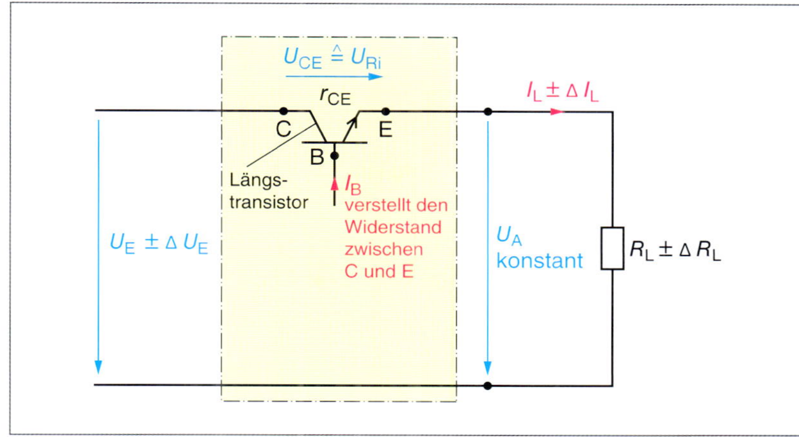

Bild 76 Prinzip der Konstantspannungsquelle

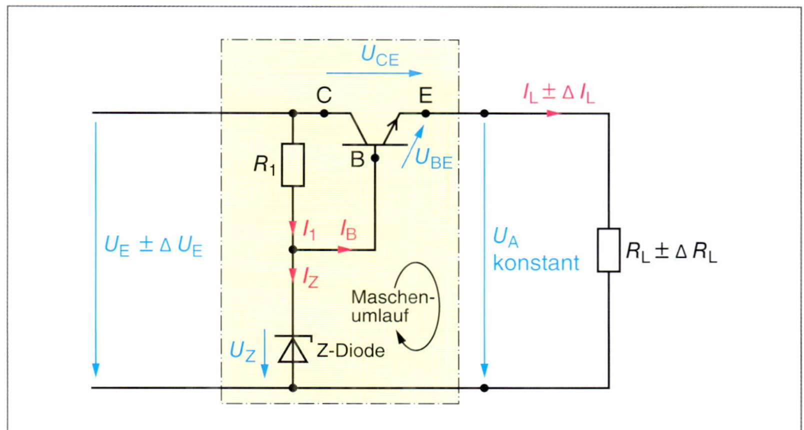

Bild 77 Spannungsregler mit Z-Diode und Längstransistor

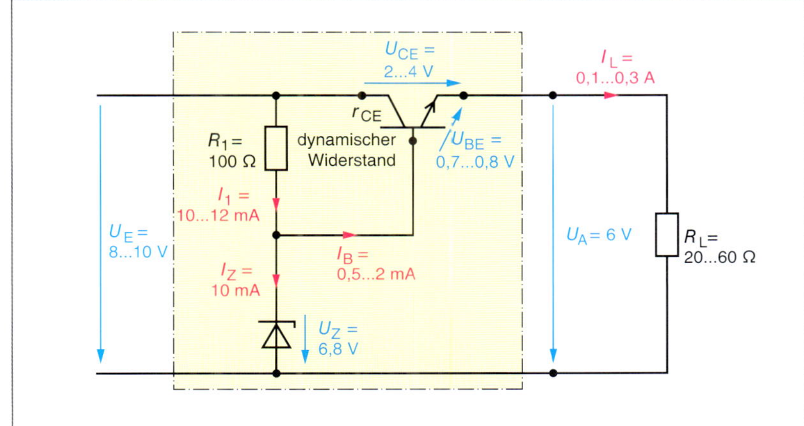

Bild 78 Schaltung zum Berechnungsbeispiel

Tritt eine **Regeldifferenz** auf, dann wird der Längstransistor entsprechend angesteuert, um die Regeldifferenz zu beseitigen (Bild 79).

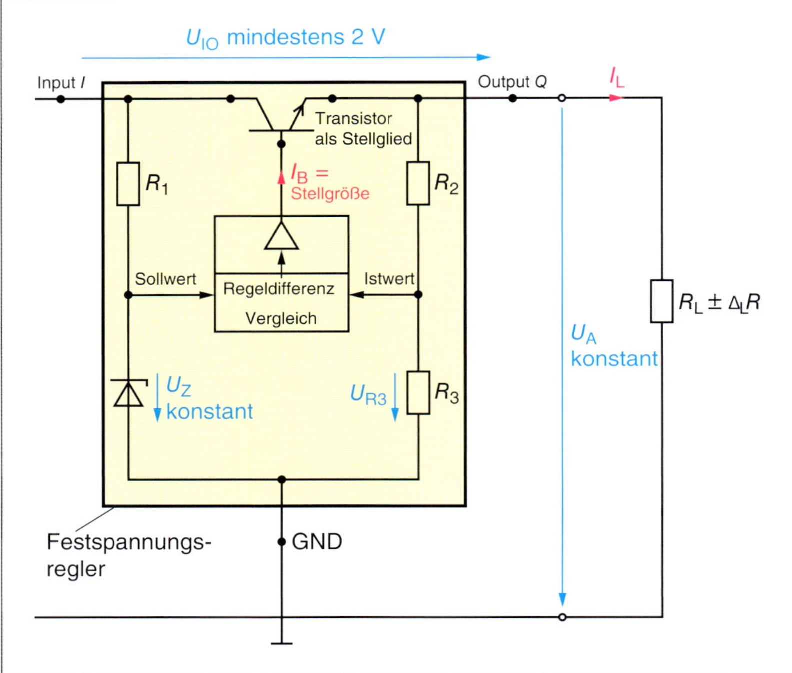

***Bild 79** Funktionsprinzip eines Festspannungsreglers*

Festspannungsregler

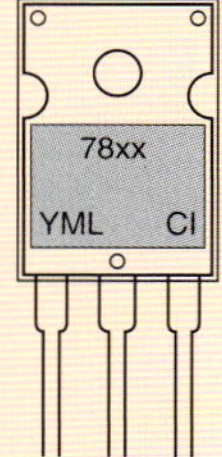

Die **Eingangsspannung** U_E darf laut Herstellerangaben 10 V größer sein als die Ausgangsspannung U_A.

Der *kleinste Wert* der Eingangsspannung muss 2 V größer sein als die Ausgangsspannung.

Ist die Eingangsspannung *deutlich höher* als die Ausgangsspannung, führt dies zu einer erheblichen Verlustleistung $P_{tot} = U_{IO} \cdot I_L$.

Diese Verlustleistung führt zur Erwärmung des Bausteins.

78 positiver Regler
79 negativer Regler
XX Output Voltage
05 = 5 V, 06 = 6 V, 08 = 8 V,
09 = 9 V, 10 = 10 V, 12 = 12 V,
15 = 15 V, 18 = 18 V, 24 = 24 V
Y Year Code
M Month Code
(A = Jan, B = Feb, C = Mar, D = Apl,
E = May, F = Jun, G = Jul, H = Aug,
I = Sep, J = Oct, K = Nov, L = Dec)
L Lot Code
CI Package Code für ITO-220

Als besondere Ausstattung der Spannungsregler gibt der Hersteller an:

- Interne Kurzschlussstrombegrenzung
- Thermischer Überlastungsschutz
- Geringe Spannungsabweichung auch bei größeren Strömen
- Brummspannung im mV-Bereich

@ Interessante Links

Netzteile

- phoenixcontact.com
- phillips.de
- siemens.de
- deutronic.com

Gleichspannungsnetzteil (Bild 80, Seite 285)

Die Netzteilkomponenten und ihre Funktion:

- *T1*, Transformator zur Spannungsanpassung und galvanischen Trennung. $U_2 = 15$ V, $S = 20$ VA.
- *T2*, Zweipuls-Brückengleichrichter (B) für eine Eingangsspannung von $U = 40$ V. Der Gleichrichter darf kapazitiv belastet werden (C), d. h. der Gleichrichter kann hohe Spitzenströme führen. Dem Gleichrichter kann ein Gleichstrom $I_d = 1000$ mA entnommen werden (ohne Maßnahmen zur Kühlung). Bei Montage auf einem Kühlblech können 1500 mA entnommen werden. Der Gleichrichter liefert eine pulsierende Gleichspannung.
- *C1*, gepolter Elektrolytkondensator mit einer Spannungsfestigkeit von $U = 40$ V. Diese Spannung ergibt sich aus $U = \sqrt{2} \cdot U\sim$. Hier $U = \sqrt{2} \cdot 15\text{ V} = 21{,}2$ V. Der Kondensator glättet die pulsierende Gleichspannung. Die Kapazität bestimmt den Glättungsfaktor. Bei einer Belastung mit $I_L = 500$ mA ergibt sich eine Restwelligkeit (Brummspannung) von
$$U_{Br} = \frac{0{,}8 \cdot I_d}{f_{Br} \cdot C_1} = \frac{0{,}8 \cdot 0{,}8\text{ A}}{100\text{ Hz} \cdot 2{,}2\text{ mF}} = 2{,}9\text{ V}_{SS}$$
- *Q1*, Festspannungsregler für eine positive Spannung von $U_A = +12$ V
- *C2*, *C3*, Keramikkondensatoren zur Bedämpfung von Regelschwingungen.
- *C4*, gepolter Elektrolytkondensator zur Glättung einer Restwelligkeit.
- *F1*, superflinke Feinsicherung zum Schutz des Gleichrichters.
- *F2*, die Schutzdiode soll den Spannungsregler vor Rückströmen schützen.
- *P1*, rote LED leuchtet, wenn die Feinsicherung durchgebrannt ist. LED haben eine geringe Sperrspannung ($U_R = 5 - 6$ V), die vorgeschaltete Diode erhöht die Sperrspannung.
- R_1, R_2 sind Vorwiderstände zur Begrenzung des Stromes durch die LED.

Ein *Nachteil* des dargestellten Netzteils ist die relativ hohe **Verlustleistung**, die im Festspannungsregler entsteht.

Im vorgestellten Schaltungsbeispiel fällt am Festspannungsregler eine mittlere Spannung von $U_{I0} \approx 7$ V ab.

Bei einem Laststrom von $I_{Lmax} = 1$ A entsteht im Regler eine Verlustleistung von

$P_{tot} = U_{I0} \cdot I_{Lmax} = 7\text{ V} \cdot 1\text{ A} = 7$ W.

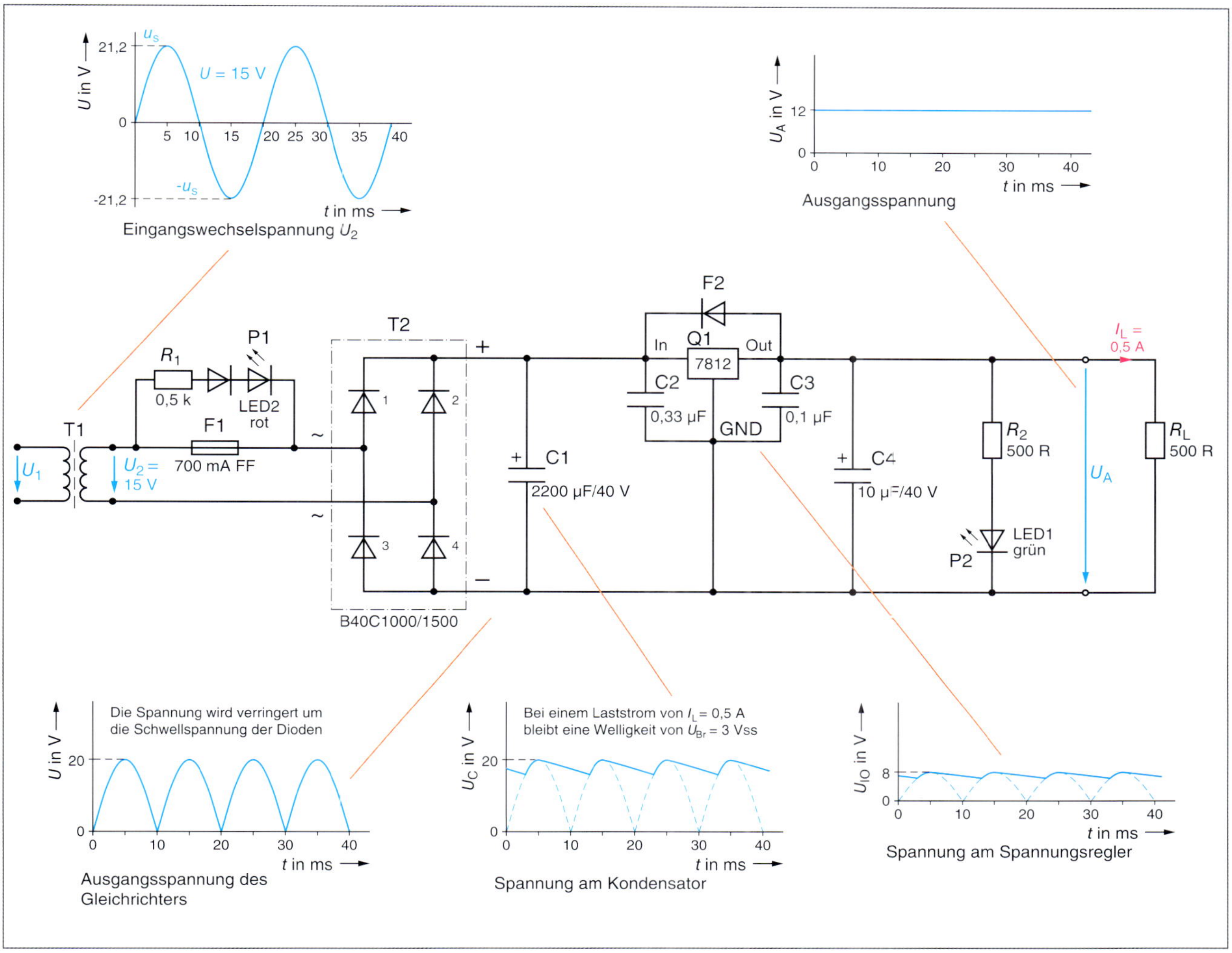

Bild 80 Gleichspannungsversorgung mit kapazitivem Netzteil und Festspannungsregler

Diese Leistung innerhalb des Reglerbausteins ist **Wärmeleistung**, sie führt zur Erhitzung des Bauteils.

Damit der Spannunsregler nicht abgeschaltet bzw. zerstört wird, muss ein **Kühlkörper** für eine bessere Wärmeableitung montiert werden.

Im Herstellerdatenblatt wird ein Kühlkörper mit einem **Wärmeübergangswiderstand** $R_{th} = \frac{11\,°C}{W}$ empfohlen.

Der **Spannungsregler** muss auf diesen Kühlkörper montiert werden.

Soll die Stromentnahme aus dem Netzteil erhöht werden, kann ein **„Bypass-Transistor"** parallel zum Spannungsregler geschaltet werden.

Der Transistor Q_2 ist ein PNP-Typ (Bild 81).

Fließt ein Strom $I = 0{,}8$ A durch den Widerstand $R = 1\ \Omega$, erzeugt der Widerstand eine Spannung von $U_{EB} = 0{,}8$ V (Steuerspannung für Q2).

Dieser Spannungsfall ist die Steuerspannung für Q2. Ströme über 0,8 A fließen über den Transistor.

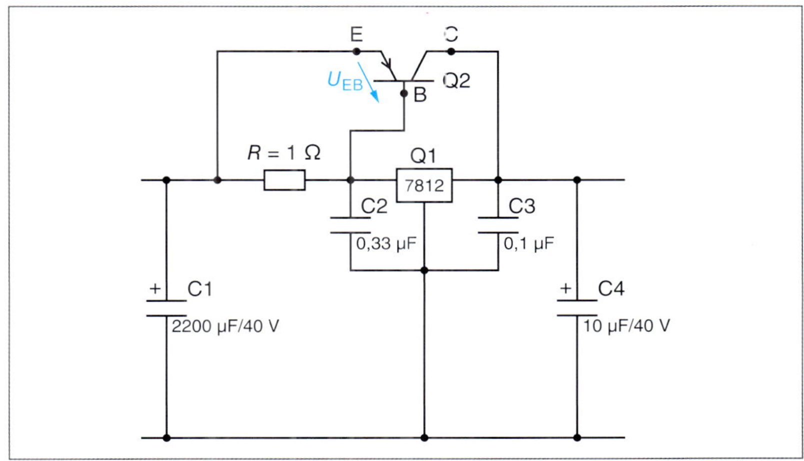

Bild 81 Leistungstransistor parallel zum Spannungsregler (Bypass)

■ **Aufgabenlösung**

@ Interessante Links

- christiani-berufskolleg.de

Prüfung

1. Die Temperatur ändert sich von 25 °C auf 42 °C.

Welchen Einfluss hat das auf U_2?

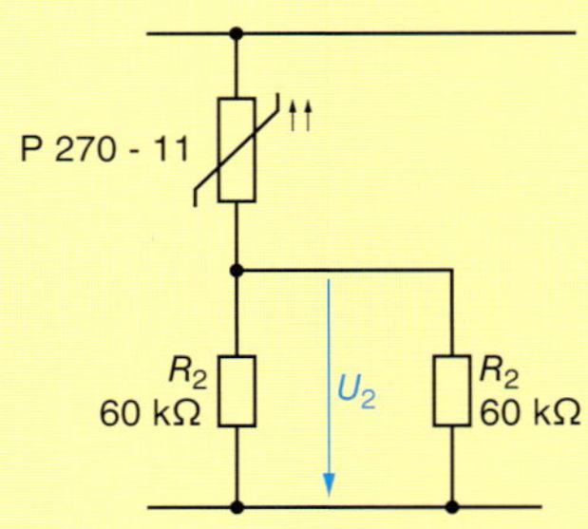

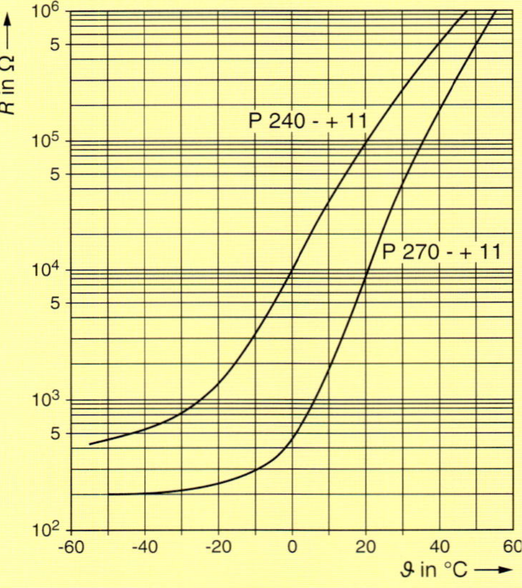

2. Welches Bauelement wird durch die Kennlinie beschrieben?

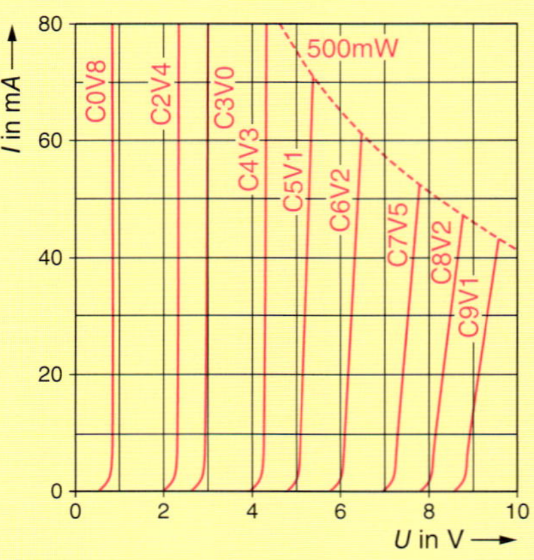

3. Was bedeutet die Angabe B2 250 C2000/1000?

4. Erläutern Sie die Funktion der Schaltung.

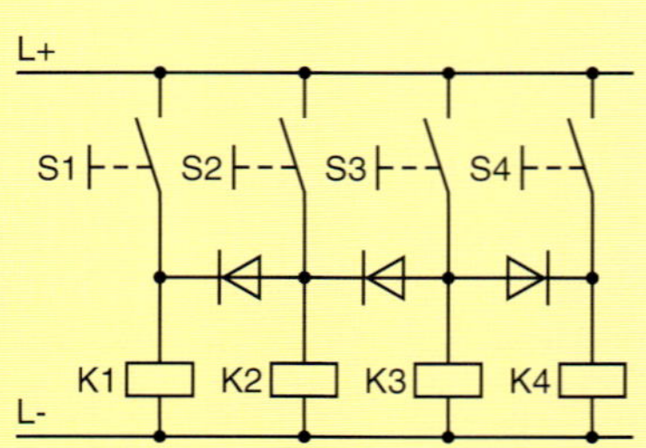

5. Welche Verlustleistungen treten im Festwiderstand und in der Diode auf?

U_B = 12 V

R = 27 Ω

U_F = 0,8 V

6. Aus einer Spannungsversorgung U_B = 15 V soll eine 10-V-Referenzspannung erzeugt werden.

Laststom: 8,5 mA; Z-Strom: 20 mA.

Skizzieren Sie die Schaltung und berechnen Sie R_V.

Prüfung

7. Welchen Wert hat die Verlustleistung des Festspannungsreglers?

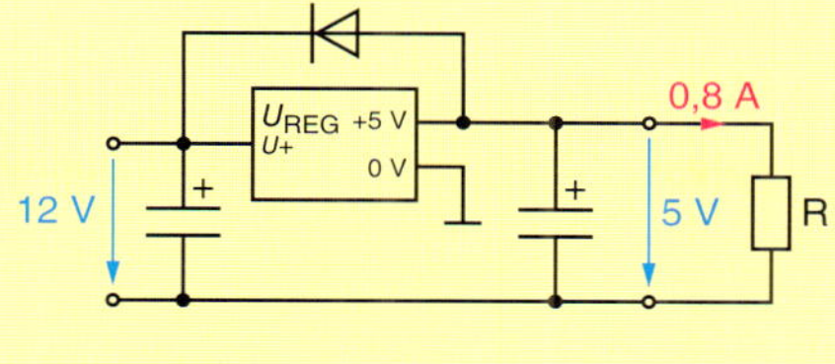

8. Berechnen Sie den Durchlasswiderstand einer Diode bei $U_F = 0{,}9$ V und einer Substrattemperatur von 100 °C.

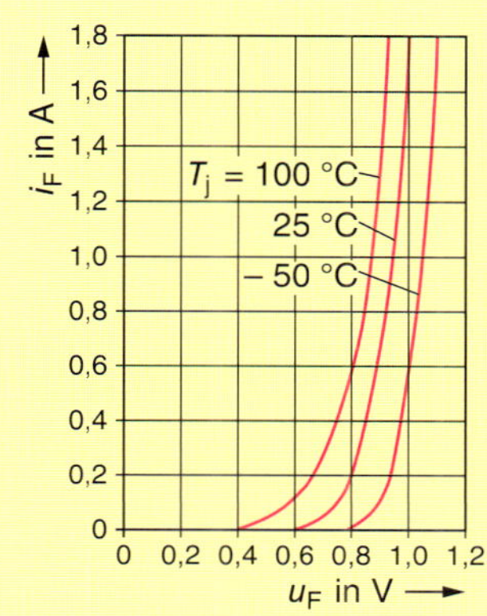

9. Kennline einer LED, Betriebsspannung 4,5 V, Strom durch die LED 9 mA.

Wie groß muss der Vorwiderstand R_V sein?

10. Die Brückenschaltung ist abgeglichen. Welchen Einfluss hat ein Temperaturanstieg auf die Spannung U_{12}?

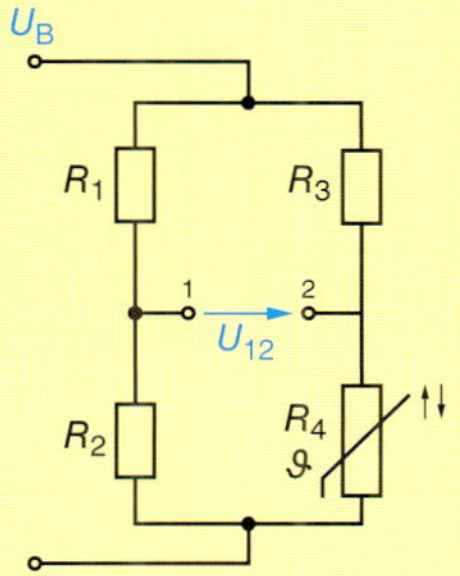

■ **Aufgabenlösung**

@ Interessante Links

- christiani-berufskolleg.de

■ Aufgabenlösung

@ Interessante Links

- christiani-berufskolleg.de

Prüfung

11. Wie ändert sich der Heißleiterwiderstand, wenn die Stromstärke von 1,4 mA auf 1,6 mA ansteigt?

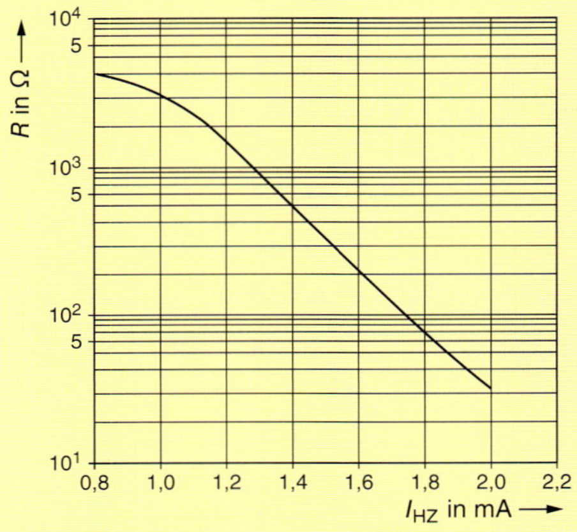

12. Erläutern Sie die nachstehenden Transistorkennlinien.

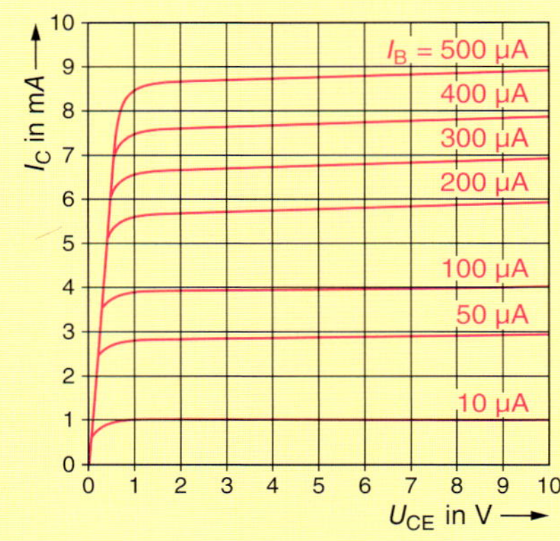

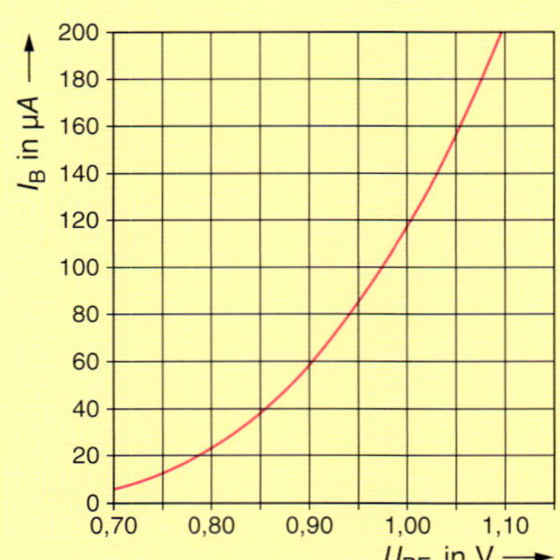

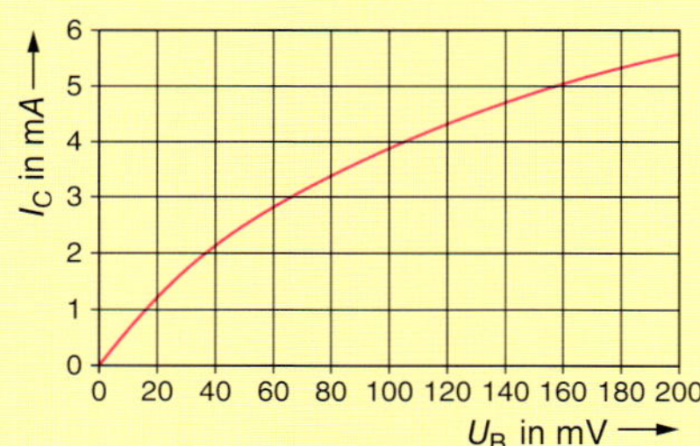

13. Für den Transistor in der dargestellten Schaltung gelten die Kennlinien nach Aufgabe 12.

Legen Sie den Arbeitspunkt durch Ermittlung der Widerstandsgeraden fest.

Bestimmen Sie für den Arbeitspunkt: U_{CE}, I_C, I_B, U_{BE}.

Berechnen Sie den Basisspannungsteiler für $q_i = 5 \cdot I_B$.

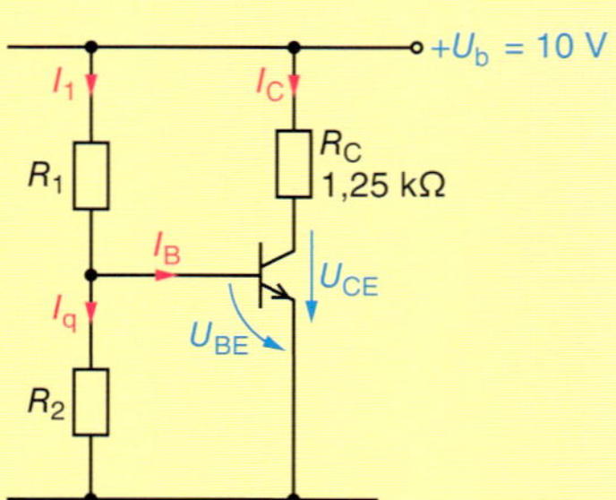

9 Abschlussprüfung Teil 1

Betriebsmittel
Schütze, Motorschutzeinrichtungen, Überstromschutzeinrichtungen, RCD, Steckdose, Klemmen, Steckvorrichtungen, Spannungsversorgung, SPS, Kleinsteuerung.

Dokumentation
Sorgfältig und sauber ausführen, absolute Übereinstimmung der Dokumentation mit dem realen Prüfstück.

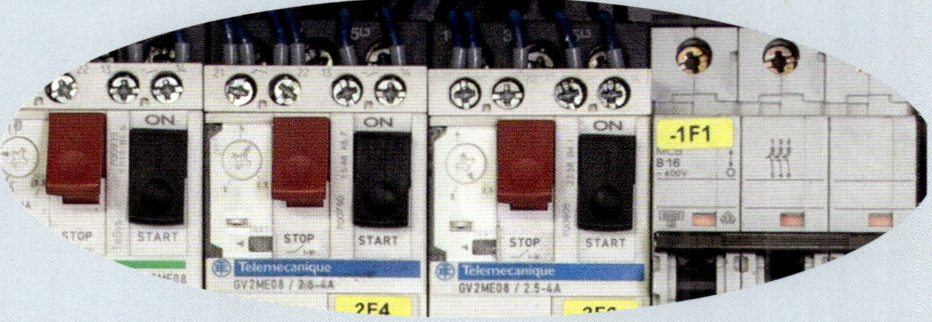

Fachgespräch
Sie müssen die Aufgaben, technischen Daten usw. der eingesetzten Betriebsmittel kennen.

Sie müssen die einschlägigen Sicherheitsbestimmungen kennen und anwenden.

Sicherer Umgang mit Messgeräten und Werkzeugen.

Alternativen zu der gewählten Vorgehensweise aufzeigen können. Was hätte man auch machen können? Warum wurde der gewählten Lösung der Vorzug gegeben?

Inbetriebnahme
Sicherer Umgang mit den verwendeten Messgeräten.
Warum werden die Messungen durchgeführt?
Wie werden die Messungen vorbereitet?
Welche Messwerte gelten als (noch) in Ordnung?

Vor den Messungen unbedingt die einwandfreie Funktion der Messgeräte prüfen!

Fachliche Kompetenz steht bei der *Prüfungsbewertung* im Vordergrund. Mängel in der *Kommunikation* sollen *nicht* bewertet werden.

Vorbereitung der Prüfung – Arbeitsaufgabe

- Aufgabenstellung verstanden?
- Technologieschema verstanden?
- Aufgabe der Befehlsgeber und Meldeeinrichtungen verstanden?
- Aufgabe der eingesetzten Betriebsmittel verstanden?
- Technische Daten der Betriebsmittel bekannt?
- Schaltplanunterlagen vollständig, sauber ergänzt?

  Beachten Sie dabei besonders:
  – Querverweise
  – Klemmen- und Steckerpläne
  – Operanden bei der Zuordnungsliste
  – Operanden und Kommentare beim Steuerungsprogramm
- Prüfprotokoll vollständig ausgefüllt und unterschrieben? (Erst nach Durchführung der Arbeiten.)

Beachten Sie bei den praktischen Arbeiten:

- Zugentlastung der Anschlussleitung fachgerecht ausführen.
- Schutzleiteranschlüsse fachgerecht ausführen.
- Leitungsverlegung in den Kanälen (230 V/400 V- und 24-V-Leitungen soweit möglich in getrennten Kanälen verlegen).
- Leitungsquerschnitte und Aderfarben beachten.
- Aderendhülsen und Kabelschuhe fachgerecht ausführen.
- Besonders auf fachgerechte Klemmverbindungen achten: Klemmen fest anziehen!
- Bei der Befestigung der Kanäle keine Metallschrauben (blank) in den Kanälen. Kunststoff-Befestigungsmittel wählen oder Metallschraubenköpfe isolieren.
- Auf sichere Befestigung aller Betriebsmittel achten.
- Sind alle Betriebsmittel beschriftet (in Übereinstimmung mit der Dokumentation)?

Grundregeln

1. Sie müssen die Funktion jedes installierten Betriebsmittels beherrschen.
2. Sie müssen die einschlägigen Bestimmungen von DIN VDE und die Unfallverhütungsvorschriften beherrschen und konsequent anwenden.
3. Prüfstück und zugehörige Dokumentation müssen absolut übereinstimmen.

Schutzleiteranschluss

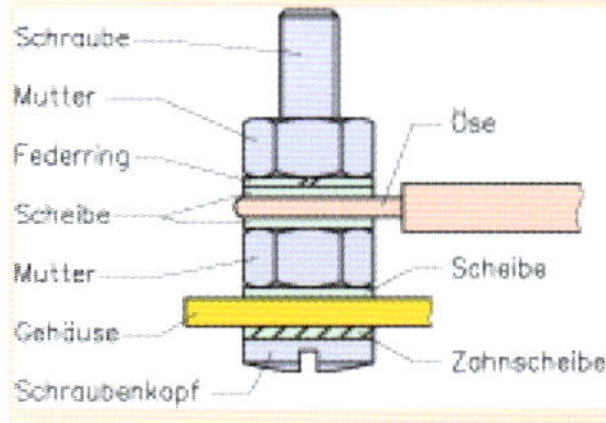

Prozess-Simulationsplatine

Bei der Herstellung der Prozess-Simulationsplatine sind **Lötarbeiten** erforderlich.

Hinweise

- Zum Löten ist eine metallisch reine Oberfläche erforderlich.
- Vor dem Löten wird die Lötspitze gereinigt und anschließend mit Elektrolot verzinnt.
- Phasen des Lötvorgangs sind: Erwärmen, Lötzinnfluss, Erkalten.
- Bei Beendigung des Lötvorgangs zuerst das Lötzinn und dann den Lötkolben von der Lötstelle entfernen.
- Beim Erkalten darf die Lötstelle nicht bewegt werden, da ansonsten eine „kalte" und schlecht leitende Lötstelle entsteht.
- „Kalte Lötstellen" erkennt man am kantigen Abschluss mit den Werkstoffen.

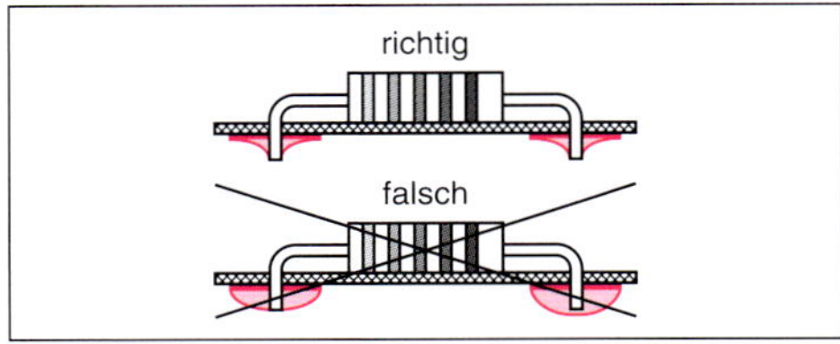

Bild 1 *Lötverbindung*

Niemals mit dem Lötkolben an spannungsführenden Teilen arbeiten.

- Die Dauer und Temperatur des Lötvorgangs ist genau auf die Aufgabe abzustimmen. Ansonsten kann es zu folgenden Fehlern kommen:
  - Bauteile werden durch Überhitzung zerstört.
  - Leiterplatte wird durch Überhitzung beschädigt.
  - Das Flussmittel verbrennt, was zu „kalten Löstellen" und Klumpenbildung führen kann.
- Zuerst beide Werkstoffe erwärmen, dann erst Lot zuführen.

Die **Schiebeschalter** auf der Platine simulieren Grenztaster, Positionsschalter usw.

Es ist ganz wichtig zu wissen, bei *welchem Schaltzustand* die Schiebeschalter „0"-Signal bzw. „1"-Signal an die Steuerung liefern.

Nur dann ist ein problemloser **Funktionstest** der Arbeitsaufgabe möglich.

Inbetriebnahme

- Überlegen Sie, welche Punkte für die Besichtigung wichtig sind und warum? Machen Sie sich eine Liste dieser Punkte.
- Bedenken Sie, dass sämtliche Arbeiten von Ihnen ausgeführt werden. Oftmals hat die Besichtigung schon während der durchgeführten Arbeiten stattgefunden. Sie können ihre Prüfer darauf hinweisen und vergleichsweise schnell diesen Punkt abhaken.
- Von entscheidender Bedeutung ist, dass Sie die Handhabung der Messgeräte bei der Inbetriebnahme beherrschen.

Während der Umgang mit dem *Multimeter* im Allgemeinen kein Problem darstellt, sind bei der Messung von

- *Durchgängigkeit Schutzleitersystem*
- *Isolationswiderstand*
- *Fehlerstrom-Schutzeinrichtung*
- *Drehfeld*

genaue Kenntnisse des *verwendeten* Messgerätes notwendig. Machen Sie sich unbedingt mit dem Handling dieses von Ihnen eingesetzten Messgerätes vertraut. Üben Sie die Anwendung.

Situative Gesprächsphasen

In den **situativen Gesprächsphasen** gewinnt der Prüfer einen Eindruck von Ihrer *Fachkompetenz.* Für die *Prüfungsbewertung* ist dies von erheblicher Bedeutung. Die Gewichtung übersteigt häufig 5 %, die in den Bewertungsrichtlinien angegeben sind.

Natürlich nehmen diese Phasen einen individuellen Verlauf. Es gibt aber dennoch einige Punkte, die bei der Vorbereitung zu beachten sind:

- Es ist zwingend notwendig, die von Ihnen eingesetzten Betriebsmittel genau zu kennen: Angaben auf den Leistungsschildern, Aufbau und Wirkungsweise, Grenzwerte, Vorteile und Nachteile (falls vorhanden).
- Warum haben Sie die Betriebsmittel eingesetzt? Sind Alternativen denkbar?
- Welche Sicherheitsbestimmungen sind bei den durchgeführten Arbeiten von Bedeutung? Wie haben Sie diese berücksichtigt?
- Im Umfeld der Inbetriebnahme sind Hintergrundkenntnisse zu den einzelnen Messungen unverzichtbar. Warum wird gemessen? Mit welchem Messgerät wird gemessen? Wie ist die Messung vorzubereiten? Wie sind die Messergebnisse zu deuten, in Hinblick auf evtl. VDE-Bestimmungen usw.

- Sicherlich müssen Sie nicht alle technischen Daten „im Kopf" haben. Diese können im **Tabellenbuch** nachgeschlagen werden (wenn es nicht zu lange dauert!).

  Aber Vorsicht: Wenn Sie z. B. eine 6-A-Schmelzsicherung einsetzen, dann sollten Sie schon wissen, dass die Kennfarbe „grün" für 6 A steht.
  Aber den Ableitstrom-Grenzwert eines 3-kW-Heizgerätes müssen Sie sicher nicht auswendig wissen.

Bild 2 *Ausschnitt Prüfstück*

Möglicher Ablauf (prüfungsbegleitend)

Frage	Hinweise
Welche Änderungen haben Sie auf Kundenwunsch vorgenommen?	Beschreiben Sie kurz die durchgeführten Arbeiten. Ausgetauschte, entfernte oder zusätzlich eingesetzte Betriebsmittel und deren Aufgabe.
Die Anschlussleitung hat eine CEE-Steckvorrichtung. Diese trägt u. a. die Angabe 6 h. Was bedeutet das?	Position des Schutzkontaktstiftes auf 6 Uhr. Nicht etwa: 6 Stunden mit Bemessungsstrom belastbar!
Sie haben eine Verschraubung zur Einführung und Zugentlastung eingesetzt. Ist das zulässig?	Ja, Prüfungsstück gilt als ortsunveränderliches Betriebsmittel. Dann hat die Verschraubung auch Zugentlastungsfunktion.
Worauf ist bei Anschluss der Zuleitung (L1, L2, L3, N, PE) an die Klemmen besonders zu achten?	Bei Versagen der Zugentlastung muss sich der Schutzleiter als letzte Ader von der Klemme lösen. Schutzleiterader länger lassen.
Sie haben ein Schmelzsicherungssystem eingesetzt. Aus welchen Komponenten besteht es?	Seite 52
Wie wird verhindert, dass ein 10-A-Schmelzeinsatz statt eines 6-A-Schmelzeinsatzes eingesetzt werden kann?	Passring oder Passschraube; gleiche Farbgebung wie Schmelzeinsätze.
Worauf haben Sie bei Anschluss des Sicherungssockels besonders geachtet?	Fußkontakt: Netzanschluss. Schraubkontakt: Verbrauchsmittelanschluss. Dient dem erhöhten Berührungsschutz (Laie darf Sicherungseinsatz auswechseln).

Frage	Hinweise
Nennen Sie einen wesentlichen Grund, warum Schmelzsicherungen noch zum Einsatz kommen. Der Leitungsschutzschalter hat doch ganz wesentliche Vorteile.	Nach dem Ansprechen wird ein absolut neuwertiger Schmelzeinsatz eingesetzt. Völlig neuwertiger Zustand der Schmelzsicherung. Jeder Ausschaltvorgang „belastet“ den LS-Schalter.
Auf dem Leistungsschild eines LS-Schalters steht die Angabe 10000. Bedeutung?	Kurzschlussströme bis 10000 A können sicher unterbrochen werden.
Angabe auf LS-Schalter B16A. Welche Bedeutung hat das?	B-Charakteristik Bemessungsstrom 16 A (Seite 55)
Worauf achten Sie besonders bei Klemmverbindungen?	Der Übergangswiderstand soll so gering wie möglich sein (Verlustleistung an der Klemme).
Wie groß darf der Übergangswiderstand einer Klemmverbindung maximal sein?	So groß wie der Widerstand von 1 m der angeschlossenen Leitungen (Seite 141).
Im Hauptstromkreis haben Sie keine Überstromschutzorgane eingesetzt. Ist das zulässig?	Ja, bei Verwendung eines eigensicheren Motorschutzschalers. Er übernimmt dann auch den Leitungsschutz.
Welche Forderung wird an einen eigensicheren Motorschutzschalter gestellt?	Ausschaltvermögen mindestens 6000 A.
Welche Aufgabe hat die Einstellung „Auto-Hand“ beim Motorschutzrelais?	Wenn Bimetalle wieder abgekühlt sind: AUTO: selbsttätiges Wiedereinschalten HAND: Wiedereinschalten nur nach Quittierung der Steuerkontakte
Erläutern Sie die Arbeitsweise von Motorschutzeinrichtungen.	Seite 135
Worin besteht der wesentliche Unterschied zwischen Motorschutzrelais und Motorschutzschaltern?	Seite 136
Bei Anschluss eines Einphasenmotors wird die dreipolige Motorschutzeinrichtung „durchgeschleift“. Warum ist das notwendig?	Der Hersteller garantiert nur für eines der drei Auslöseelemente die genaue Einhaltung der Auslösekennlinie.
Auf welchen Wert wird der Motorschutz eingestellt?	Im Allgemeinen auf den Bemessungsstrom des Motors.
Die Einphasen-Steckdose ist mit einem 16-A-Leitungsschutzschalter geschützt. Der Kunde wünscht – bei Erhöhung des Leitungsquerschnittes – eine Absicherung mit 20 A. Ist das möglich?	Nein keinesfalls! Einphasensteckdose hat Bemessungsstrom $I_N = 16$ A. Darf keinesfalls überschritten werden. Auch nicht bei Querschnittserhöhung.
Im Steckdosenstromkreis ist ein RCD eingebaut. Was sind die wesentlichen Daten dieses Betriebsmittels?	Bemessungsstrom: $I_N = 25$ A Bemessungsdifferenzstrom: $I_{\Delta n} = 30$ mA
Erläutern Sie Aufbau und Arbeitsweise des RCD.	Seite 202

Frage	Hinweise
Was ist beim RCD zu erproben?	Die Funktion der Testtaste.
Kann der zweipolige RCD durch einen vierpoligen RCD ersetzt werden?	Ja, wenn dabei die Funktion der Testtaste erhalten bleibt. Schaltbild auf RCD beachten.
Nennen Sie wesentliche Auswahlkriterien für Schütze.	Bemessungsleistung, Spulenspannung, Kennziffer, Gebrauchskategorie
Angenommen, ein Schütz soll ein Drehstrom-Heizgerät schalten. Welche Gebrauchskategorie wählen Sie mindestens?	AC1: Schalten von überwiegend ohmschen Lasten.
Sie benötigen Schütze mit der Spulenspannung DC 24 V. Irrtümlich setzen Sie ein Schütz mit der Spulenspannung AC 24 V ein. Welche Folge hat das?	Schütz arbeitet nicht einwandfrei. Spulenstrom zu gering, da an AC auch der induktive Spulenwiderstand strombegrenzend wirkt.
Wozu dient die Löschdiode, die parallel zur Spule geschaltet ist? -Q1	Beim Abschalten entsteht eine relativ hohe Induktionsspannung, die einen Strom über die Diode und die Spule treibt. Dadurch wird der Energieinhalt des magnetischen Feldes abgebaut.
Warum sind bei Gleichstromspulen solche Löscheinrichtungen unverzichtbar?	Der Spulenstrom kann nur durch den ohmschen Spulenwiderstand begrenzt werden. Daher ist eine große Drahtlänge und damit eine hohe Windungszahl erforderlich. Die Spule hat dann eine hohe Induktivität und beim Abschalten eine hohe Induktionsspannung.
Welche Nachteile hat die Löscheinrichtung?	Verzögerung des Schützabfalls, da nach Abschalten Induktionsstrom fließt.
Welche Löscheinrichtungen kennen Sie?	Diode, RC-Glied, Varistor
Welche Handlung führen Sie vor jeder Messung durch?	Überprüfung des Messgerätes auf einwandfreie Funktion.
Sie sollen die niederohmige Durchgängigkeit des Schutzleiters der Anschlussleitung messen. Beschreiben Sie die Vorgehensweise.	Prüfstück ist spannungslos! Messleitungen zusammenhalten und kalibrieren (Anzeige: 0 Ω). Messspitzen an Schutzkontakt des Steckers und Anschlussklemme Schutzleiter ansetzen. Messung einleiten. Messwert beurteilen. Theoretischer Wert: $R_L = \frac{2{,}5\ \text{m}}{56\ \frac{\text{m}}{\Omega \cdot \text{mm}^2} \cdot 2{,}5\ \text{mm}^2} = 17{,}86\ \text{m}\Omega$ + Klemmenübergangswiderstände.
Wenn die Messung der niederohmigen Durchgängigkeit des Schutzleiters erfolgreich war: Was ist damit nachgewiesen?	Die Einhaltung der Abschaltbedingungen (Überstrom-Schutzorgane).

Frage	Hinweise
Worauf ist zu achten, wenn die Messung der niederohmigen Durchgängigkeit des Schutzleiters mit Gleichspannung durchgeführt wird?	Es muss in beiden Richtungen gemessen werden (Diodeneffekt) oder bei manchen Messgeräten ist ein Polaritätswechsel durch Tastendruck möglich.
Welche Messung könnte statt der Niederohmigkeit des Schutzleiters durchgeführt werden?	Schleifenimpedanzmessung. Dazu muss die Anlage aber an Spannung liegen.
Sie messen den Isolationswiderstand zwischen den aktiven Leitern und Schutzleiter. Welchen Sinn hat diese Messung?	Dient im Wesentlichen dem Brandschutz.
Welcher Grenzwert gilt hier für den Isolationswiderstand.	$\geq 1\ \text{M}\Omega$
Welchen Wert muss das Messgerät mindestens anzeigen?	$\geq 1{,}3\ \text{M}\Omega$ (30 % Betriebsmessabweichung)
Warum muss die Messung mit Gleichspannung erfolgen?	Die kapazitiven Ströme zwischen den Leitungsadern dürfen nicht das Messergebnis verfälschen. Es sollen nur die Ableitströme über die Leiterisolation gemessen werden.
Beschreiben Sie die Durchführung der Isolationswiderstandsmessung.	Messung im spannungslosen Zustand. Spannungsversorgung und Platine vor Messspannung (500 V) schützen. Messgerät überprüfen (Messspitze zusammenhalten und messen $\rightarrow 0$). Messungen L1-PE, L2-PE, L3-PE und N-PE durchführen.
Messung der Wirksamkeit der Fehlerstrom-Schutzeinrichtung. Es ergeben sich folgende Messwerte: $U_B = 2$ V, $I_A = 21$ mA, $t_A = 27$ ms. Beurteilen Sie die Messung.	Die einwandfreie Funktion der Fehlerstromschutzeinrichtung ist nachgewiesen. Alle Messwerte liegen im problemlosen Bereich. ($U_B \leq 50$ V, $I_A \leq 30$ mA, $t_A \leq 0{,}4$ s)
Verwendet wird ein RCD mit dem Bemessungs-Differenzstrom 30 mA. Ab welchem Fehlerstrom darf der RCD auslösen?	$\frac{1}{2} \cdot I_{\Delta n} = 15$ mA
Bemessungs-Differenzstrom 30 mA, Fehlerstrom 150 mA. In welcher Zeit muss der RDC auslösen?	$t_A \leq 40$ ms (bei $5 \cdot I_{\Delta n} = 150$ mA)
Beschreiben Sie Aufbau und Wirkungsweise des RCD.	Seite 202
Was passiert bei Betätigung der Prüftaste des RCD?	Fehlerstrom (z. B. $2 \cdot I_{\Delta n}$) wird simuliert. Summenstromwandler erfasst dies und RCD löst aus.
Was versteht man allgemein unter Selektivität?	Nur das dem Fehler unmittelbar vorgeschaltete Schutzorgan löst aus.
Wie kann Selektivität bei Schmelzsicherungen erreicht werden?	Mindestens Faktor 1,6 zwischen den Bemessungsströmen der Schmelzeinsätze.

Frage	Hinweise
Was bedeutet die Angabe RCD Typ B?	Allstromsensitiv, nur anwendbar bei Wechselströmen und reinen Gleichströmen (z. B. bei Frequenzumrichtern).
Ein RCD trägt das Kennzeichen **K**. Was bedeutet das?	RCD mit kurzverzögerter Abschaltung, minimale Auslöseverzögerung von 10 ms, geeignet für Verbrauchsmittel, die beim Einschalten einen hohen Ableitstrom haben.
Was ist ein RCBO?	RCD mit Leitungsschutzschalter kombiniert. Wäre für den Steckdosenstromkreis bei Verzicht auf den LS-Schalter einsetzbar.
Leistungsschild Antriebsmotor. Hersteller Typ 3 ~ Mot | Nr. Δ 400 V | 4,6 A 2,2 kW | S 1 | cos φ 0,85 2860 1/min | 50 Hz -/- V | A Isol.-Kl. B | IP 54 | 15,7 kg VDE 0530 Motor wird direkt eingeschaltet. Auf welchen Wert ist der Motorschutz einzustellen?	Auf den Bemessungsstrom $I_N = 4{,}6$ A.
Leistungsschild: Welche Leistung nimmt der Motor auf?	$P = \sqrt{3} \cdot U \cdot I \cdot \cos\varphi$ $P = \sqrt{3} \cdot 400\ \text{V} \cdot 4{,}6\ \text{A} \cdot 0{,}85 = 2{,}7\ \text{kW}$
Was bedeutet die Angabe S1 auf dem **Leistungsschild**?	Motor geeignet für Dauerbetrieb. Bemessungsleistung kann dauerhaft abgegeben werden.
Motorangabe: IM 3001 Was wird ausgesagt?	Bauform des Motors: 2 Schildlager, Flanschanbau mit Flansch, horizontale Welle.
Leistungsschild Angabe IP 54 Welche Bedeutung hat das?	IP-Schutzart Ziffer **5**: Berührungs- und Fremdkörperschutz: Schutz gegen Staubablagerungen, vollständiger Berührungsschutz. Ziffer **4**: Wasserschutz: Schutz gegen Spritzwasser.
Leistungsschild Isol.-Vl. B	Wärmeklasse B; Grenztemperatur 130 °C
Leistungsschild Darf der Motor in Dreieckschaltung an das 400-V-Drehstromnetz angeschlossen werden?	Ja, die Strangwicklungen sind für eine Bemessungsspannung von 400 V ausgelegt (Δ 400 V).
Leistungsschild Darf der Motor in Stern-Dreieck angelassen werden?	Strangspannung 400 V zulässig. Motor darf in Stern-Dreieck angelassen werden.

10 Englische Aufgaben

@ Interessante Links
- christiani-berufskolleg.de

Übersetzen Sie die englischen Texte.

1. The CE mark based on European Directives assist the free distribution of goods on the European market.

It is directed to the national standards supervising bodies. When the manufactor applies the CE mark, this states that the legal requirements for the commercial product have been met.

The CE mark is not a quality designation, a safety designation or a designation of conformity to a standard.

2. In conclusion it is noted that high-voltage equipment and installations do not require a CE mark. However, they are subject to the relevant standards and regulations.

3. An ohmic resistance is present if the instantaneous values of the voltage are proportional to the instantaneous values of the current, even in the event of time-depended variation of the voltage or current.

4. Short circuit: the accidential or deliberate connection across a comparatively low resistance or impedance between two or more points of a circuit which usually have different voltage.

5. The effects of electromagnetic fields on human beings have been investigated in numerious studies, and no injurious effects have been found from the field intensities such as occur in practice in the transmission and distribution of electrical energy.

6. Electromagnetic compatibility is the capability of a device or component to function satisfactorily in its electromagnetic environment without introducing intolerable electromagnetic disturbances to other components or devices in that environment.

7. Degrees of protection: The IP-Code is a designation code applied to indicate the degree of protection by enclosures against the access of persons to hazardous parts and against the ingress of solid foreign objects and of water and to give additional information with respect this kind of protection.

8. Low-voltage installations are usually near to the consumer and generally accessible, so they can be particulary dangerous if not installed properly.

9. Low-voltage switching devices:
Low-voltage switchgear is designed for switching and protection of electrical equipment.

The selection of switching devices is based on the specific switching task, e. g. insulation, load switching, short-circuit current breaking, motor switching, protection against overcurrent and personel hazard.

Depending on the typ, switching devices can be used for single or multiple switching tasks. Switching tasks can also be conducted by a combination of several switchgear units.

10. Electromagnetic contactors are mechanical switching devices with only one position of rest, which are not operated manually and are capable of connecting, conducting and disconnecting currents in the circuit under service conditions, including operational overload.

11. Motor starters based on electromechanical switching devices. Motor starters are used to start motors, accelerate them to normal speed, ensure motor operation, disconnect the motor from the power supply and, by means of suitable protection systems, protect the motor and the corresponding circuit in the case of overload.

12. Low voltage fuses are protective devices which open a circuit when one or more fuse elements blow and interrupt the current when it exceeds a given level for a specified duration.

13. RCD is a general term covering fault current protection devices and differential protection devices. Fault current protection devices trip without any auxiliary power source when a fault current arises, whereas differential current protection devices require auxiliary voltage to perform the same function. This distinction is made in German standards, but not by IEC.
RCDs are used for protection of persons against indirect contact, fault protection against fire hazards from electrically ignited fires and protection of against direct contact.

14. Alphanumeric codes and symbols in relation to colour coding of insulated and bare conductors (siehe Tabelle rechts).

15. The VDE standards must always be observed if one does not wish to be accused of not meeting the duty of care in the manufacture and maintenance of electrical installation and devices.

16. Magnetic-inductive proximity switches react to magnetic fields and are especially suited for position detection of pistons of pneumatic cylinders.
Based on the fact that magnetic fields can permeate non-magnetizable metals, this sensor is designed to sense through the aluminium wall of a cylinder by means of a permanent magnet fixed on the piston.

17. Inductive sensors: Inductive proximity sensors serve for wear-free and non-contact detection of metal objects. They operate with a high frequency electro-magnetic AC field which interacts with the target.

With conventional sensors, this field is generated by a LC-resonance circuit with a ferrite core coil.

18. Sensors with analogue output: Inductive sensors with analogue output

Provide a current or voltage signal which is relative to the sensing distance.

They are suited for simple control tasks.

19. Capacitive sensors are designed for non-contact and wear-free sensing of metal (electrically conductive) and non-metal (non-conductive) objects. The switching distances of capacitive sensors can vary considerably.

The largest switching distance are achieved by conductive materials. When sensing metal with capacitive sensors, reduction factors for different metals do not have to be observed as opposed to conventional inductive sensors.

The switching distances for non-conductive materials depend on the dielectric constant. The larger the dielectric constant, the greater the switching distance.

Adjustment of the switching distance: The switching distance of nearly all capacitive sensors is adjustable (by means of a potentiometer) to match the specific application.

Conduktor designation		Coding Alphanumeric	Symbol	Colour
AC network	phase 1	L1		Black
	phase 2	L2		Brown
	phase 3	L3		Grey
	neutral	N		Blue
DC network	positive	L+	+	[1]
	negative	L–	–	[1]
Protective conductor		PE		Green/Yellow [2]
PEN conductor		PEN		Green/Yellow [2]
PEL conductor		PEL		Green/Yellow [2]
PEM conductor		PEM		Blue

[1] Colour code not specified
[2] This colour code must not be used for any othe- conductor

20. Ultrasonic sensors serve for a contactless and wear-free detection of a variety of targets by means of sonic waves. It is not important whether the target is transparent or coloured, metallic or non-metallic, firm, liquid or powdery. Environmental conditions such as spray, dust or rain hardly affect their function.

21. Photoelectric sensors operate with visible or infrared light to detect a variety of objects. Detection ranges up to 200 m or reliable sensing with a diameter of 0.25 mm can be attained.

22. Danger! Dangerous electrical voltage! Before commencing the installation

- Disconnect the power supply of device.
- Ensure relosing interlock that devices cannot be accidentally restarted.
- Verify insulation from the supply.
- Connect to earth and short circuit.
- Cover the fence off neighbouring live parts.
- Follow the installation instructions included with the device.
- Only suitably qualified personnel in accordance with EN 50110-1/-2 may work on this device/system.
- Before installation and before touching the device ensure that you are free of electrostatic charge.
- The rated value of the mains voltage may not fluctuate or derivate by more than the tolerance specified, otherwise malfunction and hazardous states are to be expected.

@ Interessante Links

- christiani-berufskolleg.de

@ Interessante Links

- christiani-berufskolleg.de

23. In addition of the degree of protection specified in the standards EN 60079, further provisions have been made to ensure safety from ignition for motors operated in potentially explosive atmospheres.

The measures improve the degree of safety and prevent impermissible high temperature and development of sparking and arcing, which is usually not found when motors are operated under normal conditions.

The motor-protective devices for this that are themselves not located in the Ex area must be certified by an accredited certification body. For motors in explosive dust-air mixtures, standard EN 61214 specifies additional measures.

24. Temperature compensation:

Two parameters influence the deflection of the bimetallic releases. There is for one which is generated in proportion to the current flow, and secondly, the influence of the ambient air temperature. The influence of the ambient air temperature is automatically compensated within a temperature range from – 5 to + 40 °C by means of an additional current-free bimetallic release that continuously corrects the tripping range.

25. Danger! Faulty devices must not be opened and repaired.

They must be replaced by specialist personnel.

Sachwortverzeichnis

A

B

C

D

E

F

G

H

I

N

O

P

Q

R

S